Dr. A. Kalai Arasan
Dr. S. Dhana Pal

Um livro de texto sobre plantas medicinais

Dr. A. Kalai Arasan
Dr. S. Dhana Pal

Um livro de texto sobre plantas medicinais

Técnicas de manuseamento, caraterísticas distintivas das utilizações medicinais, aspectos de adaptação, habitat, identificação das ervas

ScienciaScripts

Imprint

Cover image: www.ingimage.com

This book is a translation from the original published under ISBN 978-3-659-87122-1.

Publisher:
Sciencia Scripts
is a trademark of
Dodo Books Indian Ocean Ltd. and OmniScriptum S.R.L publishing group

120 High Road, East Finchley, London, N2 9ED, United Kingdom
Str. Armeneasca 28/1, office 1, Chisinau MD-2012, Republic of Moldova, Europe
Managing Directors: Ieva Konstantinova, Victoria Ursu
info@omniscriptum.com

Printed at: see last page
ISBN: 978-620-8-40006-4

UM LIVRO DE TEXTO SOBRE

PLANTAS MEDICINAIS

Dr. A.KALAIARASAN M.Sc., M.Ed., M.Phil., Ph.D.
PROFESSOR ASSISTENTE
DEPARTAMENTO DE INVESTIGAÇÃO DE BOTÂNICA
FACULDADE ARIGNAR ANNA
POLUPALLI
KRISHNAGIRI- 635 115
TAMILNADU
ÍNDIA.
&
Dr. s. DHANAPAL M.SC., M.Phil., Ph.D.
DIRECTOR
COLÉGIO ARIGNAR ANNA
POLUPALLI
KRISHNAGIRI- 635 115
TAMILNADU
ÍNDIA.

PREFÁCIO

A ciência medicinal moderna e a tecnologia farmacêutica, devido ao desenvolvimento fenomenal da aplicação química, propriedades medicinais de herbáceas utilizadas na medicina tradicional indiana. As gerações do século passado desconheciam a eficácia, a ausência de efeitos secundários e os métodos médicos não cirúrgicos. Muitas herbáceas extinguiram-se devido às alterações climáticas provocadas pela estrutura de desenvolvimento social. Por conseguinte, a geração que vem com a ideia de que uma vida sem doenças é a verdade, com o objetivo de conhecer a ciência da sabedoria, é o trabalho de Um Livro de Texto sobre Plantas Medicinais.

Este livro **"A Text Book on Medicinal Plants"** tem como objetivo ajudar os estudantes de ciências da vida a compreender a descrição do habitat herbáceo, a identificação das plantas, os fitocompostos bioactivos das plantas, os usos medicinais, os métodos de cultivo e de colheita das plantas medicinais tradicionais, criados de uma forma fácil de compreender para se prepararem para os exames universitários. De acordo com as sugestões úteis do Reitor, Leitores, Professores, Investigadores e Estudantes, o conteúdo desta edição foi revisto com a realização interna das opiniões de todos.

Este livro foi preparado de acordo com os currículos de licenciatura, pós-graduação e investigação de diferentes tipos de cursos da Universidade de Periyar. Os autores esperam que este livro seja muito útil para os estudantes indianos de ciências da vida e para os estudantes estrangeiros que estão a aprender.

O autor deseja que o boom, na sua forma atual, estimule efetivamente o interesse dos alunos.

O autor concebeu o livro e este foi revisto e publicado com profunda paixão.

O autor exprime a sua eterna gratidão à falecida **Sra. Veerapandi S.Arumugam,** antiga Ministra da Agricultura de Taminlnadu e da Índia, pelo seu apoio e incentivo à criação.

O autor transmite o seu profundo sentimento de gratidão e agradecimentos sinceros a Kalvi Vallal **Dr. R. Somasundaram**, Presidente e Secretário do colégio de

Kandaswami Kander, velur, distrito de Namakkal, Tamilnadu, Índia.

O autor está profundamente grato ao **Dr. R. Lakshmanan** M.Sc., Ph.D. Professor Assistente de Botânica, G. Venkataswamy Naidu College (Autónomo), Kovilpatti, Distrito de Tuticorin e Tamilnadu, Índia.

O autor agradece aos seus colegas **Dr. R. Gnnavel, M.Sc., M.Phil., Ph.D.** Research Department of Botany, Arigner Anna College (Arts and Science), Polupalli, Krishnagiri e Tamilnadu, Índia, a sua generosa ajuda, muitas sugestões úteis e encorajamento constante.

O autor agradece à **Dra. R. Rekha. M.Sc., M.Phil., Ph.D.** Professora Assistente, PG e Departamento de Investigação de Botânica, Kongunadu Arts and Science College (Autónomo), Coimbatore e Tamilnadu, Índia. pelo seu apoio infalível em todos os seus esforços.

Gostaria de exprimir a sua humilde gratidão ao **Dr. Arul kumar M.Sc., M.Phil., Ph.D.** Docente convidado, Departamento de Botânica, Universidade de Bharathidasan, Tiruchirappalli e Tamilnadu Índia, pelo seu encorajamento constante para a conclusão bem sucedida deste livro.

Por fim, o autor gostaria de agradecer à sua esposa, **Sra. K. Mythilikalaiarasan T.Ed., BA**, e aos seus adoráveis filhos **K. M. Mullaiarasan** e **K. M. Bharathiarasan** e aos seus afectuosos pais, **Sr. K. Anbukarasu** e **Sra. A. Mani,** pelo seu encorajamento e apoio total na redação deste livro.

Autor

Dr. A.KALAIARASAN M.Sc., M.Ed., M.Phil., Ph.D.

Índice

1. ACALYPHA INDICA L.

Posição sistemática

Reino : Plantae

Divisão : Magnoliophyta

Classe : Magnoliopsida

Ordem : Malpighiales

Família : Euphorbiaceae

Género : Acalypha

Espécie : indica

Nome binomial : *Acalypha indica* L.

Nomes Vernaculares:

Tamil - Kolippuntu, Kuppaimeni; Inglês - Indian Copperleaf, Indian acalypha, Indian nettle Malayalam - Kuppameni; Kannada - Kuppi gida; Telugu - Haritamanjari, Kuppi; Hindi - Kuppikhokhali; Sânscrito - Harita manjari.

Distribuição da planta:

A Acalypha indica é uma planta originária da Índia.

Esta planta é amplamente cultivada nas regiões tropicais e subtropicais do mundo.

Na Índia, estas plantas crescem nas planícies.

Também cresce como erva daninha nos jardins e campos agrícolas.

É bem cresce selvagem nos terrenos baldios.

Descrição das caraterísticas morfológicas:

A Acalypha é uma erecta.

Trata-se de uma planta herbácea anual.

Cresce até 75 cm de altura.

Esta planta depende da estação das chuvas.

Por isso, estas plantas são abundantes durante a estação das chuvas.

O caule é delgado e verde. Tem um sistema radicular típico e folhas.

As folhas são simples, alternas, pecioladas e amplamente ovadas.

O pecíolo é mais comprido do que a lâmina; a lâmina é geralmente ovada com uma margem ligeiramente dentada. Apresenta três nervuras na base. A inflorescência é uma espiga axilar.

As flores masculinas e femininas crescem na mesma haste. Existem 12-15 flores femininas na metade inferior da espiga. Cada flor feminina é suportada por uma bráctea conspícua em forma de cunha. A bráctea é dobrada, campanulada e ligeiramente dentada. É de cor verde.

As flores masculinas estão localizadas no topo da espiga. São minúsculas e amarelas. Estão dispostas em espirais.

Os frutos são diminutos e estão escondidos na bráctea. A sua superfície é coberta de pêlos curtos.

Constituintes químicos:

Todas as partes da planta na sua fase de floração são utilizadas para preparar medicamentos. Trata-se, portanto, de um samoolan.

Foi comercializada com o nome de Acalypha.

A planta Acalypha indica contém um glicosídeo cianogénico e os alcalóides acalifina e triacetoneamina.

Os constituintes químicos encontrados nestas plantas são medicinais.

Usos medicinais das plantas:

As folhas e as raízes têm propriedades laxantes.

O sumo das folhas frescas é emético, provocando vómitos.

Por isso, é administrado em caso de perturbações intestinais.

A decocção de folhas e raízes é administrada para expulsar anelídeos e ténias.

O sumo das folhas juntamente com pimenta preta é administrado para a tosse, asma e pneumonia.

Uma cataplasma de folhas e de tília é útil para curar feridas.

O sumo de folhas frescas misturado com sal é aplicado nas articulações para curar o reumatismo.

Cultivo:

Acalypha indica é a propagação de sementes.

A planta cresce de forma luxuriante em solos arenosos e argilosos bem drenados em climas tropicais e subtropicais.

O campo deve ser bem arado e, em seguida, o material pulverulento deve ser removido e o solo deve ser preparado.

São adicionadas 20 toneladas de estrume de curral durante a preparação do terreno.

As plântulas com 30 dias de idade são semeadas a 30 cm em linhas na terra principal após as primeiras chuvas de monção, a planta deve ser transferida.

Durante as estações não chuvosas.

O campo deve ser irrigado imediatamente após a transplantação.

A monda deve ser efectuada a intervalos de 25 e 25 dias após a plantação.

A irrigação é necessária durante a estação seca, quando é escassa. A irrigação deve ser feita com frequência, dependendo do teor de humidade do solo.

Colheita:

A Acalypha indica atinge a maturidade 90-100 dias após a plantação, altura em que deve ser colhida.

A recolha das sementes é efectuada na planta após 100-120 dias de maturação.

A planta Endire foi colhida manualmente e seca ao ar à sombra.

A planta seca é embalada em sacos de polietileno e armazenada em segurança numa sala bem ventilada.

2. ACHYRANTHES ASPERA L.

Posição sistemática

Reino : Plantae

Divisão : Magnoliophyta

Classe : Magnoliopsida

Ordem : Caryophyllales

Família : Amaranthaceae

Género : Achyranthes

Espécie : aspera

Nome binomial : *Achyranthes aspera* L

Nomes Vernaculares:

Tamil - Nayurii, Apamarkkam, Akatam; Inglês - Prickly Chaff Flower, Crocus stuff, Crokars staff, Devil's horsewhip; Malayalam - Katalati, Vankadalaadi; Kannada - Uttarani, Mayuraka, Shaikharika; Telugu - Antish, Apamaargamu, Dubbinachettu; Hindi - Aghara, Chirchira; Sânscrito - Apamarga, Aaghaat, Kharamanjari.

Distribuição da planta:

A Achyranthes aspera está presente em todas as regiões tropicais.

Cresce muito na Ásia Tropical, África, Austrália, Sril Lanka e Índia.

Em Tamilnadu, é comum aparecer nas bermas das estradas e nos terrenos baldios.

Descrição das caraterísticas morfológicas:

O Achyranthes é uma erva erecta.

O caule é constituído por ramos.

A planta tem uma altura de 3 pés.

Encontramos um pequeno número de folhas.

As folhas são espessas, elípticas ou boratadas e pubescentes.

Nesta planta, a inflorescência é uma espiga com flores verdes ou púrpura em grande número.

Constituintes químicos:

A planta Achyranthes aspera entir é utilizada medicinalmente.

Achyranthes aspera contém bioquimicamente álcoois, triterpenóides e saponinas

As sementes contêm bioquímicos, uma vez que também se encontram saponinas A e B.

Usos medicinais da planta:

A planta inteira tem propriedades medicinais.

A planta é utilizada como laxante, diarreico e carminativo.

As folhas da planta são utilizadas medicinalmente para tratar as picadas de insectos venenosos e abelhas.

O sumo das folhas frescas é utilizado para estancar a hemorragia das feridas.

O extrato de raiz é utilizado para curas agudas como estomacal, digestor e útil em dores de dentes.

O pó seco da raiz é utilizado como pasta para os dentes, alivia a dor de dentes.

O extrato da raiz é utilizado para o tratamento de distúrbios menstruais e disenteria.

O sumo das plantas inteiras é tomado internamente para aliviar o parto sem dor.

Cultivo:

O Achyranthes propaga-se por sementes.

Esta planta não é cultivada na Índia.

As raízes são colhidas apenas de fontes selvagens.

Não existe eficácia de exportação para este medicamento.

As raízes são utilizadas pelos ervanários locais para fazer pós para os dentes.

Colheita:

A Acheranthes aspera é colhida apenas de fontes selvagens.

Não existe potencial de exportação para este medicamento.

Esta planta é utilizada na ervanária local.

3. ACORUS CALAMUS L.

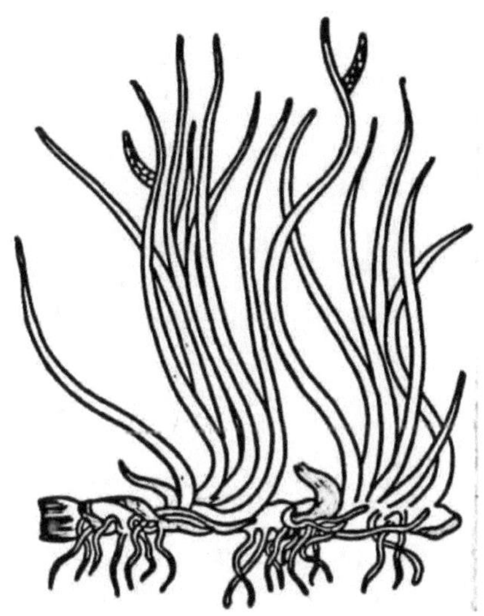

Posição sistemática

Reino : Plantae

Divisão : Magnoliophyta

Classe : Liliopsida

Encomendar : Acorales

Família : Acoraceae

Género : Acorus

Espécie : clamus

Nome Binomial : ***Acorus calamus*** **L.**

Nomes Vernaculares:

Tamil - Vashambu, Pullai valathi; Inglês - Sweet Flag, Flagroot, Sweet cane, Sweet grass, Sweet rush; Malayalam - Vaembu, VAshampa; Kannada - Vacha, Athibaje, kavana, Dagade; Telugu - Vadaja, Vasa; Hindi - Ghor bacha, Bach, Safed bacha; Sânscrito - Vachaa Bacha, Bhadra, Vacha.

Distribuição da planta:

O Acorus calamus é originário da Europa.

É uma planta que cresce nas regiões tropicais e subtropicais do mundo.

Ocorre de forma selvagem em zonas pantanosas.

O Acorus calamus é cultivado nas regiões indianas dos Himalaias, Sikkim, Caxemira e Manipur.

Descrição das caraterísticas morfológicas:

O Acorus calamus é uma planta herbácea perene semi-aquática.

É aromático.

Tem um rizoma ramificado e rebentos aéreos.

Um rizoma é um caule que rasteja debaixo da terra. É muito ramificado, cilíndrico e ligeiramente comprimido. A sua cor é castanha pálida ou castanho avermelhado rosado, com um interior felpudo extremamente branco.

Os rebentos aéreos são ramos verticais do rizoma. São portadores de folhas.

As folhas são verdes brilhantes, disticuladas, ensiformes.

As regiões centrais são espessas. As margens das folhas são onduladas. A venação é estriada.

A inflorescência é uma espádice. O pedúnculo da espádice está coberto por uma espata em forma de folha. A espata tem 35-40 cm de comprimento. Tem muitas flores sésseis. As flores são trímeras e estão dispostas de forma compacta na espádice cilíndrica.

Os frutos são raros. São bagas com forma oblonga e topo piramidal.

As sementes são poucas e pendentes no fruto.

Constituintes químicos:

As folhas, o rizoma e as raízes são as propriedades medicinais desta planta.

A produção de óleo essencial com valor medicinal.

Os constituintes activos deste óleo são o calamen, o calamenol e a asarona. Estes são os constituintes activos da bandeira doce.

O rizoma é acre, amargo e aromático.

Usos medicinais da planta:

O sumo das folhas é administrado para curar os vómitos.

O pó do rizoma é dissolvido em água e polvilhado sobre a área para evitar a invasão de cobras.

O pó de decocção do rizoma é utilizado no tratamento de problemas renais, tosse, bronquite, inflamações e gota.

O pó do rizoma é administrado com leite para curar problemas menstruais como epilepsia, amência e depressões.

O pó do rizoma é administrado com água quente para aliviar a flatulência e o excesso de estômago.

A decocção do rizoma cura a disenteria e a diarreia. Também é útil para tratar problemas de indigestão na fala, obstrução abdominal e cólicas.

O óleo essencial extraído do rizoma é utilizado no fabrico de cosméticos, refrigerantes e pesticidas.

Este óleo é aplicado em inchaços reumáticos para aliviar as dores. O pó da raiz é utilizado como vermífugo.

Cultivo:

A planta Acorus germina apenas através de rizomas.

Esta planta desenvolve-se bem em solos argilosos, franco-arenosos e ligeiramente siltosos ao longo das margens dos rios.

A planta cresce em climas tropicais e subtropicais.

Os rizomas obtidos de plantas adultas são conservados no solo e mantidos continuamente húmidos, sendo utilizados para transplantação.

O campo deve ser arado duas ou três vezes antes das chuvas e o solo deve ser nivelado e preparado.

Quando necessário, os rizomas devem ser cortados em pequenos pedaços e plantados no campo.

Os rizomas germinados são plantados em julho ou agosto, com um espaçamento de 30 x 30 cm e a uma profundidade de 5 cm.

A luz solar deve estar disponível para a planta durante o seu crescimento. Temperatura variando de 10°C a 38° C.

Uma precipitação anual de 70 a 250 cm é a mais adequada para o cultivo.

Colheita:

Uma planta adulta de Acorus calamus pode ser colhida em dezembro.

Após 6-8 meses, as folhas inferiores da planta ficam amarelas e secam, indicando a sua maturidade.

O campo deve ser parcialmente seco, deixando apenas humidade suficiente para desenraizar a planta.

Os rizomas colhidos em grande escala podem ser removidos.

Os rizomas desenraizados são limpos após lavagem com água e cortados num tamanho de 5-7 cm de comprimento e as raízes fibrosas são removidas.

Os rizomas, as folhas e os caules cortados são secos, espalhando-se à sombra do ar.

O material queimado deve ser armazenado em sacos de polietileno.

É utilizado em segurança durante um longo período.

4. AEGLE MARMELOS (L.) Correa

Posição sistemática

Reino : Plantae

Divisão : Magnoliophyta

Classe : Magnoliopsida

Ordem : Sapindales

Família : Rutaceae

Género : Aegle

Espécie : marmelos

Nome binomial : *Aegle marmelos* (L.) Correa

Nomes Vernaculares:

Tamil - Vilvam; Inglês - Bel, Bael, Beli fruit, Bengal quince, Stone apple, Wood apple; Malayalam - Vilvam; Kannada - Bilvapatre; Telugu - Saniliyamu; Hindi - Bel; Sânscrito - Adhararuha, Sivadrumah, Tripatra.

Distribuição da planta:

O Aegle marmelos é uma planta originária da Índia.

A planta Aegle marmelos é encontrada em partes do subcontinente indiano e do sudeste asiático.

Esta planta é cultivada no Sri Lanka, no estado indiano de Tamilnadu, na Tailândia e na Malásia.

Cresce em colinas e planícies secas, com florestas abertas, a uma altitude de 1.200 metros, com uma precipitação anual de 520-2.000 mm.

Esta planta tem a reputação na Índia de ser capaz de crescer onde outras plantas não conseguem.

Tolerante ao encharcamento numa grande variedade de solos.

Esta planta tem uma ampla gama de tolerância à temperatura de 7°C-48°C anualmente.

Têm a capacidade de atingir a temperatura necessária para

produzir frutos.

Descrição das caraterísticas morfológicas:

O Aegle marmelos é uma árvore de folha caduca que pode atingir 10 metros de altura. As folhas são alternadas, trifoliadas e com um odor a resina.

Os folíolos são ovados ou lineares lanceolados, romboides, acuminados, crenados, serrilhados, com pontos de glândula, de ápice agudo e obrigatório ou arredondado.

Os ramos do caule são espinhosos.

A casca é cinzenta, com rugas longitudinais e espinhos axilares rectos, duros e afiados, com 2-3 cm ou mais de comprimento. As flores são panículas, de cor branca esverdeada.

O cálice é pequeno e caduco.

As pétalas são 4-5, imbricadas, oblongas e com pontos de glândula.

Os estames são numerosos.

O ovário tem 8-20 células.

Os frutos são drupas com uma casca lenhosa lisa, cinzenta ou amarela e uma polpa doce.

Árvore que se encontra frequentemente nos jardins dos

templos.

Diz-se que o Senhor de Shiva vive debaixo desta árvore.

Constituintes químicos:

As partes medicinais do Aegle marmelos são as folhas, os frutos e os rebentos.

O Aegle marmelos tem uma composição bioquímica ativa como alcalóides (Aegelina, Fragrina, Aegelenina), cumarinas (Marmin, Marmelida, Psorailen, Imperatonina) e terpenóides (Cineol, Cariofileno).

Usos medicinais da planta:

As folhas imaturas e os rebentos tenros são consumidos em salada.

Os frutos são consumidos frescos ou secos.

O sumo de fruta fresca é coado e adoçado para fazer uma bebida misturada com limão e é também utilizado no fabrico de "Sherbat", doces, caramelos, polpa em pó ou néctar.

Os frutos são utilizados nos rituais religiosos hindus.

Os frutos são utilizados como remédio para a diarreia, disenteria, parasitas intestinais e secura dos olhos e dores em geral. Os frutos são abertos e a polpa no seu interior é doce e é utilizada em marmeladas.

Produz ar limpo através da utilização de CO_2 e da libertação de O_2.

Cultivo:

O Aegle marmelos propaga-se geralmente a partir de sementes.

Os solos franco-arenosos, os solos húmidos e suaves são adequados para o bom desenvolvimento desta planta.

A época de sementeira é adequada em junho ou julho.

O crescimento das plântulas desta planta é muito lento.

Por isso, é necessário pelo menos um ano na cama de nêspera para estarem aptas a serem transplantadas.

As plântulas devem ser transplantadas na estação das chuvas.

É rica em matéria orgânica e tem um verão longo, quente e seco.

O campo principal deve ser preparado através de lavoura, gradagem, nivelamento e remoção de ervas daninhas.

As fileiras são divididas nos poços de campo com um espaçamento de 8 a 10 metros em todos os lados circundantes.

Este fosso deve ter 50 cm de profundidade e de largura.

Misturar o solo arenoso com 5 kg de estrume de quinta ou de composto orgânico e encher as covas.

Naturalmente, pelo menos um dia antes de semear as sementes ou transplantar as plântulas, encher as covas com água.

A planta requer muita água e uma posição direta ao sol.

A planta não necessita de muita rega.

Geralmente aplicado a fertilizantes para todos os fins.

Uma árvore adulta necessita anualmente de 10 kg de estrume de curral e 75 g de sulfato de amónio.

Da mesma forma, a aplicação de 50 kg de estrume de quinta com 3,5 kg de bagaço de óleo de neem, 1 kg de sulfato de amoníaco antes da floração dá uma boa saúde.

A poda crítica é necessária para remover o caule ao nível do solo, os ramos cruzados, as zonas mortas e danificadas e dar forma à planta.

As plantas começam a dar frutos aos 4-5 anos de idade.

Colheita:

A planta Aegle marmelos começa a dar frutos no terceiro ou quinto ano.

As folhas de Aegle marmelos devem ser colhidas a partir da plantação de um ano de idade.

Estas folhas podem ser colhidas em qualquer altura.

Geralmente, a colheita é adequada para um crescimento mais arbustivo e manterá a planta em altura.

Os frutos são inicialmente de cor verde-escura, tornando-se gradualmente amarelos à medida que amadurecem.

Como só os frutos maduros se cortam facilmente, a colheita é feita arrancando os frutos um a um

Os frutos necessitam de cerca de um ano para amadurecerem.

As folhas e a casca das plantas são separadas no campo.

As folhas e a casca são colhidas manualmente e secas ao ar livre à sombra .

As folhas de rizoma devem ser armazenadas em sacos de polietileno.

Os frutos devem ser armazenados em caixas de madeira.

5. ALOE VERA (L.) Burn. f.

Posição sistemática

Reino : Plantae

Divisão : Magnoliophyta

Classe : Liliopsida

Ordem : Liliales

Família : Asphodelaceae

Género : Aloe

Espécie : vera

Nome binomial : ***Aloe vera*** **(L.) Burm.f.**

Nomes Vernaculares:

Tamil - Kathalai, Chirukattalai, Chothukatalai, Kumari; Inglês - Indian, Aloe, Medicinal Aloe, Burn plant; Malayalam -Kattar vazha, Cherukattazha; Kannada - Loli Sara; Telugu - Kalabanda; Hindi - Ghee- Kunvar; Sânscrito - Ghrita- Kumari.

Distribuição da planta:

É uma planta que cresce em todas as partes da Índia. No entanto, o Aloés cresce bem em florestas de terra seca.

Tem sido cultivada em regiões secas.

É originária do Norte de África, das Ilhas Canárias e de Espanha.

A cultura espalha-se nas Antilhas, Indonésia, Índia, China e costa norte da América do Sul.

Encontra-se em terrenos terrestres, sopés de montanha, matagais e terrenos baldios.

Descrição das caraterísticas morfológicas:

O Aloé é um género que contém mais de 500 espécies de plantas suculentas com flor

O Aloé vera é uma planta perene com um caule muito curto e folhas suculentas.

É uma planta xerófita. Cresce até 100 cm de altura.

O caule é muito curto e condensado. Tem raízes pouco profundas para fixar a planta no solo.

As folhas da babosa são espessas e carnudas. Estão dispostas sob a forma de uma roseta de grandes dimensões à volta do caule.

As folhas são sésseis e estão dispostas de forma compacta. São mais largas na base e mais finas na extremidade.

A superfície inferior é convexa e a superfície superior é ligeiramente côncava.

As folhas são de cor verde-acinzentada.

As flores do Aloé são tubulares, muitas vezes amarelas, cor de laranja, cor-de-rosa ou vermelhas e estão densamente agrupadas e pendentes no topo de caules folhosos simples ou ramificados.

Muitos tipos de Aloé parecem não ter caule, mas a roseta cresce diretamente a partir do nível do solo.

Algumas outras variedades podem ter um caule baranqueado ou um caule não ramificado com folhas carnudas.

Os frutos são cápsulas elipsoidais.

Esta planta reproduz-se por rebentos.

Constituintes químicos:

As folhas armazenam muita água e mucilagem.

A mucilagem contém aloína, barbaloína, isobarbaloína, mannas, polimananos, antraquinona-C, glicosídeos, antronas, emodina e lectinas.

Esta substância serve de componente ativo nas folhas.

Usos medicinais da planta:

O Aloé vera contém uma droga que é o purgante mais poderoso.

Melhora a digestão.

O sumo das folhas é utilizado medicinalmente para tratar a febre, o aumento do fígado e do baço, a iterícia, o reumatismo e as doenças de pele.

O sumo é utilizado para a remoção de vermes intestinais em crianças.

O sumo das folhas frescas é utilizado para tratar dispepsia, amenorreia, queimaduras, doenças do fígado e tumores do estômago.

O sumo é administrado no tratamento de hemorróidas e fissuras rectais.

É utilizado para arrefecer a temperatura do corpo aquando da febre do servidor.

O extrato de folha inibe o crescimento de Mycobacterium tuberculosis.

O gel da folha é utilizado para fazer cremes hidratantes para o rosto e cosméticos.

A polpa da folha é colada nas feridas para promover a sua cicatrização. É útil para aliviar os doentes de inflamações dolorosas .

Também cura queimaduras de raios X, dermatite, leishmaniose e dermatite.

A ingestão da polpa das folhas expulsa os vermes intestinais.

O extrato de aole é aplicado por via externa para tratar muitas doenças da psoríase.

As enzimas proteolíticas encontram-se no Aloé vera, pelo que são utilizadas para reparar as células mortas da pele.

O gel de folhas é utilizado como um excelente amaciador, tornando o couro cabeludo suave, brilhante e controlando a queda do cabelo.

Promovem também o crescimento do cabelo, evitam a

comichão no couro cabeludo e reduzem a caspa.

Esta planta é amplamente utilizada em produtos dietéticos e de saúde.

É rico em radicais livres no organismo e reforça o sistema imunitário.

É também uma boa fonte de proteínas e, por conseguinte, ajuda ao crescimento muscular.

É utilizado para reduzir a inflamação, o colesterol e regular o açúcar no sangue.

Este extrato é uma alternativa segura e eficaz aos elixires bucais de base química .

Diz-se que proporciona alívio de hemorragias ou gengivas inchadas. O gel de Aloé é utilizado para tratar a artrite osteon, doenças intestinais, febre e comichão.

Este extrato é utilizado como remédio natural contra a asma, as úlceras e a diabetes.

O gel de extrato de folhas é utilizado para diluir o sémen antes da fertilização artificial.

Cultivo:

A cultura é efectuada através da plantação dos jovens rebentos no campo bem arado, em linhas com cerca de 50 cm de distância.

A estação das chuvas é a altura de plantar.

As folhas saem no segundo ano.

A duração média de vida da planta é de doze anos.

Apresentam flores amarelas ou vermelhas dispostas em espigas.

Plantar os jovens rebentos no campo com um bom cultivo.

Colhido:

A recolha do sumo das folhas é muito importante e é feita de forma diferente nos vários países.

A base da folha é cortada transversalmente e o sumo é recolhido num frasco.

O sumo que flui é proveniente das células devido à pressão dos tecidos circundantes.

O sumo recolhido é fervido numa grande panela de cobre até ficar suficientemente espesso.

Em seguida, é vertida em caixas e deixada a endurecer.

Nos países africanos, o sumo é recolhido numa pele de cabra que reveste uma depressão no solo

O Andis é frequentemente transportado numa pele para a costa em estado semilíquido.

6. Andrographis Paniculata (Burm.f.) Nees

Posição sistemática

Reino : Plantae

Divisão : Magnoliophyta

Classe : Magnoliopsida

Ordem : Lamiales

Família : Acanthaceae

Género : Andrographis

Espécie : paniculata

Nome Binomial : ***Andrographis paniculata*** **(Burm.f.) Nees.**

Nomes Vernaculares:

Tamil - Nilavembu; Inglês - Creat, Green Chiretta, King of bitters; Malayalam - Nilaveppu; Kannada - Kreata; Telugu - Nilavembu; Hindi - Kirayat ou Kakamegh; Sânscrito - Bhunnimbah ou Kirata. **Distribuição da planta:**

A Antrographis paniculata é uma erva anual que se encontra em todas as regiões tropicais da Índia e é especialmente abundante em florestas densas.

Cresce na floresta em planícies, zonas costeiras e montanhas baixas.

Esta planta medicinal é cultivada em vários estados da Índia. É cultivada como uma cultura principal nos estados de Tamilnadu, Kerala, Anthira Pradhesh, Mathiya Pradhesh e Assam.

Descrição das caraterísticas morfológicas:

Neste Andrographis paniculata é um sub-arbusto anual ereto e ramificado.

Cresce até à altura de 0,3-0,9 metros, com ramos fortemente quadrangulares alados na parte superior.

Parece uma pequena planta arbustiva.

As folhas são simples, lanceoladas e opostas.

São glabros com extremidades agudas e 4-6 pares de nervos principais.

A inflorescência é uma panícula com ramos ligeiramente em ziguezague.

Flores pequenas, solitárias e distantes, em racemos ou panículas axilares ou terminais, brácteas lanceoladas.

Estão dispostos de forma solta na inflorescência.

Os lóbulos do cálice são glandulares, pubescentes, com as anteras na base.

A corola é branca com tonalidades rosa ou castanhas.

O caule é delgado, lenhoso e muito ramificado.

O seu caule produz raízes adventícias a partir dos nós, nos pontos de contacto dos nós com o solo.

Os frutos são uma cápsula linear oblonga com o lado comprimido e a superfície minuciosamente peluda.

As sementes são numerosas, rugosamente picadas e de cor castanha amarelada.

A época de floração na Índia é de novembro a dezembro.

Constituintes químicos:

Toda a parte da planta é medicinalmente útil. É utilizada

como samoolam.

Os constituintes bioquímicos da Andrographis contêm alcalóides como a andrographolide, a lactona diterpenóide e a Kalmeghin , que são os princípios activos desta planta (até 2,5%).

As folhas contêm o máximo de compostos activos e, ao mesmo tempo, o caule tem o menor potencial.

Todos os produtos bioquímicos da planta contêm andrographi ne, andrographolide, neoandrographolide, panicoline, paniculide-A, paniculide-B e paniculide-C.

Usos medicinais da planta:

O sumo de folhas frescas de Andrographis é administrado para hipertensão e inflamação das vias respiratórias.

Em siddha, nesta planta inteira, a decocção de Nilavembu Kudineer é dada para Chiken guinea, dengue, febre tifoide e outras febres virais.

O pó da planta inteira é administrado para picadas venenosas, doenças de pele, febre e reacções alérgicas.

O sumo de folhas frescas é útil em casos de acidez, problemas de fígado, úlceras e vermes.

De acordo com a medicina ayurvédica, o extrato destas

plantas é um famoso remédio caseiro para o amargor, acre, refrescante, laxante, vulnerário, antipirético, antiperiódico, anti-inflamatório, expetorante, depurativo, soporífero, anti-helmíntico, digestivo e útil na hiperdispsia, queimando sensação, feridas, úlceras, febre crónica, febres maláricas e intermitentes, inflamações, tosse, bronquite, doenças de pele, lepra, cólicas, flatulência, diarreia, disenteria, hemorróidas, etc,

O Kalmagh preparado a partir destas plantas é utilizado como um excelente medicamento na medicina ayurvédica.

Em Bengala Ocidental (Índia), um medicamento chamado "Alui" preparado a partir destas folhas é administrado a crianças que sofrem de problemas de estômago na medicina caseira.

A Andrographis tem propriedades antitifóides e antibióticas, uma vez que contém o composto Kalmagh.

É também um protetor do fígado.

Cultivo:

Na Índia, a Andrographis é cultivada como planta da estação das chuvas.

Qualquer solo com matéria orgânica é adequado para o

cultivo comercial desta cultura.

São cerca de 400g, as sementes são suficientes para um hectare.

O espaçamento entre plantas é mantido em 30 × 15 cm.

Não houve infestação de insectos e doenças.

Colheita:

Esta planta floresce aos 90-110 dias após a sementeira.

O caule deve ser cortado 10-15 cm, na base, só então crescerá a regeneração da planta.

A primeira colheita pode ser efectuada cerca de 50-60 dias após a plantação.

Finalmente colhidas, as partes das plantas são separadas e secas.

Depois de secas, devem ser recolhidas, separadas e colocadas num saco e guardadas no local.

Na última fase, quando a procura aumenta, o produto é transportado para o ponto de venda.

Nas condições indianas, o rendimento varia entre 2000-2500 kg de ervas secas por hectare.

7. ARISTOLOCHIA BRACTEOLATA Lam.

Posição sistemática

Reino : Plantae

Divisão : Magnoliophyta

Classe : Magnoliopsida

Ordem : Piperales

Família : Aristolochiaceae

Género : Aristolochia

Espécie: bracteolata

Nome Binomial : *Aristolochia bracteolate* Lam.

Nomes Vernaculares:

Tamil - Aduthinapalai, Ishvara-muli, Mampancan, Perumaruntu; Inglês - Worm Killer, Dutchman's pipe, Bracteated Birth Wort; Malayalam - Eeswaramooli, Karalavekam; Kannada - Adu Muttada gida, Kurigida, Kattekirubana gida; Telugu - Ishvara veru; Hindi - Isharmul, Vishapaha; Sânscrito - Arkamula, Isvari, Rudrajata, Sunanda.

Distribuição da planta:

A Aristolochia bracteolata está amplamente distribuída na região tropical.

Encontra-se no Sri Lanka, nos países árabes e na África tropical.

Na Índia, esta planta ocorre em estado selvagem nas regiões planas e costeiras do Deccan e do planalto do Carnatic.

As plantas crescem a uma altitude de 50-740 metros acima do nível do mar. Pode ser encontrada ao longo das margens dos rios, nas crateras, no deserto e nas pastagens.

Cresce bem em solos arenosos ou argilosos.

Descrição das caraterísticas morfológicas:

A Aristolochia bracteolata é uma erva perene prostrada e um porta-enxerto lenhoso.

Cresce até 60 cm de largura.

O seu caule é fraco e glabro.

As folhas são simples, alternas, inteiras, com as margens mais ou menos onduladas, raniformes ou largamente ovadas.

São cordadas e têm 5 nervuras na base.

As flores nascem nas axilas de grandes brácteas cordadas ou orbiculares.

As flores são constituídas por uma cor branco-esverdeada ou púrpura clara.

O tubo do perianto é cilíndrico, com a extremidade púrpura escura e as margens revolutas, com inflorescências em cimas axilares ou fascículos de 1-2 lábios, peludos nos ramos dilatados.

Os estames são em número de seis, adnatos e os filamentos não se distinguem do estilete.

As flores são geralmente de cor fosca.

Os frutos são cápsulas com 12 nervuras.

A sua forma é oblonga e elipsoide.

São glabros.

As sementes são numerosas em cada cápsula. A sua base é ligeiramente cordada.

Constituintes químicos:

As folhas, os frutos e as raízes da planta Aristolochia bracteolata são as propriedades medicinais mais úteis.

As folhas e os frutos são constituintes do álcool cerílico, do β-sitosterol e do ácido aristolóquico.

Os frutos e as sementes contêm os alcalóides magnoflorina, ácido aristolóquico e óleo gordo.

A raiz contém ácido aristolóquico.

Utilizações medicinais da planta:

A Aristolochia bracteolata nesta planta tem propriedades anti-helmínticas, catárticas, antiperiódicas, emenagogas, antigonorreicas e larvicidas.

O pó das folhas é utilizado na obstipação, inflamações, amenorreia, dismenorreia, úlceras, furúnculos, sífilis, gonorreia, dispepsia, cólicas, doenças de pele, eczema, arteralgia, febres intermitentes e baixa contagem de espermatozóides no sémen.

O pó da raiz é utilizado para prevenir a infertilidade.

Uma decocção desta raiz é utilizada para expulsar as lombrigas.

Cultivo:

Aristolochia bracteolate é uma propagação de sementes.

A planta é colhida nas regiões selvagens.

É por vezes cultivada para fins medicinais na Índia.

O campo deve ser lavrado em profundidade e gradeado duas vezes.

É bom para ser transformado em terra com estrume.

As suas sementes devem ser tratadas com Bavistin, Captan, Thiram antes da sementeira.

As sementes amadurecem durante o período de maio a julho germinação das sementes.

As sementes podem ser semeadas em linhas sobre canteiros elevados.

As plântulas na fase de 4-5 folhas podem ser transplantadas para o campo em agosto-setembro.

É geralmente uma planta de sequeiro, mas necessita de irrigação durante os períodos de seca.

Colheita:

A Aristolochia bracteolate amadurece após um ano de crescimento, mas as folhas são podadas e colhidas após 150 dias. As folhas podem ser colhidas continuamente após um certo período de tempo.

A recolha das raízes é aconselhável após os dois anos de idade.

Após a recolha, as folhas e as raízes são cuidadosamente limpas e todo o material fino do pó é removido.

São secos à sombra durante uma semana.

Os materiais secos são armazenados em sacos de polietileno.

É seguro para uma utilização prolongada.

8. ARISTOLOCHIA INDICA L.

Posição sistemática

Reino : Plantae

Divisão : Magnoliophyta

Classe : Magnoliopsida

Ordem : Piperales

Família : Aristolochiaceae

Género : Aritolochia

Espécie : indica

Nome binomial : *Aritolochia indica* L.

Nomes Vernaculares:

Tamil - Ishvaramuli, Mampancan; Inglês - Indian Birthwort, Duck flower; Malayalam - Eeswaramooli, Kadalivegam; Kannada - Gopalapatti toppalu, Ishvara balli; Telugu - Ishvaraveru, Gulagovila; Hindi - Vishapaha; Sânscrito -Isvari, Rudrajata

Distribuição da planta:

A Aristolochia indica é uma planta rasteira perene com um porta-enxerto.

A Aristolochia indica é uma planta originária do sul da Índia.

Cresce geralmente em regiões tropicais.

Na Índia, esta planta ocorre de forma selvagem nas planícies e nas colinas mais baixas. Encontra-se nas regiões meridional e oriental da Índia.

Cresce em sebes e arbustos.

Descrição das caraterísticas morfológicas:

A Aristolochia indica é uma planta ramificada e com muitos ramos. Cresce até 5-7 metros de comprimento.

O caule é lenhoso na base.

É esguio e macio nas regiões superiores.

As folhas são simples, alternas e oblongas.

Apresentam 3 nervuras na base.

Têm um pecíolo curto.

A lâmina é inteira com uma margem ondulada.

As flores são peroduzidas em cimas axilares.

A inflorescência tem 8-15 flores.

As flores são pequenas, de cor branco-esverdeada ou roxa clara.

O tubo do perianto tem forma de trombeta e a sua extremidade apresenta margens revolutas (enroladas para trás).

Os estames são em número de seis, adnatos e os filamentos não se distinguem do estilete.

As anteras são adnatas à coluna e os carpelos são seis loculares com dois óvulos.

As flores têm geralmente um odor fétido.

Os frutos são cápsulas globosas, oblongas, septicidas, com seis valvas e que se abrem de baixo para cima.

Estas sementes são muitas em cada cápsula.

São planas e aladas lateralmente.

Constituintes químicos:

As folhas, os frutos e as raízes são as plantas medicinais mais úteis.

Aritolochia indica é um bio constituinte carcinogénico, nefrotóxico, ácido aristolóquico, óleo essencial, potássio, β-sitosterol, dois hidrocarbonetos sesquiterpénicos, nomeadamente Iswarane e aritolochene.

Usos medicinais da planta:

O pó das folhas é utilizado no tratamento de inflamações, orreia, dismenorreia, úlceras, furúnculos, sífilis, gonorreia, dispepsia, cólicas, doenças de pele, eczema, picadas venenosas, debilidade cardíaca, febre, tosse e perturbações abdominais.

O sumo das folhas juntamente com pimenta preta em pó é utilizado para problemas de cólera e diarreia.

A pasta da folha é aplicada nas feridas para curar inflamações.

O sumo das folhas tem propriedades tónicas estimulantes e antiperiódicas.

A decocção das raízes é utilizada para expulsar a lombriga.

A decocção de toda a planta é um antídoto valioso para a

mordedura de cobras e escorpiões.

Cultivo:

A reprodução da Aritolochia indica é feita através da germinação de sementes. As sementes de Aristolochia amadurecem entre maio e julho.

A Artolochia indica desenvolve-se em regiões de clima quente e húmido com temperaturas que variam entre 20° C e 33 °C.

A precipitação anual varia entre 100 e 150 cm e estende-se a uma grande parte do ano.

Também pode ser cultivada em solos ricos em adubo orgânico e em solos franco-arenosos.

A irrigação é necessária durante os períodos de baixa pluviosidade.

As sementes desta planta devem ser tratadas com Bavistin, Captan e Thiram antes da sementeira.

As sementes podem ser semeadas em linhas sobre canteiros elevados.

A aplicação de estrume de quinta no solo.

O campo principal deve ser preparado através de uma lavoura profunda e de uma gradagem.

As plântulas com 4-5 folhas podem ser transplantadas em agosto-setembro.

Colheita:

A Aristolochia indica amadurece após um ano de crescimento, mas as folhas são podadas e colhidas após 150 dias.

A recolha das raízes é aconselhável após os dois anos de idade. Após a recolha, as folhas e as raízes são cuidadosamente limpas e todo o material fino de poeira é removido.

São secos à sombra durante uma semana.

Os materiais vegetais também são separados.

Os materiais secos são armazenados em sacos de polietileno.

É seguro para uma utilização prolongada.

9. ASPARAGUS RACEMOSUS Willd.

Posição sistemática

Reino : Plantae

Divisão : Magnoliophyta

Classe : Liliopsida

Ordem : Asparagales

Família : Asparagaceae

Género : Espargos

Espécie : racemosus

Nome binomial : ***Asparagus recemosus*** **Willd**

Nomes Vernaculares:

Tamil - Saravari ou Thannervittan kizhangu; Inglês - Satawari, Buttermilk root, Water root, Wild carrot; Malayalam - Sathavari; Kannada - Halavu makkala taayi beru; Telugu - Abiruvu, Pilla-pitsara; Hindi - Shatamuli; Sânscrito - Satamuli, Satavari.

Distribuição da planta:

O espargo racemoso cresce nas regiões tropicais e subtropicais do mundo.

É comum em toda a Índia central.

Na Índia, ocorre em estado selvagem nas planícies, regiões costeiras, matagais, encostas e fronteiras florestais.

Pode crescer até à altitude de 1500 metros nos Himalaias subtropicais de forma natural.

É uma xerófita que prefere o semi-árido e o sub-tropical e cresce em condições ambientais mais frescas.

É cultivada em solos franco-arenosos e terrenos baldios.

Descrição das caraterísticas morfológicas:

É um arbusto escandente, muito ramificado, armado, trepador, espinhoso, com sistema radicular tuberoso.

Cresce até 6-10 metros.

As suas raízes são suculentas e tuberosas.

As plantas têm um comprimento de 30-100 cm ou mais e um fascículo na base do caule.

Os ramos são lisos e afunilados nas duas extremidades.

Tem terraço lenhoso, caules com espinhos curvos ou raramente rectos.

Os caules não amadurecidos são muito delicados, quebradiços e acuminados.

Encontram-se ao longo da superfície do caule.

Os cladódios são ramos modificados. São lineares e ligeiramente curados.

A inflorescência é um único racemo ou um conjunto de 3 racemos. Encontra-se nas axilas dos espinhos.

As flores são pequenas, brancas e perfumadas.

Os frutos são bagas globulares de cor vermelha.

São trilobadas, polpudas e de cor preta arroxeada.

A parte externa das raízes é de cor cinza claro e a interna é branca, mais ou menos lisa quando fresca, mas desenvolve-se em rugas longitudinais

As sementes são 3-6 num fruto, têm uma testa dura e quebradiça.

Constituintes químicos:

A raiz de Asperagus é uma parte medicinalmente útil de uma planta.

Os seus constituintes são compostos como alcalóides, asparagina, shatavarsn, rutina, diogenina, quercetina, hiperósido e galactosido cianídrico.

Usos medicinais da planta:

O sumo fresco da raiz é dado para arrefecer a temperatura do corpo durante o verão.

Também cura a hiper-acidez e as úlceras pépticas.

É utilizado em mulheres grávidas para prevenir o aborto e para reduzir as dores de parto imediatamente antes do parto. Relaxa os músculos uterinos para um parto normal.

Reduz a perda de sangue durante os períodos menstruais.

Cura infecções na cavidade ureína e problemas urinários.

O pó da raiz é administrado para escaldões de urina, infecções da garganta, tuberculose, tosse, bronquite, gleite, gonorreia, leucorreia, lepra, epilepsia, fadiga, hiperacidez, cólicas hemorróidas, hipertensão e aborto, debilidade cardíaca e geral.

Cultivo:

A planta Asparagus recemosus reproduz-se por sementes e rizomas em forma de coroa.

No entanto, as sementes são preferíveis para a sementeira devido ao seu elevado rendimento, que têm um baixo potencial de germinação na cultura. A precipitação média anual mais baixa é registada entre julho e setembro.

Um solo fértil franco-arenoso a franco-argiloso bem drenado é adequado para o seu cultivo com apoio de estacas.

Os espargos podem ser cultivados em campos abertos à sombra, mas a podridão radicular ocorre quando a humidade é demasiado elevada.

As sementes podem ser colhidas de março a maio, quando a cor dos juncos muda de vermelho para preto.

Numa estufa bem preparada, as sementes são semeadas na primeira semana de junho para produzir a planta.

Deve ser utilizada uma quantidade adequada de estrume de quinta nas camas de narsury.

Cada canteiro deve ser colocado com um espaçamento de 10 m x 1 m.

As sementes são semeadas em linhas com um espaçamento de 5 cm e cobertas com uma fina camada de areia.

Os canteiros são depois ligeiramente regados a intervalos regulares com um aspersor.

Cerca de 10 túneis de estrume de curral bem decomposto devem ser misturados no solo um mês antes da transplantação e depois lavrados.

O primeiro campo deve ser suficientemente profundo para a lavoura de disco, a gradagem e o nivelamento.

O campo está normalmente dividido em parcelas, com um canal de irrigação entre duas filas de parcelas.

Os sulcos e as ranhuras são feitos a uma distância de cerca de 45 cm entre as duas parcelas.

As mudas estão prontas para serem transplantadas após 35 dias de semeadura.

Pode ser cultivada em jardins de beleza caseiros.

As plantas precisam de material de suporte para crescerem a direito

A tiririca deve ser efectuada durante os períodos lunares sem chuva durante mais de 10 dias e com tempo seco.

Colheita:

O espargo recemosus está maduro e pronto para a colheita 12 meses após a plantação.

Mas as sementes só podem ser colhidas após 20 meses de colheita.

A estação das chuvas, entre novembro e dezembro, é a melhor altura para colher as raízes tuberosas. A parte superior da raiz tuberosa torna-se amarelo-pálido.

Após a colheita, os tubérculos devem ser lavados cuidadosamente em água corrente.

Em seguida, secam ao sol durante um a dois dias.

A imersão das raízes do tubérculo em água morna durante uma hora amolece a cobertura exterior dos tubérculos.

Este procedimento ajuda a remover a pele macia. As raízes colhidas são descascadas manualmente, arrancando-lhes a bainha fina exterior.

Os tubérculos descascados devem ser secos à sombra durante um dia.

Segue-se a secagem numa estufa de ar quente a 40°C durante 20 minutos ou mais, dependendo do teor de humidade.

Quando o tubérculo é partido, faz um som que significa

que o tubérculo está completamente seco.

As raízes devem ser armazenadas depois de estarem completamente secas.

As raízes tuberosas secas são empilhadas em caixas de cartão e enviadas para venda.

10. ARTEMISIA VULGARIS L.

Posição sistemática

Reino : Plantae

Divisão : Magnoliophyta

Classe : Magnoliopsida

Ordem : Asterales

Família : Asteraceae

Género : Artemisia

Espécie : vulgaris

Nome Binomial : ***Artemisia vulgaris*** **L.**

Nomes Vernaculares:

Tamil - Maasipattiri; Inglês - Indian wormwood, Mugwort; Malayalam Makkipoovu; Kannada - Nagadamani; Telugu - Davanamu; Hindi -Douna; Sânscrito - Damanaka, Damana.

Distribuição da planta:

A Artemisia vulgaris é uma planta perene.

É uma planta que cresce normalmente entre 60 e 160 cm de altura, mas por vezes é mais pequena.

Naturalmente, ocorre em muitas áreas fora da sua área de distribuição nativa. A Artemisia vulgaris é nativa da Europa, Ásia, Norte de África e Alasca e é uma planta naturalizada na América do Norte.

Alguns consideram-nas uma erva daninha invasora.

Cresce normalmente em solos ricos em azoto, como ervas daninhas e terrenos não cultivados, terrenos baldios e rochedos.

Descrição das caraterísticas morfológicas:

As Artemísias são ervas medicinais.

A Artemisia vulgaris é uma das várias espécies do género Artemisia, vulgarmente conhecido como artemísia.

Embora a Artemisia vulgaris seja a espécie mais frequentemente designada por artemísia.

A planta tem um porta-enxerto lenhoso e rizomatoso.

Produz muitos mais ou menos ramos através de caules erectos.

Os caules são estriados e têm um aspeto regenerado.

As folhas têm 5-20 cm de comprimento, são verde-escuras, pinadas e sésseis, com pêlos densos, brancos e tomentosos na face externa.

A flor é amarela ou castanha, sem raios, com cabeças de 5 mm de comprimento.

As flores estão dispostas em panículas racemosas.

As flores exteriores de cada capitulo são femininas e as flores interiores são bissexuais.

Constituintes químicos:

As plantas inteiras de Artemisia vulgaris são utilizadas para fins medicinais.

A Artemisia vulgaris possui uma variedade de propriedades bioquímicas, tais como cineol, tujona, triterpenos flavonóides, cumarina, ácidos fenólicos, cumarinas, esteróis, carotenóides, vitaminas, lactonas sesquiterpénicas, artmisinina, escopoletina, canfeno, cânfora, sabineno, quercetina e kaempferol.

Usos medicinais da planta:

As plantas inteiras de artemísia são utilizadas como anti-helmíntico, antissético, antiespasmódico, carminativo, colagogo, diaforético, digestivo, emenagogo, expetorante, nervino, purgativo e estimulante.

O tónico é utilizado para vermes no sistema digestivo e problemas menstruais das mulheres.

As folhas são também utilizadas como diurético, hemostático e estomacal.

A infusão do extrato das folhas e das flores é utilizada no tratamento de doenças nervosas e de esterilidade, hemorragias funcionais do útero, dismenorreia, asma e doenças do cérebro.

A Artemisia vulgaris tem sido utilizada para aliviar a dor, a febre e como diurético.

Este tónico não deve ser utilizado por mulheres grávidas, especialmente durante o seu trimestre de gestação, pois pode provocar um aborto espontâneo.

Cultivo:

A Artemisia germinou em sementes.

A Vulgaris prefere um solo ensolarado, húmido mas bem drenado.

A melhor forma de crescimento é numa posição sombreada no bosque.

Pode crescer bem em solos com elevado teor de azoto.

A germinação da Artemisia é a semente.

Semeado num local com sombra, do fim do inverno ao princípio do verão.

As plântulas devem ser arrancadas quando atingem o tamanho necessário para a plantação.

Caso contrário, pode ser plantada no campo se houver crescimento suficiente.

Colheita:

A Artemisia cultiva-as em moldura fria durante o primeiro inverno.

Plantam-nas na primavera.

Estacas basais no final da primavera.

Colher o rebento jovem com cerca de 10-15 cm de comprimento.

A planta recolhida é seca ao ar num local à sombra. Armazenamento separado da planta seca nos sacos de polietileno.

11. ATROBA BELLADONNA L.

Posição sistemática

Reino : Plantae

Divisão : Magnoliophyta

Classe : Magnoliopsida

Ordem : Solanales

Família : Solanaceae

Género : Atropa

Espécie : belladonna

Nome binomial : *Atropa belladonna* L.

Nomes Vernaculares:

Tamil - Bellatona, Pelletonacceti; Inglês - Belladonna, Devil's Cherries, Naughty Man's Cherries, Dwaberry; Malayalam - Indian Belladonna, Hridayapatram; Kannada - Seeme belladonna; Telugu - Belladonna; Hindi - Angurshafa ou Sagangur, Luckmuna, Luckmunee; Sânscrito - Sagangur.

Distribuição da planta:

A planta é uma erva.

Esta planta é venenosa.

A atroba é também conhecida como erva-moura mortal.

Cresce até uma altura de 1,5 metros.

Esta planta, Atropa belladonna, é uma planta de altitude.

Ocorre numa zona selvagem a uma altitude de 2000 a 3.500 metros.

Encontra-se nas montanhas dos Himalaias, entre Simla e Caxemira.

Esta planta não cresce nas outras partes das regiões indianas.

É uma planta cultivada e colhida como planta medicinal.

É cultivada em Inglaterra, na Alemanha, nos EUA e na

Índia.

Descrição das caraterísticas morfológicas:

Esta planta Atropa belladonna é uma erva perene. Cresce até uma altura de 50-90 cm.

Forma uma cobertura ao nível do solo.

A beladona é constituída principalmente por folhas com pequenos caules. Por vezes, podem estar presentes flores e frutos.

O caule é uma planta de sistema ereto, delgado e profusamente ramificado.

As folhas são simples, opostas e de cor verde acastanhada, largamente ovadas com uma lâmina corrente, são lanceoladas com estreitamento em ambas as extremidades.

O pecíolo tem 4 cm de comprimento.

A margem das folhas é inteira, com o ápice acuminado e a superfície ligeiramente pilosa.

As flores são solidárias ou aéreas nas axilas das folhas. A corola tem forma de sino e é castanha amarelada.

O fruto é uma baga redonda, de cor púrpura e preta.

Constituintes químicos:

Nestas partes da planta, as folhas, o caule e as raízes são as partes medicamente úteis da Atropa belladonna.

As suas partes são secas e vendidas com o nome comercial Indian Belladonna.

A bioquímica de todas estas partes da palantina contém os alcalóides tropanos, a L-hipociamina, a D, L- hiosciamina (atropina), a escopolamina e a apoatropina.

Estes são os compostos activos da Belladonna.

Usos medicinais da planta:

Folhas, caules e raízes, parte vegetal medicinalmente útil da Belladonna.

As suas partes são secas e vendidas com o nome comercial de Belladona indiana.

As folhas de Atropa belladonna são passadas é aplicado sobre os inchaços para aliviar a dor.

O pó das folhas e das raízes secas é utilizado como sedativo, antiespasmódico e com propriedades anódinas.

O líquido extraído das folhas de Atropa é colocado nos olhos para dilatar a pupila antes do exame clínico.

As raízes de Baladona são transformadas em pasta com água e aplicadas nas feridas para facilitar a sua cicatrização.

As folhas secas de Atropa e o pó da raiz são mastigados como uma atividade narcótica.

A decocção das partes da planta é administrada para a tosse convulsa e as propriedades da asma.

Cultivo:

A Atropa belladonna propaga-se por sementes.

Trata-se de uma planta venenosa que pode ser cultivada a partir de sementes.

Por isso, esta planta não é cultivada em jardins.

No entanto, esta planta é cultivada nas regiões de alta montanha para fins medicinais.

Cresce bem em solos como a argila, a areia ou a perlite.

No entanto, cresce melhor em solos calcários e em solos permeáveis à luz, bem drenados e que retêm a humidade.

As suas sementes são adequadas para serem semeadas em março-abril ou no outono, em outubro-novembro.

O estrume deve ser aplicado no campo conforme necessário, seguido de uma lavoura de superfície.

As sementes devem ser semeadas a uma distância de 50 cm por cada semente nas linhas, deixando um intervalo de 70 cm.

A germinação é muitas vezes difícil e atrasada devido às suas sementes pequenas e ao seu revestimento duro.
Outra causa de atraso na germinação das sementes é o efeito do revestimento das sementes que provoca a sua dormência.
A semente demora vários dias a germinar.
Por conseguinte, a germinação pode ser aumentada através da utilização de ácido giberélico.
É preferível utilizar um solo esterilizado para evitar que as plântulas se molhem demasiado e que as raízes apodreçam.
Gosta de sol pleno e pode crescer em sombra parcial.
Gosta de solo húmido, pelo que necessita de rega regular.
A rega deve ser feita quando o solo não está húmido.
Deve ser assegurada uma drenagem adequada para evitar o apodrecimento das raízes devido ao excesso de água e humidade.
A rega deve ser efectuada quando a parte superior do solo parecer seca.
Estas plantas não precisam de muito fertilizante.
Por isso, aplique adubo ou estrume ou vermicomposto em

proporções adequadas duas vezes por ano.

Devido à longa duração de vida desta planta, aparecem muitas ervas daninhas no campo, pelo que a monda é feita à mão.

Colheita:

A Atropa belladonna é colhida quando a planta tem três anos de idade.

No entanto, a primeira colheita de folhas pode ser efectuada três meses após a sementeira.

Porque deve ser colhida quando começa a florescer, pois é nessa altura que o teor de alcalóides é mais elevado.

Do mesmo modo, as folhas da planta da vagem contêm quantidades elevadas de alcalóides.

As folhas devem ser podadas e recolhidas.

De seguida, secou imediatamente as folhas à sombra.

As folhas de Atropa podem ser colhidas duas ou mais vezes por ano.

As folhas secas devem ser armazenadas cuidadosamente em sacos de artilharia.

As raízes são colhidas ao fim de três anos.

Quando há humidade no campo, a planta deve ser

desenraizada à mão, as raízes devem ser lavadas com água para remover a terra, cortadas em pequenos pedaços e secas à sombra.

As raízes secas devem ser armazenadas em sacos de artilharia.

Guardá-los num local seguro e ventilado.

São levados comercialmente para o mercado.

12. Azadiractha indica a. Juss

Posição sistemática

Reino : Plantae

Divisão : Magnoliophyta

Classe : Magnoliopsida

Ordem : Sapindales

Família : Meliaceae

Género : Azadirachta

Espécie : indica

Nome binomial : *Azadirachta indica* A. Juss

Nomes Vernaculares:

Tamil - Veppaimaram ou Vembu; Inglês - Neem; Malayalam - Ariyaveppu; Kannada - Turakabevu; Telugu - vepa; Hindi - Nim; Sânscrito - Nima.

Distribuição da planta:

A Azadirachta indica é uma planta nativa do Sul da Índia.

Ocorre nas florestas secas selvagens de Tami Nadu, Andhra Pradesh e Karnataka.

Na Índia, tem sido cultivada e colhida em terras secas e terrenos baldios em todo o país.

Espalhou-se pelo Paquistão, Bangladesh, Sri Lanka, Malásia, Indonésia, Tailândia, Médio Oriente, Sudão e Níger.

Descrição das caraterísticas morfológicas:

A Azadirachta é uma árvore de folha perene.

As plantas atingem uma altura de 15-30 metros e têm coroas curvas atraentes e uma casca espessa semelhante a uma cicatriz.

As folhas são imparipinadas e compostas. São alternas, exstipuladas.

Os folíolos são subopostos, assimétricos, serrilhados e

oblíquos na base.

A inflorescência é longa, delgada, axilar ou terminal panícula.

As pequenas flores perfumadas, brancas ou amarelas pálidas, são bissexuais ou estaminadas, pentâmeras completas e penduradas em cachos nas axilas das folhas.

Apresentam um rebento com ramos largos. A sua copa tem uma forma redonda a oval.

O caule em redor tem uma casca grossa.

A casca é cinzento-escura; a casca das árvores velhas é avermelhada.

O fruto é uma drupa amarela e macia, com uma polpa de sabor doce.

O fruto é uma drupa de uma só semente com endocarpo.

Cada fruto tem uma única semente e é rico em óleo e bagaço.

Constituintes químicos:

As suas folhas contêm os flavonóides quercetina, nimbosterol, kaempferol e miricetina.

Os caules, as flores e os frutos têm os mesmos constituintes das folhas.

A casca à volta da madeira contém nimbina, nimbinina, nimbidina, nimbosterol, óleo essencial, taninos, margosina e desacetilnimbina.

As sementes contêm desacetylnimbin, azarirachtin, nimbidol, meliantriol, ácido tânico, enxofre e aminoácidos. Servem também como insecticidas naturais.

Usos medicinais da planta:

Todas as partes da árvore Azardichta são muito utilizadas em produtos medicinais e cosméticos.

Isto porque tem propriedades antibacterianas e antifúngicas.

As folhas são normalmente utilizadas em sabonetes, em champôs contra a caspa e em cremes para o acne, a dermatite e o pé de atleta.

Tomar banho em água misturada com folhas e curcuma em pó pode curar as varíolas e a varicela.

As mulheres adultas utilizam as folhas misturadas com curcuma em pó na água do banho para matar os germes infecciosos.

Os pequenos paus são utilizados como escovas de dentes nas zonas rurais.

As folhas de Azardichta são também utilizadas em algumas pastas de dentes e colutórios.

As folhas são preparadas juntamente com curcuma e são coladas em nas feridas e pústulas devidas a varicela, varicela e inchaços glandulares.

Folhas frescas com curcuma em pó e água adicionada depois do banho humano também curam a varíola, a varicela e a psoríase.

As suas folhas são utilizadas há muito tempo na medicina tradicional como tratamento da diabetes e para controlar os níveis de açúcar no sangue.

A decocção forte de folhas frescas tem propriedades anti-sépticas. Cura as úlceras do intestino e expulsa os vermes intestinais e as feridas da boca. Também é administrada para febres virais e bacterianas.

A infusão de flores é administrada para dispepsia e incapacidade geral.

A decocção das folhas e da casca do caule é administrada para problemas urinários, tosse, diabetes e comichão de doenças de pele.

O óleo de Azardichta controla a atividade das células

reprodutoras masculinas e impede a produção de esperma. Por isso, é um agente de controlo da natalidade.

O óleo, a casca e as folhas não são seguros para as mulheres grávidas e podem causar aborto.

Pó de sementes de Azardichta com uma mistura de pimenta preta cura a diabetes, a obstipação e a tuberculose.

A pasta de sementes é utilizada para expulsar os vermes.

O toddy de Neem extraído da árvore velha é um bom tónico para a saúde. O óleo de azrdichta é utilizado em sabonetes, pastas de dentes e como óleo capilar para matar os piolhos.

O óleo de Azrdichta é utilizado para infecções cutâneas.

As folhas secas são queimadas para libertar fumo que mata as doenças do ar e os insectos.

O óleo extraído das sementes é também uma fonte de muitos produtos comerciais como inseticida e fungicida.

Em muitos países estão disponíveis insecticidas que contêm azardichtina.

Os produtos Azardichta são utilizados no domínio da agricultura, da saúde pública, dos medicamentos veterinários, dos produtos de higiene pessoal, dos cosméticos e da produção de gado bovino.

O seu óleo é utilizado como fungicida nos campos agrícolas para controlar a ferrugem, a mancha negra, o míldio, a sarna, a antracnose e o míldio. A torta de neem é utilizada como fungicida para as culturas.

O bagaço de azardichta é rico em N, P, K e Ca, S. É um bom adubo orgânico para as culturas.

O óleo de Azardichta é aplicado na preparação de repelentes de mosquitos .

Os pesticidas à base de azardichta têm geralmente baixa toxicidade para os mamíferos, mas não causam danos.

Participação em festivais hindus no estado indiano de Tamil Nadu:

O festival do templo de Mariamman é uma tradição antiga que se realiza em Tamilnadu durante os meses de verão, de abril a junho

As folhas e flores de Azardichta são a parte mais importante do festival Mariamman.

As folhas e flores de Azardichta são colocadas em guirlanda no ídolo de Mariamman.

Tradicionalmente, os tamilianos acreditam que o sarampo é causado por uma divindade e que esta os castiga pelos seus erros, pelo que utilizam apenas as folhas para afastar as infecções.

Porque desde a antiguidade que estas folhas e flores são utilizadas como anti-sépticos para se protegerem de doenças mortais.

Durante as celebrações e os casamentos, os tamilianos decoram os seus arredores com folhas e flores de Azardichta para afastar os maus espíritos e as doenças infecciosas.

Cultivo:

A árvore Azadirachta indica cresce em todas as regiões.

A propagação é geralmente feita por sementes, mas também pode ser feita por estacas.

Estas plantas são difíceis e resistentes e crescem bem em solos rochosos pobres.

Azadirachta tolera uma vasta gama de condições ambientais, mas não sobrevive a temperaturas frias ou a solos encharcados.

A Azadirachta indica é uma árvore perene com folhagem

sempre verde.

A Azadirachta ocorre bem em quase todos os tipos de solos bem drenados.

Cresce melhor em solos argilosos, argilosos e de algodão preto.

Também se desenvolve melhor do que outras espécies em solos secos, pedregosos, argilosos e pouco profundos.

A germinação reproduz-se principalmente a partir de sementes.

As sementes recolhidas são frutos maduros.

As sementes de nim podem ser diretamente colocadas em sacos de polietileno.

Os seus rebentos germinam em locais de sombra densa.

Também podem ser mantidas durante seis meses em local com sombra, depois de retiradas.

As mudas de seis meses de idade são preferidas para o estabelecimento adequado da plantação.

Normalmente, a plantação é efectuada na estação das chuvas.

Aplicação geral de 50 gm de Vesicular Arbuscular

Adubo micorriza, 2 gm de Azhospirillum e Phospobacteria

a aplicar regularmente.

Colheita:

A Azadirachta indica produz sementes e folhas que podem ser recolhidas e utilizadas para quase todos os fins, tais como extração de óleo, controlo natural de pragas, fertilizantes e medicamentos.

Estas árvores produzem normalmente frutos uma ou duas vezes por ano. Os frutos são verdes quando jovens e tornam-se amarelos à medida que amadurecem.

Quando a fruta de neem está completamente madura e começa a cair da árvore, está pronta.

Colher os frutos caídos e retirar as sementes da polpa dos frutos.

Coloque as sementes espalhadas numa superfície limpa e seca, como um tabuleiro ou um pano, num local bem ventilado, para secar.

Isto pode demorar vários dias, dependendo da humidade e da temperatura .

Guardar as folhas e as sementes num recipiente hermético dentro de um saco de plástico depois de estarem completamente secas.

Após a embalagem, os pormenores devem ser anotados.

13. BACOPA MONNIERI (L.) Pennell

Posição sistemática

Reino : Plantae

Divisão : Magnoliophyta

Classe : Magnoliopsida

Ordem : Lamiales

Família : Plantaginaceae

Género : Bacopa

Espécie : monnieri

Nome binomial : ***Bacopa monnieri*** **(L.) Pennell**

Nomes Vernaculares:

Tamil - Nirbrahmi; Inglês - Water hyssop; Malayalam - Bhrammi, Neerbrahmi; Kannada - Neeru brahmi; Telugu - Brahmi, Neeti sambrani, Sambrani chettu; Hindi - Brahmi; Sânscrito - Brahmi.

Distribuição da planta:

A Bacopa monnieri é uma planta herbácea perene e rasteira.

Esta planta é nativa das zonas húmidas do sul e do leste da Índia.

Encontrada na Austrália, Europa, África, Ásia e América do Norte e do Sul.

É conhecida pelos nomes comuns de hissopo de água, hissopo de água, brahmi, gratiola de folhas de tomilho, erva da graça e pennywort indiano.

Descrição das caraterísticas morfológicas:

A Bacopa monnieri é uma planta herbácea não aromática.

As folhas da planta são suculentas, oblongas e têm 4-6 mm (0,16-0,24 in) de espessura.

As folhas são oblanceoladas e estão dispostas de forma oposta no caule.

As flores são pequenas, actinomorfas e brancas, com quatro a cinco pétalas.

Pode mesmo crescer em condições ligeiramente salobras.

A propagação faz-se principalmente por estacas de caule.

Constituintes químicos:

A parte inteira da planta Bcopa é medicinalmente útil.

Os compostos bioquímicos activos da Bacopa monnieri contêm o alcaloide brahmina, a nicotinina, a herpestina, os bacósidos A e B, as saponinas, o estigmastanol, o β-sitosterol, o ácido betulínico e o D-manitol, o estigmasterol, a α-alanina, o ácido aspártico, o ácido glutâmico e a serina e o glicósido pseudojujubogenina.

Utilizações medicinais da planta :

A Bacopa monnieri é utilizada há séculos na medicina tradicional ayurvédica para melhorar a memória e tratar várias doenças.

Esta planta é utilizada para melhorar a cognição.

Os efeitos secundários comuns associados à utilização desta planta incluem náuseas, aumento da motilidade intestinal e perturbações gastrointestinais.

Os produtos Bacopa monnieri não estão aprovados para

qualquer utilização médica.

A sua natureza de crescimento na água torna-a uma planta popular no aquário .

Cultivo:

A Bacopa monnieri é uma planta de propagação vegetativa de corte de caule e raiz.

Esta planta é preferível para transplantação em estacas de rebentos de 5-10 cm de comprimento com entrenós e radículas.

A reprodução é feita através de propágulos disponíveis quando as plantas crescem abundantemente durante a estação das chuvas.

A germinação das sementes será baixa, o que é encorajador.

Planta Monnieri que cresce num tipo de solo diferente.

Esta planta habita em zonas húmidas e semi-sombreadas.

Os solos naturalmente argilosos a argilosos são adequados para o crescimento da Bacopa monnieri.

Cresce perto de água corrente mas fica dormente no inverno.

Colheita:

A planta da Bacopa pode ser colhida 80-90 dias após a plantação.

As plantas podem ser colhidas quando atingem 15-30 cm de comprimento.

As plantas inteiras devem ser arrancadas ou removidas manualmente durante a colheita.

As plantas colhidas devem ser limpas e depois estendidas e secas ao ar.

O material seco deve ser armazenado num saco de artilharia.

14. BERGERA KOENIGII (L.)

Posição sistemática

Reino : Plantae

Divisão : Magnoliophyta

Classe : Magnoliopsida

Ordem : Sapindales

Família : Rutaceae

Género : Bergera

Espécie : koenigii

Nome Binomial : *Bergera koenigii* (L.)

Nomes Vernaculares:

Tamil - Karivepillai; Inglês - Curry leaf; Malayalam - Kareapela; Kannada - Gandhabevu, Karibevu; Telugu - Karivepaku; Hindi - Kari patta, Katnim ou Mithinim; Sânscrito - Kalashaka.

Distribuição da planta:

É uma planta que cresce nas regiões tropicais e subtropicais do mundo.

Esta planta é originária do subcontinente indiano.

Encontram-se a crescer em toda a parte sul da Índia.

Nalgumas regiões, a planta Bergera koenigii é também conhecida como sweet neem.

Muitas plantações foram estabelecidas na Índia e na Austrália. É cultivada como planta principal nos estados indianos de Tamilnadu e Karnataka.

Estas plantas crescem melhor em solos bem drenados.

Descrição das caraterísticas morfológicas:

A Bergera koenigii é uma pequena árvore aromática. Cresce até aos 6 metros de altura.

O seu tronco e os seus ramos têm uma casca cinzenta escura e ramos próximos de uma folhagem verde escura.

As folhas são aromáticas.

As folhas são imparipinadas, alternas e têm 30 cm de comprimento.

Os folíolos são alternos, obliquamente ovados ou ligeiramente romboides. São pontilhados de glândulas e fortemente aromáticos. Esta planta produz pequenas flores.

As flores são numerosas e estão dispostas em corimbose terminal muito ramificada.

São brancas e perfumadas.

Os frutos são pequenas bagas pretas e brilhantes.

A polpa das bagas é comestível e tem um sabor doce.

As sementes são únicas e de grandes dimensões.

Constituintes químicos:

As folhas, a casca e as raízes são partes medicamente úteis.

Os constituintes das partes inteiras das plantas, tais como os alcalóides carbazóis, os cabozóis incluem a murrayanina, o ácido mukoei, a mukonina, a mukonidina, a gernimbina, a koenimbina, a murrayacina, a koeinigina, a mahanimbina, a mahanimbicina, a murrayayazotina, a murrayazolinina, a ciclomahanimbina e a biciclomahanimbicina.

Óleo essencial de folhas bioquímicas como β-cariofilina, β-gurjuneno, β-elemeno, β-phellandrene e β-thujene.

Usos medicinais das plantas:

A decocção da raiz é administrada para problemas intestinais devido a infestação por protozoários.

A cataplasma de folhas é aplicada sobre erupções e contusões na pele.

O sumo das folhas é administrado para indigestão, emaciação, venenos e problemas com vermes. Também é dado para a diabetes. O pó é dado para condições viciadas de hiperdipna, cólicas, flatulência, diarreia, disenteria, vómitos, inflamações e úlceras.

Cultivo:

A Bergera koenigii propaga-se principalmente por sementes e estacas de caule meio maduro.

As sementes devem estar maduras e frescas para serem plantadas.

Não devem ser utilizados frutos secos ou murchos.

Retira-se a polpa do fruto e planta-se num saco de polietileno com terra misturada com fibra de coco, que deve estar húmida mas não encharcada.

Depois disso, a semente germinará após alguns dias.

As estacas de caule também podem ser utilizadas para a propagação.

A planta é cultivada na maioria dos solos bem drenados.

Durante os Verões longos e quentes e secos, deve espalhar-se estrume de quinta bem decomposto no terreno.

Em seguida, o campo é lavrado 2 ou 3 vezes, mondado e nivclado.

O campo é dividido em fileiras de 30 x 30 x 30 cm, que são plantadas a uma distância de 1,2 a 1,5 metros em todos os lados circundantes.

As covas devem ter 50 cm de profundidade e largura.

Misturar o solo arenoso com 5 kg de estrume ou composto orgânico e encher as covas.

Naturalmente, pelo menos um dia antes de semear as sementes ou transplantar as plântulas, encher as covas.

Imediatamente após a plantação, as covas devem ser irrigadas.

Uma segunda irrigação é efectuada no terceiro dia e a irrigação é feita uma vez por semana. A temperatura necessária é de 26° C a

37° C mas pode tolerar.

A principal época de frutificação desta planta é julho-agosto. As sementes são semeadas em viveiros ou em pântanos de polietileno.

As plântulas com um ano de idade são adequadas para transplante.

Esta planta necessita de sol direto.

A planta não necessita de muita rega.

Geralmente aplicado a fertilizantes para todos os fins.

Aplicação anual de 10 kg de estrume de curral e 75 g de sulfato de amónio à árvore adulta.

A poda é necessária para eliminar os caules ao nível do solo, os ramos cruzados, os ramos mortos e doentes e para dar forma à planta.

Colheita:

As folhas de Bergera koenigii devem ser colhidas a partir da plantação de um ano de idade.

Pode começar a colher as folhas consoante o seu crescimento.

As folhas podem ser colhidas em qualquer altura.

Geralmente, a colheita é adequada para um crescimento mais arbustivo e manterá a planta em altura.

A bérbera é um fruto preto maduro que pode ser colhido para a obtenção de sementes.

15. CALOTROPIS PROCERA W.T. Aiton

Posição sistemática

Reino : Plantae

Divisão : Magnoliophyta

Classe : Magnoliopsida

Ordem : Gentianales

Família : Apocynaceae

Género : Calotropis

Espécie : procera

Nome binomial : *Calotropis*

W.T. Aiton

Nomes Vernaculares:

Tamil - Vellai erukkan; Inglês - Rubber Bush, Apple of sondom, French cotton, Sodom apple; Malayalam - Erukku; Kannada - Bili aekka, Bili aekkada gida; Telugu - Erra jilledu, Jilledu; Hindi - Aak; Sânscrito - Adityapushpika, Alarka.

Distribuição da planta:

A Calotrois proccra ocorre nos terrenos baldios e nos solos secos. Cresce em planícies, regiões costeiras e colinas baixas.

São plantas xerófitas.

Descrição das caraterísticas morfológicas:

O Calotropis procera é um arbusto ramificado.

Cresce até 4-7 pés de altura.

Toda a superfície da planta está coberta de pêlos de algodão chamados tomentum.

Esta planta tem látex leitoso em todas as partes.

O caule é ereto, espalhado e cilíndrico. É esverdeado na parte superior e acastanhado na parte inferior.

As folhas são simples, opostas, decussadas e sub-sésseis. A base da folha é ligeiramente cordada. As nervuras são salientes na superfície inferior.

A inflorescência é o topo dos ramos de uma panícula umbelada.

As flores são de cor branca. São pediceladas, bracteadas e bissexuais.

O cálice tem cinco sépalas unidas basalmente. As sépalas são lanceoladas, esverdeadas e com a extremidade aguda.

As pétalas são brancas com pontos roxos. As pétalas estão unidas na base e espalham-se.

Os frutos são um par de grandes folículos.

As sementes são numerosas, ovadas e achatadas, com um tufo de pêlos tomentosos numa das extremidades.

Constituintes químicos:

As partes das folhas, raízes e látex da Calotropis procera são as mais úteis do ponto de vista medicinal.

O sumo da planta é venenoso.

O látex é um cardiotóxico cujo ingrediente ativo é a calotropina.

As folhas e as raízes contêm os constituintes activos que se designam por mudarina.

Utilizações medicinais da planta:

O sumo das folhas de Calotropis procera misturado com pimenta em pó é administrado como antídoto para a mordedura de cobra.

O pó das folhas é utilizado para curar a tosse, a asma e a indigestão.

Uma pasta das folhas é utilizada para tratar a elefantíase.

O caule da decocção é administrado para a lepra.

O algodão é embebido no látex e mantido nas cáries dentárias para impedir a propagação das cáries.

Uma cataplasma de folhas torradas é utilizada para inchaços inflamatórios e feridas na pele.

A planta inteira em pó é administrada para purificação do sangue, gonorreia, dores de estômago, elefantíase e doenças de pele.

Cultivo:

O Calotropis procera é um arbusto grande e ereto que atinge 4 metros ou mais de altura.

Está amplamente difundida nas regiões tropicais e subtropicais. O Calotropis é bem propagado por sementes. Propagação de plantas por estacas de caule e de raiz. Isto torna-o muito útil para a propagação de plantas em grande escala.

O caule e as raízes também ajudam na propagação de uma só planta.

Cresce bem em zonas onde a precipitação anual é da ordem dos 300-400 mm.

O campo prefere os solos arenosos perturbados.

O campo deve ser cuidadosamente lavrado e nivelado.

A aplicação de estrume de quinta no solo.

As sementes podem ser semeadas em linhas no campo.

Requer uma posição solarenga.

A planta é altamente tolerante à seca, bem como altamente salina.

Especialmente em solos arenosos em regiões de baixa pluviosidade.

Em geral, as terras são plantadas com água da chuva, mas a irrigação é suplementar, conforme necessário, durante a estação seca.

Colheita:

A Calotropis procera é colhida um ano após a plantação.

As partes da planta colhidas são as folhas, o caule, a raiz

e o látex.

As partes da planta recolhida são separadas e secas ao ar num local à sombra.

Os materiais secos devem ser armazenados em sacos de guuny.

Pode ser utilizado durante um longo período.

O látex foi recolhido numa tigela ou numa garrafa.

16. Catharanthus roseus (l.) g.don

Posição sistemática

Reino : Plantae

Divisão : Magnoliophyta

Classe : Magnoliopsida

Ordem : Gentianales

Família : Apocynaceae

Género : Catharanthus

Espécie : roseus

Nome Binomial : *Catharanthus roseus* (L.) G.Don

Nomes Vernaculares:

Tamil - Nithiyakalyani ou Sudukaatu malikai ou Poonari; Inglês - Cayenne jasmine, Old maid, periwinkie; Malayalam : Ushamalari; Kannada - Batla hoo, Bili kaasi kanigalu, Ganeshana hoo, Kempu kaasi, kanigalu; Telugu - Billaganneru; Hindi - Sadabahar; Sânscrito - Sadabaha.

Distribuição da planta:

O Catheranthus é uma planta originária das Índias Ocidentais.

Ocorre de forma selvagem em terrenos baldios com condições agro-climáticas adequadas.

Cresce em terrenos baldios por toda a Índia.

Em toda a Índia, as terras agrícolas com condições climáticas adequadas são cultivadas e colhidas em terrenos baldios.

Tamilnadu, Anthira Pradesh, Karnataka, Madhya Pradesh, Gujarat e Assam são os Estados mais adequados para o cultivo de plantas na Índia.

Descrição das caraterísticas morfológicas:

A planta Catheranthus é um subarbusto herbáceo ramificado e perene.

Crescem até um metro de altura. A sua base é rígida.

O caule é ramificado e as folhas são todas lactíferas.

As folhas são simples, ovadas, dispostas de forma oposta e com pecíolo curto. A margem da folha é lisa e toda peciolada, com a base aguda e o ápice arredondado.

As flores nascem aos pares nas axilas das folhas. São brancas, cor-de-rosa ou violeta.

As flores são tubulares.

Tem cinco sépalas, verdes, lineares, pétalas tubulares-cilíndricas, rosa púrpura ou brancas com um ponto rosa púrpura no centro. A garganta das pétalas é peluda e semelhante a uma coroa.

As suas anteras são epipétalas e estão assentes em filamentos curtos.

Ovário distinto com a base bicarpelar fundida com o estilo e o estigma comuns.

O fruto é um folículo, que se deiscencia longitudinalmente.

Há sementes no folículo.

As suas sementes são pequenas e de cor preta.

Constituintes químicos:

Catheranthus roseus tem sido plantas inteiras são medicamente úteis.

Estas partes contêm mais de 100 alcalóides.

O papel importante dos alcalóides inclui alcalóides indólicos monoméricos, 2-acil indóis, oxindole, a-metileno indolinas, dihidroindóis, bisindole, vinblastina e vincristina.

Usos medicinais da planta:

Embora os extractos das raízes e dos rebentos desta planta sejam venenosos, são utilizados na medicina tradicional indiana para tratar muitas doenças.

Uma decocção das folhas é administrada para curar o cancro.

As folhas contêm a vinblastina e a vincristina.

Por isso, as suas folhas são reconhecidas como medicamentos anti-cancerígenos.

Decocção da planta inteira dada para diabetes, disenteria e hemorragia.

O extrato de folhas de Catheranthus é utilizado para

aumentar a imunidade dos glóbulos brancos.

O extrato das folhas também cura o cancro, como a doença de Hodgkin, o carcinoma testicular e o coriocarcinoma.

O sumo fresco das folhas é administrado para a menorragia e picadas de vespa.

O extrato das suas folhas contém compostos importantes como a raubasina, a reserpina e a serpentina.

O extrato das suas folhas é utilizado na preparação de medicamentos para a hipertensão arterial.

O sumo das folhas é administrado para as picadas de vespa.

O fabrico de raiz tónica é uma cura estomacal, hipotensor, sedativo e tranquilizante.

Cultivo:

As sementes colhidas com mais de um ano devem ser utilizadas para a sementeira.

A planta Catheranthus propaga-se por sementes.

As espécies de Catheranthus roseus são cultivadas desde há muito tempo.

Atualmente, é cultivada sobretudo para fins medicinais.

Também cultivada como planta ornamental.

Podem crescer numa grande variedade de solos, mas os

solos leves e ricos em húmus são os melhores para o cultivo. Porque se torna mais fácil colher a raiz.

A planta também pode ser cultivada em regiões subtropicais, mas o seu crescimento é muito lento no inverno.

Pode ser cultivada em qualquer tipo de solo.

As culturas de sequeiro são zonas com baixa pluviosidade.

As sementes são semeadas diretamente no campo ou as plântulas podem ser produzidas em viveiro e transplantadas para o campo.

As plântulas com dois meses de idade devem ser transplantadas.

O campo deve ser bem arado sem ervas daninhas e, em seguida, os canteiros devem ser feitos com adubo verde ou adubo de curral. Também se deve adicionar 200 kg de superfosfato e 65 kg de muriato de potássio ao solo como fertilizante.

A sementeira direta pode ser feita durante a estação das chuvas e as sementes são misturadas com cerca de 25 kg de areia húmida para uma germinação uniforme.

Em seguida, as sementes devem ser semeadas a 2 mm de

profundidade e a 45 cm de distância, em filas.

Em seguida, as plântulas são mantidas a intervalos de 40 cm. Proporcionar sol pleno e um sistema de drenagem bem drenado.

Devem ser aplicados 60 kg de ureia às plantas de dois em dois meses após a plantação.

É uma cultura de irrigação.

O estrume adicionado de 20 kg de fertilizantes deve ser aplicado durante o cultivo de culturas de sequeiro.

A rega deve ser efectuada uma vez por mês.

Porque são tolerantes à seca.

Colheita:

As plantas de Catharanthus roseus são colhidas por desenraizamento.

Estas plantas têm o teor mais elevado de elementos químicos durante a floração.

A colheita é efectuada um ano após a sementeira.

A planta pode ser arrancada à mão ou cortada com uma foice a uma altura de cerca de 5 cm do nível do solo.

As folhas, o caule, as flores e as vagens da planta cortada devem ser separados e secos à sombra.

Depois de o campo de plantas colhidas ser adequadamente irrigado e atingir o teor de humidade adequado, as raízes são recolhidas por lavoura.

As raízes recolhidas são cuidadosamente lavadas e secas à sombra.

A primeira colheita pode ser efectuada quatro meses após a sementeira e a segunda colheita após oito meses, se as folhas forem muito cxigentes.

As partes de plantas bem secas devem ser armazenadas separadamente em sacos de artilharia.

Os sacos de artilharia devem ser armazenados num local ventilado e empilhados. Podem ser enviados para o mercado comercial.

17. CENTELLA ASIATICA (L.) Urbana

Posição sistemática

Reino : Plantae

Divisão : Magnoliophyta

Classe : Magnoliopsida

Ordem : Apiales

Família : Apiaceae

Género : Centella

Espécie : asiatica

Nome binomial : *Centella asiatica* (L.) Urban

Nomes Vernaculares:

Tamil - Vallarai, Kacappi, Matanti; Inglês - sIndian Pennywort, Coinwort, indian water navelwort, Pennyweed; Malayalam - Kutakam, kutannal; Kannada - Brahmi soppu, Tambuli; Telugu - Mandukaparni; Hindi - Ballari, Brahmamanduki; Sânscrito - Bhandi, Bhandiri, Bheki, Mandukaparni.

Distribuição da planta:

É cultivada em locais húmidos e sombrios na Índia, Sri Lanka, Paquistão, Indonésia e Madagáscar.

A Centella asiatica é originária da Ásia e das zonas húmidas.

Cresce nos pântanos de todas as regiões tropicais do mundo.

Cresce em toda a Índia.

É comummente observada na orla dos campos de arroz, nos feixes de canais de irrigação, nas margens de corpos de água lentos e nos terrenos baldios húmidos, que são os habitats naturais desta planta.

Descrição das caraterísticas morfológicas:

Esta planta é uma erva protuberante perene.

É um corredor. Rasteja na superfície do solo.

O caule é delgado com entrenós longos. De cor verde a verde-avermelhado.

Tem raízes adventícias nos nós.

As raízes fixam a planta firmemente no solo.

Na parte superior dos nódulos, as folhas erectas de áries projectam-se no ar.

As folhas assemelham-se à estrutura do cérebro humano.

As folhas são simples e estão dispostas em rosetas.

O pecíolo é longo e revestido na base.

A lâmina é raniforme com margem serrilhada.

É lisa, com nervuras palmadas.

Os caules são vermelhos e têm entrenós longos.

O enraizamento ocorre nos nós.

A inflorescência é constituída por 3-6 flores. As flores são pequenas.

São sésseis e de cor vermelho-tinta.

O fruto é o mericarpo. É pequeno, achatado lateralmente e parte-se em dois bocados.

Constituintes químicos:

As plantas inteiras são utilizadas para fins medicinais. As

folhas, o caule, as flores e os frutos são utilizados em conjunto como samoolan.

As folhas contêm um alcaloide hidrocotilina.

Todas estas partes da planta constituem o fitoquímico ativo chamado asioticosídeo, madecassosídeo e velarina.

Esta planta tem propriedades diuréticas, estimulantes, anti-halogísticas e alternativas.

Encontram-se também outras substâncias químicas como a resina, o ácido pícrico, o ácido ascórbico, o ácido gordo, o sitosterol, o tanino e os constituintes glucosídeos, o brabmosídeo e o braminosídeo.

Usos medicinais da planta:

As folhas desta planta são utilizadas como tónico cerebral, tónico cardíaco e tónico nervoso.

Tem actividades diuréticas, carminativas, sedativas, expectorantes, febrífugas e ansiolíticas.

As folhas também melhoram a capacidade de memória das crianças com atraso mental.

O sumo das folhas pode curar a constipação, a tosse e a diarreia nas crianças.

A decocção da planta inteira é administrada para a lepra.

O sumo das folhas frescas é misturado com leite de vaca e administrado para leucorreia e iterícia.

As folhas frescas juntamente com pimenta preta são mastigadas e comidas para retardar os processos de envelhecimento. Prolonga o período de vida do homem.

As folhas frescas desta planta são utilizadas em preparações culinárias para aumentar o seu valor nutritivo. Por exemplo. Chattney, caril, bebidas frescas, etc.

Cultivo:

Nesta propagação de Centella asiatica, a estaca nodal é cortada com pedaços de raiz.

Os pedaços nodais cortados são plantados em locais húmidos e sombrios.

Após 15 dias, formam-se os jovens rebentos folhosos.

A água estagnada ou flutuante é necessária para o seu crescimento.

Colheita:

Plantação após 20-30 dias da planta, as folhas estão prontas para a colheita.

As folhas frescas das plantas foram recolhidas com um cortador ou à mão.

Em seguida, são lavadas cuidadosamente e secas à sombra durante 5 dias.

Após a secagem, são pulverizados e embalados num recipiente ou em sacos de polietileno, sendo depois comercializados.

O pó apresenta-se como verde acastanhado ou esverdeado com sabor amargo e tem caraterísticas morfológicas de odor.

18. CURCUMA LONGA L.

Posição sistemática

Reino : Plantae

Divisão : Magnoliophyta

Classe : Liliopsida

Ordem : Zingiberales

Família : Zingiberaceae

Género : Curcuma

Espécie : longa

Nome binomial : *Curcuma longa* L

Nomes Vernaculares:

Tamil - Manjal; Inglês - Turmeric; Malayalam - Manjal; Kannada - Arishina, Haladi Haldi; Telugu - Haridra; Hindi - Haldi; Sânscrito - Haridra, Marmarii.

Distribuição da planta:

A Curcuma longa é uma planta originária da Índia e da China.

Extensivamente propagada na Índia, China, Indochina e Sri Lanka.

Na Índia, é propagada em Tamilnadu, Andhra Pradesh, Maharashtra, Karnadaka, Kerala e Orissa.

A Índia é o maior exportador mundial de Curcuma longa.

Descrição das caraterísticas morfológicas:

A curcuma é uma erva perene com rizoma subterrâneo e caule aéreo.

Os rizomas são redondos, oblongos ou esféricos, com ramos curtos e caule horizontal.

A fratura do rizoma é corneosa e a superfície interna é de cor laranja.

O caule é curto com folhas tufadas.

As flores são de cor amarela.

A cicatrização da raiz e as anulações são mostradas na superfície do rizoma.

Constituintes químicos:

A parte medicinalmente útil da Curcuma longa é o rizoma.

O rizoma é utilizado em medicina ou em pó de rizoma seco na alimentação.

É um rendimento de óleo volátil.

Rizoma seco de curcuma, principalmente óleo essencial.

Trata-se de um odor pungente e de papel.

O óleo essencial de rizomas secos contém bioquímicos como turmerona, zingebereno, borenol, ácido caprílico, felandreno e sabineno, atlantona e álcoois sesquiterpénicos.

O rizoma é um fitoquímico que contém o componente esterol, o campasterol, e também se encontram ácidos gordos.

Um dos constituintes mais importantes é o curcumenoide.

Fitoquímicos da curcuma, tais como proteínas, gorduras, hidratos de carbono, fibras, minerais e vitaminas A, B, C e niacina.

Usos medicinais das plantas:

A curcuma é um remédio caseiro e uma alternativa de anti-helmíntico, adstringente, antissético, antiperódico, vermicida, estomacal, carminativo e purificador do sangue. Fresco extrato aquoso de rizoma utilizado para curar problemas de fígado, iterícia, infecções urinárias, sarna e bronquite crónica,

A decocção é utilizada para lavar os olhos.

O rizoma com óleo de coco adicionado é aplicado na parte ferida do corpo.

O rizoma é tomado com leite e é adicionado à sua fervura alguns minutos após o extrato arrefecido ser utilizado para reviver a dor de garganta e a constipação comum.

O óleo essencial é utilizado para curar como agente anti-inflamatório.

Cultivo:

A Índia pode produzir 90 % da maior produção de rizomas do mundo.

Em Tamilnadu e Andhra Pradesh contribuem, em conjunto, com 70 % da produção total da Índia.

É a propagação do rizoma.

É necessário um solo rico em franco-arenoso e estrume de quintal misturado com 10 toneladas por hectare através de lavoura.

A preparação do terreno é dividida em camas planas de tamanhos convenientes.

Os rizomas são plantados a 5 cm de profundidade, inseridos a uma distância de 60 cm.

Dependendo das condições climatéricas, a planta é irrigada a intervalos semanais.

A planta está pronta para a colheita após oito meses de plantação.

A colheita é efectuada antes de um mês, quando o caule aéreo e a inflorescência são removidos.

Quando os pequenos pedaços de folhas e caules estiverem secos.

Colheita:

A colheita dos rizomas pode ser efectuada após oito meses da plantação.

Quando as folhas se tornam amarelas, isso indica a fase da colheita.

As folhas e os caules são secos. A planta é colhida.

A irrigação ligeira é efectuada antes da escavação.

Os rizomas são colhidos com o aparelho de escavação sem qualquer lesão nos rizomas.

Os rizomas colhidos são lavados cuidadosamente após a fervura do rizoma e secos ao ar à sombra, sendo depois armazenados para utilização futura ou pulverizados e embalados.

O pó do rizoma é de cor amarelada, com um sabor ligeiramente amargo e com caraterísticas odoríferas.

19. CROCUS SATIVUS L.

Posição sistemática

Reino : Plantae

Divisão : Magnoliophyta

Classe : Liliopsida

Ordem : Asparagales

Família : Iridaceae

Género : Crocus

Espécie : sativus

Nome binomial : *Crocus sativus* L.

Nomes Vernaculares:

Tamil - Kunguma Poo; Inglês - Saffron Flower, Saffron crocus; Malayalam - Kashmiram; Kannada - Kesari, Kesara, Kunkumakesari, Jaaguda; Telugu - Kunkuma Poovu; Hindi - Kesar; Sânscrito - Kashmirajanman.

Distribuição da planta:

O Crocus sativus é uma planta de altitude.

Em Jammu e Caxemira, cresce acima dos 1800 metros em condições de altitude elevada.

Cresce em climas frios. Por isso, não cresce no ambiente do Sul da Índia.

Descrição das caraterísticas morfológicas:

O Crocus sativus é uma erva anual.

Cresce até aos pés de altura de 25 cm.

Apresenta-se como uma massa solta emaranhada.

O seu caule é um bolbo. É globular e castanho. É coberto por um denso crescimento de raízes adventícias curtas.

O rebento aéreo nasce do bolbo e cresce ereto.

As folhas são longas, lineares, com a extremidade pontiaguda. Têm uma base longa e revestida.

A base das folhas velhas envolveu a base das folhas novas para formar um pseudo-tronco.

A flor é solitária, pedicelada longa, azul e perfumada. O lóbulo do perianto é longo, estreito e em forma de trombeta. As anteras são amarelas.

O ovário é tricarpelar e trilocular.

Constituintes químicos:

As flores do estilo são uma parte medicinalmente útil do açafrão. O estilete e o estigma das flores secas são comercializados sob a designação comercial de açafrão ou kungumapoo.

O açafrão é de cor vermelha alaranjada.

Tem um sabor amargo.

Tem um aroma agradável.

Contém os constituintes activos óleos essenciais, glicosídeos amargos, picrocrocina e crocina.

Usos medicinais da planta:

A flor de Crocus sativus é moída com leite e administrada a mulheres grávidas devido à crença de que o bebé desenvolverá uma tez atraente.

A pasta de flores e cenouras é aplicada no rosto para

desenvolver uma cor brilhante e atractiva.

A flor é utilizada como especiaria e agente aromatizante em muitos doces e refrigerantes.

A flor melhora a capacidade digestiva e a cicatrização de feridas quando é tomada juntamente com o sumo de pétalas de rosa.

Cultivo:

Crocus sativus é uma criação de cactáceas baseada na propagação por cormo.

O Crocus sativus cresce cerca de 10-30 cm de altura.

Forma um cormo subterrâneo.

Floresce naturalmente no outono com flores roxas.

A planta não é auto-fértil.

O açafrão é um triploide estéril.

Esta planta é de propagação vegetativa manual.

As plantas caltivadas são produzidas a partir desta planta através de cultura de tecidos.

A partir desta planta, a modificação genética cria uma planta cultivada.

O açafrão pode ser cultivado em muitos tipos diferentes de solo.

O solo deve ser bem drenado e não demasiado húmido.
As terras de cultivo são preferencialmente de solo fresco.
Os bolbos do solo depois de alguns anos para transplantar em solo fresco.
Fertilizante aplicado na terra pelo menos 10 semanas antes da plantação, com estrume de quinta ou composto verde de boa qualidade.
É também manter o terreno livre de ervas daninhas e o mais possível até à plantação.
O campo deve ser profundamente arado e lavrado a partir da terra. O solo pode ser solto e preparado para a plantação. O tamanho dos bolbos é maior, pois os bolbos dão melhor.
É mais florida no primeiro ano de plantação.
Distribuir a fertilização em 2 ou 3 doses mais pequenas ao longo de várias semanas.
Está bem desenvolvido nesta planta.

Colheita:

O Crocus sativus é colhido em flor.
Os estigmas da flor do açafrão são facilmente arrancados de manhã com o polegar e o indicador ou com uma pinça.

É preferível tomá-los ao sol do meio da manhã.

Quando as flores estiverem completamente abertas.

Cada flor dura apenas um dia.

A planta é colhida entre meados e finais de outubro.

Os bolbos das plantas maduras vão começar a florescer.

Depende das condições meteorológicas.

As novas flores emergem do solo em três semanas.

A floração e a colheita podem começar durante este período.

A flor inteira é geralmente colhida quando acaba de se abrir.

As flores são melhor colhidas de manhã cedo

Para além do facto de ser difícil colher flores não abertas de forma adequada e sem danos.

Os pistilos da flor são mais compridos quando a flor está aberta.

Para que sejam mais fáccis de remover mais tarde.

Os estigmas devem ser embrulhados em papel para secar.

Depois são guardados em segurança numa caixa de madeira bem fechada.

20. Chrysopogon Zizanioides (l.) Roberty

Posição sistemática

Reino : Plantae

Divisão : Magnoliophyta

Classe : Liliopsida

Encomendar : Poales

Família : Poaceae

Género : Chrysoppogon

Espécie : zizanioides

Nome Binomial : ***Chrysopogon zizanioides*** **(L.) Roberty**

Nomes Vernaculares:

Tamil - Vettiver; Inglês - Khas, Khuskhus, Sandalwood fan, Sevendra; Malayalam - Ramachham; Kannada - Mudivala; Telugu - Avvuru gaddi veru, Kuruvaeru; Hindi - Khas; Sânscrito - Reshira ou Sugandhimula.

Distribuição da planta:

O Chrysopogon zizanioides ocorre na região tropical. As gramíneas crescem de forma gregária e em tufos.

Chrysopogon zizanioides é uma planta nativa da Índia.

É amplamente distribuído em todo o país.

Os principais produtores são o Haiti, a Índia, a Indonésia e a Reunião.

É muito resistente à seca e à água estagnada.

Descrição das caraterísticas morfológicas:

O Chrysopogon zizanioides cresce até 160 cm de altura.

O Chrysopogon zizanioides é uma erva perene.

Assemelha-se muito à erva-cidreira (Cymbopogon citratus).

Nestas plantas há um alto.

Os rebentos da copa subterrânea tornam a planta

resistente à geada e aos incêndios florestais.

Os caules são erectos.

A haste é rígida.

As folhas são longas, finas e linearmente lanceoladas.

Têm cerca de 12 cm de comprimento. São finos e rígidos.

Têm bases de revestimento à volta do caule.

A planta tem um sistema radicular fibroso que pode crescer até 2-4 metros de profundidade.

Estas raízes fibrosas formam um tapete denso.

Crescem para baixo, para o interior do solo.

As raízes são de cor castanha amarelada clara.

A inflorescência é um racemo.

Tem uma forma oblonga e cerca de 15 cm de comprimento.

É comprimido lateralmente.

As flores são de cor púrpura acastanhada.

As espiguetas são aos pares e têm três estames

As sementes são inférteis.

Constituintes químicos:

A parte medicinalmente útil das plantas é a sua raiz fibrosa.

As raízes produzem um óleo volátil chamado óleo de vetiver ou óleo de khus.

O rendimento em óleo é de 0,6-0,8 % do peso seco das raízes.

Este óleo é preparado por destilação de raízes.

O óleo de Chrysopogon é castanho-âmbar e viscoso.

É obtido a partir de 18-24 meses de idade. É um óleo perfumado.

O azeite é um óleo volátil complexo que contém cerca de 100 compostos.

O vetivereno, o vetiveryl, o vetivenato, o valerenol e a vetivona são sesquiterpenos importantes no óleo de vetiver.

Usos medicinais da planta:

O óleo de Chrysopogon é utilizado para as dores de cólica, flatulência, reumatismo e vómitos obstinados.

A infusão da raiz é bebida como água de refrigeração para arrefecer a temperatura do corpo.

O pó das raízes é um bom febrífugo. Também é administrado para dores de estômago.

O pó da raiz é transformado em pasta juntamente com água

e colado sobre a testa para arrefecer o corpo na altura da febre.

O óleo de Chrysopogon é utilizado na perfumaria.

É utilizado como agente aromatizante em produtos cosméticos e sabonetes.

Cultivo:

A propagação vegetativa do Chrysopogon zizznioides é feita por meio de uma planta.

Propaga-se a partir de estolhos subterrâneos.

Em geral, os genótipos de Chryopogan são estéreis.

Estes genótipos não são invasivos.

No entanto, o genótipo fértil de Chrysopogon tornou-se invasivo.

Pode ser facilmente controlada retirando o solo da sebe e utilizando-o para cultivo.

Os solos bem drenados, franco-arenosos e lateríticos são considerados os melhores porque a espessura das raízes neles produzidas contém mais óleo essencial.

O Chrysopogon desenvolve-se em condições de precipitação de 100-200 cm e de temperatura de 30-40° C.

Os diferentes tipos de plantação são seguidos por

diferentes produtores.

Os estolhos são plantados em covas.

Um pau pontiagudo de 5 a 8 cm de comprimento nasce de uma cova profunda.

Os estolhos produzem 1,50,000 a 2,25,000 kg por hectare.

A época de plantação adequada é junho-julho.

Colheita :

O Chrysopogon zizzanioides pode ser colhido 18 meses após a plantação para obter um rendimento máximo de óleo.

A colheita durante a estação seca (dezembro a fevereiro) é feita manualmente com as raízes.

As folhas e as raízes são lavadas separadamente e secas ao ar, à sombra, durante 1 ou 2 dias antes da destilação.

O óleo é armazenado em segurança num recipiente de vidro bem fechado.

21. CINCHONA OFFICINALIS L.

Posição sistemática

Reino : Plantae

Divisão : Magnoliophyta

Classe : Magnoliopsida

Ordem : Gentianales

Família : Rubiaceae

Género : Cinchona

Espécie : officinalis

Nome Binomial : *Cinchona officinalis* L.

Nomes Vernaculares:

Tamil - Koyina, Chinkona, Curappattai; Inglês - Quinine, Red Bark, Red cinchona, Crown bark; Malayalam - Koyina, Kvayna, Sinkona; Kannada - Barkina; Telugu -Jvarapatta; Hindi - Kunain; Sânscrito - Kunayana, Kunayanah, Sinkona.

Distribuição da planta:

As plantas são arbustos ou árvores tropicais.

São cultivadas na América do Sul, na Indonésia, na Tanzânia, no Quénia, na Índia e na Bolívia.

A planta é cultivada em Bengala Ocidental, Khasia hills, Nilgiris, Sikkim e Madhya Pradesh na Índia.

Descrição das caraterísticas morfológicas:

A casca da Cinchona é recolhida de uma árvore com 6 a 9 anos de idade durante a estação das chuvas.

As árvores são arrancadas pela raiz. As cascas são obtidas a partir dos caules. Os ramos e as raízes são cortados e secos.

A casca de Cinchona apresenta-se sob a forma de espinhos ou de pequenos pedaços curvos.

A superfície exterior é castanha avermelhada ou

amarelada.

É rugosa devido a rugas longitudinais e transversais e fissurada.

A superfície interna é castanha amarelada clara ou escura e está estriada.

O caule e a raiz da planta Cinchona são tomados como uma casca seca, esta espécie também se encontra na Cinchona cahsaya, Cinchona ledgeriana e Cinchona succrubra.

Constituintes químicos:

Tem um odor caraterístico e o seu sabor é amargo e adstringente.

Alcalóides quinolínicos que são a quinina, a quinidina, a cinchonina e a cinchonidina.

O ácido cinchotânico, que é um flobatanino.

Usos medicinais da planta:

O quinino, um composto encontrado nesta planta, é um dos medicamentos mais importantes e é utilizado para proporcionar um tratamento adequado para a malária.

O quinino é obtido a partir da casca dura e espessa das espécies mencionadas de Cinchona.

O quinino é uma substância granulosa, branca e muito

amarga, obtida da casca da Cinchona.

É também utilizado como um valioso tónico e antissético.

É utilizada medicinalmente para tratar a febre.

Foram isolados da casca cerca de 29 alcalóides, incluindo a cinchonidina, a cinchonina e a quinidina, todos eles utilizados para fins medicinais.

Cultivo:

A Cinchona officinalis propaga-se por sementes e partes vegetativas por corte do caule, estratificação e brotamento.

As sementes são semeadas na cama do viveiro em abril.

Só germina após 20-30 dias de sementeira.

As plântulas são transplantadas para o campo quando têm um ano de idade.

As plantas transplantadas são cuidadosamente colocadas num espaçamento de 1,0 x 1,0 cm, recomendado para evitar a erosão do solo.

Os fertilizantes e nutrientes devem ser administrados regularmente até ao terceiro ano.

Colheita:

A casca colhida é seca ao ar. Secagem em locais bem ventilados. A casca é seca em estufas.

Normalmente, as sementes são colhidas e colhidas após a maturidade completa.

As cascas de Cinchona são recolhidas em sacos de artilharia.

As cascas ensacadas são depois armazenadas em armazéns bem ventilados.

22. Cinnamomum Zeylanicum Blume C. Verum

Posição sistemática

Reino : Plantae

Divisão : Magnoliophyta

Classe : Magnoliopsida

Ordem : Laurales

Família : Lauraceae

Género : Cinnamomum

Espécie : zeylanicum

Nome binomial : *Cinnamomum zeylanicum* Blume C. Verum

Nomes Vernaculares:

Tamil - Ilavankam, Karuva; Inglês - Cinnamon, True Cinnamon, Ceylon Cinnamon; Malayalam - Ilavangam, Karuva; Kannada - Dalchini, Tikke; Telugu -Dalchina, Chekka, Lavanga patta; Hindi Dalchini; Sânscrito - Darusita, Varangam.

Distribuição da planta:

A Cinnamomum zeylanicum é uma árvore de folha perene.

É originária do Sri Lanka.

Esta planta ocorre no Sri Lanka, Cochin-China, Sumatra, Islamds, Brasil, Maurícia, Jamaica e costa malaia da Índia.

Descrição das caraterísticas morfológicas:

O Cinnamomum é uma erva perene.

É uma árvore de grande porte, de folha perene.

Na superfície exterior da casca, são visíveis estrias longitudinais onduladas com pequenos orifícios de cicatrizes.

A superfície interna também apresenta estrias longitudinais.

Constituintes químicos:

A parte medicinalmente útil do cinamomum zeylanicum é a casca.

A casca é utilizada na medicina ou em produtos alimentares de odor.

É um rendimento de óleo volátil.

As lascas da casca produzem um óleo volátil que contém furfural, p-cimeno, cinamaldeído, cuminaldeído e terpenos.

O Eugenol é importante no óleo volátil de Cinnamomum.

Usos medicinais da planta:

O óleo volátil de Cinamomum é aromatizado.

A casca de árvore é utilizada principalmente como alimento necessário.

É utilizado como ingrediente para rebuçados, refrigerantes e produtos de confeitaria.

A casca desta planta é curada como carminativa, adstringente suave, estimulante e anti-séptica.

Cultivo:

A Cinnamomum zeylanicum pode ser cultivada através de estacas ou camadas de caule e de sementes.

Propaga-se na altitude de 800 a 1000 metros com 200-250 cm de precipitação.

As sementes são semeadas na cama de nursey em junho e julho.

As sementes germinarão em 30 dias.

As plântulas são mantidas corretamente na cama do viveiro durante 10-12 meses.

As plantas são transplantadas para o campo no mês de outubro ou novembro.

A distância entre duas plantas é de 2 metros.

A monda deve ser efectuada obrigatoriamente 2 a 4 vezes.

Colheita:

O crescimento do poço de Cinnamoum será de 8 anos.

Após 8 anos, a planta madura é colhida pelo método de corte.

Neste método de recolha de cascas.

É secado ao ar em local à sombra e armazenado em sacos de arame.

23. Coriandrum sativum l.

Posição sistemática

Reino : Plantae

Divisão : Magnoliophyta

Classe : Magnoliopsida

Ordem : Apiales

Família : Apiaceae

Género : Coriandrum

Espécie : sativum

Nome Binomial : *Coriandrum sativum* L.

Nomes Vernaculares:

Tamil - Kotthu malli; Inglês - Coriander; Malayalam - Kotthambala, Malli; Kannada - Kottabari, kottimari; Telugu - Kustumburu; Hindi - Dhaniya; Sânscrito - Dhanyak.

Distribuição da planta:

O coentro sativum é uma planta herbácea anual.

É cultivada principalmente pelos seus frutos e folhas verdes tenras. É originária da região mediterrânica.

Cresce em países como a América, o México, a Rússia, a Polónia, a Checoslováquia e a Índia.

Na Índia, é cultivada em Tamil Nadu, Andhra Pradesh, Karnataka, Rajasthan e Madhya Pradesh.

A sua produção destina-se principalmente à procura mais próxima. Atualmente, apenas uma pequena quantidade é exportada.

Descrição das caraterísticas morfológicas:

O coentro sativum é uma erva densa.

O seu caule é verde, redondo, fino e oco, com muitos ramos pequenos.

As folhas são compostas.

As inflorescências são umbelas.

As sementes são redondas e côncavas.

Constituintes químicos:

As sementes de coentros sativum dão origem a um óleo essencial.

O óleo contém linalol como constituinte principal e outros compostos, pineno, dipenteno, terpineno, teripinoleno.

Componentes aldeídicos como o geranial, o borneal, o ácido acético e o ácido decíclico encontram-se no óleo essencial produzido pelos frutos desta planta.

As folhas contêm proteínas, vestígios de gordura, minerais, fibras e hidratos de carbono.

Utilizações medicinais da planta:

São utilizadas todas as partes da planta.

As folhas frescas e as sementes secas são utilizadas principalmente na culinária.

Os coentros são utilizados em cozinhas de todo o mundo.

Estas plantas são designadas por folhas de coentro, dhania, salsa chinesa ou coentro.

Os coentros têm um caule macio variegado, um óleo de folha altamente volátil e um aroma forte.

As folhas frescas são um ingrediente em muitos pratos do Sul da Ásia.

Os frutos são designados por sementes de coentros.

As sementes são utilizadas como refrigerante, antibilioso, tónico diurético e afrodisíaco.

As sementes de coentros podem curar distúrbios digestivos como disenteria, indigestão e náuseas.

Folhas frescas sob a forma de chutney de coentros.

O sumo fresco de coentros é administrado a pacientes que sofrem de uma deficiência de vitamina A, B e C.

As sementes têm um sabor a limão quando esmagadas.

Os frutos têm um sabor aromático perfumado e agradável.

O pó de frutos secos é utilizado para dar sabor a alimentos não vegetarianos.

Os frutos em pó são também utilizados para aromatizar alimentos como os pickles.

As folhas são utilizadas na preparação de caris e sopas.

Tem propriedades curativas para as úlceras intestinais e as úlceras da boca.

Estimulante das secreções digestivas, é anti-oxidante e exerce uma atividade hepática de digestão.

Cultivo:

Os coentros podem ser propagados por sementes.

As sementes podem ser esfregadas para as partir em duas porque cada metade contém uma semente.

Não é necessário preparar a cama do viveiro.

Pode crescer numa região tropical e durante todo o ano.

O solo preto, vermelho e preto é necessário para o seu crescimento.

As sementes podem ser semeadas no mês de maio ou outubro como segunda cultura nas terras agrícolas.

Cresce bem na estação das chuvas.

A terra é arada 3 a 4 vezes e é-lhe adicionado estrume.

As sementes são necessárias em 20 kg por hectare.

As sementes são semeadas com um semeador, mantendo uma distância de 30 cm entre linhas.

Após a sementeira, as sementes são ligeiramente cobertas com terra e germinam em 8 dias.

As plantas começam a florir em 40-60 dias.

Os frutos são produzidos em regiões temperadas e, quando o teor de óleo volátil é elevado, estão disponíveis como matéria-prima para a produção de óleo essencial.

Colheita:

As plantas estarão prontas para a colheita em cerca de 90-100 dias após a plantação, dependendo das variedades e da estação de crescimento.

Pode ser recolhida aquando da colheita de 2000 kg de sementes por hectare.

Os frutos passam de verde a castanho quando estão completamente maduros. As sementes recolhidas são secas e transformadas em pó.

24. CYNODON DACTYLON (L.) Pers.

Posição sistemática

Reino : Plantae

Divisão : Magnoliophyta

Classe : Liliopsida

Ordem : Cyperales

Família : Poaceae

Género : Cynodon

Espécie : dactylon

Nome binomial : Cynodon dactylon (L.) Pers.

Nomes Vernaculares:

Tamil - Arugampillu, Muyalpul; Inglês - Bermuda Grass, Lawn Grass; Malayalam - Karukapullu, Balkaruka; Kannada - Garike, Balli garike, Ambate hullu; Telugu - Ghericha, Gerichaggaddi; Hindi - Doob, Dobri; Sânscrito - Niladurva, Saddala.

Distribuição da planta:

A Cynodon dactylon é uma gramínea perene.

Esta planta é originária de África.

É distribuído de forma demasiado universal.

Ocorre em condições climáticas tropicais a quentes entre 45 °C de latitude.

O Cynodon é bem cultivado em zonas que requerem uma intensidade luminosa elevada para prosperar com uma grande variedade de sombras.

O Cynodon tornou-se uma erva daninha cosmopolita omnipresente.

Descrição das caraterísticas morfológicas:

A planta Cynodon é uma erva rasteira.

Enraíza-se onde quer que um nó toque o solo, formando uma densa companheira.

Lâminas foliares com 8 cm de comprimento, 4 mm de largura, planas a ligeiramente quilhadas, pubescentes na base.

Bainhas ligeiramente quilhadas, pubescentes no ápice e ao longo das margens epicárdicas.

Ligula uma membrana curta com um ápice ciliado.

Inflorescência com 2-6 espigas.

Apresenta espigas de até 8 cm de comprimento com muitas espiguetas.

Espiguetas comprimidas em 2 filas ao longo do eixo.

Espiguetas com 1 florete perfeito, glumas com 2 mm de comprimento, lanceoladas, agudas no ápice.

As glumas inferiores têm até 2,8 mm de comprimento, com 3 nervuras, agudas, pubescentes ou escabrosas nas nervuras.

A sua flor é de cor amarela.

O seu estilo é de cor púrpura.

O sistema radicular é ramificado e adventício.

Esta erva é vulgarmente designada por erva das Bermudas.

Constituintes químicos:

As folhas, o caule e o rizoma da Cynodon dactylon são utilizados para fins medicinais.

Os seus constituintes são os alcalóides cinodina, ácido cianídrico e triticina.

Usos medicinais da planta:

O sumo fresco das folhas arrefece o intestino e cura as hemorróidas problemas.

É diurético. Purifica o sangue.

É utilizado para prevenir a hemorragia (sangramento) do nariz e dos ouvidos.

Cura as doenças de pele.

As folhas são de é um anti-sético. Cura as feridas, as chagas e as feridas da superfície do corpo.

Beber o extrato das folhas cura a anemia.

A decocção das plantas inteiras cura a anasarca, o edema e a hidropisia (inchaço local devido à acumulação de fluidos corporais).

Previne a tosse e os problemas respiratórios.

A decocção dos caules e do rizoma cura os problemas urinário-genitais. Cura hemorragias do trato genital e riscos menstruais nas mulheres.

É diurético. É utilizado nos problemas renais (cististis).

O sumo da parte vegetal também previne o cancro do sangue e as alergias. Cura o sarampo e a rubéola.

A raiz é utilizada em demulcentes. Aplicar a raiz passada no corpo amolece o tecido.

O extrato em pó e a decocção desta planta também são utilizados para tratar dores de cabeça, hipertensão, histeria, dores de estômago, cãibras (contração muscular), carúnculas (crescimento carnudo) e convolução (dobra da carne).

Reduzem a epilepsia (perda de consciência).

Cultivo:

A Cynodon dactylon germina por semente ou vegetativamente por turfa ou estolho.

Normalmente semeado a 5-10 kg / ha de sementes descascadas.

Amplamente cultivado no solo.

Um solo relativamente fértil e bem drenado é ideal para o crescimento desta planta.

Geralmente cresce bem e tolera a salinidade.

Cresce normalmente numa precipitação média anual de 625-1.750 mm.

A melhor forma de semear é num campo bem preparado, com uma cama de sementeira fina e sem ervas daninhas e com um torrão.

As plântulas enraízam-se rapidamente.

As plântulas e as plantações de primavera crescem vigorosamente uma vez estabelecidas.

O rizoma sobrevive à dormência induzida pela seca até 7 meses.

O rizoma é capaz de suportar elevados níveis de inundação durante pelo menos várias semanas.

Colheita:

A Cynodon dactylon é colhida comercialmente.

O Cynodon é colhido sob a forma de folhas, rizomas e sementes.

Esta planta é colhida em poucos meses após a plantação.

As folhas e o caule do cinodonte estão a ser purgados.

A colheita da planta de poda é seca ao ar durante alguns dias.

As plantas são colhidas ao nível do solo ou arrancadas

quando o solo está demasiado solto.

As plantas colhidas devem ser amontoadas numa eira.

As folhas, os rizomas e as sementes são separados no quintal.

Seca-se ao ar em poucos dias.

As partes vegetais separadas são armazenadas em sacos de artilharia.

25. DATURA METEL L.

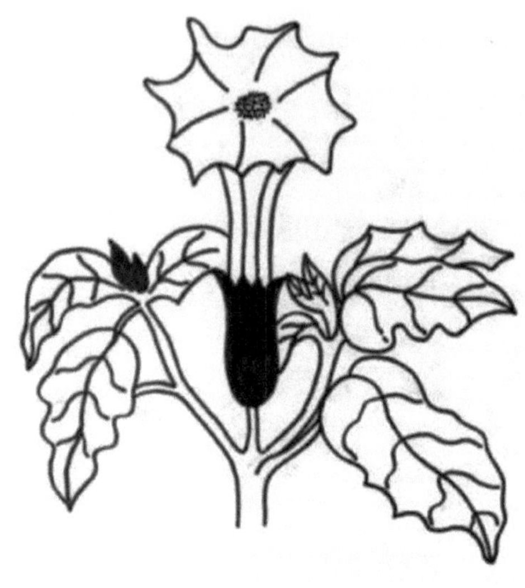

Posição sistemática

Reino : Plantae

Divisão : Magnoliophyta

Classe : Magnoliopsida

Ordem : Solanales

Família : Solanaceae

Género : Datura

Espécie : metel

Nome binomial : *Datura metel* L

Nomes Vernaculares:

Tamil - Karu-oomatthai; Inglês - Thorn Apple; Malayalam - Madanam, Karucoomatha, Kariymmatta, Karummattu, Umathinkai; Kannada - Daturi, Ummati; Telugu - Ummetha; Hindi - Dhattura, Kala Dhattura, Sadah Dhatura; Sânscrito - Dhatturah, Dhusturah.

Distribuição da planta:

A Datura metel é uma planta daninha tropical.

É cultivada e não agricultora. Cresce de forma selvagem nas zonas ocidentais e nas bermas das estradas.

Esta planta é comummente cultivada nas planícies e nas regiões costeiras.

Descrição das caraterísticas morfológicas:

A Datura é uma planta herbácea sub glabra que se espalha em forma de pelo.

Cresce até 80 cm de altura.

Tem um caule cilíndrico e ramificado, folhas e um sistema radicular em forma de torneira.

O caule é macio e carnudo com ramos em ziguezague.

As folhas da Datura são simples, sub-opostas e de cor verde.

O seu pecíolo é anguloso.

Nesta, a lâmina é triangularmente ovada e truncada na base. A lâmina é frequentemente lobada e a margem dentada.

A sua base é desigual.

A flor é grande, solitária, em forma de funil e tubular com 7,5 a 9 cm de comprimento, pedicelo curto, arroxeada por fora e branca por dentro.

O cálice tem 8 cm de comprimento e é verde.

A corola tem 15 a 18 cm de comprimento e tem forma de trombeta. A sua boca tem 10 a 12 cm de diâmetro e é de cor branca.

Tem cinco tons de púrpura. Tem cinco extremidades triangulares agudas.

Os frutos são cápsulas sub-globosas cobertas por numerosos espinhos carnudos.

É uma cápsula madura que se abre irregularmente na parte superior.

O pedúnculo da cápsula é curto e robusto.

Os seus frutos contêm muitas sementes, lisas e de cor castanha amarelada.

Constituintes químicos:

Todas as suas partes são medicinais e são chamadas samoolan porque são usadas como um todo.

Todas as partes da planta contêm os alcalóides tropanos - hiosciamina, -escopolamina (hioscina) e meteloidina.

Constituintes químicos das folhas como a apo-hiosciamina, DL-scopolamina, normeteloidina, tigloilputrescina, escopina, nortigloidina, tropina, pseudo valeroidina, fastudina, fastunina e fastusinina.

A bioquímica dos frutos contém daturaolona e daturadiol.

As raízes contêm derivados de ditigloiloxitroano, tigloidina, ahyoscina, norhyoscina, norhyocyamine, cusiohygrine e tropina.

Usos medicinais da planta:

A pasta de flores de Datura é antiespasmódica e estética.

É também utilizada em inchaços e erupções cutâneas.

A decocção da raiz, folha e semente é febrífuga, antidiarreica e anticatarral.

É utilizado em casos de loucura, complicações cerebrais e doenças de pele.

Nesta planta, o sumo do fruto é deitado nos ouvidos para

aliviar a dor de ouvidos.

A decocção de frutos e sementes é utilizada em oftalmologia.

Uma pasta misturada com óleo de coco é untada em inflamações reumáticas das articulações, lumbago, ciática e nevralgia.

Estas folhas são oleadas, aquecidas e utilizadas como cataplasma para inchaços.

A hioscina é isolada desta planta e preparada como bromidrato de hioscina. É utilizada como anestésico antes da cirurgia, no parto, na oftalmologia e no enjoo.

É útil para aliviar os sintomas da dependência da morfina e do álcool, da paralisia e do parkinsonismo pós-encefalítico

É utilizado para a excitação sexual dos homens.

Quando se acendem as folhas secas e as sementes de Datura, o fumo é inalado e a tosse, a asma e outras doenças respiratórias são curadas.

O sumo das folhas é aplicado na cabeça para curar a caspa.

A decocção da raiz da planta é aplicada às mordeduras de cães raivosos.

A tropina presente nas folhas estimula o sistema nervoso central (SNC).

Cultivo:

A planta Datura cresce bem a pleno sol e em solo drenado.

Esta planta é tolerante à seca e desenvolve-se bem em quase todos os tipos de solo.

As plantas são mais impressionantes quando ocorrem em argila rica em húmus com humidade regular.

Prefere um solo bem drenado num local à sombra.

A Datura começa a florescer normalmente cerca de cinco meses após a sementeira.

A semente germina geralmente em 3-6 semanas a 15° C.

Esta planta pode ser encontrada no final da primavera ou no início do verão.

Colheita:

O período de floração da Datura metel começa normalmente.

Os ramos tenros e as folhas destas plantas são colhidos após 4 meses de sementeira.

É possível efetuar mais colheitas com intervalos de 1 a 2

meses.

Os frutos são colhidos quando estão maduros.

Os ramos e as folhas tenras são secos ao ar livre à sombra.

Os frutos são secos ao sol até desidratarem.

As sementes são debulhadas, espartilhadas e embaladas após secagem.

26. DIGITALIS PURPUREA L.

Posição sistemática

Reino : Plantae

Divisão : Magnoliophyta

Classe : Magnoliopsida

Ordem : Lamiales

Família : Plantaginaceae

Género : Digitalis

Espécie : purpurea

Nome Binomial : *Digitalis purpurea* L.

Nome Vernáculo :

Tamil -NA ; Inglês - Foxglove, Lady's Glove; Malayalam -NA ; Kannada -NA ; Telugu -NA ; Hindi - NA ; Sânscrito -NA .

Distribuição da planta:

Digitalis purpurea é uma planta bienal.

Esta planta cresce bem em solos ácidos em charnecas, florestas, colinas, prados, etc.

É cultivada na Europa Ocidental, em Inglaterra, na Noruega, em Espanha e na Sardenha.

Descrição das caraterísticas morfológicas:

A Digitalis purpurea é uma planta bienal que cresce até 1,2 m por 1,5 m num tamanho médio.

É resistente à zona do Reino Unido e não é sensível às geadas. Floresce de junho a setembro e as sementes amadurecem de agosto a outubro.

A planta prolonga a vida das flores de corte.

As culturas de raízes que crescem perto desta planta armazenam-se melhor.

Das suas flores obtém-se um corante verde-claro.

As suas flores de corte recebem o prémio de excelência da

Royal Horticultural Society.

Esta espécie é hermafrodita (tem órgãos sexuais masculinos e femininos) e é polinizada por abelhas.

Constituintes químicos:

Digitalis purpurea é uma planta cujas folhas e sementes são utilizadas medicinalmente.

A planta Digitalis purpurea contém glicosídeos cardíacos alcalóides (incluindo digoxina, digitoxina e lanatosídeos).

Usos medicinais das plantas:

A Digitalis purpurea é uma planta medicinal à base de plantas muito utilizada, reconhecida por ter um efeito estimulante no coração. Também é utilizada na medicina alopática para o tratamento de doenças cardíacas.

O seu tónico tem um efeito profundo no coração doente e ajuda o coração a bater lentamente, não rápida e regularmente.

Ao mesmo tempo, estimula o fluxo dc urina, o que reduz o volume de sangue e diminui a carga sobre o coração. A digitoxina aumenta rapidamente o ritmo cardíaco, mas a sua eliminação é muito lenta. Por conseguinte, a digoxina é utilizada como medicamento a longo prazo.

O extrato de folhas é utilizado em tratamentos cardíacos, diuréticos, estimulantes e tónicos.

As folhas são também muito benéficas para os rins, sendo fortemente diuréticas e utilizadas medicinalmente no tratamento da hidropisia.

As sementes passadas também têm sido usadas no inchaço do corpo.

A partir das folhas prepara-se um medicamento homeopático.

Estes são utilizados no tratamento de doenças cardíacas.

Cultivo:

A semente é semeada no início da primavera numa estrutura fria.

A semente germina normalmente em 2 - 4 semanas a 20° C.

Quando são suficientemente grandes para serem manuseadas, as plântulas podem ser retiradas da câmara frigorífica e plantadas no verão. As sementes suficientes podem ser semeadas ao ar livre na primavera ou no outono.

São adequados solos leves (arenosos), médios (argilosos)

e pesados (argilosos) e pH: ácidos, neutros e básicos (alcalinos).

Pode crescer à meia-sombra (floresta ligeira) ou à sombra.

Prefere os solos secos ou húmidos, os bordos, os maciços e os jardins florestais.

Cultiva-se facilmente em solo de jardim normal com matéria orgânica rica.

A Digitalis é uma planta muito ornamental que pode ser facilmente encontrada em ambiente natural na semi-sombra de um bosque.

A planta tem uma elevada concentração de ingredientes medicamente activos quando cultivada em condições de sol.

Estas flores atraem as abelhas.

Uma planta individual produz dois milhões de sementes.

Uma boa planta companheira que estimula o crescimento das plantas próximas, cresce bem com os pinheiros.

A Digitalis purpurea tem uma folhagem atractiva.

Todas as partes desta planta são venenosas.

Colheita:

A Digitalish purpurea é colhida em folhas e sementes.

Apenas as folhas são colhidas das plantas no segundo ano.

Uma haste de floração cresceu e cerca de dois terços das flores abriram-se.

Os alcalóides medicinais são baixos quando colhidos em períodos de não floração.

As sementes encontram-se em vagens na base das flores secas em pleno verão.

As vagens secam e tornam-se castanhas, parecendo-se com tartarugas na base do caule.

As sementes permanecem quando as vagens colhidas racham.

As sementes são recolhidas na taça.

Recolher sempre as sementes e deixá-las secar ao ar.

As partes separadas das plantas são armazenadas em sacos de artilharia.

27. EUCALYPTUS GLOBULUS Labill.

Posição sistemática

Reino : Plantae

Divisão : Magnoliophyta

Classe : Magnoliopsida

Encomendar : Myrtales

Família : Mytaceae

Género : Eucalipto

Espécie : globulus

Nome binomial : *Eucalyptus globulus* Labill.

Nomes Vernaculares:

Tamil - Neelgiri chettu, Yukkalimaram. Thaailamaram, Karpuramaram; Inglês - Gum Eucalypt, Blue Gum, Tasmanian blue gum, Yukali; Malayalam - Eucali, Yukkalimaram, Karpuramaram; Kannada - Neelgiri, Taila; Telugu - Neelgiri chettu, Talanoppi; Hindi - Neelgir; Sânscrito - Tailaparna, Nilaniryasa.

Distribuição da planta:

O eucalipto pode atingir uma altura de 100 m.

É nativa da Austrália do Sul e da Tasmânia.

Foi outrora cultivada no Norte de África, na Califórnia, no Chile e no Mediterrâneo.

Descrição das caraterísticas morfológicas:

As folhas são verde-prateadas quando jovens e quando maduras. As folhas do eucalipto são longas, delgadas, de forma oval e estreitas, com uma média de 7-10 centímetros de comprimento. Estas plantas produzem flores brancas na primavera e no verão.

Constituintes químicos:

Obtido a partir da destilação de folhas frescas de Eucalyptus globulus.

Os óleos de eucalipto contêm cerca de 79% de compostos de 1,8-cineol.

Os principais constituintes químicos incluem 8- Cineol, Limonane, Para-cimeno e Alfa-pineno.

Usos medicinais da planta:

O óleo essencial das folhas tem propriedades anti-sépticas, estimulantes e anti-helmínticas.

Aumenta o fluxo de saliva, suco gástrico e intestinal, resultando no aumento do apetite e da digestão.

Aumenta o ritmo cardíaco e diminui a tensão arterial.

As grandes doses ou doses tóxicas são narcóticas, paralisando o centro respiratório na medula.

É utilizada medicinalmente para dores de cabeça, garganta, nariz, malária e febre.

Cultivo:

O Eucalyptus globulus progride por semente.

Esta planta pode crescer na floresta e em condições de seca extrema.

Uma região com uma precipitação anual de 200 cm a 300 cm e pode crescer bem acima dos 2000 m.

Também é cultivada nas regiões terrestres.

As sementes são semeadas diretamente em sacos de polietileno de 22 cm x 16 cm.

São semeadas duas sementes em cada saco e a época ideal para a sementeira é de janeiro a fevereiro.

As sementes germinam geralmente num prazo de 10 a 15 dias. As sementes produzem 5 a 6 folhas após 4 meses de sementeira.

O terreno é limpo e são cavadas covas de 30 x 30 x 45 cm, que são plantadas com um espaçamento de 2m x 2m.

Aplicar 200gm de fertilizante de azoto, fósforo e potássio (25:38:38) por planta.

Esta mistura de fertilizantes deve ser aplicada no final da monção a uma profundidade de 8 cm no solo que rodeia a planta.

Colheita :

As folhas e os ramos terminais das plantas com três anos podem ser colhidos por poda.

No quarto ano, a parte principal do caule da talhadia é cortada acima de 5 cm e colhida.

De quatro em quatro anos é efectuado um ciclo de talhadia e as folhas são recolhidas para destilação.

As folhas recolhidas foram secas à sombra durante dois dias e depois extraídas por destilação a vapor.
O óleo destilado pode ser guardado num bonito frasco de vidro.

28. EPHEDRA GERARDIANA Wallich ex C.A.Meyer

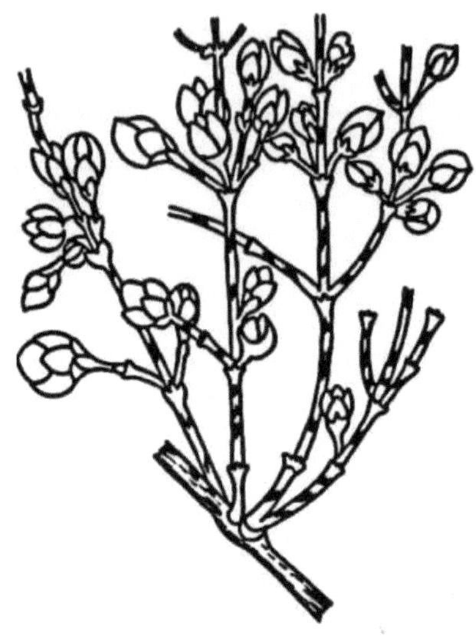

Posição sistemática

Reino : Plantae

Divisão : Gnetophyta

Classe : Gnetopsida

Encomendar : Efedrais

Família : Ephedraceae

Género : Ephedra

Espécie : gerardiana

Nome binomial : ***Ephedra gerardiana***

Wallich ex C.A.Meyer

Nomes Vernaculares:

Tamil - Pulichakodi, Somakodi, Somamum, Kotikkalli; Inglês - Joint-pine, Brigham tea; Malayalam - Somalata; Kannada - Somalata, Hambukalli; Telugu - Kondapala, Somalata, Palmakasturi; Hindi - Somakalpa, Trutigrantha; Sânscrito -Soma, Somlata **Distribuição da planta:**

A Ephedra gerardiana é um arbusto de folha perene que forma um matagal.

Os caules são inicialmente lisos, de cor verde médio e ascendentes com nós.

Esta planta é um pequeno arbusto lenhoso, dioico, com 0,5 a 1 metro de altura.

Cresce na China, no Paquistão e no Noroeste da Índia.

Descrição das caraterísticas morfológicas:

A recolha é adequada no outono, uma vez que o teor de alcalóides é elevado nesta altura.

Os ramos jovens, finos e verdes são recolhidos, secos e embalados.

As várias espécies de Ephedra variam em termos de caracteres morfológicos, como a forma, o comprimento dos entrenós, o número de folhas e as cristas.

O caule principal é lenhoso, mas os ramos jovens são delgados. Os caules são cilíndricos e ramificados.

Contêm nós e entrenós e também estrias na superfície.

São duas e apresentam-se como bainhas muito pequenas.

Estas duas folhas são conatas, opostas e decussadas.

O ápice é agudo ou obtuso e a cor pode ser castanha ou castanha esbranquiçada.

O odor é aromático quando fresco e nulo quando seco.

O sabor é amargo e adstringente.

Ephedra sinica.

Ephedra equisetina.

Constituintes químicos:

Os principais alcalóides presentes são a efedrina.

Os alcalóides menores são a pseudoefedrina, a norefedrina e o efeito dimetil.

Utilizações medicinais da planta :

A efedrina é constituída pelas partes aéreas secas da Ephedra gerardiana.

Os caules são a fonte da famosa droga efedrina.

Trata-se de um extrato líquido de caule utilizado para

controlar a asma.
Esta tintura da planta é estimulante cardíaco e circulatório.
Na Rússia, uma decocção dos seus caules e raízes é utilizada como remédio para o reumatismo e a sífilis.
O sumo das bagas é utilizado como remédio para problemas nas vias respiratórias.
Estas hastes contêm os alcalóides -efedrina e pseudoefedrina.

Cultivo:

A efedrina pode ser cultivada a uma altitude de 2500 a 3000 m.
Cultivado em solos fortemente drenados a secos. Tolera bem os solos pobres.
Pode ser propagado por sementes ou por divisão do porta-enxerto. Propagação por sementeira no outono ou na primavera. A éfedra é uma planta argilosa bem drenada e numa posição solarenga.

Colheita:

A Ephedra grardiana é colhida depois de atingir a idade de anos para a extração de alcalóides.

Neste período, é necessário efetuar uma irrigação e uma monda adequadas .

O seu máximo é registado no outono. As plantas e os ramos são de cor escura.

As torcidas são geralmente secas ao ar.

As partes secas da planta são armazenadas em recipientes secos e bem fechados num quarto escuro.

29. GLORIOSA SUPERBA L.

Posição sistemática

Reino : Plantae

Divisão : Magnoliophyta

Classe : Liliopsida

Ordem : Liliales

Família : Colchicaceae

Género : Gloriosa

Espécie : superba

Nome binomial : *Gloriosa superba* L

Nomes Vernaculares:

Tamil - Chenkantal, Kallappai kilangu; Inglês - Glory Lily, Gloriosa lily, Tiger claw; Malayalam - Kitthonni, Mendoni; Kannada - Agnisikhe, Shivashkti, Siva-raktaballi; Telugu - Agnisikha; Hindi - Bachnag, Kadyana; Sânscrito - Agnimukhi.

Distribuição da planta:

A Gloriosa superba é originária de países africanos.

As plantas de Superba estão distribuídas em duas regiões distintas, o continente africano e o subcontinente indiano.

Estas plantas crescem nos países subsarianos, em partes da África do Sul e em Madagáscar.

Também cresce em partes do subcontinente indiano, incluindo o Sri Lanka, o centro-sul da China, o sudeste asiático e a Indonésia.

Cresce numa grande variedade de habitats, incluindo florestas tropicais, selvas, matagais, bosques, prados e dunas de areia.

Também pode crescer em solos pobres em nutrientes.

Descrição das caraterísticas morfológicas:

A Gloriosa superba é uma raiz tuberosa de folha caduca,

que cresce no verão e pode trepar a outras plantas até 4 metros de altura.

Os caules são delgados e recém-formados anualmente e crescem até 4 metros de comprimento.

É uma trepadeira de gavinhas.

As folhas são brilhantes, de um verde vivo.

As pontas das folhas estendem-se como gavinhas.

As flores são atraentes com cores amarelas e vermelhas.

As flores têm um longo pedículo na parte superior do caule.

Os frutos são cápsulas lineares oblongas.

Tem um rizoma tuberoso cilíndrico.

Os tubérculos brotam no início da primavera, e enviam 1 a 6 caules por tubérculo.

Os caules morrem no final do verão e os tubérculos permanecem dormentes durante as condições de vento, desenvolvendo-se depois quando as condições são favoráveis.

Constituições químicas:

As folhas e os rizomas são os compostos activos desta planta.

Os rizomas contêm os alcalóides, colchicina, gloriosina, superline.

Usos medicinais das plantas:

A Gloriosa superba desta planta, nomeadamente os rizomas, é extremamente venenosa.

O extrato das folhas é utilizado para matar piolhos, borbulhas e erupções cutâneas.

O pó dos rizomas com óleo de coco é aplicado em erupções cutâneas, picadas de cobra e picadas de escorpião.

O rizoma esmagado é utilizado no tratamento da calvície.

O extrato de rizoma é aplicado sobre o umbigo e a vaginação induz dores de parto e parto normal.

O rizoma é utilizado como agente abortivo durante 1-2 meses de gravidez.

O rizoma é utilizado para tratar úlceras, lepra, hemorróidas, gonorreia, vermes intestinais, fertilidade e tratar o verme do parafuso no gado. É também utilizado no tratamento da gota e do reumatismo.

O seu sumo é também utilizado para tratar mordeduras de cobra e picadas de escorpião.

Da mesma forma, o sumo também é utilizado para aliviar a dor de dentes.

Está também atualmente a ser identificado como um potencial medicamento anticancerígeno.

Como a planta contém o alcaloide colchicina, é amplamente utilizada e, portanto, é uma planta medicinal útil, mas uma dose errada pode causar a morte humana.

Cultivo:

A Gloriosa superba propaga-se por sementes e por tubérculos.

A propagação da planta por rizomas é adequada para plantações maiores.

Pode ser cultivada a partir de sementes e rizomas, mas as plantas são melhor cultivadas a partir de rizomas.

Os rizomas são plantados e mantidos em canteiros com um espaçamento de 60 x 45 cm durante a estação das chuvas, necessitando de apoio de muletas devido à natureza trepadora da planta.

É o tubérculo da planta que fica dormente no inverno, mas antes do novo crescimento na primavera.

As sementes ficam de molho em água morna durante a

noite.

A germinação é melhor em temperaturas mais quentes, entre 20 e 25 ºC.

Utiliza terra para vasos esterilizada e bem drenada, pressiona-os na terra e cobre-os ligeiramente, mantendo os tabuleiros húmidos mas não demasiado molhados.

A germinação demora entre 2 semanas e 3 meses, com algumas sementes a permanecerem dormentes até 9 meses. As plântulas crescidas podem ser plantadas no campo.

As plantas crescem rapidamente, mas só têm 3-4 para florescer pela primeira vez a partir de sementes.

Esta planta tem sido amplamente cultivada como ornamental.

Colheita:

Gloriosa superba os frutos e o rizoma são colhidos.

A Gloriosa está a ser colhida em cerca de 190 dias após a plantação.

A colheita dos frutos é efectuada quando estes passam de verde claro a verde escuro.

Os frutos são secos e divididos, as sementes são retiradas

e são bem secas à sombra.

A colheita dos tubérculos é efectuada após 5-6 anos de transplante.

Os materiais secos são armazenados em sacos de polietileno para reduzir a deterioração e aumentar a sua vida útil.

Para a extração das sementes, utilizam-se os frutos maduros e os rizomas subterrâneos para a transformação do óleo.

A Gloriosa superba é uma parte de vários produtos, como tónicos e medicamentos para várias doenças, que são fabricados após o processamento.

30. GYMNEMA SYLVESTRE R.Br.

Posição sistemática

Reino : Plantae

Divisão : Magnoliophyta

Classe : Magnoliopsida

Ordem : Gentianales

Família : Asclepiadaceae

Género : Gymnema

Espécie : sylvestre

Nome binomial : Gymnema sylvestre R. Br.

Nomes Vernaculares:

Tamil - Sirukurunjan ou Adigam ou Sarkkaraikkoll; Malayalam - Charkkaraikolli ou Madhunasini; Kannada - Sannagersehambu; Telugu - Podapatri: Hindi - Gur-singi; Sânscrito - Meshashingi ou Madhunasini.

Distribuição da planta:

A Gymnema sylvestre é uma planta das regiões tropicais.

A Gymnema sylvestre é originária da Ásia tropical, da China, da Península Arábica, de África e da Austrália.

A planta cresce nas florestas dos Ghats Ocidentais da Índia e em partes dos estados de Tamilnadu e B Konkan, Tamilnadu e Bihar.

Para além disso, a planta é cultivada em todas as zonas interiores da Índia.

Descrição das caraterísticas morfológicas:

A Gymnema sylvestre é uma trepadeira lenhosa ramificada.

Os ramos são delgados e rígidos. Os ramos são pubescentes e pendem da copa da árvore.

As folhas são simples, opostas e elípticas ou ovadas. A base da folha é arredondada ou cordada.

As flores são pequenas, amarelas e estão dispostas em cimas umbeladas .

Os lóbulos do cálice são obovados.

A corola tem 5 processos carnosos no seio.

Os frutos são folículos delgados.

Constituintes químicos:

A planta inteira tem valores medicinais úteis.

As folhas, os ramos, o caule, as flores e os frutos da planta contêm os constituintes activos antraquinona e ácidos gimnémicos (alcalóides) e hexa-hidroxi-triterpenos.

Um triterpeno é responsável pelo sabor doce-anti-sabor das folhas.

Usos medicinais da planta:

O sumo das folhas de Gymnema desta planta é administrado como antídoto para a mordedura de cobra. O ácido gymnémico liga-se ao veneno para o inativar.

O sumo das folhas com óleo de Castrol adicionado é aplicado nas glândulas inchadas (fígado e baço).

Além disso, o extrato das folhas reduz o açúcar no sangue e também o açúcar na urina.

A decocção de toda a parte da planta é utilizada para

fortalecer a função do calor, do fígado e do sistema do trato urinário. É também cura a iterícia, as hemorróidas, os cálculos urinários, a dificuldade em urinar e a febre tifoide. O pó da planta inteira é utilizado para inflamações, hepatoesplenomegalia, dispepsia, obstipação, iterícia, hemorróidas, estrangúria, helmintíase, cardiopatia, tosse, asma, bronquite, febre intermitente, amenorreia, conjuctivite e leucoderma.

É principalmente utilizado no tratamento da diabetes.

Este extrato de planta suprime a absorção intestinal da sacarina, o que evita as flutuações do açúcar no sangue. Regula as funções metabólicas do fígado, dos rins e dos músculos.

A planta Gymnema aumenta os efeitos da insulina e pode mesmo ser utilizada como alternativa aos medicamentos hipoglicémicos orais. A planta Gymnema sylvestre tem sido utilizada na medicina tradicional como diurético, laxante, anti-inflamatório, estimulante do sistema circulatório, tratamento da diabetes e perda de peso.

Cultivo:

A Gymnema sylvestre é cultivada em condições climáticas

tropicais e subtropicais húmidas.

Geralmente crescem em florestas sempre verdes nas colinas.

O solo franco-arenoso é adequado para o seu melhor cultivo.

Também é cultivada numa grande variedade de solos, incluindo solos com cascalho.

Propagação vegetativa e germinação de sementes.

A propagação vegetativa pode ser efectuada a partir de estacas terminais e axilares de três a quatro pontas de plantas com um ano de idade.

A aplicação de vermicomposto permitirá um melhor crescimento da planta.

Esta planta tem um baixo potencial de germinação de sementes.

Assim, as plantas são partes utilizadas para a propagação por estacas.

Em condições húmidas, os caules das plantas podem ser cortados e utilizados para propagação durante todo o ano.

Colheita:

As folhas podem ser arrancadas da planta madura após

cerca de 40-50 dias.

No entanto, é possível obter um melhor rendimento numa planta com um ano de maturação.
A Gymnema pode ser colhida em intervalos de três em

três meses.

Em seguida, as folhas colhidas devem ser secas ao ar num

local à sombra durante 3 ou 4 dias.

O teor de humidade das folhas secas não deve ser inferior a 7 %

As folhas secas são embaladas em sacos de ploythene,

manuseadas de forma segura e guardadas num armazém.

31. Hemidesmus indicus (l.) R.Br.

Posição sistemática

Reino : Plantae

Divisão : Magnoliophyta

Classe : Magnoliopsida

Ordem : Gentianales

Família : Apocynaceae

Género : Hemidesmus

Espécie : indicus

Nome Binomial : ***Hemidesmus indicus*** **(L.) R.Br.**

Nomes Vernaculares:

Tamil - Nannari, Sugandipala; Inglês - Indian Sarsaparilla; Malayalam - Narunenti; Kannada - Sugandha haalina gida, Soagade, Nannaari; Telugu - Sugandipala; Hindi - Anantamul, Dudhli; Sânscrito - Anantamul.

Distribuição da planta:

O Hemidesmus indicus é uma planta das regiões tropicais e subtropicais do Sul da Ásia.

Encontra-se em todas as regiões da Índia.

Cresce especialmente nas planícies do Ganges da Índia e nos mouches do Sul da Índia.

Mais especificamente, encontram-se em alguns locais das regiões central e ocidental da Índia.

Também cresce em arbustos e árvores das encostas sub-ravinas.

Descrição das caraterísticas morfológicas:

O Hemidesmus indicus é um arbusto perene, esguio, com raízes lenhosas e perfumadas.

São lenhosas de raiz.

As folhas são simples e opostas.

Folhas verdes com variegação branca.

As folhas são brancas por cima e branco-prateadas e pubescentes por baixo.

Os caules são numerosos, delgados, rijos e laticíferos

As flores são de cor púrpura esverdeada, agrupadas em cimas axilares.

Os cimos são pequenos grupos compactos.

As flores são geralmente raras e ocorrem em outubro.

Os frutos são folículos.

As sementes têm uma forma oblonga.

Constituintes químicos:

As folhas, os caules e as raízes são úteis para fins medicinais.

Os seus constituintes são óleo essencial, esteróis, glicosídeos, taninos, 2 hidroxi 4 metoxi benzaldeído, cumarina e ácido tânico.

Usos medicinais da planta:

O sumo de folhas frescas é administrado para a sífilis.

As folhas são aplicadas nas partes que sofrem de reumatismo.

A pasta de folhas é um antissético.

Cura úlceras, vómitos e diarreia.

A decocção das raízes é utilizada como tónico, dando uma sensação de bem-estar.

O extrato da raiz é utilizado como fragrância.

Como depurativo, limpa o sangue. Diaforético promove a transpiração. Diurético, aumenta a produção de urina.

É utilizado na insuficiência renal.

Cultivo:

As plantas de Hemidesmus podem ser propagadas por estacas de caule e de porta-enxertos a partir de plantas com um ano de idade.

Os porta-enxertos germinam e sobrevivem melhor do que as estacas de caule. Cresce bem em solos franco-argilosos a franco-siltosos.

O solo deve ser ligeiramente alcalino com um pH de 7,5-8,5.

As plantas são cultivadas em estufas dc sombra através de estacas de caule e de raiz.

As estacas de caules podem ser plantadas em sacos de polietileno entre julho e setembro.

A ponta do caule cortada pode ser tratada com hormonas

promotoras de raízes antes da plantação em sacos de polietileno.

As estacas de caule estabelecem ou iniciam as raízes em 30-45 dias. O campo deve ser bem arado e depois nivelado com grade. Devem ser cavadas covas de 30 cm x 30 cm x 30 cm a intervalos de 60 cm.

Cerca de -2 kg de estrume de quinta devem ser misturados com solo e areia em proporções iguais e encher os poços.

As plântulas enraizadas podem ser transplantadas para o campo durante as chuvas de agosto e setembro, quando tiverem três a cinco folhas.

Esta planta é uma trepadeira e precisa de apoio para crescer.

Espalha-se pelas árvores nos pomares e cresce ao longo do seu suporte.

Colheita:

Uma planta de Hemidesmus indicus necessita de, pelo menos, dois anos e meio para atingir a maturidade das raízes, após o que pode ser colhida. Pode ser colhida de dezembro a janeiro.

As raízes são cuidadosamente desenterradas e uma parte

da raiz é deixada no solo para regeneração.

As raízes colhidas são primeiro lavadas a fundo e depois secas ao ar num local à sombra.

Os produtos secos devem ser recolhidos separadamente.

Armazenado em embalagens de polietileno à prova de humidade.

Em seguida, deve ser armazenado num armazém seguro e depois exportado.

32. HYPERICUM PERFORATUM L.

Posição sistemática

Reino : Plantae

Divisão : Magnoliophyta

Classe : Magnoliopsida

Ordem : Malpighiales

Família : Hypericaceae

Género : Hypericum

Espécie : perforatum

Nome binomial : ***Hypericumperforatum*** **L.**

Nomes Vernaculares:

Tamil - Vettai pakku; Inglês - Perforate St Johns Wort; Malayalam - Vattai pakku; Kannada - NA; Telugu - NA; Hindi - Choli phulya; Sânscrito - NA

Distribuição da planta:

A planta Hypericum perforatum é originária da Europa e da Ásia temperadas.

Cresce como planta invasora nas regiões temperadas de todo o mundo.

No entanto, a germinação das suas sementes ou a sobrevivência das plântulas é limitada por temperaturas extremamente baixas.

A região tem uma altitude superior a 1.500 metros, uma precipitação inferior a 500 mm e uma temperatura média diária superior a 24°C.

A planta pode ser encontrada em bosques abertos, margens de rios, sebes, estepes, em locais secos e soalheiros, encostas relvadas, bermas de estradas e geralmente em solos calcários.

Esta planta desenvolve-se em regiões com um mínimo de 760 mm de precipitação por ano.

A espécie é hermafrodita (possui órgãos sexuais masculinos e femininos) e é polinizada por abelhas e moscas.

A fertilização ocorre por auto-fertilização da planta.

Descrição das caraterísticas morfológicas:

O Hypericum perforatum é uma planta perene.

A planta cresce até 1 metro de altura.

A planta produz flores de maio a agosto.

As vagens amadurecem de julho a setembro.

Constituintes químicos:

As folhas e flores da planta Hypericum perforatum são utilizadas medicinalmente.

A planta contém muitos compostos biologicamente activos como a rutina, a pectina, a colina, o sitosterol, a hipericina e a pseudo-hipericina.

Usos medicinais da planta:

É muito eficaz para os problemas nerosos.

Estas ervas são utilizadas para tratar várias doenças como problemas pulmonares, problemas de bexiga, diarreia e depressão nervosa.

É também muito eficaz no tratamento da incontinência

urinária nocturna em crianças.
Os seus cataplasmas são utilizados externamente para eliminar tumores, seios endurecidos, hematomas, etc.
O sumo desta planta era utilizado para abortar mulheres grávidas. Por isso, não deve ser utilizado por mulheres grávidas. Esta planta é venenosa.
Utilizar a planta com precaução e não a utilizar a menos que seja medicamente prescrita para a depressão crónica.
Chá ou tintura de flores frescas popularmente utilizado para tratar úlceras externas, queimaduras, feridas, chagas, psoríase, contusões e erupções.
O pó das flores em azeite é misturado com azeite e utilizado externamente para feridas, psoríase, úlceras, inchaços, reumatismo.
É também utilizado no tratamento de queimaduras solares da pele e em produtos cosméticos.
Devido à sua composição de funções antivirais sem efeitos secundários graves, são utilizados no tratamento da SIDA.
Um medicamento homeopático é preparado a partir das flores inteiras da planta para tratamento.
As flores inteiras são utilizadas para tratar ferimentos,

mordeduras, picadas, etc., e também são utilizadas para tratar zonas ricas em nervos, como a coluna vertebral, os olhos, os dedos, etc.

Cultivo:

Propaga-se por sementes e estacas de tronco mole.

É fácil de cultivar em qualquer solo bem drenado mas que retenha a humidade.

Cresce bem em solos secos.

Estas plantas crescem melhor ao sol ou à sombra parcial, mas florescem melhor ao sol pleno.

Adapta-se a solos arenosos ligeiros, argilosos médios e argilosos pesados e prefere solos bem drenados.

Pode crescer em meia-sombra ou à sombra.

Atrai em solo húmido.

Cresce bem nos prados de verão e é um atrativo para os insectos.

Toda a planta exala um cheiro muito desagradável, especialmente quando está em flor.

Colheita:

As folhas e os rebentos de Hypericum são colhidos.

Esta planta está a ser colhida em cerca de semente

polvilhada há um ano de plantação.

As folhas são colhidas em plantas maduras.

A colheita dos botões de flores desta planta é efectuada em quando a cor amarela se torna mais intensa.

Se possível, colher imediatamente antes da abertura dos botões.

Por vezes, mostram-nos com uma ponta de hipericina a mais.

O óleo de hipericina é de cor vermelha clara a castanha e alguns botões são carnudos.

Este frasco metálico está cheio de botões de flores de Hypericum. Depois de alguns dias ao calor do sol. As folhas são colhidas em separado.

As folhas recolhidas são secas ao ar livre em poucos dias.

Esta flor é colhida uma vez por ano.

É armazenado em sacos de polietileno.

33. Indigofera tinctoria l.

Posição sistemática

Reino : Plantae

Divisão : Magnoliophyta

Classe : Magnoliopsida

Encomendar : Fabáceas

Família : Fabaceae

Género : Indigofera

Espécie : tinctoria

Nome Binomial : *Indigofera tinctoria* L.

Nomes Vernaculares:

Tamil - Avuri; Inglês - True indigo; Malayalam - Amari, Neelayamari, Neelichedi, Nilam; Kannada - Anjoora neeli, Hennu neeli, Neeli gida, Olleneeli; Telugu - Aviri, Nilichettu; Hindi - Nillika, Neel; Sânscrito - Gandhapushpa.

Distribuição da planta:

A Indigofera tinctoria é uma planta que cresce nas regiões tropicais e subtropicais.

A Indgofera tinctoria é originária da África tropical ocidental, da Tanzânia à África do Sul, do subcontinente indiano à Indochina.

Ocorre melhor em temperaturas diurnas anuais entre 22-28° C.

Tem sido distribuído a nível mundial em muitos países.

Descrição das caraterísticas morfológicas:

A planta Indigofera é um arbusto que pode atingir um ou dois metros de altura.

É uma planta anual, bienal ou perene, consoante o clima.

Tem folhas pinadas de cor verde-clara com flores cor-de-rosa ou púrpura.

Esta planta pertence à família dos feijões. É também conhecida como índigo verdadeiro.

O corante índigo é obtido a partir das matérias-primas desta planta. Cresce naturalmente em partes da Ásia tropical e subtropical e em África.

O seu habitat nativo é desconhecido, uma vez que é cultivada em todo o mundo há séculos.

A planta pertence à família das leguminosas, pelo que é cultivada em rotação no campo para melhorar o solo, tal como outras culturas leguminosas como Medicago sativa e Phaseolus vulgaris.

O corante é obtido principalmente a partir das folhas.

Constituintes químicos:

As folhas e as raízes são utilizadas para fins medicinais.

As plantas têm coponentes bioquímicos activos, como os rotenóides deguelina, dehidrodeguelina, rotenol, rotenona, tefrosina e sumatrol.

Usos medicinais da planta:

A planta Indigofera é utilizada como remédio para a epilepsia, perturbações nervosas, asma, bronquite, febre, dores de estômago, doenças do fígado, doenças dos rins e do baço, doenças da pele, feridas, hemorróidas, gonorreia, sífilis, picadas de cobra, etc.

Por vezes, utiliza-se um corante azul obtido a partir das folhas para contrabalançar a cor ligeiramente amarela do açúcar em pó.

Uma decocção de folhas (por vezes combinada com mel ou leite) é utilizada para tratar uma variedade de doenças, incluindo epilepsia e distúrbios nervosos; asma e bronquite, febre, problemas de estômago, fígado, rins e baço. É também utilizada como profilático contra a raiva.

As folhas são transformadas numa pomada e aplicadas externamente para tratar doenças de pele, feridas, chagas, úlceras e hemorróidas.

Uma decocção da semente é utilizada para matar piolhos.

A pasta de raízes é aplicada topicamente para tratar feridas infestadas de vermes.

O extrato de raiz é utilizado para tratar dores de dentes, sífilis, gonorreia e cálculos renais.

O extrato das folhas e dos caules é rico em polifenóis e flavonóides e é considerado um excelente antioxidante.

Cultivo:

O cultivo da Indigofera é pouco intensivo em termos de mão de obra

Esta planta não precisa de muita proteção.

Indigofera é a germinação de sementes.

Colocar as sementes de molho durante a noite em água morna.

Depois de semeado num campo.

A germinação é efectuada em cerca de 4 dias.

Indigofera para crescer em humidade quente.

Colheita:

O Indigofers é melhor colhido pouco antes da abertura das flores.

A planta Indigofera é perene.

Para conservar a planta durante mais de um ano.

Deve colher-se apenas metade das folhas de uma só vez.

Esta planta precisa de muito calor para florescer.

Recolher uma quantidade reduzida de folhas.

As folhas devem ser secas à sombra e ao ar.

Após o armazenamento dos sacos de polietileno.

34. JUSTICIA ADHATODA L.

Posição sistemática

Reino : Plantae

Divisão : Magnoliophyta

Classe : Magnoliopsida

Ordem : Lamiales

Família : Acanthaceae

Género : Justicia

Espécie : adhatoda

Nome binomial : *Justicia adhatoda* L

Nomes Vernaculares:

Tamil - Atatotai; Inglês - White vasa, Yellow vasa, Malabar Nut; Malayalam - Aatalootakam; Kannada - Aadusoge, Karchi; Telugu - Addasaramu; Hindi - Pramadya, Rus, Vajini; Sânscrito - Atarusa, Simhasya.

Distribuição da planta:

A Justicia adhatoda é originária da Índia.

A planta é encontrada nas planícies terrestres e na faixa sub-montanhosa da Índia.

Ocorre até 700 metros de altitude, mas na cordilheira dos Himalaias ocorre até 4000 metros de altitude.

Está plantada ao longo da vedação.

Esta planta é vulgarmente observada nas planícies de Tamilnadu.

Cresce em Myanmar, no Sri Lanka e na Malásia.

Descrição das caraterísticas morfológicas:

Adhatoda é um arbusto alto, muito ramificado e denso, de folha perene. É perene, cresce até 4-8 de altura.

As folhas são simples, opostas, decussadas, lanceoladas e acuminadas nas extremidades.

A inflorescência é uma espiga terminal.

As flores são axilas de brácteas no eixo da inflorescência. O pedúnculo tem 10 cm de comprimento.

As brácteas são opostas. Os bractéolos são folhosos, elípticos-oblongos, mas mais estreitos do que as brácteas folhosas. As brácteas e os bractéolos apresentam nervuras evidentes.

As flores são sésseis. A disposição da corola é branca, com garganta ou boca de leão e dois lóbulos. O meio do lóbulo da flor tem algumas marcas arroxeadas.

Frutos capsulares e com 4 sementes. Orelha orbicular e basalmente bicuda.

Constituintes químicos:

O pó das folhas secas é vendido sob a designação comercial de vasaka. As folhas contêm os alcalóides vasicina e vasicinona. Estes são os compostos activos do medicamento.

Contém também óleo essencial, betalina, vasakin, β-sitosterol e tritriacontane.

As flores brancas contêm outro alcaloide importante, a vasicinina.

Usos medicinais da planta:

As folhas de Adhatoda são úteis do ponto de vista medicinal.

As folhas são aromáticas e são utilizadas para tratamento alternativo, analgésico, antiartrite, antiespasmódico, broncodilatador, diurético, expetorante, febrífugo, laxante, nevrálgico e sedativo.

Tal como o Rosa Gulkand, o Gulkand é preparado a partir de folhas de vasaka e é utilizado para curar a constipação, a tosse e a bronquite.

O sumo das folhas é administrado para diarreia, disenteria e tumores glandulares.

A pasta de folhas é aplicada nas doenças de pele e na sarna.

As folhas secas são enroladas em papel e fumadas como um cigarro para aliviar as condições asmáticas.

O sumo das folhas pode matar os vermes intestinais.

A decocção quente das folhas é utilizada para tratar inchaços dolorosos, sarna e doenças de pele.

A cataplasma de sementes é um excelente remédio para inflamações, feridas novas e dores reumáticas.

Cultivo:

A Adathoda vasica é propagada por estacas de caule ou sementes. Normalmente, esta planta não é cultivada à escala comercial.

Pode ser colhido em fontes selvagens.

As sementes foram colhidas e semeadas em viveiros elevados e, depois de germinarem, as plântulas são transplantadas para campos abertos.

A rega é frequente, a remoção de ervas daninhas não é necessária.

Quando as plantas atingem uma altura de 2 metros.

Harvsting:

Geralmente, esta planta não é cultivada para fins comerciais.

Pode ser colhido em fontes selvagens.

A recolha é efectuada.

As folhas frescas e saudáveis são recolhidas à mão, lavadas e depois secas ao ar à sombra.

As folhas secas podem ser armazenadas em sacos de polietileno para utilização futura ou transformadas em pó para comercialização.

Trata-se de um pó seco de cor esverdeada pálida, de sabor amargo e odor caraterístico.

A parte vegetal recolhida é armazenada em sacos de polietileno.

35. MORINGA OLEIFERA Lam.

Posição sistemática

Reino : Plantae

Divisão : Magnoliophyta

Classe : Magnoliopsida

Ordem : Brassicales

Família : Moringaceae

Género : Moringa

Espécie : oleifera

Nome Binomial : *Moringa oleífera* Lam.

Nomes Vernaculares:

Tamil - Murungai; Inglês - Drumstick tree, Horseradish tree; Malayalam - Muringai; Kannada - Nugge; Telugu - Mochakamu; Hindi - Senjana; Sânscrito - Shigru, Shobhaanjan.

Distribuição da planta:

A Moringa é uma planta nativa do Noroeste da Índia.

Esta planta cresce em todas as regiões tropicais e subtropicais.

É cultivada como árvore de quintal pela sua folhagem e frutos. Também é cultivada em quintais e campos para a produção comercial de vagens e folhas.

Descrição das caraterísticas morfológicas:

A Moringa oleifera é uma árvore de madeira macia.

Cresce até 10 metros de altura. É uma árvore de crescimento rápido com ramos abundantes.

O tronco da árvore atinge cerca de 35 cm de diâmetro. É delimitado por uma casca grossa. A casca é de cor castanho-amarelada.

As folhas são compostas tripinadas. São pulvinadas e de cor verde-escura. As pinhas são opostas, exceto a terminal.

Cada pinna tem 2-4 pares de folíolos opostos e um folíolo ímpar terminal. Os folíolos não têm estípulas.

O folheto é elíptico. A extremidade livre do folheto é arredondada. Os nervos são obscuros na superfície dos folhetos.

A inflorescência é uma panícula conspícua. O seu comprimento é de cerca de 10-25 cm.

Tem muitas flores brancas ou de cor creme.

O fruto é uma cápsula comprida trilobada, denominada vagem. É terete, angular e tem 20-45 cm de comprimento.

A vagem não madura é verde, com sulcos longitudinais. A vagem madura é ligeiramente inchada na zona das sementes. Cada vagem tem 15-20 sementes.

As sementes têm 3 ângulos, 3 asas e 1 cm de diâmetro.

As asas são de papel.

A casca da semente é de cor castanha ou preta.

Constituintes químicos:

As plantas inteiras de Moringa oleífera, constituídas por folhas, flores, frutos, casca, raízes e sementes, têm propriedades nutricionais e medicinais.

As folhas e a casca destes componentes biológicos contêm

oxalato, saponina, fitato e isotiocianato de benzilo.

As flores contêm bio-componentes como flavonóides, alcalóides, sacarose e aminoácidos como a kaempferitrina, a isoquercitrina e a ramnetina.

O caule também contém componentes alcalóides como a moringinina e a moringina, ácido octacosanóico, β-sitosterol e 4-hidroximelina.

Os frutos são conhecidos por conterem citocinas.

As sementes contêm componentes bioactivos como flavonóides, polifenóisproantocianidinas, fenilacetonilo, benzilglucosinolato e carbamato de benzilo e benzilglucosinolato.

As raízes são conhecidas por conterem potássio, sódio, magnésio, fósforo e cálcio.

Usos medicinais da planta:

As partes inteiras da planta ou o extrato são administrados a cães raivosos.

É também administrada para tratar a ascite e o reumatismo.

O sumo das folhas frescas é administrado como emético.

Também cura o escorbuto e o catarro.

A decocção de todas as partes da planta é administrada como estimulante cardíaco e circulatório.

O sumo da casca é misturado com pimenta e Asafetida e administrado para a indigestão.

O pó da folha é administrado para a tensão arterial elevada, fraqueza sexual masculina, tosse, sinusite e doenças oculares.

A decocção das folhas é um bom tónico para o ferro e as folhas e os topos floridos são utilizados como erva de vagem.

São utilizadas em várias preparações culinárias na Índia.

Cultivo:

A árvore Moringa oleifera cresce em regiões tropicais e subtropicais.

A Moringa pode ser propagada por sementes e estacas de caule podem ser usadas para propagação vegetativa.

As plantas crescem igualmente bem em solos argilosos ou arenosos e necessitam de um solo bem drenado.

É rica em matéria orgânica e tem um verão longo, quente e seco.

O campo é preparado através da lavoura, da monda, da

gradagem e do nivelamento do solo.

A divisão em linhas consiste em dividir o campo em covas com 1,5 a 2 metros de distância em todos os lados circundantes.

As covas devem ter 50 cm de profundidade e largura.

Misturar o solo arenoso com 5 kg de estrume ou de composto orgânico e encher as covas.

Normalmente, pelo menos um dia antes de semear as sementes ou transplantar as plântulas, encher as covas com água.

O melhor período para o cultivo da planta é de julho a outubro.

Esta planta necessita de muita água e de uma exposição direta ao sol.

A planta não necessita de muita rega.

Pode mesmo produzir uma boa qualidade em vaso em condições de seca.

O solo deve estar sempre húmido, mas não molhado, porque a planta é sensível ao excesso de água.

Deve-se regar esta planta em profundidade em vez de a regar ligeiramente com frequência.

Geralmente aplicado a fertilizantes para todos os fins.

Uma árvore adulta necessita de uma aplicação anual de 10 kg de estrume de curral e 75 g de sulfato de amónio.

Da mesma forma, a aplicação de 50 kg de estrume de quinta e 3,5 kg de bolo de neem juntamente com 1 kg de sulfato de amónio antes da floração promoverá um crescimento saudável e uma melhor qualidade das vagens.

Este método dc poda requer a remoção do caule ao nível do solo, dos ramos cruzados, dos ramos mortos e doentes e a modelação da planta.

Colheita:

A Moringa oleifera amadurece após 6-12 meses de plantação.

Pode começar a colher as folhas consoante o seu crescimento.

As folhas recolhidas devem ser atadas com um nó de fibra.

A colheita da vagem é efectuada em sacos de guuny.

O rendimento da planta situa-se algures entre 50 e 55 toneladas de vagem por carácter.

36. Limonza Acidissima l.

Posição sistemática

Reino : Plantae

Divisão : Magnoliophyta

Classe : Magnoliopsida

Ordem : Sapindales

Família : Rutaceae

Género : Limonia

Espécie: acidissima

Nome Binomial : *Limonia acidissima* L.

Nomes Vernaculares:

Tamil - Vilam, Vilankay maram, Kapittam, Tantacatam; Inglês - Wood Apple, Elephant apple, Curd fruit, Monkey fruit; Malayalam - Kannada, Bela; Telugu - Velaga; Hindi - Dadhiphal, Dantasanth, Kabeet, Kaitha; Sânscrito - Kapittha, Cirapaki, Dadhi, dadhiphala.

Distribuição da planta:

A macieira é originária das florestas das planícies áridas da Índia e do Srilanka e é vulgarmente cultivada ao longo das bermas das estradas e dos campos e, quando necessário, em pomares.

Cresce frequentemente no Sudeste Asiático, na Malásia, na Indochina e na ilha de Penang.

Na Índia, as frutas são tradicionalmente o "alimento dos pobres".

Descrição das caraterísticas morfológicas:

A planta Limonia é uma árvore de grande porte.

Cresce até aos 9 m de altura com uma casca rugosa e espinhosa.

Tem um caule cilíndrico e ramificado, folhas e um sistema radicular.

As folhas são pinadas com 5-7 folíolos, cada folíolo com 25-35 mm de largura e com sabor a limão quando esmagado.

As flores da planta Limonia são brancas e têm cinco pétalas. Os frutos são bagas com 5-9 cm de diâmetro e sabor doce ou azedo. Os frutos têm uma parte da casca muito dura.

Quando os frutos se abrem, são castanhos no exterior e contêm uma polpa pegajosa branco-acastanhada e pequenas sementes brancas.

Constituintes químicos:

As folhas de Limonia contêm muitos constituintes químicos como cumarinas, lignanas, flavonóides, ácidos fenólicos, quinonas, alcalóides, triterfenóides, esteróis e óleos voláteis.

O caule da Limonina contém uma grande variedade de compostos químicos, tais como flavonóides, glicosídeos cardíacos, triterpenos e esteróides.

A casca contém compostos como alcalóides, flavonóides, esteróides, saponinas, glicosídeos, fenóis, goma e mucilagem, óleos e gorduras fixos, resinas e taninos.

A raiz contém compostos químicos como a feronia lactona, bargapten, geranylum belliferone, isopimpinellin, osthol, marmesin e marmin.

Limonia é unripemor, os frutos são gomosos em pedaços irregulares no interior.

Esta goma verde ou de frutos é composta por arabinose, xilose, d-galactose e vestígios de ramnose.

Utilizações medicinais da planta:

O fruto da planta Limonia é amplamente utilizado na Índia como tónico hepático e cardíaco e, quando imaturo, as suas propriedades adstringentes são utilizadas como um tratamento eficaz para a diarreia e para parar os soluços, erupções cutâneas e doenças da garganta e das gengivas.

A polpa é utilizada como antídoto para as picadas e ferroadas de insectos venenosos.

O sumo das folhas não amadurecidas é misturado com leite e rebuçados de açúcar dados às crianças como remédio para problemas biliares e intestinais.

A pasta de folhas em pó misturada com mel é administrada para aliviar a disenteria e a diarreia nas crianças.

O óleo obtido a partir das folhas esmagadas é utilizado

como remédio para a comichão nas crianças.

Uma decocção das folhas também é dada às crianças para ajudar na digestão.

As folhas, a casca, a raiz e a polpa dos frutos são utilizadas para tratar a mordedura de cobra.

Cultivo:

A planta Limonia é propagada por sementes e por camadas de ar

O campo é preparado através da lavoura, da monda, da gradagem e do nivelamento do solo.

As sementes obtidas de frutos bem maduros devem ser colocadas num saco de polietileno misturado com terra e estrume de coco no viveiro.

As plântulas devem ser plantadas no campo depois de atingirem uma altura de 30 a 45 cm.

Cresce num clima de monção com uma estação seca distinta.

Esta planta cresce em todos os tipos de solo, mas cresce melhor em solo leve.

Cresce melhor em zonas onde as temperaturas anuais se situam entre os 20-29 °C.

A precipitação anual requerida é de 800-1.200 mm

Colheita:

O estado de maturação dos frutos da Limonia é verificado batendo na superfície com um dedo.

Os frutos imaturos saltarão, mas os frutos maduros não saltarão.

Após a colheita, o fruto é mantido ao sol durante 2 semanas para amadurecer completamente.

Colhidas e secas ao ar.

Os materiais queimados são armazenados de forma segura em sacos de artilharia.

37. OCIMUM Tenuiforum l.

Posição sistemática

Reino : Plantae

Divisão : Magnoliophyta

Classe : Magnoliopsida

Ordem : Lamiales

Família : Lamiaceae

Génere : Ocimum

Espécie : sanctum

Nome Binomial : *Ocimum tenuiforum* L.

Nomes Vernaculares:

Tamil - Thulasi; Inglês - Holy Basil, Hot Basil; Malayalam Govindapushpam, Krishnathulasi, Thulasi, Thrithavu; Kannada - Tulasi, Sri Tulasi; Telugu - Manchi Tulasi, Nalla Tulasi; Hindi - Kala-Krishna tulasai; Sânscrito - Tulsi, Krishnamul, Tulssi-Surasa-Vishnu priya.

Distribuição da planta:

O Ocimum tenuiforum é uma planta sagrada para os hindus

É uma planta originária do subcontinente indiano.

Cresce bem nas regiões tropicais e subtropicais.

Cultivada nos templos e em frente das casas devido à sua divindade.

Também cresce naturalmente em terrenos estéreis.

Cresce amplamente no subcontinente indiano.

Em Tamilnadu, é cultivada nas bermas das estradas e nos terrenos baldios.

Descrição das caraterísticas morfológicas:

O Ocimum tenuiforum é uma erva aromática.

Cresce até aos pés de altura de 30-60 cm.

A planta Ocimum sanctum é um arbusto bienal ou trienal.

A planta Oscimum é uma planta erecta, herbácea, mais ramificada e suavemente peluda.

As folhas são simples, opostas e decussadas, com margens inteiras ou dentadas, pontilhadas de glândulas minúsculas.

As folhas são verdes ou ligeiramente arroxeadas.

Os caules e os ramos são geralmente quadrangulares e a planta é toda peluda.

A inflorescência é um racemo de 10 cm de comprimento.

O pedúnculo é esguio, em forma de cachos e de cor verde púrpura. As flores são pequenas, de cor púrpura, e estão dispostas em espirais próximas como cachos.

Os frutos são pequenos e vermelhos ou amarelados.

As sementes têm uma forma subglobosa.

Cultivada em todas as regiões tropicais do Sudeste Asiático.

Existem dois tipos de cultivares de Ocimum sanctum.

Existem folhas de Sri Tulasi com nervuras verdes.

Enquanto a Krishna Tulasi tem folhas com nervuras roxas.

Ambos têm as mesmas propriedades medicinais.

Constituintes químicos:

As partes inteiras das plantas são úteis do ponto de vista medicinal.

É uma planta que contém constituintes como o ácido oleanólico, o ácido ursólico, o ácido rosmarínico, o eugenol, o caryacrol, o linalol, o β elementene e o germacrene-D.

O eugenol e os inibidores da COX-2 estão presentes nesta planta, o que explica as suas propriedades medicinais.

As folhas produzem um óleo essencial.

O óleo contém eugenol, cineol, linalol, acetato de bonilo, citral e timol.

Usos medicinais da planta:

As folhas da planta Ocimum são utilizadas como expetorante e antissético.

O extrato das folhas é útil para curar o catarro e a bronquite.

A pasta de folhas é administrada externamente para matar os vermes anelídeos. É colada em inflamações para curar doenças de pele. O sumo das folhas é colocado nos ouvidos para aliviar a dor de ouvidos. A decocção das folhas (sopa) com pimenta e sal, tomada internamente, dá frescura ao espírito.

As folhas extraídas confirmam que têm propriedades antibióticas e anticancerígenas.

Para promover a saúde do coração, a planta contém antioxidantes como a vitamina C e o eugenol, que protege o coração dos efeitos nocivos dos radicais livres.

O eugenol é também eficaz na redução dos níveis de colesterol no sangue .

O extrato da planta actua como um diurético suave e um agente desintoxicante, que reduz o nível de ácido úrico no corpo e ajuda a eliminar os cálculos renais.

Além disso, devido à presença de ácido acético neste extrato, ajuda a quebrar os cálculos renais.

As plantas Oscimum são um analgésico natural que também pode aliviar a dor da enxaqueca.

Aliviar a febre as plantas são um ingrediente antigo para tratar a febre.

Estas plantas são utilizadas em muitos produtos.

O óleo essencial é utilizado na indústria da perfumaria e da cosmética, bem como na medicina doméstica.

Cura as infecções virais, bacterianas e fúngicas do trato respiratório devido à presença de compostos como o canfeno, o eugenol e o cineol na planta.

Cura várias doenças respiratórias como a bronquite e a tuberculose.

Queimar folhas secas e libertar o fumo no ar é um bom repelente de mosquitos.

Cultivo:

O Ocimum propaga-se por sementes.

As sementes demasiado velhas estragam-se.

Por isso, os agricultores têm de apanhar sementes novas para plantar.

O viveiro pode ser criado na terceira semana de fevereiro e transplantado em meados de abril.

As sementes são colhidas e mostram-se dispersas em canteiros selecionados.

Pode ser cultivada numa grande variedade de condições edafoclimáticas.

Os solos bem drenados e as temperaturas elevadas são favoráveis ao seu crescimento.

As plântulas de viveiro ou as sementes podem ser

plantadas num espaço de 50×50 cm.

Os solos ricos em argila, pobres em laterite, salinos e alcalinos a moderadamente ácidos são adequados para o cultivo.

Além disso, um solo bem drenado contribui para um melhor crescimento das plantas. A rega deve ser efectuada uma vez por semana ou uma vez por mês.

Um ambiente encharcado pode causar podridão radicular e crescimento atrofiado.

Cresce bem em condições de elevada pluviosidade e humidade.

As temperaturas moderadas favorecem o crescimento das plantas.

Cresce a uma altitude de 900 metros acima do nível do mar.

Colheita:

Para obter um maior rendimento de óleo essencial, as folhas podem ser colhidas em plena floração ou na fase de floração.

Para obter um rendimento máximo de óleo essencial e um óleo de melhor qualidade.

A primeira colheita é obtida aos 90-95 dias após a plantação. A partir daí, a colheita pode ser efectuada com um intervalo de 65-75 dias.

A colheita deve ser efectuada, geralmente, em dias ensolarados para obter um óleo de boa qualidade.

A cultura deve ser cortada a uma altura de 10 cm acima do nível do solo.

As folhas e as partes tenras colhidas devem ser lavadas e secas à sombra durante uma semana para utilização futura.

Trata-se da extração de óleo essencial, devendo as folhas frescas e as partes tenras ser utilizadas imediatamente, para obter um rendimento elevado. O óleo tem um odor doce a anis, bem como um forte odor a cravinho.

As folhas apresentam uma cor pálida-esverdeada, de sabor ácido.

38. OLEA EUROPAEA L.

Posição sistemática

Reino : Plantae

Divisão : Magnoliophyta

Classe : Magnoliopsida

Ordem : Lamiales

Família : Oleaceae

Género : Olea

Espécie : europaea

Nome Binomial : *Olea europaea* L.

Nomes Vernaculares:

Tamil - NA; Malayalam - NA; Kannada - NA; Telugu - NA; Hindi - NA Sânscrito - NA; Inglês - Brown olive, African olive, European olive.

Distribuição da planta:

A planta Olea europaea é uma pequena árvore de folha perene.

É originária das regiões mediterrânicas, da Europa, de África, da Ásia, do subcontinente indiano, da China e de Queensland.

Cresce como erva daninha nas regiões temperadas e semi-áridas, especialmente nos climas mediterrânicos.

Encontra-se naturalmente em bosques abertos, parques, prados de planície e terrenos baldios ao longo de estradas e cursos de água. A oliveira africana está naturalizada nas zonas costeiras e sub-costeiras do leste de Nova Gales do Sul.

Também se naturaliza na ilha de Norfolk e no sul da Austrália.

Estas árvores são cultivadas principalmente para a proteção do azeite.

A Olea é também utilizada em jardins e para criar uma atmosfera verde única.

Descrição das caraterísticas morfológicas:

A Olea europaea é uma árvore de folha perene.

Trata-se de um tronco retorcido e nodoso com folhas verde-prateadas planta.

Cresce naturalmente de 2 a 10 m de altura, mas ocasionalmente atinge até 15 m de altura.

As suas folhas, dispostas de forma oposta, são lanceoladas e coriáceas, com pontas pontiagudas ou em gancho.

As suas folhas são verde-escuras brilhantes na parte superior e prateadas, esverdeadas ou castanho-amareladas na parte inferior. A maioria das flores floresce na estação das espigas.

As flores são pequenas, de cor branca-creme, com quatro pétalas e unidas na base num tubo muito estreito.

As flores crescem em pequenos cachos nas pontas dos ramos ou nas axilas.

Os caules são muito ramificados, de cor preta-esverdeada a verde-prateada e erectos.

Os caules maduros têm uma casca rugosa cinzenta clara ou escura, enquanto os caules jovens são lisos e delgados.

Há uma abundância de frutos.

Os frutos têm uma forma ovalada, de cor negra arroxeada.

Estes frutos contêm uma semente semelhante a uma "pedra" no centro carnudo e oleoso.

A parte pedregosa é uma semente castanha dura com uma forma oblonga .

Constituintes químicos:

Todas as partes da planta são utilizadas medicinalmente como Olea europaea. As folhas, o caule, a casca, os frutos, a madeira, as sementes e o óleo são utilizados de diferentes formas.

A Olea europaea tem sido ativa em biocompostos como flavonóides, flavonas, glicosídeos, flavanonas, iridóides, glicosídeos iridanos, secoiridóides, glicosídeos secoiridóides, triterpenos, biofenóis, ácido benzoico, xilitol, esteróis, isocromanos e açúcares.

Usos medicinais das plantas:

A Olea europaea é uma árvore com frutos, folhas e sementes comestíveis. As folhas, a casca, a madeira, os frutos, as sementes e o óleo da Olea europaea são utilizados de diferentes formas.

Uma decocção de folhas secas é utilizada por via oral para tratar diarreia, infecções do trato respiratório e do trato urinário, estômago, intestinos e lavagem da boca.

A infusão de folhas frescas é também utilizada como anti-inflamatório. As folhas são utilizadas externamente para promover o crescimento e a regeneração das unhas.

O extrato aquoso de folhas frescas é tomado por via oral para tratar a pressão elevada.

A infusão das folhas é administrada por via oral para curar hipotensão e hemorróidas.

A tintura das folhas é utilizada como febrífugo.

O extrato fervido de folhas frescas e secas é administrado por via oral para tratar a asma e a hipertensão e para induzir a diurese.

As folhas são utilizadas por via oral para doenças do estômago e do intestino. O tónico das folhas de Olea é utilizado por via oral para reduzir a febre e como anti-inflamatório.

Este óleo essencial de folhas é utilizado por via oral para a obstipação e dores de fígado.

Depois de ficar de molho durante a noite, a casca é retirada e a infusão é usada como remédio para expulsar as ténias.

Os frutos são também utilizados como produtos de limpeza da pele.

As folhas e os frutos são utilizados no tratamento de heamorróidas, reumatismo e como vasodilatador em doenças vascularcs.

O extrato do fruto do óleo é administrado por via oral para tratar a litíase renal.

A Olea europaea tem excelentes propriedades anticancerígenas em vários tipos de cancro.

Os seus frutos são utilizados para diabetes, hipertensão, diarreia, infecções respiratórias e urinárias, doenças estomacais e intestinais, asma, hemorróidas, reumatismo, laxante, desinfetante bucal e vasodilatador.

As frutas também podem ser capazes de matar micróbios como bactérias e fungos.

O óleo da semente previne a queda de cabelo quando usado regularmente. O óleo é aplicado externamente para reduzir a dor em articulações fracturadas e para aliviar a carne.

O óleo da semente é utilizado em várias massagens corporais e cosméticos faciais.

Cultivo:

Olea europaea é uma propagação de sementes.

As plantas de Olea europaea são cultivadas no jardim, em casa, como ornamento, mas também são amplamente cultivadas comercialmente pelos seus frutos e pela produção de óleo a partir das sementes. As árvores de Olea prosperam em regiões de clima mediterrânico. Encontraram o local certo para apanhar sol.

Trata-se de preparar a qualidade do solo.

Se o solo for argiloso ou pesado, considere a possibilidade de melhorar a drenagem através da adição de adubo orgânico

Necessita de muita luz solar, pelo menos seis horas por dia.

São tolerantes à seca e preferem solos secos e condições atmosféricas.

Irrigação regular e seis horas de luz solar diária.

Pode ser podada de vez em quando.

É necessário remover os ramos mortos ou doentes e

desbastar as zonas de aglomeração para melhorar o fluxo de ar e a penetração da luz solar. As árvores Olea são bem cultivadas.

Colheita:

A Olea europaea é colhida entre finais de agosto e novembro, dependendo da localização e do grau de maturação desejado. A Olea torna-se mais suave no sabor à medida que amadurece.

Pode ser escolhido em qualquer altura.

Mas atingem o tamanho desejado, verdes ou completamente maduros.

É preferível escolher à mão para escovar.

Espalhar uma armadilha debaixo da árvore e abanar o ramo da árvore para que a madura caia.

Os frutos devem ser transformados imediatamente após a colheita. As partes das plantas recolhidas são separadas no campo.

É seco ao ar à temperatura ambiente.

Os materiais vegetais secos são armazenados em sacos de polietileno.

39. PAPAVER sominerum l.

Posição sistemática

Reino : Plantae

Divisão : Magnoliophyta

Classe : Magnoliopsida

Ordem : Ranunculales

Família : Papaveraceae

Género : Papaver

Espécie : somniferum

Nome binomial : *Papaver somniferum* L.

Nomes Vernaculares:

Tamil - Gashagasha, Abini, Postaka; Inglês - Papoila do ópio; malaiala - Afium, Avin, Karappu, Kasakasa; kannada - Afim, Biligasgase, Gasagase, Kasakase; telugu - Gasagasala, Abhini; hindi - Aphim, Khash-khash; sânscrito - Aaphuka, Ahifenam, Ahiphena

Distribuição da planta:

A planta Papaver somniferum é vulgarmente conhecida como papoila do ópio ou papoila da semente do pão.

A Papaver somniferum cresce de forma selvagem nas regiões de baixa montanha.

É cultivada em Uttar Pradesh, Madhya Pradesh e Rajasthan.

Esta planta é cultivada para a produção de ópio.

Esta planta é cultivada como uma cultura agrícola.

A planta para utilização principalmente em produtos farmacêuticos

É também cultivada como uma planta ornamental valiosa pelos jardineiros.

É originária da Europa e da Ásia.

Descrição das caraterísticas morfológicas:

A Papaver somniferum é uma erva anual erecta.

Cresce até uma altura de 30-100 cm.

Todas as partes desta planta contêm vasos de látex. Assim, o látex escorre quando qualquer parte da planta é arrancada.

As folhas são simples, alternas e ovadas a oblongas.

As folhas inferiores têm um etoile curto, mas as superiores são sésseis. São onduladas e ligeiramente lobadas nas margens.

A margem das folhas é serrilhada.

As flores são grandes, solitárias e axilares ou terminais. São de cor escarlate ou branca. Apresentam um longo edículo.

O fruto é uma casula com um único lóculo. Tem muitas sementes pequenas.

As sementes são de cor castanho-escura.

Constituintes químicos:

As pétalas, os frutos e as sementes são úteis do ponto de vista medicinal.

O ópio é o exsudado das cápsulas.

É extraído das cápsulas numa fase designada por estádio de maturação industrial. Este estádio é atingido uma semana após a queda dos étalos.

São efectuadas pequenas incisões na parede da cápsula com uma faca afiada.

O látex escorre pelas incisões e endurece com a exposição ao ar.

Os exsudados endurecidos são raspados e transformados em pequenos glóbulos. Estes glóbulos são chamados ópio.

Os biocompostos do ópio contêm cerca de 20 alcalóides e respectivos sais. A morfina, a codeína, a rhoeadina, a papaverina e a tebaína encontram-se em proporções elevadas.

Utilizações medicinais da planta :

A papaver é um dos mais importantes valores medicinais.

As pétalas são amargas e sedativas. O extrato das pétalas é administrado para a tosse.

O ópio é administrado aos doentes para aliviar as dores de feridas e inflamações.

O ópio era utilizado para tratar a asma, as doenças do estômago e a má visão.

A infusão desta planta é administrada para acalmar a tensão mental e a tensão arterial elevada.

O óleo de sementes de somniferum é isento de efeitos narcóticos. É utilizado como óleo culinário. Cura a diarreia e a disenteria.

O ópio seco era tratado como adstringente, antiespasmódico, afrodisíaco, diaforético, expetorante, hipnótico, narcótico e sedativo.

A papaver tem sido utilizada contra as dores de dentes e a tosse.

As sementes de papaver são utilizadas como alimento.

Cultivo:

A Papaver somniferum pode ser propagada a partir de sementes.

Ocorre nas zonas costeiras das regiões mediterrânicas.

A papaver é uma planta anual.

A papaver tem um desenvolvimento lento na fase inicial do período vegetativo.

É muito importante controlar eficazmente as ervas daninhas nos primeiros 50 dias após a sementeira.

O campo deve ser preparado através de lavoura,

gradagem, nivelamento e remoção de ervas daninhas.

A planta é produzida em pequenas sementes.

As flores maduras produzem uma única vagem.

São necessários 120 dias para atingir o ciclo completo de crescimento das plantas em diferentes fases.

Esta planta tem três fases de crescimento completo.

É o desenvolvimento do crescimento que começa com o crescimento das plântulas.

As pequenas sementes germinam rapidamente no calor e com humidade suficiente.

Esta competição de ervas daninhas é muito elevada para o período inicial.

A aplicação do herbicida clorortolurão tem de ser eficaz na redução das infestantes.

Numa segunda fase, surgem as folhas do tipo roseta e os caules.

Após alguns meses, a planta atingirá uma altura de um ou dois metros e um caule primário será longo e liso.

A posição apical deste caule sem folhas é chamada pedúnculo.

Depois disso, a brotação ocorre como uma terceira fase.

Esta fase do gancho é a floração.

Um ou mais caules terminais podem crescer a partir do caule principal da planta.

O caule principal de uma Papaver somiferum completamente madura varia entre dois e cinco pés de altura.

As folhas são oblongas, dentadas e lobadas e têm entre 4 e 15 centímetros de diâmetro quando maduras.

As folhas maduras são utilizadas como forragem para animais.

As flores indicam que atingiram a maturidade.

A planta Papaver floresce normalmente após 90 dias de crescimento.

Estas florescem continuamente durante duas a três semanas.

As pétalas duram dois a quatro dias e depois revelam pequenos frutos redondos e verdes que continuam a crescer.

A parte da vagem da planta pode produzir alcalóides de ópio.

A planta está pronta para ser cortada.

Colheita:

A Papaver sominiferum é colhida 120 dias após a plantação. Enquanto a máquina de colheita ainda está na planta, cada vagem deve ser raspada e batida para recolher o ópio num frasco.

Após a recolha do ópio, as vagens são limpas, cortadas do caule e secas.

As vagens secas são cortadas.

As sementes são retiradas e secas à sombra do sol, sendo depois armazenadas.

As sementes são armazenadas em segurança em sacos de artilharia.

Após anos, a semente é cultivada e utilizada para plantação.

As sementes são utilizadas na culinária e na preparação de tintas e perfumes. As sementes também podem ser utilizadas na culinária e no fabrico de tintas e perfumes.

O óleo de sementes é amarelo palha e tem um sabor doce semelhante ao da amêndoa.

40. Pergularia daemia (Forssk.) Chiov.

Posição sistemática

Reino : Plantae

Divisão : Magnoliophyta

Classe : Magnoliopsida

Ordem : Gentianales

Família : Apocynaceae

Género : Pergularia

Espécie : daemia

Nome binomial : *Pergularia daemia* (Forssk.) Chiov.

Nomes Vernaculares:

Tamil - Veliparuthi ou Utthamani; Inglês - Pergularia, Hair knot plant, Stinking swallowwort; Malayalam - Velipparuthi; Kannada - Bili hatthi, Haalu kuratige, Haalkoratige; Telugu - Chebira, Dustapu cettu; Hindi - Sagovani ou Utranjutuka; Sânscrito - Phala Kantaka ou Uttaravaruni.

Distribuição da planta:

A planta Daemia extensa é encontrada nas planícies e colinas da Índia.

Cresce nas costas marítimas, nas bermas das estradas, nos terrenos baldios e nos bosques ou nas orlas das florestas ribeirinhas.

Cresce até à altitude de 1000 metros.

Na África do Sul, a espécie é amplamente distribuída desde a Península Malaia até à Birmânia, Sri Lanka, Paquistão e Afeganistão, passando pela Arábia.

Esta planta é altamente tóxica, especialmente as partes aéreas. O látex da planta é venenoso.

É uma planta com um odor desagradável.

Descrição das caraterísticas morfológicas:

A planta Daemia é uma erva rasteira.

O caule é delgado e peludo.

Possui um látex leitoso na sua casca.

As folhas são opostas, profundamente cordadas na base e agudas na extremidade. A sua superfície inferior apresenta pêlos aveludados.

A inflorescência é axial e umbeliforme, as flores são pálidas ou brancas.

A corola é companheira e ligeiramente insuflada, formando um tubo amarelo-esverdeado ou branco-escuro.

Os frutos são folículos emparelhados.

São inchadas na base e curvadas no ápice.

A parede dos frutos é espinhosa.

Os frutos amadurecem após 13 a 14 meses, libertando sementes de forma ovada cobertas de pêlos sedosos que se dispersam no ar.

Constituintes químicos:

Todas as partes das plantas são utilizadas como propriedades medicinais. É utilizado como samoolam.

As folhas, o caule, os rebentos e os frutos desta planta contêm fitoquímicos como terpenóides, flavonóides, esteróis e cardenolídeos.

Usos medicinais da planta:

O sumo das folhas é administrado em casos de catarro, diarreia infantil, reumatismo e amenorreia.

A pasta de folhas é aplicada nas pústulas da pele.

A decocção das folhas é administrada para a asma.

O extrato das folhas facilita o parto. Também cura os problemas menstruais.

O sumo das folhas frescas e a lima são misturados e aplicados em inchaços reumáticos nas mãos e pernas.

A decocção de toda a planta é administrada como tónico uterino, expetorante e emético. Pára a hemorragia do útero.

Cultivo:

A Percularia daemia propaga-se a partir de sementes.

Geralmente, a planta é uma das ervas daninhas do planalto de Deccan.

Esta planta é cultivada em matas secas e margens de florestas.

É assim como os cursos de água sazonais na planta.

Em zonas mais áridas, desde o nível do mar até altitudes de 1.200 metros.

No entanto, dependendo dos rigores do clima local, da humidade e do teor orgânico dos solos.

Ocorre naturalmente em climas tropicais e subtropicais, em solos franco-arenosos bem drenados para o seu crescimento luxuriante.

O campo deve ser preparado por lavoura, gradagem e nivelamento.

A aplicação é de 20 toneladas de estrume de curral durante a preparação do terreno.

As sementes devem ser semeadas após a estação das monções.

Deve estar a semear linhas de 1 metro de espaçamento no campo.

O campo deve ser irrigado imediatamente após a sementeira.

A irrigação é necessária durante a estação seca.

Colheita:

A maturação da Pergularia daemia pode ocorrer 4 meses após a plantação, altura em que deve ser colhida.

As sementes devem ser colhidas no verão.

Toda a parte da planta é separada no campo

Toda a planta é colhida manualmente e seca ao ar livre à sombra.

O material deve ser seco e armazenado em sacos de polietileno.

Possui recolha de látex em recipiente de taça ou garrafa.

41. PIPER NIGRUM L.

Posição sistemática

Reino : Plantae

Divisão : Magnoliophyta

Classe : Magnoliopsida

Ordem : Piperales

Família : Piperaceae

Género : Piper

Espécie : nigrum

Nome Binomial : *Piper nigrum* L.

Nomes Vernaculares:

Tamil - Kurumilagu; Inglês - Black Pepper; Malayalam - Kurumulaku; Kannada - Karimenasu; Telugu - Miryalatige; Hindi - Kali mirch; Sânscrito - Marich.

Distribuição da planta:

A Piper nigrum é o rei das especiarias.

A planta Piper nigrum cresce nas florestas dos Ghats Ocidentais do Sul da Índia.

É também cultivada nas colinas tropicais do Sul da Índia.

É uma das especiarias mais importantes produzidas e exportadas pela Índia.

Descrição das caraterísticas morfológicas:

A Piper nigrum é uma planta trepadeira de folha perene.

Atinge uma altura de 10 metros ou mais.

A Piper nigrum é uma trepadeira perene, lenhosa em árvores ou postes de suporte.

Trata-se de uma trepadeira que se espalha, com caules enraizados e rastejantes que crescem a partir do solo à volta da árvore de suporte.

As folhas são geralmente largamente lanceoladas, mas em grandes variações têm forma de folha e estão dispostas alternadamente.

As flores são pequenas, produzidas em espigas pendentes.

As flores são muito pequenas.

As formas monóicas ou dióicas ou hermafroditas crescem em diferentes variedades.

Deve ter um grande número de flores bissexuais para obter rendimentos elevados.

As flores masculinas são poucas na planta.

As inflorescências são produzidas nos nós opostos às folhas superiores.

Os frutos são bagas com uma única semente.

As sementes são envolvidas por um revestimento fino e macio.

Após a floração, os frutos demoram cerca de seis meses a amadurecer.

A propagação vegetativa por estaca.

As plantas dão frutos a partir do quarto e quinto anos.

Constituintes químicos:

Os frutos e as sementes de Piper nigrum são utilizados para fins medicinais.

A pimenta preta é um fruto seco com sementes.

O pimento branco é constituído apenas pela semente, sendo a parede do fruto removida.

O picante da pimenta deve-se ao alcaloide piperina e ao óleo de pimenta volátil.

Os componentes do óleo de pimenta são o pineno, o limoneno, o sabineno e os sesquiterpenos.

Usos medicinais da planta:

A Piper é uma especiaria.

É frequentemente utilizado na mesa de jantar juntamente com o sal de mesa.

A pasta de pimenta preta é aplicada na garganta para aliviar a dor de garganta.

É também utilizada para as hemorróidas e problemas cutâneos.

O sumo de pimenta é um estimulante aromático para aliviar a fraqueza após a febre.

O sumo de piper é um antiperiódico (febre intermitente) administrado para a febre da malária.

O sumo de piper é utilizado como gotas para os ouvidos para aliviar a dor de ouvidos.

Comer uma piperra também cura a gangrena, a indigestão

e os problemas de fígado.

É administrado para dores de estômago e hérnias.

O pó de piper é misturado com sal de mesa e utilizado como pó para os dentes. Cura cáries, dores de dentes e sangramento das gengivas.

O pó de pimenta utilizado aquece o corpo e reduz os problemas pulmonares e a constipação.

Cultivo:

A Piper nigrum ocorre principalmente como cultura de sequeiro.

É necessária uma precipitação elevada de 150-250 cm, uma humidade elevada e um clima quente.

Desenvolve-se igualmente bem em solos ricos em húmus.

Esta planta pode ser cultivada em altitudes até 1500 metros.

A propagação vegetativa da Piper é feita por estacas de rebentos aéreos.

Existem nomeadamente,

Caule primário com entrenós alongados e raízes adventícias ligadas à base.

Os rebentos brotam da base da videira e têm longos

entrenós que atingem as raízes em cada nó.

Os frutos nascem em ramos laterais.

Para a propagação vegetativa, as estacas são cultivadas principalmente com rebentos corredores, embora também possam ser utilizados rebentos terminais.

As estacas de ramos laterais são raramente utilizadas porque têm tendência a desenvolver um hábito arbustivo.

No entanto, os ramos laterais enraizados são úteis para o cultivo do piper do mato.

A época de plantação pode ser feita de junho a dezembro.

Deve evitar-se o seu crescimento em encostas a Oeste e a Sul.

Estes poços de 50 cm x 50 cm x 50 cm são escavados a intervalos de 2 a 3 metros.

Mistura-se 5 a 10 kg de composto de estrume de quinta e planta-se em junho-junho.

Padrão como carvalho pratcado, Dadap e Jack em sistema de cultivo multities.

A plantação deve ser efectuada com um espaçamento normal de 7-8 metros. Aplicar estrume de quinta ou vermicomposto imediatamente antes do início da monção do sudoeste.

Além disso, foram aplicados 100 g de azoto, 40 g de fósforo e 140 g de potássio por planta, duas vezes em maio-junho e setembro-outubro.

A rega deve ser efectuada com um intervalo de 10 dias durante o período de dezembro a maio.

São efectuadas duas deservagens durante o ano, em junho-julho e em outubro-novembro.

A queda de espigas pode ser reduzida por pulverização foliar de fosfato de diamónio.

Colheita:

A Piper nigrum é colhida e começa a produzir normalmente a partir dos 3 ou 4 anos.

A planta floresce em maio-junho.

O período entre a floração e a maturação é de 6 a 8 meses.

Os frutos podem ser colhidos de janeiro a março.

A espiga inteira é colhida quando uma ou duas bagas da espiga se tornam brilhantes ou vermelhas.

Os bagos colhidos são separados das espigas esfregando-os entre as mãos ou pisando-os com os pés. A semente é depois separada, pisando os bagos sob os pés ou utilizando um equipamento moderno de dessementeira.

Depois de divididas, as sementes devem ser secas ao sol durante 7-10 dias. A pele exterior enruga-se e adquire um aspeto negro, sendo depois utilizada comercialmente como pimenta preta.

Produz pimento preto de boa qualidade e de cor uniforme.

As bagas são recolhidas num cesto ou num recipiente perfurado para fazer pimenta branca.

Um cesto ou recipiente com bagas é mergulhado em água a ferver durante um minuto.

Em seguida, retire o cesto e escorra a água filtrada.

As bagas escorridas são secas ao sol numa esteira limpa ou num chão de cimento.

A pimenta branca é preparada comercialmente retirando a pele exterior da semente e secando-a ao sol.

Outro método consiste em colocar as bagas em sacos de artilharia e submergi-las em água corrente durante cerca de 7 dias.

As sementes de bagas são deitadas num balde de água e esfregadas à mão para remover a pele exterior, depois as sementes com pele são limpas em água fresca e as sementes limpas são secas durante 3-5 dias.

A pimenta preta e a pimenta branca secas são armazenadas separadamente em sacos de artilharia.

42. Phyllanthus amarus Schumach. & Thonn.

Posição sistemática

Reino : Plantae

Divisão : Magnoliophyta

Classe : Magnoliopsida

Ordem : Malpighiales

Família : Phyllanthaceae

Género : Phyllanthus

Espécie : amarus

Nome binomial : *Phyllanthus amarus* Schumach & Thonn.

Nomes Vernaculares:

Tamil - Keezhanelli; Inglês - Black catnip, Carry me seed, Child pick a back, Gale of wind, Stone; breake; Malayalam - Kizhkkayinelli, Kilanelli; Kannada - Nela nelli, Kirunelli; Telugu - Nela uirika, Nelavusri; Hindi - Bhuyiavla, Jangli amla; Sânscrito - Bhumyaamlaki, Bhoodhatree, Thamalaki.

Distribuição da planta:

Esta planta está amplamente distribuída nos países tropicais e subtropicais.

Na Índia, ocorre em todo o país.

Cresce de forma selvagem nos terrenos baldios das planícies, regiões costeiras, pousios, leitos de rios, bermas de estradas e quintas. Cresce também como erva daninha nos campos agrícolas.

É também cultivada como cultura de base em solos franco-arenosos drenados.

Descrição das caraterísticas morfológicas:

O Phyllanthus amarus é uma erva anual. Cresce até uma altura de 60-70 cm, bastante glabra.

O caule é delgado, ramificado e estende-se.

Os ramos parecem folhas compostas.

Apresentam folíolos e frutos na sua face inferior.

Os folíolos são alternos, sub-sésseis e elípticos a oblongos.

Nascem do eixo de estípulas lanceoladas.

As flores pendem das axilas dos folíolos. São muito pequenas e de cor amarelada ou esverdeada.

Os frutos são cápsulas secas e deiscentes. São deprimidos e globosos, com uma superfície lisa. Pendem dos ramos.

A raiz é robusta e lenhosa.

As sementes apresentam fortes nervuras paralelas e transversais.

Constituintes químicos:

Todas as plantas são utilizadas como medicinais.

As folhas, o caule, as flores, os frutos e as raízes são utilizados em conjunto em medicamentos, pelo que se chama samoolam.

As partes inteiras desta planta são constituídas por lignanas, glicosídeos, flavonóides, alcalóides, elagi tonninas, fenilpropaonóides, lípidos, esteróis e flavonóis.

Os alcalóides incluem a filantina e a hipofilantina. Estes são os constituintes activos desta planta medicinal.

Usos medicinais da planta:

O sumo das folhas frescas é administrado para dores de estômago e disenteria.

A decocção de toda a planta é administrada para dores de cólicas, hidropisia e doenças do sistema urinário-genital.

Também cura pedras nos rins quando os pacientes tomam a decocção de toda a planta continuamente durante 6 meses e também cura úlceras no estômago.

O sumo das folhas é aplicado nas feridas para curar as feridas da pele.

O sumo fresco da raiz cura a iterícia.

Cultivo:

A propagação do Phyllanthus amarus é feita por sementes.

A planta desenvolve-se em solos franco-arenosos bem drenados nas regiões tropicais e subtropicais.

O campo deve ser bem arado.

A aplicação é de 20 toneladas de estrume de curral durante a preparação do terreno.

As plântulas com um mês de idade são transplantadas em linhas com um espaçamento de 30 cm no campo após a monção.

As plântulas devem ser irrigadas imediatamente após o transplante.

Necessidade de monda manual com 30 e 60 dias de intervalo após a plantação.

A irrigação é necessária durante a estação seca, sem chuvas de monção.

A irrigação é feita com frequência, dependendo da humidade do solo.

Colheita:

O Phyllanthus amarus atinge a maturidade em 80-90 dias após a plantação, altura em que deve ser colhido.

No entanto, a recolha de sementes é efectuada após 120-130 dias de plantação.

Toda a planta é colhida manualmente e seca ao ar livre à sombra.

A planta seca é armazenada em sacos de polietileno revestidos de artilharia, num local fresco e bem ventilado.

43. Phyllanthus emblica l.

Posição sistemática

Reino : Plantae

Divisão : Magnoliophyta

Classe : Magnoliopsida

Ordem : Malpighiales

Família : Phyllanthaceae

Género : Phyllanthus

Espécie : emblica

Nome binomial : ***Phyllanthus embilica*** **L**

Nomes Vernaculares:

Tamil - Nelli; Inglês - Amla, Indian gooseberry; Malayalam - Nelli, Nellikka; Kannada - Betta nelli; Telugu - Usiri, Usirikaya; Hindi - Aonla; Sânscrito - Dhatri, Amalaka.

Distribuição da planta:

A Phyllanthus emblica ocorre nas regiões tropicais e subtropicais do mundo.

É abundante na floresta de folha caduca.

Também é cultivada nas terras agrícolas pelos seus valiosos frutos.

Descrição das caraterísticas morfológicas:

O Phyllanthus amblica é uma árvore de folha caduca de pequeno a médio porte.

Cresce até 20 metros de altura.

Tem um tronco forte e ramos que se estendem.

O tronco e os ramos têm uma casca fina de cor cinzenta clara.

A casca é esfoliada sob a forma de pequenos flocos finos e irregulares.

Os ramos apresentam ramificações semelhantes a folhas.

Os ramos são disticulados, de cor verde-clara e têm a aparência de folhas pinadas.

As folhas são simples, muitas delas sub-sésseis, e estão dispostas ao longo do ramo.

As flores são amarelo-esverdeadas em fascículos axilares.

As flores masculinas são unissexuais e numerosas num pedículo curto e fino. As flores femininas são poucas e sub-sésseis com ovário de 3 células.

Os frutos são globosos e carnudos. É amarelo-pálido, com seis sulcos verticais obscuros.

Os frutos contêm 6 sementes trigonais. A testa da semente é crustácea.

Constituintes químicos:

As folhas, os frutos e as raízes são úteis do ponto de vista medicinal.

Os frutos são uma fonte natural rica em vitamina C, sendo também constituintes da glucogallia, da corilagina, do ácido chebulágico e da 3-6-digaloil glucose.

Os constituintes activos da raiz são o ácido elágico, o lupeol, a quercetina e o β-sistosterol.

Usos medicinais das plantas:

O sumo das folhas frescas é útil na conjuntivite, inflamação, dispepsia e disenteria.

O sumo de rebentos tenros tomado com leitelho cura a indigestão e a diarreia.

A casca da raiz em decocção é adstringente. É útil em estomatites ulcerativas e gastrohelcoses.

Os frutos de aristam preparados por fermentação são bons para a indigestão, aneamia, iterícia, problemas cardíacos, constipação nasal e para promover a micção.

Os frutos secos têm um bom efeito no cuidado do cabelo.

São utilizados como ingrediente em champôs e óleos.

Os frutos frescos são ricos em vitamina C.

É utilizada para fazer um tónico nutritivo para a fraqueza geral. As vagens verdes são transformadas em pickles.

Estimula o apetite. O sumo da casca é útil para a gonorreia, iterícia, diarreia e mialgia.

As sementes são utilizadas como remédio para a asma, a bronquite e a biliosidade.

Cultivo:

A Phyllanthus embilica é uma planta de clima tropical.

O Phyllanthus embilica propaga-se por semente, por borbulha ou por enxertia de madeira macia.

A plantação de embilica é efectuada principalmente em julho-agosto.

As geadas fortes durante o inverno não são adequadas para o seu cultivo .

Esta planta é resistente e pode ser cultivada em várias condições de solo.

Cresce bem em solos leves e medianamente pesados.

A planta tolera a salinidade e a alcalinidade.

O campo é devidamente preparado através de lavoura, gradagem e monda.

As plântulas, os enxertos e os rebentos são utilizados para a plantação.

A plantação deve ser efectuada com um espaçamento de 6 x 6 metros em covas de 1 x 1 metro ou 1,25 x 1,25 metros.

As plantas devem ser irrigadas imediatamente após a transplantação.

A irrigação não é necessária durante as chuvas e os invernos.

A necessidade de irrigação é durante a estação do verão.
Os ramos principais devem crescer 1 metro acima do nível do solo.
Os ramos e caules em excesso devem ser cortados e removidos.
O inchaço ou abaulamento do caule pode ser controlado através de uma poda adequada.
A planta é podada e depois colocada numa forma ordenada.
A área afetada deve ser limpa e devem ser aplicadas algumas gotas de querosene nos poros para controlar a doença .

Colheita:

A Phyllanthus emblica é uma planta de colheita que começa a dar frutos após 2 anos de plantação.
Os frutos são colhidos em fevereiro.
Quando se tornam amarelo-esverdeado baço a partir do verde-claro.
Os frutos maduros são duros e não caem ao toque suave.
Por conseguinte, é necessária uma agitação vigorosa.
Os frutos também podem ser colhidos com longas varas

de bambu presas a ganchos.

Uma planta bem cuidada pode dar frutos durante muitos anos. Os frutos colhidos devem ser guardados em sacos de plástico. Em seguida, levá-los para o mercado.

44. PLANTAGO OVATA Forssk.

Posição sistemática

Reino : Plantae

Divisão : Magnoliophyta

Classe : Magnoliopsida

Ordem : Lamiales

Família : Plantaginaceae

Género : Plantago

Espécie : ovata

Nome binomial : *Plantago ovata* Forssk.

Nomes Vernaculares:

Tamil - Iskol, Isphogol, Iskolvirai; Inglês - Psyllium, Psyllium husk, Indian Plantago; Malayalam - Snigdhjirakam; Kannada - Isapgol; Telugu - Neerudu Vittulu; Hindi - Isapgol; Sânscrito - Ashvakarna, Ishadgola

Distribuição da planta:

A planta Plantago ovata é uma erva anual.

Atualmente, é cultivada como uma erva.

São originárias da região mediterrânica, nomeadamente do Sul da Europa, do Norte de África e da Ásia Ocidental.

A planta é cultivada como cultura comercial nos estados de Gujarat, Rajasthan, Punjab e Haryana, na Índia.

Cresce em todos os tipos de solos moderadamente ricos em água e nutrientes e adequados para sistemas de cultivo.

Encontra a sua grande importância na indústria e no comércio.

Descrição das caraterísticas morfológicas:

A planta Plantago ovata é um arbusto pequeno e arbustivo.

É uma planta medicinal.

As folhas são verdes, opostas, lanceoladas, peludas e podem ter 10 a 23 cm de comprimento e 0,5-1 cm de largura, a folha tem três nervuras.

As que não têm caule são erectas, mas têm pêlos macios e crescem 35-45 cm de altura.

As folhas formam espigas de pequenas flores de caule ovalado que amadurecem em cápsulas de sementes.

Os frutos são pequenos e de forma oval.

As sementes têm forma de barco, mas são pequenas, de cor castanha ou castanha-avermelhada.

A mucilagem está naturalmente presente nas sementes.

Constituintes químicos:

As flores, sementes, casca e folhas da planta Plantago ovata são utilizadas medicinalmente.

A planta Plantago ovata tem propriedades bioactivas como a arabinose e a xilose e uma pequena quantidade de outros açúcares. Estas folhas são ricas em elementos nutritivos.

As suas sementes contêm aminoácidos com valina, alanina, ácido glutâmico, glicina, cisteína, lisina, leucina e tirosina, fibras, proteínas, gorduras e hidratos de carbono, alcalóides, monoterpenos e uma mucilagem constituída por xilose, arabinose e ácido galacturónico.

Estas plantas são ricas em metabolitos secundários, tais

como açúcares aucubinosos (frutose, glucose e sacarose), proteínas, esteróis, triterpenos, ácidos gordos e taninos.

Utilizações medicinais das plantas :

A planta Plantago ovata é utilizada em casos de inflamação devido às suas propriedades mucilaginosas.

É utilizada na medicina tradicional em pediatria, geriatria, acamados, doentes mentais, disfagia e náuseas, alergias, tosse e enjoos.

As sementes têm propriedades cicatrizantes.

O extrato da semente é misturado com vaselina e aplicado para curar a ferida.

A semente tem também excelentes propriedades farmacológicas como cicatrização de feridas, anti-diarreia, anti-constipação, hipocolestrolemia e hipoglicémia.

As sementes e as cascas secas são utilizadas como emoliente e laxante seguro.

Na medicina herbal europeia e asiática, é utilizada como remédio para a obstipação crónica, infecções renais, da bexiga e da uretra.

Decocção das sementes utilizada para a tosse e a

constipação.

Os cataplasmas de sementes são utilizados em inchaços reumáticos e glandulares.

As sementes embebidas são também utilizadas como cosmético para o cabelo.

Cultivo:

É um arbusto anual cultivado como planta medicinal.

Crescem melhor em solos arenosos ligeiros a franco-arenosos.

O Netherless pode ser cultivado em solos franco-argilosos, pretos médios e pretos pesados.

Requer uma boa drenagem para o seu melhor cultivo.

Estes pertencem à estação fria e seca.

Durante o período de maturação das culturas, as chuvas não sazonais ou as fortes quedas de neve podem também provocar a formação de sementes nas culturas.

As zonas quc recebem chuvas de inverno não são adequadas para o cultivo. A melhor época para a sementeira é o final de novembro.

Isto deve-se ao facto de a sementeira precoce aumentar o crescimento vegetativo, enquanto a sementeira tardia reduz o período de crescimento total e produz mais danos nas sementes.

O atraso da sementeira em mais de uma noite a partir de dezembro provoca uma grave perda de rendimento.

Para uma boa germinação das sementes, o solo deve ser bem arado, corretamente gradeado e esmagado.

Esta planta necessita de muito pouco azoto.

Por conseguinte, o azoto inorgânico só deve ser aplicado se o nível de azoto no solo for baixo.

Em geral, é suficiente uma aplicação de 20-30 kg de azoto e 15-25 kg de fósforo por hectare.

A restante metade do azoto deve ser aplicada 40 dias após a sementeira.

O campo inteiro deve ser dividido em pequenas parcelas.

As sementes devem ser plantadas diretamente no solo.

As sementes devem ser colocadas superficialmente no solo para garantir uma germinação uniforme e não devem ser enterradas profundamente no solo.

A irrigação ligeira de caudal lento é efectuada imediatamente após a sementeira.

Se a germinação for baixa mesmo após 5-6 dias.

Geralmente, é necessária uma rega ligeira de dois em dois dias.

Em seguida, regar uma vez de 30 em 30 dias.

Colheita:

A Plantago ovata é colhida em plantas maduras.

Colheram as flores, as sementes e as folhas.

As plantas atingem a maturidade 100-120 dias após a sementeira.

As melhores épocas para a colheita são março e abril.

À medida que a planta amadurece, as folhas amarelecem e a espiga torna-se acastanhada.

As plantas são colhidas ao nível do solo ou arrancadas quando o solo está demasiado solto.

As plantas colhidas devem ser amontoadas numa eira.

Após alguns dias, as sementes são separadas.

As sementes são libertadas quando as flores são pressionadas, mesmo que ligeiramente.

As sementes também podem ser debulhadas

As partes vegetais separadas são armazenadas em sacos de artilharia.

45. Plectranthus Amboinicus Lour.

Posição sistemática

Reino : Plantae

Divisão : Magnoliophyta

Classe : Magnoliopsida

Ordem : Lamiales

Família : Lamiaceae

Género : Plectranthus

Espécie : amboinicus

Nome binomial : *Plectranthus ambonicus* Lour.

Nomes Vernaculares:

Tamil - Karpuravalli; Inglês - Cuban Oregano, Indian borage, Indian mint; Malayalam - Panikkurkka, Kannikkurkka; Kannada : Dodda pathre,
Karpuravalli; Telugu - Sugandhavalkam, Karuvaeru, Vamu aaku; Hindi - Patharchur; Sânscrito - Sugandhavalakam.

Distribuição da planta:

O Plectranthus amboinicus é originário da África do Sul.

Cresce naturalmente em encostas rochosas florestadas e matagais costeiros e em planícies de argila e areia.

Esta planta também cresce na Índia continental.

Também é cultivada na maioria das hortas caseiras, principalmente em Tamilnadu, um estado indiano.

Esta planta encontra-se na Europa, em Espanha e na América.

Descrição das caraterísticas morfológicas:

O Plectranthus amboinicus é uma erva suculenta.

O Plectranthus amboinicus cresce até 1 metro de altura. As folhas são perfumadas.

As folhas têm 4-6 cm de comprimento, estão dispostas de

forma oposta, são amplamente ovadas ou triangulares, são espessas, carnudas, verdes e têm uma ponta larga e pontiaguda e a superfície inferior está densamente coberta de pêlos.

As margens das folhas são coarsyley e dentadas. O caule tem 40-90 cm de comprimento, é carnudo, densamente coberto de pêlos macios, curtos e erectos.

Os caules mais velhos são lisos.

As flores encontram-se numa haste curta, de cor púrpura pálida, em racemos longos e delgados, em espirais densas de 10-20 flores.

O ráquis é carnudo e pubescente, com 10-20 cm de comprimento, e as brácteas são largamente ovadas.

O cálice é campanulado, hirsuto e glandular, subigualmente 5 dentes, o dente superior é amplamente ovado-oblongo, obtuso, abruptamente agudo, os dentes laterais e inferiores são agudos.

Corola azul, curvada e declinada ao comprido.

Os filamentos são fixados na parte inferior num tubo à volta do estilo.

As sementes são lisas, castanhas claras e arredondadas.

Constituintes químicos:

A parte útil das folhas, tubérculos e raízes tem propriedades medicinais.

Contém os constituintes diosmetia e diosmina.

Usos medicinais da planta:

O extrato de folhas é útil para combater a constipação infantil, a tosse e a febre.

As folhas são também um estimulante suave e um expetorante.

O sumo de folhas frescas com açúcar e óleo de gengibre é aplicado na testa para parar o corrimento nasal e baixar a febre.

As folhas esmagadas são utilizadas para dores de cabeça.

As folhas esmagadas são aplicadas para aliviar a dor e a irritação causadas por picadas venenosas.

A pasta obtida a partir da raiz e dos tubérculos é utilizada para envenenar as setas.

O extrato de folhas cozidas é bom para as infecções respiratórias, para o coração, para a digestão, para a prisão de ventre e para estimular o fígado.

Cultivo:

O Plectranthus ambonicus é facilmente propagado por estacas, mas também pode ser feito a partir de sementes.

O Plectranthus amboinicus é uma planta de crescimento rápido.

Ocorre normalmente em jardins e no interior em vasos.

É fácil de cultivar em vaso.

Não deve ser regada em excesso.

As plantas de Plectranthus crescem facilmente em climas secos, em condições de boa drenagem e de pouca sombra.

O Plectranthus cresce melhor em solos bem drenados e à sombra parcial.

Cresce bem em condições subtropicais e tropicais.

Pode crescer bem num vaso em climas frios e pode crescer bem dentro de casa à sombra do sol.

O composto Vermi deve ser aplicado no campo antes da lavoura.

O campo deve ser bem arado, o solo deve ser alisado e, em seguida, devem ser preparados canteiros adequados.

A plantação deve ser efectuada após a irrigação.

A rega é efectuada duas vezes por semana, consoante a

natureza da temperatura.

A planta necessita de sol parcial.

Colheita:

A Plectranthus amboinicus é colhida comercialmente.

O Plectranthus amboinicus é colhido em folhas e sementes.

Esta planta é colhida em poucos meses após a plantação.

As plantas são colhidas ao nível do solo ou desenraizadas quando o solo está demasiado solto. As plantas colhidas devem ser amontoadas numa eira.

As folhas, as sementes e os tubérculos são separados no quintal.

Seca-se ao ar em poucos dias.

As partes vegetais separadas são armazenadas em sacos de artilharia.

46. PONGAMIA PINNATA (L.) Pierre

Posição sistemática

Reino : Plantae

Divisão : Magnoliophyta

Classe : Magnoliopsida

Encomendar : Fabáceas

Família : Fabaceae

Género : Pongamia

Espécie : pinnata

Nome binomial : Pongamia pinnata (L). Pierre

Nomes Vrenaculares:

Tamil - Pongam, Ponga; Inglês - Indian beech; Malayalam -Pungu, Punnu; Kannada - Honge, Hulagilu; Telugu - Pungu, Gaanuga; Hindi - Karanj, Karanja; Sânscrito - Ghrtakarauja, Karanjaka, Naktahva, Naktamala. **Distribuição da planta:**

A Pongamia pinnata é uma árvore de folha caduca, de folha perene e de ramos largos.

Esta planta cresce até uma altura de 15-25 metros.

Esta planta é originária da Índia.

Adaptado a ambientes tropicais e subtropicais húmidos.

Distribui-se pela Ásia tropical, Austrália e ilhas do Pacífico.

Exclusividade desta espécie vegetal de Pongamia.

Cresce naturalmente ao longo das margens dos mangais e dos ribeiros, ao longo dos rios, nas falésias calcárias do litoral e nas planícies florestais, ao longo das ribeiras e nos terrenos baldios.

Descrição das caraterísticas morfológicas:

A pongâmia é uma árvore leguminosa.

A pongâmia é uma árvore de crescimento rápido, de

ramos caídos, casca cinzenta lisa e de folha caduca.

As folhas são imparipinadas e de folíolos opostos, as folhas jovens são delicadas, de cor vermelha rosada, as folhas maduras são brilhantes, de cor verde profunda, folíolos 5-9, sendo o folíolo terminal maior do que os outros.

As flores são perfumadas, brancas a rosadas, axilares, presas à ráquis, pendentes e em longas panículas.

O cálice é campanulado ou em forma de taça.

Vagens de pedúnculo curto, oblíquas-oblongas, planas, lisas, densamente coriáceas a sub-lenhosas, indeiscentes e com uma só semente.

As sementes são grossas e reniformes.

Constituintes químicos:

Esta planta é medicinalmente útil.

A casca do caule, os frutos e a casca da raiz são componentes activos.

Verificou-se que a casca do caule da Pinnata contém fenilpropanóides (Pongapinona A e B).

Os Fruts são constituintes químicos de furaflavanóides (Pongapinnol A-D, coumestan e pongacoumestan), glucósidos de furaflavanóides (Pongamoside A-C) e glucósido de flavanol (Pongamoside D).

A casca da raiz é ativa e contém biflavoniloximetano, karanjabiflavona, furanoflavona e pongapina.

A semente de Pongamia pinnata tem constituintes bioactivos como o acetato de β-sitosterilo, galactósido, esterol do estigma, galactósido, sacarose, ácidos gordos (ácidos oleico esteárico, palmítico, hirogénico e octadecatrienóico), pongaroteno e karanjiina.

Usos medicinais da planta:

A flor da planta Pongamia pinnata é utilizada medicinalmente para tratar hemorróidas hemorrágicas.

Os frutos desta planta são utilizados como ajuda no tratamento de tumores abdominais, infecções do trato genital feminino, úlceras e hemorróidas.

O extrato da semente é utilizado para curar tumores de tecido cicatricial, tensão arterial elevada e anemia.

O pó das sementes é utilizado para tratar a febre, a bronquite e a tosse convulsa.

O óleo das sementes ajuda a curar a tosse, as hemorróidas, as dores de fígado, a febre crónica, as úlceras e a lepra.

Também alivia as dores articulares e musculares e a artrite.

O pó das sementes misturado com óxido de zinco é utilizado para tratar o eczema e outras irritações da pele.

O extrato das folhas é utilizado como digestivo, laxante e para tratar inchaços e feridas.

O sumo das folhas ajuda no tratamento de doenças como a lepra, gonorreia, diarreia, flatulência, tosse e constipações.

Infusão das folhas para aliviar o reumatismo e a comichão.

Os extractos de caule são utilizados para curar a febre e a lentidão do sistema nervoso central.

O extrato de casca é utilizado para aliviar a tosse, o catarro, a esplenite e as perturbações mentais.

Também é útil no tratamento de hemorróidas hemorrágicas.

As raízes são utilizadas como escova de dentes para a higiene oral que mata os vermes parasitas.

Também é utilizado para tratar doenças vaginais e da pele.

O sumo da raiz também é utilizado para limpar úlceras e misturado com leite de coco e água de cal é utilizado para fechar úlceras abertas e o sumo misturado pode tratar a gonorreia.

A cinza da madeira é utilizada para tingir.

Cultivo:

A propagação da Pongamia pinnata é feita através da germinação de sementes e, normalmente, do corte do caule.

Naturalmente, toleram uma ampla gama de temperaturas da região.

As árvores maduras são tolerantes a geadas ligeiras e a temperaturas até 59°C

Cresce melhor em solos franco-arenosos profundos, mas também se desenvolve bem em solos arenosos e em solos argilosos pesados.

Em primeiro lugar, o campo deve ser bem arado, o solo deve ser nivelado e as ervas daninhas devem ser removidas.

A cova deve ser escavada no campo com 30 cm de largura e 30 cm de comprimento, a intervalos de dois metros.

Em seguida, adicione estrume compostado juntamente com fibra de coco compostada e areia na fossa.

As sementes são semeadas em viveiros e germinam em 15 dias.

As plântulas atingem uma altura de 25-30 cm na primeira estação de crescimento.

O campo deve ser transplantado no início da próxima estação das chuvas.

As plântulas têm sistemas radiculares grandes e devem reter o solo à volta das raízes durante a plantação.

A rega deve ser efectuada uma vez por mês.

As mondas devem ser efectuadas duas ou três vezes por ano durante os primeiros 2-3 anos após a plantação.

A poda é necessária para remover as partes indesejadas da árvore e dar-lhe um aspeto limpo.

Colheita :

São colhidas as folhas, a casca, as raízes e as sementes da planta da Pongâmia.

As sementes de Pongamia pinnata são frequentemente colhidas na primavera, mas a duração exacta depende da estação do ano e do desenvolvimento da planta.

A planta produz vagens a partir do quinto ano após a plantação. Continua a produzir mais todos os anos até à sua estabilidade.

A época de colheita das sementes varia de novembro a

dezembro e de maio a junho.

As folhas colhidas são secas à sombra do ar durante alguns dias.

A casca e a raiz são recolhidas e secas à sombra durante uma semana.

As suas sementes são colhidas e secas após a remoção da pele dura.

As matérias secas são recolhidas em sacos de artilharia separados.

47. Pterocarpus marsupium Roxb.

Posição sistemática

Reino : Plantae

Divisão : Magnoliophyta

Classe : Magnoliopsida

Encomendar : Fabáceas

Família : Fabaceae

Género : Pterocarpus

Espécie : marsupium

Nome Binomial : *Pterocarpus marsupium* Roxb.

Nomes Vernaculares:

Tamil - Uhiravengai; Inglês - Indian KinomTree, Vijayasar, Malabar kino tree; Malayalam - Venga, Honne, Karintakara; Kannada - Honne, Benge; Telugu - Aine, Asana, Beddagi, Beeja saramu; Hindi - Vijayasara, Beeja patta, Bijasal, Bila; Sânscrito - Asana, Beejaka, Petaca, Bandhukavrisha.

Distribuição da planta:

A Pterocarpus marsupium é originária da Índia.

É uma árvore de folha caduca, de porte médio a grande, que pode crescer até 31 metros de altura.

A planta Pterocarpus marsupium é comummente cultivada nas regiões montanhosas da Península de Deccan e estende-se até Gujarat, Madhya Pradesh, Utter Pradesh, Bihar e Orisa.

O Pterocarpus é cultivado em Tamilnadu, nas cadeias montanhosas de Pacchaimalai, Kollimalai, Javvadhu e nas regiões planas de Trichirappalli e Tanjour.

Descrição das caraterísticas morfológicas:

É uma planta perene.

Esta planta é uma grande árvore de folha caduca.

Folhas imparipinadas, folíolos geralmente 5-7 oblongos.

A sua flor é de cor amarelada.

A casca do caule lenhoso é cinzenta, com fissuras longitudinais e escamosa.

Esta casca de planta tem visto uma cor rosa preta com marcas esbranquiçadas.

Constituintes químicos:

A planta Pterocarpus marsupium é utilizada medicinalmente na casca e na madeira como óleo essencial.

Os constituintes das partes vegetais da casca contêm L-epicatequina, um reagente corante castanho-avermelhado.

O corante Knio é comercializado.

A madeira do coração contém substâncias químicas como a liguritigenina e a isoliguiritigenina.

A madeira também contém óleo essencial, especialmente.

Usos medicinais da planta:

As folhas de Pterocarpus também são utilizadas para curar furúnculos, feridas e doenças de pele.

Nesta planta, a casca é utilizada como adstringente para curar a diabetes. O pó da casca é utilizado para aliviar a dor de dentes.

Decocção ou fusão (Preparar a decocção é um pequeno pedaço retangular de casca é raspado na planta e embebido em 100 ml de queous durante uma noite. Em seguida, filtrado depois de usado) tomado internamente de manhã com o estômago vazio para tratar o excesso de sangramento durante a menstruação nas mulheres.

Cultivo:

A planta Pterocarpus marsupium pode ser propagada por sementes ou por estacas de caule.

O corte do caule será recolhido durante as partes vegetativas desta planta.

Folhas basais removidas, deixando apenas a parte terminal das folhas com 4-7 nós por corte.

Nas estacas selecionadas, os caules têm 30-35 cm de altura e 2-3 cm de diâmetro.

Faz-se um corte oblíquo no corte dos caules e coloca-se o nus sobre o saco de polietileno que contém o estrume usado do pátio da quinta.

A plantação crescerá após 3 meses de enraizamento e germinação.

Em seguida, as estacas de plantas enraizadas são transferidas para o campo. A rega é efectuada quatro vezes por mês.

Nessa altura, atingirão a altura e a largura máximas.

Colheita:

Nesta plantação, após cinco a seis anos, a planta está bem madura. A casca da planta madura está pronta para ser recolhida.

A casca fresca da planta foi recolhida com uma faca à mão. Em seguida, lavou-se bem e secou-se ao ar à sombra durante 10 dias. Após a secagem, são pulverizadas e embaladas num recipiente ou em sacos de polietileno, sendo depois comercializadas.

48. Púnica Granatum l.

Posição sistemática

Reino : Plantae

Divisão : Magnoliophyta

Classe : Magnoliopsida

Encomendar : Myrtales

Família : Lythraceae

Género : Punica

Espécie : granatum

Nome Binomial : *Punica granatum* L.

Nomes Vernaculares:

Tamil - Madulai; Inglês - Pomegranate; Malayalam - Urumampazham ou Matalam; Kannada - Daalimbe; Telugu - Danimma; Hindi - Anar; Sânscrito - Dadimah.

Distribuição da planta:

A Punica granatum é originária do Irão.

Cresce em vales florestais e nos Himalaias.

É cultivada em toda a Índia.

A região de Maharashtra é a mais cultivada na Índia.

Pode também ocorrer nas florestas do Noroeste.

Estas plantas são também cultivadas no Sul da Europa e no Norte de África.

São também amplamente cultivadas nas regiões áridas da Ásia Ocidental, da África do Norte e Tropical e do Sudeste Asiático.

Descrição das caraterísticas morfológicas:

Punica granatum é um grande arbusto de folha caduca ou uma pequena árvore. Cresce até 4-6 metros de altura.

O caule é ramificado e lenhoso. A sua casca é lisa e de cor cinzenta escura.

Os ramos apresentam pequenos ramos espinhosos.

As folhas são simples, opostas e glabras, oblongas e lanceoladas. Apresentam minúsculos pontos pelúcidos. São verde-escuras na face superior e verde-claras na face inferior.

As flores são vermelho-alaranjadas ou vermelho-sangue. Na maioria das vezes, são solitárias. Por vezes, 2-4 flores estão agrupadas num cacho.

O cálice é verde e campanulado. A corola é constituída por 5-7 pétalas vermelho-sangue.

As pétalas são enrugadas.

Os estames são numerosos e ditosos.

O fruto é uma baga grande, globosa e esférica. Apresenta uma casca coriácea.

A sua cor é amarela acastanhada ou vermelha e é coriácea.

O interior desta baga está dividido em 3-7 células com paredes membranosas.

Cada célula contém um número de sementes.

As sementes são angulosas com testa carnuda (polpa).

A testa é branca ou vermelha ou cor-de-rosa.

Constituintes químicos:

Nesta planta, todas as partes da planta são utilizadas

medicinalmente.

Constituintes florais como a pelargonidina-3, 5-diglucósido, sitosterol, ácido ursólico, ácido maslínico, ácido asiático, sitosterol-β-D-glucósido e ácido gálico.

Componentes da casca de Punica relativos à granatina B, punicalagina, punicalina e ácido elágico.

As raízes e a casca contêm alcalóides como a iso-pelletierina, a pesudopelleterina, a metil-isopelletierina, a metil-elletierina, a pelletierina, a isoquercetina, a friedelina e o estron.

Os constituintes das sementes são o glicosídeo malvidina petose.

Usos medicinais da planta:

A pasta de folhas é aplicada nos olhos para a conjuntivite.

O sumo das flores é útil em vómitos, oftalmodinia, úlceras, faringodinia e hidrocele.

O sumo dos botões de flores é administrado para bronquite, giardíase e tosse.

A raiz da decocção é um febrífugo. É administrado em caso de febre.

Uma decocção de raízes, cascas e folhas é utilizada como

antibiótico para limpar a boca, o reto e a vagina.

As raízes e a casca da decocção são utilizadas para expulsar os vermes em fita e os vermes redondos.

As actividades da casca são adstringentes, antidisentrópicas e anti-helmínticas.

A casca de frutos frescos é boa para disenteria, diarreia e gastralgia.

O sumo é refrescante e reduz o sangramento excessivo durante a menstruação nas mulheres e alivia a dor.

Os frutos em pó da casca são fervidos com leitelho e administrados para a diarreia infantil.

As sementes são utilizadas para curar a sarna, a hepatite e a esplenite.

A decocção das sementes é um bom cardioactónico.

Cultivo:

As plantas Punica granatum são cultivadas comercialmente nas regiões tropicais do mundo.

Os pomares de Punica são desenvolvidos para fins económicos nas regiões áridas e semi-áridas da Índia.

A planta necessita de um solo bem drenado e rico em matéria orgânica, com um verão longo, quente e seco.

Propaga-se por sementes ou vegetativamente por camadas de ar ou por estacas de rebentos meio maduros.

A Puniga cresce bem em condições semi-áridas.

Aplicar estrume de quinta e 1 kg de superfosfato misturado no solo.

O campo é preparado por lavoura, gradagem, nivelamento e remoção de ervas daninhas.

Em seguida, cavar no campo covas de 30 cm de largura x 30 cm de comprimento e plantá-las com uma mistura de fibra de coco compostada e areia.

As plantas são propagadas por estacas e camadas de ar e depois plantadas.

A distância de plantação deve ser determinada com base no tipo de solo e no clima.

Pode ser plantado com um espaçamento de 4-5 metros.

A irrigação deve ser efectuada imediatamente após a plantação.

Devem ser aplicados anualmente 10 kg de estrume e 75 g de sulfato de amónio por cada planta de pastagem.

Considerando que a aplicação de 50 kg de estrume de quinta e 3,5 kg de bolo de neem juntamente com 1 kg de sulfato de amónio antes da floração produzirá um crescimento saudável e frutos de boa qualidade.

A poda não é necessária, exceto para eliminar os insectos sugadores de solo, os rebentos de água, os ramos cruzados e os ramos doentes e para dar forma à planta.

Colheita:

O Punica granatum é um fruto não-climatérico. Deve ser colhido quando estiver completamente maduro.

A planta está a demorar 4-5 anos a dar frutos.

A colheita dos frutos está pronta 12-130 dias após a frutificação.

O cálice na extremidade distal dos frutos fecha-se na maturidade.

Quando maduros, os frutos tornam-se amarelo-avermelhados.

Os frutos podem ser conservados a 5 °C durante dois meses ou até 10 semanas em câmara frigorífica.

Os frutos de diferentes tamanhos são classificados de acordo com a sua qualidade.

As caixas de cartão ondulado de fibra são as mais utilizadas.

Geralmente, são utilizados pedaços de papel cortados como materiais de amortecimento.

As partes maduras da planta são colhidas em folhas, botões de flores, cascas e raízes são separadas no local.

As partes da planta colhidas são secas ao ar num local à sombra.

Os materiais secos são separados e podem ser armazenados em sacos de guuny.

Trata-se de uma utilização de longa duração.

49. Rauvolfia serpentina (l.) Benth.ex Kurz

Posição sistemática

Reino : Plantae

Divisão : Magnoliophyta

Classe : Magnoliopsida

Ordem : Gentianales

Família : Apocynaceae

Género : Rauvolfia

Espécie : serpentina

Nome Binomial : *Rauvolfia serpentina* (L.) Benth. Ex Kurz

Nomes Vernaculares:

Tamil - Chevanamalpodi; Inglês - Rauvolfia, Indian snake roots; Malayalam - Amalpori, Chivan amalpodi, Tullunni; Kannada - Sutranabhi, Shivanaabhi, Chandrika, Patala garuda; Telugu - Dumparasna, Patala garuda, Patalagani, Padagpuchahy; Hindi - Sarpagandha, Chota chand, Hrakai chand, Nayi, Nakulikand; Sânscrito - Sarpagandha, Nakuli.

Distribuição da planta:

A planta Rauvolfia serpentina é originária do subcontinente indiano.

A Rauvolfia encontra-se na Índia, Paquistão, Srilanka, Birmânia e cresce bem na Tailândia.

Distribuem-se na região sub-himalaiana da Índia, do Punjap ao Nepal, Sikkim e Butão.

Cresce nas colinas baixas das planícies do Ganges, Andaman, Ghats Orientais e Ocidentais.

Cresce naturalmente em florestas húmidas de folha caduca e em locais com sombra a uma altitude de 1000 metros acima do nível do mar.

Esta planta não cresce muito num único local. É muito

cultivada em muitas partes da Índia.

Cultivada e colhida em muitas regiões da Índia em condições climáticas adequadas.

Cresce naturalmente em locais sombrios nas florestas húmidas.

Também cresce em lugares ensolarados ou sombreados em florestas tropicais bem drenadas e florestas secundárias até 2.100 metros, às vezes como uma erva daninha em campos de cana-de-açúcar.

Descrição das caraterísticas morfológicas:

A planta é um arbusto ereto, sempre verde, que cresce até 60 cm de altura a partir de rizomas amarelados.

A planta tem sido utilizada medicinalmente na Índia há mais de 2000 anos e é amplamente cultivada pelo seu valor potencial anestésico e hipertensivo.

Também é comummente colhida em estado selvagem e comercializada. Estas plantas são muito utilizadas na indústria farmacêutica. As folhas são elípticas a lanceoladas ou ovadas e estão dispostas em três ou quatro espirais ao longo do caule.

As folhas são verdes brilhantes na parte superior e verdes

claras na parte inferior, a ponta é aguda ou acuminada, a base é estreita e delgada.

O pecíolo é longo.

As flores são brancas com uma tonalidade púrpura e estão dispostas em cimeiras corimbosas irregulares.

Os pedúnculos são longos mas os pedicelos são robustos.

As sépalas são glabras, de cor vermelha viva e lanceoladas.

As pétalas são mais compridas do que as sépalas, o tubo é delgado, ligeiramente inchado acima do meio, os lóbulos são três e elípticos. O disco é em forma de taça.

O caule é fino, cor de palha e geralmente não é ramificado.

As raízes são tuberosas e têm uma cortiça castanha clara.

As drupas são ligeiramente fundidas, obliquamente ovadas, simples ou didímicas e de cor negra brilhante quando maduras.

Os frutos são drupas.

Constituintes químicos:

As plantas inteiras de Rauwolfia sepentina são úteis do ponto de vista medicinal.

Estas partes da planta contêm mais de 50 alcalóides.

As raízes tuberosas desta planta contêm cerca de 90 por

cento de alcalóides.

O papel importante dos alcalóides inclui a ajmalina, a ajmalicina, a indobina, a indobinina, a ajmalimina, a serpentina, a serpentinina, a deserpidina, a reserpinina, a reserpilina, a rescinnamina, a ioimbina e a ioimbinina.

Usos medicinais da planta:

O sumo das folhas é utilizado para eliminar a opacificação da córnea dos olhos c para tratar feridas e comichão.

As folhas, a casca e as raízes são utilizadas contra o veneno das cobras e dos escorpiões.

As raízes produzem alcalóides medicamente activos, incluindo a oleorresina e o esterol serposterol.

Os alcalóides da rauwolfina demonstraram reduzir a frequência cardíaca.

Vários alcalóides, incluindo a serpentina, a neoajmalina e a isoajmalina, reduzem a tensão arterial.

A serpentina provoca um aumento da descoloração do intestino delgado e uma diminuição das contracções peristálticas do intestino.

Um extrato de oleorresina das raízes, sem alcalóides, é

utilizado como sedativo e hipnótico.

A reserpina, o alcaloide mais ativo, apresenta o efeito hipnótico mais marcado e a tensão arterial mais baixa.

É utilizado na medicina alopática.

O extrato de raízes é utilizado como hipnótico, hipotensor e sedativo.

São especialmente utilizados no tratamento da tensão arterial elevada.

Decocção da raiz utilizada para curar dores fortes nos intestinos e para aumentar as contracções uterinas durante o parto.

Cultivo:

Na serpentina propaga-se por sementes e por partes vegetativas da planta, como estacas de raiz, cepos de raiz, estacas de caule e estacas de folhas.

Rauwolfia em vários tipos de limo, argila vermelha laterítica ou terra dura e escura.

O seu habitat natural prefere solos ricos em húmus ou argila.

A Serpentina pode ser cultivada numa grande variedade de condições climáticas.

Floresce em condições quentes e húmidas e pode ser cultivada tanto ao sol como à sombra.

As regiões que combinam elevada pluviosidade com solos bem drenados são ideais para o seu cultivo.

A capacidade de germinação depende de sementes pesadas e completamente maduras.

A melhor altura para semear as sementes pode variar em função da região , mas é geralmente no final de abril ou no início de maio.

Apresenta uma elevada taxa de germinação quando as sementes frescas colhidas dos frutos maduros são semeadas imediatamente.

Aplicar sete toneladas métricas de estrume de quinta bem compostado juntamente com 25 kg de pó de neem por hectare durante a preparação da terra.

O campo deve ser lavrado várias vezes para preparar bem o solo.

Depois de arar o campo, são aplicados fertilizantes, nutrientes e factores de crescimento para enriquecer o solo.

A aplicação de 10 kg de N, 60 kg de P205 e 30 kg de K2O por hectare em solo húmido permitirá um crescimento máximo.

Germinação gradualmente o crescimento da plântula começa lentamente após 15-20 dias

Plantar os jovens rebentos no campo com um bom cultivo.

A irrigação adequada é efectuada duas vezes por mês durante a estação seca e uma vez por mês durante o inverno.

Colheita:

As raízes estão prontas para serem colhidas 2 a 3 anos após a plantação.

A raiz flexível é desenterrada ou arrancada no inverno. As raízes são ricas em alcalóides, uma vez que as plantas perdem as folhas quando são colhidas em agosto.

Uma irrigação ligeira é efectuada previamente para facilitar a escavação suave das raízes.

A terra aderente à raiz é removida por lavagem com água ou secagem ao ar.

A raiz seca é recolhida em sacos de artilharia.

Em seguida, são armazenados num local seguro e seco.

50. SARACA INDICA L.

Posição sistemática

Reino : Plantae

Divisão : Magnoliophyta

Classe : Magnoliopsida

Encomendar : Fabáceas

Família : Fabaceae

Género : Saraca

Espécie : indica

Nome Binomial : *Saraca indica* L.

Nomes Vernaculares:

Tamil - Ashogam, Mallaikkarunai, Asogu, Ashoka, Sasugam; Inglês - Ashoka Tree; Malayalam - Ashokan; Kannada - Aksunkar, Achenge, Ashokadamara; Telugu - Asoka, Asokapatta; Hindi - Ashoka, Anganapriya; Sânscrito - Ashok Vriksh, Kankali

Distribuição da planta:

As plantas Saraca indica são originárias da Índia e do Myanmar ocidental.

As plantas de Saraca indica não se encontram em estado selvagem na Índia, mas no Sudeste Asiático Oriental.

É comum encontrar-se ao longo de riachos, margens de rios e em florestas sempre verdes.

A planta Saraca está distribuída por toda a Índia.

Naturalmente encontrada sucessivamente no Sul da Índia e no Sri Lanka. Estas plantas crescem nos Himalaias centrais e orientais a altitudes até 750 metros.

A Saraca indica é nativa da Índia, mas o nome correto desta planta é Sraca asoca. Estas plantas são muito utilizadas na medicina herbal.

A maioria das utilizações mencionadas em Sraca indica

aplicam-se em vez de Saraca asoca.

A árvore Saraca indica é uma planta importante na cultura e religião hindu da Índia.

As suas belas flores vermelhas e a sua densa folhagem dão um aspeto majestoso aos devotos.

Estas plantas foram recentemente utilizadas na cultura indiana para aliviar as mulheres durante a fertilidade e a menopausa.

A planta é venerada no hinduísmo e no budismo e é frequentemente encontrada nos terrenos dos palácios reais ou perto de templos.

Por vezes, as flores e as folhas são colhidas e consumidas localmente para fins medicinais.

A planta é uma das árvores sagradas mais importantes entre os hindus e os budistas na Índia e as suas belas flores são utilizadas como decoração de templos.

Descrição das caraterísticas morfológicas:

A Saraca indica é uma árvore de folha perene com uma copa extensa que cresce até 24 metros de altura. O diâmetro do tronco é de 34 cm.

As folhas são alternas, paripinadas, vermelho-acobreadas

quando jovens e verdes quando maduras, com 30-60 cm de comprimento.

As flores são amarelo-alaranjadas a vermelhas, perfumadas e florescem em grandes cachos durante todo o ano.

O caule é ramificado.

A casca é lisa, de cor cinzento-acastanhada.

As vagens são rectas ou em forma de cimitarra e deiscentes.

Constituintes químicos:

As partes da planta Saraca indica, como as folhas, as flores, a casca e a raiz, são utilizadas para fins medicinais.

As folhas contêm vários constituintes, tais como saponinas, antocayaninas, ácido gálico, quercetina, β-sitosterol, ácido elágico e amirina e álcool cerílico.

As suas flores contêm componentes bioactivos como flavonóides, taninos, hidratos de carbono, proteínas, esteróides, antocianinas e óleos fixos.

A sua casca contém taninos, catecol, flavonóides, fitoesteróis, alcanos, ésteres, antocianinas, ácidos gordos e hidratos de carbono como componentes principais.

Usos medicinais das plantas:

As flores são utilizadas em cozinhados aromáticos e são consumidas com um sabor ligeiramente ácido.

O sumo da flor é utilizado para ajudar a prevenir infecções do trato urinário e aumentar a imunidade contra o cancro.

O extrato da flor é utilizado para o tratamento da diabetes.

A decocção das folhas é utilizada para tratar o raquitismo c a carência de cálcio.

Os frutos são utilizados para mastigar em vez da noz de bétel.

A casca desta planta é uma erva popular na medicina ayurvédica e é considerada muito eficaz no tratamento do sistema reprodutor feminino.

Actua também como um anestésico forte e uterino.

Tem também um efeito estimulante sobre o útero e o tecido uterino.

A casca é útil no tratamento de muitas doenças como cólicas menstruais; algumas hemorragias uterinas, miomas uterinos, hemorróidas e hemorragias internas.

A casca é muito útil na prevenção precoce do cancro da mama e da formação de tumores em mulheres pósmenopáusicas.

São utilizadas para purificar o sangue e limpar o útero nas mulheres com doença dos ovários poliquísticos.

Os seus extractos de raiz são utilizados para tratar paralisias, hemiplegias, feridas cutâneas, ossos partidos, sardas, inflamações, eczemas, psoríase e doenças virais.

Cultivo:

A Saraca indica é germinada em sementes.

As sementes maduras de plantas com cinco a seis anos são colhidas nos meses de dezembro-janeiro.

Esta planta cresce bem em regiões húmidas e sombrias adequadas. Cresce bem a pleno sol ou à sombra moderada. Estas plantas crescem melhor em solos ricos em matéria orgânica, bem drenados, argilosos e argilo-arenosos. Requer luz solar, sombra parcial e condições de humidade constante.

As sementes são semeadas em sacos de polietileno de 25 cm x 25 cm na exploração agrícola.

Um saco de polietileno deve conter uma mistura de quantidades iguais de terra arenosa, coco compostado e vermicomposto.

A semente é semeada no viveiro em março.

As sementes germinaram em cerca de 15 dias.

Devem ser escavadas no terreno covas de 40 cm x 40 cm x 40 cm, com intervalos de 4 metros.

Depois de misturar 10 kg de estrume por cova, as covas devem ser calcadas e preenchidas com solo superficial.

Devem ser aplicados mais 10 kg de estrume nos meses de outubro e novembro.

Em seguida, as plântulas com cinco meses de idade devem ser plantadas nas covas durante a estação das monções, de junho a julho.

A rega deve ser efectuada uma vez por mês.

Esta planta não fixa o azoto atmosférico.

As plantas dão flores e frutos durante todo o ano.

Colheita:

A Saraca indica é colhida em casca.

A floração da Saraca ocorre na fase inicial de crescimento.

O Asoka floresce abundantemente aos seis a oito anos de idade.

Esta planta de seis a oito anos produz frutos de julho a outubro.

A árvore sobrevive durante cerca de 50 anos.

É frequentemente abatida após os 20 anos de idade para recolha da casca.

O corte é efectuado a uma altura de 15 cm do nível do solo.

A casca é descascada em tiras verticais com um intervalo de 6 cm entre cada tira.

A casca recolhida é seca ao ar em poucos dias e depois armazenada em sacos de artilharia.

51. SENNA ALEXANDRINA Moinho.

Posição sistemática

Reino : Plantae

Divisão : Magnoliophyta

Classe : Magnoliopsida

Encomendar : Fabáceas

Família : Fabaceae

Género : Senna

Espécie : alexandrina

Nome binomial : *Senna alexandrina* Mill.

Nomes Vernaculares:

Tamil - Nila Virai; Inglês - Indian senna, Tinnelvelly senna, Senna alexandrina; Malayalam - Sonnamukki, Nelavarike; Kannada - Nelavarike; Telugu - Nelatangedu; Hindi - Senai, Sânscrito -Swarnapatri, Bhumichari, Bhumivalli.

Distribuição da planta:

A Senna alexandrina é originária da região mediterrânica.

A planta é originária do Egito.

É uma espécie selvagem que cresce na Somália, Arábia Saudita, Paquistão, Índia e Paquistão.

Encontra-se principalmente nas florestas dos estados indianos de Gujarat e Tamilnadu.

Difundiu-se comercialmente em Tirunelveli, no sul de Tamilnadu, através do porto de Alexandria, no Egito, sendo por isso também conhecida como "senna de Tinnevelly".

É especialmente cultivada nas zonas secas dos distritos de Tirunelveli, Ramanathapuram, Madurai e Salem, em Tamilnadu.

Descrição das caraterísticas morfológicas:

A Senna alexandrina é um arbusto.

É ereto e cresce até 1,5 metros de altura.

O caule e os ramos têm um ângulo obtuso ou são do tipo espalhado e têm 60-70 cm de altura.

As suas folhas dispostas são paripinadas e têm 10 × 4,5 cm de dimensão.

O ráquis é eglandular.

Os folíolos são 5-8 pares, ovado-lanceolados, glabros e têm 1,5 × 0,8 cm.

O seu pecíolo é eglandular.

Nesta planta, a inflorescência é um racemo axilar.

As flores são numerosas e de cor amarelada.

Os frutos são vagens achatadas, castanho-esverdeadas a castanho-escuras, lisas e fortemente nervuradas.

Há oito sementes na vagem.

Constituintes químicos:

As folhas, a flor, o botão de flor, o caule, a casca e a raiz são as partes medicamente úteis da Senna alexandrina.

Os constituintes bioactivos da Senna alexandrina contêm reína, aloeemodina, kaempferol, isorhamnetina, glicosídeos, álcool micrílico.

As folhas contêm fitoquímicos, tais como antraquinona e glucósidos.

As sementes contêm bioquímicos como as saponinas A e B estão presentes.

Para além destes, a planta também contém manitol, crisofenol, ácido salicílico, oxalato de cálcio e óleos voláteis.

Usos medicinais da planta:

Toda a planta é utilizada para fins medicinais.

As folhas e pétalas foram utilizadas na cura e também na desordem.

As folhas têm propriedades laxantes.

O sumo de folhas frescas dá um toque refrescante.

As folhas e as vagens são utilizadas preferencialmente como chá para rejuvenescer e curar a diabetes.

O pó de toda a planta é utilizado principalmente como purificador do sangue, laxante para a obstipação e cura de doenças de pele.

As folhas secas são utilizadas como purgante.

O pó das folhas é tomado para curar a obstipação e a distensão abdominal.

A pasta de folhas é aplicada para tratar doenças de pele.
O pó das folhas é administrado na cura de vermes abdominais infestação, artrite reumatoide, gota.
O pó das folhas e da vagem é administrado para a iterícia.
O pó das folhas é utilizado para tratar doenças inflamatórias do cólon e disenteria.
Cura a purgação, as cólicas abdominais e a desidratação.
Especialmente indicado para mulheres a amamentar.
As flores secas são utilizadas como substituto dos botões de flores. A decocção de roor é usada para tratar febre, diabetes, infeção do sistema urinário e prisão de ventre.
Esta planta também é utilizada para controlar e reduzir o açúcar no sangue. A decocção de toda a planta é administrada para a diabetes.
A flor de Senna é utilizada para regular o ciclo menstrual.
A flor e os botões florais são utilizados para reduzir o fluxo menstrual excessivo e como constritor.
Também são utilizados para aumentar a densidade do esperma e tratar a ejaculação precoce.
É também eficaz nas doenças de pele.
As sementes têm sido utilizadas na oftalmia purulenta da

conjuntiva.

As sementes em pó são sopradas para os olhos afectados.

É utilizado para a gonorreia e a gota

A casca desta planta é utilizada em caso de secreção ou hemorragia.

A aplicação de pó de senna nos olhos melhora as cataratas e o aspeto geral do olho.

As sementes de Senna são induzidas pelo frio.

A planta é utilizada para muitas doenças como diabetes, conjuntivite, dores de garganta, problemas menstruais, oftalmia, para parar hemorragias, diarreia e disenteria.

As raízes e a casca são adstringentes e curam úlceras na boca, doenças de pele, problemas oculares e reumatismo.

Uma decocção de flores e sementes é utilizada na diabetes.

As folhas e os frutos desta planta são utilizados como anti-helmíntico e diurético.

Da casca obtém-se um corante preto.

Das flores obtém-se um maravilhoso corante amarelo.

As plantas são utilizadas como escovas de dentes em palitos.

Cultivo:

A planta Senna alexandrina pode ser propagada por sementes e por estacas de caule.

São necessários cerca de 15-20 k / hacter de sementes.

Em canteiros com um espaçamento de 45 x 30 cm durante os meses de fevereiro-março ou junho ou julho.

A semente tem um revestimento duro e necessita de ser escarificada antes da sementeira para aumentar a germinação.

Normalmente, isto pode ser feito deitando uma pequena quantidade de água a ferver sobre as sementes.

Em seguida, mergulhar durante 12-24 horas em água morna.

As sementes devem absorver a humidade e inchar e não encolher.

Faz-se cuidadosamente um corte no invólucro da semente e deixa-se de molho durante mais 12 horas.

O corte do caule será efectuado durante as partes vegetativas desta planta.

Folhas basais removidas, deixando apenas a parte terminal das folhas com 4-7 nós por corte.

Nas estacas selecionadas, os caules têm 30-35 cm de altura e 2-3 cm de diâmetro.

Faz-se um corte oblíquo no corte do caule e coloca-se o nus sobre o saco de polietileno que contém o estrume usado do pátio da quinta.

A plantação crescerá após 2 meses de enraizamento e germinação.

Em seguida, as estacas de plantas enraizadas são transferidas para o campo.

O campo é preparado através de lavoura, gradagem, nivelamento e remoção de ervas daninhas.

A preparação do terreno é dividida em camas planas de tamanhos convenientes.

Aplicar 10-15 toneladas de estrume de curral e uma mistura de azoto, fósforo e potássio na proporção de 40:40:40: kg por hectare.

São aplicados 40 kg de N aos 40 dias após a sementeira.

Esta planta é utilizada principalmente nas regiões secas dos trópicos.

Tolera a humidade elevada e cresce bem.

Cresce em regiões adequadas, onde a temperatura anual se

situa entre os 16 e os 27° C.

A precipitação anual de 400 mm é suficiente.

Necessita de uma posição a pleno sol.

Tolerante em solos arenosos ou franco-arenosos bem drenados ou em solos lateríticos.

Cresce bem em climas quentes, em condições de sequeiro e de regadio.

A irrigação é efectuada duas vezes por mês.

Nessa altura, atingirão a altura e a largura máximas.

Colheita:

A primeira colheita de folhas desta planta é efectuada dois meses após a sementeira.

As colheitas subsequentes são efectuadas com intervalos de 50 dias.

As folhas e as vagens são secas à sombra durante 7 a 10 dias.

As folhas e as vagens recolhidas são espalhadas em sacos de artilharia,

As cascas frescas das plantas foram recolhidas à mão com uma faca.

Em seguida, são lavadas cuidadosamente e secas ao ar

livre durante 10 dias. Após a secagem, são embalados em sacos de polietileno.

Deve evitar-se a secagem ao sol para evitar a perda de compostos senósidos.

51. Senna Auriculata (l.) Roxb.

Posição sistemática

Reino : Plantae

Divisão : Magnoliophyta

Classe : Magnoliopsida

Encomendar : Fabáceas

Família : Fabaceae

Género : Senna

Espécie : auriculata

Nome Binomial : Senna auriculata (L.) Roxb.

Nomes Vernaculares:

Tamil - Avarampoo; Inglês - Tanner's Cassia; Malayalam - Avara, Aviram, Ponnaviram; Kannada - Tangadi; Telugu - Tagedu; Hindi - Tarwar; Sânscrito - Avartaki, Carmaranga, Mandari, Visanika, Talopota.

Distribuição da planta:

A Senna auriculata é originária do Sudão.

A Senna auriculata cresce em florestas de folha caduca.

Trata-se de um arbusto ou de uma pequena árvore.

O crescimento até 7 metros de altura.

A Senna auriculata ocorre em regiões tropicais.

Encontra-se por todo o lado nas bermas das estradas e nos terrenos baldios. Esta planta é cultivada na Índia, no Gana e na Tanzânia.

Ocorre geralmente nas regiões secas da Índia, Sri Lanka e Myanmar

No Sri Lanka, é comum a sua presença na costa marítima e na região seca.

A planta é cultivada como ornamental e utilizada para fins alimentares e medicinais.

Descrição das caraterísticas morfológicas:

O Senna é um arbusto ereto ou uma pequena árvore.

Cresce até aos 7 metros de altura.

As folhas são alternas, estipuladas, paripinadas, compostas, muito numerosas, estreitamente colocadas, ráquis, estreitamente sulcadas, delgadas, pubescentes com glândulas opostas aos folíolos de cada par.

Rachis com glândulas estipitadas lineares, erectas, opostas a todos os folíolos.

As estípulas são foliáceas e persistentes.

O caule é constituído por ramos.

Floração durante todo o ano.

As suas flores são irregulares e bissexuais.

A inflorescência é constituída por racemos corimbosos e flores de cor amarela brilhante em grande número.

Os racemos são longo-pedicelados, com flores pequenas, agrupados nas axilas das folhas superiores, curtos, erectos, formando uma grande inflorescência terminal de caules.

Cinco clímax distintos, imbricados, glabros, globosos, côncavos, membranosos e desiguais aos dois maiores que o interno.

Corola também cinco, livre, imbricada, margem lisa, nervuras amarelo vivo com laivos alaranjados.

O número de anteras é de 10 e estão separadas, sendo os três estames superiores estéreis.

O ovário é superior, unilocular com óvulos marginais.

O fruto é uma vagem longa e deiscente.

Os frutos são leguminosas curtas, com 7,5-11 cm de comprimento, largas, oblongas, obtusas, com a base do estilete longa, achatadas, finas, papeleiras, não totalmente onduladas e castanhas claras.

As suas 15-20 sementes por fruto são transportadas cada uma na sua cavidade distinta.

Constituintes químicos:

A planta inteira de Senna auriculata é utilizada medicinalmente.

Na parte da planta como folhas, flores, casca, caule, raiz e semente.

As folhas e as flores contêm, em termos bioquímicos, alcalóides, glicosídeos, saponinas, polifenóis, taninos, terpenóides, triterpenos, hidratos de carbono, ácidos gordos, aminoácidos, ácido carboxílico e fitoesteróis.

As sementes contêm bioquímicos como as saponinas A e B estão presentes.

Diz-se que a casca contém compostos bioquímicos como alcalóides, pirrolizidina, antraquinonas e taninos.

Raízes de constituintes bioquímicos como saponina, sennapicrina, glicosídeos de antraquinona, glicosídeo de flavona e leucoantocianinas.

Usos medicinais da planta:

As folhas, as flores, o botão floral, a casca, as sementes e as raízes da Senna auriculs são utilizadas para fins medicinais.

As folhas de Senna e as pétalas das flores também são úteis no tratamento da diarreia.

As folhas têm propriedades laxativas.

O sumo de folhas frescas dá um toque refrescante.

Pó de senna utilizado como chá que ajuda a rejuvenescer e cura a diabetes.

As flores secas são utilizadas como substituto dos botões de flores.

O extrato de flor seca de senna tem efeitos hipoglicemiantes.

Está provado que esta planta controla e reduz o açúcar no sangue.

A decocção de toda a planta é administrada para a diabetes.

A flor de Senna auriculata é utilizada para regular o ciclo menstrual.

A flor e os botões florais são utilizados para reduzir o fluxo menstrual excessivo e como constritor.

Estas propriedades são utilizadas para aumentar a densidade dos espermatozóides e na ejaculação precoce.

É também eficaz nas doenças de pele.

As sementes têm sido utilizadas na oftalmia purulenta da conjuntiva.

As sementes em pó são sopradas para os olhos afectados.

É utilizado para a gonorreia e a gota.

A casca desta planta é utilizada em caso de secreção ou hemorragia.

Pó de sementes de senna aplicado nos olhos para cataratas e para melhorar o estado geral dos olhos.

As sementes de Senna também induzem um efeito refrescante.

A planta de senna é utilizada para curar numerosas doenças, como diabetes, conjuntivite, dores de garganta, problemas menstruais, oftalmia, hemorragias, diarreia e disenteria.

As raízes e a casca são adstringentes e curam úlceras na boca, doenças de pele, problemas oculares e reumatismo.

Uma decocção de flores e sementes é utilizada na diabetes.

As folhas e os frutos desta planta são utilizados como anti-helmíntico e diurético.

Da casca obtém-se um corante preto.

Das flores obtém-se um maravilhoso corante amarelo.

As plantas são utilizadas como escovas de dentes em palitos.

Cultivo:

A planta Senna auriculata pode ser propagada por sementes e por estacas de caule.

São necessários cerca de 15-20 kg / hectare de sementes.

Em canteiros com um espaçamento de 45 x 30 cm durante os meses de fevereiro-março ou junho ou julho.

A semente tem um revestimento duro e necessita de ser escarificada antes da sementeira para aumentar a germinação.

Normalmente, isto pode ser feito deitando uma pequena quantidade de água a ferver sobre as sementes.

Em seguida, mergulhar durante 12-24 horas em água morna.

As sementes devem absorver a humidade e inchar e não encolher.

Faz-se cuidadosamente um corte no invólucro da semente e deixa-se de molho durante mais 12 horas.

O corte do caule será efectuado durante as partes vegetativas desta planta.

Folhas basais removidas, deixando apenas a parte terminal das folhas com 4-7 nós por corte.

Nas estacas selecionadas, os caules têm 30-35 cm de altura e 2-3 cm de diâmetro.

Faz-se um corte oblíquo no corte do caule e coloca-se o nus sobre o saco de polietileno que contém o estrume usado do pátio da quinta.

A plantação crescerá após 2 meses de enraizamento e germinação.

Em seguida, as estacas de plantas enraizadas são transferidas para o campo.

O campo é preparado através de lavoura, gradagem, nivelamento e remoção de ervas daninhas.

A preparação do terreno é dividida em camas planas de tamanhos convenientes.

Aplicar 10-15 toneladas de estrume de curral e uma mistura de azoto, fósforo e potássio na proporção de 40:40:40: kg por hectare.

São aplicados 40 kg de azoto aos 40 dias após a sementeira.

Esta planta é utilizada principalmente nas regiões secas dos trópicos.

Tolera a humidade elevada e cresce bem.

Cresce em regiões adequadas, onde a temperatura anual se situa entre os 16 e os 27° C.

A precipitação anual de 400 mm é suficiente.

Necessita de uma posição a pleno sol.

Tolerante em solos arenosos ou franco-arenosos bem drenados ou em solos lateríticos.

Cresce bem em climas quentes, em condições de sequeiro e de regadio.

A irrigação é efectuada duas vezes por mês.

Nessa altura, atingirão a altura e a largura máximas.

Colheita:

A primeira colheita de folhas desta planta é efectuada

dois meses após a sementeira.

As colheitas subsequentes são efectuadas com intervalos de 50 dias.

As colheitas devem ser separadas na planta.

As folhas e as vagens são secas à sombra durante 7 a 10 dias.

As folhas e as vagens recolhidas são espalhadas em sacos de artilharia,

A casca fresca da planta foi recolhida à mão com uma faca.

Em seguida, são lavadas cuidadosamente e secas à sombra durante 10 dias.

Depois de secos, são embalados em sacos de polietileno.

Evita-se a secagem ao sol para evitar a perda de Sennosides.

53. SOLANUM trilobatum l.

Posição sistemática

Reino : Plantae

Divisão : Magnoliophyta

Classe : Magnoliopsida

Ordem : Solanales

Família : Solanaceae

Género : Solanum

Espécie : trilobatum

Nome Binomial : *Solanum trilobatum* L.

Nomes Vernaculares:

Tamil - Tutuvalai; Inglês - Red Pea Eggplant, Thai nightshade; Malayalam - Tutavalam, Putharichunda, Putricunta, Puttacunta, Tudavalam; Kannada - Kakamunji, Ambusondeballi, Hambusonde, Habbusonde; Telugu - Alarkapatramu, Kondavuchinta; Hindi - Kantakaari lataa; Sânscrito - Achuda, Agnidamani, Vallikantakarika.

Distribuição da planta:

O Solanum trilobatum está amplamente distribuído na Índia a diferentes altitudes.

Originária da Índia, do Sri Lanka e do Sudeste Asiático continental. A sua natureza também inclui Tamilnadu.

Cresce em terrenos baldios, especialmente sobre cercas ou sobre espécies de Acácia.

Esta planta é também designada por beringela de ervilha ou thuthuvalai.

Esta planta é consumida como legume nos pratos.

Descrição das caraterísticas morfológicas: O Solanum é um arbusto espinhoso e delgado. Esta planta tem caules alongados com espinhos em forma de casco.

Folhas verdes brilhantes, pequenas, ovadas, obtusas, com

3-5 lóbulos raramente estrelados e peludos, pecioladas, com alguns espinhos no meio.

Os caules são ásperos e raramente peludos ou glabros. Os caules são frequentemente verdes ou verde-arroxeados, mas tornam-se castanhos ou castanho-esverdeados à medida que amadurecem.

As flores são púrpura em grandes flores em forma de estrela ou brancas, isoladas ou aos pares ou agrupadas nas axilas das folhas.

As sépalas têm 3 mm de comprimento e são estreitamente dentadas. O exterior das sépalas está escassamente coberto de pêlos aveludados.

As pétalas são profundamente lobadas, em forma de estrela e de cor púrpura. O exterior das pétalas é coberto de pêlos aveludados.

Os frutos são pequenas bagas arredondadas de cor carmesim, inicialmente verde-escuras, que se tornam roxas quando completamente maduras.

A flor de cor violeta é altamente medicinal.

Constituintes químicos:

Toda a planta é utilizada para fins medicinais.

Os fitoquímicos das folhas contêm uma grande quantidade e vários tipos de alcalóides, tais como apoatropina, atropina, beladomina, solaneína, solanina, solangustina, solanocapsina e solasodina.

Toda a planta contém produtos químicos como glucósido e scopoline.

Usos medicinais da planta:

Todas as partes desta planta são utilizadas medicinalmente.

A decocção de toda a planta é utilizada para curar a bronquite crónica, tosse, asma, febre e infecções febris.

As folhas de Solanum trilobatum são tomadas como pasta para curar a constipação e a tosse.

Uma sopa rasam feita com as suas folhas e consumida com alimentos cura a indigestão.

Também as suas folhas são moídas em chutney com coco, curcuma, cebola e amendoins e comidas com alimentos, curam a indigestão e a fleuma e mantêm o corpo saudável.

O extrato das folhas é utilizado para tratar problemas de ouvido

Uma pasta das folhas é utilizada para tratar a tuberculose.

O sumo das folhas é considerado um antídoto contra o

veneno das cobras.

Acredita-se que o sumo das folhas é utilizado para aumentar a contagem de espermatozóides nos homens.

As flores e as bagas são dadas para curar a tosse.

A planta wole tem propriedades anti-oxidantes e anti-inflamatórias que podem ser utilizadas para tratar doenças como a artrite.

Esta erva também protege o fígado de danos causados por toxinas ou doenças.

As plantas inteiras são utilizadas para melhorar a produção de sangue e a circulação no corpo.

Cultivo:

A planta Solanum é cultivada através de sementes.

As sementes são utilizadas para o cultivo em viveiros ou para a sementeira direta nos campos de preparação.

As sementes são semeadas no viveiro de sementes.

Nas camas de sementes prepara-se o solo arenoso com estrume do quintal.

É preferível um solo bem drenado e uma luz solar adequada. As plântulas são transplantadas em solo húmido com um intervalo de 50 cm entre plantas.

A monda é necessária à medida que as plântulas se desenvolvem.

Depois são transplantadas para o campo.

A planta cresce bem em todas as condições adáficas.

A irrigação deve ser efectuada antes da fase inicial.

Ao fim de três meses produz-se um bom desenvolvimento das folhas.

Colheita:

A colheita das folhas e dos frutos pode ser efectuada após seis meses da plantação.

Após seis meses, as plantas estão bem desenvolvidas e maduras.

Está pronto para a colheita das folhas e dos frutos.

As folhas e os frutos são recolhidos e imediatamente lavados, secos à sombra e armazenados para utilização futura.

Folhas frescas utilizadas na alimentação.

A droga apresenta folhas de cor verde pálido com caraterísticas de sabor e odor amargos.

54. Strychnos nux-vomica l.

Posição sistemática

Reino : Plantae

Divisão : Magnoliophyta

Classe : Magnoliopsida

Ordem : Gentianales

Família : Loganiaceae

Género : Strychnos

Espécie : nux-vomica

Nome Binomial : *Strychnos nux-vomica* L.

Nomes Vernaculares:

Tamil - Eddikunchera, Kancharam, Yetti, Karunkali maram, Yettimaram; Inglês - Nux-vomica, Poison nut, Quaker buttons, semen strychnos; Malayalam : Kanjiram; Kannada - Kasarkana mara, Kaasarka; Telugu - Mushti, Mushini, Vish mushti, Pedda mushti; Hindi - Kuchala, Kajara; Sânscrito - Karaskara.

Distribuição da planta:

A árvore Strychnos nux-vomica é originária da Índia, do Sri Lanka e da Birmânia.

Estas plantas crescem em florestas de folha caduca e semi-verdes. Cresce espontaneamente em qualquer parte das Filipinas.

Cultivada na escola agrícola de Los Banos, nas Filipinas.

Encontra-se em todos os distritos de Taminadu, no Estado da Índia.

Descrição das caraterísticas morfológicas:

A Strychnos é uma árvore de folha caduca, de tamanho médio, que cresce até metros de altura, com caules rectos e grossos.

As suas folhas são coriáceas, lisas, opostas, totalmente

brilhantes, amplamente elípticas ou ovadas, com 7 a 15 cm de comprimento e 6 a 8 cm de largura, com 5 nervuras, obtusas ou arredondadas e agudas na extremidade.

As flores são numerosas, brancas ou branco-esverdeadas, pequenas e ocorrem em pequenas cimeiras terminais e peludas com 2 a 5 cm de diâmetro. As sépalas são 5 lobadas, pequenas e pubescentes.

Pétalas tubulo-cilíndricas ou em forma de funil, com 5 limbos reflexos e estreitos, de cor branca esverdeada no interior e ligeiramente pubescentes na base.

Os estames têm cinco e um filamento curto.

O fruto é uma baga, lisa, indeiscente, totalmente carnuda, alaranjada quando madura, redonda e com 3 a 5 cm de diâmetro.

No interior dos frutos encontra-se uma polpa macia, semelhante a uma lã, na qual estão embebidas 2 a 5 sementes.

As sementes têm forma de disco ou achatada ou em forma de moeda, de cor cinzento-esverdeada, com 10 a 30 mm de diâmetro, 4 a 6 milímetros de espessura, brilhantes, cinzento-prateado claro, cobertas de pêlos estreitamente comprimidos, de odor desagradável e bastante amargas.

Componentes químicos:

Estas plantas contêm os alcalóides altamente venenosos estricnina e brucina.

Estas espécies contêm alcalóides como constituintes principais.

As folhas contêm componentes como a brucina e a estricnina.

As suas sementes contêm estricnina, glucósido de brucina e loganina.

A casca, o caule e as raízes contêm bisindole monquaternário, estricnina e brucina em quantidades variáveis.

A polpa dos frutos contém glucósido e loganina.

Os óleos das sementes contêm ácido oleico, palmítico, araquico, butírico e algumas quantidades de estricnina e brucina.

Estas plantas contêm vinte e duas substâncias com atividade antitumoral, como a brucina, a estricnina, o N-óxido de brucina, o N-óxido de estricnina, o metiodeto de estricnina, a pseudobrucina, a pseudotricnina, a icajina, a vomicina, novacina, ácido ferúlico, éster etílico do ácido cafeico, ácido cinâmico, ácido protocatecuico, ácido salicílico, ácido gálico, ácido vanílico, ácido ursólico, β-simiarenol, β-sitosterol e daucosterol.

Usos medicinais da planta:

A Strychnos nux-vomica é uma planta muito venenosa.

No entanto, é utilizada para fins medicinais.

A planta é utilizada como estimulante gastrointestinal, aumentando o apetite ao estimular o peristaltismo. A estricnina também aumenta o fluxo do suco gástrico.

Esta planta é também utilizada para o cancro do fígado, dores de estômago, vómitos, obstipação e azia, insónia, problemas nervosos e problemas menstruais.

Na farmacologia indiana, paralisia e lesões neurológicas, disenteria e diarreia crónica, anemia e clorose e utilizada para a obstipação regular.

Na medicina chinesa são utilizadas para tratar o cancro do fígado. O pó das sementes é utilizado como tónico para a petite.

As sementes são utilizadas para várias doenças como reumatismo, derrame, asma, diabetes, hemorróidas, tratamento anti-tumoral e contra o cancro, anti-inflamatório, antioxidante e analgésico.

Nesta semente utilizada no veneno anti-cobra.

As curas são actividades antidiabéticas e de eliminação de radicais livres das sementes.

Também utilizado em larvicida e culex quinquefaciatus.

Cultivo:

A Strychnos nux-vomica progride por sementes e estacas de caule.

As sementes são a melhor forma de propagação da planta.

A planta também pode ser propagada por estacas.

A planta Strychnos cresce em regiões tropicais secas ou húmidas.

As sementes recolhidas são secas à luz do sol depois de se retirar a polpa.

As sementes desta planta são semeadas em sacos de polietileno de 25 cm x 20 cm cheios de terra, areia e mistura de estrume de quinta.

A irrigação é feita regularmente de modo a mantê-las húmidas em sacos de polietileno.

As suas sementes germinam em cerca de 20-30 dias.

O crescimento das plântulas é muito lento, mas a formação das raízes é rápida.

A propagação vegetativa de Strychnos é um corte de madeira semi-dura que pode ser preparado no início do verão.

É mantida em condições húmidas após tratamento com hormonas de enraizamento disponíveis no mercado.

A percentagem de enraizamento desta planta é bastante baixa, frequentemente inferior a 25%.

Colheita:

O tempo de vida de uma árvore de strychnos nux-vomica é de 60 anos. Esta planta leva de 15 a 20 anos para produzir flores.

As sementes são colhidas a partir de dezembro, quando estão maduras.

Os frutos podem ser colhidos periodicamente durante muitos anos.

Os frutos colhidos devem ser bem lavados em água e depois secos à sombra.

As sementes secas são armazenadas em sacos de polietileno.

As sementes podem ser levadas para venda.

55. Syzygium aromaticum (l.) Merr. & L.M.Perry

Posição sistemática

Reino : Plantae

Divisão : Magnoliophyta

Classe : Magnoliopsida

Encomendar : Myrtales

Família : Myetaceae

Género : Syzygium

Espécie : aromaticum

Nome Binomial : ***Syzygium aromaticum*** **(L.) Merr. & L.M.Perry**

Nomes Vernaculares:

Tamil - Grambu, Inglês - Clove Tree, Clove; Malayalam - Grambu, Karambu, Karayambu; Kannada - Luvunga; Telugu - Lavangalu; Hindi -Laung, Lavang; Sânscrito - Lavangam, Devakusuma.

Distribuição da planta:

É originária das ilhas Maluku ou Molucas, na Indonésia.

O Syzygium aromaticum é cultivado durante todo o ano devido às diferentes épocas de colheita nos diferentes países.

O Syzygium aromaticum é uma árvore perene com botões de flores secas e perfumadas.

O Syzygium aromaticum é originário da Índia e da Indonésia.

Desenvolve-se em climas tropicais húmidos.

Na Índia, cresce em todas as regiões do país, exceto nas areias costeiras.

Esta planta é a região montanhosa dos Ghats Ocidentais e dos solos vermelhos de Kerala e a mais adequada para o cultivo do cravinho.

Descrição das caraterísticas morfológicas:

É uma árvore de folha perene.

Cresce de 8 a 21 metros de altura.

As folhas são elípticas, grandes, aromáticas com pontos de glândula.

As flores estão agrupadas em cachos terminais.

Flores com um ovário inferior longo e agrupadas em inflorescências terminais.

Os botões florais são inicialmente de cor plaqueada, tornando-se gradualmente verdes.

Depois, as flores passam para um vermelho vivo quando estão prontas para serem colhidas, com 1,5-2 centímetros de comprimento.

As sépalas são constituídas por terminais que terminam em quatro sépalas que se estendem. As pétalas são quatro, não abertas, formando uma pequena bola central de Lucille. Flor expandida com as pétalas e os estames separados. Os caules são delgados e o eixo da inflorescência é oposto e ramificado.

A casca do Syzygium aromaticum é cinzenta, escamosa, fissurada e verrugosa.

O caule é acastanhado, áspero e irregularmente enrugado

longitudinalmente, com uma textura curta, seca e lenhosa.
Os frutos maduros são ovóides, bagas castanhas, uniloculares e com uma só semente.
Os frutos de Syzygium são total ou parcialmente eliminados por destilação.
O óleo obtido é de cor escura.

Constituintes químicos:

A planta tem valores medicinais úteis.
A Syzygiumaromaticum é uma planta aromática.
Como ingrediente em perfumes, loções e amplamente utilizado nas indústrias de preservação de alimentos e cosméticos.
Um fruto maduro da planta contém os constituintes activos aminoácidos, proteínas, ácidos gordos, vitaminas, eugenol, isoeugenol, acetato de eugenol, β-cariofileno, α-humuleno.

Usos medicinais da planta:

O óleo de cravo é aplicado numa bola de algodão e colocado nas gengivas ou no dente dorido para alívio temporário da dor.
O óleo de cravo melhora a digestão.
Também alivia as infecções respiratórias superiores e

reduz a inflamação.

O cravo-da-índia tem sido utilizado no tratamento de contusões e arranhões.

Embora seja utilizado na medicina tradicional há muito tempo, existem provas de que o óleo de cravinho que contém eugenol é eficaz para a dor de dentes ou outros tipos de dor.

A eficácia do eugenol em combinação com zincoxide é eficaz em analgésicos, alveolares e osteíte.

O cravo-da-índia é utilizado para reduzir a febre, prevenir a ejaculação precoce e como repelente de mosquitos.

O óleo de cravinho é utilizado em aromaterapia.

O cravinho é utilizado como ingrediente indispensável nos caldos do dia a dia.

Cultivo:

O Syzygium aromaticum é propagado comercialmente a partir de sementes.

O Syzygium aromaticum cresce melhor em climas tropicais quentes e húmidos com 150 a 250 cm de precipitação anual.

Pode ser cultivada em zonas com uma altitude de 800-900

metros acima do nível do mar.

Estas plantas preferem a sombra parcial.

Os solos ricos em argila são os melhores para o cultivo desta árvore.

Também pode ser cultivada em solos vermelhos pesados, mas em ambos os tipos de solos a drenagem é essencial para um bom rendimento e qualidade das plantas.

Geralmente, as sementes são colhidas de frutos completamente desenvolvidos da produção regular da "mãe do cravo-da-índia" e, em seguida, as sementes de cravo-da-índia são embebidas antes de serem semeadas nos viveiros

A sementeira das sementes imediatamente após a colheita permite um bom potencial de germinação.

Um saco de polietileno de 15 a 20 cm de largura deve ser misturado com uma mistura solta de terra, areia e fibra residual compostada e semeado por cima para formar camas de viveiro para as plântulas. Deve ser proporcionada sombra parcial para proteger as camas de sementes da luz solar direta.

Uma outra maneira de cultivar as plântulas é mantê-las em

sacos de polietileno cheios de matéria orgânica, como terra boa e mistura de estrume de vaca, e conservá-las num lugar húmido e à sombra.

Colheita:

As árvores de Syzygium começam a florescer 4 anos após a plantação, mas só atingem a sua capacidade de produção total após 15 anos.

O período de floração é de setembro a outubro nas planícies e de dezembro a janeiro nas terras altas.

Os botões de flores não abertos são colhidos quando começam a ficar cor-de-rosa.

Nessa altura, têm menos de 2 cm.

As flores abertas não são classificadas como especiarias.

Durante a colheita, as flores devem ser manuseadas sem danificar os ramos, utilizando escadas, sem afetar o crescimento subsequente.

Quando os botões colhidos são espalhados num local limpo e secos à luz do sol ou completamente artificialmente, o caule fica seco e castanho-escuro e o resto do botão fica castanho-claro.

Os botões secos são armazenados em sacos de artilharia.

Os materiais recolhidos são armazenados numa sala de armazenamento segura e depois enviados para fins comerciais.

56. Terminalia chebula Retz.

Posição sistemática

Reino : Plantae

Divisão : Magnoliophyta

Classe : Magnoliopsida

Encomendar : Myrtales

Família : Combretaceae

Género : Terminalia

Espécie : chebula

Nome binomial : *Terminalia chebula* Retz.

Nomes Vernaculares:

Tamil - Kadukkai; Inglês - Chebulic Myrobalan, Myrobalan; Malayalam - Katukka; Kannada - Alale, Alile, Anale; Telugu - Nalla karaka; Hindi - Harad; Sânscrito - Kayastha, Jivapriya, Haritakke.

Distribuição da planta:

A Terminalia chebula cresce nas florestas tropicais e subtropicais do mundo.

Distribui-se na floresta caducifólia e nas florestas mistas caducifólias nas encostas das colinas.

O seu habitat é nas encostas secas das florestas até aos 900 metros de altitude.

A Terminalia chebula é cultivada em todo o Sul e Sudeste Asiático, incluindo na Índia, Sri Lanka, Butão, Nepal, Bangladesh, Myanmar, Camboja, Laos, Vietname, Indonésia, Malásia, Paquistão e Tailândia.

Encontram-se nos Himalaias indianos até uma altitude de 1.500 metros e na região do Ravi até Bengala Ocidental e Assam.

É mais frequente em trilhos montanhosos.

Em Tamilnadu, crescem em colinas como as de Yercaud,

Palamalai, Kolli, Pacchaimalai e Javvadhu.

Esta planta é também conhecida como haritaki.

Descrição das caraterísticas morfológicas:

A Terminalia chebula é uma árvore de folha caduca e de médio a grande porte.

Atingem até 30 metros de altura, com troncos de até um metro de diâmetro.

Tem uma forma cilíndrica e uma copa arredondada. A casca é castanha-escura e o cerne castanho-acinzentado.

Os ramos estendem-se para formar uma coroa.

As folhas são simples, de disposição alternada a suboposta, ovadas ou elípticas ovadas, brilhantes ou cor de ferrugem e caducas na estação fria. Apresentam pecíolos curtos com 2 glândulas na lâmina.

A inflorescência é constituída por espigas terminais ramificadas ou panículas curtas. As espiguetas têm 10 cm de comprimento.

As flores são sésseis, de cor amarela clara ou branca, são monóicas e têm um odor forte e desagradável.

As sépalas são peludas, amarelo-pálido e com 5 lóbulos.

As pétalas estão ausentes.

Os estames são pequenos.

É ovário inferior e unicelular.

Os frutos são lisos e drupáceos.

São ovóides, brilhantes, glabros, obtusamente angulares e de cor amarela a castanha alaranjada, com uma única semente oblonga em forma de pedra.

As sementes são duras e de cor amarela pálida.

Constituintes químicos:

As folhas, cascas e frutos são a parte medicinalmente útil da árvore Terminalia.

As folhas e a casca desta planta contêm terpenos, saponinas e β-sitosterol.

A parede do fruto é espessa e dura. Contém ácido chebulínico, ácido tânico, ácido gálico, chebulina, tanino, terchebina e vitamina C.

O ácido chebúlico é um composto ácido fenólico isolado dos frutos maduros.

O ácido araquídico, o ácido linoleico, o ácido palmítico e o ácido esteárico também se encontram nas amêndoas dos frutos.

O ácido luteico pode ser isolado da casca.

Usos medicinais da planta:

Nesta planta, o pó seco dos frutos é administrado para a obstipação, úlceras, apendicite e purificação do sangue.

O pó dos frutos é utilizado em pomadas adstringentes.

A polpa do fruto é administrada para curar hemorróidas, diarreia crónica, disenteria, cólicas, flatulência, asma, perturbações urinárias, vómitos, vermes intestinais, ascite e aumento do baço e do fígado.

A sua casca é utilizada como tónico cardíaco.

A decocção das flores e dos frutos imaturos é administrada para a diabetes.

Cultivo:

A Terminalia chebula só pode ser propagada por sementes.

Geralmente, os agricultores não cultivam esta árvore.

No entanto, pode ser cultivada no futuro, uma vez que as suas necessidades são elevadas no domínio da medicina.

As sementes podem ser semeadas no mês de julho, durante a estação das chuvas.

A capacidade de germinação das suas sementes é geralmente lenta. No entanto, as sementes podem ser tratadas com certos produtos químicos para aumentar o seu potencial de germinação.

Colocar os frutos de molho em água fria durante 24 horas e depois cortar a ponta sem danificar o embrião.

A semente deve ser plantada a uma profundidade de 3 mm em camas de viveiro ou em sacos de polietileno de 30 cm x 30 cm, misturados com fibra de coco compostada e solo arenoso.

O viveiro deve ser instalado à sombra parcial.

As mudas de um ano de idade são transplantadas durante a estação das monções.

A plantação é efectuada nos campos, em covas escavadas de 60 cm x 60 cm, espaçadas de 6 em 6 metros, com estrume misturado com terra. A capacidade de cultivo é de 300 plantas por hectare.

Todos os anos, durante os primeiros quatro anos, deve ser

dada uma pequena quantidade de fertilizante orgânico a cada árvore.

A rega deve ser efectuada uma vez por mês.

As ervas daninhas são controladas manualmente.

Colheita:

A maior parte dos seus frutos são colhidos nas florestas.

Só dá frutos após 10 anos de plantação no campo.

A partir deste período começa a dar frutos.

Assim, as sementes espalham-se naturalmente nos seus habitats nativos.

Os frutos são colhidos de preferência em maio-junho

Os frutos podem ficar amarelos.

Os frutos tornam-se muito amarelos e caem no chão quando estão completamente maduros.

Os frutos recolhidos são cuidadosamente secos à sombra durante 10 dias.

Por fim, os frutos secos são armazenados em sacos de artilharia.

Armazenar num local bem ventilado e sem humidade.

57. Tribulus terrestris l

Posição sistemática

Reino : Plantae

Divisão : Magnoliophyta

Classe : Magnoliopsida

Ordem : Zygophyllales

Família : Zygophyllaceae

Género : Tribulus

Espécie : terrestris

Nome Binomial : *Tribulus terrestris* L.

Nomes Vernaculares:

Tamil - Nerunji Mullu; Inglês - Caltrs, Puncture Vine e Yello Vine; Malayalam - Cheriya-neringil, Neringil; Kannada - Neggilu; Telugu - Palleru; Hindi - Gokhuru; Sânscrito - Ashvadanshtra, Bahukantaka, Chitrakantaka, Gokhura.

Distribuição da planta:

O Tribulus terrestris é uma planta herbácea enraizada que cresce como uma planta anual em climas temperados no verão.

Esta planta é também conhecida como videira de punção.

São originárias da região mediterrânica.

Esta planta encontra-se largamente nas regiões temperadas quentes e tropicais do sul da Ásia, África, Europa do Sul e Austrália.

Distribui-se nas regiões temperadas quentes e tropicais.

Descrição das caraterísticas morfológicas:

Os ramos do seu caule encontram-se espalhados no solo com pêlos densos.

As folhas são opostas e compostas de forma pinada.

As flores têm 4-10 mm de largura, com cinco pétalas

amarelo-limão, cinco sépalas e dez estames.

Constituintes químicos:

A planta Tribulus terrestris é utilizada medicinalmente.

As várias partes da planta Tribulus contêm uma variedade de bioconstituintes, tais como amidas de lignina, taninos, terpenóides, flavonóides, flavonol, glicosídeos, gitogenina, clorogenina, ruscogenina, 2-5 D-espirosta-3-5dieno, kaemprerol, kaempferol-3-glucosídeo, esteróides, saponinas e alcalóides, novo flavovóide tribulosídeo.

Usos medicinais da planta:

O principal ingrediente ativo que aumenta a atividade sexual contém protodioscina e saponina esteroidal.

Estas plantas são produtos naturais úteis para o sistema reprodutor sexual.

É obtido a partir do espinho desta planta.

A planta Tribulus terrestris melhora a função sexual e melhora a ereção do pénis nos homens e prolonga as relações sexuais.

Tem um efeito estimulante nos espermatozóides e na sua motilidade e viabilidade.

A medicina popular iraquiana utilizou-a como afrodisíaco,

anti-infecioso urinário e atividade diurética.

A medicina tradicional utiliza esta planta para aumentar a libido, combater a inflamação, reduzir o açúcar no sangue e o colesterol e manter o trato urinário.

O extrato de Tribulus terrestris tem propriedades antibacterianas.

Nesta planta, o extrato aquoso das folhas e dos frutos de Tribulus terrestris é utilizado como diurético para tratar cálculos urinários.

Favorece eficazmente a diurese para a eliminação dos cálculos urinários, o que corrobora esta afirmação.

Está demonstrado que o Tribulus terrestris tem propriedades anti-inflamatórias que podem ajudar a reduzir o inchaço.

Planta inteira utilizada nos efeitos sobre a saúde do coração e o açúcar no sangue.

A planta Tribulus terrestris é utilizada no tratamento natural de certos cancros.

Cultivo:

A propagação da planta Tribulus terrestris é feita através de sementes.

A planta Tribulus terrestris é utilizada em climas tropicais, subtropicais e semiáridos.

Geralmente sol aberto com temperatura quente.

Esta planta desenvolve-se em vários tipos de solos, desde os argilosos aos arenosos ligeiros, e requer pouca chuva.

O Tribulus é um solo encharcado e altamente alcalino, desfavorável ao cultivo.

O campo deve ser bem preparado.

Aplicar Azoto, Fósforo e Potássio (K) na proporção de 40:40:40 kg por hectare.

Estas sementes devem ser embebidas em água durante a noite e tratadas com 20ppm de ácido giberélico antes da sementeira.

As sementes são semeadas diretamente no campo.

Colheita:

O Tribulus terrestris é uma planta de longa duração.

As sementes e as raízes são colhidas separadamente.

Plantação da duração em 240-250 dias após a colheita.

Após a colheita, as sementes e as raízes devem ser secas separadamente à sombra.

O rendimento da planta é de aproximadamente 2,5

toneladas por hectare.

Em seguida, deve ser armazenado em sacos de arame numa caixa de ar.

58. Trichopus Zeylanicus Gaertn.

Posição sistemática

Reino : Plantae

Divisão : Magnoliophyta

Classe : Liliopsida

Ordem : Discoreales

Família : Discoreaceae

Género : Trichopus

Espécie : zeylanicus

Nome Binomial : *Trichopus zeylanicus* Gaertn.

Nomes Vernaculares:

Tamil - Saattithanpatchilai; Inglês - Agrimony; Malayalam -Arogyapacca, Saasthankizhangu; Kannada - NA; Telugu - NA; Hindi - NA; Sânscrito - Arogyappaccha

Distribuição da planta:

O Trichopus zeylanicus é uma planta nativa da Índia, ameaçada de extinção.

O Trichopus zeylanicus cresce na Malásia, em Singapura, no Sri Lanka, na Tailândia e nas montanhas do sudoeste do Ghats, no sul da Índia.

O Trichopus zeylanicus é uma planta rara originária da Índia.

Os frutos de Trichopus zeylanicus são habitualmente utilizados pelas tribos Kani que vivem em Kerala.

Descrição das caraterísticas morfológicas:

O Trichopus zeylanicus é um pequeno arbusto e uma planta herbácea.

É uma das duas espécies do género Trichopus.

Anteriormente era colocada na sua própria família Trichopodaceae, mas atualmente está incluída na família Dioscoreaceae.

As folhas crescem a partir do rizoma até cerca de 20 cm de comprimento.

A forma das folhas também varia em cada local, mas a forma mais comum é a cordada.

A planta Trichopus tem muitos caules delgados de 5 cm-25 cm de comprimento que surgem dos nós do rizoma.

Cada caule tem uma folha terminal.

O seu longo pecíolo aparece como uma continuação do caule.

As folhas são castanho-escuras a cinzento-púrpura, amplamente triangulares, ovadas com um ápice agudo ou obtuso. A base é corada com um seio largo.

Apresentam flores bissexuais de tamanho pequeno ou médio. Na maioria das vezes, uma só, fasciculada na base das folhas, extrudida entre as folhas das escamas protectoras.

O perianto é de 4 ou 5, de cor castanha escura, com lóbulos lanceolados agudos e pedicelos delgados, longos e grossos abaixo dos frutos elipsoides e longos.

Os frutos são ligeiramente alados ou triangulares e indeiscentes.

O miolo macio dos frutos verdes é delicioso de provar e tem um sabor doce.

Quando amadurece, endurece como pedra e torna-se não comestível.

As suas flores e frutos são dispersos pela água.

As flores invulgares são preto-púrpura e depois desintegram-se.

Constituintes químicos:

As folhas, os frutos, o rizoma e as sementes são partes medicamente úteis.

As folhas e os frutos das plantas de Trichopus são constituintes bioquímicos como os agentes vinblastina, vincristina, pacli taxel, álcool, flavonoide-glicosídeo, glicolípidos, β-sististerol triacontanol, vicenina-2, vitexina e alguns outros compostos não esteróides.

Utilizações medicinais da planta :

O Trichopus zeylanicus é um antifúngico e um promotor de espírito próprio dos frutos frescos.

As folhas são usadas para aumentar a resistência, cardioprotecção, anti-cancro, estabilização da idade, infeção por vermes e resistência a doenças no corpo

O sumo de fruta é administrado para tratar doenças do fígado, perda de peso e úlcera péptica.

Os extractos de frutos são utilizados para problemas de disfunção sexual, fadiga e melhoria do desempenho sexual.

O pó de planta inteira é utilizado para melhorar a função imunitária como afrodisíaco, úlcera estomacal, cura de doenças do fígado, erupções cutâneas, diarreia e dores de garganta.

A semente de Zeylanicu é utilizada como um potente adaptogénico ou anti-stress

Cultivo:

A propagação do Trichopus zeylanicus é feita por sementes e rebentos. Estas plantas crescem maioritariamente de forma natural.

Podem ser cultivadas em vasos numa casa de sombra agrícola, mas não podem ser cultivadas em zonas agrícolas porque o seu crescimento e sobrevivência dependem da natureza. No entanto, pode ser cultivada no seu ambiente natural numa estufa.

Cresce em florestas de planície e de média altitude, em solos arenosos, em locais sombrios perto de rios e ribeiros.

As suas sementes devem ser semeadas em vasos ou cestos de bambu misturados com fibra de coco bem compostada e composto orgânico e areia a meia luz solar adequada ao seu crescimento. Pode ser implementado em cultivo desta forma.

As plântulas com cinco meses de idade podem ser utilizadas para o planeamento.

O estrume de folhas em decomposição deve ser aplicado de dois em dois meses.

A irrigação é necessária para estas plantas e é melhor fazê-las através da irrigação por aspersão.

As sementes são dispersas pelo vento e pela água.

As flores invulgares são de cor púrpura-preta e desintegram-se em seguida.

Colheita:

O Trichopus é colhido nas folhas, nos frutos e no rizoma.

Esta planta começa a florir após cinco meses de plantação e os frutos amadurecem após um mês.

As folhas podem ser colhidas nesta altura.

A colheita dos frutos é efectuada quando estes passam a ter uma cor castanho-púrpura.

As sementes são retiradas dos frutos colhidos e são secas ao ar livre, à sombra.

A colheita dos tubérculos é efectuada após um ano de vida da planta. O Trichopus zeylanicus é colhido separadamente, como folhas, frutos, sementes e rizomas.

As partes secas da planta são armazenadas em sacos de polietileno para reduzir a deterioração e aumentar a vida útil.

Toda a planta é separada para ser transformada em suporte.

Guardado nos sacos de artilharia.

58. Trigonella foenum-graecum l.

Posição sistemática

Reino : Plantae

Divisão : Magnoliophyta

Classe : Magnoliopsida

Encomendar : Fabáceas

Família : Fabaceae

Género : Trigonella

Espécie : foenum-gracum

Nome Binomial : *Trigonella foenum-graecum* L.

Nomes Vernaculares:

Tamil - Venthayam; Inglês - Fenugreek; Malayalam - Uluva; Kannada - Menthya ou Mentesoppu; Telugu - Mentikoora; Hindi - Methi ou Muthi; Sânscrito - Methika ou Chandrika ou Asumodhagam.

Distribuição da planta:

A planta Trigonella é originária de Eroupe e da Ásia Ocidental.

Na Índia, a planta cresce em estado selvagem nas zonas de Caxemira, Punjab e nas planícies do Alto Ganges.

É cultivada nas planícies de muitas regiões da Índia.

Na Índia, são produzidas cerca de 30 000 toneladas de sementes por ano.

Descrição das caraterísticas morfológicas:

A Trigonella é uma erva anual aromática.

Cresce até uma altura de 30-60 cm.

O caule é ligeiramente curvado em ziguezague.

As folhas são pinadas, trifoliadas, de cor verde clara e com 4 cm de comprimento.

São alternados e estipulados.

As estípulas são ovadas e adnatas ao pecíolo.

Os folíolos são oblongo-lonceolados com margem serrilhada.

As flores são brancas ou branco-amareladas e papilionáceas. Pode haver uma ou duas flores nas axilas das folhas.

As suas vagens têm 5-7 cm de comprimento.

São estreitas, curvas, afunilando para a extremidade com nervos longitudinais.

Cada fruto contém 10-20 sementes.

As sementes são amarelas e glabras. Apresentam um sulco profundo num dos lados.

Constituintes químicos:

As folhas e as sementes são as partes úteis para fins medicinais.

Os componentes das folhas contêm gracecuninas A-G, kaempferol, quercetina, sitosterol, diosgenina, gitogenina, cumarina e escopoletina.

As sementes contêm bioquímicos como sapogeninas, tigogenina, gitogenina, yuccagenina, espirosta-dieno, fenugreekina, fenugrinas, trigonelóxido C e sitosteróis.

As sementes também contêm vários compostos

flavonóides, como a 4-hidroxi-isoleucina, a diosgenina, o ácido gálico, o ácido quínico, a trigonelina, os trigoneósidos e a yamogenina.

Usos medicinais das plantas:

As folhas são aplicadas como cataplasma para queimaduras. Têm um bom efeito refrescante.

As sementes são utilizadas como aromático, diurético, nutritivo, tónico, lactante e laxante, adstringente, emoliente, carminativo e afrodisíaco.

As suas sementes são administradas, cozidas ou assadas, em casos de dispepsia, diarreia, disenteria, cólicas, flatulência, hidropisia, reumatismo, tosse crónica, aumento do fígado e do baço.

Mergulhar as sementes em água, filtrar e beber a água, as dores menstruais das mulheres são aliviadas.

As sementes desta planta contêm os alcalóides trigonelina.

Uma decocção das sementes é uma boa bebida fresca para um doente com varíola.

A decocção das sementes é administrada para inflamações do intestino.

A Trigonella é moída em pasta juntamente com uma

solução aquosa e aplicada em feridas.

A sua atividade antibacteriana inibe as infecções e favorece a cicatrização das feridas.

Cultivo:

A Trigonella propaga-se por sementes.

Um solo argiloso rico e bem drenado é adequado para o cultivo da Trigonella .

Pode ser cultivada em climas mais frios e favoráveis.

As regiões com precipitação constante devem ser evitadas para o cultivo.

Normalmente, adiciona-se estrume de curral 20-25 tons na hactare antes da última lavoura.

O campo principal deve ser preparado com uma lavoura fina.

Devem ser feitos canais a intervalos de 1 metro nos canteiros.

As sementes são semeadas a uma profundidade de 2 cm e com um espaçamento de 30 cm.

Geralmente, devem ser pulverizadas 700 doses de herbicida flucloral por hectare, misturadas com 500 litros de água.

A primeira irrigação é efectuada imediatamente após a sementeira.

Em seguida, a irrigação deve ser efectuada com intervalos de 7-10 dias.

Normalmente, a monda deve ser efectuada 2 vezes em 25-30 dias e 45-50 dias.

Colheita:

A cultura é colhida pelo seu sabor e aroma.

É seco para condimentar.

Estas folhas estão prontas para serem colhidas 30 dias após a sua apresentação.

As folhas produziram cerca de uma tonelada por hectare.

As sementes estão prontas para a colheita 130-150 dias após a sementeira.

O atraso na colheita pode provocar o rebentamento das vagens e a perda de sementes.

Espera-se um rendimento de sementes de 3 toneladas por hectare.

As sementes de Trigonella estão prontas para serem colhidas quando as vagens ficam castanhas e as folhas secam.

Após a colheita, as partes superiores do fruto devem ser

retiradas e limpas por secagem ao sol.

As partes secas das plantas são armazenadas em sacos de artilharia separados.

60. TYLOPHORA INDICA (Burm.f.) Merr.

Posição sistemática

Reino : Plantae

Divisão : Magnoliophyta

Classe : Magnoliopsida

Ordem : Gentianales

Família : Apocynaceae

Género : Tylophora

Espécie : indica

Nome binomial : Tylophora *indica* (Burm.f.) Merr.

Nomes Vernaculares:

Tamil - Nancharuppan, Nangilai, Nayppalai; Inglês - Emetic Swallow-wort, Panacea Twiner, Indian ipecacuanha; Malayalam - Vallippala; Kannada - Aadu muttada balli; Telugu - Verripala, Kakapala, Telegapala, Podapacchali, Neelatapiri; Hindi - Antamool, Janglipikram, Janglipikvam; Sânscrito - Antrapachaka.

Distribuição da planta:

A planta Tylophora indica é originária da Índia.

Esta planta é também conhecida por Dambel ou Antmool.

Encontram-se sobretudo nas regiões oriental e meridional da Índia.

Estas plantas crescem em estado selvagem nas terras áridas e nas bermas das estradas. Também crescem em planícies, regiões costeiras e montanhas baixas.

Descrição das caraterísticas morfológicas:

A Tylophora indica é uma planta perene, delgada e com muitos ramos.

É ramificada, tátil e lactífera.

As folhas são simples, opostas, decussadas, espessas e de cor verde intensa, cordiformes, oblongo-lanceoladas.

Os pecíolos têm até 12 mm de comprimento.

A inflorescência é uma umbela composta. Cada unidade da umbela tem 2-4 flores.

As flores são amarelo-esverdeadas por fora e roxas por dentro. As sépalas são grosseiramente peludas no exterior e divididas na base.

Os lóbulos das sépalas são rectos, lanceolados e têm até 2 mm de comprimento.

As pétalas são amarelo-esverdeadas ou púrpura-esverdeadas e têm 5-6 mm de comprimento. Pétalas até 4 mm de comprimento.

O caule é delgado, longo e peludo.

O fruto é um folículo cilíndrico.

As sementes têm forma oval, são peludas e achatadas.

Raízes numerosas, longas, carnudas, com nódulos e casca de cortiça castanha clara.

Constituintes químicos:

As folhas e as raízes são a parte medicinalmente útil das plantas. Esta parte da planta é constituída por constituintes químicos tais como a tiloforina e a tiloforinina. Trata-se de alcalóides.

Utilizações medicinais da planta :

Uma decocção das folhas é administrada para curar a disenteria e a diarreia.

As folhas são moídas com alho e utilizadas como cataplasma para inchaços reumáticos e dores gotosas.

O sumo das folhas é também tomado por via oral para curar o cancro, a congestão, a obstipação e a iterícia.

O extrato das folhas é utilizado para induzir o vómito e a transpiração.

Aplicar a pasta de folhas nas feridas cura as feridas.

Uma decocção da sua raiz é utilizada como remédio para a asma, bronquite, tosse convulsa, disenteria e diarreia.

O sumo da planta inteira misturado com pimenta preta é administrado em caso de reação alérgica.

Cultivo:

A Tylophora indica tem uma elevada germinação de sementes e da parte vegetativa.

Os frutos raramente são produzidos na planta, mas a maior parte da propagação da planta pode ser feita a partir das suas partes.

A propagação de plantas, como estacas de caule ou

camadas de solo e propágulos de raízes, pode ser iniciada na primavera.

Os folículos maduros que contêm sementes podem ser recolhidos no final do enrolador.

As sementes recolhidas são bem secas à sombra e depois utilizadas para sementeira.

Prefere as condições de sombra parcial dos viveiros. Geralmente, antes de arar o campo

A quantidade total de estrume de curral deve ser aplicada por hectare: 10 toneladas de estrume misturado com 30 kg de fósforo e 20 kg de azoto.

O campo deve ser arado e o solo deve ser solto duas vezes para um melhor cultivo.

Crescem bem em solos que vão da areia à argila.

As mudas com quatro meses de idade estão prontas para serem plantadas na área nobre.

A plantação é melhor efectuada durante a estação das chuvas.

A sua trepadeira necessita de plantas invasoras ou de paus de apoio. As condições ambientais de temperatura e luz solar são favoráveis ao crescimento da planta.

Estas plântulas são plantadas e mantidas num espaçamento máximo de 100 cm x 100 cm por planta.

São um pouco tolerantes à seca.

A irrigação é necessária em intervalos de 25 dias e depende da precipitação.

Da mesma forma, a irrigação pode ser feita em função da humidade do solo e da capacidade de acumulação de água.

A monda manual deve ser efectuada pelo menos uma vez em cada dois meses, dependendo da precipitação.

Esta doença pode ser controlada misturando 20 ml de metilparatião em 12 litros de água num tanque de pulverização e pulverizando as culturas.

Cerca de 200 ml de inseticida são suficientes para controlar a doença por hectare.

Colheita:

A Tylophora é uma planta de colheita rápida, que se obtém no segundo ano após a plantação.

A colheita de uma planta com menos de um ano não é ideal, uma vez que afecta gravemente o crescimento da planta e o rendimento subsequente.

A flor começa a desabrochar no segundo ano de

crescimento.

As folhas devem ser colhidas de plantas com um ano de idade.

Quando as plantas atingem uma altura de 2,5 metros.

As folhas podem ser colhidas uma vez por ano. Não afecta o seu crescimento.

As plantas são cortadas com foices a uma altura de 15 cm do nível do solo.

A colheita é efectuada preferencialmente em outubro.

A planta colhida deve ser espalhada no quintal e seca à sombra durante uma semana.

A parte seca da planta deve ser armazenada num saco de artilharia limpo. O armazenamento prolongado pode levar à deterioração da qualidade da matéria-prima.

Por isso, temos de os colocar à venda dentro de um determinado período de tempo.

61. VITEX NEGUNDO L.

Posição sistemática

Reino : Plantae

Divisão : Magnoliophyta

Classe : Magnoliopsida

Ordem : Lamiales

Família : Lamiaceae

Género : Vitex

Espécie : negundo

Nome binomial : *Vitex negundo* L

Nomes Vernaculares:

Tamil - Nocchi; Inglês - Chaste Tree, Five-Leaf Chaste Tree; Malayalam - Vennochi; Kannada Nochi; Telugu - Vavili; Hindi - Nirgundi, sindvar; Sânscrito - Sinduvara, Indrani, Nilanirgundi.

Distribuição da planta:

Esta planta é originária das regiões tropicais orientais do mundo e do sul de África e da Ásia Central.

A Vitex negundo é uma planta fácil de cultivar que se desenvolve em solos argilosos leves e bem drenados em condições de sol quente, embora tenha excelentes caraterísticas de crescimento mesmo em solos pouco drenados.

Encontram-se em zonas húmidas ou em massas de água, matagais, locais de desperdício e florestas abertas mistas.

Cresce amplamente naturalizada.

Cultivada nas regiões tropicais da Indo-Malásia e da China.

Cultivada como planta de sebe.

Atualmente, são cultivadas em grandes quantidades para fins medicinais.

Esta planta é cultivada como sebe no Noroeste dos Himalaias há muito tempo.

É cultivada como sebe em zonas áridas e arenosas para reter o solo e a humidade.

Descrição das caraterísticas morfológicas:

Vitex negundo, vulgarmente conhecida como árvore casta chinesa, árvore casta de cinco folhas ou vitex cavalinha.

A Vitex negundo é uma árvore de pequeno porte, com cinco a oito metros de altura e ramos quadrangulares.

Folhas opostas, 3-5 folíolos, folíolos lanceolados, inteiros ou serrilhados, pubescentes, verde-escuro em cima, verde-pálido em baixo e folíolos centrais maiores.

As flores são pequenas, perfumadas, bissexuais, de cor púrpura azulada ou azul-escura ou em cimas laterais de lavanda, formando um longo e terminal tirso.

As panículas têm 15-25 cm de comprimento e são ligeiramente pubescentes.

As sépalas são em forma de sino, com pubescência branca e cinco dentes triangulares.

As pétalas variam, sendo o lóbulo médio inferior mais comprido.

Os frutos são drupáceos, com 4 mm de diâmetro e de cor preta ou púrpura quando maduros.

As sementes têm uma forma obovada ou oblonga.

Constituintes químicos:

Toda esta planta é útil do ponto de vista medicinal.

Folhas, flores, sementes, frutos, casca e raiz, é utilizada como samoolam.

Contém substâncias químicas como o Bita-sitosterol, os ácidos oleico linoleico, palmítico e esteárico, a casticina, a isoorientina, o crisofenol D, a luteolina, o ácido p-hidroxibenzóico e a D-frutose.

Usos medicinais da planta:

A planta inteira é utilizada como adstringente, cefálica e estomacal.

As partes desta planta são os frutos, é cefálica, emenagoga e tónica nervosa,

As sementes são utilizadas para arrefecer o corpo.

As flores são utilizadas medicinalmente como adstringentes, cardiotónicas e refrescantes.

O extrato das folhas é administrado para prevenir parasitas, é anti-inflamatório e cura o reumatismo.

O sumo das folhas é útil no tratamento de doenças como a gonorreia, epididimite, orquite e vermífugo.

Uma pasta das folhas é aplicada no reumatismo e nas entorses. O sumo das folhas é utilizado para expulsar as larvas das úlceras .

O fumo emitido pela queima das folhas secas alivia as cataratas e as dores de cabeça.

O sumo das flores é recomendado para a cólera, a diarreia, a febre e as doenças do fígado.

Uma decocção feita com a casca da raiz é anódina, diurética, expetorante, febrífuga e anti-helmíntica. É especialmente útil no reumatismo.

A casca da raiz é útil no reumatismo e nas doenças irritáveis da bexiga.

O extrato das partes inteiras da planta promove o crescimento do cabelo e é utilizado para curar doenças como asma, bronquite, inflamações, doenças oculares, leucodermia, aumento do esplénico e dentes dolorosos.

Os frutos secos são utilizados como vermífugos.

As sementes são moídas e aplicadas para curar doenças cutâneas e lepra.

A raiz é benéfica em casos de hemorróidas, cólicas, dispepsia e lepra.

Cultivo:

As sementes de Vitex negundo não necessitam de tratamento pré-germinativo . Geralmente germinam rapidamente.

Propagam-se geralmente através de sementes viáveis, estacas de caule e rebentos de raiz.

É também atualmente cultivada para vários fins medicinais na Índia, Japão, China, Filipinas e outros países asiáticos.

Cresce geralmente em regiões temperadas quentes e tropicais.

Cresce na região onde a precipitação anual é da ordem dos 600-2.000 mm.

Cresce em solos húmidos, bem drenados e férteis.

Tolera uma grande variedade de tipos de solo, mas não gosta de solos demasiado húmidos.

Crescem facilmente e preferem solos argilosos bem drenados em condições de sol ou de secura fresca.

Os caules cortados devem ser plantados em sacos de polietileno de 20 x 20 cm cheios de resíduos de coco copostado misturados com areia fina e regados.

Depois, devem ser mantidos em estufas.

As sementes podem ser semeadas a uma profundidade de 3 cm na bacia preparada para o viveiro e depois mantidas.

As plântulas com seis meses de idade devem ser selecionadas para plantação.

Lavrar bem o campo. Em seguida, fazer um buraco de 50 cm de comprimento e 50 cm de largura a uma distância de 3 metros e plantar as plântulas. Purgar a planta na primavera para manter a sua forma arbustiva.

A rega deve ser efectuada duas vezes por mês.

Evitar a irrigação excessiva.

Colheita:

Está pronta para a melhor colheita três anos após a plantação.

Os períodos de colheita variam consoante a região.

As suas folhas estão bem desenvolvidas antes da floração e podem ser colhidas manualmente ou com uma tesoura.

As folhas são colhidas no início do verão.

Os seus ramos são cortados com foices na primavera, no verão e no outono.

Os frutos são colhidos de agosto a setembro.

Os frutos colhidos são partidos e separados manual ou mecanicamente e as sementes são secas ao sol e recolhidas.

No verão e no outono, os caules jovens e frescos são cortados e espremidos à mão e o sumo é recolhido num frasco de vidro. As raízes podem ser desenterradas com uma pá de fevereiro a agosto. As partes da planta recolhidas são cortadas e secas ao ar livre durante uma semana.

As partes secas das plantas são armazenadas separadamente em sacos de polietileno. São depois enviadas comercialmente para o mercado das matérias-primas farmacêuticas.

62. Withania somnífera (l.) Dunai

Posição sistemática

Reino : Plantae

Divisão : Magnoliophyta

Classe : Magnoliopsida

Ordem : Solanales

Família : Solanaceae

Género : Withania

Espécie : somnifera

Nome Binomial : *Withania somnifera* (L.) Dunal

Nomes Vernaculares:

Tamil - Amukkila chedi, Karappaan thazhai; Inglês - Winter cherry; Malayalam - Amukkuram; Kannada - Hiremuddina gida; Telugu -Penneru Gadda, Dommadolu Gadda; Hindi - Asgandha; Sânscrito - Ashwagandha, Balada, Gandhpatri.

Distribuição da planta:

Withania somnifera, também conhecida vulgarmente como ginseng indiano, baga venenosa ou cereja de inverno, Ashwagandha, que cresce em partes da Índia, do Médio Oriente e de África.

É um arbusto de folha perene.

Pertence à família das Solanáceas ou beladonas.

Esta planta é originária da Índia.

Esta espécie de planta é naturalmente muito comum e difundida nas regiões áridas.

Distribuem-se pelas regiões subtropicais e do alto Ganges.

Cultivada principalmente para fins medicinais pelas suas raízes suculentas em várias partes da Índia.

Encontram-se desde o Mediterrâneo, passando por África, até África do Sul, e desde o Canadá e as ilhas até ao Médio

Oriente e Arábia, da Índia ao Srilanka e ao Sul da China.

É uma erva daninha natural na Austrália do Sul e em Nova Gales do Sul.

Cresce num grande número de espécies vegetais em vegetação costeira, prados, bosques, savanas, matagais e orlas florestais em zonas com elevada pluviosidade e regiões áridas.

Também cresce em moitas perto da água nas margens dos rios.

Encontra-se tanto à sombra como a pleno sol, frequentemente em zonas rochosas onde as raízes se mantêm frescas.

Infelizmente, é vista como uma erva daninha.

Descrição da caraterística morfológica:

Muitas espécies do género Withania têm uma morfologia semelhante.

Toda a planta é curta, fina e cinzenta-prateada e os seus ramos estão cobertos de penugem.

É um arbusto perene delgado que cresce 40-80 cm de altura. Os ramos pubescentes estendem-se para fora a partir de um caule central.

As folhas são alternas, simples, com margens inteiras a ligeiramente onduladas, amplamente ovadas, elípticas ou oblongas, com 35-75 cm de comprimento e 25-50 mm de largura.

Os pecíolos são estreitos, com 5-20 mm de comprimento, quase sem pêlos e verdes em cima, densamente peludos em baixo.

As flores são pequenas, verdes e em forma de sino.

As flores bissexuais discretas surgem nos nós do caule e nas axilas das folhas.

As sépalas são 5-costadas com 5 mm de comprimento.

As pétalas são 5-cavadas, estreitamente em forma de sino, com 5-8 mm de comprimento e amarelo pálido a verde amarelado.

Os 5 estames são de cor amarelo-alaranjada.

Os frutos são vermelho-alaranjados, glabros e globosos ou em forma de urna, com bainha membranosa e sépala rasgada.

As sementes são amarelas muito claras, ligeiramente achatadas, por vezes em forma de rim e com uma superfície rugosa.

Constituintes químicos:

A planta inteira é utilizada para fins medicinais. As folhas, o caule, as flores e os frutos são utilizados em conjunto como samoolam.

Todas estas partes da planta contêm constituintes bioactivos: withanolidas, lactonas triterpénicas, withanina, somniferina, somniferinina, withananina, pseudo-withanina, tropina, pseudo-tropina, 3-a-gloloxitropano, colina, cuscohygrine, di-isopelletierine, anaferina, anahytrina, sitoindoside VII, sitoindoside VIII. As withanolidas têm um núcleo esteroidal C28 com uma cadeia lateral C9, com anéis de lctona de seis membros.

Usos medicinais da planta:

A Withania somnifera é vulgarmente utilizada medicinalmente como antitumoral, anti-inflamatório, antibacteriano, fungicida, anti-helmíntico, anticonvulsivo, antidepressivo, estimulante imunitário e antipirético.

É também utilizada para insónias, fraqueza, dores e inflamações dolorosas, afrodisíaco e lepra.

Uma pasta de folhas é utilizada para tratar a inflamação das glândulas tuberculosas.

O sumo das folhas é utilizado como anti-helmíntico e antipirético.

Um medicamento feito a partir das suas raízes é utilizado para tratar doenças de pele, bronquite, úlcera, perturbações digestivas e doenças oculares.

Os frutos e as sementes são utilizados como diuréticos naturais. Uma infusão do sumo da casca é administrada para curar a asma.

Cultivo:

A planta Withania somnifera propaga-se por semente.

Crescem em terrenos baldios sub-marginais e zonas de fertilidade. Estas plantas desenvolvem-se melhor em solos vermelhos, arenosos, negros e argilosos bem drenados.

Podem ser cultivadas a uma altitude de 700 a 1200 metros acima do nível do mar.

As temperaturas entre 25ºC e 35°C são ideais para o cultivo.

As suas sementes podem ser semeadas diretamente ou pelo método de sementeira.

Cerca de 10 kg de sementes por hectare são suficientes para a sementeira.

Um viveiro necessita de 5 kg de sementes por hectare.

O campo deve ser bem arado e mondado e preparado com adubo verde compostado.

O campo é dividido em canteiros de tamanho adequado e as sementes são semeadas a intervalos de 60 x 60 cm na segunda semana de julho a agosto.

As plântulas com dois meses de idade devem ser plantadas nos canteiros a intervalos de 60 x 60 cm.

Esta planta é adequada para cultivo em áreas com 500-750 mm de precipitação.

A rega pode ser efectuada uma vez em 15 dias.

Necessita de uma estação seca para o seu crescimento.

A precipitação no final do inverno permite o crescimento adequado das raízes das plantas.

A Withania somniferai é suscetível a muitas pragas e doenças.

O Dethane M45 é um inibidor do míldio foliar e o Trichoderma viridis pode ser controlado por pulverização no apodrecimento das plântulas.

As pragas e doenças podem ser controladas com pesticidas naturais.

Colheita:

A Withania somnifera pode ser colhida 160-180 dias após a sementeira.

A colheita pode ser efectuada de janeiro a março.

À medida que a planta amadurece, as margens das folhas secam e as vagens tornam-se amarelo-avermelhadas.

A planta começa a florir e a frutificar a partir de dezembro.

Arranca-se a planta inteira e separam-se as raízes, cortando o caule 2 cm acima da sua base.

Noutro método, o caule é cortado a uma altura de 2 cm e o campo é lavrado para remover as raízes.

As raízes recolhidas são cortadas transversalmente em pequenos pedaços e bem secas ao sol.

Por vezes, as raízes inteiras são secas sem serem cortadas.

Os frutos são colhidos das plantas secas e as sementes são obtidas batendo-as à mão ou com paus.

As partes secas das plantas são armazenadas em sacos de artilharia.

Como as suas raízes são muito procuradas no fabrico de produtos farmacêuticos, são armazenadas em segurança em armazéns ventilados e enviadas para o mercado.

63. ZINGIBER OFFICINALE Roscoe

Posição sistemática

Reino : Plantae

Divisão : Magnoliophyta

Classe : Liliopsida

Ordem : Zingiberales

Família : Zingiberaceae

Género : Zingiber

Espécie : officinale

Nome binomial : *Zingiber officinale* Roscoe

Nomes Vernaculares:

Tamil - Ingee; Inglês - Ginger; Malayalam - Inchi; Kannada - Alla, Shunthi; Telugu - Allam, Allamu, Allamu chettu, Shonti; Hindi - Adrak; Sânscrito - Adraka, Aduwa.

Distribuição da planta:

Zingiber officinale, a planta é também conhecida como gengibre.

São nativas do Sudeste Asiático. Cobrem partes da Índia, da China e do Japão.

Ocorre em quase todas as regiões tropicais e subtropicais.

É cultivada na Índia, China, Japão, Indonésia, Malásia, Jamaica e Índias Ocidentais, África, Austrália, Maurícia e Taiwan

A Índia é o maior exportador mundial de Zingiber officinale.

É cultivada principalmente em Kerala, Uttar Pradesh, Bengala Ocidental, Maharastra e Anthra Pradesh, na Índia.

Descrição das caraterísticas morfológicas:

O Zingiber é uma erva perene com rizoma subterrâneo e caule aéreo.

O rizoma é um caule carnudo e horizontal. A sua cor é

amarelo-pálido e amarelo-esverdeado no interior.

Todos os seus ramos estão num só lado. Apresenta nós e entrenós distintos. Os nós têm folhas escamadas.

Os caules aéreos verdes nascem do rizoma.

Os caules aéreos crescem até à altura de 50 cm. Cada caule é revestido de bases foliares.

As folhas têm a base e a lâmina revestidas. A lâmina é lanceolada com venação paralela. A lâmina é convoluta no botão.

A inflorescência é uma espiga terminal e tem a forma de um cone devido à presença de grandes brácteas.

A flor é trímera e completa. São cor-de-rosa no botão e amarelas na floração.

Os rizomas são tuberosos de natureza robusta. A superfície dos rizomas apresenta estrias longitudinais e fibras salientes.

Constituintes químicos:

A parte medicinalmente útil do Zingiber officinale é o rizoma. O rizoma é utilizado na medicina ou em produtos alimentares.

É um rendimento de óleo volátil.

O óleo contém chavicol, citral, acetatos e caprilatos, n-nonilaldeído, metil heptanona, linalol e os sesquiterpenos, gingeberenol, geranial e acetato de geranial.

Os fitoquímicos do rizoma contêm uma mistura de zingerona, shogaóis, gingeróis, gingeberenol, acetato de geranial, líquido bruto, mucilagem, amido e oleorresinas e óleos voláteis.

O peso fresco das substâncias do rizoma é responsável pelos caracteres de odor e sabor do gengibre.

A composição fitoquímica dos óleos essenciais inclui sesq uiterpenóides (egs, sesquiphellandrene, bisabolene, farnesene, phelladrene, cineol e citral).

O Zingiber seco contém proteínas, gorduras, fibras, hidratos de carbono, minerais, vitaminas A, B e C.

Usos medicinais da planta:

Nos remédios caseiros, o gengibre é utilizado para curar a indigestão e os problemas do trato gastro-intestinal.

O extrato de gengibre impede os vómitos.

O gengibre é utilizado como aperitivo, afrodisíaco, laxante e carminativo, estomacal.

O óleo de gengibre é utilizado para lavar a boca.

Uma decocção de Zingiber pode curar problemas das vias respiratórias, constipações e tosse.
Sumo de lima adicionado de sumo de gengibre tomado internamente para indigestão, hemorróidas, flatulência e enjoo matinal.
O xarope de zingiber cura as dores de cabeça, a impotência e os distúrbios menstruais.
Ferver Zingiber fresco com açúcar de palma em água e beber o seu sumo para curar a febre.
O zingiber é um bom remédio para os enjoos matinais, as náuseas induzidas por viagens e a quimioterapia.
O zingiber é utilizado na preparação de óleos medicinais para a artrite.
O zingiber dissolve os coágulos sanguíneos nos vasos sanguíneos e reduz o nível de colesterol no sangue.
A zingerona presente no rizoma mata a enterotoxina Escherichis coli no intestino.
O Zingiber tem um odor caraterístico e um sabor picante.
Por isso, é utilizada como especiaria em vários produtos alimentares.
Também são utilizados como agente aromatizante em

produtos cárneos, pães, biscoitos, bolos, ursos, chás e outros.

O Zingiber fresco é utilizado em pickles, gengibre em conserva e cocktails de gengibre.

O óleo extraído do gengibre é utilizado para preparar perfumes.

O Zingiber é utilizado na preparação de compotas e marmeladas.

O Zingiber cortado em fatias é incluído nas saladas de legumes para lhes dar sabor.

A oleorresina extraída do gengibre seco é utilizada como conservante em refrigerantes.

Cultivo:

A planta Zingiber propaga-se através de rizomas.

Nesta propagação, são necessários cerca de 1200 a 1400 kg de rizomas para plantação por hectare.

Os rizomas são separados em pequenos pedaços de 3 a 4 cm de comprimento com um ou dois botões.

Os rizomas devem ser misturados com Mancozeb na proporção de 3 gramas/litro de água e embebidos durante 30 minutos, sendo depois secos à sombra durante 4 horas.

Crescem melhor em solos bem drenados, como os franco-arenosos, os franco-argilosos e os franco-vermelhos.

No entanto, o seu cultivo requer solos húmidos ricos em nutrientes e condições quentes e húmidas.

Antes da lavoura, devem ser aplicadas 20 toneladas de estrume por hectare.

O campo deve ser bem lavrado 2 ou 3 vezes e, em seguida, o solo deve ser afrouxado por lavoura rotativa.

As camas de campo devem ter 1 m de largura, os camalhões 20 cm de altura e os canais de irrigação convenientes 40 cm de largura.

Os rizomas devem ser cobertos com uma profundidade de 4 cm nos sulcos do solo a intervalos de 50 cm.

Os rizomas são incorporados no mês de junho.

A aplicação de bagaço de neem 2 toneladas por hectare na altura da plantação ajuda a reduzir a incidência da doença da podridão do rizoma e do nemátodo e a aumentar o rendimento.

A irrigação correta é essencial.

Deve ser efectuada uma vez em cada 5 dias.

A monda deve ser efectuada 2 ou 3 vezes.

Após 50 dias do plantio, deve-se fazer a capina e a adubação dos rizomas e a compactação do solo.

Isto permitirá um crescimento adequado da raiz.

Colheita:

A colheita é melhor efectuada quando o rizoma atinge a maturidade total, no oitavo mês após a plantação.

No entanto, os rizomas verdes são colhidos no prazo de 190 dias antes de atingirem a maturidade total para as necessidades culinárias dos vegetais. O facto de as folhas ficarem amarelas indica a fase de colheita.

A irrigação deve ser interrompida um mês antes da colheita e, em seguida, as partes superiores da planta devem ser cortadas e removidas. Os rizomas de zingiber devem ser escavados sem ferimentos com ferramentas de escavação ou apanhados com uma pá.

As escamas secas das folhas, as raízes e a terra aderente aos rizomas são removidas manualmente.

Quando ficam debaixo da terra durante um mês, os rizomas amadurecem bem e produzem muita fibra, óleo volátil e pungência. Por conseguinte, os rizomas são colhidos em plena maturidade para preparar o gengibre seco.

O gengibre seco também é conhecido como chuku na língua tamil.

São lavados corretamente e depois secos para melhorar a cor.

Os rizomas são de cor amarelada, com um odor aromático e um sabor pungente.

Os rizomas secos são armazenados em sacos de politeno de alta densidade

LEXICON

Abscesso: Coleção localizada de pus devido a supuração num tecido.

Absorvente : Qualquer agente que absorva gases ou líquidos.

Mistura: O processo de adicionar alguns medicamentos impróprios em pequenas quantidades à formulação do medicamento.

Agalactia : Falha na secreção de leite em mulheres lactantes. **Albuminúria :** Presença de albumina e globulina séricas na urina.

Alexitérico : Protetor das doenças infecciosas.

Alopécia : Perda de pêlos em zonas redondas ou ovais, deixando a pele lisa e branca.

Alternativa: Alteração favorável da função desordenada do organismo.

Amenorreia : Menor número de menstruações.

Anemia : Falta de um número suficiente de glóbulos vermelhos no sangue.

Analéptico: Efeito reparador no sistema nervoso central.

Analgésico : Alívio da dor.

Anafrodisíacos : Com o poder de diminuir os impulsos sexuais.

Anestésico : Induzir a perda de consciência.

Anti-helmíntico : Expulsão dos vermes intestinais.

Antiasmático : Alívio da asma.

Antibiótico : Medicamentos que matam os germes causadores de doenças.

Anticoagulante: Substâncias que inibem a coagulação do sangue.

Antidiarreico : Prevenção ou controlo da diarreia.

Anti-sético : Alivia a dor de estômago.

Antiemético : Para parar o vómito.

Anti-hemorrágico : Controlo das hemorragias.

Anti-hipertensivo : Reduzir a tensão arterial elevada.

Anti-inflamatório : Controlo da inflamação.

Antiflogístico : Medicamento que actua contra o calor ou a inflamação.

Antipruriginoso : Alívio da comichão.

Antipirético : Com o poder de curar a febre.

Antirreumático: Medicamento que cura a inflamação e a dor das articulações e dos músculos.

Anti-sético : Controlo dos micróbios patogénicos.

Antiespasmódico: medicamento que alivia, previne ou reduz os espasmos.

Antitussígeno : Medicamento que controla a tosse.

Antiurico : Neutraliza a acidez excessiva da urina.

Anúria : Cessação completa da secreção e excreção de urina.

Aperiente : Laxante ou catártico ligeiro.

Afrodisíaco : Medicamento que estimula o desejo sexual.

Afta : Úlcera na superfície de uma membrana muscular.

Apoplexia : Perda súbita de consciência.

Artralgia : Dores nas articulações.

Artrite: Condição inflamatória de uma articulação.

Asfixia : Incapacidade de respiração dos doentes.

Adstringente : Medicamento que provoca o desmaio dos músculos moles em conjunto.

Atrofia : Desgaste de um tecido.

Balanite : Inflamação do pénis ou do clítoris.

Casca : Escudo de floema que envolve o lenho.

Bechic : Medicamento que cura a tosse.

Bubão: Inchaço inflamatório de uma glândula linfática.

Cachexia : Estado de espírito deprimido.

Calmante : Sedativo.

Carcinogénico : Agente que provoca alguns tipos de cancro.

Carcinoma: Tumor epitelial maligno e fatal.

Cardíaco : Relativo ao coração.

Depressor cardíaco : Abrandamento da ação do coração.

Cardiopatia: Estado mórbido do coração.

Cardiotónico: Manter o coração a funcionar normalmente. **Carminativo:** Medicamento que provoca a libertação de gases intestinais. **Cataplexia:** Estado de fraqueza muscular.

Catarata : Opacidade no cristalino do olho.

Catarro: Estado inflamado das mucosas do nariz e das vias respiratórias.

Catártico: Droga que tem o poder de limpar os intestinos.

Cefalopatia: Qualquer doença da cabeça.

Colagogo: Medicamento que provoca o aumento do fluxo de bílis para o intestino.

Cólicas: dor aguda e lancinante.

Colite : Inflamação do cólon.

Colonorragia : Hemorragia do cólon.

Colpite : Inflamação da vagina.

Colporragia: Hemorragia da vagina.

Cultivo comercial : Produção em grande escala de plantas medicinais através do cultivo em campo aberto.

Conservação : A manutenção das plantas medicinais para as preservar nos seus habitats naturais.

Conjuntivite : Inflamação da conjuntiva.

Contusão : Lesão do tecido que não rompe a pele.

Convulsão: Contração involuntária violenta do músculo esquelético.

Coxalgia : Dor na anca.

Garupa : Obstrução respiratória.

Drogas em bruto: Partes medicinais secas de plantas.

Cistalgia : Dor na bexiga urinária.

Cistite : Inflamação da bexiga urinária.

Cistorreia: Corrimento mucoso da bexiga.

Caspa : Pele morta em forma de pequenos flocos.

Dentalgia : Dor de dentes.

Desobstruente : Alivia a obstrução das correntes

sanguíneas.

Desodorizante : Substâncias que eliminam o odor.

Depuractive : Medicamento que purifica o sangue.

Dermatite : Irrigação ou inflamação da pele.

Dermatofagia : Doença da pele.

Dermatofitose: Infeção superficial da pele por fungos.

Diaforese : Transpiração.

Digestivo : Medicamento que melhora a digestão.

Discutir : Medicamento que actua sobre os tumores.

Diurético : Aumenta o fluxo de urina.

Hidropisia: acumulação de líquido em qualquer tecido ou cavidade do corpo.

Medicamento : Substância ou fórmula utilizada para curar uma doença.

Substância medicamentosa : Um ingrediente ativo que está incluído na formulação do medicamento.

Secagem : Desidratação de partes de plantas em condições controladas.

Dismenorreia : Menstruação dolorosa.

Dispepsia : Estado de indigestão dos alimentos no intestino.

Disfonia: Dificuldade ou dor ao falar.

Dispneia : Dificuldade em respirar.

Distocia: Parto difícil em mulheres grávidas.

Disúria : Dificuldade ou dor ao urinar.

Eclampsia : Um ataque de convulsão associado a hipertensão na gravidez.

Edema: retenção de fluidos pelo organismo que provoca inchaço e desconforto.

Embrocate : Aplicação na pele para a humedecer.

Emmenagoge : Medicamento destinado a reter a menstruação durante algum tempo.

Encefalite : Inflamação do cérebro e da espinal medula devido a uma infeção.

Encefalopatia : Doenças degenerativas do cérebro.

Enurese: micção involuntária de urina.

Epilepsia: Doença do sistema nervoso caracterizada por descargas desordenadas dos neurónios cerebrais.

Epitáxis : Hemorragia nasal.

Euforizante : Droga que produz uma sensação de conforto e bem-estar corporal.

Febrífugo : Medicamento que reduz a febre.

Flatulência: Presença de excesso de gás no estômago ou no intestino.

Glactogénico : Favorece a secreção de leite.

Galactorreia: fluxo excessivo de leite do peito.

Gastrodinia : Dor no estômago.

Gastrohelcosis : Ulceração do estômago.

Gastropathy : Doença do estômago.

Glicosúria : Excreção de açúcar na urina.

Bócio : Aumento da glândula tiroide.

Gota : Doença caracterizada por ataques de artrite com um nível elevado de ácido úrico sérico associado.

Hematémese: Vómito de sangue.

Hematúria : Presença de sangue na urina.

Hemoptise : Cuspo de sangue.

Hemorroida : Pústula hemorrágica.

Hemostático : Com o poder de parar uma hemorragia.

Hemicrania : Dor de cabeça limitada a um lado.

Hemolítico: Destruição das hemácias no sangue.

Hepatopatia : Qualquer doença do fígado.

Hepatose : Deslocação do fígado para baixo.

Hiperdenose : Proliferação do tecido glandular.

Hiperdipsia : Sede intensa durante um período relativamente curto.

Hiperdiurese: secreção excessiva de urina.

Hiperemese ; Vómitos excessivos.

Hipotensivo : Medicamento que tende a baixar a tensão arterial.

Infusão: Água medicinal preparada através da imersão das ervas necessárias em água fervida e arrefecida.

Insónia : Estado de incapacidade de dormir.

Febre intermitente : Febre que se repete regularmente.

Icterícia : Amarelecimento da pele e dos tecidos devido à acumulação de pigmentos biliares.

Pedra nos rins : Pequenos cristais duros de tamanho definido.

Laxante: Que tem a ação de soltar o intestino.

Lesão : Uma ferida.

Leucodermia : Uma área branca na pele.

Otopathy : Doença do ouvido.

Otopiorreia : Corrimento purulento dos ouvidos.

Pectoralgia : Dor no peito.

Pertussis : Tosse convulsa.

Pneumonia : Inflamação do tecido pulmonar.

Pneumonopatia : Qualquer doença dos pulmões.

Cataplasma : Massa mole preparada por várias substâncias com fluidos aquosos.

Prurido : Comichão.

Psoríase: Doença com erupção avermelhada confluente e lesões escamosas prateadas.

Psicopatia: doença da mente.

Purgativo : Fortemente laxante.

Rachialgia : Dor na coluna vertebral.

Retite : Inflamação do reto.

Renal : Relativo aos rins.

Renopatia : Doença dos rins.

Reumatismo : Artrite reumatoide.

Rinopatia : Doença do nariz.

Somatalgia : Dores no corpo.

Spanomenorreia: Menstruação escassa.

Estimulante: Substância que ativa os órgãos do corpo.

Estomatalgia : Dor na boca.

Estomatite: Inflamação generalizada da mucosa oral.

Estomatopatia : Qualquer afeção da boca.

Substituição: A incorporação de um medicamento bruto completamente diferente no lugar do medicamento bruto genuíno.

Xarope: Medicamento líquido que contém uma base de açúcar, componentes do medicamento e agentes aromatizantes.

Tónico: Medicamento ou fórmula utilizada para dar força ao sistema do corpo.

Uretrite : Inflamação da uretra.

Urocistite : Inflamação da bexiga urinária.

Uropatia : Doença do trato urinário.

Urorreia: fluxo involuntário de urina.

Uterite : Inflamação do útero.

Vaginite : Inflamação da vagina.

Vaginodinia : Dor na vagina.

Varti : Pomada aplicada nos olhos.

Vasodilatador: medicamento que dilata os vasos sanguíneos.

Vermífugo : Medicamento que expulsa os vermes.

Monda : Remoção de plantas não desejadas no campo de cultivo. **Planta inteira :** Toda a planta medicinal utilizada como medicamento em bruto.

REFERÊNCIA

Acharya Vipul Rao, 1999. Herbs that Heal, Diamont Pocket Book (P) Ltd., Nova Deli.

Anil K. Dhiman, 2003. Sacred Plants and their medicinal Uses, Daya Publishing House, Delhi.

Anónimo, 1969. The Wealth of India Raw Materials, C.S.I.R., Nova Deli.

Beryl Brintall Simpson e Molly ConnerOgrorzaly, 1986. Economic Botany-Plants in our World, McGraw Hill Publishing Company Ltd., New Delhi.

Bhattacharjee, S.K. 2000. Hand Book of Aromatic Plants, Pointer Publisher, Jaipur.

Gokhale, S.B., C.K.Kokate e A.P. Purohit, 1994. A Livro de texto de Farmacognosia, Nirali Prakashan, Nova Deli.

Grewal, R.C. 2000. Medicinal plants, Campus Books International, New Delhi.

Handa, S.S. e Kapoor, V.K. 2001. Text Book of Pharmacognosy, Vallabh Prakashan, New Delhi, I[st] Edition.

Hill, F. Albert, 1988. Economic Botany, Tata McGrew Hill

publishing company Ltd., New Delhi.

Horborn, J.B., 1973. Phytochemical Methods, Chapman Hall London, Toppan Company limited, japão.

Iyengar, M.A. 1997. Study of Crude Drugs, Faculdade de Ciências Farmacêuticas, K.M.C., Manipal, 8th Edition.

Jain, S.K. e Mudgal, V. 1999. A Hand Book of Ethnobotany, 2nd edição, Scientific Publishers, Jothpur.

Kokate, C.K. 2001. Practical Pharmacognosy, Vallabh Prakashan, New Delhi.

Kritikar, K.R. e Basu, B.D. 1984. Indian Medicinal Plants, Periodical Experts Book Agency, Deli.

Kumar, M.C. 1993. An Introduction to Medical Botany and Pharmacognosy, Emkay Publications, Delhi.

Maheshwari, J.K. 2003, Ethnobotany and Medicinal Plants of Indian Subcontinent (Etnobotânica e plantas medicinais do subcontinente indiano). Saujanya books, Jodhpur. **Mohamed Ali,** 1998. Text Books of Pharmacognosy. CBS Publishers and Distributors, Nova Deli. 2nd Edição.

Pamploma-Rogar, D. George, 2000. Enciclopédia de Plantas Medicinais.

Sakarkar, D.M., U.M. Sakarkar e S.B. Jaiswal, 2003. Essence of Ayurveda: The traditional Medical Science, Ind. Trad. Know, 2 (4): pp 333-345.

Singh, G.K e Anil Bhandari, 2000. Text Book of Pharmacognosy, CBS Publishers and Distributors, New Delhi, I[st] Edition.

Sinha , K. Rajiv e Shweta Sinha, 2001. Ethnobiology, Ist edition, Surabhi Publications, Jaipur.

Tandon, R.K. e Bajaj, V.R. 1989. Homoeopathic- Guide to Family health, Rayendra Publishing House Pvt Ltd., Bombaim.

Thammineni Pullaiah, K.V. Krishnamurthy, Bir Bahdur, 2017. Etnobotânica da Índia, V volume, Apple Academic Press.

Printed by Books on Demand GmbH, Norderstedt / Germany

Statik im Bauwesen – Aufgaben und Lösungen

Jetzt diesen Titel zusätzlich als E-Book downloaden und 70 % sparen!

Als Käufer dieses Buchtitels haben Sie Anspruch auf ein besonderes Kombi-Angebot: Sie können den Titel zusätzlich zum Ihnen vorliegenden gedruckten Exemplar für nur 30 % des Normalpreises als E-Book beziehen.

Der BESONDERE VORTEIL: Im E-Book recherchieren Sie in Sekundenschnelle die gewünschten Themen und Textpassagen. Denn die E-Book-Variante ist mit einer komfortablen Volltextsuche ausgestattet!

Deshalb: Zögern Sie nicht. Laden Sie sich am besten gleich Ihre persönliche E-Book-Ausgabe dieses Titels herunter.

In 3 einfachen Schritten zum E-Book:

❶ Rufen Sie die Website **www.beuth.de/e-book** auf.

❷ Geben Sie hier Ihren persönlichen, nur einmal verwendbaren E-Book-Code ein:

292108KFK6942F8

❸ Klicken Sie das „Download-Feld" an und gehen dann weiter zum Warenkorb. Führen Sie den normalen Bestellprozess aus.

Hinweis: Der E-Book-Code wurde individuell für Sie als Erwerber dieses Buches erzeugt und darf nicht an Dritte weitergegeben werden. Mit Zurückziehung dieses Buches wird auch der damit verbundene E-Book-Code für den Download ungültig.

Statik im Bauwesen

Paul Spitzer, Erik Scholz

Statik im Bauwesen

Aufgaben und Lösungen

3., aktualisierte Auflage 2019

Herausgeber:
DIN Deutsches Institut für Normung e. V.

Beuth Verlag GmbH · Berlin · Wien · Zürich

Herausgeber: DIN Deutsches Institut für Normung e. V.

Berlin · Wien · Zürich
Saatwinkler Damm 42/43
13627 Berlin

Telefon: +49 30 2601-0
Telefax: +49 30 2601-1260
Internet: www.beuth.de
E-Mail: info@beuth.de

Titelbild: © zhengzaishuru, Benutzung unter Lizenz von shutterstock.com
Satz: Beuth Verlag GmbH, Berlin
Druck: Leyko, Kraków
Gedruckt auf säurefreiem, alterungsbeständigem Papier nach DIN EN ISO 9706

ISBN 978-3-410-29210-4 (Buch)
ISBN 978-3-410-29211-1 (E-Book)

Vorwort zur 3. Auflage

Durch den Band **„Aufgaben und Lösungen“** werden die Bände 1 bis 3 der Reihe „Statik im Bauwesen“ sinnvoll ergänzt. Er soll insbesondere den Hoch- und Fachhochschulstudenten in der Grundlagenausbildung im Fach Baustatik helfen, sich mit Aufgaben in die praxisorientierte Anfertigung von statischen Berechnungen einzuarbeiten. Techniker und Ingenieure, die in kleineren Firmen in der Bauvorbereitung und Baudurchführung tätig sind, werden für eigene analoge Problemstellungen Anregungen und Hinweise finden. Das betrifft vor allem Mitarbeiter von Ingenieurbüros, die sich mit Rekonstruktion und Bauwerkserhaltung befassen. Sie erarbeiten häufig ähnliche statische Berechnungen und legen sie Prüfingenieuren für Baustatik vor.

Erfahrungsgemäß bereitet es Lernenden Mühe, die praktischen Erfordernisse mit dem theoretischen Wissen so zu verknüpfen, dass es ihnen möglich ist, für einfache Bauwerke oder Teile davon statische Berechnungen eigenständig anzufertigen.

Die numerische Bearbeitung **vorgegebener** Tragwerksmodelle (statischer Systeme) und Einwirkungen wird zwar im Studium in der Regel umfassend geübt, die Entwicklung eines Tragwerksmodelles aus einem praktischen Gebilde, einem zeichnerischen Entwurf oder einem Funktionsmodell ist dagegen häufig eine schwierige Phase. Das gilt ebenso für praxisrelevante Lastannahmen sowie DIN- bzw. EC-gerechte Nachweisführungen.

In dieser Sammlung wird deshalb jeder Aufgabe ein Bild vorangestellt, aus dem der Leser zunächst eine Strukturskizze (soweit erforderlich) und dann ein Tragwerksmodell entwickeln soll. Mit steigendem Schwierigkeitsgrad kommen Lastannahmen und Nachweisführungen zur Tragsicherheit und Gebrauchstauglichkeit hinzu. Diese visuelle Unterstützung bei der Lösung von Aufgaben entspricht den Wünschen und Neigungen der Leser und ist geeignet, die oft sehr unterschiedlichen Vorkenntnisse anzugleichen.

Für den Band „Aufgaben und Lösungen“ werden die Aufgaben im Wesentlichen nach der Gliederung der Bände 1 und 2 der Reihe "Statik im Bauwesen" strukturiert. Das ist zweckmäßig, weil zu erbringende statische Berechnungen in der Regel nach tragenden Bauteilen und den in ihnen wirkenden Spannungen, Kräften und Verformungen gegliedert sind.

Die Lösungen zu den Aufgaben basieren auf den derzeit gültigen Normen und sind so geführt, dass der Leser den Lösungsalgorithmus nachvollziehen kann. Das geschieht durch Erläuterungen des Lösungsweges, Hinweise und Bemerkungen. Es wird dabei nicht vordergründig auf das schnelle Erreichen von Ergebnissen orientiert, sondern auf das Verstehen der einzelnen Lösungsschritte. Dazu trägt die durchgängige Verwendung von Größengleichungen und die Aufnahme der Einheiten in den Rechengang bei.

Für die Berechnung von Bauteilen aus einem beliebigen Werkstoff ist stets die Ermittlung von Schnittgrößen (z. B. Auflagerkräfte, Biegemomente, Querkräfte und Längskräfte) notwendig.

Das ist werkstoffunabhängig wesentlicher Inhalt des Lösungsteiles der Aufgabensammlung. Die weitere Bemessung von Beton-, Mauerwerks-, Stahlbau- oder Holzbauteilen ist werkstoffspezifisch. Nach den jetzigen Normen erfolgt sie nach zwei unterschiedlichen Methoden:

1. Bemessung nach zulässigen Kräften, Momenten, Spannungen, Dehnungen, Verformungen usw., die **charakteristischen** Größen gegenübergestellt werden.
2. Bemessung nach Grenzzuständen als vorherrschende Berechnungsgrundlage für statische Nachweise. Die charakteristischen Einwirkungen und Werkstoffkennwerte werden zu **Bemessungswerten** umgeformt. Das erfolgt durch Teilsicherheits- und Kombinationsbeiwerte.

Die Bemessung von Stahlbetonbauteilen ist in der Ausbildung meist Gegenstand eines gesonderten Faches. Für diesen Bereich wird auf ergänzende Literatur verwiesen.

Paul Spitzer und Erik Scholz, Mai 2019

Autorenporträts

Dr. Paul Spitzer

Paul Spitzer, geb. 1937, lernte und arbeitete als Schlosser bei der Deutschen Reichsbahn. 1954–57 Ingenieurstudium in Dresden, danach Assistententätigkeit und seit 1960 als Dozent an der Ingenieurschule für Verkehrstechnik Dresden in den Fachrichtungen Maschinen-, Bau- und Kraftfahrzeugtechnik (Technische Mechanik, Baustatik, Baumaschinen, Konstruktionslehre).

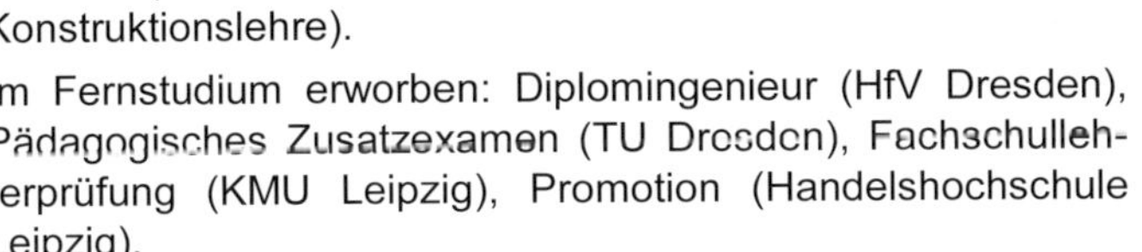

Im Fernstudium erworben: Diplomingenieur (HfV Dresden), Pädagogisches Zusatzexamen (TU Dresden), Fachschullehrerprüfung (KMU Leipzig), Promotion (Handelshochschule Leipzig).

18 Jahre nebenberufliche Tätigkeit in der Industrie zur Entwicklung von Lastaufnahmemitteln für sperrige Erzeugnisse. Etwa 25 Veröffentlichungen und mehrere Patente.

Die vorliegende Sammlung hat Dr. Spitzer im Wesentlichen als Dozent für die Ausbildung von Bauingenieuren und -technikern entwickelt. Einige der knapp 100 Aufgaben mit Lösungen entstammen der Zusammenarbeit mit kleineren Baufirmen, die er gelegentlich als Tragwerksplaner unterstützt hat.

Dipl.-Ing. (FH) Erik Scholz M. Sc.

Erik Scholz, geb. 1982, erlernte in dreijähriger Ausbildung den Beruf des Maurers. Nach knapp zweijähriger Dienstzeit bei der Bundewehr folgten weitere Tätigkeiten als Maurer und Stahlbetonbauer in Deutschland sowie als Eisenleger in der Schweiz.

Fachabitur 2006 am BSZ Bau und Technik, Dresden, gefolgt vom Studium im Bereich Bauingenieurwesen (Verkehrs- und Tiefbau) an der Hochschule für Technik und Wirtschaft Dresden, Abschluss 2010 als Dipl.-Ing. (FH). Anschließend wissenschaftlicher Mitarbeiter (Geotechnik) an der HTW Dresden, sowie Tätigkeiten als freier Mitarbeiter in einem Ingenieurbüro.

2012, Abschluss des berufsbegleitenden, postgradualen Studiums zum Master of Science (HTW Dresden).

Dem Studium folgten weitere Tätigkeiten als wissenschaftlicher Mitarbeiter, freiberuflicher Ingenieur, Ingenieur im Außendienst (Betonindustrie) sowie eine Anstellung als Tragwerksplaner in einem mittelständischen Ingenieurbüro in Radebeul mit den Schwerpunkten Industrie- und Ingenieurbau, Wohnungsbau und Sanierung.

In diesem Büro ist Herr Scholz seit 2019 als Geschäftsführer tätig und leitet den Geschäftsbereich Tragwerksplanung.

Inhaltsverzeichnis

Seite

1 Hinweise zur Aufgabensammlung

1.1 Statische Berechnung

Die **statische Berechnung** ist **ein** Nachweis von mehreren, die für eine Baumaßnahme erforderlich sind. Sie wird fast ausnahmslos auf der Basis von einschlägigen Normen, insbesondere EC-Normen geführt. In diesen Normen sind allgemein anerkannte Regeln der Bautechnik enthalten. Die statische Berechnung ist für alle tragenden Bauteile in unterschiedlichen Zuständen (Bau-, Montage- und Endzustand) durchzuführen und beinhaltet u. a. Tragsicherheits- und Gebrauchstauglichkeitsnachweise. Diese Nachweise sind in folgender Weise zu führen:

Beanspruchung $E_d \leq$ Beanspruchbarkeit R_d

oder

vorhandene Größe $\leq$ Grenzgröße

wobei die Beanspruchungen z. B. Spannungen, Kräfte, Momente und Verformungen sein können. Der Lernende muss in der Lage sein, Normalspannungen (z. B. Zug, Druck, Flächenpressung, Biegung), Tangentialspannungen (z. B. Abscherung, Schub, Verdrehung), Verformungen und Stabilitätszustände zu berechnen. In der Statik werden dabei die Einwirkungen (z. B. Kräfte, Momente) und in der Festigkeitslehre sich daraus ergebende Beanspruchungen (z. B. Spannungen) ermittelt.

In Taschenbüchern werden häufig Zahlenwertgleichungen oder zugeschnittene Größengleichungen angewendet, aus denen der physikalische Hintergrund und die einzusetzenden Einheiten nicht immer ablesbar sind. Zur Vermeidung von Missverständnissen infolge der Verwendung solcher Gleichungen werden in der vorliegenden Aufgabensammlung in Anlehnung an gültige Normen fast ausnahmslos physikalische Größengleichungen und SI-Einheiten verwendet. Damit sind alle Berechnungen nachvollziehbar. In den Gleichungen werden weitgehend die üblichen Formelzeichen (z. B. für die Kraft das Zeichen F) nach DIN 1304 und die SI-Einheiten verwendet.

Auf die Angabe von „Umrechnungsfaktoren“ (für Baupraktiker legitim und sinnvoll) kann verzichtet werden, weil vom Leser erwartet wird, dass er Ergebnisse in die gewünschte Einheit selbständig umformt.

Ist in einer Aufgabe die Masse angegeben, z. B. $m = 1000$ kg, dann ermittelt sich ihr Gewicht zu

$$F_G = m \cdot g = 1000 \text{ kg} \cdot 9{,}81 \text{ m/s}^2 = 9810 \text{ N} = 9{,}81 \text{ kN} \approx 10 \text{ kN}$$

Für mechanische Spannungen werden vorzugsweise die identischen Einheiten

$$1 \text{ N/mm}^2 = 1 \text{ MPa (Megapascal)}$$

angewendet. Für Baugrund ist die Einheit kN/m^2 gebräuchlich.

1.2 Verwendete Symbole und Vorzeichenregeln

1.2.1 Symbole

Für das Zeichnen von Tragwerksmodellen werden Symbole verwendet. Sie sind nur teilweise standardisiert. Im Folgenden wurden die in der Aufgabensammlung verwendeten Symbole zusammengestellt. Die Bedeutung nicht angegebener Symbole erschließt sich aus dem Zusammenhang in einer Skizze.

Symbol	Bedeutung
	Festpunkt (links allgemein; rechts für Baugrund)
	biegesteife Verbindung zweier Bauteile in beliebigem Winkel
 ○	Bewegliche Verbindungsstelle (Bolzenverbindung u. Ä.)
	loses (bewegliches) Lager; *y*-Richtung frei, *z*-Richtung gesperrt
	festes Lager; *y*- und *z*-Richtung gesperrt
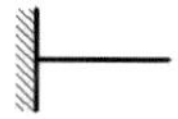	feste Einspannung
	stabförmiges Bauteil (Träger, Stütze u. Ä.)
	Mittel-, System- oder Schwerelinie
	Kraftwirkungslinie
A, B, C, ...	Lagerbezeichnung
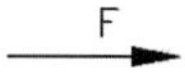 F	Punkt- oder Einzelkraft
	gleichmäßig verteilte Streckenlast, links mit Richtungspfeilen
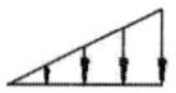	ungleichmäßig verteilte Streckenlast mit Richtungspfeilen
⊗ ×	Schwerpunkt
ϕ	Durchmesser
	Quadrat
	Zugkraft (+) bei Fachwerken
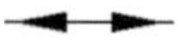	Druckkraft (–) bei Fachwerken

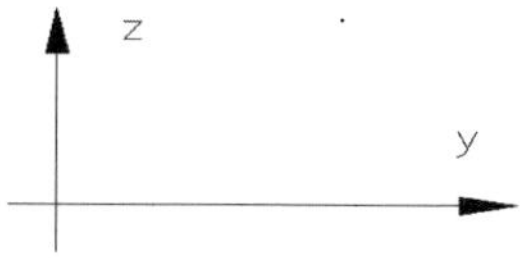

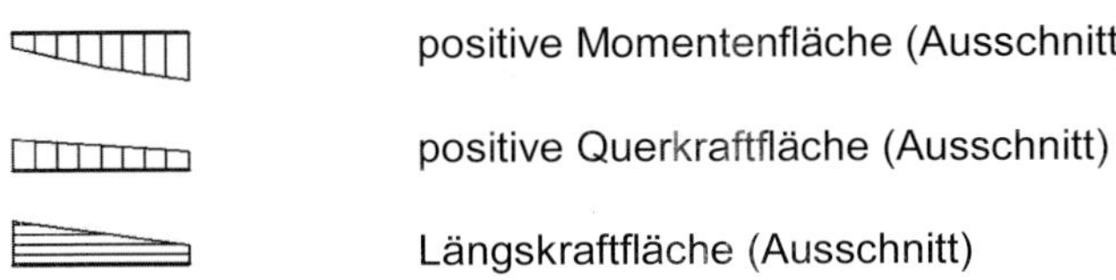

1.2.2 Vorzeichenregeln

Vorzeichenregeln für Gleichgewichtsbedingungen in der Zeichenebene

Der Begriff **Auflagerkraft** steht als Oberbegriff für Stützkräfte, Lagerkräfte, Einspannkräfte usw. Bei deren Berechnung mit Hilfe der drei Gleichgewichtsbedingungen für eine Ebene werden die unbekannten Auflagerkräfte stets positiv nach den unten angegebenen Vorzeichenregeln angesetzt. Negative Rechenergebnisse bedeuten, dass die Auflagerkräfte in entgegengesetzter Richtung wirken.

Vor der Anwendung der 3. Gleichgewichtsbedingung muss eine beliebige Drehachse gewählt werden. Meist ist das ein Lager, weil dann dessen Kräfte kein Drehmoment mehr haben.

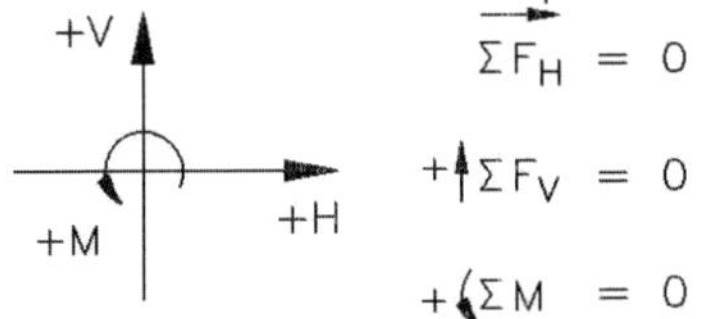

1. Die Summe aller **horizontalen Kräfte** ist null

2. Die Summe aller **vertikalen Kräfte** ist null

3. Die Summe aller **Drehmomente** ist null

Vorzeichenregel für Biegemomente

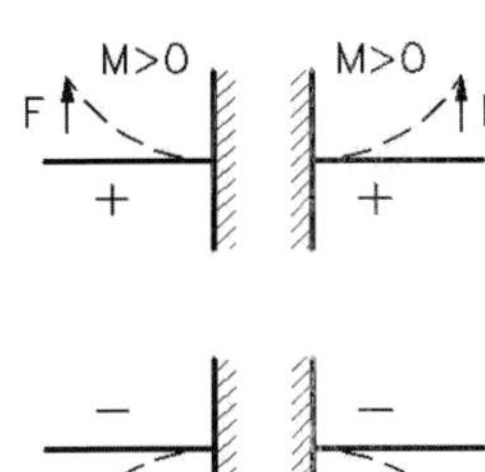

Die Vorzeichenregel für Biegemomente unterscheidet sich von der für Drehmomente. Die im linken Bild angegebene Regel basiert auf einer wissenschaftlichen Vorzeichenregel und ist zu Gunsten besserer Handhabbarkeit anschaulich dargestellt. Danach erzeugen alle Kräfte, die bezüglich eines Schnittes nach „oben" biegen, positive Biegemomente und umgekehrt. Zu beachten ist, dass entweder die Kräfte rechts oder links vom Schnitt in die Rechnung eingehen. Es ergibt sich für beide Seiten das gleiche Biegemoment.

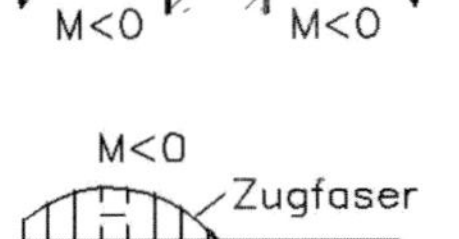

Positive Biegemomente werden unterhalb und negative oberhalb des Biegeträgers gezeichnet. Die Biegemomentenfläche ist damit immer auf der Seite, wo die Zugfaser des Biegeträgers liegt.

Vorzeichenregel für Querkräfte

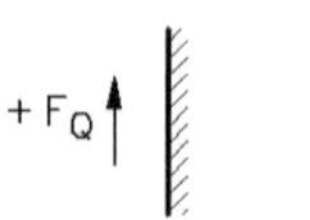

Die Vorzeichenregel für Querkräfte ist identisch mit der für die zweite Gleichgewichtsbedingung, wenn die Querkraft links vom Schnitt berechnet wird.

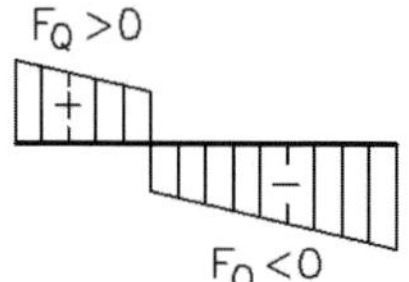

Positive Querkräfte werden oberhalb des Trägers und negative unterhalb des Trägers gezeichnet.

Vorzeichenregel für Längskräfte

Längskräfte in einem Träger sind positiv, wenn sie Zugspannungen hervorrufen und negativ, wenn sie Druckspannungen hervorrufen.

1.3 Entwicklung eines Tragwerksmodells

Das Tragwerksmodell (auch statisches System) ist die Idealisierung eines technischen Gebildes, um Kräfte, Momente, Verformungen usw. berechnen zu können. Bauelemente werden zu Punkten, Linien oder Flächen reduziert und symbolisch dargestellt. Dabei sind die Längenmaße (z. B. Stützweiten, Knicklängen und Höhen) nicht immer identisch mit den wahren Längen der Bauelemente (z. B. der Deckenträger oder Sparren). Die Kräfte werden entlang ihrer Kraftwirkungslinien, die meist mit System- oder Schwerelinien übereinstimmen, verschoben und häufig punktförmig eingetragen. Eine Lagerstelle wird ebenfalls durch ein Symbol ersetzt.

Die Festlegung eines Tragwerksmodells ist fast immer mit Vereinfachungen und Näherungen verbunden. Deshalb können durch unterschiedliche Abstraktionen Abweichungen zwischen verschiedenen Berechnungen auftreten.

Am Beispiel der Aufgabe 14 soll dargestellt werden, wie ein Tragwerksmodell entsteht (s. folgende Seite). Die obere Fotografie und eine weitere in der Aufgabenstellung zeigen einen Montagewagen beim Bau einer Autobahnbrücke. Dieses **reale technische Gebilde** ist auch durch eine Konstruktionszeichnung, einen Architektenentwurf oder ein Funktionsmodell ersetzbar, was sinngemäß für alle anderen gezeigten praktischen Beispiele gilt.

Aus diesen Bildern kann eine **Strukturskizze** entwickelt werden, die nur bei umfangreichen technischen Gebilden notwendig ist. Das mittlere Bild zeigt diese Skizze, bei der bereits viele Einzelheiten, die keinen Einfluss auf das Tragwerksmodell selbst haben, entfallen sind.

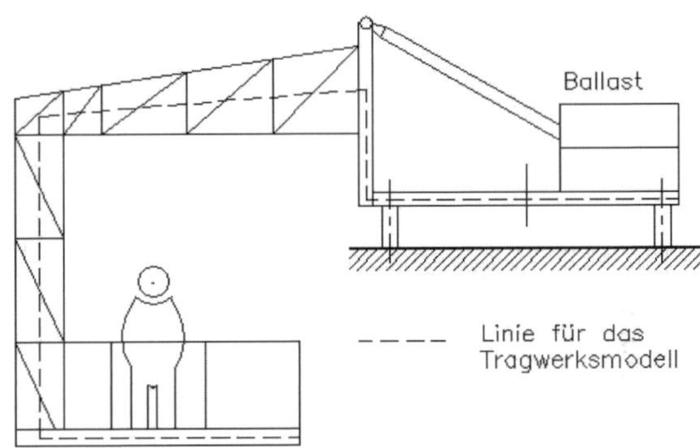
Ballast
Linie für das Tragwerksmodell

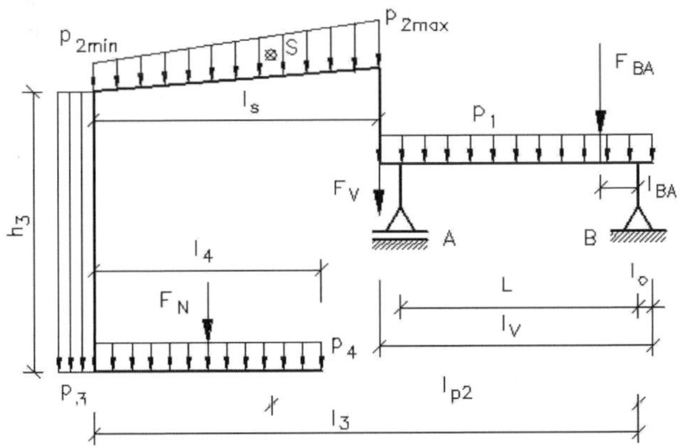
p 2min
p 2max
S
F BA
l s
p 1
F V
l BA
h3
A
B
l 4
F N
L
l o
l V
p 4
p 3
l p2
l 3

Die weitere Vereinfachung der Strukturskizze ergibt schließlich das Tragwerksmodell als Abstraktion des technischen Gebildes (unteres Bild der vorherigen Seite). Auflagerkräfte, Querkräfte, Biegemomente, die Standsicherheit u. a. sind damit berechenbar.

Die eingezeichneten Einzellasten sowie die gleichmäßigen und die ungleichmäßigen Streckenlasten quer und längs zum Träger muss der Bearbeiter aus detaillierten Konstruktionsunterlagen entnehmen oder eigenständig ermitteln.

Für das Bauwesen selbst und für viele naheliegende technische Bereiche enthält DIN EN 1991-1-1 Rechenwerte zu:

- Einwirkungen auf Tragwerke
- Nutzlasten
- Windlasten
- Schneelasten
- Temperatureinwirkungen
- Brückenbauten

und eine Reihe anderer Bereiche.

Mit diesen Rechenwerten lassen sich alle in der vorliegenden Aufgabensammlung benötigten Lasten festlegen.

Erwähnt werden soll, dass auch in **Strukturskizzen** Lasten eingetragen werden können, um damit weitere Berechnungen durchzuführen. Das ist z. B. bei Standsicherheits- und Schwerpunktberechnungen zweckmäßig.

1.4 Erforderliche Voraussetzungen für die Lösung der Aufgaben

Wissensvoraussetzungen

Der Bearbeiter muss auf elementare Kenntnisse der Mathematik, zu den Baukonstruktionen, zum Bauzeichnen und in der Baustoffkunde zurückgreifen können. Des Weiteren sollte er die Grundlagen der Statik und Festigkeitslehre beherrschen, insbesondere die Lösungsalgorithmen für die zeichnerische oder rechnerische Ermittlung von:

- Gleichgewichtskräften im zentralen und allgemeinen ebenen Kraftsystem
- charakteristischen und Bemessungswerten von Einwirkungen (z. B. Eigenlasten, Wasserlasten, Nutzlasten, Windlasten, Schnee- und Eislasten)
- Querschnittskennwerten (z. B. Flächen, Schwerpunkte, Flächenmomente 2. Grades, Widerstandsmomente)
- Belastungskennwerten (z. B. Längskräfte, Querkräfte, Biege- und Torsionsmomente und deren zeichnerische Darstellung)

- Normal- und Tangentialspannungen
- charakteristischen und Bemessungswerten von Widerstandsgrößen (z. B. Festigkeiten, charakteristischen Steifigkeiten).

Technische Voraussetzungen

Neben üblichen Schreib- und Zeichengeräten ist ein wissenschaftlicher Taschenrechner ausreichend.

Die Aufgaben sind jedoch häufig gut geeignet für eine Lösung mit einer allgemeinen Software: Für zeichnerische Lösungen führt ein Konstruktionsprogramm (z. B. AutoCAD) zu schnellen und genauen Ergebnissen. Für rechnerische und zeichnerische Lösungen sollte ein Tabellenkalkulationsprogramm (z. B. EXCEL) verwendet werden.

Kommerzielle Programme für statische Nachweise sind für den Lernenden zunächst nur bedingt geeignet, weil ihm die Grundlagen für die Eingaben und die Interpretation der Ausgaben fehlen.

Wie bereits unter 1.1 erwähnt, basieren statische Berechnungen in Deutschland auf den Eurocodes (kurz EC) – der europäischen Normung. Für die Lösung der Aufgaben sind folgende Normen und ihre jeweiligen Nationalen Anhänge erforderlich:

EC 0 – DIN EN 1990	Grundlagen der Tragwerksplanung
EC 1 – DIN EN 1991-1-1	Einwirkungen auf Tragwerke
EC 2 – DIN EN 1992-1-1	Bemessung und Konstruktion von Stahlbeton- und Stahlbetontragwerken
EC 3 – DIN EN 1993	Bemessung und Konstruktion von Stahlbauten
EC 5 – DIN EN 1995-1-1	Bemessung und Konstruktion von Holzbauten
EC 6 – DIN EN 1996-1-1	Bemessung und Konstruktion von Mauerwerksbauten

Darüber hinaus benötigt man eine Reihe von Normen, z. B. für Halbzeuge, Werkstoffe, Abmessungen u. a. Eine Alternative sind **Bautabellen** [z. B. *Schneider*, Klaus-Jürgen; ab 21. Auflage *Albert*, Andrej: Bautabellen für Ingenieure (23. Auflage 2018). Köln: Bundesanzeiger Verlag oder *Holschemacher*, Klaus: Entwurfs- und Berechnungstafeln für Bauingenieure (8. Auflage 2019). Berlin: Beuth Verlag]. Darin sind alle notwendigen Auszüge und Daten enthalten, weswegen diese Literatur für die hier zu lösenden Aufgaben empfohlen wird.

2 Aufgaben zur Statik

Aufgabe 1

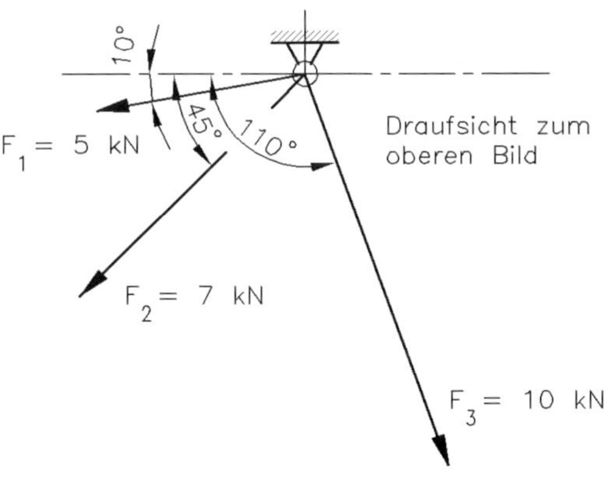

Welche Kraft F_G muss die Wandbefestigung aufnehmen können, um die drei waagerechten Einzelkräfte im Gleichgewicht zu halten, und unter welchem Winkel α_R wirkt die Resultierende?

Die Lösung des zentralen Kraftsystems soll zeichnerisch gefunden werden.

Ergebnisse:

F_G = 16,9 kN

α_R = 247,6°

Aufgabe 2

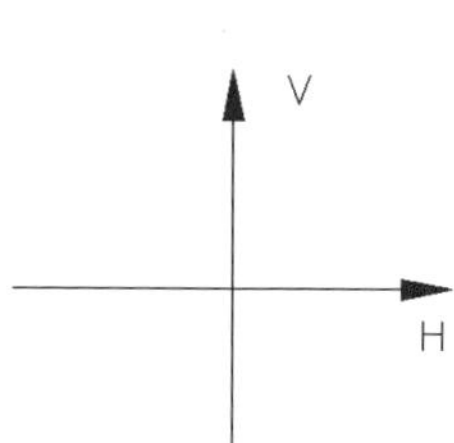

Das Bild zeigt die Aufhängung einer Besucherplattform.

Wie lässt sich das Kraftsystem beschreiben? In das Koordinatensystem (rechts) ist das Tragwerksmodell zu zeichnen.

Ergebnis:

s. Lösungsteil Seite 115.

Aufgabe 3

Die Treppenelemente nach Aufgabe 12 bilden mit 4 Säulen einen Turm, der auf vier Einzelfundamenten abgestützt ist. An der Fassade ist der Turm, wie im rechten Bild gezeigt, befestigt.
Welcher Lagerart ist diese Wandbefestigung zuzuordnen?

Ergebnis:

s. Lösungsteil Seite 116.

Aufgabe 4

Das Bild zeigt einen Ausschnitt eines Tragwerkes im Innern der Dresdener Frauenkirche in der Wiederaufbauphase.

Für die 5 Stäbe der **horizontalen** Knotenebene ist eine statische Struktur zu skizzieren.

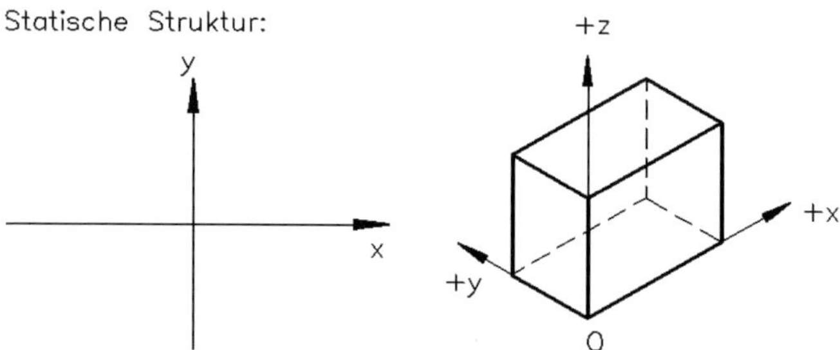

Ergebnis:

s. Lösungsteil Seite 116.

Aufgabe 5

Für das Knotenblech sind die Einzelkräfte F_3 und F_4 zeichnerisch und rechnerisch zu ermitteln. Aus einer vorhergehenden Kraftermittlung ergaben sich $F_1 = 135$ kN und $F_2 = 195$ kN. Das folgende Bild zeigt die angenommene Stabanordnung (s. a. Lösung zur Aufgabe 38, Seite 155).

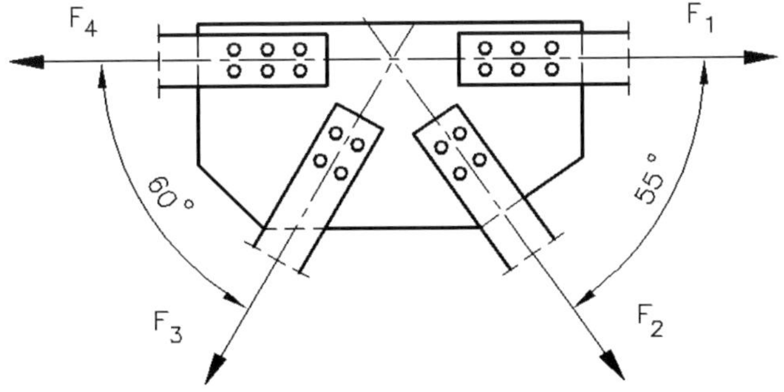

Ergebnisse:

$F_3 = -184{,}5$ kN (aus rechnerischer Lösung)

$F_4 = +339{,}1$ kN (aus rechnerischer Lösung)

Aufgabe 6

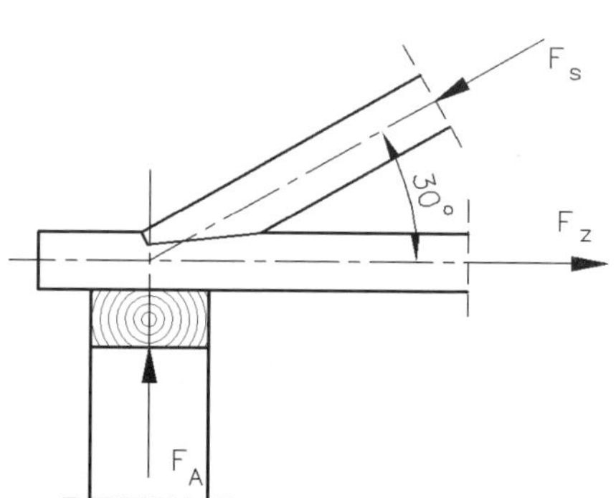

In dem Dachsparren wirkt eine Druckkraft von $|F_S| = 15$ kN.

Die Zugkraft F_z im waagerechten Balken und die Auflagerkraft F_A in der Fußpfette sollen für das zentrale Kraftsystem zeichnerisch ermittelt werden.

Ergebnisse:

$F_z = 13{,}0$ kN ; $F_A = 7{,}5$ kN

Aufgabe 7

Der Brückenlängsträger belastet den Knoten, an dem die Strebe eingebunden ist, mit einer Vertikalkraft von $F_V = 75$ kN.

Zeichnerisch zu ermitteln sind die Strebenkraft F_{Strebe} und die dadurch entstehende Längskraft F_L.

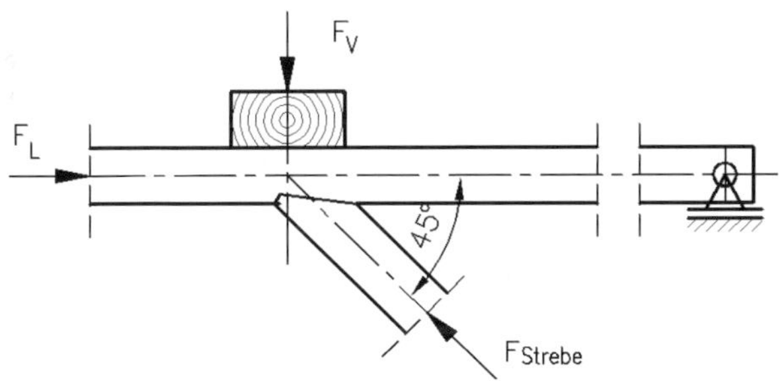

Ergebnisse:

$|F_{Strebe}| = 106$ kN (Druckkraft)

$|F_L| = 75$ kN (Druckkraft)

Aufgabe 8

Ein 3 Meter langes Stück der abgebildeten Stützmauer hat ein Eigengewicht von 115 kN. Die einwirkenden Erdkräfte betragen 9 kN für die Stelle 1 und 45 kN für die Stelle 2. Gesucht sind die Resultierende F_R, ihr Winkel α_R sowie der Durchstoßpunkt A an der Mauersohle.

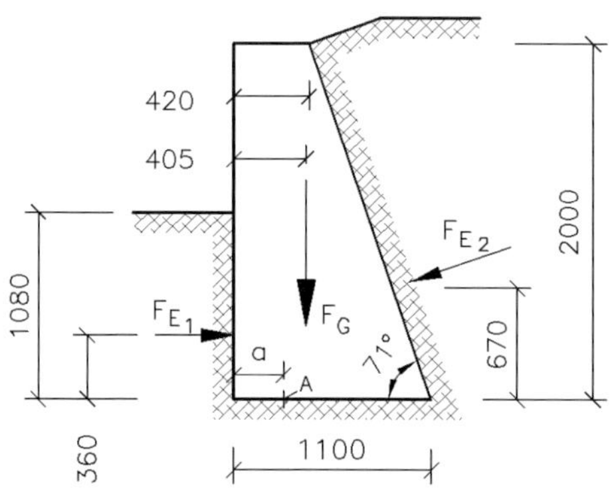

Anmerkung:

Da es sich um ein allgemeines Kraftsystem handelt, ist die Resultierende durch schrittweise Addition der Einzelkräfte zu ermitteln.

Ergebnisse:

$F_R = 134$ kN ; $\alpha_R = 255°$; $a = 0{,}26$ m

Aufgabe 9

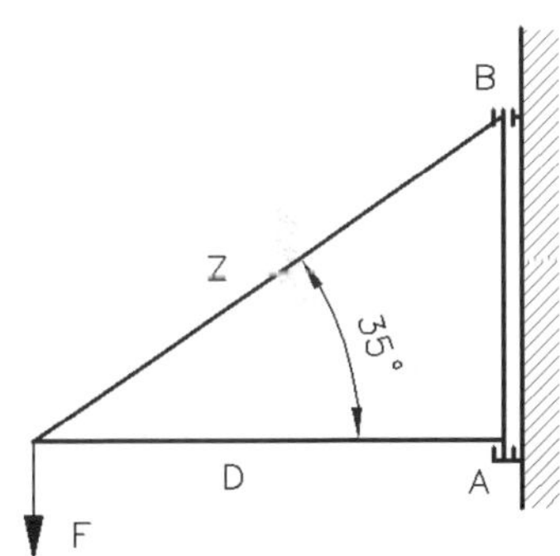

Ein Wandschwenkkran ist für eine Nutzmasse von 500 kg ausgelegt.

Zu ermitteln sind zeichnerisch die Kräfte in Z und in D sowie die Lagerkräfte in A und B. Die Eigenmasse des Kranes soll unberücksichtigt bleiben.

Ergebnisse:

$F_Z = 8{,}6$ kN ; $F_D = 7{,}0$ kN ; $F_A = 8{,}6$ kN ; $F_B = 7{,}0$ kN

Aufgabe 10

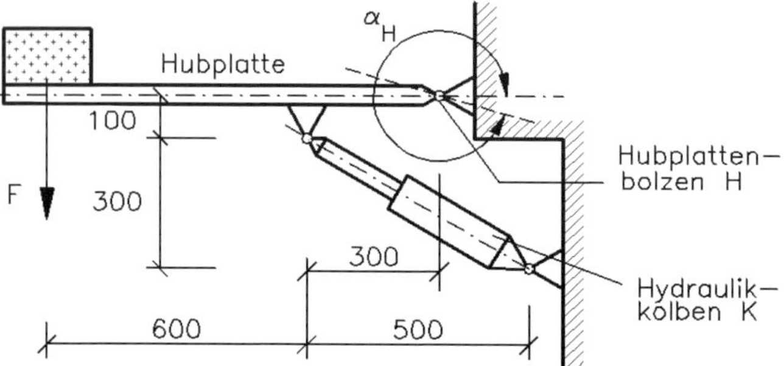

Auf der Hubplatte ruht eine Masse von 1,2 t. Die Eigenmasse der Hubplatte sei darin enthalten.

Zu ermitteln sind zeichnerisch die Kraft F_K im Hydraulikkolben K und die Kraft F_H im Hubplattenbolzen H sowie der zugehörige Winkel α_H.

Ergebnisse:

$F_K = 44{,}1$ kN ; $F_H = 39{,}4$ kN ; $\alpha_H = -16{,}1° = 343{,}9°$

Aufgabe 11

Für den abgebildeten Freileitungsmast sind rechnerisch zu ermitteln.

1. die Gleichgewichtskraft F_s für die drei Einzelkräfte und der dazugehörige Winkel α_s
2. die Kraft im Abspannseil F_{Seil}
3. die Fundamentmasse m_F bei 1,5-facher Sicherheit gegen Heben
4. die Länge des Abspannseiles l_{Seil} bei selbst zu wählenden Maßen.

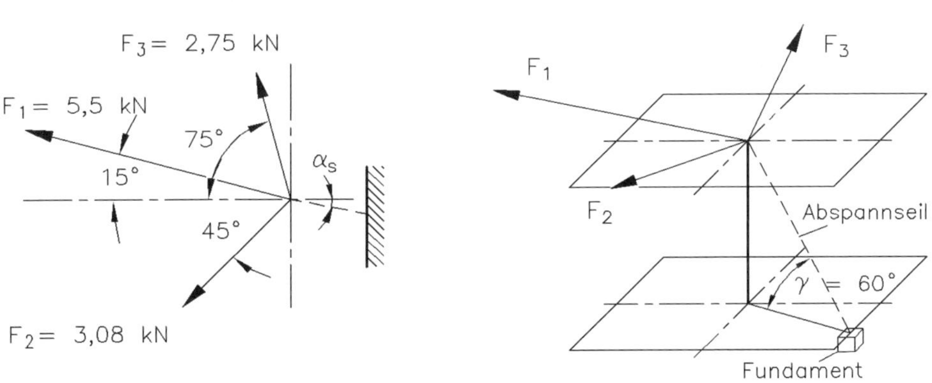

Ergebnisse:

Zu 1.: $F_s = 8{,}42$ kN ; $\alpha_s = -13{,}05^\circ$

Zu 2.: $F_{Seil} = 16{,}84$ kN

Zu 3.: $m_F = 2{,}23$ t

Zu 4.: $l_{Seil} = 9{,}24$ m bei 8 m Masthöhe

Aufgabe 12

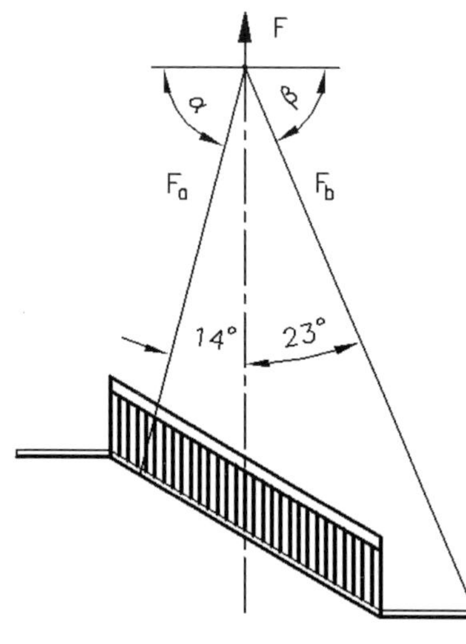

Für das außermittig angeschlagene Treppenelement sind zu ermitteln:

1. $F_a = f(\alpha, \beta)$; $F_b = f(\alpha, \beta)$
2. die Beträge F_a und F_b der beiden Seilkräfte sowie ihre Winkel, gemessen zur positiven x-Achse.

Das Treppenelement hat eine Masse von 850 kg einschließlich Anschlagmittel.

Ergebnisse:

Zu 1.: $F_a = F/(\sin\alpha + \cos\alpha \cdot \tan\beta)$; $F_b = F/(\sin\beta + \cos\beta \cdot \tan\alpha)$

Zu 2.: $F_a = 5{,}41$ kN ; $\alpha' = 256°$; $F_b = 3{,}35$ kN ; $\beta' = 293°$

Aufgabe 13

Das Bild zeigt eine einseitig abgespannte Hängebrücke. Die Belastung in den senkrechten Tragseilen sei F_1 und F_2. Durch Ausmessen sollen die Winkel des Abspannseiles festgelegt werden. Ferner sollen für die Knoten K_1 und K_2 Kraftecke gezeichnet werden, um daraus die Kraft im Ankerseil (Seil von der Pylone zu dem Brückenkopf) ermitteln zu können.

Es sind die Kräfte $F_{Ankerseil}$ und F_{Pylone} als Vielfaches von F_1 anzugeben.

Ergebnisse:

$F_{Ankerseil} = 8{,}2 \cdot F_1$; $F_{Pylone} = 9{,}6 \cdot F_1$

Aufgabe 14

Das obere Bild zeigt einen Montagewagen beim Bau einer Autobahnbrücke. Der Montagewagen kann in einzelne Baugruppen zerlegt und örtlichen Gegebenheiten angepasst werden. Der kleine Bildausschnitt links lässt eine Montagestellung mit innenliegender Arbeitsbühne erkennen. Der Montagewagen ruht auf 4 Rädern, die eine Verschiebung in Brückenlängsrichtung gestatten. Das Fahrwerk ist samt Aufbau lenk- und feststellbar. Statisches Gleichgewicht wird durch Gegenballast gehalten.

1. Aus den beiden Bildern soll eine Strukturskizze entworfen werden als Grundlage für ein Tragwerksmodell.
   In ihm sollen die einwirkenden Kräfte eingetragen werden. Die einzelnen Baugruppen sind zu Einzellasten, gleichmäßig verteilten Lasten und ungleichmäßig verteilten Lasten zu reduzieren.
2. Für das allgemeine Kraftsystem sind Lösungsansätze für die Ermittlung dieser Kräfte und die Berechnung der Radlasten zusammenzustellen.

Ergebnisse:

s. Lösungsteil Seite 123.

Aufgabe 15

Der abgebildete Deckenbalken ruht auf zwei Stützen. Er nimmt die Kräfte der oberen Geschossdecke auf, die als Parkdeck ausgebildet ist.

Es ist ein Tragwerksmodell zu skizzieren. Ferner sind die Abmessungen und die charakteristischen Einwirkungen abzuschätzen und festzusetzen.

Unter Berücksichtigung der Eigenlasten von Deckenbalken $g_{\text{Träger}}$ und Geschossdecke $F_{\text{Längsträger}} + g_{\text{Belag}}$ sowie der lotrechten Nutzlast q sind die Kräfte, die in die Stützen eingeleitet werden, zu berechnen. In einen Grundriss sollen einige Stützenkräfte eingetragen werden.

Ergebnisse:

Ergebnisse sind dem Lösungsteil, Seite 124, zu entnehmen.

Aufgabe 16

Zeichnerisch zu ermitteln ist die resultierende Kraft F_R aus den drei Einzelkräften F_1, F_2 und F_3. Ferner sind Größe und Richtung der Kräfte in den Lagern A und B für die abgebildete Dachaufhängung an einer Lagerhalle zu bestimmen.

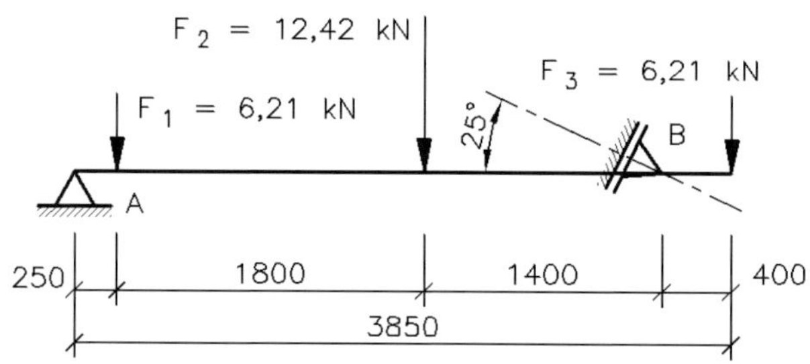

Ergebnisse:

$F_R = 24{,}8$ kN ; $\alpha_R = 270°$

$F_A = 33{,}2$ kN ; $\alpha_A = 17{,}7°$

$F_B = 34{,}9$ kN ; $\alpha_B = 155°$

Aufgabe 17

Die unsymmetrische Dachkonstruktion stützt sich auf die Außenmauern ab. Zu ermitteln sind die Auflagerkräfte F_A und F_B. Die angegebenen Streckenlasten sind auf die horizontale Grundlinienlänge projiziert.

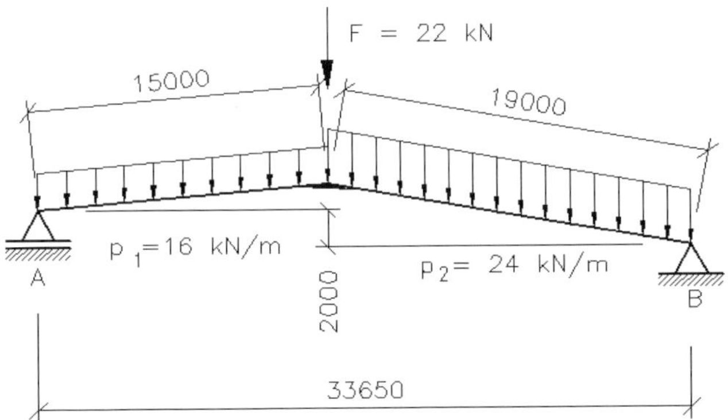

Ergebnisse:

$F_A = 323{,}1$ kN ; $F_B = 387{,}0$ kN

Aufgabe 18

charakteristische Lasten:

$s = 0{,}75$ kN/m² Schneelast
$q = 5{,}00$ kN/m² Nutzlast
$g = 5{,}00$ kN/m² Eigenlast Bodenplatte
$g^* = 0{,}267$ kN/m Eigenlast I-Profil

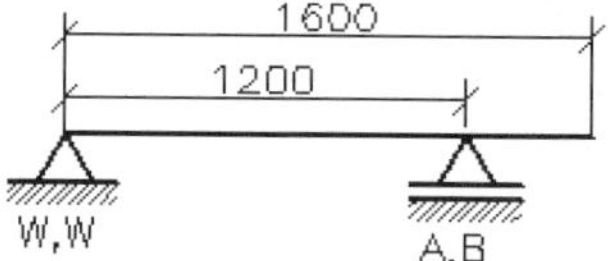

Seitenansicht des Balkons ohne Belastung

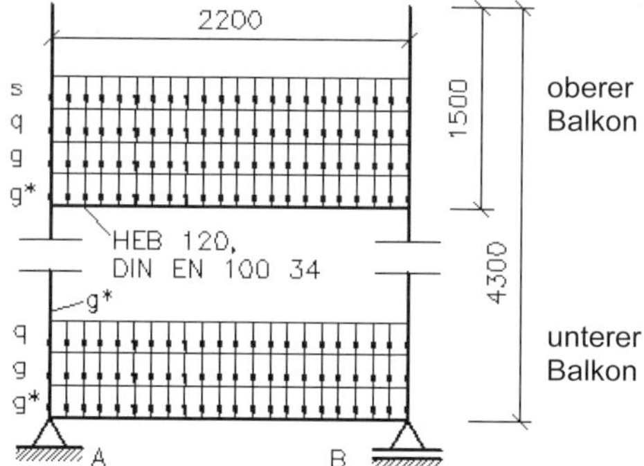

Die Balkon-Bodenplatte (2,2 × 1,6 × 0,2) m³ stützt sich an der Fassade auf zwei Konsolplatten W und in 1,2 m Abstand von der Fassade auf einen breiten I-Träger (HEB 120, DIN EN 10034) ab. Diese Träger sind an senkrechten Stützen gleicher Abmessung angeschraubt. Die Stützen leiten die Kräfte von drei Balkons in Einzelfundamente. Unter Berücksichtigung der lotrechten Nutzlast, der Schneelast (nur für den oberen Balkon) und der Eigenlasten sind die **charakteristischen** Lagerkräfte an der Wand (W, W) und an den Stützen (A, B)

1. unterhalb des oberen
2. unterhalb des unteren Balkons zu berechnen.

Ergebnisse:

$F_{A,k} = F_{B,k} = 13{,}308$ kN je Stütze ; $F_{W,k} = 6{,}307$ kN (oberer Balkon)

$F_{A,k} = F_{B,k} = 26{,}082$ kN je Stütze ; $F_{W,k} = 5{,}867$ kN (unterer Balkon)

Aufgabe 19

Die im Bild gezeigte Überdachung enthält Querträger im Abstand von $a = 3$ m, auf denen in Längsrichtung vier Dachträger aufliegen, die wiederum die Dachdeckung tragen. Zu zeichnen ist ein Tragwerksmodell. Die auftretenden charakteristischen Einwirkungen je Meter Querträgerabstand sind festzulegen.

Ergebnisse:

Siehe Lösungsteil Seite 129.

Aufgabe 20

Eine 1,3 m × 2,2 m große Glasplatte ist an drei Zugankern B aufgehängt. Es sind die Lagerkräfte und ihre Winkel in A und B zu ermitteln:

1. für die im Bild angegebenen charakteristischen Lasten
2. für die Bemessungswerte der charakteristischen Lasten, mit den Teilsicherheitsbeiwerten $\gamma_{F,G} = 1{,}35$ bzw. $\gamma_{F,Q} = 1{,}50$ und dem Kombinationsbeiwert $\psi_0 = 1$.

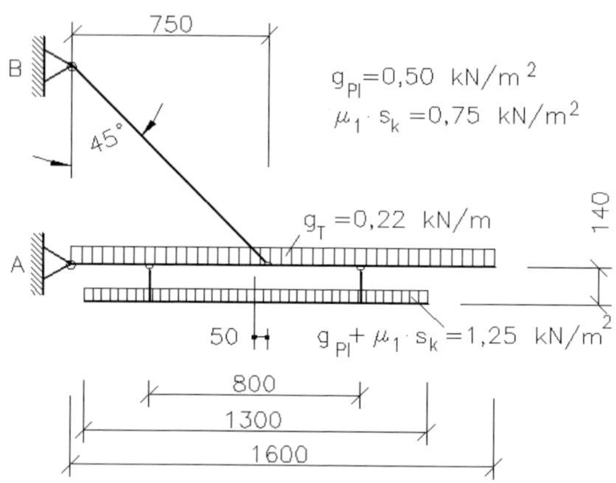

Ergebnisse:

Zu 1.: $F_{A.k} = 2{,}046$ kN ; $F_{B,k} = 2{,}891$ kN ; $\alpha_A = 2{,}7°$; $\alpha_B = 135{,}0°$

Zu 2.: $F_{A,d} = 2{,}912$ kN ; $F_{B,d} = 4{,}114$ kN ; $\alpha_A = 2{,}7°$; $\alpha_B = 135{,}0°$

Aufgabe 21

Das biegesteife Dachtragwerk soll stützenfrei gestaltet werden.

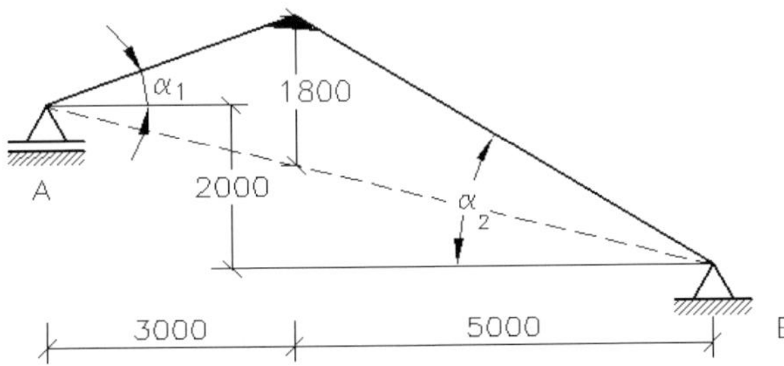

Zu ermitteln sind:

1. die Neigungswinkel α_1 und α_2 des Daches und die Sparrenlängen l_1 und l_2
2. die charakteristischen Wind-, Schnee- und Gewichtslasten für Windzone 2 (Binnenland)
   Gebäudehöhe $h_G = 8{,}5$ m Geländekategorie III; Schneelastzone 2; Meeresniveauhöhe 120 m; Gewicht des Daches $g = 1{,}6$ kN/m^2 DF; Sparrenabstand $a = 0{,}8$ m
3. die charakteristischen Auflagerkräfte F_A, F_{Bv} und F_{Bh}.

Ergebnisse:

Zu 1.: $\alpha_1 = 19{,}29°$; $\alpha_2 = 31{,}38°$; $l_1 = 3{,}178$ m ; $l_2 = 5{,}857$ m

Zu 2.: s. Lösung S. 133

Zu 3.: $F_A = 7{,}01$ kN ; $F_{Bv} = 7{,}39$ kN ; $F_{Bh} = -0{,}57$ kN

Aufgabe 22

Das 2,6 m breite und 1,6 m tiefe Dach über einem Balkon ist an der Wand befestigt und ruht auf einem Träger, der als Rohr ausgebildet ist. Zwei Säulen stützen diesen Träger, dessen Abstand zur Fassade 1,3 m beträgt. Die Schneelast betrage $\mu_1 \cdot s_k = 0,75 \text{ kN/m}^2$. Die Eigenlast des Daches einschließlich Tragwerk beträgt $0,35 \text{ kN/m}^2$.

Die Windlast bleibe unberücksichtigt.

Zu ermitteln sind als **charakteristische** und **Bemessungswerte** mit $\gamma_{F,G} = 1,35$, $\gamma_{F,Q} = 1,50$:

1. die auf die Dachbreite bezogene, gleichmäßig verteilte Last p oberhalb des Rohrträgers (Skizze links unten)
2. die äquivalenten, durch die Dachsparren in den Rohrträger eingeleiteten Einzelkräfte $F_1 - F_5$ (Skizze rechts unten)
3. die Lagerkräfte $F_{A,k}$ ($F_{A,d}$) und $F_{B,k}$ ($F_{B,d}$)
4. die von der Fassade aufzunehmende charakteristische Kraft $F_{Fassade,k}$.

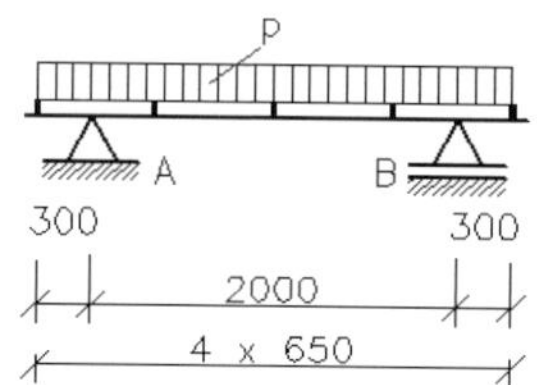

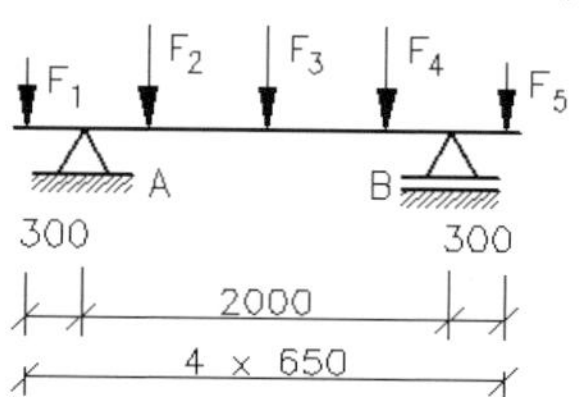

Ergebnisse:

Zu 1.: $p_k = 1,083 \text{ kN/m}$; $p_d = 1,573 \text{ kN/m}$

Zu 2.: $F_{2,k} = F_{3,k} = F_{4,k} = 0,704 \text{ kN}$; $F_{1,k} = F_{5,k} = 0,352 \text{ kN}$

$F_{2,d} = F_{3,d} = F_{4,d} = 1,023 \text{ kN}$; $F_{1,d} = F_{5,d} = 0,511 \text{ kN}$

Zu 3.: $F_{A,k} = F_{B,k} = 1,408 \text{ kN}$; $F_{A,d} = F_{B,d} = 2,045 \text{ kN}$

Zu 4.: $F_{Fassade,k} = 1,76 \text{ kN}$

Aufgabe 23

Für das Rolltor mit Überdach sollen die horizontalen und vertikalen Kräfte F_{R1h} und F_{R1v} im oberen Lager R1 sowie die Anpresskraft F_{R2} im unteren Lager R2 bestimmt werden.

Des Weiteren ist die resultierende Kraft F_{R1} im Lager R1 anzugeben.

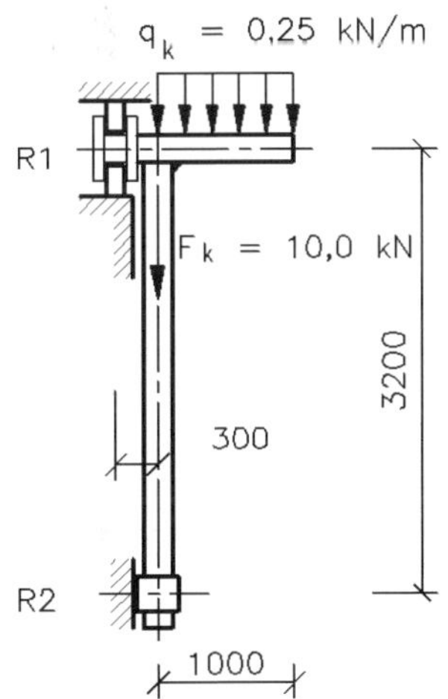

Ergebnisse:

$F_{R1h} = -1{,}00$ kN ; $F_{R1v} = 10{,}25$ kN ; $F_{R2} = 1{,}00$ kN ; $F_{R1} = 10{,}30$ kN

Aufgabe 24

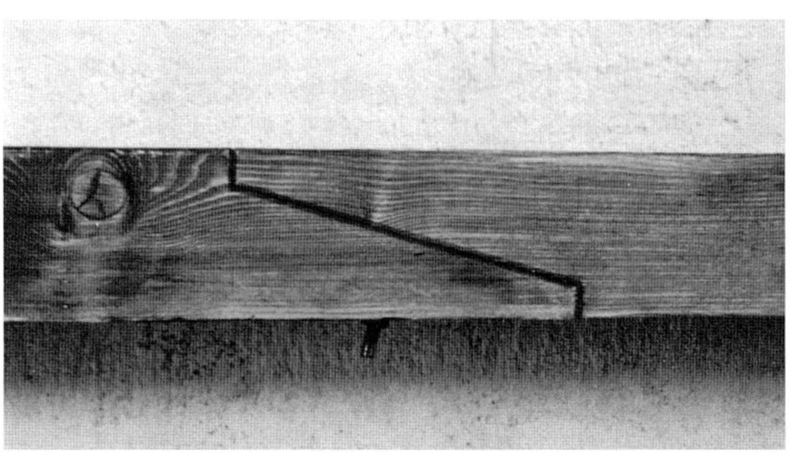

Die untere Skizze zeigt einen Träger auf 3 Stützen, der dennoch statisch bestimmt ist, weil die beiden Trägerteile durch das drehmomentfreie Gelenk G (*Gerber*-Gelenk) miteinander verbunden sind. In der Fotografie ist eine Variante eines solchen Gelenkes, wie sie im Holzbau verwendet wird, abgebildet.

Für $F_1 = 3{,}0$ kN, $F_2 = 2{,}0$ kN und $F_3 = 1{,}5$ kN sollen die Auflagerkräfte in A, B und C bestimmt werden.

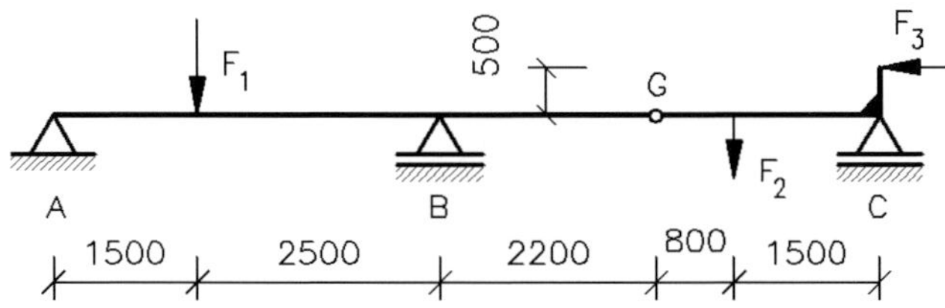

Ergebnisse:

$F_{Ah} = 1{,}5$ kN ; $F_{Av} = 0{,}98$ kN ; $F_A = 1{,}79$ kN ; $F_B = 3{,}65$ kN ; $F_C = 0{,}37$ kN

Aufgabe 25

Das Bild zeigt das Tragwerk für die Treppe nach Aufgabe 73. Zwei übereinander angeordnete Holzträger werden jeweils durch eine Stütze G gelenkig miteinander verbunden. Zu berechnen sind für zwei ausgewählte Träger die Kräfte F_G, F_A, F_C und F_B in den zugehörigen Lagern.

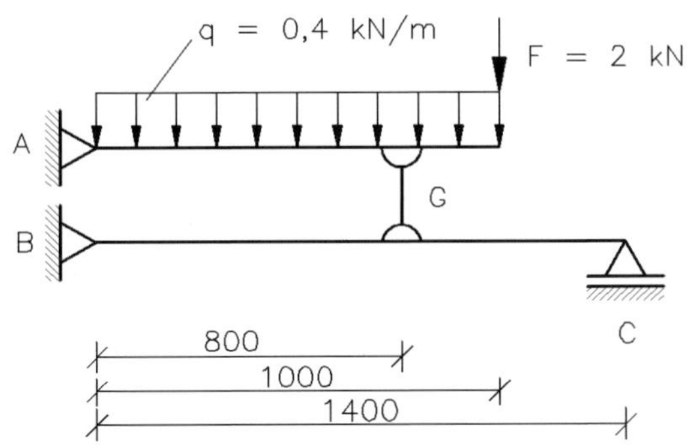

Ergebnisse:

$F_G = 2{,}75$ kN ; $F_{Av} = F_A = -0{,}35$ kN ; $F_C = 1{,}57$ kN ; $F_B = 1{,}18$ kN

Aufgabe 26

Das Bild zeigt einen **Rahmen** als Konstruktionselement für ein landwirtschaftlich genutztes, frei stehendes Dach. Zwei senkrechte Stützen (Stiele) und zwei geneigte Dachträger (Riegel) sind biegesteif miteinander verbunden. In der vorliegenden Konstruktion sind es Schraubverbindungen. Für die Lösung der Aufgabe sollen ein festes und ein loses Lager sowie folgende Werte verwendet werden:

Stiel	HEA 400, DIN EN 10034; Stiellänge $l_o = 5$ m; Stielabstand $L = 18$ m
Riegel	IPE 300, DIN EN 10034; Riegellänge bis First $l_1 = 9{,}46$ m
Rahmenabstand	$a = 5{,}5$ m
Dach	$\alpha = 18°$ Dachneigung; Stahltrapezprofil 35 × 207; $g = 0{,}2$ kN/m^2
Längsträger	I 120, DIN EN 10034

Gebäudehöhe < 10 m, Windlastzone 2, Binnenland, Geländekategorie III

Schneelastzone 2, Höhe über Meeresniveau $A = 130$ m

Anzufertigen bzw. zu ermitteln sind für den Rahmen eines **Mittelfeldes**:

1. eine zeichnerische Übersicht der auftretenden Einwirkungen und ein Tragwerksmodell
2. die in der Lösung angegebenen charakteristischen Einwirkungen
3. die charakteristischen Auflagerkräfte.

Ergebnisse:

Zu 1. und **2.**: s. Lösungsteil Seite 141.

Zu 3.: $F_{B,k} = 14{,}35$ kN ; $F_{Av,k} = 14{,}35$ kN ; $F_{Ah,k} = 0{,}00$ kN

Aufgabe 27

Das Dach eines Sportzentrums hat Sparren aus Brettschichtholz, die sich zum First hin verjüngen. Im First ist ein Gelenk eingebaut, das Kräfte in allen Richtungen, aber keine Biegemomente aufnehmen kann (s. kleines Bild). Das Tragwerksmodell ist eine Dreigelenkkonstruktion, weil die Fußpunkte der Sparren in festen Lagern ruhen.

Gesucht sind mit $p = g'_D + s'$:

1. die Auflagerkräfte in A und B
2. die Kräfte im Firstgelenk.

Für die angegebenen Aufgaben sollen folgende Belastungen als allgemeine Größen berücksichtigt werden:

- Eigenlast des Dachaufbaues g'_D
- Schneelast s'
- Windlast w_d; w_s
- Trägereigengewicht des Sparrens als ungleichmäßige Last g_1.

Ergebnisse:

Zu 1.: $F_{Av} = p \cdot l - (w_d + w_s)\,\dfrac{h^2}{4 \cdot l} + \dfrac{3}{4}\left(w_d - \dfrac{1}{3} w_s\right) \cdot l + \dfrac{1}{2} g_1 \cdot l_s$

$$F_{Ah} = \frac{F_{Av} \cdot l - p \cdot \frac{1}{2} l^2 - w_d \cdot \frac{1}{2} l_s^2 - \frac{1}{3} g_1 \cdot l_s \cdot l}{h}$$

$F_{Bv} = p \cdot L + l \cdot (w_d - w_s) + g_1 \cdot l_s - F_{Av}$; $F_{Bh} = -F_{Ah} - (w_d + w_s) \cdot h$

Zu 2.: $F_{Gv} = \dfrac{l_s^2}{4 \cdot l} \cdot (w_s + w_d)$; $F_{Gh} = \dfrac{1}{2 \cdot h} \cdot \left[-p \cdot l^2 - \dfrac{g_1 \cdot l_s \cdot l}{3} + \dfrac{l_s^2}{2} \cdot (w_s - w_d)\right]$

Aufgabe 28

Das Bild zeigt die Aufhängung eines Daches an einer Säule. Durch Näherungsrechnungen soll ermittelt werden, welche vertikalen Anteile der Gesamtdachlast von den 5 Aufhängepunkten des Daches und dem Aufhängepunkt an der Stütze aufgenommen werden.

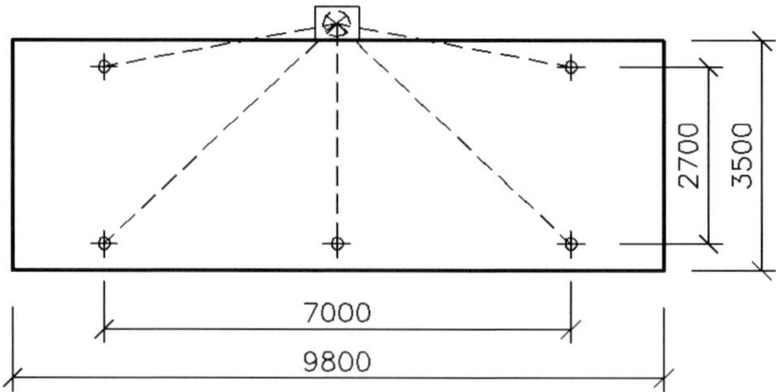

Ergebnisse:

Die in der Lösung, Seite 146, angegebenen Zahlen sind gerundete Näherungswerte in Anteilen von der Gesamtdachlast jeweils für unterschiedliche Lösungsansätze.

Aufgabe 29

Die mit 8 m Abstand eingebauten Dachträger werden näherungsweise mit folgenden Kräften belastet:

$g = 0{,}72$ kN/m	Eigengewicht des Trägers
$p = 9{,}20$ kN/m	Eigengewicht des Daches und der Schneelast
$F_G = 7{,}95$ kN	halber Anteil von Glasdach und Schneelast
$F_W = 4{,}5$ kN	horizontale Windbelastung am Glasdach
$w_s = 3{,}2$ kN/m	Windsog am linken Dachbereich.

Zu berechnen sind die **charakteristischen** Auflagerkräfte. Das Lager A werde lose betrachtet.

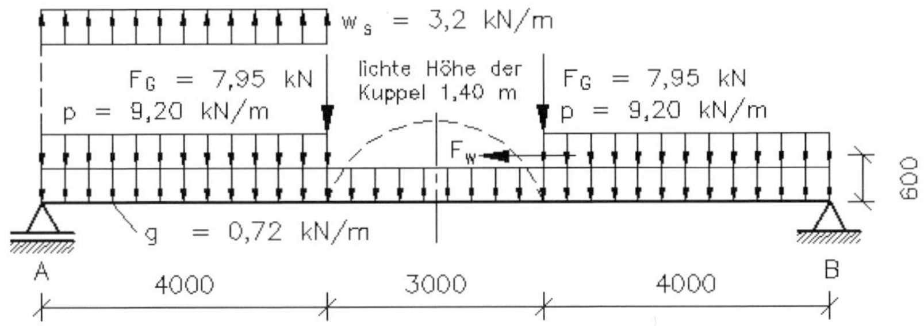

Ergebnisse:

$F_{A,k} = 38{,}48$ kN ; $F_{Bv,k} = 46{,}14$ kN ; $F_{Bh,k} = 4{,}50$ kN

Aufgabe 30

Rechnerisch zu bestimmen sind der angegebene Wert des Schwerpunktes y_s und das Eigengewicht $F_{G,k}$ des 0,12 m breiten Kragträgers. Ferner sind die Vertikalkraft $F_{A,k}$ im Querschnitt A und das dort auftretende Biegemoment $M_{A,k}$ zu berechnen.

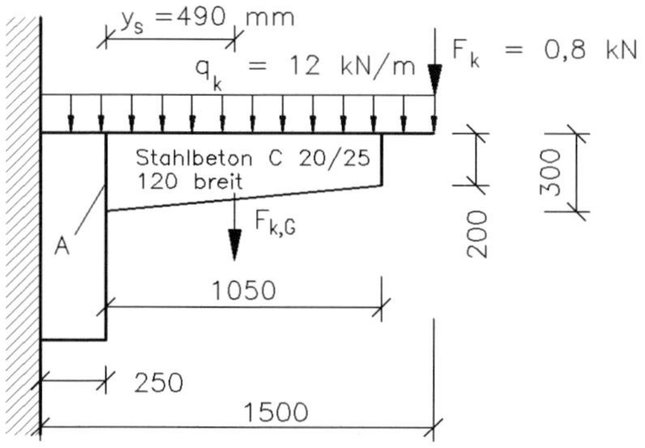

Ergebnisse:

$y_s = 0{,}49$ m ; $F_{G,k} = 0{,}79$ kN ; $F_{A,k} = 16{,}59$ kN ; $M_{A,k} = -10{,}76$ kNm

Aufgabe 31

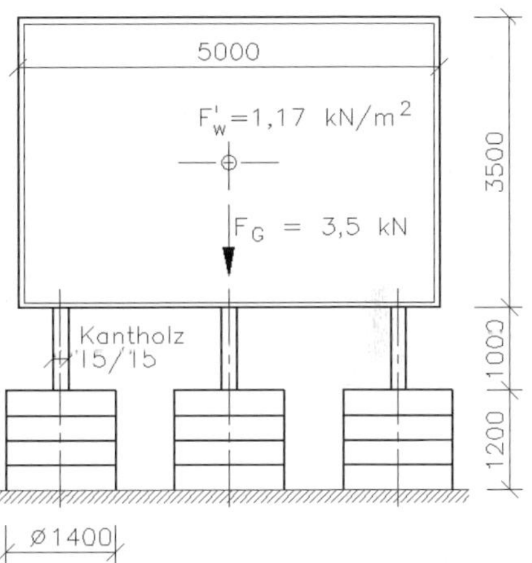

Für die Halterung einer Bautafel wurden Betonringe verwendet, die mit C20/25 verfüllt worden sind. In zuvor eingelassene Stahlhülsen können dann Holzstützen eingeschoben werden. Zu ermitteln ist die Standsicherheit vorh $S = M_{St}/M_{Ki}$ mit folgenden Annahmen:

- Mittelwert des spezifischen Gewichtes der Betonzylinder 23,5 kN/m^3
- Windzone 2 (Binnenland), damit q_p = 0,65 kN/m^2; Kraftbeiwert für Anzeigetafeln c_f = 1,8; Vernachlässigung des Windangriffes an den Betonzylindern
- Gesamtgewicht der Bautafel mit Stützen F_G = 3,5 kN.

Ergebnis: vorh S = 1,14 < erf S = 1,5 ; ⟹ Lagesicherung erforderlich.

Aufgabe 32

Im Zusammenhang mit der Regelung eines Versicherungsschadens soll geklärt werden, ob der im Bild gezeigte Werbeträger durch Sturm umgestoßen werden kann. Die Maße und Kraftberechnungen sind durch eine Istzustandsanalyse ermittelt worden.

Zu berechnen sind die Standsicherheiten S_{I} und S_{II} für eine Windkraft von $F_W = \pm 7{,}45$ kN.

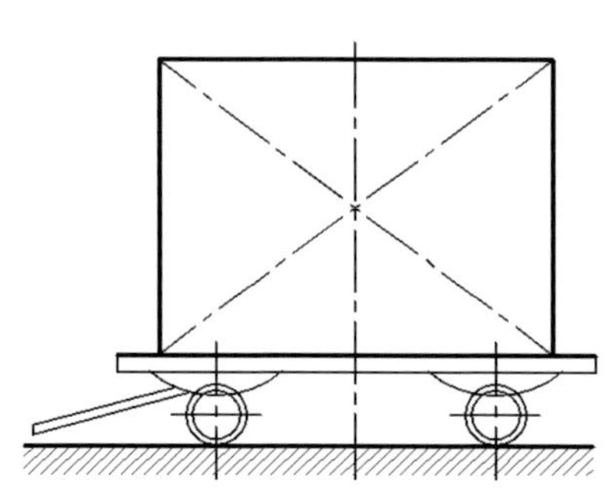

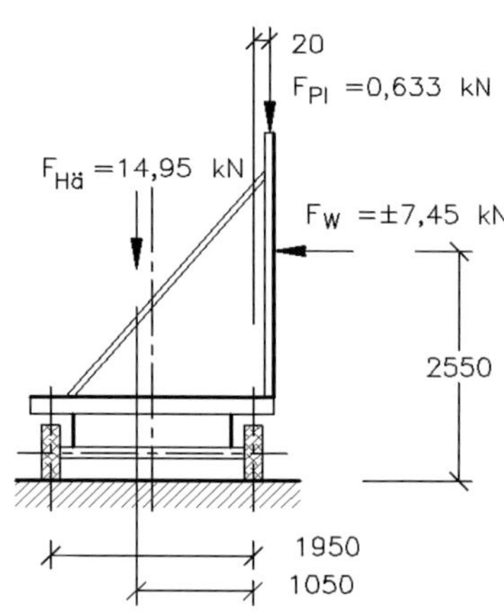

Ergebnisse:

$S_{\mathrm{I}} = 0{,}78$ (Wind von vorn)

$S_{\mathrm{II}} = 0{,}82$ (Wind von hinten)

Aufgabe 33

Die zwei Baustellencontainer haben eine Masse von je 2,8 t. Bei welcher einseitig an der Stirnseite gelagerten Baumaterialmasse könnte der obere Container abkippen?

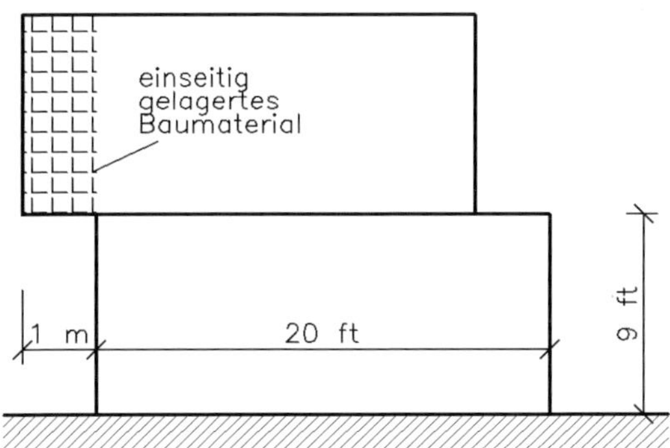

Ergebnis:

$m = 10{,}65$ t

Aufgabe 34

Für die skizzierte Fassade sollen die Schwerpunktkoordinaten y_s und z_s der Gesamtfläche, die resultierende Windkraft F_w und das aus ihr entstehende Moment M_w berechnet werden. Das Gebäude befindet sich in der Windzone 3 (Binnenland).

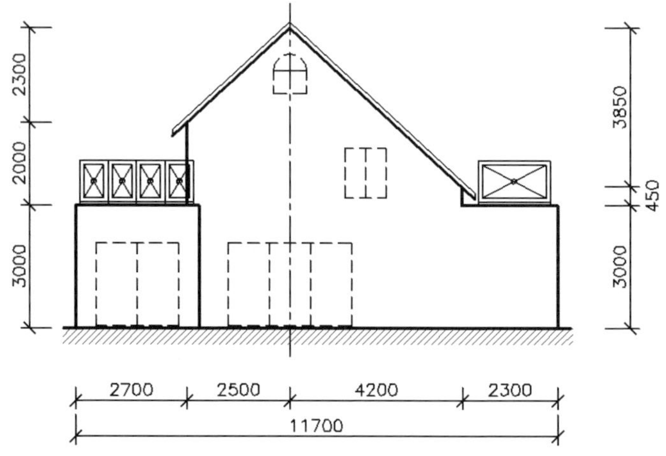

Ergebnisse:

$y_s = 0{,}56$ m ; $z_s = 2{,}52$ m ; $F_w = 59{,}32$ kN ; $M_w = 149{,}49$ kNm

Aufgabe 35

Zu ermitteln sind die Standsicherheiten $S_{1...2}$ des Turmdrehkranes mit und ohne angeschlagener Nutzlast. Beide Sicherheiten sind jeweils mit (ohne) Wind- bzw. dynamischer Belastung M_w anzugeben. Folgende Werte sind bekannt:

- Nutzmasse 1,55 t bei 55 m Ausladung
- Masse der Laufkatze 0,17 t bei 55 m bzw. 5,2 m Ausladung
- Masse des Auslegers 7,2 t bei 28,6 m
- Masse der Turmspitze 1,1 t
- Masse des Gegenauslegers 10,8 t bei 5,8 m
- Masse des Hubwerkes 4,5 t bei 12,5 m
- Gegenballast 14,1 t bei 9,8 m
- Masse des Turmes 23,1 t
- Masse der Klettereinrichtung 3,28 t
- Masse des Krankreuzes 4,21 t
- Zentralballast 68,4 t
- Moment durch Wind u. a. M_w = 182,4 tm (1789 kNm)

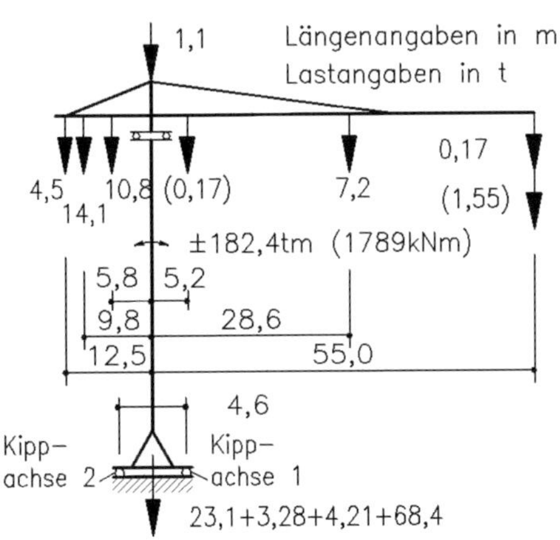

Ergebnisse:

S_1 = 1,20 (1,98) ; S_2 = 1,22 (2,39) jeweils mit (ohne) Moment M_w

Aufgabe 36

Für den im unteren Bild gezeichneten Dachausleger wird gem. Unfallverhütungsvorschrift eine Kippsicherheit von $S = 3$ gefordert. Welche Gegenmasse m_{Gegen} ist erforderlich?

Ergebnis:

$m_{Gegen} = 375$ kg

Aufgabe 37

Das Bild zeigt die Abstützung eines Daches auf einer Säule. Zu erarbeiten sind folgende Details:

1. Bezüglich der Art des Kraftsystems sind Aussagen zu machen. Ferner soll gezeigt werden, wie die senkrechten Pfettenkräfte F_{Pfette} in Richtung der Fachwerkscheibe (Knotenkraft F_D) zerlegt werden können, um dann Stabkräfte zu ermitteln. Der Winkel der Fachwerkscheibe zur Waagerechten ist δ.
2. Das Stabtragwerk besteht aus Rohren gleicher Abmessung. Die untere Skizze zeigt die Struktur einer der beiden Fachwerkscheiben und enthält die Stablängen sowie ihre horizontalen Schwerpunktkoordinaten, gemessen von der z-Achse. Aus den Angaben ist der Masseschwerpunkt der Fachwerkscheibe in y-Richtung (y_S) zu berechnen.

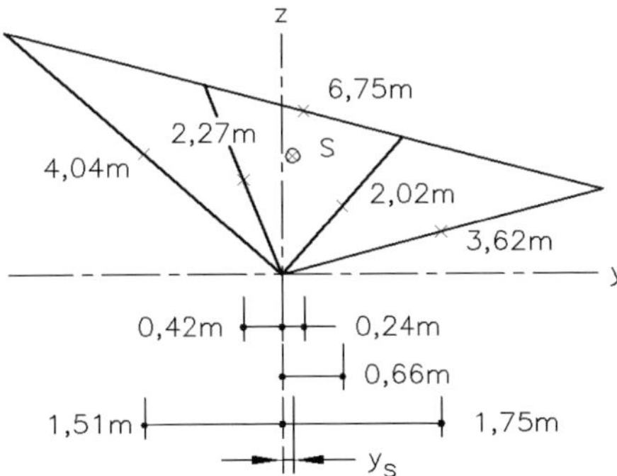

Ergebnisse:

Zu 1.: Es liegt ein räumliches, zentrales Kraftsystem vor. Die Kraft in Richtung Fachwerkscheibe ist: $F_D = F_{Pfette}/\sin\,\delta$

Zu 2.: $y_S = 0{,}12$ m

Aufgabe 38

Das Fachwerk wird durch horizontale und vertikale Kräfte belastet. Zu ermitteln sind die Auflagerkräfte F_{Av}, F_{Ah} und F_B sowie die Stabkräfte S_{1-7}

- zeichnerisch nach *Cremona* und
- rechnerisch nach *Ritter*.

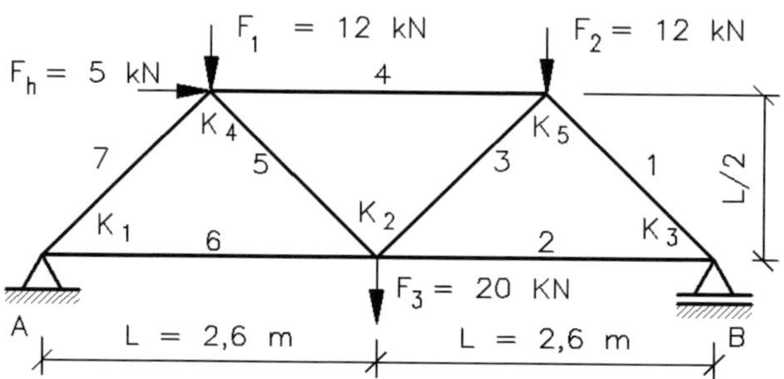

Ergebnisse:

$F_{Av} = 20{,}75$ kN ; $F_{Ah} = -5{,}00$ kN ; $F_B = 23{,}25$ kN

Stab.-Nr.	1	2	3	4	5	6	7
S/kN	−33	+23	+16	−35	+12	+26	−30

(+) Zugstab
(−) Druckstab

Die zeichnerischen Ergebnisse sind dem Lösungsteil, Seite 155, zu entnehmen.

Aufgabe 39

Ein Teil des Daches eines Kurheimes stützt sich auf zwei senkrecht stehende Fachwerkscheiben ab. Die im Bild angegebenen vertikalen Kräfte wirken in den Knoten. Zu ermitteln sind die Auflagerkräfte F_{Av}, F_{Ah} und F_B sowie die Stabkräfte S_{1-7}

- zeichnerisch nach *Cremona* und
- rechnerisch nach *Ritter.*

Ergebnisse:

$F_{Av} = 31{,}83$ kN ; $F_{Ah} = 0{,}62$ kN ; $F_B = -0{,}64$ kN

Stab.-Nr.	1	2	3	4	5	6	7	(+) Zugstab
S/kN	−9,7	+9,7	−10,8	+17,0	−12,1	+12,3	−15,1	(−) Druckstab

Aufgabe 40

Beim Bau eines Empfangsgebäudes für einen Flughafen sind bestehende Tragkonstruktionen wiederverwendet worden. Auf den Fachwerkscheiben kann ein Brückenkran in Längsrichtung verfahren werden. Eine Fachwerkscheibe ist im unteren Bild dargestellt. Die Radlast soll mit $F = 1$ angenommen werden. Zu ermitteln sind zeichnerisch alle Stabkräfte S_{1-37} nach *Cremona* als Vielfache k von F.

Um den Einfluss der Position des Fahrwerkes auf die Stabkräfte zu erkennen, sind die beiden Radkräfte in beliebige Knotenpositionen zu verschieben.

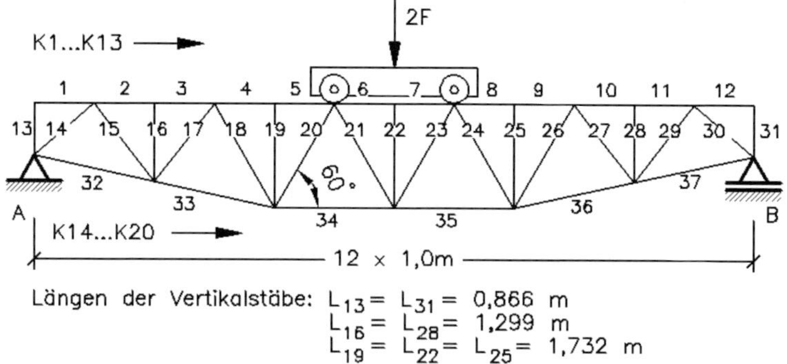

Ergebnisse: s. Lösungsteil Seite 162; hieraus:

max $F = S_{34} = S_{35} = +2{,}89 \cdot F$ (Zug) ; min $F = S_6 = S_7 = -2{,}89 \cdot F$ (Druck)

3 Aufgaben zur Festigkeitslehre

Aufgabe 41

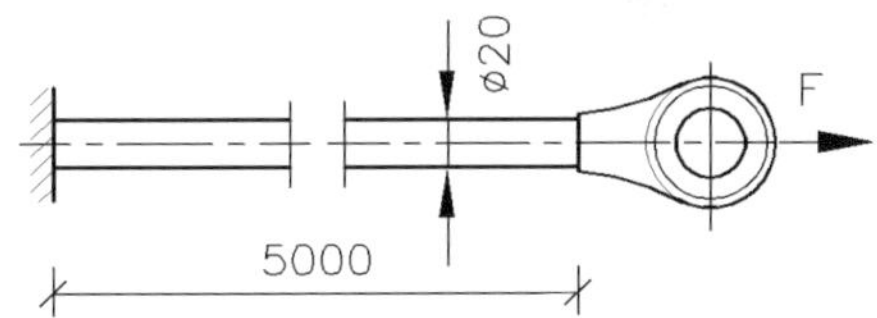

Bei einem hydraulischen Personenaufzug über 4 Etagen ist der frei stehende Förderschacht durch die abgebildete Gabelbolzenverbindung diagonal verspannt.

Bei der Laborprüfung der 5 m langen Ankerstäbe aus Stahl dehnten sich die 20 mm dicken Stäbe bei einer Belastung von 50 kN um ca. 4 mm. Welchen Elastizitätsmodul E hat das Material für den Ankerstab? Als Zwischenergebnisse sind auch die Spannung σ_z und die Dehnung ε anzugeben.

Ergebnisse:

$\sigma_z = 159{,}2\ \text{N/mm}^2$; $\varepsilon = 0{,}08\ \%$; $E = 199\,000\ \text{N/mm}^2$

Aufgabe 42

Ein Schwingfundament F aus Stahlbeton, 1,6 m breit und 2,6 m lang, ruht auf $6 \times 4 = 24$ Stützelementen E mit je 4 Gummizylindern G. In einer Eignungsprüfung wurde eine Federrate $c = \Delta F/\Delta s$ von 360 N/mm ermittelt. Auf dem Schwingfundament ist eine 3,6 t schwere Stützkonstruktion S befestigt, auf der bis zu 30 t schwere Versuchsmaschinen als Nennbelastung gelagert werden können. Zu berechnen sind:

1. die Druckspannung vorh σ_d in den Gummizylindern G mit (ohne) Nennbelastung
2. die Zusammendrückung Δl der Gummizylinder bei ruhender Gesamtbelastung
3. der Elastizitätsmodul E des Gummis
4. die Eigenfrequenz $f = (1/2\pi) \cdot \sqrt{c/m}$ des Schwingfundamentes mit (ohne) Nennbelastung in $s^{-1} = Hz$
5. die zugehörigen Resonanzdrehzahlen n der Versuchsmaschine in min^{-1}.

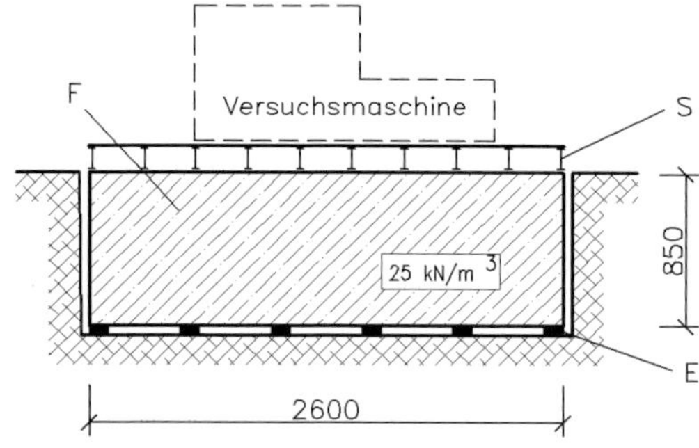

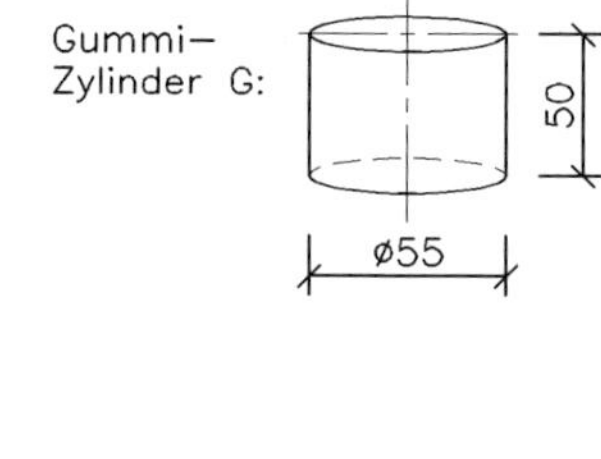

Ergebnisse: (Reihenfolge 1 – 5)

1,83(0,54) N/mm^2 ; 12,1 mm ; 7,56 N/mm^2 ; 4,53(8,34) Hz ; 272(500) min^{-1}

Aufgabe 43

Die gezeigte Kanalbrücke eines Schiffshebewerkes ist auf Pendelstützen gelagert. Zu berechnen sind:

- die Längenänderung Δl der Gesamtbrücke, wenn zwischen Sommer und Winter 40 Grad Temperaturunterschied auftreten
- der Winkel φ, um den sich die Pendelstützen um das untere Lager drehen.

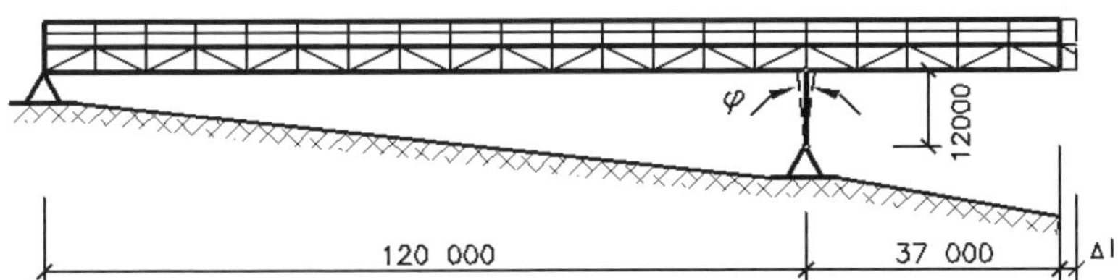

Ergebnisse:

$\Delta l = 75{,}4$ mm ; $\varphi = 0{,}28°$

Aufgabe 44

Werden Träger oder Platten so eingespannt, dass Längenänderungen durch Temperaturänderungen verhindert werden oder nur teilweise möglich sind, treten in dem Bauteil Spannungen auf, z. B. Zug, Druck oder Scherung. Eine solche feste Einspannung ist bei dem ausgewählten Beispiel besonders gut erkennbar. Für die abgebildete „endlos" geschweißte Eisenbahnschiene sind die auftretenden Zug- und Druckspannungen infolge von Temperaturänderungen zu berechnen.

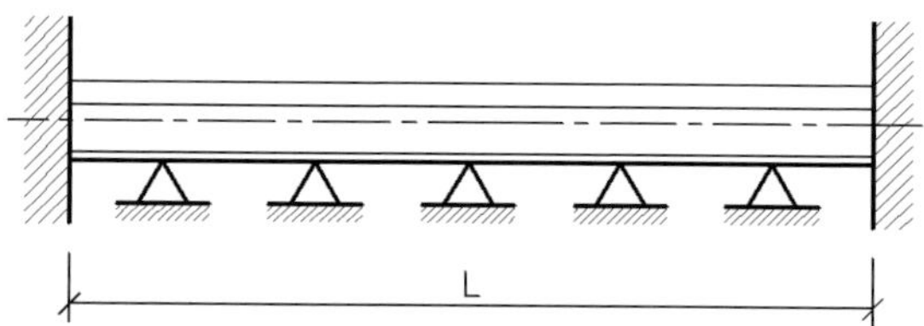

Folgende Temperaturen sollen angenommen werden:

$t_V = +18\ °C$ beim Schweißen (Verlegen) der Schienen

$t_W = -30\ °C$ tiefste Wintertemperatur

$t_S = +55\ °C$ höchste Sommertemperatur im Gleisbett.

Ergebnisse:

$\sigma_z = 121\ N/mm^2$ (Zugspannung im Winter)

$\sigma_d = -93\ N/mm^2$ (Druckspannung im Sommer)

Aufgabe 45

Die beiden Brückenhälften sollen in Brückenmitte als gelenkig gelagert betrachtet werden. Sie belasten die Mittelstützen mit je 220 kN. Die zwei Endlager sind lose, jedoch in ihrer horizontalen Bewegungsmöglichkeit begrenzt.

1. Wie groß ist die Druckspannung σ_d in den Mittelstützen, wenn sie aus quadratischem Stahl-Profilrohr, 300 × 16, DIN EN 10210-2 gefertigt werden?
2. Um welches Maß Δl_F drücken sich die Mittelstützen infolge der Kraft zusammen?
3. Um welchen Betrag Δl_T ändert sich die Länge der unbelasteten Mittelstützen, wenn sie im Sommer 35 °C und im Winter –30 °C erreichen? Um welchen Gesamtwinkel φ drehen sich die Brückenhälften, wenn die beiden Endlager näherungsweise eine konstante vertikale Position haben?

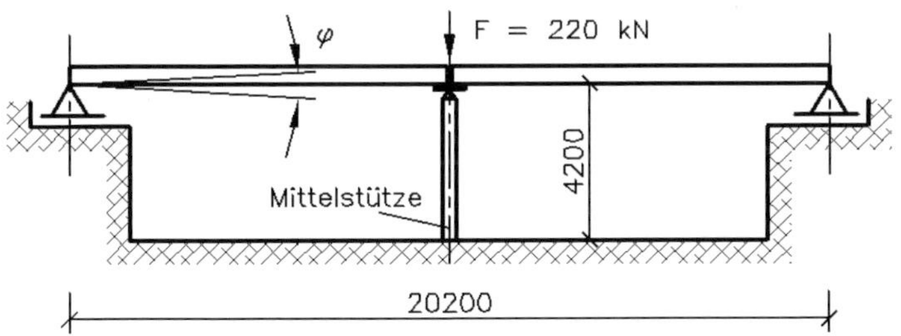

Ergebnisse:

Zu 1.: $\sigma_d = 12{,}3\ \text{N/mm}^2$; **Zu 2.:** $\Delta l_F = 0{,}25$ mm ; **Zu 3.:** $\Delta l_T = 3{,}28$ mm ; $\varphi_{max} = 0{,}02°$

Aufgabe 46

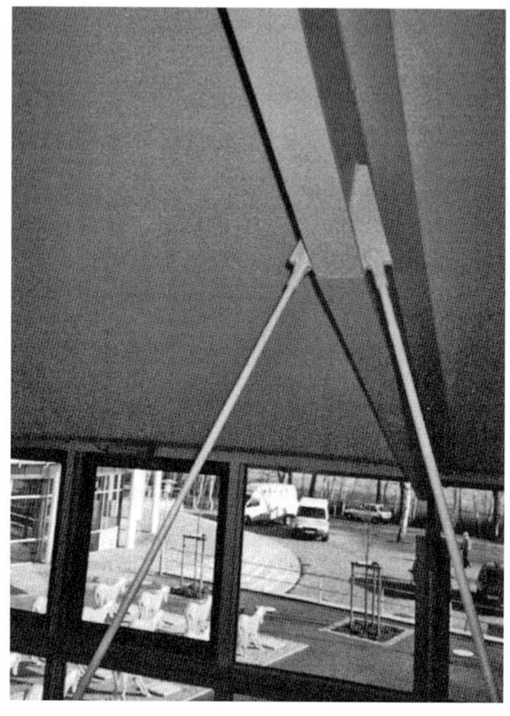

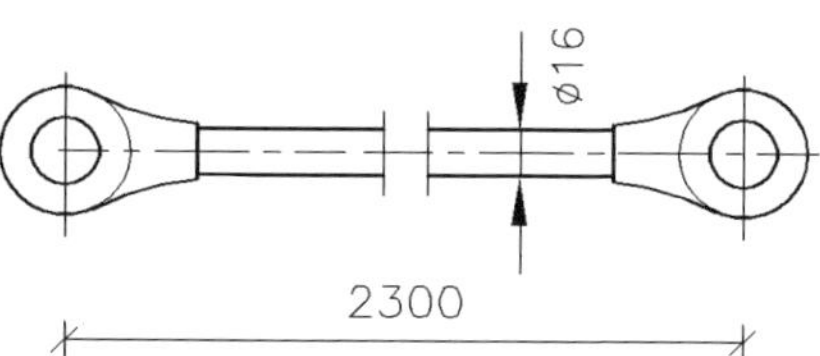

Ein Zuganker aus S 235 mit einem Durchmesser von 16 mm und einer Länge von 2,3 m wird mit einer charakteristischen Zugkraft von 15 kN belastet. Zu berechnen sind die Zugspannung σ_z und die Längenänderung Δl. Als Zwischenergebnis ist die Dehnung ε anzugeben.

Ergebnisse:

$\sigma_z = 74{,}6$ N/mm^2

$\varepsilon = 0{,}000355$

$\Delta l = 0{,}82$ mm

Aufgabe 47

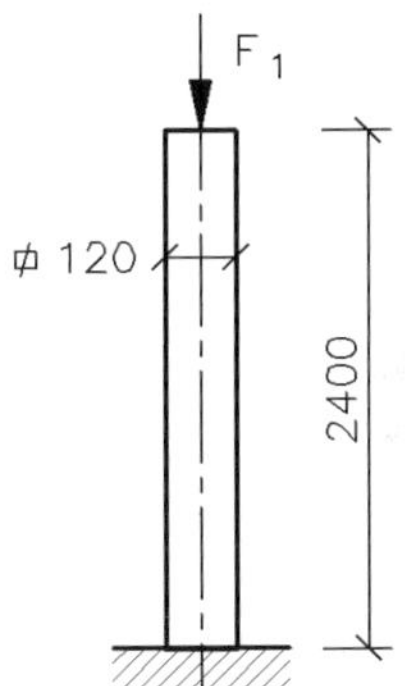

Ein 2,4 m langer Stützbalken, 120 mm × 120 mm, wird mit 30 kN (einschließlich Eigengewicht) belastet. Zu berechnen sind die vorhandene Druckspannung vorh σ_d und die Längenänderung Δl.

Die Stütze ist aus Nadelholz, Festigkeitsklasse C 24, gefertigt.

Ergebnisse:

vorh $\sigma_d = 2{,}08$ N/mm^2 ; $\Delta l = 0{,}45$ mm

Aufgabe 48

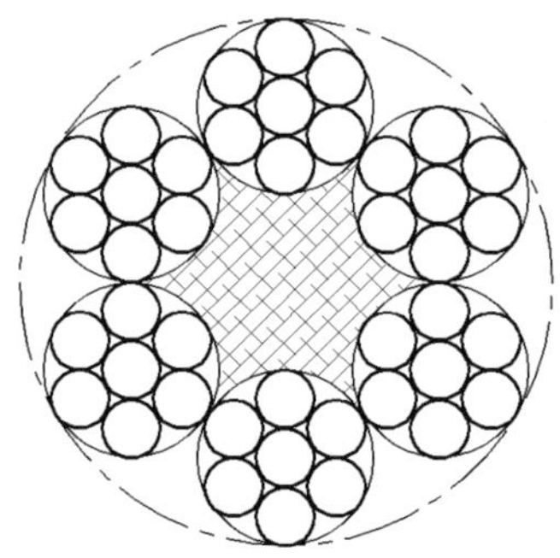

Ein Rundlitzenseil aus Stahl nach DIN 3055 hat 6 Litzen mit je 7 Drähten. Der Drahtdurchmesser beträgt 1,1 mm, der Seildurchmesser 10 mm und die Drahtnennfestigkeit $R_m = 1570$ N/mm^2.

Zu berechnen sind die auftretende Zugspannung vorh σ_z und die rechnerische Sicherheit S_B gegen Bruch, wenn das Seil für eine Nutzmasse von 1 t zugelassen ist.

Ergebnisse:

vorh $\sigma_z = 246$ N/mm^2

$S_B = 6{,}4$

Aufgabe 49

Quadratische Mauerwerkspfeiler mit 2,5 m Höhe und 4 m Mittenabstand sollen eine Größe von 36,5 cm × 36,5 cm haben. Vorgesehen sind Vollziegel, MZ 12 und Mörtelgruppe II. Auf dem Pfeilerkopf stützt sich eine Last von $F_m = 147{,}15$ kN ab.

Gesucht ist der Spannungsnachweis

1. ohne tragfähigen Kern
2. mit tragfähigem Kern

jeweils am Ende und am Fußpunkt des Pfeilers. Das spezifische Gewicht des Mauerwerkes beträgt $G_M = 18$ kN/m^3.

Ferner ist die Schlankheit l/d des Pfeilers zu berechnen.

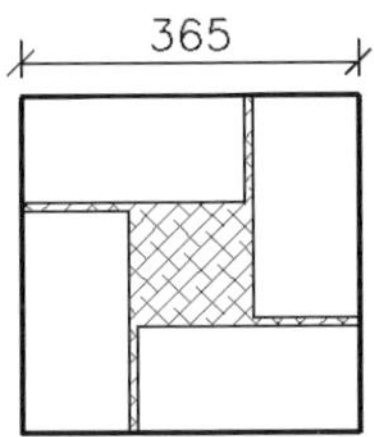

Querschnitt ohne tragfähigen Kern (z. B. Ziegelbruch)

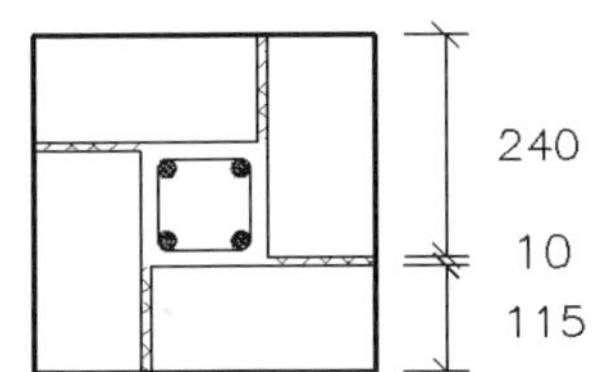

Querschnitt mit tragfähigem Kern (z. B. Beton C 12/15)

Ergebnisse:

Zu 1.: vorh $\sigma_d = 1{,}28(1{,}33)$ N/mm^2 > zul $\sigma_d = 1{,}20$ N/mm^2

Zu 2.: vorh $\sigma_d = 1{,}11(1{,}15)$ N/mm^2 < zul $\sigma_d = 1{,}20$ N/mm^2

Schlankheit: $l/d = 6{,}85 < 10$

Aufgabe 50

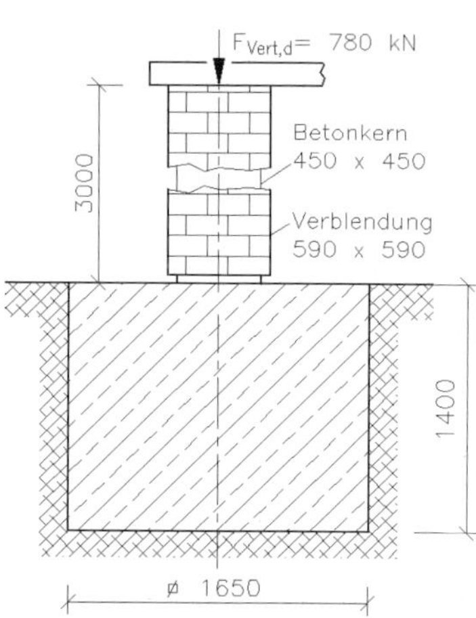

Die Stahlbetonstütze, 0,45 m × 0,45 m × 3 m aus C20/25 hat eine Kalksandsteinverblendung, 0,59 m × 0,59 m mit einem spezifischen Gewicht von $\gamma = 15$ kN/m³. Sie nimmt eine charakteristische Vertikalkraft von $F_{Vert.} = 780$ kN auf. Das unbewehrte Betonfundament hat die Abmessungen 1,65 m × 1,65 m × 1,4 m und ist ebenfalls aus C20/25. Der Baugrund ist nicht bindig. Der Basiswert des Sohlwiderstandes $\sigma_{R,d(B,G)}$ wird nicht vergrößert oder abgemindert.

Zu ermitteln sind:

1. der Bemessungswert der Druckspannung in der Fuge Betonstütze – Fundament und ein Tragfähigkeitsnachweis für den Stützenfuß
2. ein Sohldrucknachweis für die Fuge Fundament – Baugrund nach dem „Vereinfachten Nachweis des Sohldruckes in Regelfällen; $\sigma_{E,d} \leq \sigma_{R,d}$"
3. die minimale Fundamenthöhe des Fundaments.

Ergebnisse:

Zu 1.: $\sigma_d = 4$ N/mm² < $f_{c,d} = 11{,}3$ N/mm² ; 0,35 < 1

Zu 2.: $\sigma_{E,d} \leq \sigma_{R,d}$; 342,6 kN/m² < 776 kN/m² ; 0,44 < 1

Zu 3.: min $h_F = 0{,}86$ m < $h_F = 1{,}4$ m ; $h_F/a = 2{,}33 > 1$

Aufgabe 51

Ein oberhalb der hier gezeigten Stützen errichteter Gebäudeteil überträgt in die zwei Stützen, die nur durch Isolierplatten unsachgemäß gegen Niederschlagswasser geschützt sind, eine Vertikalkraft von je $F_{V,d} = 23{,}4$ kN. Die Brettschichtholzstützen [GL 28(h)] haben die Abmessung 0,25 m × 0,25 m × 3,8 m. Festgelegt sind NKL = 3 und KLED = mittel. Die unbewehrten Einzelfundamente mit einer quadratischen Grundfläche von 0,6 m × 0,6 m sind 0,8 m hoch und aus Beton C20/25 gefertigt.

Die Kraft wird exzentrisch in die Fundamente eingeleitet.

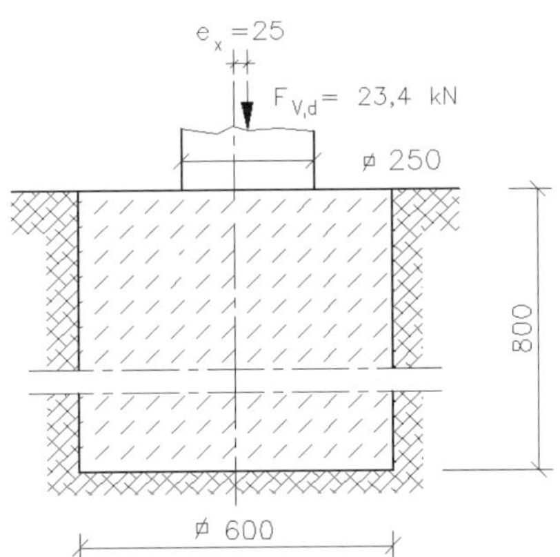

Zu ermitteln sind:

1. ein Stabilitätsnachweis für die Holzstützen
2. ein Sohldrucknachweis für den bindigen Baugrund, wenn er gemischtkörnig und steif ist.

Ergebnisse:

Zu 1.: $N_d/A_n \leq k_c \cdot f_{c,0,d} = 0{,}04 < 1$

Zu 2.: $\sigma_{E,d} \leq \sigma_{R,d}$; 103,2 N/mm² < 234 N/mm² ; 0,44 < 1

Aufgabe 52

In Aufgabe 26 ist ein Rahmen als Konstruktionselement für ein landwirtschaftlich genutztes, frei stehendes Dach untersucht worden. Das Bild zeigt die senkrechten Stützen (Stiele) auf den Einzelfundamenten. Die Stiele sind aus dem Profil HEA 400, DIN EN 10034 gefertigt. Sie haben eine rechteckige Fußplatte, die sich auf den unbewehrten Fundamenten abstützt. Das Fundament aus C20/25 hat die Größe: 1,4 m × 1,4 m × 1,8 m. Der Bemessungswert der größten Stützenkraft ist $F_{Av,d} = 80{,}5$ kN.

Für ein Mittelfeld sind zu ermitteln:

1. ein Tragsicherheitsnachweis für die Druckspannung im Stiel
2. die erforderliche Kantenlänge a einer quadratischen Fußplatte bei einem Bemessungswert für den Beton von $f_{cd} = 11{,}3$ N/mm^2 sowie ein Tragsicherheitsnachweis für den Beton mit der gewählten Größe der Fußplatte
3. ein Sohldrucknachweis für den bindigen Baugrund (gemischtkörnig, steif), wenn die Einbindetiefe $d = 1$ m beträgt
4. ein Nachweis, dass die Mindestfundamenthöhe h_F vorhanden ist.

Ergebnisse:

Zu 1.: $N_{Ed}/N_{c,Ed} = 80{,}50/3737 = 0{,}02 \leq 1$

Zu 2.: 390 mm × 300 mm ; $\sigma_d = 0{,}69$ N/mm^2 < $f_{c,d} = 11{,}3$ N/mm^2 ; 0,06 < 1

Zu 3.: $\sigma_{E,d} \leq \sigma_{R,d}$; 84,3 kN/m^2 < 250 kN/m^2 ; 0,34 < 1

Zu 4.: min $h_F = 0{,}43$ m < $h_F = 1{,}8$ m ; $h_F/a = 3{,}3 > 1$

Aufgabe 53

Das Bild zeigt ein rekonstruiertes Brückenlager. Zu ermitteln ist die Seitenlänge der quadratischen Lastverteilungsplatte. Für Postaer Sandstein gibt der Lieferer eine Druckfestigkeit von 72,8 N/mm² an. Mit einer Sicherheit gegen Bruch von $\upsilon = 4$ ist ein klassischer Druckspannungsnachweis zu führen.

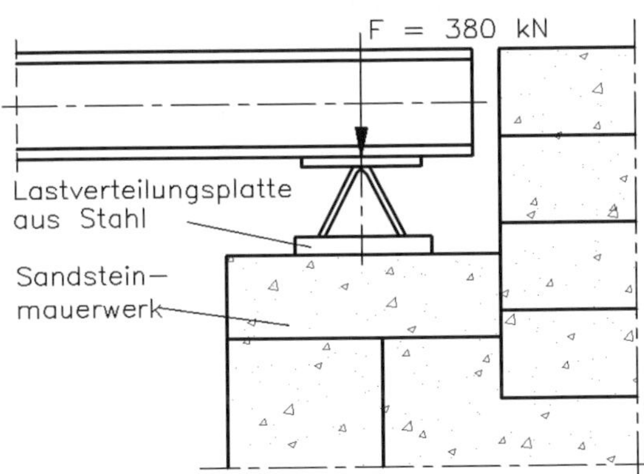

Ergebnisse:

$a = 145$ mm

gewählt: $a = 400$ mm ; 2,38/18,2 = 0,13 < 1

Aufgabe 54

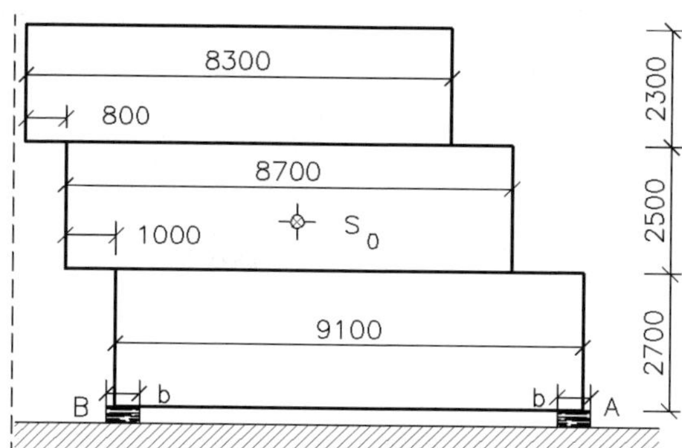

Die drei Container sind übereinander gestapelt. Zu berechnen ist der Masseschwerpunkt der drei Container, wenn sie folgende Massen haben:

$m_{\text{unten}} = 6$ t

$m_{\text{Mitte}} = 5$ t

$m_{\text{oben}} = 4{,}6$ t

Ferner ist die erforderliche Breite b der 2,7 m langen Holzbohlen zu berechnen, damit die zulässige Bodenpressung von 100 kN/m^2 nicht überschritten wird.

Ergebnisse:

$y_s = -5{,}58$ m ; $z_s = +3{,}66$ m ; jeweils mit A als Koordinatenursprung

$F_A = 59{,}2$ kN ; $F_B = 93{,}84$ kN ; erf $b_A = 0{,}22$ m ; erf $b_B = 0{,}35$ m

Aufgabe 55

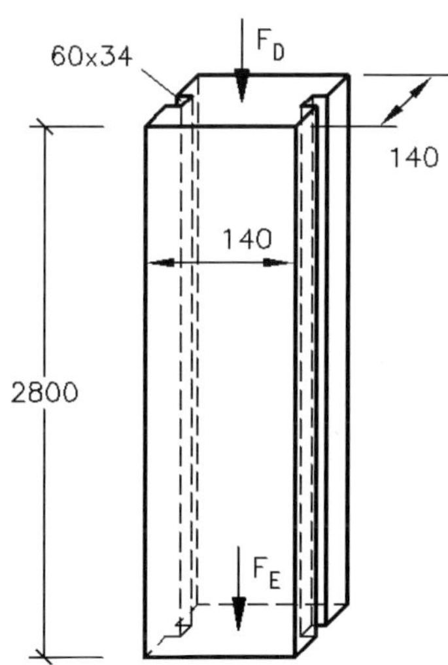

Gesucht ist die vorhandene Bodenpressung einer Garagensäule, wenn sie ohne Lastverteilungsplatte in den Baugrund eingebaut wird. Die Eigenlast der Betonsäule beträgt $F_{E,k} = 1{,}4$ kN und die anteilige Dachlast $F_{D,k} = 5{,}9$ kN. Die eingeschobenen Wandplatten leiten keine Vertikalkräfte in die Säulen ein.

Welche Größe $a \times a$ müsste eine quadratische Lastverteilungsplatte unter der Säule haben, damit die zulässige Sohlpressung $\sigma_{R,d} = 130$ kN/m^2 nicht überschritten wird?

Ergebnisse:

vorh $\sigma_{E,d} = 635$ kN/m^2

gewählt: $a \times a = 300$ mm $\times$ 300 mm

Aufgabe 56

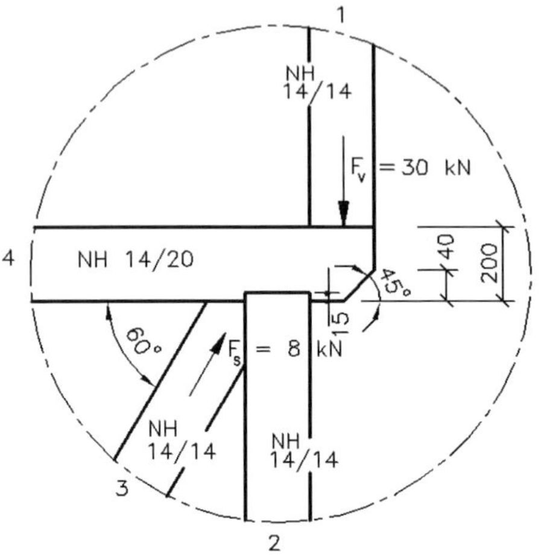

Das Bild zeigt einen Ausschnitt aus einem Holztragwerk.

Zu ermitteln sind:

1. die Zug- bzw. Druckspannungen in den kleinsten Querschnitten der Kanthölzer 1–4; der Knoten ist dabei als zentrales Kraftsystem aufzufassen
2. die Scherspannungen im Längsträger 4
   - quer zur Faser infolge F_V
   - längs zur Faser im Vorholz, ohne (mit) Berücksichtigung der Reibung zwischen Stütze 2 und Längsträger 4.

Für die zweite Aufgabe ist ein Reibungskoeffizient von $\mu = 0{,}6 - 1{,}0$ anzusetzen.

Ergebnisse:

Zu 1.: –1,53 N/mm^2 ; –1,18 N/mm^2 ; –0,41 N/mm^2 ; +0,15 N/mm^2

Zu 2.: 1,16 N/mm^2 ; 0,25 N/mm^2 ; 0,0 N/mm^2

Aufgabe 57

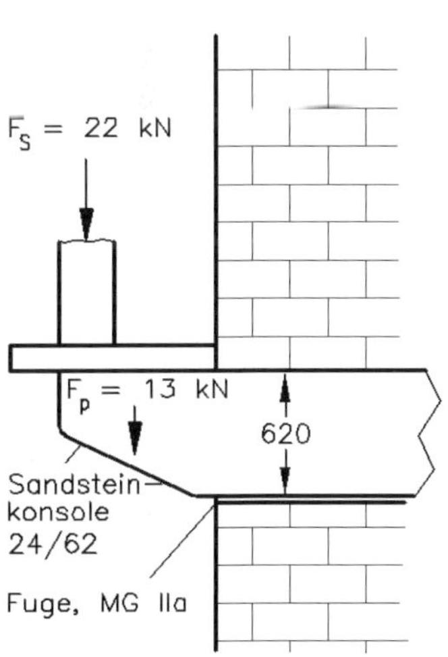

Für die abgebildete Sandsteinkonsole ist ein klassischer Spannungsnachweis auf Abscheren zu führen. Die zulässige Abscherspannung ist mit zul τ_a = 0,25 N/mm^2 vorgegeben.

Als Belastung sollen die Säulenkraft F_S und das anteilige Gewicht der Platte F_p einschließlich Nutzlast berücksichtigt werden.

Ergebnisse:

vorh τ_a = 0,24 N/mm^2 < zul τ_a = 0,25 N/mm^2

vorh τ_a/zul τ_a = 0,24/0,25 = 0,96 < 1

Aufgabe 58

Es sollen kreisrunde Durchbrüche ausgeschnitten (ausgestanzt) werden. Zu ermitteln sind die Funktionen der Schnittkraft F_S und der Druckspannung σ_d im Schneidstempel mit der Variablen D.

Das zu schneidende 3 mm dicke Stahlblech besteht aus S 235 mit einer Scher-Bruchspannung von $\tau_{a,B} = 320$ N/mm^2.

Welcher kleinste Durchmesser kann ausgeschnitten (gelocht) werden, wenn das Schneidwerkzeug 220 N/mm^2 Druckspannung aufnehmen kann?

Es ist einzuschätzen, ob die Ausschnitte des gezeigten Bauteiles durch diese Fertigungstechnologie hergestellt werden können.

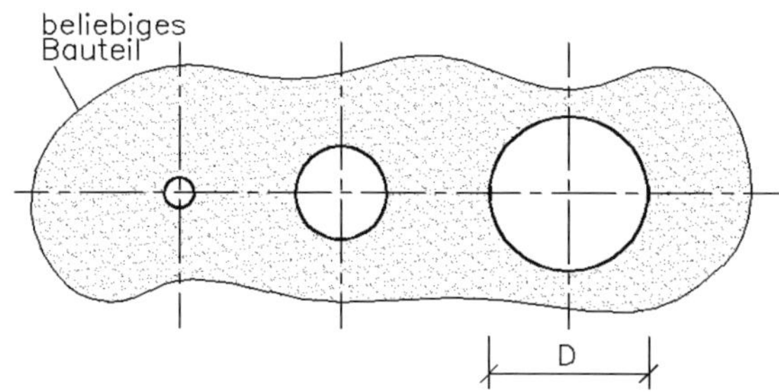

Ergebnisse:

$F_S = 3016$ N/mm $\cdot D$; $\sigma_d = \dfrac{3840}{D}$ N/mm ; $D \geq 17{,}5$ mm

Aufgabe 59

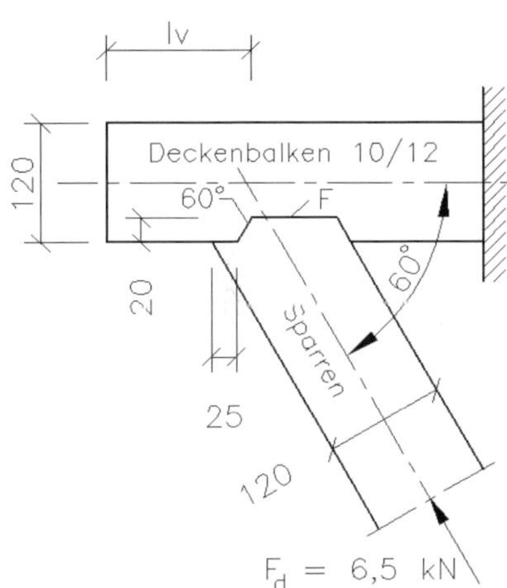

Der aus der Wand herauskragende Deckenbalken aus Nadelholz 10/12 VH C 24, (NKL = 1, KLED = ständig) stützt sich auf einen Sparren gleicher Abmessung ab. Der Sparren ist unter 60° geneigt und wird mit einem Bemessungswert von $F_d = 6{,}5$ kN in seiner Längsrichtung belastet.

Für diese Verbindung sind zu ermitteln:

1. die größte vorhandene Abscherspannung vorh τ_a im Deckenbalken und ein Spannungsnachweis
2. die Versatztiefe erf t_v und die Vorholzlänge erf l_v
3. der Druckspannungsnachweis in der Fuge F für den Sparren mit der vereinfachten Annahme, dass die Vertikalkraft F_v nur in dieser Fuge übertragen wird.

Ergebnisse:

Zu 1.: vorh $\tau_a = 0{,}84$ N/mm^2 ; 0,91 < 1

Zu 2.: 10,4 mm ; 35,2 mm

Zu 3.: 0,534 N/mm^2 < 3,90 N/mm^2

Aufgabe 60

Das Bild zeigt ein älteres Bauwerk aus dem Bereich des Wasserbaus. In der unteren Skizze ist ein vereinfachter Nietanschluss dargestellt. Zwei U-Profile 200, nach DIN 1026, erhalten eine Zugkraft von 280 kN und sind durch 6 Niete an ein 12 mm starkes Knotenblech angeschlossen. Für diese Nietverbindung ist ein Spannungsnachweis nach dem σ_{zul}-Verfahren auf der Basis von DIN 18 800 (03.81) zu führen. Ferner soll die Zugspannung in der Schweißnaht ermittelt werden.

Hinweis:

Für ältere (oft geschützte) Bauwerke ist es z. B. bei Rekonstruktionen oder Havarien notwendig, Berechnungen mit Vorschriften durchzuführen, die in der Entstehungszeit der Bauwerke angewendet worden sind.

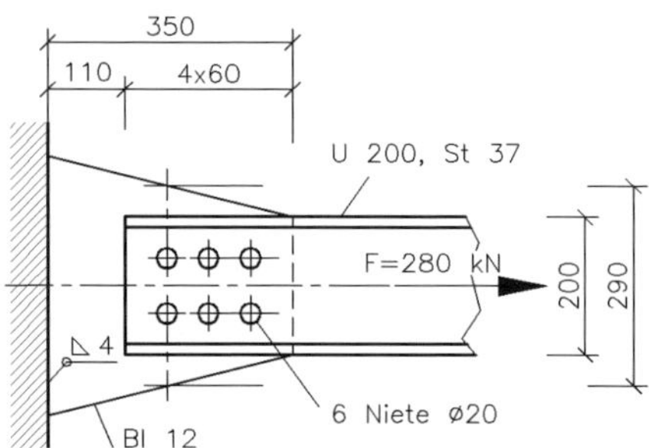

Ergebnisse:

vorh $\tau_a = 67{,}4$ N/mm² < 140 N/mm²

vorh $\sigma_l = 130{,}7$ N/mm² < 320 N/mm² für den U-Träger

vorh $\sigma_l = 185{,}2$ N/mm² < 320 N/mm² für das Knotenblech

vorh $\sigma_z = 48{,}9$ N/mm² < 160 N/mm² für den U-Träger

vorh $\sigma_z = 94{,}1$ N/mm² < 160 N/mm² für das Knotenblech in der ersten Nietreihe

vorh $\sigma_s = 90{,}4$ N/mm² < 160 N/mm² für die Schweißnaht

Aufgabe 61

Für das abgebildete Eckelement einer Dachabstützung ist der Bemessungswert der Tragfähigkeit der Schraubverbindung für Abscheren und Lochleibung zu ermitteln.

Die Konstruktion ist als Scher-Lochleibungsverbindung, Kategorie A ausgelegt. Insgesamt 8 Schrauben der Größe M 20 und der Schraubenfestigkeitsklasse 8.8 verbinden die beiden Trägerteile zu einem biegesteifen Rahmen.

Die Bleche der Stirnplatten, S 235, sind 20 mm dick. Die Schrauben sind mit dem Schaft in der Scherfuge. Der Lochabstand in Kraftrichtung beträgt $p_1 = 100$ mm, der Randabstand in Kraftrichtung $e_1 = 45$ mm und das Lochspiel 2 mm, damit $d_0 = 22$ mm.

Ergebnisse:

zul $F_{a,d} = 964{,}8$ kN für Abscheren

zul $F_{l,d} = 1570{,}9$ kN für Lochleibung

Aufgabe 62

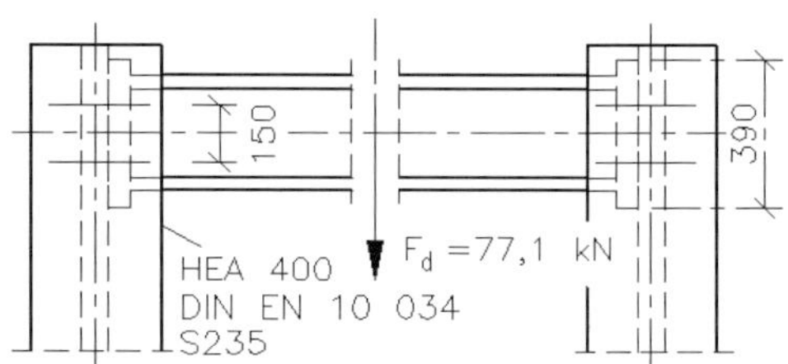

Die in Aufgabe 26 dargestellte Rahmenkonstruktion enthält zur besseren Befahrbarkeit ein stielfreies (Doppel-)feld, das durch einen Längsträger überbrückt wird. Der Längsträger stützt sich an seinen Enden auf die Stiele der Rahmen ab. Die notwendige Stirnplatten-Schraubverbindung ist in der Skizze dargestellt. Für diese Verbindung ist ein Tragsicherheitsnachweis zu erbringen. Der in der Skizze eingetragene Bemessungswert der Vertikalkraft $F_d = 77{,}1$ kN enthält ständige und alle veränderlichen Lasten, also auch das Eigengewicht des Längsträgers.

Ergebnisse:

$F_{v,Ed}/F_{v,Rd} = 9{,}64$ kN/60,3 kN $= 0{,}16 < 1$

$9{,}64/138{,}1 = 0{,}06 < 1$; $9{,}64/126{,}6 = 0{,}07 < 1$

Aufgabe 63

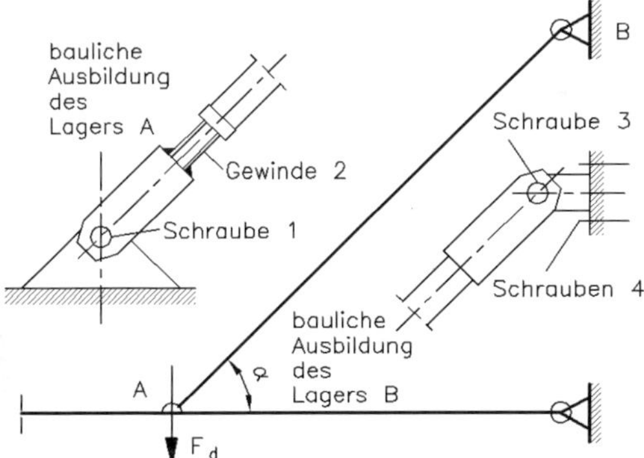

Die gezeigte Konstruktion ist ein häufig verwendetes Element zum Befestigen von Dächern, Decken, Plattformen u. a. In der Skizze sind die Lagerstellen A und B vergrößert dargestellt, um die Schraubverbindungen zu zeigen.

Es soll der Lösungsablauf angegeben werden, um Tragsicherheitsnachweise für die Schraubverbindungen 1–4 zu erbringen. Darin soll enthalten sein, welcher Kraftanteil von F_d an der jeweiligen Verbindungsstelle berücksichtigt werden muss.

Ergebnisse:

s. Lösungsteil Seiten 188 bis 190.

Aufgabe 64

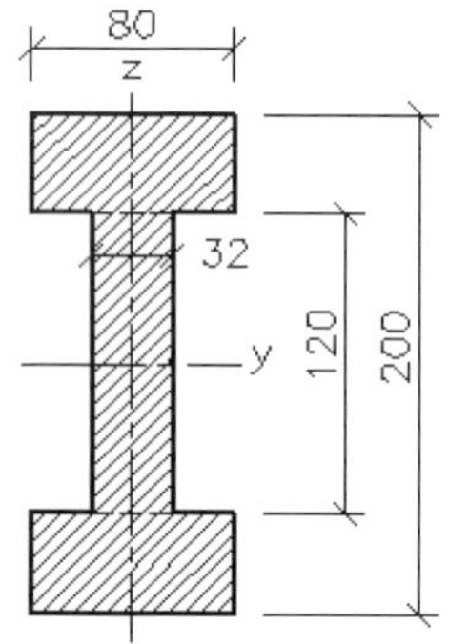

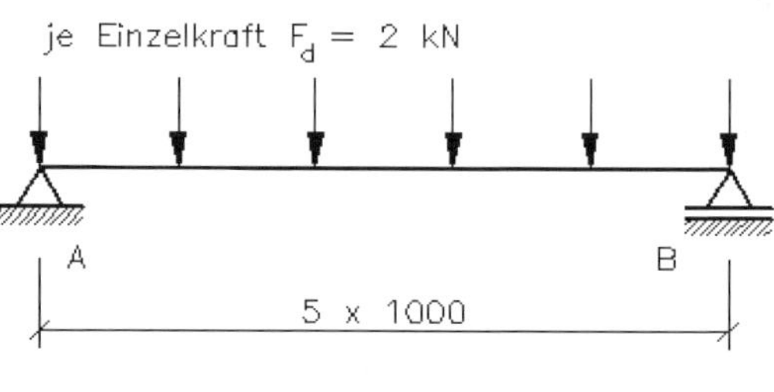

Der Schalungsträger soll gem. Skizze belastet und als homogenes Bauteil betrachtet werden. Basis ist KVH C 35 mit NKL = 3 und KLED = mittel.

Es ist ein Tragfähigkeitsnachweis für eine einachsige Biegung um die *y*-Achse zu führen.

Ergebnisse:

$I_y = 4642\ \text{cm}^4$; $W_y = 464\ \text{cm}^3$; max $M_b = 6$ kNm ; $f_{m,d} = 17{,}5\ \text{N/mm}^2$

12,93/17,5 = 0,74 < 1

Aufgabe 65

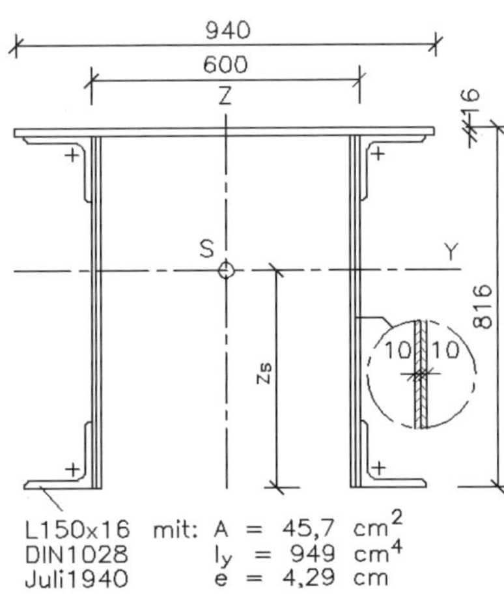

Nach einer Havarie konnte man den Querschnitt eines abgestürzten Längsträgers gut erkennen. Zu berechnen sind die Eigenmasse je Meter Trägerlänge bei einem Zuschlag von 15 % für Niete, Querversteifungen u. a. sowie die Widerstandsmomente W_y.

Ergebnisse:

$m' = 590$ kg/m ; $I_y = 600318$ cm^4 ; $W_{y,\text{oben}} = 18638$ cm^3 ; $W_{y,\text{unten}} = 12155$ cm^3

Aufgabe 66

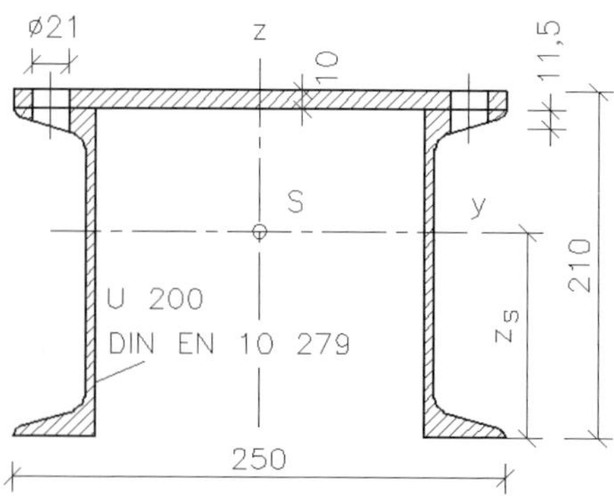

Zwei U-Profile sind biegesteif miteinander verbunden. Die zwei äußeren Bohrungen sollen nach außen versetzt werden, so dass sie durch den oberen Flansch gehen. Das nebenstehende Bild zeigt die Veränderung.

Für diesen Sollzustand sind zu ermitteln:

- der Flächenschwerpunkt z_s
- das Flächenmoment 2. Ordnung I_y und die Widerstandsmomente $W_{y,1}$ für die obere Trägerkante und $W_{y,2}$ für die untere Trägerkante.

Ergebnisse:

$z_s = 121{,}5$ mm ; $I_y = 5313{,}5$ cm^4 ; $W_{y,1} = 600{,}4$ cm^3 ; $W_{y,2} = 437{,}3$ cm^3

Aufgabe 67

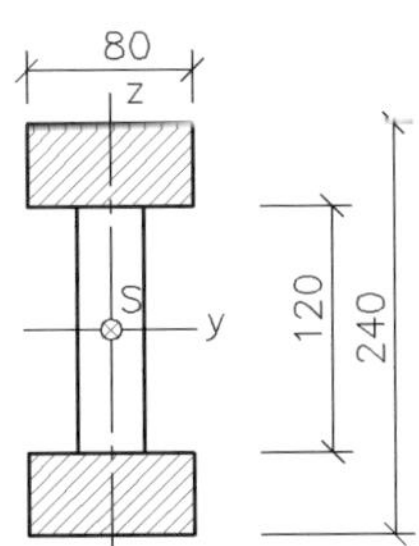

Werksangaben für den Gitterträger aus Holz lauten:

zul $M_b = 7$ kNm

$I_y = 8000\ cm^4$

In der Skizze sind die Abmessungen eingetragen. Die in die Holme passgenau eingesetzten und verleimten Gitterstäbe berechtigen die Holme als ungeschwächt zu betrachten.

Zu ermitteln sind für die schraffierte Querschnittsfläche das Flächenmoment 2. Grades, das Widerstandsmoment sowie das zulässige Biegemoment bei selbst zu wählenden Holzparametern.

Ergebnisse:

$I_y = 8064\ cm^4$; $W_y = 672\ cm^3$

zul $M_d = 10{,}1$ kNm

Aufgabe 68

Der Deckenträger einer Garage soll mit einem Durchbruch versehen werden, um einen Türöffner zu installieren. Um die Schwächung des Profils I 220, DIN 1025, zu kompensieren, sind zwei angepasste Verstärkungsbleche der Größe 190 mm × 240 mm vorgesehen, die mit 4 Schrauben M 12 mit dem Steg des Profils verbunden werden. Es ist nachzuweisen, dass die ursprüngliche Tragfähigkeit des Trägers dadurch wieder erreicht wird.

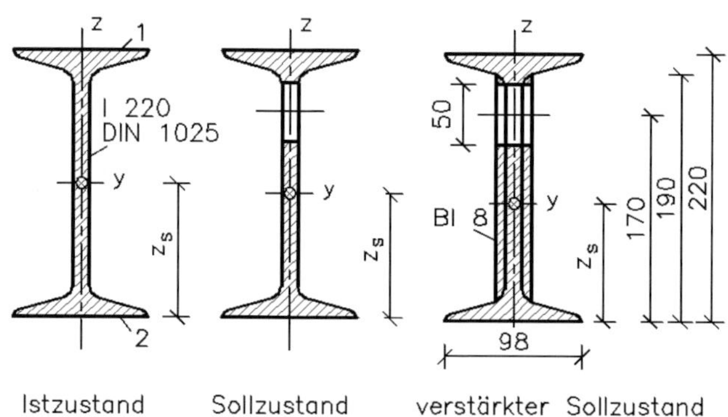

Ergebnisse:

$W_{\text{Istzustand}} = 278{,}0\ \text{cm}^3$; $W_{\text{Sollzustand}} = 247{,}1\ \text{cm}^3$

$W_{\text{verstärkter Sollzustand}} = 279{,}6\ \text{cm}^3$; $W_{\text{verstärkter Sollzustand}} > W_{\text{Istzustand}}$

Aufgabe 69

Die Rekonstruktion dieses Balkons soll u. a. umfassen:

- Ausbau der vorhandenen Betondecke
- Korrosionsschutzbehandlung der Stahlteile
- Einbau einer neuen Stahlbetondielung mit loser Auflage an der Hauswand und im Flansch des Stahlrahmens.

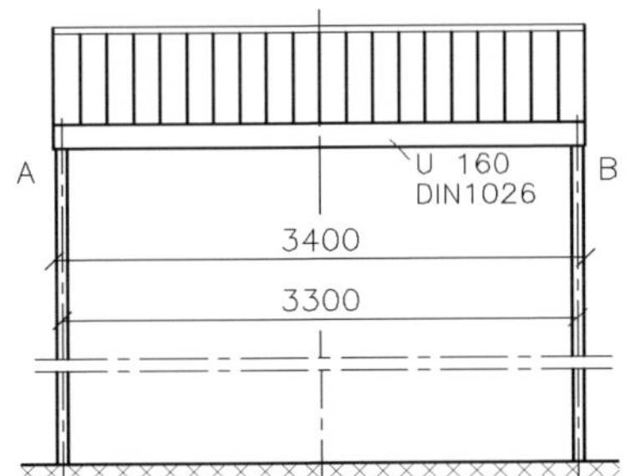

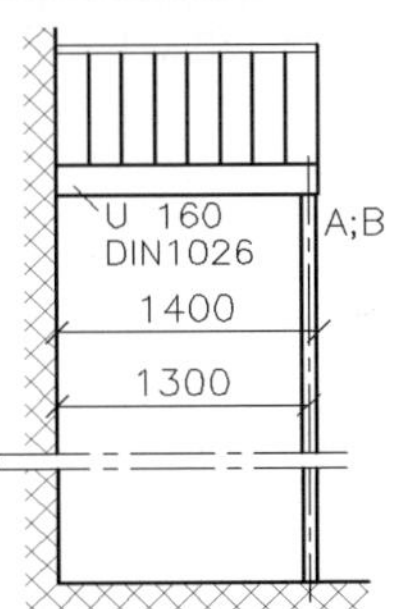

Es ist die **charakteristische** Biegespannung vorh σ_k für den Längsträger bei einer Abminderung des Widerstandsmomentes infolge Abrostung um 10 % zu ermitteln. Die folgenden angegebenen Lastannahmen sind charakteristische Werte:

Eigenlast der einzubringenden Decke	13,5 kN
Eigenlast des Stahlrahmens	1,2 kN
Eigenlast des Geländers	0,5 kN
Nutzlast	23,8 kN

Ergebnisse:

max $M_k = 8{,}4$ kNm ; vorh $\sigma_k = 80{,}5$ N/mm^2

Aufgabe 70

Für den nach Aufgabe 69 zu rekonstruierenden Balkon sind für den Längsträger

1. der charakteristische Querkraft- und Biegemomentenverlauf zu zeichnen und
2. ein Gebrauchstauglichkeitsnachweis zu führen.

In der Lösung zu 1. sollen allgemeine Gleichungen für die Querkraft und das Biegemoment für eine beliebige Stelle l_x enthalten sein. Die charakteristischen Einwirkungen können der Lösung zur Aufgabe 69, Seite 200, entnommen werden.

A B
U 160
DIN 1026

p_k = 6,18 kN/m

$F_{A,k}$ = 10,5 kN $F_{B,k}$ = 10,5 kN

3300
3400

Ergebnisse:

Zu 1.: zeichnerische Darstellungen s. Lösungsteil, Seite 200.

Zu 2.: $F_{Q,lx,k} = -\, p_k \cdot l_x + F_{A,k}$; $M_{lx,k} = -\, p_k \cdot l_x^2/2 + F_{A,k} \cdot (l_x - 0{,}05 \text{ m})$

$M_{A,k} = M_{B,k} = -0{,}008$ kNm ; $M_{Mitte,k} = \max M_k = 8{,}4$ kNm

vorh $f_k \approx 6$ mm < zul $f = 11$ mm ; $6/11 = 0{,}56 < 1$

Aufgabe 71

Für ein Sparrendach wird ein konstruktiver Aufbau nach Skizze zu Grunde gelegt. Die Sparrenfüße können z. B. mit Versatz auf die Deckenbalken gesetzt und mit einem Zimmermannsnagel in der Lage fixiert werden. Die auf einer Mauerlatte ruhenden Deckenbalken nehmen die Zugkräfte auf.

Die Sparrenenden sind am First bei diesem Bauwerk auf Gehrung geschnitten und bilden im Verbund mit einem Firstholz einen Knoten, der als Gelenk betrachtet wird (s. a. Foto zur Aufgabe 6).

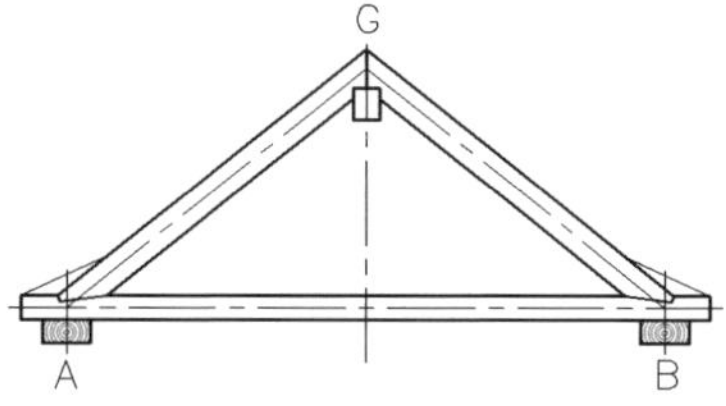

Die Dachneigung beträgt $\alpha = 39°$, die Sparrenlänge ist mit 4,50 m festgelegt. Verwendet werden Betondachsteine, Wärmedämmung und Sparren 10/20 KVH C 30, mit $a = 0{,}8$ m Abstand, NKL = 1, KLED = lang. Die Meeresspiegelhöhe ist $A = 350$ m, Windzone 2, Binnenland, Schneelastzone 2. Es sind für einen Sparren zu ermitteln:

1. die charakteristischen Einwirkungen der Windlast, Schneelast und Eigenlast
2. die charakteristischen Kräfte in den Lagern A, B und G
3. die charakteristischen Normalkräfte, Querkräfte und Biegemomente in den Sparren sowie die zeichnerische Darstellung dieser Schnittgrößen
4. ein Tragfähigkeitsnachweis
5. ein Gebrauchstauglichkeitsnachweis.

Ergebnisse:

Zu 1.: s. Lösungen ; **Zu 2.:** $F_{Av} = 5{,}626$ kN ; $F_{Ah} = 2{,}602$ kN ; $F_{Bv} = 5{,}329$ kN ; $F_{Bh} = -3{,}989$ kN ; $F_{Gh} = -3{,}479$ kN ; $F_{Gv} = 0{,}709$ kN ; **Zu 3.:** $F_{N,Am} = -3{,}90$ kN ; $F_{N,Bm} = -4{,}80$ kN ; max $M_A = 3{,}08$ kNm ; max $M_B = 1{,}84$ kNm ; **Zu 4.:** $0{,}00 + 0{,}39 - 0{,}39 < 1$; $0{,}00 + 0{,}7 \cdot 0{,}39 = 0{,}27 < 1$; **Zu 5.:** 8,9 mm < 4500 mm/300 = 15 mm

Aufgabe 72

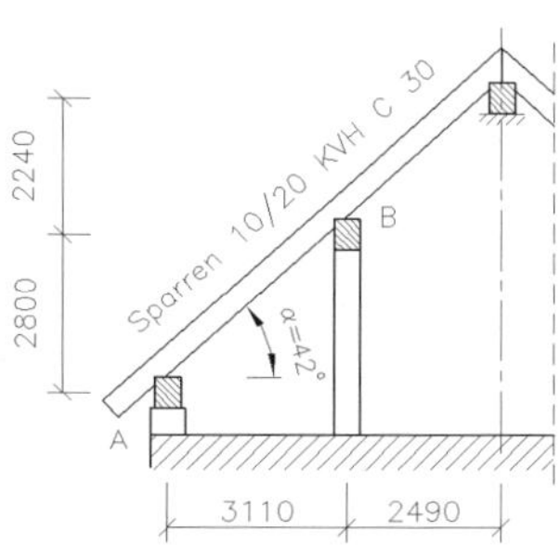

Die Sparren des dargestellten Pfettendaches sollen berechnet werden.

Für den Dachaufbau wird eine charakteristische Belastung von $g_{ges} = 1{,}69\ \text{kN/m}^2$ vorgegeben. Der Sparrenabstand ist $a = 0{,}75$ m. Das 12 m hohe Gebäude befindet sich in innerstädtischer Bebauung (Bremen) der Geländekategorie II, 30 m über Meeresspiegelniveau. Der Sparrenabstand ist $a = 0{,}75$ m.

Zu ermitteln sind:

1. die charakteristischen Einwirkungen der Windlast, Schneelast und Eigenlast
2. die charakteristischen Kräfte in den Lagern A und B
3. die charakteristischen Normalkräfte, Querkräfte und Biegemomente in den Sparren sowie die zeichnerische Darstellung dieser Schnittgrößen
4. ein Tragfähigkeits- und ein Gebrauchstauglichkeitsnachweis mit NKL = 1 und KLED = ständig
5. eine Einschätzung des Fehlers, der entsteht, wenn bei der Festlegung des Tragwerksmodells das auskragende Sparrenteil an der Traufkante vernachlässigt wird.

Ergebnisse:

Zu 1.: Wind-, Schnee- und Eigenlasten s. Lösungen ; **Zu 2.:** $F_{Av} = 3{,}31$ kN ; $F_{Ah} = -1{,}06$ kN ; $F_{Bv} = 4{,}15$ kN ; $F_{Bh} = 0$; **Zu 3.:** $F_{N,m} = +0{,}669$ kN ; $F_{Q,A} = 3{,}169$ kN ; max $M = 3{,}268$ kNm ; **Zu 4.:** $0{,}49 < 1$; $0{,}34 < 1$; $8{,}2\ \text{mm} < 14\ \text{mm}$; **Zu 5.:** Fehler für max $M \approx 2$ %

Aufgabe 73

Die Treppe ist eine Holzkonstruktion nach Aufgabe 25 und ein in sich starres Gebilde. Die Befestigung erfolgt auf der rückwärtigen Seite durch je zwei obere und zwei untere Wandschrauben, wobei die oberen Schrauben durch Langlöcher führen. Die Abstützung auf dem Boden übernehmen zwei Justierschrauben, mit denen die Treppe waagerecht ausgerichtet werden kann.

Jede Trittstufe wird durch 5 Einzelkräfte, $F = F_k = 500$ N, belastet. Die Abstände l_F (gemessen von der Rückwand bis zur Kraftwirkungslinie von F) betragen:

$l_{F1} = 40$ mm ; $l_{F2} = 300$ mm ;

$l_{F3} = 553$ mm ; $l_{F4} = 806$ mm ;

$l_{F5} = 1059$ mm ; $l_{F6} = 1312$ mm ;

$l_{F7} = 1565$ mm

Zu ermitteln sind:

1. die Kräfte $F_{W,v,k}$ für die Wand- und $F_{J,k}$ für die Justierschrauben
2. ein Biegespannungsnachweis für die Trittstufen.

Der Biegespannungsnachweis soll mit den angegebenen Einzelkräften geführt werden. Das Ergebnis ist mit der Biegespannung zu vergleichen, die sich ergibt, wenn die Trittstufe nach EC 5 mit einer Nutzlast von $q_k = 3$ kN/m² belastet wird.

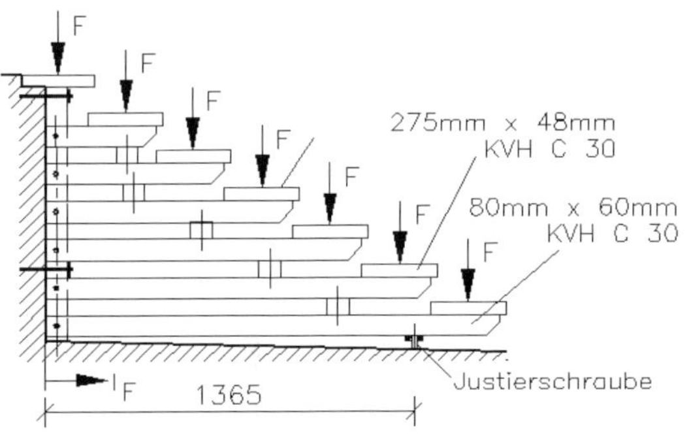

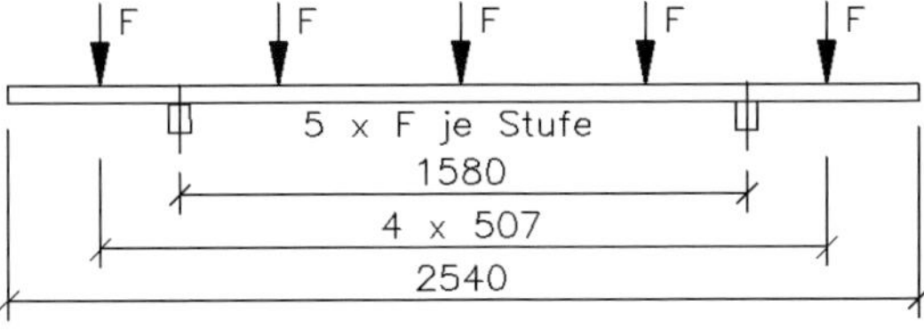

Ergebnisse:

Zu 1.: $F_{j,k} = 5{,}6$ kN ; $F_{W,v,k} = 4{,}2$ kN

Zu 2.: 3,42 N/mm² ; 0,30 < 1; 2,56 N/mm² ; 0,22 < 1

Aufgabe 74

Für die Stahlstützen der Schallschutzwand ist ein Tragsicherheitsnachweis zu führen. Die Stützen sind aus breitem I-Profil, HEB 200, DIN EN 10034, S 235, gefertigt. Es soll mit einer konstanten Höhe von 5 m gerechnet werden, ferner Windzone 2, Binnenland; $h \leq 10$ m; Geländekategorie III; Druckbeiwert $c_{p,net} = 2{,}1$ für Bereich B; $l/h > 10$.

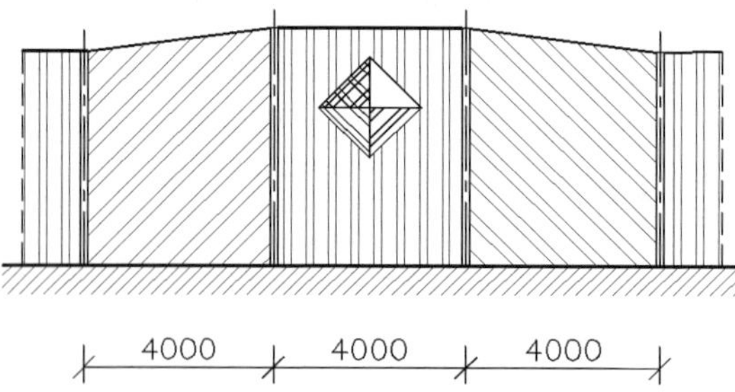

Ergebnisse:

$F_{W,d} = 41{,}0$ kN ; $M_{W,d} = 102{,}4$ kNm ; $F_{G,d} = 3{,}5$ kN;

$\sigma_{b,d} = 179{,}7$ N/mm^2 ; $\tau_{a,d} = 26{,}8$ N/mm^2;

$\sigma_{d,d} = 0{,}45$ N/mm^2 ; $0{,}62 < 1$

Aufgabe 75

In der Lösung zur Aufgabe 22, Seite 136, sind die Bemessungswerte der Kräfte $F_{1,d}$–$F_{5,d}$ für den Rohrträger sowie die Lagerkräfte $F_{A,d}$ und $F_{B,d}$ ermittelt worden. In diesen Kräften ist bereits das Eigengewicht des Rohrträgers (Stahlrohr 60,3 × 2,5 nach DIN EN 10219-2, S 235) enthalten.

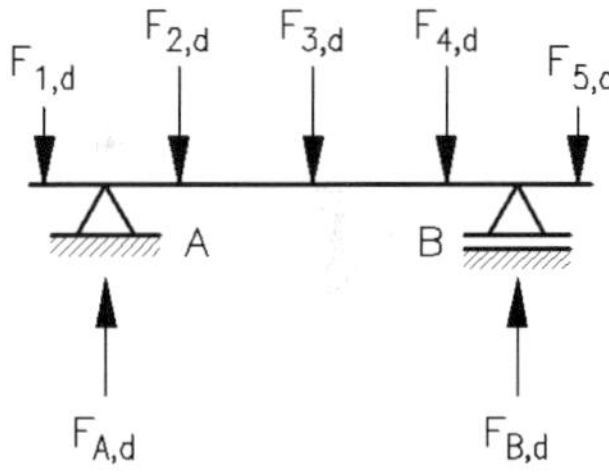

Zu ermitteln sind:

1. die Querkräfte und die Biegemomente bei 1–5, A und B sowie die Stelle l_x des Nulldurchganges des Biegemomentes
2. die zeichnerische Darstellung des Querkraft- und des Biegemomentenverlaufs.

Ergebnisse:

Zu 1.: max $F_{Q,d} = 1{,}534$ kN ; max $M_d = 7{,}158$ Nm ; $l_x = 0{,}1$ m für $M = 0$

Zu 2.: Die Verläufe von Querkraft und Biegemoment zeigt der Lösungsteil auf Seite 228.

Aufgabe 76

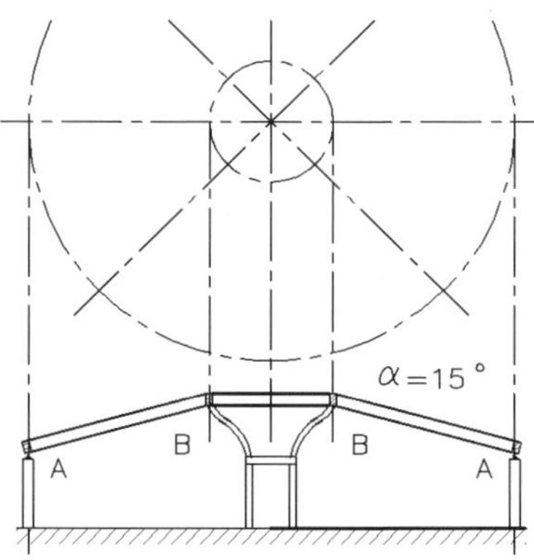

Das Tragwerk eines Daches für eine Badehalle ist als Kegelstumpf aus Brettschichtholz gefertigt. Die 8 Dachsparren sind oben bündig mit einem inneren und einem äußeren Tragring verbunden. Der innere Tragring ($d_i = 4$ m) ruht auf kelchförmigen Stützen, der äußere Tragring ($d_a = 16$ m) auf Säulen, deren obere Auflagen als Kugelgelenke ausgebildet sind.

1. Für einen Dachsparren ist ein statisches System für die Lasten g, s und $w_\perp$ anzugeben. Aus der auf ein Sparrensegment entfallenden vertikalen Dachlast F'' (als allgemeine Größe einer Flächenlast) ist eine ungleichmäßige Streckenlast mit q_a und q_i zu entwickeln und ihr Schwerpunkt x_s anzugeben.
2. Mit den oben ermittelten Werten sind die vertikalen Auflagerkräfte und das größte Biegemoment zu berechnen, wiederum als Funktion der allgemeinen Größe F''.

Ergebnisse:

Zu 1.: $F_1 = 23{,}562\ \text{m}^2 \cdot F''$; $q_a = 6{,}283\ \text{m} \cdot F''$; $q_i = 1{,}571\ \text{m} \cdot F''$; $x_s = 2{,}4$ m

Zu 2.: $F_{Av} = 14{,}137\ \text{m}^2 \cdot F''$; $F_{Bv} = 9{,}425\ \text{m}^2 \cdot F''$; $\max M = 17{,}845\ \text{m}^3 \cdot F''$

Aufgabe 77

Die Skizze zeigt die vereinfachte Darstellung eines Dachträgers aus Brettschichtholz mit der konstanten Dicke *b*.

Mit den allgemeinen Zahlen für die Querschnittshöhe h_A im Querschnitt A, die Trägerdicke *b* und die Kraft *F* sind die Abscher- und größte Normalspannung zu ermitteln.

Die Auflasten im Bereich $l_{A\text{-}P}$ und der Trägerspitze sollen unberücksichtigt bleiben.

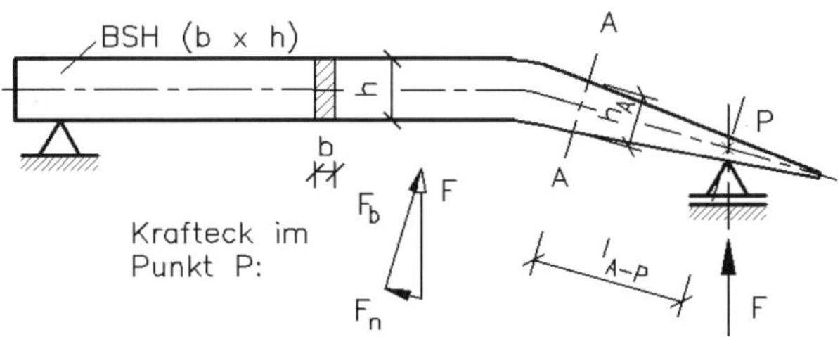

Ergebnisse:

$$\tau_a = \frac{F_b}{b \cdot h_A}; \quad \max \sigma = -\frac{F_b \cdot l_{A-P}}{\frac{b \cdot h_A^2}{6}} - \frac{F_n}{b \cdot h_A}$$

Aufgabe 78

Die abgebildete Treppe stützt sich auf einen Kragträger ab. Für die Einspannstelle E sowie den Querschnitt A des ersten kreisförmigen Durchbruchs ist ein Biegetragsicherheitsnachweis anzufertigen. Der Werkstoff ist S 235.

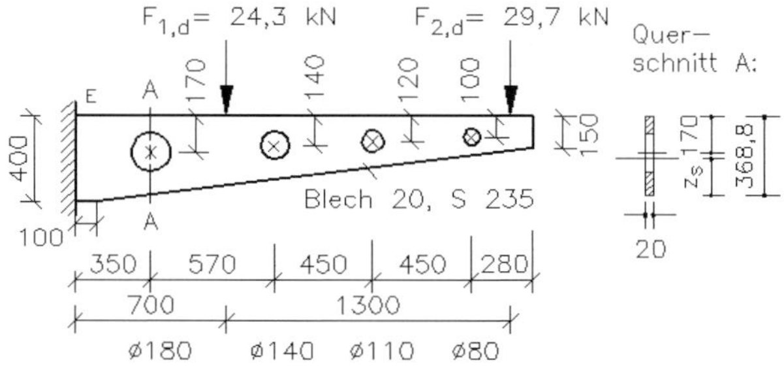

Ergebnisse:

$\sigma_{Ed} = 143{,}3$ N/mm^2 ; $\tau_{a,Ed} = 6{,}75$ N/mm^2 ; 0,373 < 1 ; $\sigma_{Ed} = 157{,}3$ N/mm^2 ; $\tau_{a,A,d} = 14{,}3$ N/mm^2 ; 0,46 < 1

Aufgabe 79

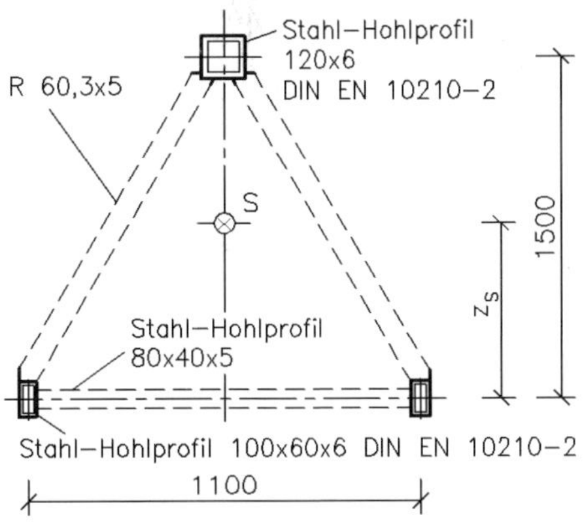

Der Kranausleger soll an der Stelle, an der das Abspannseil angreift, als fest eingespannter Biegeträger betrachtet werden. Das Eigengewicht des Auslegers beträgt 1,3 kN/m, das für die Laufkatze 1,7 kN. Bei der Berechnung der Widerstandsmomente sind nur die durchlaufenden Längsträger des Auslegers zu berücksichtigen. Die Nutzlast ist mit Rücksicht auf Beschleunigungen beim Heben und Senken mit dem Faktor $k = 1{,}4$ in die Rechnung einzusetzen. Die größte charakteristische Biegespannung werde auf 160 N/mm^2 begrenzt.

Zu ermitteln sind:

1. für den Trägerquerschnitt der Flächenschwerpunkt z_S, das Flächenmoment zweiten Grades I_y, die Widerstandsmomente $W_{y,\text{oben}}$ und $W_{y,\text{unten}}$ sowie das ertragbare charakteristische Biegemoment M_k
2. die charakteristische Nutzlast $F_{N,k}$ am Kranhaken und der Querkraft- und Biegemomentenverlauf.

Ergebnisse:

Zu 1.: $z_S = 65{,}53$ cm ; $I_y = 343100$ cm^4 ; $W_{y,o} = 3792$ cm^3 ; $W_{y,u} = 4865$ cm^3 ; min $M_k = 606{,}7$ kNm;

Zu 2.: $F_N = F_{N,k} = 16{,}38$ kN. Die Verläufe sind im Lösungsteil, Seite 236, abgebildet.

Aufgabe 80

Die auskragende Platte ruht samt Aufbau auf drei Stützen. Sie entspricht also einem Zweifeldträger. In der angegebenen Belastung von $p = 100$ kN/m sind alle Einwirkungen enthalten. Ohne Berücksichtigung ungünstigster Laststellungen sind unter Verwendung von Formeln aus Bautabellen die drei Auflagerkräfte zu berechnen. Mit herzuleitenden Gleichungen sollen die Querkräfte und Biegemomente in den Lagern A, B und C sowie bei den Längen l_x und l_0 berechnet werden. Die Länge l_x ist die Stelle, an der das Biegemoment einen Extremwert hat. Die Länge l_0 ist die Stelle, an der das Biegemoment durch null geht. Querkraft- und Biegemomentenverlauf sind zeichnerisch darzustellen.

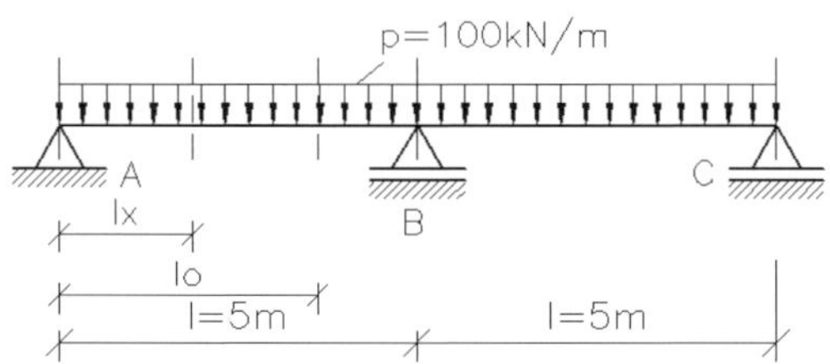

Ergebnisse:

$F_A = F_C = 187{,}5$ kN ; $F_B = 625{,}0$ kN ; $F_{Q,A} = 187{,}5$ kN ; $F_{Q,B} = -312{,}5$ kN (links von B) ; $F_{Q,B} = 312{,}5$ kN (rechts von B) ; $F_{Q,C} = -187{,}5$ kN ; $l_x = 1{,}875$ m; $l_0 = 3{,}75$ m ; $M_B = -312{,}5$ kNm ; $M_{lx} = 175$ kNm.

Die Verläufe sind dem Lösungsteil, Seite 238, zu entnehmen.

Aufgabe 81

In eine 36,5 cm dicke Außenwand einer ehemaligen Transformatorenstation ist eine Öffnung für den Einbau eines Schwingtores einzufügen.
Der Durchbruch soll durch zwei 17,5 cm breite, nebeneinanderliegende und übermauerte Ziegelflachstürze mit $g = 0{,}49$ kN/m tragfähig gestaltet werden. Die spezifische Eigenlast der Mauer wird mit $G_M = 17$ kN/m^3 vorgegeben. Die anteilige Tiefe der 20 cm dicken Stahlbetondecke oberhalb des Ziegelmauerwerkes beträgt 1,85 m.

Im Bereich des Trägers und der Lastflächen befinden sich keine störenden Öffnungen, so dass sich Gewölbewirkung ausbilden kann. Es wird deshalb nach DIN 1053-1 mit einem gleichseitigen Dreieck mit $\alpha = 60°$ als Belastungsfläche ohne Abzug der Dreiecksspitze sowie mit anteiliger Dachlast als Einzellast gerechnet. Zu berücksichtigen ist eine Schneelast mit $\mu_1 \cdot s_k = 0{,}75$ kN/m^2.

Für die 2,5 m langen Ziegelstürze gibt der Hersteller eine Belastbarkeit von je 15,33 kN/m bei 3,2 mm Durchbiegung an.

Es sind statische Nachweise für die Stürze sowie die Außenwand zu erbringen.

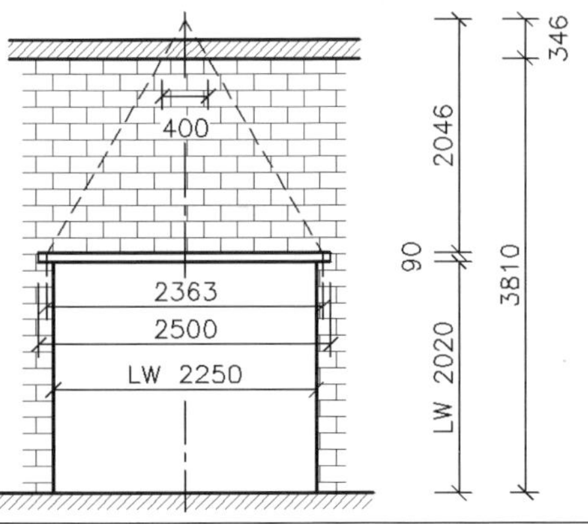

Ergebnisse:

$F_{Av} = F_{Bv} = 10{,}21$ kN

max $M = 8{,}77$ kNm < zul $M = 21{,}40$ kNm ; max $F_Q = 10{,}21$ kN < 36,22 kN ;

vorh $\sigma_d = 0{,}23$ N/mm^2 < zul $\sigma = 1{,}2$ N/mm^2 ; vorh $t = 125$ mm > erf $t = 100$ mm

Aufgabe 82

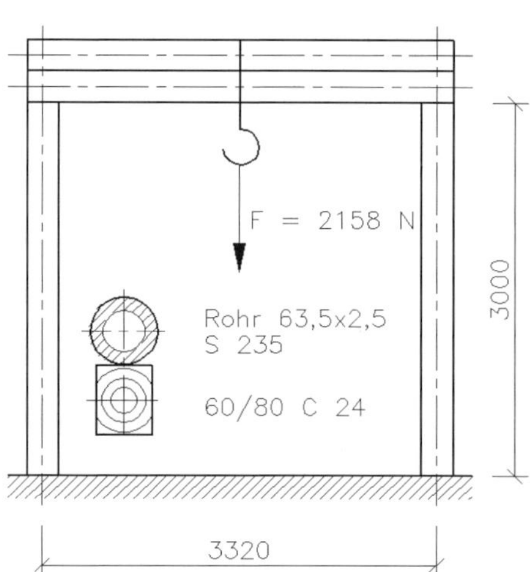

Der horizontale Träger eines „Behelfs-Portalkranes" besteht aus einem Kantholz und einem lose aufgelegten Rohr. Über den Stützen sind beide Trägerteile formschlüssig verbunden.

Zu ermitteln sind die Kraftanteile, die auf das Stahlrohr und das Kantholz entfallen sowie die zugehörigen Biegespannungen und die größte Durchbiegung, wenn eine Masse einschließlich Anschlagmittel und Träger von $m = 220$ kg als Einzellast wirksam ist.

Formeln für die Berechnung von Durchbiegungen sind Bautabellen zu entnehmen.

Ergebnisse:

$F_S = 1396$ N ; $F_H = 762$ N ; $\sigma_{b,S} = 164{,}8$ N/mm^2 ; $\sigma_{b,H} = 9{,}9$ N/mm^2 ;
$w = w_S = w_H = 22{,}7$ mm

Aufgabe 83

Im Zusammenhang mit der Rekonstruktion einer Brücke ist zur Aufnahme einer Bohrvorrichtung eine zeitlich begrenzte Hilfskonstruktion erforderlich, die das etwa 14,5 m breite Flussbett überspannen muss. Die Hilfskonstruktion aus zwei Längsträgern I 300 (HEB), DIN EN 10 034 soll auf der Seite A auf verfestigtem Mauerwerk und auf der Seite B auf einem Konsolträger U 320 gelagert werden. Die Hilfskonstruktion soll in Flussrichtung ca. 1 m verschiebbar sein. Der Konsolträger wird durch 4 Spannstäbe TITAN 15 an einer vorhandenen, tragfähigen Betonwand befestigt.

Es sind für die Durchführung der Baumaßnahme die notwendigen statischen Nachweise mit folgenden Lasten zu führen:

$g_G = 0{,}5$ kN/m	für Abbohlung und Schutzgerüst
$g_T = 2{,}34$ kN/m	für 2 Träger I 300
$F_g = 5{,}5$ kN	für Bohreinrichtung und Personen.

Die technologisch bedingte Durchbiegung darf maximal $w = 20$ mm betragen. Die zulässigen Belastungen der Spannstäbe sind Herstellerangaben zu entnehmen.

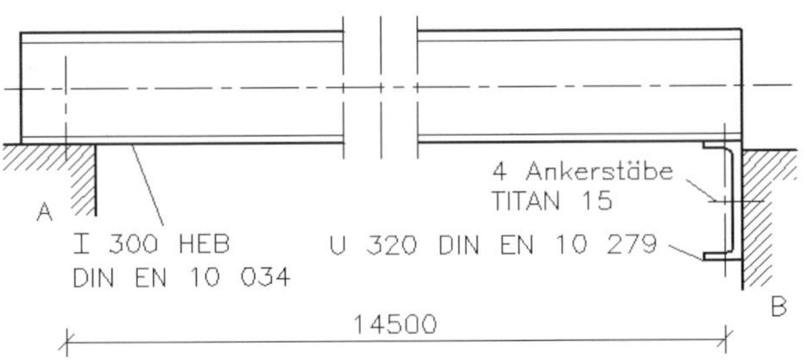

Ergebnisse:

max $\sigma_d = 38{,}9$ N/mm^2 ; max $w = 18{,}8$ mm < 20 mm ;
vorh $N = 2{,}60$ kN < zul $N = 45{,}6$ kN

Aufgabe 84

Das Bild zeigt einen Träger, der aus mehreren „Schichten" besteht (hier einzelne, nur lose übereinander gelegte Bretter). Der Träger ruht auf zwei Balken, die die Lagerung übernehmen. Beim Belasten des Trägers zwischen den Lagern tritt Biegung auf, und die Schichten verschieben sich gegeneinander. Am Ende des Trägers zeigen sich die Verschiebungen.

Wird die Verschiebung der einzelnen Schichten kraft- oder formschlüssig verhindert (wie z. B. bei Brettschichtholz durch Leim, Dübel u. a.), tritt zwischen den Schichten eine Tangentialspannung als Schubspannung auf.

Für einen solchen Träger (s. Skizze) ist die Schubspannung in der im Bild markierten Fuge bei 100 mm Höhe zu berechnen. Ferner sind die Biegespannungen in der Fuge sowie in den Randschichten des Holzes zu ermitteln.

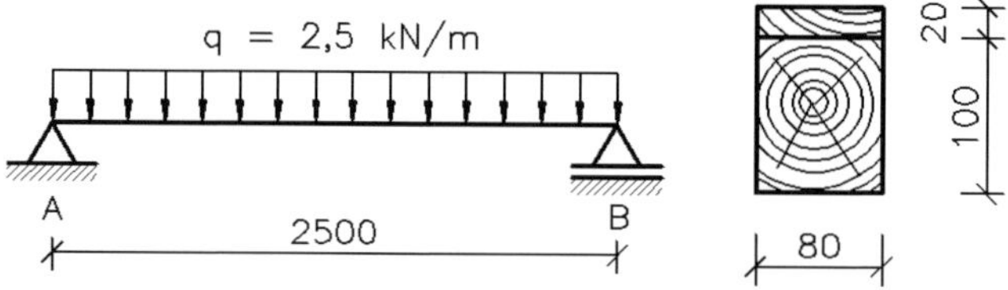

Ergebnisse:

$\tau_Q = 0{,}27$ N/mm²

$\sigma_b = 6{,}78$ N/mm² in der Fuge ; $\sigma_b = 10{,}17$ N/mm² in den Randschichten

Aufgabe 85

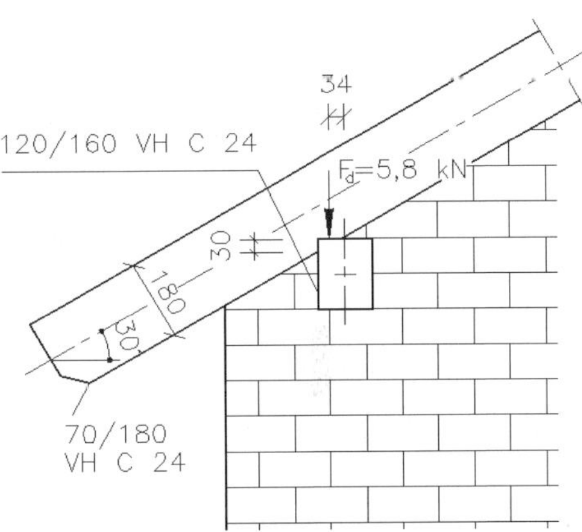

Der Dachsparren, VH C 24, überträgt auf die Pfette, VH C 24, eine vertikale Kraft von $F_d = 5{,}8$ kN. Die Kragarmlänge der Pfette beträgt 0,6 m. Der senkrechte Einschnitt in den Sparren ist 30 mm, die Dachneigung 30°; NKL = 2, KLED = lang.

Anzufertigen sind Tragfähigkeitsnachweise für:

1. Druck im Sparreneinschnitt
2. Druck in der Pfette infolge Sparrenauflage
3. Schub in der Pfette infolge Querkraft
4. Biegespannung in der Pfette.

Ferner sind zu ermitteln:

5. Durchbiegung der Pfette
6. Außermittigkeit der Vertikalkraft.

Ergebnisse:

Zu 1.: 0,80 N/mm^2 < 2,43 N/mm^2 ; 0,8/2,43 = 0,33 < 1

Zu 2.: 0,86 N/mm^2 < 2,02 N/mm^2 ; 0,86/2,02 = 0,43 < 1

Zu 3.: 0,46 N/mm^2 < 1,08 N/mm^2 ; 0,46/1,08 = 0,43 < 1

Zu 4.: 6,90 N/mm^2 < 12,92 N/mm^2 ; 6,90/12,92 = 0,53 < 1

Zu 5.: $w = 0{,}8$ mm < zul $w = 4$ mm

Zu 6.: $a = b/2 - l_a/2 = 34$ mm

Aufgabe 86

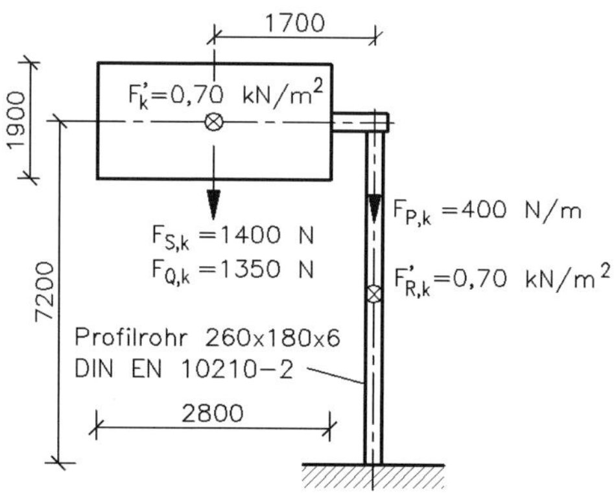

Die Tragkonstruktion für die Verkehrsleiteinrichtung soll aus Profilrohr, S 235, der angegebenen Abmessung gefertigt werden. Stütze und abgewinkelter Kragträger sind biegesteif miteinander verbunden. Die Stütze ist im Fundament fest eingespannt.

Als **charakteristische** Werte sind für die Einspannstelle am Fußpunkt zu berechnen:

- die aus der Schildkraft $F_{S,k}$ und der Kraft des Querträgers $F_{Q,k}$ entstehende Biegespannung
- die aus allen vertikalen Kräften entstehende Druckspannung
- die aus den Windkräften F'_k und $F'_{R,k}$ entstehende Biegespannung
- die aus den Windkräften F'_k und $F'_{R,k}$ entstehende Abscherspannung
- die aus der Windkraft F'_k entstehende Tangentialspannung als Verdrehspannung
- der Torsionswinkel φ und die Verschiebung f der äußersten Kante des Schildes.

Ergebnisse:

$\sigma_{b,k} = 14{,}98\ \text{N/mm}^2$; $\sigma_{d,k} = -1{,}1\ \text{N/mm}^2$; $\sigma_{b,k} = 79{,}16\ \text{N/mm}^2$;
$\tau_{a,k} = 0{,}91\ \text{N/mm}^2$; $\tau_{T,k} = 11{,}92\ \text{N/mm}^2$; $\varphi_k = 0{,}012\ \text{rad} = 0{,}58°$; $f = 31{,}6\ \text{mm}$

Aufgabe 87

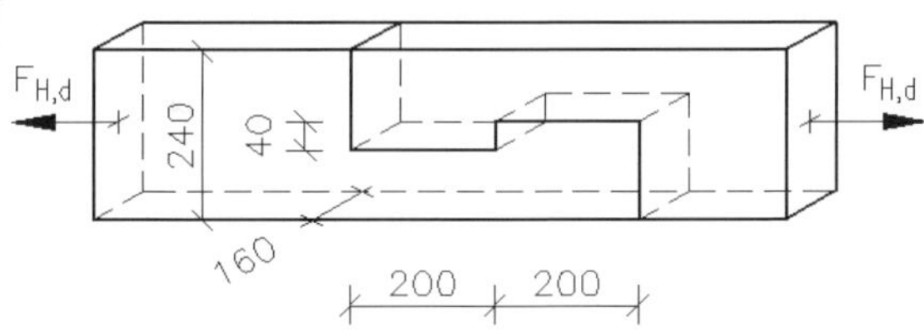

Das gezeichnete Hakenblatt gehört zu einem Zugbalken eines Sparrendaches (vgl. Aufgabe 71) und wird mit einer Zugkraft von $F_{H,d} = 25$ kN belastet.

Zu ermitteln sind:

1. ein Tragfähigkeitsnachweis für die Abscherung im Vorholz und die Druckspannung im Versatz
2. ein Tragfähigkeitsnachweis für die größte Normalspannung in der Verbindung, wenn die Zug- und Biegespannung überlagert werden; die Spannungsverteilung ist dabei zeichnerisch darzustellen.

Für die geforderten Nachweise ist Nadelholz 160/240 VH C 30 zu Grunde zu legen.

NKL = 1; KLED = ständig.

Ergebnisse:

Zu 1.: 0,78/0,92 = 0,85 < 1 ; 3,91/10,63 = 0,37 < 1

Zu 2.: 1,56/8,32 + 6,56/13,86 = 0,66 < 1 und
1,56/8,32 + 0,7 · 6,56/13,86 = 0,52 < 1

Aufgabe 88

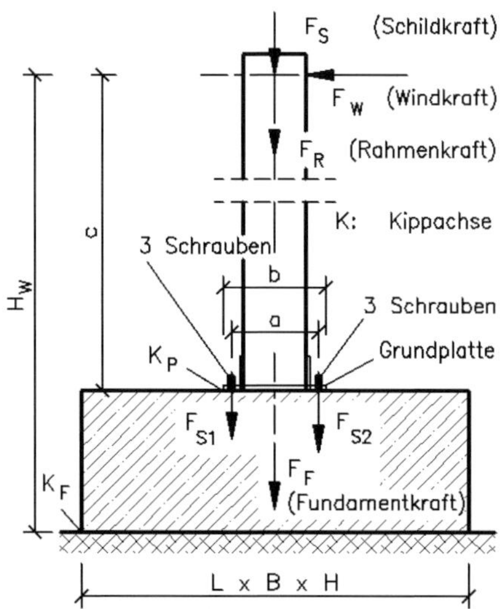

Der Rahmen einer Verkehrsleiteinrichtung ruht mittig auf zwei Einzelfundamenten, die in Richtung Straßenverlauf ausgerichtet sind. Die nebenstehende Skizze zeigt die Längsansicht eines Fundamentes mit den Abmessungen $L \times B \times H$.

1. Es sind mit allgemeinen Größen die in der Fundamentsohle wirkenden Spannungen ohne Berücksichtigung von Rechenparametern, Beiwerten und Faktoren zu berechnen und zeichnerisch darzustellen.
2. Für die insgesamt 6 Ankerschrauben (3 Stück je Reihe) ist anzugeben, wie die in ihnen wirkenden Zugkräfte F_{S1} und F_{S2} ermittelt werden können.
3. Ohne Berücksichtigung des seitlichen Erddruckes soll ein Lösungsweg für die Berechnung der Standsicherheit angegeben werden.

Ergebnisse:

Zu 1.: $\sigma_d = (F_S + F_R + F_F)/(L \cdot B)$; $\sigma_b = (F_W \cdot H_W)/(B \cdot L^2/6)$

Zu 2.: $F_{S2} = [F_W \cdot c - (F_S + F_R) \cdot b/2] \cdot (a + b)/(a^2 + b^2)$

Zu 3.: $S = (F_S + F_R + F_F) \cdot L/(2 \cdot F_W \cdot H_W)$

Aufgabe 89

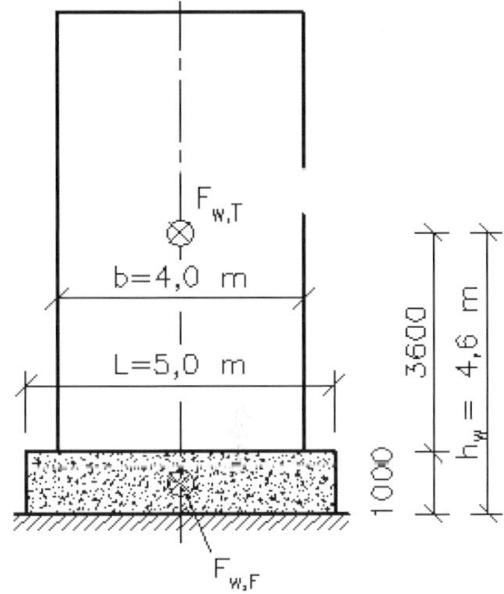

Das Tragwerk und die Bautafel sind mit dem Betonfundament biegesteif verbunden.

Mit den angegebenen charakteristischen Einwirkungen sind zu ermitteln:

1. die Standsicherheit S bei Einwirkung der Windkraft, der Durchstoßpunkt e_x der Resultierenden in der Bodenfuge sowie die Größen des Querschnittkerns e und max e
2. die maximale Randspannung max σ_d in der Bodenfuge bei einem beliebigen Baugrund.

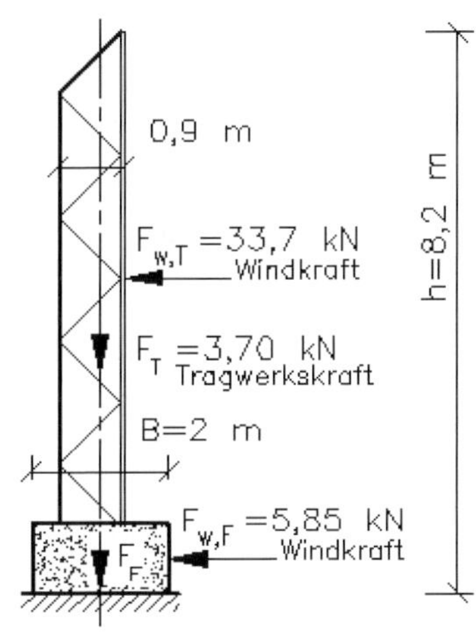

Ergebnisse:

Zu 1.: $S = 1{,}46 \approx 1{,}5$; $e_x = 0{,}685$ m ; $e = 0{,}333$ m ; max $e = 0{,}667$ m

Zu 2.: max $\sigma = 97{,}7$ kN/m^2

Aufgabe 90

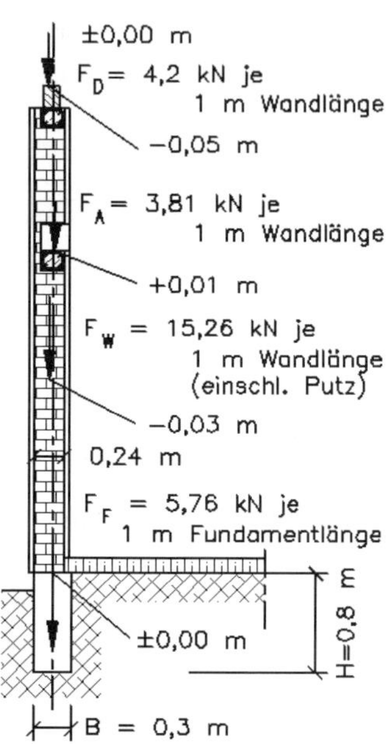

Die Außenwand leitet Kräfte aus dem Dach (D) und einer Holzbalkendecke (A) in ein Streifenfundament (F). Die Holzbalkendecke liegt in Höhe von 2,5 m über OKF. In dem Wandgewicht F_W ist bereits der Innen- und Außenputz berücksichtigt. Das Mauerwerk besteht aus Ziegeln der Steinfestigkeitsklasse 12 und Mörtelgruppe II. Alle in der Skizze eingetragenen Kräfte sind charakteristische Einwirkungen (s. Vorbemerkung in der Lösung).

Zu ermitteln sind:

1. ein Druckspannungsnachweis für das Mauerwerk
2. ein Sohldrucknachweis für den Baugrund unter Berücksichtigung der Außermittigkeit der Lasteintragung. Der bindige Baugrund ist tonig und halbfest.

Die angegebenen Außermittigkeiten sind in der Skizze relativ zur Fundamentmitte bemaßt.

Ergebnisse:

Zu 1.: $\sigma_d = 0{,}097$ N/mm^2 < zul $\sigma = 0{,}6$ N/mm^2 ; 0,16 < 1

Zu 2.: $\sigma_{R,d} = \sigma_{R,d(B)} = 270$ kN/m^2 ; $e_x = 0{,}022$ m < $e = 0{,}05$ m ;
$|\max \sigma_d| = 190{,}99$ kN/m^2 < 270 kN/m^2 ; 190,99/270 = 0,71 < 1

Aufgabe 91

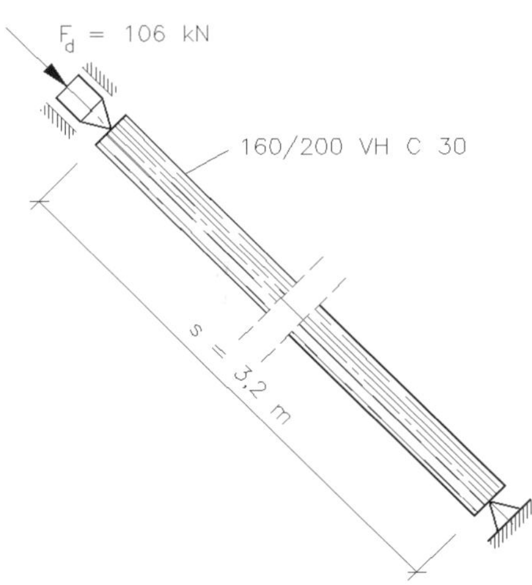

Die beiden Hauptträger der Brücke werden durch je zwei diagonal eingepasste Kanthölzer 160 mm × 200 mm unterstützt. Der Bemessungswert in Stabrichtung ist zu $F_d = 106$ kN ermittelt worden.

Die Stützen sind aus Kiefer – Vollholz (VZ) der Festigkeitsklasse C 30, Nutzungsklasse NKL = 3, Lasteinwirkungsdauer KLED = ständig.

Für die angenommene Lagerung ist ein Knicknachweis zu führen.

Ergebnisse:

$\lambda = 69{,}3$; $\dfrac{N_d / A_n}{k_c \cdot f_{c,0,d}} = 3{,}31/4{,}92 = 0{,}67 < 1$

Aufgabe 92

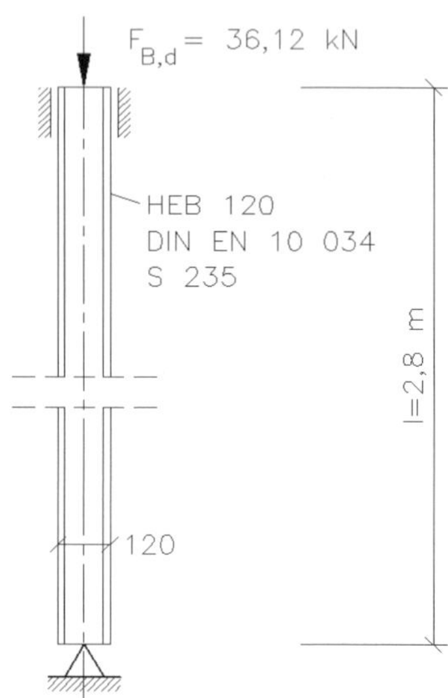

In der Aufgabe 18 ist die charakteristische Stützenkraft unterhalb des zweiten Balkons zu $F_{B,k} = 26{,}08$ kN berechnet worden Der Bemessungswert beträgt $F_{B,d} = 36{,}12$ kN. Die Stützen bestehen aus breiten I-Trägern HEB 120.

Es ist ein Biegeknicksicherheitsnachweis zu führen.

Die Halterung werde oben fest eingespannt mit vertikaler Beweglichkeit der Einspannung und unten gelenkig gelagert betrachtet.

Ergebnisse:

$\lambda = \frac{L_{cr}}{i_{min}} = 64{,}1$; $\bar{\lambda} = \frac{\lambda}{\lambda_1} = 0{,}68$; $\frac{N_{Ed}}{N_{b,Rd}} = 36{,}12/537{,}5 = 0{,}07 < 1$

Aufgabe 93

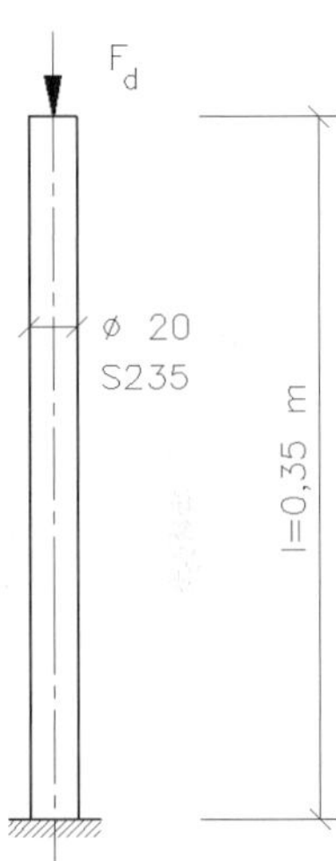

Ein Teil des Daches eines Einfamilienhauses ruht auf dem dargestellten Stab aus Rundstahl 20, S 235. Der Stab ist unten fest eingespannt. Die Holzstütze ist seitlich nicht geführt.

Wegen eines Messfehlers im Fundamentbereich ist der vergrößerte Abstand zur Holzstütze durch einen Rundstab ausgeglichen worden.

Ohne Wertung der konstruktiven Ausbildung soll angegeben werden, welchen Bemessungswert F_d der Stab aufnehmen kann.

Ergebnisse:

$L_{cr} = 70$ cm ; $\bar{\lambda} = 1{,}49$; $\chi = 0{,}32$;

$F_d = N_{Ed} = 21{,}5$ kN

Aufgabe 94

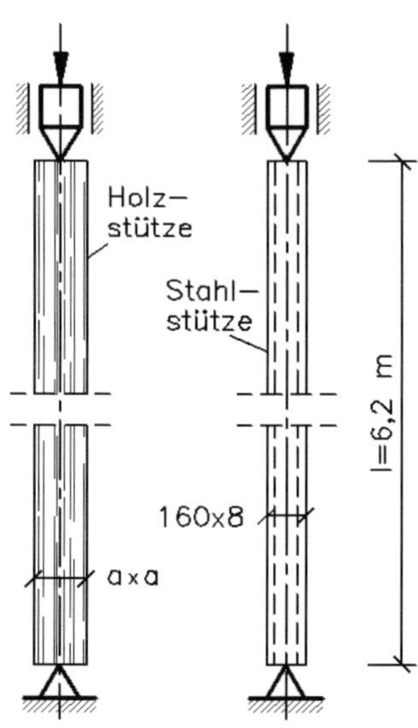

Die Stützen einer Lagerhalle bestehen aus kalt gefertigtem, quadratischem Stahl-Hohlprofil 160 × 8, S 235, DIN EN 10219-2 und sind $l = 6{,}2$ m lang. Sie werden oben und unten als gelenkig gelagert betrachtet.

Welchen Bemessungswert N_d kann eine solche Stütze aufnehmen? Welche Querschnittsabmessungen $a \times a$ müsste eine quadratische Stütze aus Brettschichtholz [$a \times a$, BSH GL 28 (c); NKL = 2; KLED = lang] haben, um einen gleichen Bemessungswert wie die Stahlstütze aufnehmen zu können? Das Maß a soll geradzahlig angegeben werden.

Ergebnisse:

Stahlstütze: $\bar{\lambda} = 1{,}08$; $\chi = 0{,}50$; $F_d = 495{,}6$ kN

Holzstütze: 28 cm × 28 cm ; $F_d = 496$ kN ; $\lambda = 76{,}7$; $k_c = 0{,}636$; $0{,}77 < 1$

4 Erweiterte Aufgaben

Aufgabe 95

Eine 8 m lange, 2 m breite und 2,5 m hohe stählerne Fußgängerbrücke stützt sich an der Fassade auf Festlager und am rechten Ende auf Pendelstützen ab. Die 6 m langen Pendelstützen ruhen auf einem Betonfundament, C20/25, der Größe $L = 3$ m, $B = 0{,}8$ m und $H = 0{,}85$ m.

Die Skizzen auf der folgenden Seite zeigen einen Schnitt durch einen Querträger C – D sowie seine Belastung. Die Belastungen werden über 5 Längsträger eingeleitet, von denen sich drei auf dem Querträger abstützen. Vereinfachend ist die Eigenlast des Querträgers von 0,28 kN anteilig in den Kräften $F_1 - F_3$ enthalten.

Fortsetzung

Aufgabe 95 (Fortsetzung)

Folgende Einwirkungen sind vorgegeben:

$F_{1,k} = F_{3,k} = 8$ kN $\qquad F_{1,d} = F_{3,d} = 11{,}32$ kN

$F_{2,k} = 12$ kN $\qquad F_{2,d} = 16{,}91$ kN

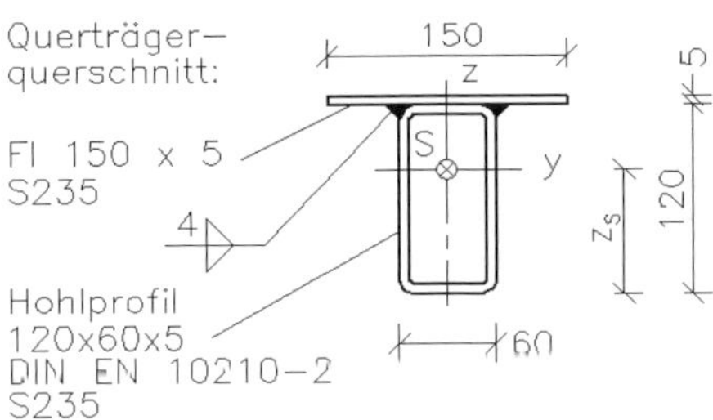

Anzufertigen sind:

1. ein statischer Nachweis für den Querträger C–D
2. ein Gebrauchstauglichkeitsnachweis für den Querträger
3. ein Knicksicherheitsnachweis für die 6 m langen Pendelstützen, wenn sie aus Rohr 168,3 × 6,3; S 235, DIN EN 10219-2 bestehen und der Bemessungswert der Gesamtlast der Brücke $F_{ges,d} = 167{,}8$ kN ist
4. ein Nachweis der Flächenpressung zwischen der 300 mm × 300 mm großen Fußplatte der Pendelstütze und dem Fundament
5. ein Sohldrucknachweis für den Baugrund, wenn bindiger Boden (tonig, schluffig, steif) vorliegt.

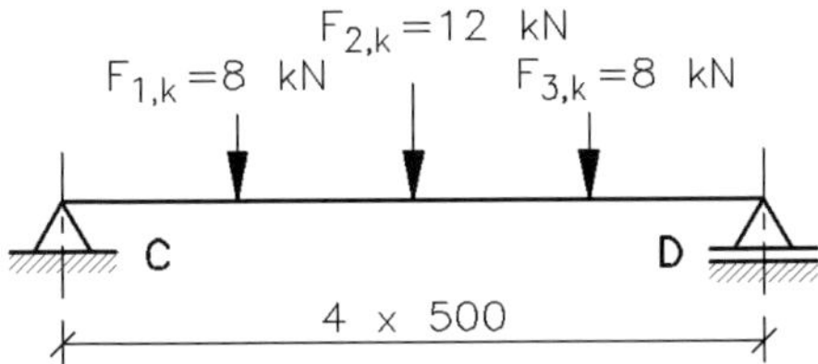

Ergebnisse:

Zu 1.: $z_s = 7{,}94$ cm ; $I_y = 501$ cm^4 ; $W_{y,o} = 109{,}9$ cm^3 ; $W_{y,u} = 63{,}1$ cm^3 ;
$F_{C,k} = F_{D,k} = 14$ kN ; $M_{2,k} = 10$ kNm ; $M_{2,d} = 14{,}13$ kNm ;
0,47 < 1 für die Stellen 1 und 3 ; 0,913 < 1 für Trägermitte ;
0,08 < 1 für Schweißnaht

Zu 2.: $w_{Mitte,ges} = 3{,}64$ mm < 4 mm ; 0,91 < 1

Zu 3.: $N_{Ed}/N_{b,Rd} = 43{,}99/404{,}61 = 0{,}12 < 1$

Zu 4.: $\sigma_d/f_{cd} \leq 1$; $0{,}49/11{,}3 = 0{,}04 < 1$

Zu 5.: $\sigma_{Ed} < \sigma_{R,d}$; $65{,}35 < 191$; $65{,}35/191 = 0{,}34 < 1$

Aufgabe 96

Die untere Skizze zeigt einen Querschnitt durch ein kleines Gartenhaus. Eine 6 m breite Holzbalkendecke soll nachträglich eingebaut werden, um einen Spitzboden einzurichten. Sie geht nicht über die ganze Hausbreite, sondern wird bei A durch die Außenwand und bei B durch zwei Stützen S getragen.

Die sieben Deckenbalken haben einen Abstand von $a = 0{,}8$ m und ruhen auf dem Träger T. Am Geländer G tritt eine Einzellast von $F_{G,d} = 0{,}4$ kN je Deckenbalken auf.

Das Pfettendach analog der Aufgabe 72 leitet bei D eine vertikale Dachlast je Meter Wandlänge von $F_{D,k} = 4{,}752$ kN in die Außenwand.

Die Holzbalkendecke wird mit der Deckeneigenlast von $g_{o,k} = 0{,}63$ kN/m^2 und einer Nutzlast von $q_k = 1$ kN/m^2 (Kategorie A1) belastet.

Alle Tragwerkshölzer haben NKL = 1, KLED = mittel.

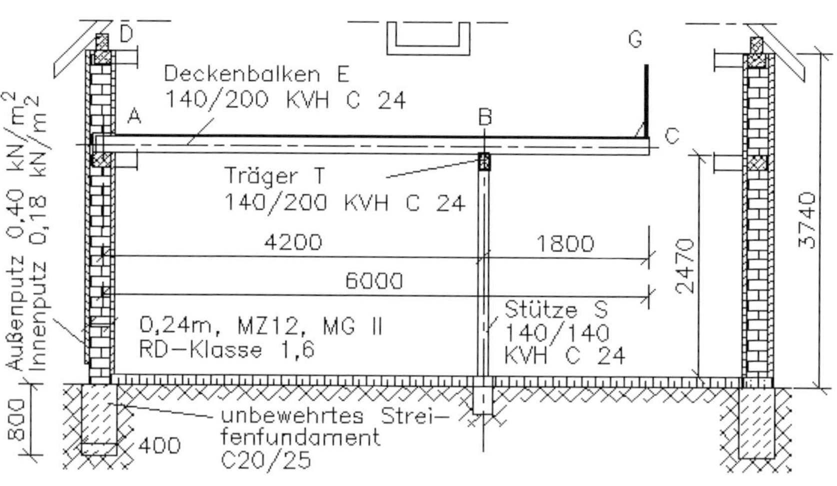

Fortsetzung

Aufgabe 96 (Fortsetzung)

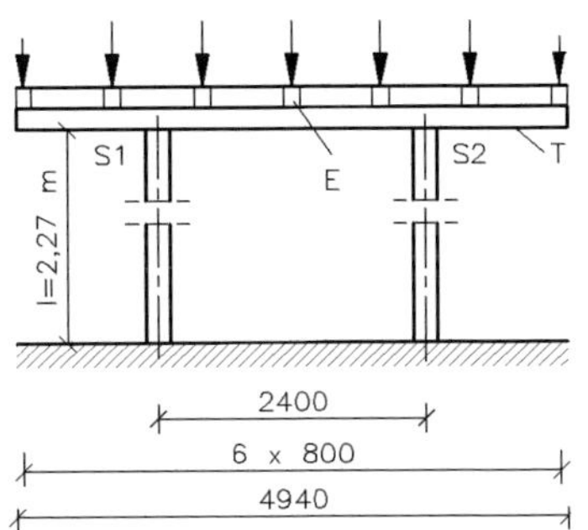

Die Skizze zeigt die Holzbalkendecke in Längsrichtung. Die Deckenbalken E ruhen auf dem Träger T, der seinerseits von den Stützen S1 und S2 getragen wird. Der Träger T ist gegen seitliche Verschiebungen durch eine verstärkte Giebelwand gesichert, überträgt aber dabei keine vertikalen Lasten.

In der Skizze sind bereits die im Lösungspunkt 5 zu berechnenden vertikalen Kräfte auf die Außenwand eingetragen. Sie gelten für jeweils 1 Meter Wandlänge.

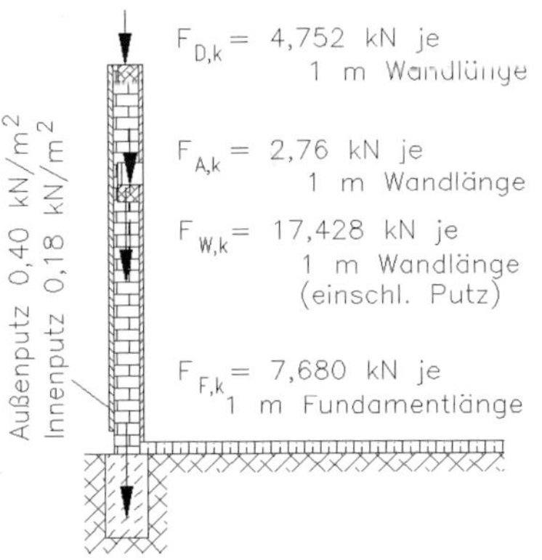

Es bedeuten:

F_D Dachlast

F_A Lagerkraft des Deckenbalkens E

F_W Wandgewicht einschl. Putz

F_F Fundamentgewicht

Zu ermitteln sind:

1. statische Nachweise für die Deckenbalken E, einschließlich Gebrauchstauglichkeitsnachweis
2. statische Nachweise für den Träger T, einschließlich Gebrauchstauglichkeitsnachweis
3. ein Knicknachweis für die Stützen S
4. ein Druckspannungsnachweis für die Außenwand
5. die oben angegebenen Kräfte $F_{D,k}$, $F_{A,k}$, $F_{W,k}$ und $F_{F,k}$ sowie der charakteristische Sohldruck im Baugrund für ein unbewehrtes Streifenfundament, C20/25, 0,4 m × 0,8 m

Ergebnisse:

Zu 1.: 4,04/14,77 = 0,27 < 1 für Biegung ; 0,26/1,23 = 0,21 < 1 für Schub ; 3,37/14 = 0,24 < 1 ; 2,23/12 = 0,19 < 1 für Durchbiegung ; 0,12/2,31 = 0,05 < 1 ; 0,31/2,31 = 0,13 < 1 für Flächenpressung der Lager *A* und *B*.

Zu 2.: 9,39/14,77 = 0,64 < 1 für Biegung ; 0,71/1,23 = 0,58 < 1 für Schub ; w = 0,92 mm < zul w = 8 mm ; 0,92 /8 = 0,12 < 1 für Durchbiegung in Trägermitte ; w = 6,5 mm < zul w = 8 mm ; 6,5 /8 = 0,81 < 1 für Durchbiegung am Trägerende ; 26,3 kN/280 cm^2 = 0,94 N/mm^2 < 2,31 N/mm^2 ; 0,94/2,31 = 0,41 < 1 für Flächenpressung

Zu 3.: $\lambda = 56,2$; 1,36/9,31 = 0,15 < 1 ; **Zu 4.:** 0,104/0,6 = 0,17 < 1 ;

Zu 5.: $\sigma_{d,k} = 81,6$ kN/m^2

Aufgabe 97

Bei einem Kurheim sind die Dachträger im Lager A fest und im Lager B auf Pendelstützen lose gelagert. Im unteren Bild ist das feste Lager A sichtbar. Das Bild auf der nächsten Seite zeigt die aus Winkelstählen gefertigten Pendelstützen für das Lager B.

Die Plattform ist an Zugstreben D–E aufgehängt und trägt die Nutzlast $q_k = 3{,}5\ \text{kN/m}^2$ und die Eigenlast $g_k = 1{,}05\ \text{kN/m}^2$. Darin ist bereits das Geländer enthalten. Der Spreizungswinkel der paarweise angeordneten Zugstreben beträgt 40° (s. a. Bild zur Aufgabe 46). Die Dachträger haben einen mittleren Abstand von $a = 4{,}5$ m.

Alle Stahlteile sind aus S 235 gefertigt.

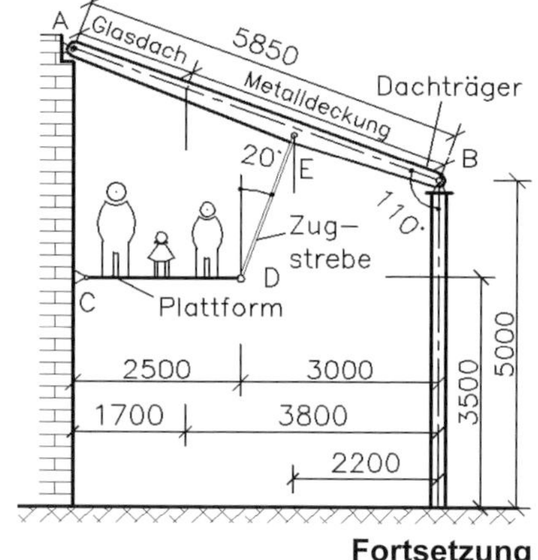

Fortsetzung

Aufgabe 97 (Fortsetzung)

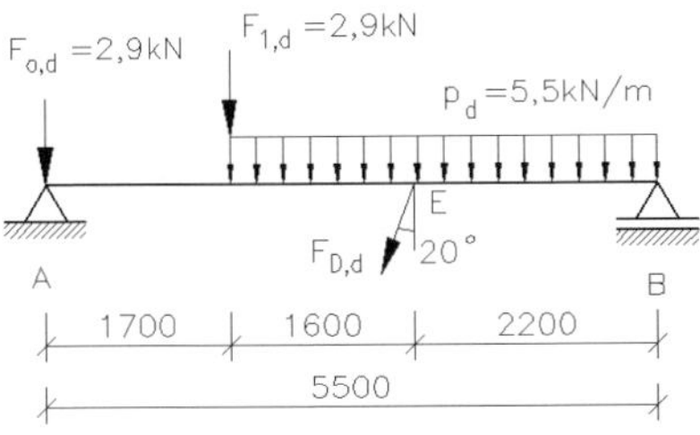

Die Skizze zeigt die Projektion des 5,85 m langen Dachträgers in die Waagerechte. Es sind bereits (mit Ausnahme von $F_{D,d}$) die auf Grundlinienlänge berechneten Bemessungswerte der Dachlasten ohne Berücksichtigung des Windsogs eingetragen.

Die Eigenlast des 1,7 m langen Dachträgerstückes ist in den Einzellasten des Glasdaches $F_{0,d}$ und $F_{1,d}$ enthalten.

Im folgenden linken Bild sind die konstruktiven Einzelheiten des Lagers B erkennbar. Die beiden Winkelstähle, die im Abstand a = 1 m durch Bindebleche als Knoten verschweißt sind, bilden die 5 m lange Pendelstütze. Mit einer zweischnittig beanspruchten Schraube, M 24, sind der Dachträger und die Pendelstütze miteinander verbunden. Die rechte Skizze zeigt den Querschnitt des Dachträgers mit seiner größten Höhe an der Stelle E.

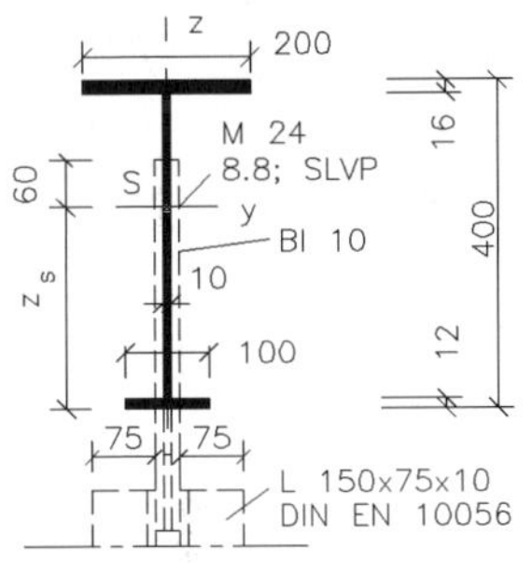

Zu ermitteln sind:

1. ein Tragsicherheitsnachweis für die Zugstreben mit d = 16 mm
2. ein Biegetragsicherheitsnachweis für den Dachträger einschließlich des Querkraft- und Biegemomentenverlaufs
3. ein Tragsicherheitsnachweis für die Schraubverbindung des Lagers B
4. ein Biegeknicksicherheitsnachweis für die Stoffachse der 5 m langen Pendelstütze.

Ergebnisse: Zu 1.: 21,24/45,22 = 0,47 < 1 ; **Zu 2.:** $I_y = 18\,888{,}4\ \text{cm}^4$; z_S = 24,6 cm ; $M_{E,d}$ = 68,31 kNm ; 0,06 < 1; 0,15 < 1 ; 0,03 < 1 für die Schweißnaht ; **Zu 3.:** $F_{v,Ed}/F_{v,Rd}$ = 18,55 kN/173,6 kN = 0,11 < 1 ; $F_{v,Ed}/F_{b,Rd}$ = 37,1/103,68 = 0,36 < 1 ; **Zu 4.:** $\dfrac{N_{Ed}}{N_{b,Rd}}$ = 19,7/245,7 = 0,08 < 1

Aufgabe 98

Das Bild zeigt ein um 1930 erbautes Einfamilienhaus, an das im Obergeschoss ein Eckbalkon angebaut werden soll. Im Bild auf der rechten Seite ist das Tragwerk sichtbar. Für die Begehbarkeit wird anstelle eines Fensters eine geeignete Tür eingefügt.
Der Bodenbelag besteht aus profilierten Bohlen aus Konstruktionsvollholz C 35, NKL = 3, KLED = mittel, 146 mm × 49 mm, mit integrierten Entwässerungsrillen.

Die Träger T1–T7 sind über Stirnplattenverbindungen mit je 4 Schrauben M 12, Verbindungsart SL, Festigkeitsklasse 4.6, Lochspiel $\Delta d = 1$ mm, verschraubt und ruhen auf 4 Stützen A–D.

Die 5 m langen Stützen sind aus Stahl-Hohlprofil 100 × 4, DIN EN 10210-2, S 235, haben Fußplatten und stehen auf Einzelfundamenten.

Weitere Angaben sind den Skizzen zu entnehmen.

Der gesamte Balkon ist durch 3 Lager an den Außenwänden befestigt. Die Lager sind Injektionsdübel im Mauerwerk aus Vollsteinen, MZ 12, mit Ankerstangen.

Folgende Lastannahmen sind vorgegeben bzw. aus der konstruktiven Ausbildung ermittelt:

$g_H = 0{,}3$ kN/m^2	Eigenlast der Holzbohlen
$g_0 = 0{,}6$ kN/m	Eigenlast des Geländers und Windschutzes
$F'_H = 0{,}5$ kN/m	Horizontalbelastung der Geländer
$q = 3{,}5$ kN/m^2	Nutzlast

Horizontalstöße auf die Stützen bleiben unberücksichtigt, da kein Fahrzeugverkehr vorhanden ist.

Weitere charakteristische Einwirkungen und Bemessungswerte sind in den Lösungsskizzen enthalten.

Fortsetzung

Aufgabe 98 (Fortsetzung)

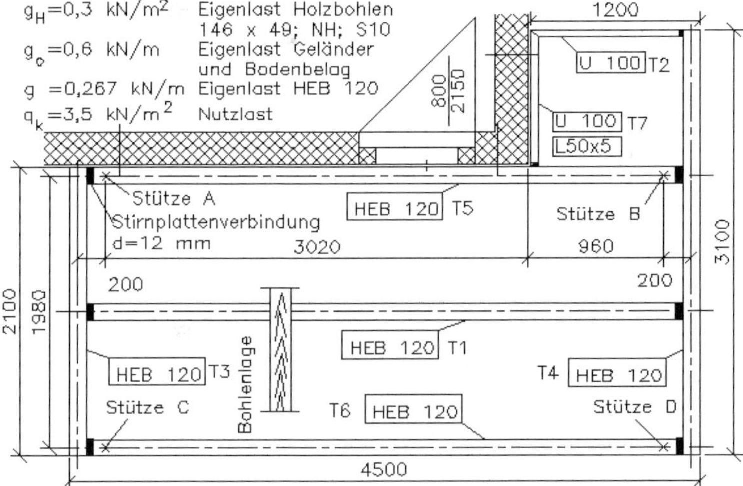

Es sind folgende Nachweise zu erbringen:

1. Spannungs- und Gebrauchstauglichkeitsnachweis für die 1,98 m langen Holzbohlen. Die Holzbohlen überspannen zwei Felder vom Träger T6 bis zum Träger T5.
2. Tragsicherheits- und Gebrauchstauglichkeitsnachweis für den Träger T1.

Fortsetzung

Aufgabe 98 (Fortsetzung)

3. Tragsicherheits- und Gebrauchstauglichkeitsnachweis für den Träger T4.

   Das folgende Bild enthält bereits die zu ermittelnden Bemessungswerte für den Träger.

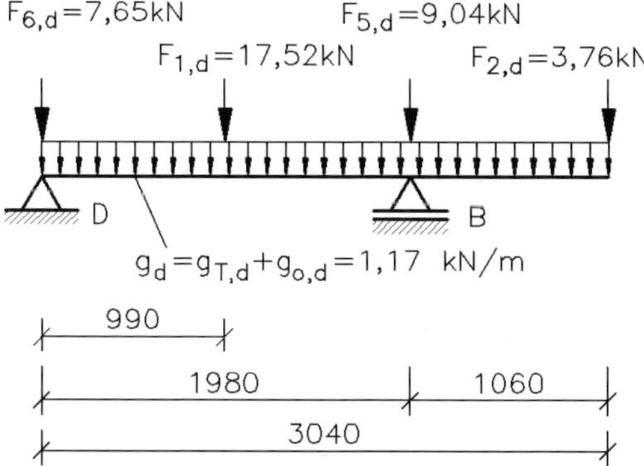

4. Tragsicherheitsnachweis für die Schraubverbindung zwischen Träger T1 und Träger T3.

5. Tragsicherheits- und Gebrauchstauglichkeitsnachweis für das 4 m lange Geländer oberhalb des Trägers T6, wenn die Geländerbrüstung aus Stahl-Hohlprofil 80 × 40 × 4, DIN EN 10210-2, besteht und das Geländer im Abstand von 1 m durch Pfosten am Randträger gehalten wird.

Fortsetzung

Aufgabe 98 (Fortsetzung)

Bild zur Teilaufgabe 6

Bild zur Teilaufgabe 7

6. Biegeknicksicherheitsnachweis für die 5 m langen, gelenkig gelagerten Stahlhohlprofilstützen.
7. Fundament- und Sohldrucknachweis. Die 0,25 m × 0,25 m großen Grundplatten der Stützen ruhen auf Einzelfundamenten aus unbewehrtem Beton C20/25. Die Fundamente sind 0,5 m × 0,5 m × 0,8 m groß. Der bindige Baugrund ist tonig und steif.

Ergebnisse:

Zu 1.: 1,82 N/mm^2 < 17,5 N/mm^2 ; 0,12 N/mm^2 <= 1,0 N/mm^2 ; 0,041 N/mm^2 < 1,4 N/mm^2 ; 0,21 mm < 3,3 mm

Zu 2.: 19,20 kNm < 33,84 kN/m ; 14,2 mm < 14,6 mm

Zu 3.: $(48{,}1/235)^2 + 3 \cdot (10{,}1/235)^2 = 0{,}05 < 1$ für Stelle F1 ; $(32{,}2/235)^2 + 3 \cdot (11{,}2/235)^2 = 0{,}03 < 1$ für Stelle F5 ; 0,71 mm < 6,6 mm

Zu 4.: 4,4 kN/16,2 kN = 0,27 < 1 ; 4,4 kN < 79,8 kN ; 4.4/79,8 = 0,06 < 1

Zu 5.: 1,5 kNm/4,02 kNm = 0,37 < 1 ; 11,6 mm/13,3 mm = 0,87 < 1

Zu 6.: $\lambda = 127{,}8$; $\bar{\lambda}_K = 1{,}36$; $\chi = 0{,}44$; 27,1 kN/142,8 kN = 0,19 < 1

Zu 7.: min $h_F = 0{,}11$ m < $h_F = 0{,}8$ m ; $h_F/h = 6{,}4 > 1$; 0,43/11,3 = 0,04 < 1 für Flächenpressung ; 134,32 kN/m^2 < 188 kN/m^2 ; 0,71 < 1

5 Lösungen zur Statik

Lösung Aufgabe 1

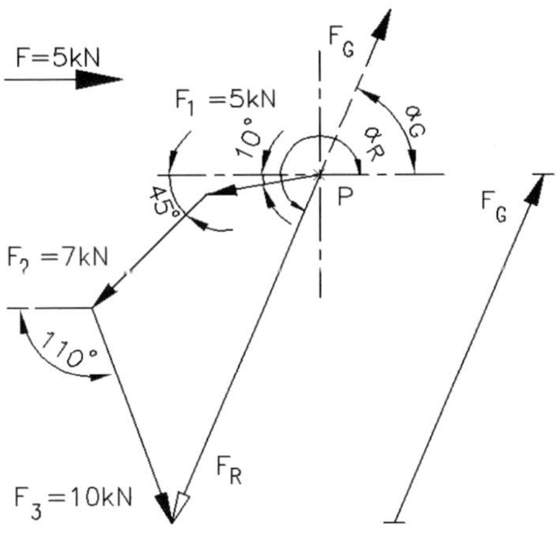

Die Kräfte werden in beliebiger Reihenfolge maßstäblich unter den angegebenen Winkeln hintereinander gezeichnet; es wird also jeweils der Anfangspunkt der Kraft an den vorherigen Pfeil angefügt. Die Verbindungslinie vom Anfangspunkt *P* der ersten Kraft zum Ende der letzten ergibt die resultierende Kraft F_R in Größe und Richtung. Die Pfeilrichtung der Resultierenden ist gegen die Pfeilrichtung der Einzelkräfte gerichtet (offener Pfeil). Die Gleichgewichtskraft F_G ist eine Gegenkraft zur Resultierenden F_R.

Hinweis: Der gezeichnete Pfeil von F = 5 kN dient zur maßstabsgerechten Ablesung der ermittelten Ergebnisse.

Ergebnisse: $F_G = 16{,}9$ kN

$\alpha_R = 247{,}6°$

Lösung Aufgabe 2

Verlängert man die Kraftwirkungslinien der drei Zugankerpaare, dann schneiden sie sich in einem Punkt, der etwa in der Grundplatte liegt. Der gemeinsame Schnittpunkt ist das Zentrum eines zentralen, ebenen Kraftsystems.

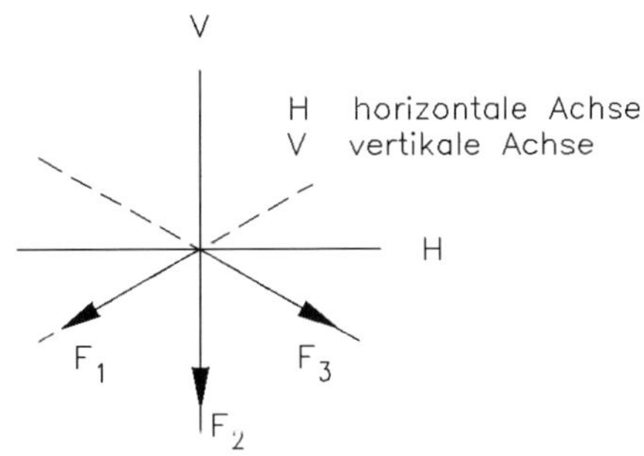

Lösung Aufgabe 3

Das Lager ist ein „Loses Lager", weil es nur Kräfte in Richtung der Verbindungslinie der beiden Schrauben aufnehmen kann. Erreicht wird das durch den Träger, der die Treppe mit der Fassade verbindet. Die Kraftwirkungslinie kann je nach Neigung dieses Trägers unterschiedliche Winkel haben. Im Bild ist die Richtung waagerecht ($\alpha = 0°$).

Lagersymbol:

Lösung Aufgabe 4

Es handelt sich offensichtlich um ein zentrales, räumliches Kraftsystem mit 7 Stäben, davon 5 in der Zeichenebene.

Zu beachten ist, dass fünf Einzelstäbe gezeichnet werden müssen, auch wenn baulich durchgehende Träger verwendet werden (vergleiche die Stäbe 1 und 5).

Ob es sich tatsächlich, wie gezeichnet, um 5 Zugstäbe handelt, entscheidet sich in der zeichnerischen oder rechnerischen Lösung.

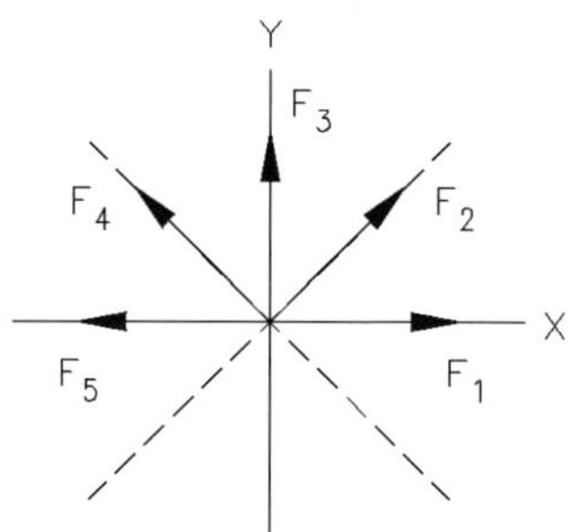

Lösung Aufgabe 5

Zeichnerische Lösung: Es werden zuerst die bekannten Kräfte F_1 und F_2 aneinandergereiht und dann die Kraftwirkungslinien von F_3 und F_4 angetragen. Beim Schließen des Kraftecks ist darauf zu achten, dass alle Kräfte den gleichen Umlaufsinn haben.

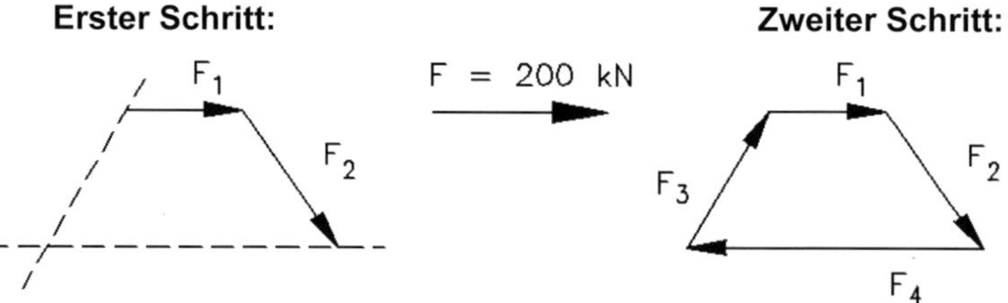

Überträgt man den gewonnenen Pfeil der Kraft F_3 in den Lageplan der Aufgabenstellung, erkennt man, dass er ein Druckstab ist.

Mit der gezeichneten Pfeillänge für 200 kN lassen sich die gesuchten Kräfte bestimmen.

Ergebnisse: $F_3 = -185$ kN (Druckstab)

$F_4 = +339$ kN (Zugstab)

Rechnerische Lösung:

$$\sum F_H = 0 = -F_4 - F_3 \cdot \cos 60° + F_2 \cdot \cos 55° + F_1$$

$$0 = F_4 + F_3 \cdot 0{,}5 - 111{,}85 \text{ kN} - 135 \text{ kN}$$

$$0 = F_4 + F_3 \cdot 0{,}5 - 246{,}85 \text{ kN}$$

$$\sum F_V = 0 = -F_3 \cdot \sin 60° - F_2 \cdot \sin 55°$$

$$0 = F_3 \cdot 0{,}866 + 159{,}73 \text{ kN}$$

Ergebnisse: $F_3 = -184{,}5$ kN (Druckstab)

$F_4 = +339{,}1$ kN (Zugstab)

Lösung Aufgabe 6

Es liegt ein zentrales Kraftsystem mit drei Kräften vor. Die Lösung wird analog zur Lösung der Aufgabe 5 gefunden. Da die Gleichgewichtskräfte bei F_A und F_Z gesucht sind, müssen im geschlossenen Krafteck alle Kräfte einen gleichen Umlaufsinn haben.

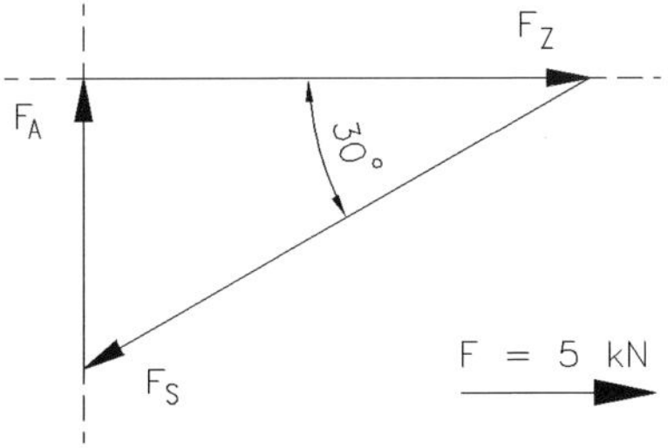

Ergebnisse: $F_Z = 13{,}0$ kN

$F_A = 7{,}5$ kN

Lösung Aufgabe 7

Die Kraft F_V wird maßstäblich gezeichnet. Nachdem die Kraftwirkungslinien der beiden gesuchten Kräfte übertragen worden sind, lassen sich die Pfeile antragen. Der Umlaufsinn ist für alle drei Kräfte gleich und wird durch F_V vorgegeben.

Da das rechte Brückenlager lose ist, tritt im Brückenlängsträger infolge von F_L nur links vom Knoten eine Druckkraft auf.

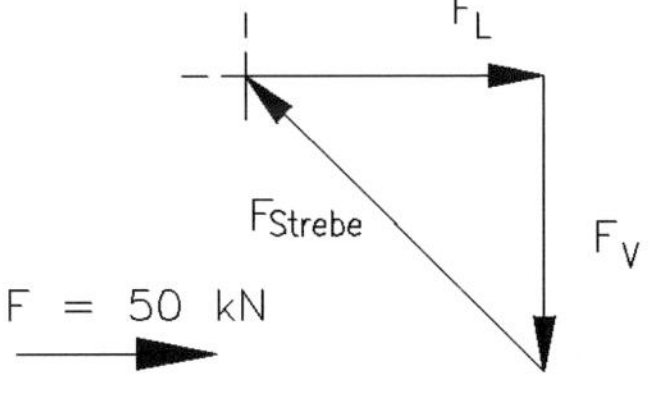

Ergebnisse: $F_{Strebe} = -106$ kN (Druckkraft)

$F_L = -75$ kN (Druckkraft)

Lösung Aufgabe 8

Die schrittweise Addition der drei äußeren Kräfte erfolgt zweckmäßig in dem maßstäblichen Lageplan des Mauerquerschnittes. Damit kann der Durchstoßpunkt zeichnerisch ermittelt werden.

Eine rechnerische Ermittlung der gesuchten Größen ist mit den Gesetzen des ebenen, allgemeinen Kraftsystems möglich.

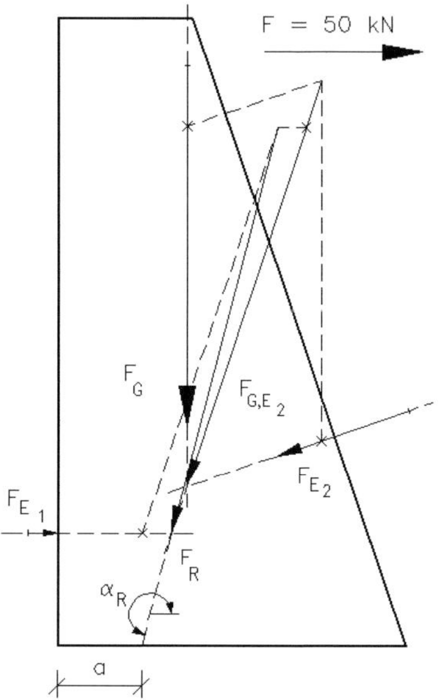

Hinweise zur zeichnerischen Lösung:

Zuerst wird die Resultierende aus F_G und F_{E2} gebildet. Die Markierungen × geben jeweils das Ende der verschobenen Kraft an. Aus der gefundenen Resultierenden $F_{G,E2}$ und der Kraft F_{E1} ergibt sich die Gesamtresultierende F_R. Verschiebt man sie auf ihrer Kraftwirkungslinie, kann das Maß a an der Sohle ausgemessen werden.

Ergebnisse: $F_R = 134$ kN ; $\alpha_R = 255°$;
$a = 0{,}26$ m

Lösung Aufgabe 9

Zeichnerische Ermittlung der Stabkräfte F_Z und F_D:

Im Schnittpunkt der beiden Stäbe wirkt eine Nutzkraft von

$$F = m \cdot g = 500 \text{ kg} \cdot 9{,}81 \text{ m/s}^2$$
$$= 4905 \text{ N}$$

Sie wird ins Gleichgewicht mit den Stabkräften in Z und D gebracht.

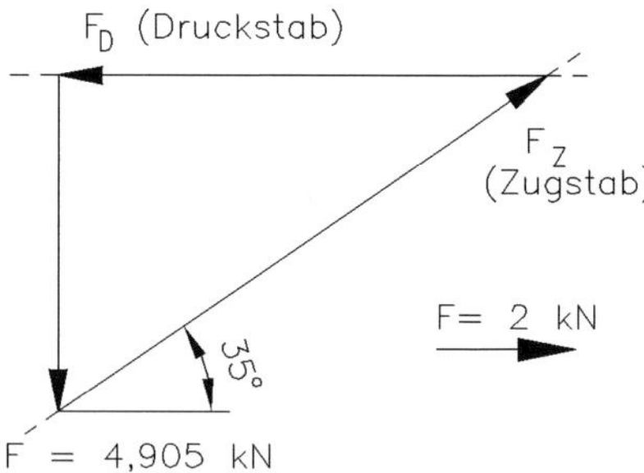

Ergebnisse: $F_Z = +8{,}6$ kN
$F_D = -7{,}0$ kN

Zeichnerische Ermittlung der Lagerkräfte F_A und F_B:

Die Aufgabe ist scheinbar identisch zur obigen. Dort befindet sich das Kraftzentrum im Schnittpunkt der Kraftwirkungslinien der gegebenen Kraft F und der beiden Stabkräfte. In der jetzigen Aufgabe muss das Kraftzentrum erst ermittelt werden. Es befindet sich im Schnittpunkt der bekannten Kraftwirkungslinien; das sind die der gegebenen Kraft und die des losen Lagers (s. Bild links). Die Kraftwirkungslinie des festen Lagers muss dann durch das gefundene Zentrum gehen.

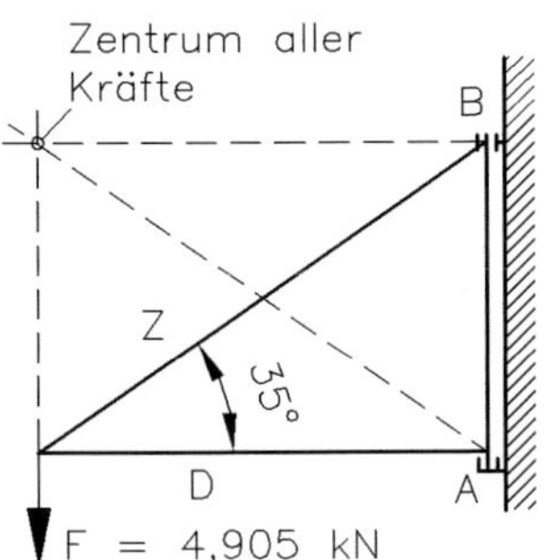

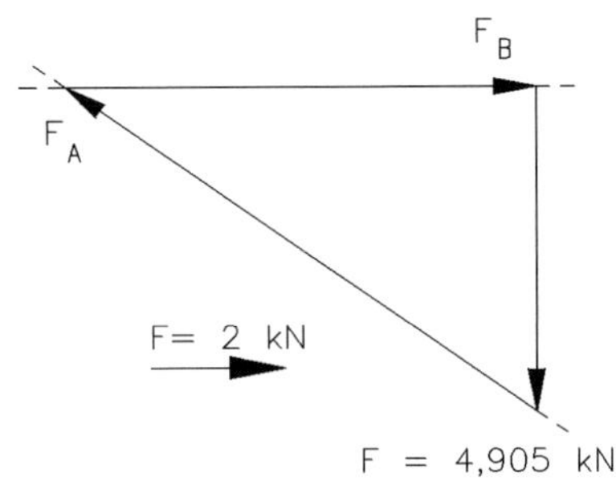

Ergebnisse: $F_A = 8{,}6$ kN

$F_B = 7{,}0$ kN

Lösung Aufgabe 10

Zunächst muss das Kraftzentrum gefunden werden. Es befindet sich immer im Schnittpunkt zweier bekannter Kraftwirkungslinien. Das sind in dieser Aufgabe die der gegebenen Kraft F und die des Hydraulikkolbens, der im Sinne der Statik ein loses Lager ist. Durch den Schnittpunkt dieser beiden Kraftwirkungslinien geht dann die Lagerkraft F_H.

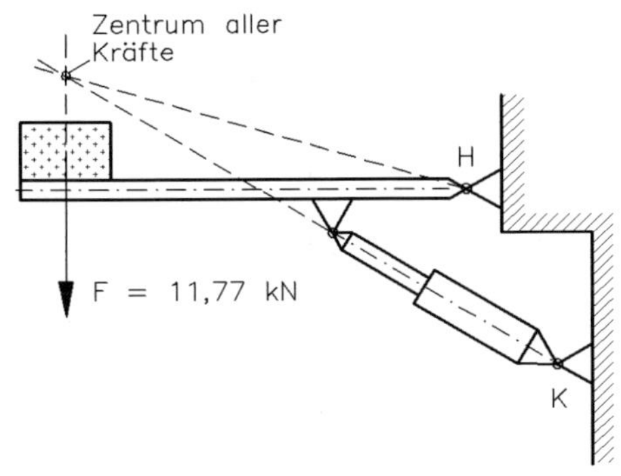

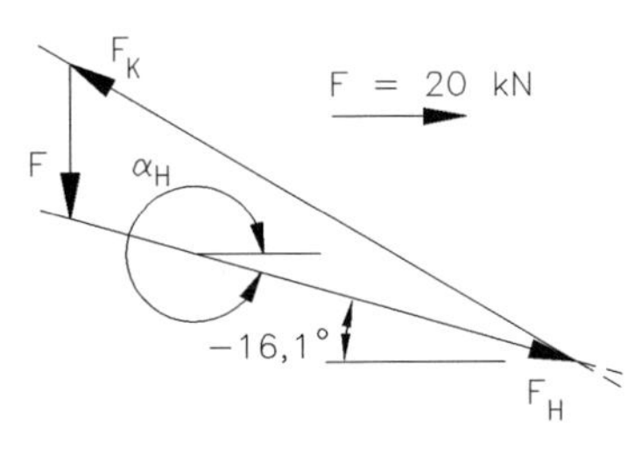

Ergebnisse: $F_K = 44{,}1$ kN

$F_H = 39{,}4$ kN

$\alpha_H = -16{,}1° = 343{,}9°$

Lösung Aufgabe 11

Die Lösung der Aufgabe soll rechnerisch gefunden werden.

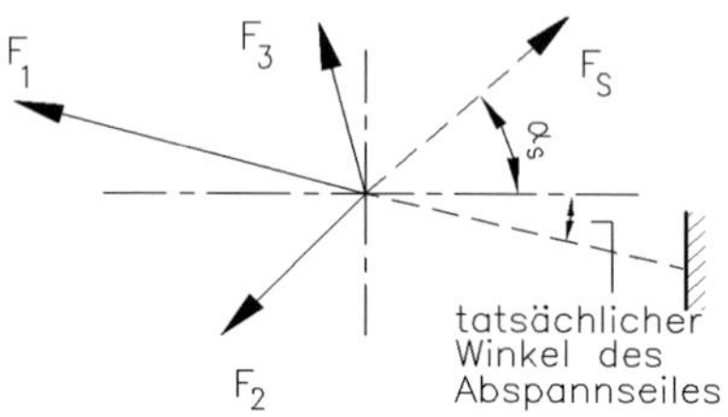

Zu 1.: Gleichgewichtskraft und zugehöriger Winkel

Die gesuchte Gleichgewichtskraft F_S muss als unbekannte Kraft in die rechnerische Lösung eingesetzt werden. Da ihre Größe und ihre Richtung nicht bekannt sind, ergeben sich beim Aufstellen von zwei Gleichgewichtsbedingungen zwei Unbekannte, die durch bekannte Verfahren leicht ermittelt werden können:

$$\sum F_H = 0 - F_3 \cdot \cos \alpha_3 - F_3 \cdot \cos 75° - F_1 \cdot \cos 15° - F_2 \cdot \cos 45°$$

$$0 = F_S \cdot \cos \alpha_S - 8{,}202 \text{ kN}$$

$$\sum F_V = 0 = F_S \cdot \sin \alpha_S + F_3 \cdot \sin 75° + F_1 \cdot \sin 15° - F_2 \cdot \sin 45°$$

$$0 = F_S \cdot \sin \alpha_S + 1{,}902 \text{ kN}$$

Aus beiden Gleichungen folgt: $F_S = 8{,}42$ kN
$\alpha_S = -\ 13{,}05° = 346{,}95°$

Anmerkung: Nach Gleichsetzen von F_S müssen die Winkelfunktionen ersetzt werden. Aus α_S = arctan (–0,232) folgt der angegebene Winkel, mit dem dann die Gleichgewichtskraft F_S berechnet werden kann.

Zu 2.: Kraft im Abspannseil

Mit $\cos \gamma = F_S / F_{Seil}$ folgt $F_{Seil} = 16{,}84$ kN

Zu 3.: Erforderliche Fundamentmasse

Die vertikale Komponente der Seilkraft versucht, das Fundament zu heben. Sie ergibt sich aus $F_V = F_S \cdot \tan \gamma = 8{,}42 \text{ kN} \cdot \tan 60°$ zu $F_V = 14{,}58$ kN. Mit einer 1,5-fachen Sicherheit ist dann eine Fundamentkraft von $1{,}5 \cdot 14{,}58 \text{ kN} = 21{,}87$ kN erforderlich. Das entspricht $m_F = 2{,}23$ t. Bei einer kubischen Fundamentausbildung aus unbewehrtem Beton mit $\gamma = 24 \text{ kN/m}^3$ sind

$$V_{Beton} = \frac{21{,}87 \text{ kN}}{24 \dfrac{\text{kN}}{\text{m}^3}} = 0{,}91 \text{ m}^3$$

Fertigbeton erforderlich.

Anmerkung: Das Fundament mit quadratischer Grundfläche und einer festgesetzten Höhe von 0,8 m hätte die Abmessung von 1 m × 1 m. Die seitliche Verschiebung des Fundamentes wird hier nicht erörtert.

Zu 4.: Länge des Abspannseiles

Wählt man z. B. eine Masthöhe von 8 m, dann wird: $l_{Seil} = 8$ m/sin 60° = 9,24 m.

Lösung Aufgabe 12

Zu 1.: Allgemeine Gleichung für die Seilkräfte

Am Lasthaken greifen drei Kräfte an: die beiden Seilkräfte, die zum Treppenelement führen und die Seil kraft, die zum Kran führt. Das Bild zeigt das zentrale Kraftsystem. Die eingezeichneten Winkel sind die Ergänzungswinkel gemäß Aufgabenstellung.

$$\sum F_H = 0 = F_b \cdot \cos\beta - F_a \cdot \cos\alpha$$

$$F_b = F_a \cdot \frac{\cos\alpha}{\cos\beta}$$

$$\sum F_V = 0 = -F_b \cdot \sin\beta - F_a \cdot \sin\alpha + F$$

$$F_b = \frac{F - F_a \cdot \sin\alpha}{\sin\beta}$$

Aus beiden Gleichungen folgt: $F_a = \dfrac{F}{\sin\alpha + \cos\alpha \cdot \tan\beta}$; $F_b = \dfrac{F}{\sin\beta + \cos\beta \cdot \tan\alpha}$

Anmerkung: Hierzu ist es erforderlich, die beiden Gleichungen für F_b gleichzusetzen und den Term [sin $\alpha(\beta)$]/[cos $\alpha(\beta)$] durch tan $\alpha(\beta)$ zu ersetzen.

Überprüft man die Gleichungen, indem für beide Winkel 90° eingesetzt werden, dann wird ein Wert von $F_a = F_b = \frac{1}{2} \cdot F$ erwartet. Der Taschenrechner gibt jedoch eine Fehlmeldung, weil Division durch null mal unendlich auftritt. Dieser Grenzfall kann umgangen werden, wenn für beide Winkel ein etwas kleinerer oder größerer Wert eingesetzt wird. z. B. 89,999°.

Die beiden Gleichungen für F_a und F_b können prinzipiell für alle ähnlich gelagerten Kraftsysteme angewendet werden, z. B. für zwei mit unterschiedlichen Winkeln gespreizte Streben.

Zu 2.: Seilkräfte und Winkel

Mit $F = 850\ \text{kg} \cdot 9{,}81\ \text{m/s}^2 = 8{,}339\ \text{kN}$, $\alpha = 76°$ und $\beta = 67°$ ergeben sich:

$F_a = 5{,}41\ \text{kN}$; $\alpha' = 180° + \alpha = 256°$

$F_b = 3{,}35\ \text{kN}$; $\beta' = 360° - \beta = 293°$

Lösung Aufgabe 13

Knoten K_1:

Es wird zunächst ein beliebiger Wert für F_1 gezeichnet. Mit den beiden Kraftwirkungslinien des Abspannseiles $K_0 - K_1$ und $K_1 - K_2$ ergibt sich das Krafteck lt. Bild;

hieraus: $F_{\text{Abspannseil K0-K1}} = 6{,}52 \cdot F_1$

$F_{\text{Abspannseil K1-K2}} = 6{,}03 \cdot F_1$

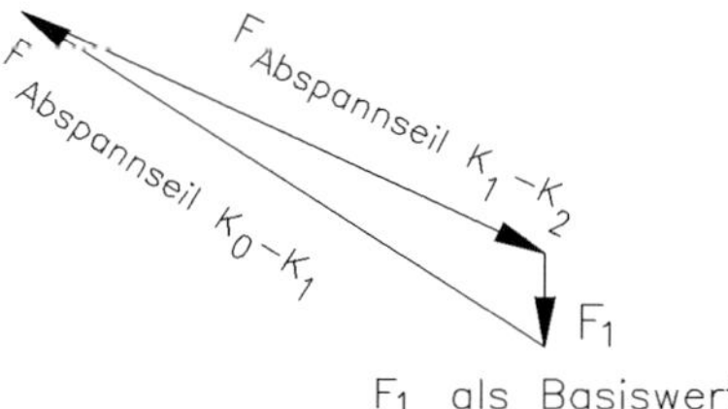

Knoten K_0:

Mit der Gegenkraft von $F_{\text{Abspannseil K0-K1}}$ wird ein neues Krafteck für den Knoten K_0 gezeichnet. Aus ihm ergeben sich die Pylonen- und die Ankerseilkraft;

hieraus: $F_{\text{Ankerseil}} = 8{,}2 \cdot F_1$

$F_{\text{Pylone}} = 9{,}6 \cdot F_1$

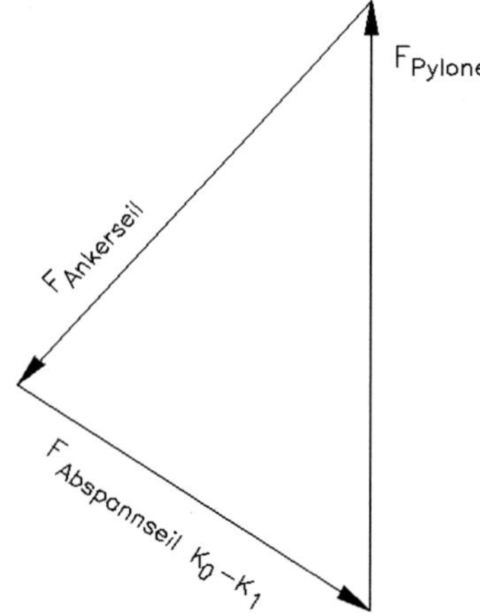

Hinweis: Sollten sich bei der eigenständigen Lösung Abweichungen ergeben, dann kann das an der unterschiedlichen Winkelübertragung aus der Fotografie liegen.

Lösung Aufgabe 14

Zu 1.: Entwicklung eines Tragwerksmodells

Eine Strukturskizze des Montagewagens zeigt das folgende Bild. Auf bauliche Einzelheiten wird verzichtet. Die Strichlinie verbindet die Symmetrie- bzw. Schwerelinien der einzelnen Baugruppen und ist Grundlage für das Tragwerksmodell (unteres Bild).

Strukturskizze:

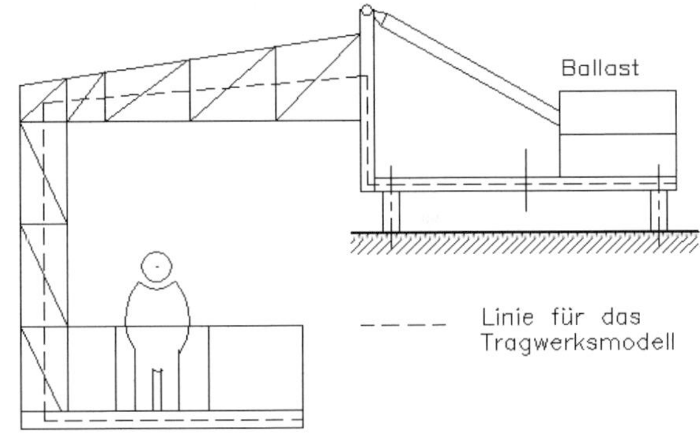

Tragwerksmodell:

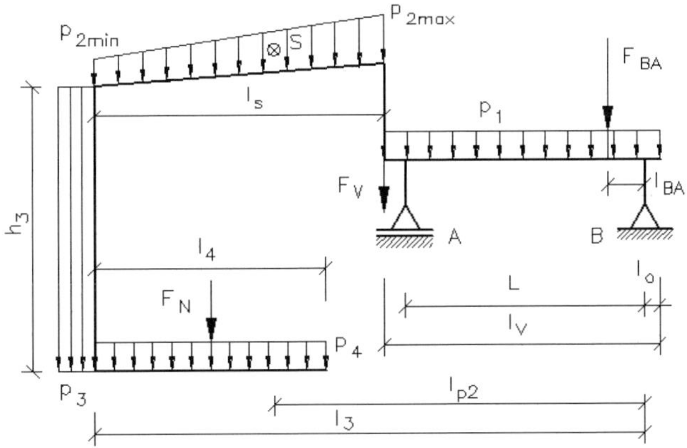

Der Ballast F_{BA}, das Gewicht der vertikalen Trägerkonstruktion im Fahrwerk F_V sowie die Nutzlast F_N sind zu **Einzellasten** reduziert.

Zu **Streckenlasten** ist das Fahrwerk p_1, der senkrechte Gitterträger p_3, die Montageplattform p_4 und der waagerechte Gitterträger p_2 reduziert, letzterer als **ungleichmäßige Last**. Für diese ungleichmäßig verteilte Last p_2 muss der Schwerpunkt S gesondert berechnet werden.

Zu 2.: Lösungsalgorithmus zur Kraftermittlung

- Die Einzellast des Ballastes F_{BA} errechnet sich aus dem Standsicherheitsnachweis und beträgt im vorliegenden Fall z. B. 45 kN (≈ 4,5 t).
- Die Einzellast der vertikalen Trägerkonstruktion F_V ist aus der Konstruktion zu ermitteln.
- Die Nutzlast F_N ist vom Hersteller in Abhängigkeit von Einsatzgebiet, Montageart und Lage der Last festgelegt. Üblich sind (3 … 7) kN.
- Die gleichmäßig verteilten Lasten p_1, p_3 und p_4 sind näherungsweise aus $\frac{\sum F_i}{l}$ zu ermitteln. Dabei sind z. B. beim Fahrwerk alle Träger, Befestigungselemente, Seilzüge, Räder, Bremsen usw. zu erfassen.
- Die ungleichmäßig verteilten Lasten p_{2max} und p_{2min} errechnet man günstig aus dem Mittelwert der Streckenlast $p_{2mittel} = F_{ges}/l_{ges} = \frac{1}{2} \cdot (p_{2max} + p_{2min})$ und der Gewichtsverteilung des Gitterträgers.
- Für die Berechnung der Radkräfte können die drei Gleichgewichtsbedingungen angesetzt werden:

$$\sum M_B = 0 = +F_{BA} \cdot l_{BA} + p_1 \cdot l_V \cdot \left(\tfrac{1}{2} l_V - l_0\right) + F_V \cdot (l_V - l_0)$$
$$+ \tfrac{1}{2} (p_{2max} + p_{2min}) \cdot l_s \cdot l_{p2} + p_3 \cdot h_3 \cdot l_3$$
$$+ (F_N + p_4 \cdot l_4) \cdot \left(l_3 - \tfrac{1}{2} l_4\right) - F_A \cdot L\text{ ; }\quad \textbf{hieraus: } F_A$$

$$\sum F_V = 0 = -F_{BA} - p_1 \cdot l_V - F_V - \tfrac{1}{2} (p_{2max} + p_{2min}) \cdot l_s - p_3 \cdot h_3 - F_N - p_4 \cdot l_4$$
$$+ F_A + F_{Bv}\text{ ; }\quad \textbf{hieraus: } F_{Bv}$$

$$\sum F_H = 0 = F_{Bh}\text{ ; }\quad \textbf{hieraus: } F_{Bh} = 0$$

Lösung Aufgabe 15

Alle unten angegebenen Kräfte und Abmessungen sind nach der Fotografie geschätzt. Bei anderen Schätzungen ändert sich nicht die Größenordnung der Ergebnisse. Die Position des losen Lagers ist willkürlich bei B gewählt.

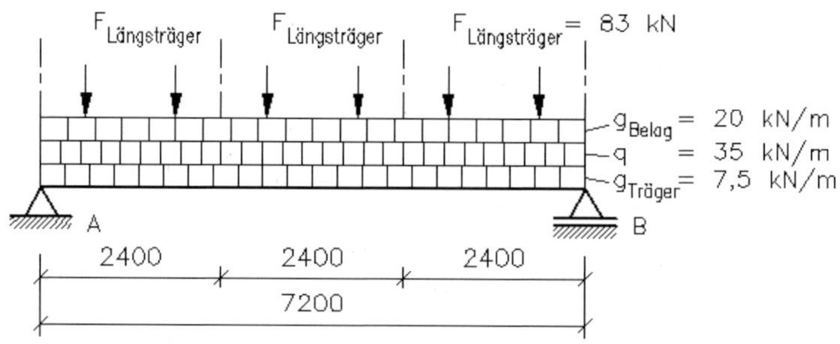

Als Belastungen werden angenommen:

- **für den Träger mit Rechteckquerschnitt:**

  Stahlbeton C20/25 ; $l_{\text{Träger}} = 7{,}2$ m;

  Querschnitt 0,5 m × 0,6 m ; $F_{\text{Träger}} = (0{,}5 \cdot 0{,}6 \cdot 7{,}2)\ \text{m}^3 \cdot 25\ \text{kN/m}^3 = 54\ \text{kN}$;

  $g_{\text{Träger}} = F_{\text{Träger}}/l_{\text{Träger}} = 7{,}5\ \text{kN/m}$

- **für die Nutzlast:**

  $q = 3{,}5\ \text{kN/m}^2$; $F_q = 3{,}5\ \text{kN/m}^2 \cdot 7{,}2\ \text{m} \cdot 10\ \text{m} = 252\ \text{kN}$;

  $q = F_q/l_{\text{Träger}} = 35\ \text{kN/m}$

- **für einen Längsträger lt. Skizze:**

  Stahlbeton C50/60; 10 m lang;

  $F_{\text{Längsträger}} = (2{,}4 \cdot 0{,}16 + 2 \cdot 0{,}7 \cdot 0{,}2)\ \text{m}^2 \cdot 10\ \text{m} \cdot 25\ \text{kN/m}^3$

  $= 166\ \text{kN}$; je Auflager 83 kN

- **für den Fahrbahnaufbau (vereinfacht):**

  Stahlbeton C 20/25; 8 cm dick;

  $F_{\text{Belag}} = (7{,}2 \cdot 10 \cdot 0{,}08)\ \text{m}^3 \cdot 25\ \text{kN/m}^3 = 144\ \text{kN}$;

  $g_{\text{Belag}} = F_{\text{Belag}}/l_{\text{Träger}} = 20\ \text{kN/m}$

Die 9 dargestellten Stützen, davon 8 als Außenstützen, nehmen unterschiedliche Kräfte auf:

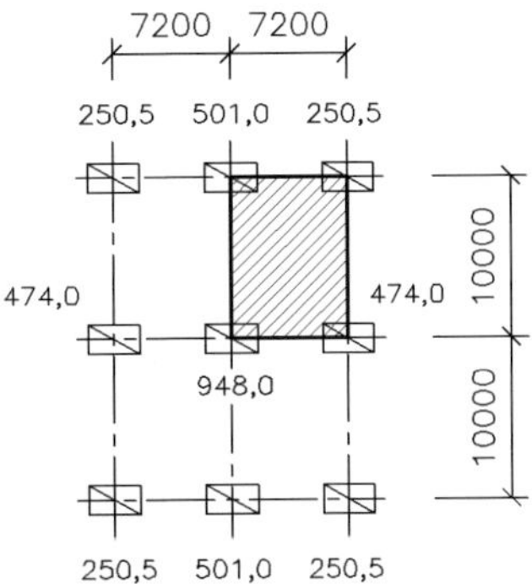

Mittelstützen:

$$F_A = F_B = (20 + 35 + 7{,}5)\ \text{kN/m} \cdot \tfrac{1}{2}\, 7{,}2\ \text{m}$$

$$+ 2 \cdot \tfrac{3}{2}\, 83\ \text{kN} = 474{,}0\ \text{kN}$$

$$\max F_A = 2 \cdot 474\ \text{kN} = 948{,}0\ \text{kN}$$

Randstützen:

$$F_A = F_B = [7{,}5 + \tfrac{1}{2}(20 + 35)]\ \text{kN/m} \cdot \tfrac{1}{2}\, 7{,}2\ \text{m}$$

$$+ 1 \cdot \tfrac{3}{2}\, 83\ \text{kN} = 250{,}5\ \text{kN}$$

$$\max F_A = 2 \cdot 250{,}5\ \text{kN} = 501{,}0\ \text{kN}$$

Lösung Aufgabe 16

Die zeichnerische Lösung ergibt sich zweckmäßig mit dem *Kraft- und Seileck-Verfahren.* Der Lösungsalgorithmus enthält folgende Schritte:

- Zeichnen eines maßstäblichen „Lageplanes“
- Aneinanderreihen der gegebenen Kräfte $F_1 - F_n$ in beliebiger Reihenfolge („Kräfteplan“)
- Wahl eines Poles P, rechts neben dem Kräfteplan
- Zeichnen von Polstrahlen 1 bis $(n + 1)$ mit n als Anzahl der Kräfte

- Ersetzen der Kräfte $F_1 - F_n$ durch die zugehörigen beliebig langen Polstrahlen; dabei den ersten Polstrahl durch das feste Lager bis zur Kraftwirkungslinie der ersten Kraft ziehen
- Schnittpunkt des ersten mit dem letzten Pohlstrahl im Lageplan ermitteln; Parallelverschiebung der Resultierenden F_R durch diesen Schnittpunkt
- Zeichnen der Schlusslinie *s* als Verbindungslinie folgender Schnittpunkte:
  1. Schnittpunkt: festes Lager – erster Polstrahl
  2. Schnittpunkt: Kraftwirkungslinie loses Lager – letzter Polstrahl
- Parallelverschiebung der beliebig langen Schlusslinie *s* aus dem Lageplan in den Kräfteplan
- Zerlegung der Resultierenden F_R im Kräfteplan in die Auflagerkraft des losen Lagers F_B und die des festen F_A; die Kraftwirkungslinie des losen Lagers ist dabei aus dem Lageplan zu übertragen, und die Zerlegung erfolgt durch die Schlusslinie.

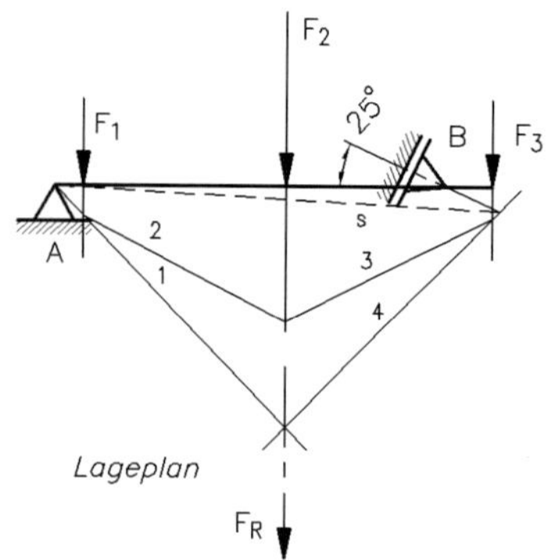

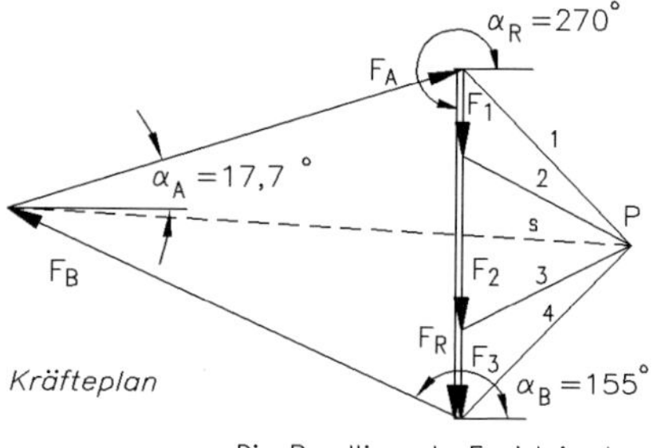

Ergebnisse: $F_R = 24{,}8$ kN ; $\alpha_R = 270°$

$F_A = 33{,}2$ kN ; $\alpha_A = 17{,}7°$

$F_B = 34{,}9$ kN ; $\alpha_B = 155°$

Lösung Aufgabe 17

Da zur Berechnung der Auflagerkräfte die Grundlinienlängen erforderlich sind, müssen sie erst aus den Dachlängen ermittelt werden.

Ermittlung der Grundlinienlängen:

Die Skizze auf der nächsten Seite zeigt die geometrischen Verhältnisse. Aus den rechtwinkligen Dreiecken des Daches folgen:

$$L_a^2 = l_a^2 + y^2$$

$$L_b^2 = l_b^2 + (y + h)^2 \quad \text{mit} \quad l_b = L - l_a$$

Löst man die Gleichungen nach l_a und l_b auf, ergeben sich: $l_a = 14{,}94$ m; $l_b = 18{,}71$ m

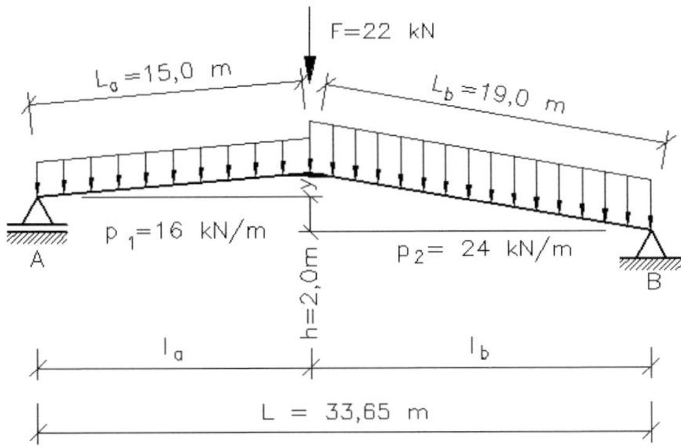

Ermittlung der Auflagerkräfte:

$$\sum M_B = 0 = -F_A \cdot L + F \cdot l_b + p_1 \cdot l_a \cdot (l_b + \tfrac{1}{2} l_a) + p_2 \cdot l_b \cdot \tfrac{1}{2} l_b$$

$$0 = -F_A \cdot 33{,}65 \text{ m} + 22 \text{ kN} \cdot 18{,}71 \text{ m} + 16 \text{ kN/m} \cdot 14{,}94 \text{ m}$$

$$\cdot (18{,}71 + \tfrac{1}{2} \cdot 14{,}94) \text{ m} + 24 \text{ kN/m} \cdot 18{,}71 \text{ m} \cdot \tfrac{1}{2} \cdot 18{,}71 \text{ m}$$

hieraus: $F_A = 323{,}1 \text{ kN}$

$$\sum F_V = 0 = F_A - p_1 \cdot l_a - F - q_2 \cdot l_b + F_B$$

$$0 = 323{,}1 \text{ kN} - 16 \text{ kN/m} \cdot 14{,}94 \text{ m} - 22 \text{ kN} - 24 \text{ kN/m} \cdot 18{,}71 \text{ m} + F_{Bv}$$

hieraus: $F_{Bv} = 387{,}0 \text{ kN}$

$$\sum F_H = 0 = F_{Bh} = 0$$

Lösung Aufgabe 18

Anmerkung: Die Größen der Nutz- und Schneelast gelten für das Baujahr des Gebäudes um 1995, so dass die Lösung der Aufgabe Übungscharakter hat.

Es werden zunächst die Kräfte berechnet, die der obere Balkon in die oberen Konsolplatten und die Stützen des oberen Balkons leitet. Danach erfolgt die Berechnung für die unteren Auflager.

Zu 1.: Lagerkräfte unterhalb des oberen Balkons

Die im folgenden Bild angegebenen Kräfte ermitteln sich zu:

$F_V^* = 0{,}267 \text{ kN/m} \cdot 1{,}5 \text{ m} \cdot 2 = 0{,}801 \text{ kN}$ für das Gewicht der beiden 1,5 m langen, vertikalen Stahlstützen

$F_h^* = 0{,}267 \text{ kN/m} \cdot 2{,}2 \text{ m} = 0{,}587 \text{ kN}$ für das Gewicht des 2,2 m langen Querträgers

$s_{k'} = s_k \cdot 2{,}2 \text{ m} = 0{,}75 \text{ kN/m}^2 \cdot 2{,}2 \text{ m} = 1{,}65 \text{ kN/m}$ für die Schneelast

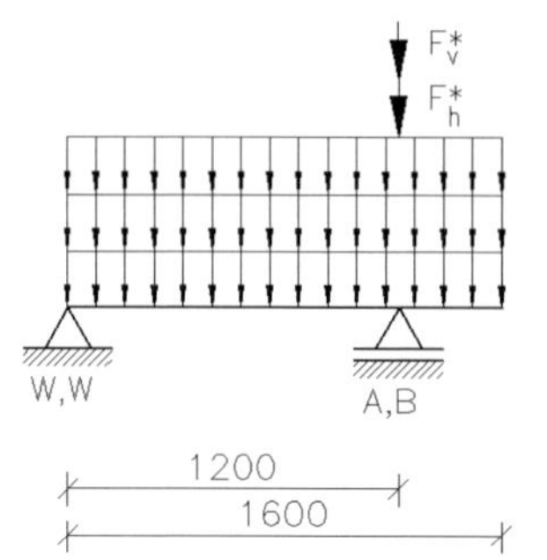

$g = 5\ \text{kN/m}^2 \cdot 2{,}2\ \text{m} = 11\ \text{kN/m}$

für das Eigengewicht der Balkon-Bodenplatte

$q = 5\ \text{kN/m}^2 \cdot 2{,}2\ \text{m} = 11\ \text{kN/m}$

für die Nutzlast

Mit diesen Werten lassen sich mit Hilfe der Gleichgewichtsbedingungen die Lagerkräfte unterhalb des oberen Balkons berechnen:

$$\sum M_{W,W} = 0 = -(11 + 11 + 1{,}65)\ \text{kN/m} \cdot 1{,}6\ \text{m} \cdot 0{,}8\ \text{m}$$
$$-(0{,}587 + 0{,}801)\ \text{kN} \cdot 1{,}2\ \text{m} + F_{A,B,k} \cdot 1{,}2\ \text{m}$$

hieraus: $F_{A,B,k} = 26{,}615\ \text{kN}$; $F_{A,k} = F_{B,k} = 13{,}308\ \text{kN}$

$$\sum F_V = 0 = F_{W,W,k} + F_{A,B,k} - F_v^* - F_h^* - (s + g + q) \cdot 1{,}6\ \text{m}$$

hieraus: $F_{W,W,k} = 12{,}613\ \text{kN}$; $F_{W,k} = 6{,}307\ \text{kN}$

Zu 2.: Auflagerkräfte unterhalb des unteren Balkons

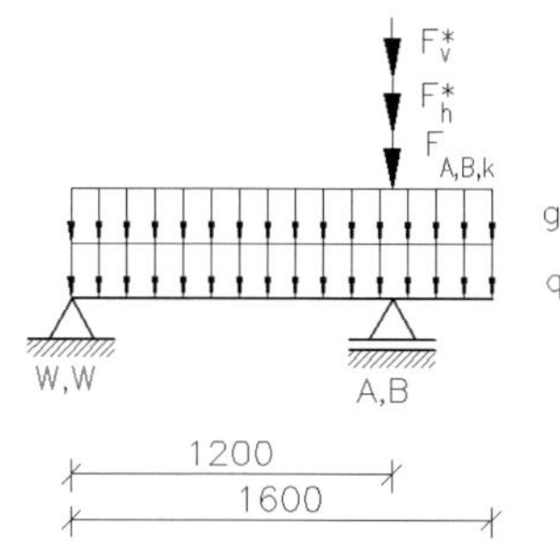

Die im linken Bild angegebenen Kräfte ergeben sich zu:

$F_V^* = 0{,}267\ \text{kN/m} \cdot 2{,}8\ \text{m} \cdot 2 = 1{,}495\ \text{kN}$

für das Gewicht der 2,8 m langen vertikalen Stahlstützen

$F_h^* = 0{,}267\ \text{kN/m} \cdot 2{,}2\ \text{m} = 0{,}587\ \text{kN}$

für das Gewicht des 2,2 m langen Querträgers

$g = 5\ \text{kN/m}^2 \cdot 2{,}2\ \text{m} = 11\ \text{kN/m}$

für das Eigengewicht der Balkon-Bodenplatte

$q = 5\ \text{kN/m}^2 \cdot 2{,}2\ \text{m} = 11\ \text{kN/m}$ für die Nutzlast

$$\sum M_{W,W} = 0 = -(11 + 11)\ \text{kN/m} \cdot 1{,}6\ \text{m} \cdot 0{,}8\ \text{m}$$
$$-(1{,}495 + 0{,}587 + 26{,}615)\ \text{kN} \cdot 1{,}2\ \text{m} + F_{A,B,k} \cdot 1{,}2\ \text{m}$$

hieraus: $F_{A,B,k} = 52{,}164\ \text{kN}$; $F_{A,k} = F_{B,k} = 26{,}082\ \text{kN}$

$$\sum F_V = 0 = F_{W,W,k} + F_{A,B,k} - F_v^* - F_h^* - F_{A,B,k} - (g + q) \cdot 1{,}6\ \text{m}$$

hieraus: $F_{W,W,k} = 11{,}733\ \text{kN}$; $F_{W,k} = 5{,}867\ \text{kN}$

Ergebnisse: max $F_{W,k} = 6{,}307\ \text{kN}$ Vertikalkraft für die obere Wandkonsole

max $F_{A,k} = 26{,}082\ \text{kN}$ Stützkraft unter dem unteren Balkon bei A bzw. B.

Lösung Aufgabe 19

Im Bild (S. 130), sind die Kräfte zusammengetragen, die in die 4 Längsträger eingeleitet werden. Diese Kräfte F_{q1-4} sind abhängig von den Abmessungen des Daches und der Systemweite der Stützen in Längsrichtung. Es bedeuten:

g_k **Eigenlast des Dachbelages**

Es wird eine Metalldeckung mit Stahltrapezprofilen oder Wellblech mit $g_k = 0{,}25$ kN/m angenommen.

$w'_{e,k}$ **Windbelastung**

In Aufgabe 21 ist eine konkrete Situation berechnet. Sinngemäß gilt das für das vorliegende freistehende Pultdach.

Für eine Gebäudehöhe $h \leq 10$ m, Windzone 2 (Binnenland), Geländekategorie III ergibt sich: $q_{p,k} = 0{,}65$ kN/m^2 Dachfläche (DF)

$\boxed{w_{e,k} = q_{p,k} \cdot c_{pe}}$; c_{pe} ist den gültigen Normen zu entnehmen.

Für ein Mittelfeld ergeben sich die c_{pe}-Werte als resultierende Windbelastung (Gesamtdruckbeiwerte) zu:

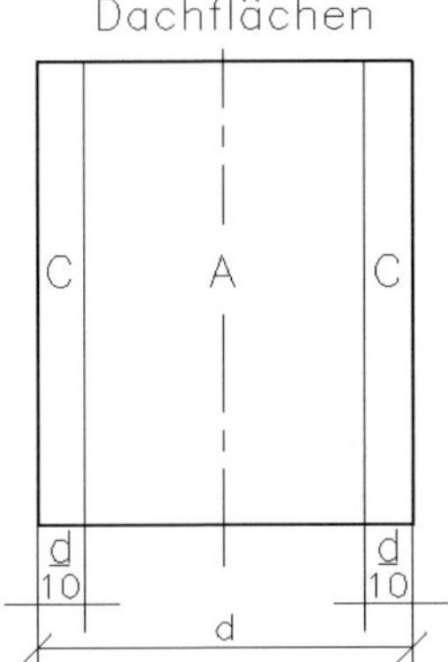

$c_{p,net} = -1{,}4$ für die Dachfläche C

$c_{p,net} = +0{,}6$ für die Dachfläche A,

beides für Neigungswinkel des Daches $\alpha = 0°$ und ein Minimum an Versperrung, $\varphi = 0$.

Damit:

Dachbereich C:

$$w_{e,k} = 0{,}65 \text{ kN/m}^2 \cdot (-1{,}4) = -0{,}91 \text{ kN/m}^2 \quad \text{Windsog}$$

Dachbereich A:

$$w_{e,k} = 0{,}65 \text{ kN/m}^2 \cdot (+0{,}6) = +0{,}39 \text{ kN/m}^2 \quad \text{Winddruck}$$

Die Lasten je Sparren mit einem Sparrenabstand von z. B. $a = 3$ m sind dann:

$$w'_{e,k} = w_{e,k} \cdot a = -0{,}91 \text{ kN/m}^2 \cdot 3 \text{ m} = -2{,}73 \text{ kN/m} \quad \text{für Dachbereich C}$$

$$w'_{e,k} = w_{e,k} \cdot a = +0{,}39 \text{ kN/m}^2 \cdot 3 \text{ m} = +1{,}17 \text{ kN/m} \quad \text{für Dachbereich A}$$

s **Schneebelastung**

Für Schneelastzone III, Meeresspiegelniveauhöhe $A = 160$ m ist die charakteristische Schneelast in kN/m² Grundfläche:

$$s_k = 0{,}25 + 1{,}91 \cdot \left(\frac{A+140}{760}\right)^2 \leq 0{,}85 \text{ kN/m}^2$$

$s_k = 0{,}25 + 1{,}91 \cdot [(160 + 140)/760]^2 = 0{,}55 \text{ kN/m}^2$

Die Mindestgröße für eine Schneelast ist 0,85 kN/m², folglich $s_k = 0{,}85 \text{ kN/m}^2$

In die weitere Berechnung geht $\boxed{s = \mu_1 \cdot s_k}$ mit $\mu_1 = 0{,}8$ ein:

$\mu_1 \cdot s_k = 0{,}8 \cdot 0{,}85 \text{ kN/m}^2 = 0{,}68 \text{ kN/m}^2$ Grundfläche

$\mu_1 \cdot s_k = 0{,}8 \cdot 0{,}85 \text{ kN/m}^2 \cdot 3 \text{ m} = 2{,}04 \text{ kN/m}$ für einen Sparren

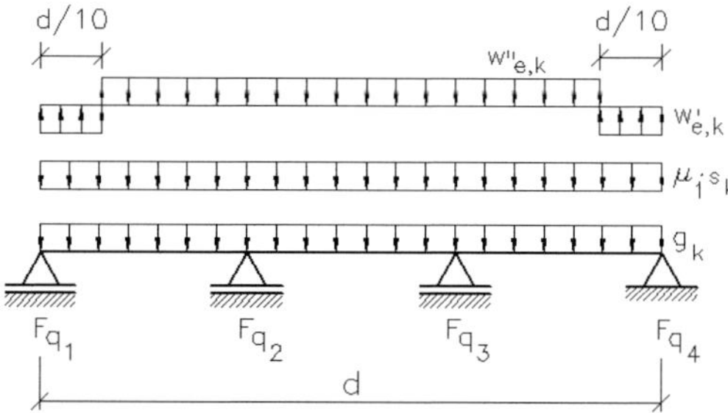

In der obenstehenden Zeichnung sind alle Dachbelastungen, die auf die vier Längsträger einwirken, enthalten.

Im Bild auf S. 131 ist das Tragwerksmodell des Querträgers dargestellt. Die Stütze A wird als fest und die Stütze B als lose betrachtet. Belastet wird dieser Träger auf zwei Stützen durch die Kräfte F_{q1-4} (Gewichts-, Schnee- und Windbelastung), durch die Kräfte F_L, die sich aus dem Eigengewicht der Dachträger (in Längsrichtung) ergeben, sowie das Eigengewicht g_o des Querträgers. Die geringe Krümmung der Oberseite des Trägers ist nicht gezeichnet und bleibt unberücksichtigt. Festgesetzt werden:

g_o **Eigengewicht der Querträger**

Geschätzt wird ein Eigengewicht von $g_{o,k} = 0{,}2$ kN/m in Anlehnung an einen mittelbreiten I-Träger 200 (IPEa). Die Verjüngung des Trägers, die offensichtlich der Ableitung des Niederschlagswassers dient, bildet in Näherung einen „Träger gleicher Normalbeanspruchung". Zur Vereinfachung ist $g_{o,k}$ konstant gewählt.

F_L **Eigenlast der Dachträger**

Geschätzt wird $g_L = 0{,}16$ kN/m in Anlehnung an einen U-Träger 140.

$F_L = g_{l,k} \cdot l = 0{,}16 \text{ kN/m} \cdot 3 \text{ m} = 0{,}48 \text{ kN}$

Die Kräfte F_{q1-4} sind für unterschiedliche Lastfälle näherungsweise proportional den belastenden Dachflächen zu berechnen (z. B. mit und ohne Windbelastung).

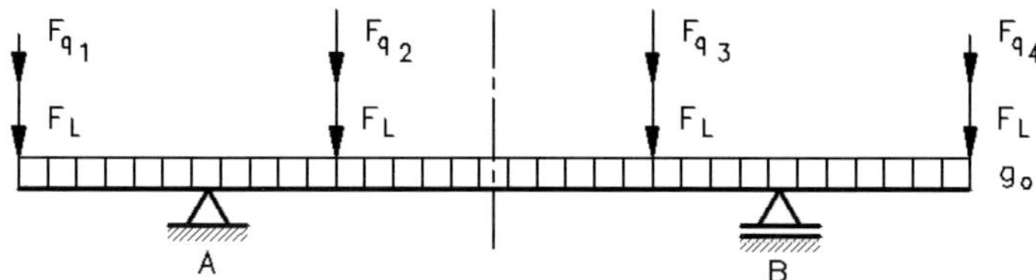

F_q: Kraft, mit der die Dachbelastung auf die Dachträger wirkt
F_L: Eigenlast der Dachträger
g_o: Eigenlast des Querträgers

Lösung Aufgabe 20

Die Gesamtkraft F_k bzw. F_d, die die abgehängte Platte in die drei Aufhängungen einleitet, ergibt sich zu:

$$F_{Pl,k} = g_{Pl} \cdot A_{Pl} = 0{,}5 \text{ kN/m}^2 \cdot 1{,}3 \text{ m} \cdot 2{,}2 \text{ m} = 1{,}430 \text{ kN}$$

$$F_{s,k} = \mu_1 \cdot s_k \cdot A_{Pl} = 0{,}75 \text{ kN/m}^2 \cdot 1{,}3 \text{ m} \cdot 2{,}2 \text{ m} = 2{,}145 \text{ kN}$$

$$F_k = (1{,}430 + 2{,}145) \text{ kN} = 3{,}575 \text{ kN} \quad \text{als charakteristische Einwirkung}$$

$$F_d = \gamma_G \cdot F_{Pl,k} + \gamma_Q \cdot F_{s,k} = (1{,}35 \cdot 1{,}430 + 1{,}5 \cdot 2{,}145) \text{ kN}$$
$$= 5{,}148 \text{ kN} \quad \text{als Bemessungswert.}$$

Es wird angenommen, dass die mittlere Aufhängung die Hälfte dieser Last aufnimmt. Wegen der Symmetrie der vertikalen Verbindungsstücke tragen diese dann eine Last von

$$F_v = \tfrac{1}{2} F \cdot 0{,}5 = 0{,}894 \text{ kN bzw. } 1{,}287 \text{ kN}$$

Der Bemessungswert von g_T ist $g_{T,d} = 0{,}22 \text{ kN/m} \cdot 1{,}35 = 0{,}297 \text{ kN/m}$.

Mit diesen Werten ergibt sich das Tragwerksmodell wie folgt:

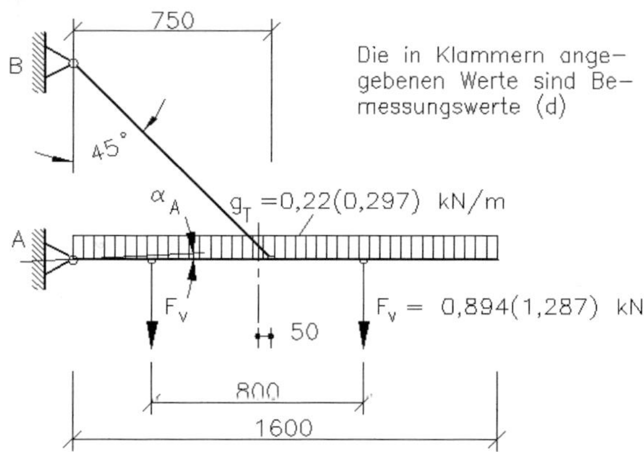

Zu 1.: Charakteristische Auflagerkräfte und zugehörige Winkel

$\sum M_A = 0 = -\, g_{T,k} \cdot 1{,}6\ \text{m} \cdot 0{,}8\ \text{m} + F_{B,k} \cdot \sin 45° \cdot 0{,}75\ \text{m} - F_{V,k} \cdot 0{,}3\ \text{m}$

$-\, F_{V,k} \cdot 1{,}1\ \text{m}$

hieraus: $F_{B,k} = 2{,}891\ \text{kN}$; $\alpha_B = 135{,}0°$ gem. Zeichnung

$\sum F_V = 0 = F_{Av,k} + F_{B,k} \cdot \sin 45° - 2 \cdot F_V - g_{T,k} \cdot 1{,}6\ \text{m}$

hieraus: $F_{Av,k} = 0{,}096\ \text{kN}$

$\sum F_H = 0 = F_{Ah,k} - F_{B,k} \cdot \cos 45°$

hieraus: $F_{Ah,k} = 2{,}044\ \text{kN}$

Aus $F_{A,k} = \sqrt{F_{Ah,k}^{\ 2} + F_{Av,k}^{\ 2}}$ folgt die Lagerkraft in A:

$F_{A,k} = 2{,}046\ \text{kN}$ und der zugehörige Winkel mit

$\alpha_A = \arctan\,(F_{Av,k}/F_{Ah,k})$ zu:

$\alpha_A = 2{,}7°$ (s. Bild auf Seite 131)

Zu 2.: Bemessungswerte der Auflagerkräfte und zugehörige Winkel

Setzt man in die obigen Gleichgewichtsbedingungen anstelle der charakteristischen die Bemessungswerte ein, ergeben sich:

$F_{B,d} = 4{,}114\ \text{kN}$; $\alpha_B = 135{,}0°$ gem. Zeichnung

$F_{Av,d} = 0{,}137\ \text{kN}$; $F_{Ah,d} = 2{,}909\ \text{kN}$; $F_{A,d} = 2{,}912\ \text{kN}$

$\alpha_A = \arctan\,(F_{Av,d}/F_{Ah,d}) = 2{,}7°$

Lösung Aufgabe 21

Aus dem Bild in der Aufgabenstellung geht die Sparrenlänge nicht unmittelbar hervor. Sie wird aber zur Berechnung der Windkraft benötigt. Die Ermittlung soll hier rechnerisch durchgeführt werden und kann zeichnerisch überprüft werden.

Zu 1.: Berechnung der Neigungswinkel α_1, α_2 und Sparrenlängen L_1 und L_2

Mit den Bezeichnungen des folgenden Bildes kann geschrieben werden:

$h_2 = H \cdot (L_2/L) = 2\ \text{m} \cdot (5\ \text{m}/8\ \text{m}) = 1{,}25\ \text{m}$

$l_1 = \sqrt{L_1^{\ 2} + (h_1 + h_2 - H)^2} = 3{,}178\ \text{m}$

$l_2 = \sqrt{L_2^{\ 2} + (h_1 + h_2\,)^2} = 5{,}857\ \text{m}$

$\alpha_1 = \arctan\,[(h_1 + h_2 - H)/L_1] = 19{,}29°$

$\alpha_2 = \arctan\,[(h_1 + h_2\,)/L_2] = 31{,}38°$

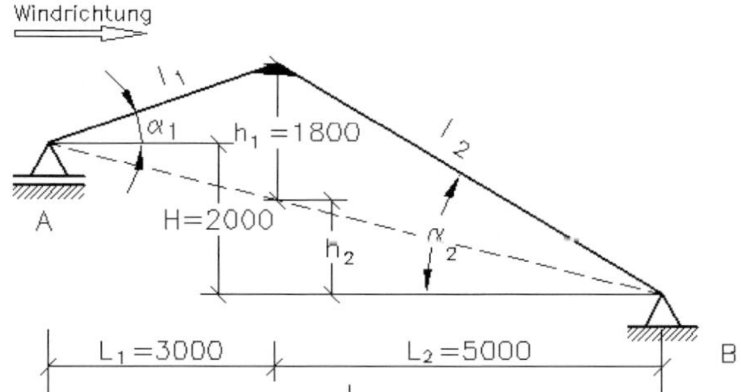

Zu 2.: Charakteristische Wind-, Schnee- und Gewichtslasten

Ermittlung der Windlasten

$$w_{e,k} = q_{p,k} \cdot c_{pe}$$

$w_{e,k}$ charakteristischer Winddruck auf Außenflächen in kN je m^2 Dachfläche (DF)

$q_{p,k}$ charakteristischer Böengeschwindigkeitsdruck in kN/m^2 DF

c_{pe} aerodynamischer Beiwert

Alle Daten sind Normen oder Bautabellen zu entnehmen.

Für die in der Aufgabenstellung angegebenen Bedingungen ergibt sich:

$q_{p,k} = 0{,}65$ kN/m^2 Winddruck.

Dieser Winddruck wird über die c_{pe}-Werte modifiziert.

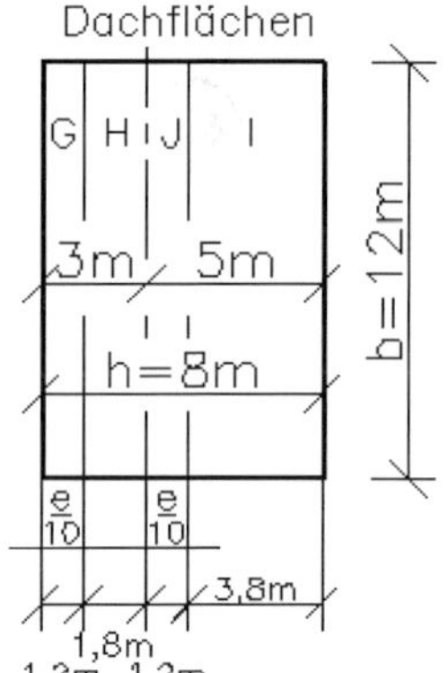

c_{pe} –Beiwerte

	Neigungswinkel/°	Dachflächen G	H	J	I
	15	−0,8	+0,2		
	30	−0,5	+0,4	−0,5	−0,4
	45			−0,3	−0,2
li.Dachseite	19,29	−0,72	+0,26		
re.Dachseite	31,38			−0,49	−0,39

interpoliert

Die Breite der Dachzonen *G*, *H*, *J* und *I* ist abhängig von *e*:

$e = b$ oder $e = 2\ h_G$

$e = 12$ m oder $e = 17$ m $\Rightarrow$ min $e = 12$ m

$w_{e,k} = 0{,}65\ \text{kN/m}^2 \cdot (-0{,}72) = -0{,}51\ \text{kN/m}^2$ für die Dachfläche G

$w_{e,k} = 0{,}65\ \text{kN/m}^2 \cdot (+0{,}26) = +0{,}14\ \text{kN/m}^2$ für die Dachfläche H

$w_{e,k} = 0{,}65\ \text{kN/m}^2 \cdot (-0{,}49) = -0{,}33\ \text{kN/m}^2$ für die Dachfläche J

$w_{e,k} = 0{,}65\ \text{kN/m}^2 \cdot (-0{,}39) = -0{,}26\ \text{kN/m}^2$ für die Dachfläche I

Multipliziert man die Werte mit dem Sparrenabstand $a = 0{,}8$ m, dann erhält man die Winddrücke je Meter Sparrenlänge:

$w'_{e,k} = 0{,}8\ \text{m} \cdot (-0{,}51) = -0{,}41\ \text{kN/m}$ für die Dachfläche G

$w'_{e,k} = 0{,}8\ \text{m} \cdot (+0{,}14) = +0{,}11\ \text{kN/m}$ für die Dachfläche H

$w'_{e,k} = 0{,}8\ \text{m} \cdot (-0{,}33) = -0{,}26\ \text{kN/m}$ für die Dachfläche J

$w'_{e,k} = 0{,}8\ \text{m} \cdot (-0{,}26) = -0{,}21\ \text{kN/m}$ für die Dachfläche I

Ermittlung der Schneelasten

$$s_k = 0{,}25 + 1{,}91 \left(\frac{A+140}{760}\right)^2 \geq 0{,}85\ \text{kN/m}^2\ \text{Grundfläche (GF)}$$

s_k charakteristische Schneelast in kN/m^2 GF

A Geländehöhe über dem Meeresniveau in Meter

Alle Daten sind Normen oder Bautabellen zu entnehmen.

Für die in der Aufgabenstellung angegebenen Bedingungen ergibt sich:

$s_k = 0{,}25 + 1{,}91\ [(120 + 140)/760]^2\ \text{kN/m}^2 = 0{,}47\ \text{kN/m}^2 \leq 0{,}85\ \text{kN/m}^2$

$s_k = 0{,}85\ \text{kN/m}^2$ GF

$$s = \mu_1 \cdot C_e \cdot C_t \cdot s_k$$

s charakteristischer Wert der Schneelast auf dem Dach

μ_1 Formbeiwert; $\mu_1 = f(\alpha)$

$\mu_1 = 0{,}8$ für linkes Dachteil

$\mu_1 = 0{,}8 \cdot (60° - \alpha)/30° = 0{,}8 \cdot (60° - 31{,}38°) = 0{,}76$ für rechtes Dachteil

C_e ; C_t Koeffizienten ; $C_e = C_t = 1$

Damit

links: $s = \mu_1 \cdot s_k = 0{,}8 \cdot 0{,}85\ \text{kN/m}^2 = 0{,}68\ \text{kN/m}^2$ GF

$s = \mu_1 \cdot s_k = 0{,}68\ \text{kN/m}^2 \cdot 0{,}8\ \text{m} = 0{,}54\ \text{kN/m}$ für $a = 0{,}8$ m Sparrenabstand

rechts: $s = \mu_1 \cdot s_k = 0{,}76 \cdot 0{,}85\ \text{kN/m}^2 = 0{,}65\ \text{kN/m}^2$ GF

$s = \mu_1 \cdot s_k = 0{,}65\ \text{kN/m}^2 \cdot 0{,}8\ \text{m} = 0{,}52\ \text{kN/m}$ für $a = 0{,}8$ m Sparrenabstand

Ermittlung der Dachlasten aus Gewicht

Mit $g = 1{,}6$ kN/m² DF Gewicht des Dachaufbaus folgt die Last je Sparren zu:

links: $g' = \dfrac{g}{\cos\alpha} \cdot a = 1{,}6\ \text{kN/m}^2/\cos 19{,}29° \cdot 0{,}8\ \text{m} = 1{,}36\ \text{kN/m}$

rechts: $g' = \dfrac{g}{\cos\alpha} \cdot a = 1{,}6\ \text{kN/m}^2/\cos 31{,}38° \cdot 0{,}8\ \text{m} = 1{,}50\ \text{kN/m}$

Zu 3.: Berechnung der charakteristischen Auflagerkräfte in den Lagern A und B

Tragwerksmodell:

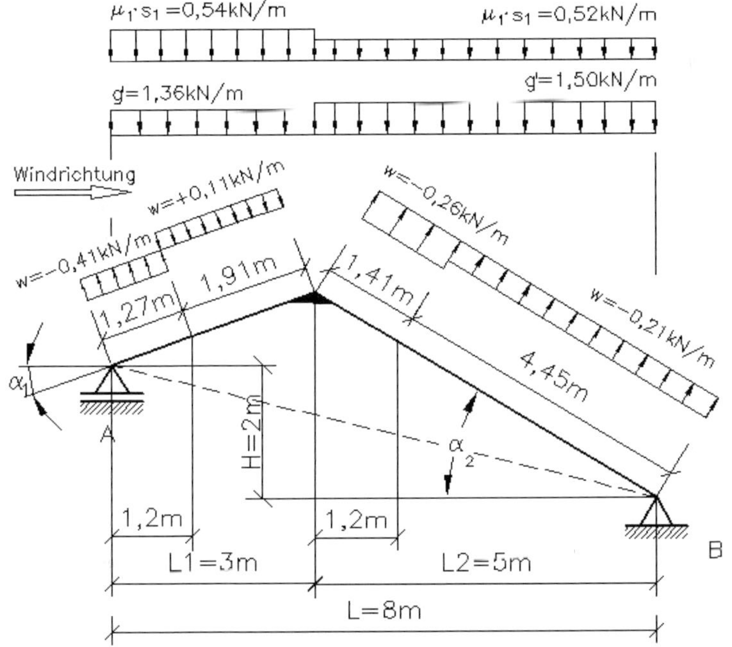

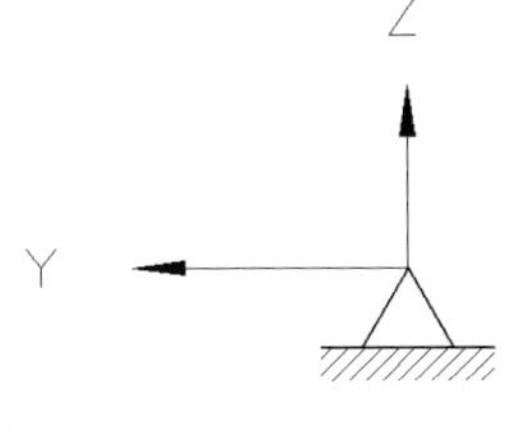

Zur Ermittlung der Auflagerkräfte in den Lagern A und B ist es zweckmäßig, alle Streckenlasten in äquivalente Einzelkräfte umzurechnen und gleichzeitig den Schwerpunkt dieser Einzelkräfte – gemessen vom Lager B – zu ermitteln. Die Abstände sind auf das Koordinatensystem lt. Bild bezogen.

In der Tabelle sind die Daten zusammengestellt:

	Kraft	Beträge der Einzellast in kN $F_i = p_i \times l_i$	Beträge der Horizontalkomponente	Beträge der Vertikalkomponente	Koordinaten in Meter y	Koordinaten in Meter z
links	$F_{g'}$	1,36x3,00=4,08	0,00	4,08	6,50	–
	$F_{\mu_1 \cdot s_k}$	0,54x3,00=1,62	0,00	1,62	6,50	–
	$F_{w_1',e,k}$	0,41x1,27=0,52	0,17	0,49	7,40	2,21
	$F_{w_1',e,k}$	0,11x1,91=0,21	0,07	0,20	5,90	2,74
rechts	$F_{g'}$	1,50x5,00=7,50	0,00	7,50	2,50	–
	$F_{\mu_1 \cdot s_k}$	0,52x5,00=2,60	0,00	2,60	2,50	–
	$F_{w_r',e,k}$	0,26x1,41=0,37	0,19	0,32	4,40	2,68
	$F_{w_r'',e,k}$	0,21x4,45=0,93	0,48	0,79	1,90	1,16

$\sum F_V = +14{,}40$ kN

$\sum F_H = +0{,}57$ kN

$$\sum M_B = 0 = -F_A \cdot 8\text{ m} + (4{,}08 \cdot 6{,}5 + 1{,}62 \cdot 6{,}5 + 0{,}17 \cdot 2{,}21 - 0{,}49 \cdot 7{,}4$$

$$- 0{,}07 \cdot 2{,}74 + 0{,}2 \cdot 5{,}9 + 7{,}5 \cdot 2{,}5 + 2{,}6 \cdot 2{,}5 - 0{,}19 \cdot 2{,}68$$

$$- 0{,}32 \cdot 4{,}4 - 0{,}48 \cdot 1{,}16 - 0{,}79 \cdot 1{,}9)\text{ kNm} = 0$$

hieraus: $F_A = 56{,}06\text{ kNm}/8\text{ m} = 7{,}01$ kN

$F_{Bv} = 14{,}40\text{ kN} - F_A = 7{,}39$ kN

$F_{Bh} = -0{,}57$ kN

Lösung Aufgabe 22

Zu 1.: Gleichmäßig verteilte Lasten *p*

Es werden zunächst die Gesamtkräfte des Daches als charakteristische Kräfte (Index k) und als Bemessungswerte (Index d) berechnet. Aus ihnen ergeben sich dann p_k bzw. p_d als Addition von Eigen- und Schneelast:

$F_{g,k} = 0{,}35\ \text{kN/m}^2 \cdot 2{,}6\ \text{m} \cdot 1{,}6\ \text{m} = 1{,}456\ \text{kN}$ Eigengewicht des Daches

$F_{g,d} = \gamma_{F,G} \cdot F_{g,k} = 1{,}35 \cdot 1{,}456\ \text{kN} = 1{,}966\ \text{kN}$

$F_{s,k} = 0{,}75\ \text{kN/m}^2 \cdot 2{,}6\ \text{m} \cdot 1{,}6\ \text{m} = 3{,}12\ \text{kN}$ Schneelast

$F_{s,d} = \gamma_{F,Q} \cdot F_{s,k} = 1{,}5 \cdot 3{,}12\ \text{kN} = 4{,}68\ \text{kN}$

$F_{\text{Dach},k} = (3{,}12 + 1{,}456)\ \text{kN} = 4{,}576\ \text{kN}$ Gesamtlast des Daches

$F_{\text{Dach},d} = (4{,}68 + 1{,}966)\ \text{kN} = 6{,}646\ \text{kN}$

$p_k = (F_{\text{Dach},k} \cdot 0{,}8\ \text{m}/1{,}3\ \text{m})/2{,}6\ \text{m} = 1{,}083\ \text{kN/m}$ Belastung des Rohrträgers

$p_d = (F_{\text{Dach},d} \cdot 0{,}8\ \text{m}/1{,}3\ \text{m})/2{,}6\ \text{m} = 1{,}573\ \text{kN/m}$

Zu 2.: Einzelkräfte $F_1 - F_5$

Es wird angenommen, dass die Kräfte $F_2 - F_4$ doppelt so groß wie die Kräfte F_1 bzw. F_5 sind. Hieraus:

$p \cdot 2{,}6\ \text{m} = 3 \cdot F + 2 \cdot 0{,}5 \cdot F = 4F$; $F_k = p_k \cdot 2{,}6\ \text{m}/4 = 0{,}704\ \text{kN}$

$F_d = p_d \cdot 2{,}6\ \text{m}/4 = 1{,}023\ \text{kN}$

folglich: $F_{2,k} = F_{3,k} = F_{4,k} = 0{,}704\ \text{kN}$

$F_{2,d} = F_{3,d} = F_{4,d} = 1{,}023\ \text{kN}$

$F_{1,k} = F_{5,k} = 0{,}352\ \text{kN}$

$F_{1,d} = F_{5,d} = 0{,}511\ \text{kN}$

Zu 3.: Auflagerkräfte in *A* und *B*

Beide Lagerkräfte sind gleich groß: $F_A = F_B = \frac{1}{2}\, p \cdot 2{,}6\ \text{m}$. Damit:

$F_{A,k} = F_{B,k} = 1{,}408\ \text{kN}$

$F_{A,d} = F_{B,d} = 2{,}045\ \text{kN}$

Zu 4.: Charakteristische Kraft an der Fassade

Die von der Fassade aufzunehmende charakteristische Kraft berechnet sich aus

$$\sum F_V = 0 = F_{A,k} + F_{B,k} + F_{\text{Fassade},k} - F_{\text{Dach},k}$$

hieraus: $F_{\text{Fassade},k} = 1{,}76\ \text{kN}$

Lösung Aufgabe 23

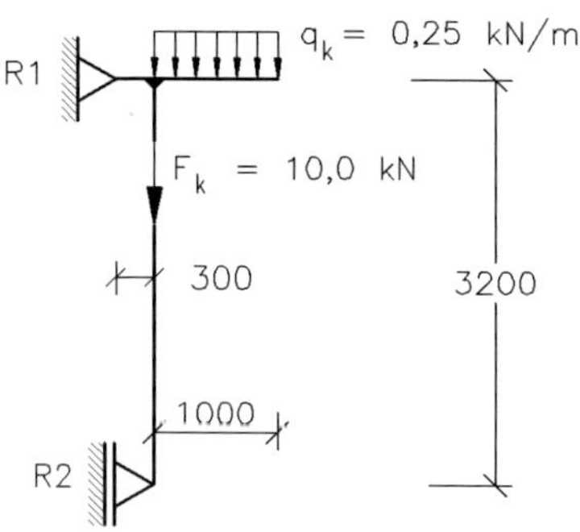

Während die Rolle R1 Kräfte in allen Richtungen aufnehmen kann, also ein festes Lager ist, nimmt die Rolle R2 nur waagerechte Kräfte auf, erfüllt deshalb die Funktion eines losen Lagers.

Das linke Bild zeigt das Tragwerksmodell.

$$\sum M_{R1} = 0 = F_{R2} \cdot 3{,}2\ \text{m} - F_k \cdot 0{,}3\ \text{m} - q_k \cdot 1\ \text{m} \cdot 0{,}8\ \text{m}$$

hieraus: $F_{R2} = 1{,}0$ kN

$$\sum F_H = 0 = F_{R1h} + F_{R2}$$

hieraus: $F_{R1h} = -1{,}0$ kN

$$\sum F_V = 0 = F_{R1v} - F_k - q_k \cdot 1\ \text{m}$$

hieraus: $F_{R1v} = 10{,}25$ kN

Die resultierende Gesamtkraft im Lager R1 ist dann:

$$F_{R1} = \sqrt{F_{R1h}{}^2 + F_{R1v}{}^2} = 10{,}3\ \text{kN}$$

Lösung Aufgabe 24

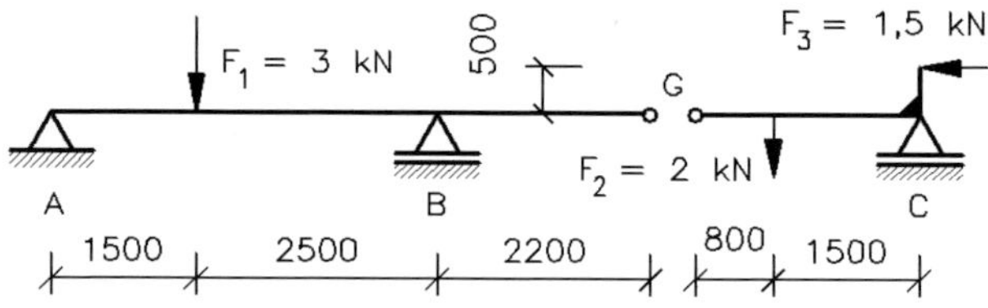

Der gegebene *Gerber*-Träger wird im Gelenk G getrennt, und für die beiden einzelnen Trägerteile werden die drei Gleichgewichtsbedingungen aufgestellt. Die Gelenkkräfte G_h und G_v müssen dabei an den einen Trägerteil positiv und an den anderen negativ angetragen werden (s. das folgende Bild):

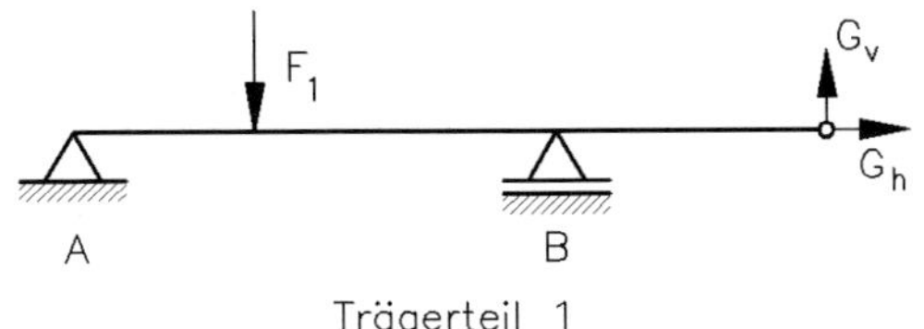

Trägerteil 1

Gh F3 Gv F2 C

Trägerteil 2

Damit sind die Gelenkkräfte Gegenkräfte, die auf die Lagerkräfte in A, B und C keinen Einfluss mehr haben, aber für die Lösung der Aufgabe notwendig sind. Durch die Trennung im Gelenk kann eine weitere Gleichgewichtsbedingung $\sum M_G = 0$ aufgestellt werden, so dass 4 Gleichungen für die Lösung von 4 unbekannten Lagerkräften zur Verfügung stehen. Die Reihenfolge für das Ansetzen der Gleichgewichtsbedingungen ist beliebig. Hier wird eine Reihenfolge gewählt, die schnell zu Ergebnissen führt.

Für den Trägerteil 2 gilt:

$$\sum F_H = 0 = -F_3 - G_h = -1{,}5\ \text{kN} - G_h$$

hieraus: $G_h = -1{,}5\ \text{kN}$

$$\sum M_G = 0 = -F_2 \cdot 0{,}8\ \text{m} + F_C \cdot 2{,}3\ \text{m} + F_3 \cdot 0{,}5\ \text{m}$$

hieraus: $F_C = +0{,}37\ \text{kN}$

$$\sum F_V = 0 = -G_v - F_2 + F_C$$

hieraus: $G_v = -1{,}63\ \text{kN}$

Für den Trägerteil 1 gilt:

$$\sum F_H = 0 = F_{Ah} + G_h$$

hieraus: $F_{Ah} = 1{,}5\ \text{kN}$

$$\sum M_A = 0 = -F_1 \cdot 1{,}5\ \text{m} + F_B \cdot 4{,}0\ \text{m} + G_v \cdot 6{,}2\ \text{m}$$

hieraus: $F_B = +3{,}65\ \text{kN}$

$$\sum F_V = 0 = G_v - F_1 + F_B + F_{Av}$$

hieraus: $F_{Av} = 0{,}98\ \text{kN}$

$$F_A = \sqrt{F_{Ah}^2 + F_{Av}^2} = 1{,}79\ \text{kN}$$

Für den Gesamtträger muss gelten:

$$\sum F_V = 0 = -F_1 - F_2 + F_{Av} + F_B + F_C$$

$$= (-3 - 2 + 0{,}98 + 3{,}65 + 0{,}37)\ \text{kN} = 0$$

Lösung Aufgabe 25

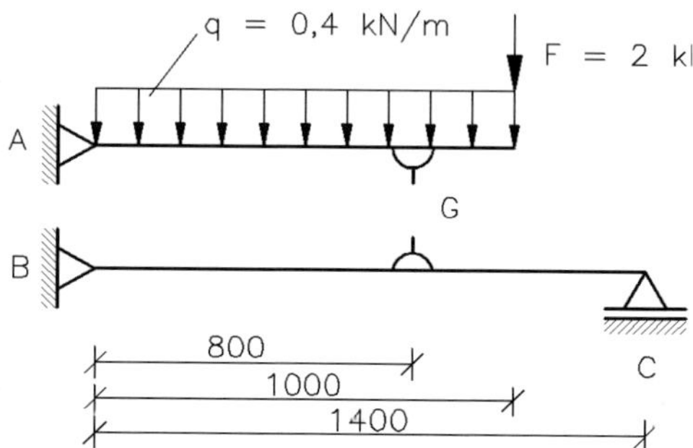

Analog zur Aufgabe 24, Seite 138, werden die beiden (durch das Gelenk G verbundenen) Träger getrennt und jeweils gesondert berechnet. Dabei sind wiederum die Gelenkkräfte F_G in beiden Trägerteilen gleich groß, aber entgegengesetzt gerichtet.

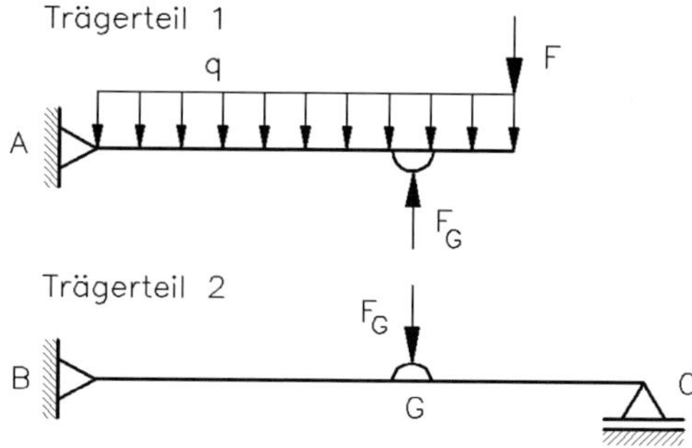

Für den Trägerteil 1 gilt:

$$\sum F_H = 0 = F_{Ah}$$

hieraus: $F_{Ah} = 0$ kN

$$\sum M_A = 0 = -F \cdot 1\text{ m} + F_G \cdot 0{,}8\text{ m} - q \cdot 1\text{ m} \cdot 0{,}5\text{ m}$$

hieraus: $F_G = 2{,}75$ kN

$$\sum F_V = 0 = -F + F_G - q \cdot 1\text{ m} + F_{Av}$$

hieraus: $F_{Av} = F_A = -0{,}35$ kN

Für den Trägerteil 2 gilt:

$$\sum F_H = 0 = F_{Bh}$$

hieraus: $F_{Bh} = 0$ kN

$$\sum M_B = 0 = -F_G \cdot 0{,}8\ \text{m} + F_C \cdot 1{,}4\ \text{m}$$

hieraus: $F_C = 1{,}57$ kN

$$\sum F_V = 0 = F_{Bv} - F_G + F_C$$

hieraus: $F_{Dv} - F_D - 1{,}18$ kN

Lösung Aufgabe 26

Zu 1.: Zeichnerische Übersicht der auftretenden Einwirkungen; Tragwerksmodell

Im folgenden Bild sind alle Einwirkungen auf einen Rahmen eines **Mittelfeldes** zusammengestellt.

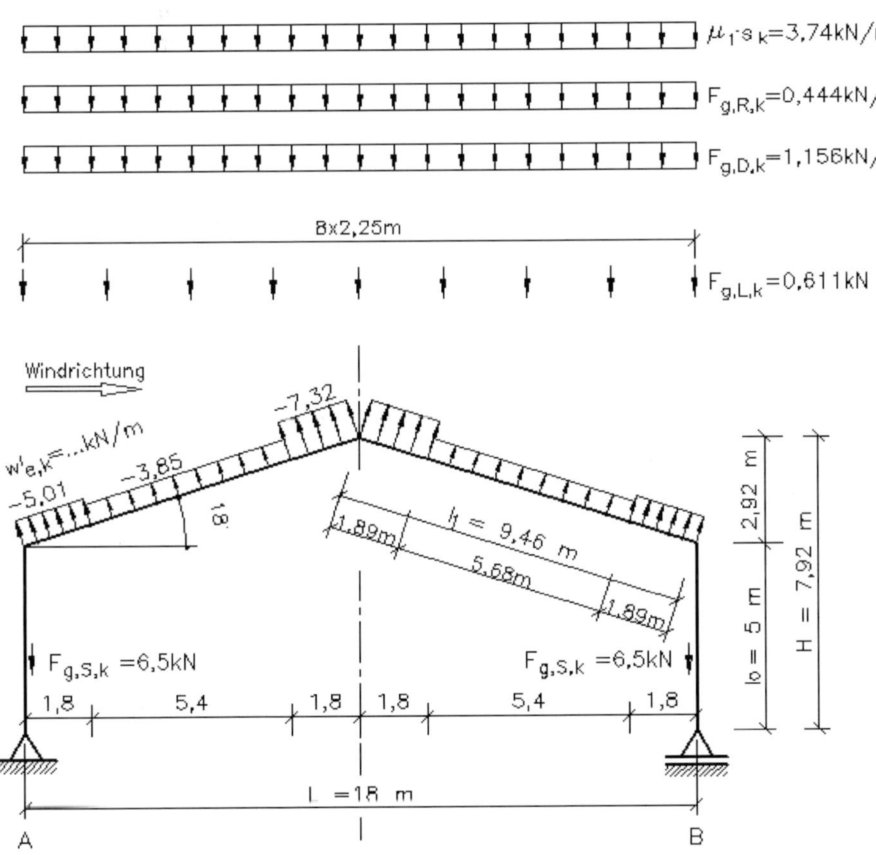

Zu 2.: Ermittlung der charakteristischen Einwirkungen

– **Eigenlast des Stieles**

$$F_{g,S,k} = g_0 \cdot l_0 = 1{,}25 \text{ kN/m} \cdot 5 \text{ m} = 6{,}25 \text{ kN};$$

die Kraft wird auf $F_{g,S,k} = 6{,}50$ kN aufgerundet, um die Eckaussteifung und die Fußplatte mit zu berücksichtigen.

– **Eigenlast eines Riegels**

$$F_{g,R,k} = g_1 \cdot 2l_1/L = 0{,}422 \text{ kN/m} \cdot 2 \cdot 9{,}46 \text{ m}/18 \text{ m} = 0{,}444 \text{ kN/m}$$

– **Eigenlast des Dachaufbaus**

$$F_{g,D,k} = (0{,}2 \text{ kN/m}^2 \cdot 5{,}5 \text{ m} \cdot 2 \cdot 9{,}46 \text{ m})/18 \text{ m} = 1{,}156 \text{ kN/m}$$

– **Eigenlast der Längsträger**

$$F_{g,L,k} = 0{,}111 \text{ kN/m} \cdot 5{,}5 \text{ m} = 0{,}611 \text{ kN}$$

– **Berechnung der Windlast** (s. hierzu Aufgabe 21)

Das Satteldach ist freistehend, und die Einwirkungen sollen für den Lastfall „Unversperrtes Dach ($\varphi = 0$), keine Einlagerung" ermittelt werden.

Die aerodynamischen Beiwerte $c_{p,net}$ sind Gesamtdruckbeiwerte. Da ein Mittelfeld betrachtet wird ($a = 5{,}5$ m), entfallen die Randbereiche.

$$\boxed{w_{e,k} = q_{p,k} \cdot c_{pe}}$$

Für die in der Aufgabenstellung angegebenen Bedingungen ergibt sich:

$$q_{p,k} = 0{,}65 \text{ kN/m}^2$$

Dieser Winddruck wird über die c_{pe}-Werte modifiziert:

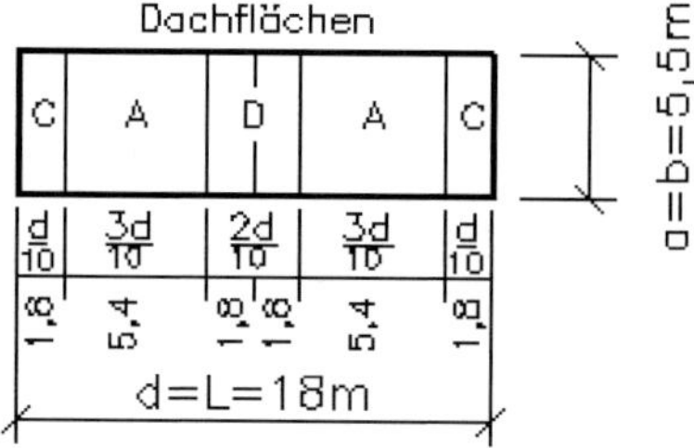

$c_{pe,net}$ –Beiwerte

Neigungswinkel/°	Dachflächen C	A	D
15	−1,4	−0,9	−1,8
20	−1,4	−1,2	−2,2
18	−1,40	−1,08	−2,04

$w_{e,k} = 0{,}65 \text{ kN/m}^2 \cdot (-1{,}4) = -0{,}91 \text{ kN/m}^2$ für die Dachfläche C

$w_{e,k} = 0{,}65 \text{ kN/m}^2 \cdot (-1{,}08) = -0{,}70 \text{ kN/m}^2$ für die Dachfläche A

$w_{e,k} = 0{,}65 \text{ kN/m}^2 \cdot (-2{,}04) = -1{,}33 \text{ kN/m}^2$ für die Dachfläche D

Multipliziert man die Werte mit dem Sparrenabstand a = 5,5 m, dann erhält man die Winddrücke je Meter Sparrenlänge:

$w'_{e,k} = 5{,}5\ \text{m} \cdot (-0{,}91) = -5{,}01\ \text{kN/m}$ für die Dachfläche C

$w'_{e,k} = 5{,}5\ \text{m} \cdot (-0{,}70) = -3{,}85\ \text{kN/m}$ für die Dachfläche A

$w'_{e,k} = 5{,}5\ \text{m} \cdot (-1{,}33) = -7{,}32\ \text{kN/m}$ für die Dachfläche D

Berechnung der Schneelast (s. hierzu Aufgabe 21)

$$s_k = 0{,}25 + 1{,}91 \left(\frac{A+140}{760}\right)^2 \geq 0{,}85\ \text{kN/m}^2\ \text{Grundfläche (GF)}$$

Für die in der Aufgabenstellung angegebenen Bedingungen ergibt sich:

$s_k = 0{,}25 + 1{,}91\ [(130 + 140)/760]^2\ \text{kN/m}^2 = 0{,}49\ \text{kN/m}^2 \leq 0{,}85\ \text{kN/m}^2$

$s_k = 0{,}85\ \text{kN/m}^2\ \text{GF}$

$$s = \mu_1 \cdot C_e \cdot C_t \cdot s_k$$

μ_1 Formbeiwert; $\mu_1 = f(\alpha)$

$\mu_1 = 0{,}8$

C_e; C_t Koeffizienten ; $C_e = C_t = 1$

Damit:

$s = \mu_1 \cdot s_k = 0{,}8 \cdot 0{,}85\ \text{kN/m}^2 = 0{,}68\ \text{kN/m}^2\ \text{GF}$

$s = \mu_1 \cdot s_k = 0{,}68\ \text{kN/m}^2 \cdot 5{,}5\ \text{m} = 3{,}74\ \text{kN/m}$ für a = 5,5 m Sparrenabstand

Zu 3.: Charakteristische Auflagerkräfte

Rechenvereinfachung: Da in der vorliegenden Aufgabe alle Abmessungen und Einwirkungen symmetrisch sind, kann man die Auflagerkräfte mit einem gewichteten Mittelwert $\bar{c}_{p,net} = -(\frac{2}{10} \cdot 1{,}4 + \frac{6}{10} \cdot 1{,}08 + \frac{2}{10} \cdot 2{,}04)/\frac{10}{10} = -1{,}34$ und $w'_{e,k} = 4{,}79$ kN/m einfacher ermitteln:

$$\sum M_A = 0 = \left[w'_{e,k} \cdot 2l_1 \cdot L/2 \cdot \cos 18° - F_{g,S,k} \cdot L - 9 \cdot F_{g,L,k} \cdot L/2 \right.$$

$$\left. -(\mu_1 \cdot s_k + F_{g,D,k} + F_{g,R,k}) \cdot \frac{L^2}{2} \right] + F_{B,k} \cdot L$$

$$0 = [4{,}79 \cdot 2 \cdot 9{,}46 \cdot 9 \cdot \cos 18° - 6{,}5 \cdot 18 - 9 \cdot 0{,}611 \cdot 9$$

$$-(3{,}74 + 1{,}156 + 0{,}444) \cdot 18 \cdot 9]\ \text{kNm} + F_{B,k} \cdot 18\ \text{m}$$

hieraus: $F_{B,k} = 14{,}35$ kN

$F_{Av,k} = 14{,}35$ kN

$$\sum F_H = 0 = F_{Ah} + \sum H$$

hieraus: $F_{Ah} = 0$ kN

Lösung Aufgabe 27

Das Sparrendach ist ein Dreigelenktragwerk mit der Besonderheit, dass die Höhe der beiden symmetrischen Sparren von den Fußpunkten bis zum First bei gleicher Dicke linear abnimmt. Näherungsweise ergibt sich jeweils ein Dreieck, weswegen die Trägereigenlast $\frac{1}{2} g_1 \cdot l_1$ ebenfalls dreieckförmigen Verlauf hat. In diesem Ausdruck ist g_1 die größte spezifische Last im Dreieck; die kleinste soll null sein.

Dreigelenktragwerke sind statisch bestimmt: Die 6 unbekannten Lagerkräfte (in A, B und G) sind lösbar, weil für das Gesamtsystem und jeden Einzelträger je drei Gleichgewichtsbedingungen aufgestellt werden können. Es bleibt dem Bearbeiter überlassen, welche 6 Gleichgewichtsbedingungen er in welcher Reihenfolge ansetzt. Bei den Gleichgewichtsbedingungen für das Gesamtsystem bleiben dabei die inneren Kräfte im Gelenk G unberücksichtigt. Zur Vereinfachung der Rechnung soll $p = g'_D + s'$ eingesetzt werden.

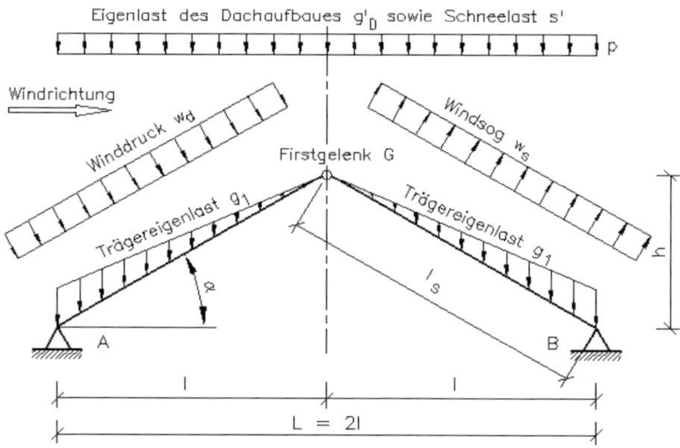

Zu 1.: Berechnung der Auflagerkräfte in A und B

$$\sum M_B = 0 = -F_{Av} \cdot L + p \cdot L \cdot l - w_d \cdot \sin\alpha \cdot l_s \cdot h/2 + w_d \cdot \cos\alpha \cdot l_s \cdot 1{,}5 \cdot l$$

$$- w_s \cdot \sin\alpha \cdot l_s \cdot h/2 - w_s \cdot \cos\alpha \cdot l_s \cdot l/2 + \frac{1}{2} g_1 \cdot l_s \cdot \left(l + \frac{2}{3} l\right)$$

$$+ \frac{1}{2} g_1 \cdot l_s \cdot \frac{1}{3} l;$$ durch Auflösen nach F_{Av} folgt:

$$F_{Av} = p \cdot l - (w_d + w_s) \cdot \sin\alpha \cdot \frac{l_s \cdot h}{4 \cdot l} + \frac{3}{2}\left(w_d - \frac{1}{3} w_s\right) \cdot \cos\alpha \cdot \frac{1}{2} l_s + \frac{1}{2} g_1 \cdot l_s$$

bzw.

$$F_{Av} = p \cdot l - (w_d + w_s) \frac{h^2}{4 \cdot l} + \frac{3}{4}\left(w_d - \frac{1}{3} w_s\right) \cdot l + \frac{1}{2} g_1 \cdot l_s$$

$$\sum F_V = 0 = -p \cdot L - w_d \cdot \cos\alpha \cdot l_s + w_s \cdot \cos\alpha \cdot l_s - 2 \cdot \frac{1}{2} \cdot g_1 \cdot l_s + F_{Av} + F_{Bv}$$

hieraus: $F_{Bv} = p \cdot L + l \cdot (w_d - w_s) + g_1 \cdot l_s - F_{Av}$

$$\sum M_G = 0 = -F_{Av} \cdot l + F_{Ah} \cdot h + p \cdot l \cdot \frac{1}{2} l + w_d \cdot l_s \cdot \frac{1}{2} l_s + \frac{1}{2} g_1 \cdot l_s \cdot \frac{2}{3} l$$

hieraus: $F_{Ah} = \dfrac{F_{Av} \cdot l - p \cdot \frac{1}{2} l^2 - w_d \cdot \frac{1}{2} l_s^2 - \frac{1}{3} g_1 \cdot l_s \cdot l}{h}$

$$\sum F_H = 0 = F_{Ah} + F_{Bh} + w_d \cdot \sin\alpha \cdot l_s + w_s \cdot \sin\alpha \cdot l_s$$

hieraus: $F_{Bh} = -F_{Ah} - (w_d + w_s) \cdot h$

Zu 2.: Berechnung der Gelenkkräfte

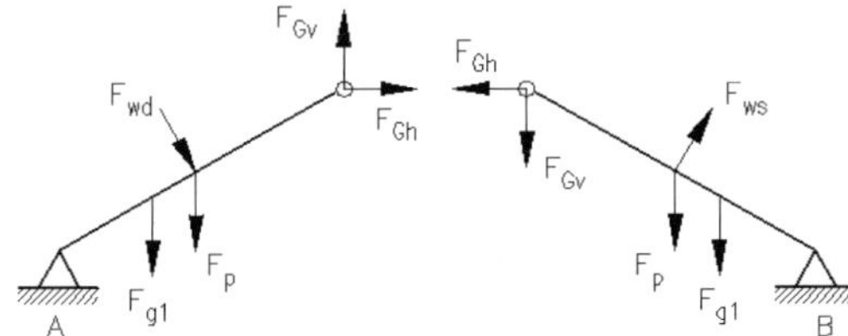

F_{g1} resultierende Trägereigenlast bei 1/3 l
F_p resultierende Dach- und Schneelast bei l/2
F_{wd} resultierende Windlast (Winddruck) bei $l_s/2$
F_{ws} resultierende Windlast (Windsog) bei $l_s/2$
F_{Gh} horizontale Gelenkkraft
F_{Gv} vertikale Gelenkkraft

Das Bild vereinfacht das vorherige, in dem die verteilten Lasten durch resultierende Einzellasten dargestellt sind. Alle spezifischen Lasten, Winkel und Längen sind dem obigen Bild zu entnehmen. Bildet man

$$\sum M_A = 0 \text{ und } \sum M_B = 0$$

und löst diese beiden Gleichungen nach F_{Gh} und F_{Gv} auf, dann folgen die Gelenkkräfte, die immer Gegenkräfte sind (vgl. Aufgabe 24):

$$\sum M_A = 0 = -F_p \cdot \frac{1}{2} l - F_{wd} \cdot \frac{1}{2} l_s - F_{g1} \cdot \frac{1}{3} l - F_{Gh} \cdot h + F_{Gv} \cdot l$$

$$= -\frac{p \cdot l^2}{2} - \frac{w_d \cdot l_s^2}{2} - \frac{g_1 \cdot l_s \cdot l}{6} - F_{Gh} \cdot h + F_{Gv} \cdot l$$

$$\sum M_B = 0 = +F_p \cdot \frac{1}{2} l - F_{ws} \cdot \frac{1}{2} l_s + F_{g1} \cdot \frac{1}{3} l + F_{Gh} \cdot h + F_{Gv} \cdot l$$

$$= +\frac{p \cdot l^2}{2} - \frac{w_s \cdot l_s^2}{2} - \frac{g_1 \cdot l_s \cdot l}{6} + F_{Gh} \cdot h + F_{Gv} \cdot l$$

hieraus: $F_{Gh} = \dfrac{1}{2 \cdot h} \cdot \left[-p \cdot l^2 - \dfrac{g_1 \cdot l_s \cdot l}{3} + \dfrac{l_s^2}{2} \cdot (w_s - w_d) \right]$

$$F_{Gv} = \frac{l_s^2}{4 \cdot l} \cdot (w_s + w_d)$$

Lösung Aufgabe 28

Die 5 Seile bilden gemeinsam mit der Stütze ein zentrales, räumliches Kraftsystem, dessen Zentrum im Schnittpunkt der Seilstränge liegt. Das System ist statisch nicht bestimmt, so dass man mit elementaren Mitteln nur Näherungslösungen erhält.

Solche Näherungslösungen könnten sein:

1. Die Gesamtlast wird durch 6 Auflagerpunkte geteilt; dann ergibt sich, dass jeder Aufhängepunkt ca. 17 % der Gesamtlast aufnimmt (s. erste Zahlenreihe).
2. Es werden proportionale Flächen den Aufhängepunkten zugeordnet, z. B. für das Seil 1 eine Fläche von 2,8 m × 1,75 m. Falls, wie im vorliegenden Fall, die Kräfte annähernd proportional den Dachflächen sind, ergibt sich eine Lastverteilung nach der zweiten Zahlenreihe.
3. Die Seile 1–3 seien Lager für einen Träger auf drei Stützen, wobei die Seile 1, 3, 4 und 6 an der äußeren Dachkante angeordnet sein sollen. Für diesen Fall sind in Nachschlagebüchern Lagerkräfte ablesbar (s. dritte Zahlenreihe).
4. Eine hier nicht wiedergegebene Rechnung, die die statische Unbestimmtheit berücksichtigt, liefert die Werte in der vierten Zahlenreihe.

Mit den vertikalen Kraftanteilen können dann die Seilkräfte berechnet werden. Vgl. hierzu Lösung zur Aufgabe 11, Seite 120.

Ergebnisse: In dem Bild sind die Ergebnisse als Näherungswerte für die Varianten 1–4 aufgeführt. Die Mittellinien beziehen sich auf Variante 4.

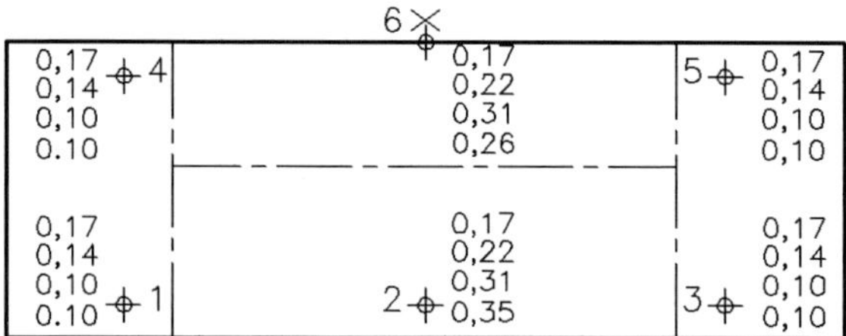

Hinweis: Für den Tragsicherheitsnachweis der Seile und Befestigungsmittel ist es ausreichend, die Kräfte der am stärksten belasteten Elemente (hier bei 2) stellvertretend für alle übrigen der Berechnung zu Grunde zu legen.

Lösung Aufgabe 29

Das feste Lager ist willkürlich bei B gewählt worden, das Lager A sei lose. Nachdem überflüssige konstruktive Angaben entfernt sind, können die drei Gleichgewichtsbedingungen angesetzt werden.

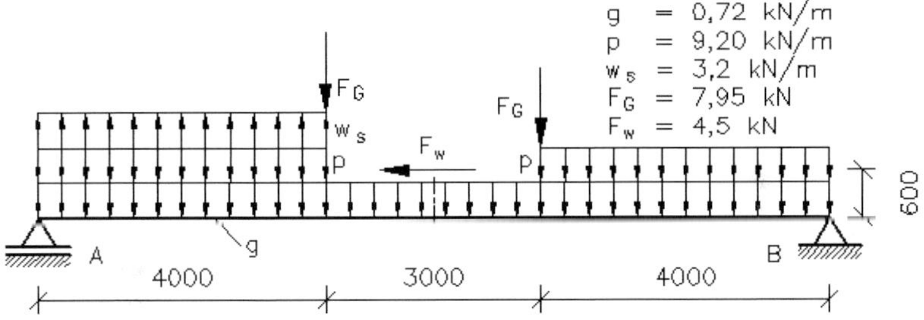

$$\sum M_B = 0 = g \cdot 11\text{ m} \cdot 5{,}5\text{ m} + p \cdot 4\text{ m} \cdot 2\text{ m} + p \cdot 4\text{ m} \cdot 9\text{ m} + F_G \cdot 4\text{ m}$$

$$+ F_G \cdot 7\text{ m} + F_W \cdot 0{,}6\text{ m} - w_s \cdot 4\text{ m} \cdot 9\text{ m} - F_{k,A} \cdot 11\text{ m}$$

hieraus: $F_{A,k} = 38{,}48$ kN

$$\sum F_H = 0 = F_{Bh,k} - F_w$$

hieraus: $F_{Bh,k} = 4{,}5$ kN

$$\sum F_V = 0 = F_{A,k} + F_{Bv,k} + w_s \cdot 4\text{ m} - p \cdot 4\text{ m} - p \cdot 4\text{ m} - g \cdot 11\text{ m} - 2 \cdot F_G$$

hieraus: $F_{Bv,k} = 46{,}14$ kN

Zur Kontrolle kann $\sum M_A = 0$ gebildet werden. Dann muss sich für $F_{Bh,k}$ der oben angegebene Wert ergeben:

$$\sum M_A = 0 = -g \cdot 11\text{ m} \cdot 5{,}5\text{ m} - p \cdot 4\text{ m} \cdot 2\text{ m} - p \cdot 4\text{ m} \cdot 9\text{ m} - F_G \cdot 4\text{ m}$$

$$- F_G \cdot 7\text{ m} + w_s \cdot 4\text{ m} \cdot 2\text{ m} + F_w \cdot 0{,}6\text{ m} + F_{Bv,k} \cdot 11\text{ m}$$

hieraus: $F_{Bv,k} = 46{,}14$ kN

Lösung Aufgabe 30

Schwerpunktermittlung

Die Berechnung von Kraft-, Körper-, Flächen- oder Linienschwerpunkten ist in der Baustatik häufig erforderlich. Für alle drei Schwerpunkte gilt die Gleichung:

$$\boxed{S_{z;y} = \frac{\sum (G_i \cdot l_i)}{\sum G_i}} \quad \text{mit} \quad i = 1 \text{ bis } n$$

Die Größe G kann eine Kraft, Masse, Fläche oder Linie sein, l_i ist die Koordinate des Schwerpunktes einer Einzelgröße G_i in einem selbst zu wählenden Achsensystem. Für den waagerechte Abstand des Schwerpunkte y_s in einem Koordinatensystem y-z ergibt sich dann z. B. für die oben angegebenen Schwerpunkte:

$$y_s = \frac{\sum (F_i \cdot l_i)}{\sum F_i} \;;\quad y_s = \frac{\sum (m_i \cdot l_i)}{\sum m_i} \;;\quad y_s = \frac{\sum (A_i \cdot l_i)}{\sum A_i} \;;\quad y_s = \frac{\sum (L_i \cdot l_i)}{\sum L_i}$$

Kraft-schwerpunkt	Masse-schwerpunkt	Flächen-schwerpunkt	Linien-schwerpunkt

Im vorliegenden Beispiel soll der Abstand y_s des Flächenschwerpunktes des Kragträgers berechnet werden. Die Ordinatenachse wird in A gelegt. Die Gesamtfläche wird in eine Rechteck- und eine Dreieckfläche zerlegt:

Dann folgt:

$$y_s = \frac{\sum (A_i \cdot y_i)}{\sum A_i} = \frac{(0{,}2 \cdot 1{,}05 \cdot 0{,}525 + \frac{1}{2} \cdot 0{,}1 \cdot 1{,}05 \cdot 0{,}35)\,\text{m}^3}{(0{,}2 \cdot 1{,}05 + \frac{1}{2} \cdot 0{,}1 \cdot 1{,}05)\,\text{m}^2} = 0{,}49\ \text{m}$$

Hinweis: Der Schwerpunktabstand der beiden Einzelflächen zur Ordinatenachse liegt beim Rechteck bei $\frac{1}{2} \cdot 1{,}05$ m $= 0{,}525$ m und beim Dreieck bei $\frac{1}{3} \cdot 1{,}05$ m $= 0{,}35$ m.

Eigengewicht des Kragträgers

Es ergibt sich zu:

$$F_{G,k} = V_{Beton} \cdot \gamma_{Beton}$$

Das spezifische Gewicht für Stahlbeton C20/25, kann Bautabellen zu $\gamma_{Beton} = 25$ kN/m^3 entnommen werden. Damit:

$$F_{G,k} = \frac{1}{2} \cdot (0{,}2 + 0{,}3)\ \text{m} \cdot 0{,}12\ \text{m} \cdot 1{,}05\ \text{m} \cdot 25\ \text{kN/m}^3 = 0{,}79\ \text{kN}$$

Vertikalkraft und Biegemoment

Im Querschnitt A entsteht eine Vertikalkraft, die eine Abscherspannung hervorruft:

$$F_{A,k} = F_{G,k} + q_k \cdot (1{,}5 - 0{,}25)\ \text{m} + F_k = 16{,}59\ \text{kN}$$

Die Vertikalkraft erzeugt im Querschnitt A ein Biegemoment $M_{A,k}$ von:

$$M_{A,k} = -F_{G,k} \cdot 0{,}49\ \text{m} - q_k \cdot 0{,}5 \cdot (1{,}5 - 0{,}25)^2\ \text{m}^2 - F_k \cdot (1{,}5 - 0{,}25)\ \text{m}$$

$$M_{A,k} = -10{,}76\ \text{kNm}$$

Lösung Aufgabe 31

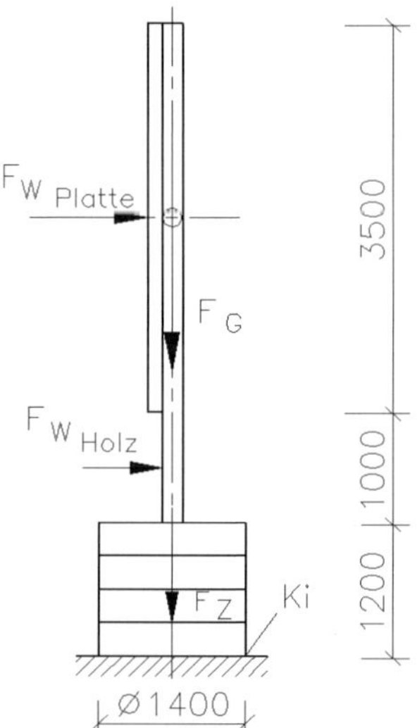

Die Eigengewichte F_Z der drei verfüllten Betonringe sowie der gesamten Bautafel F_G erzeugen das Standmoment M_{St}, während die Windlasten auf Platte und Holz versuchen, die Bautafel mit dem Kippmoment M_{Ki} zu kippen. Die Kippkante Ki geht dabei durch die äußersten Punkte der Betonringe. Die Windlast auf die Betonzylinder wird vernachlässigt.

Die **spezifische Windlast** beträgt:

$$F'_w = q_p \cdot c_f = 0{,}65\ \text{kN/m}^2 \cdot 1{,}8 = 1{,}17\ \text{kN/m}^2$$

Das **Standmoment** ist:

$$M_{St} = (F_Z + F_G) \cdot 0{,}65\ \text{m}$$

$$F_Z = 3 \cdot 1{,}4^2 \cdot \pi/4\ \text{m}^2 \cdot 1{,}2\ \text{m} \cdot 23{,}5\ \text{kN/m}^3$$

$$F_Z = 130{,}2\ \text{kN}$$

$$M_{St} = (130{,}2 + 3{,}5)\ \text{kN} \cdot 0{,}7\ \text{m}$$

$$M_{St} = 93{,}61\ \text{kNm}$$

Das **Kippmoment** ergibt sich zu:

$$M_{Ki} = F'_w \cdot [A_{Holz} \cdot 1{,}7\ \text{m} + A_{Tafel} \cdot (3{,}5/2 + 2{,}2)\ \text{m}]$$

$$= 1{,}17\ \text{kN/m}^2 \cdot [0{,}15 \cdot 1{,}0\ \text{m}^2 \cdot 3 \cdot 1{,}7\ \text{m} + 5{,}0 \cdot 3{,}5\ \text{m}^2 \cdot 3{,}95\ \text{m}] = 81{,}8\ \text{kNm}$$

Damit folgt für die **Standsicherheit**:

$$\boxed{\text{vorh } S = M_{St}/M_{Ki}}$$

$$\text{vorh } S = 93{,}617\ \text{kNm}/81{,}8\ \text{kNm} = 1{,}14$$

$\text{vorh } S = 1{,}14 < \text{erf } S = 1{,}5$ ⟹ Lagesicherung erforderlich

Lösung Aufgabe 32

Es werden zwei Kippfälle untersucht:

1 Der Wind wirkt von vorn auf die Platte (im Bild S. 40 rechts)

2 Der Wind wirkt von hinten auf die Platte (im Bild S. 40 links)

In beiden Fällen soll die Windkraft auf die Räder und den Fahrzeugrahmen nicht berücksichtigt werden. Die Kippachsen sollen jeweils durch die Spurweite von 1,95 m gegeben sein.

Kippfall 1:

$M_{St} = F_{Hä} \cdot (1{,}95 - 1{,}05)\ \text{m} + F_{Pl} \cdot (1{,}95 + 0{,}2)\ \text{m}$

$= 14{,}95\ \text{kN} \cdot 0{,}90\ \text{m} + 0{,}633\ \text{kN} \cdot 2{,}15\ \text{m} = 14{,}816\ \text{kNm}$

$M_{Ki} = F_w \cdot 2{,}55\ \text{m} = 7{,}45\ \text{kN} \cdot 2{,}55\ \text{m} = 18{,}998\ \text{kNm}$

vorh $S = M_{St}/M_{Ki} = 14{,}816\ \text{kN}/18{,}998\ \text{kNm} = 0{,}78 < \text{erf } S = 1{,}5$

Kippfall 2:

$M_{St} = F_{Hä} \cdot 1{,}05\ \text{m} = 14{,}95\ \text{kN} \cdot 1{,}05\ \text{m} = 15{,}698\ \text{kNm}$

$M_{Ki} = F_w \cdot 2{,}55\ \text{m} + F_{Pl} \cdot 0{,}2\ \text{m} = 7{,}45\ \text{kN} \cdot 2{,}55\ \text{m} + 0{,}633\ \text{kN} \cdot 0{,}2\ \text{m}$

$M_{Ki} = 19{,}124\ \text{kNm}$

vorh $S = M_{St}/M_{Ki} = 15{,}698\ \text{kN}/19{,}124\ \text{kNm} = 0{,}82 < \text{erf } S = 1{,}5$

Die Ergebnisse zeigen, dass in beiden Kippfällen der Anhänger durch Wind umgestoßen werden kann.

Lösung Aufgabe 33

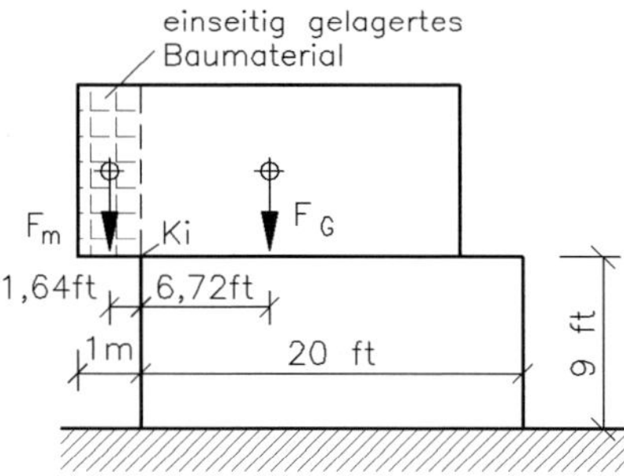

Das Standmoment wird durch die Eigenmasse des Containers erbracht, während das einseitig gelagerte Baumaterial den Container zum Kippen bringt. Die Kippkante Ki ist im Bild angegeben.

Aus Nachschlagewerken kann die Umrechnung von britischem Fuß (foot) in Meter entnommen werden: 1 foot (ft) ≈ 0,305 m.

Das Kippen des oberen Containers um die Kippachse tritt ein, wenn die Standsicherheit

$$\boxed{S = M_{St}/M_{Ki} \leq 1}$$

ist:

$$S = M_{St}/M_{Ki} = (m_g \cdot g \cdot 6{,}72\ \text{ft})/(m \cdot g \cdot 1{,}64\ \text{ft}) = 1$$

hieraus: $m = 10{,}65$ t

Hinweis: Würde man z. B. Betonsteine, wie im Bild dargestellt, einseitig lagern, dann stünde bei 8,8 ft Containerbreite ein Volumen von etwa 7,5 m^3 zur Verfügung. Dieses Volumen ausgefüllt überschreitet weit die Masse, die zum Kippen führt.

Lösung Aufgabe 34

Für die Berechnung der Standsicherheit z. B. für Fertigteilhäuser, Fertigteilgaragen, unausgesteifte Fassadenelemente, Turmhauben usw. wird das Kippmoment infolge Windeinwirkung benötigt. Grundlage dafür ist der Flächenschwerpunkt, der in der Aufgabe für die Achsen y und z berechnet wird. Alle im Bild angegebenen Abstände der 6 gebildeten Teilflächen A_i beziehen sich auf diese Achsen. Die eingetragenen Zahlen geben die Größe der Teilfläche A_i in m^2 und die Koordinaten y_i und z_i ihres Schwerpunktes (gemessen vom frei wählbaren Koordinatensystem) in Meter an. Die Schwerpunkte der Teilflächen sind mit dem Symbol × gekennzeichnet, der zu berechnende Gesamtschwerpunkt mit dem Symbol ⊗. Zu beachten ist, dass Fensterflächen bezüglich der Druckeinwirkung wie Mauerwerk betrachtet werden. Die Schutzgitter auf dem Balkon werden vernachlässigt.

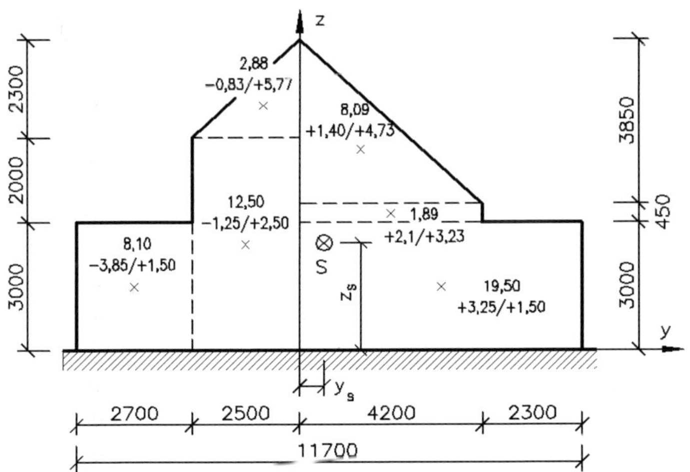

Der **Schwerpunkt** y_s ergibt sich zu: $$y_s = \frac{\sum(A_i \cdot y_i)}{\sum A_i}$$

$$y_s = \frac{[19{,}5 \cdot 3{,}25 + 1{,}89 \cdot 2{,}1 + 8{,}09 \cdot 1{,}4 + 2{,}88 \cdot (-0{,}83) + 12{,}5 \cdot (-1{,}25) + 8{,}1 \cdot (-3{,}85)]\ \text{m}^3}{52{,}96\ \text{m}^2}$$

$y_s = +0{,}56$ m

Der **Schwerpunkt** z_s ergibt sich zu:

$$z_s = \frac{\sum(A_i \cdot z_i)}{\sum A_i}$$

$$z_s = \frac{(19{,}5 \cdot 1{,}5 + 1{,}89 \cdot 3{,}23 + 8{,}09 \cdot 4{,}73 + 2{,}88 \cdot 5{,}77 + 12{,}5 \cdot 2{,}5 + 8{,}1 \cdot 1{,}5)\ \text{m}^3}{52{,}96\ \text{m}^2}$$

$z_s = +\ 2{,}52$ m

$$F_w = q_p \cdot c_{pe,10} \cdot A$$

Mit $h/b = 7{,}3\ \text{m}/11{,}7\ \text{m} = 0{,}62 < 5$ ist der Außendruckbeiwert $c_{pe,10} = 1{,}4$.

Der Böengeschwindigkeitsdruck beträgt für eine Gebäudehöhe < 10 m und Windzone 3 (Binnenland) $q_p = 0{,}8\ \text{kN/m}^2$.

Damit:

$F_w = 1{,}4 \cdot 0{,}8\ \text{kN/m}^2 \cdot 52{,}96\ \text{m}^2 = 59{,}32\ \text{kN}$ Windkraft an der Fassade

Die Windkraft wirkt näherungsweise im Schwerpunkt S und erzeugt ein Moment von:

$M_w = F_w \cdot z_s = 59{,}32\ \text{kN} \cdot 2{,}52\ \text{m} = 149{,}5\ \text{kNm}$

Lösung Aufgabe 35

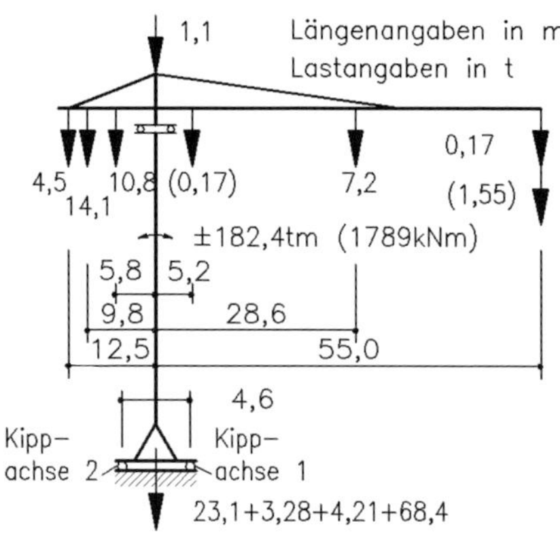

Im Bild ist die statische Struktur des Turmdrehkranes dargestellt. Zu beachten ist, dass beim Standsicherheitsnachweis im Kippfall „Mit Nutzlast“ der Abstand für die Laufkatze 55 m und im Kippfall „Ohne Nutzlast“ 5,2 m ist (jeweils zur Turmmitte gemessen).

Die Standsicherheit berechnet sich zu:

$$S = M_{St}/M_{Ki}$$

Welche Kräfte oder Massen in das Stand- bzw. Kippmoment eingehen, hängt von der gewählten Kippachse ab (Kippachse 1 oder 2).

Kippfall 1 „Mit Nutzlast“

$$S_1 = \frac{[4{,}5 \cdot 14{,}8 + 14{,}1 \cdot 12{,}1 + 10{,}8 \cdot 8{,}1 + (1{,}1 + 23{,}1 + 3{,}28 + 4{,}21 + 68{,}4) \cdot 2{,}3]\ \text{tm}}{[7{,}2 \cdot 26{,}3 + (0{,}17 + 1{,}55) \cdot 52{,}7 + 182{,}4]\ \text{tm}}$$

$S_1 = 1{,}20$ (1.98) mit (ohne) Moment M_w

Kippfall 2 „Ohne Nutzlast“

$$S_2 = \frac{[0{,}17 \cdot 7{,}5 + 7{,}2 \cdot 30{,}9 + (1{,}1 + 23{,}1 + 3{,}28 + 4{,}21 + 68{,}4) \cdot 2{,}3]\ \text{tm}}{(4{,}5 \cdot 10{,}2 + 14{,}1 \cdot 7{,}5 + 10{,}8 \cdot 3{,}5 + 182{,}4)\ \text{tm}}$$

$S_2 = 1{,}22$ (2,39) mit (ohne) Moment M_w

Lösung Aufgabe 36

Bei der Lösung ist darauf zu achten, dass an der Seilrolle die Kraft von zwei Seilsträngen wirkt, also $F_{Rollenbolzen} = 2 \cdot F_{Seil} = 2 \cdot m \cdot g$. Um nach der Gegenmasse aufzulösen, muss $S = 3$ gesetzt werden:

$S = M_{St}/M_{Ki} = 3 = (m_{Gegen} \cdot g \cdot 4\ \text{m})/(2 \cdot 200\ \text{kg} \cdot g \cdot 1{,}25\ \text{m})$

hieraus: $m_{Gegen} = 375$ kg

Lösung Aufgabe 37

Zu 1.: Tragwerksmodell und Ermittlung der Knotenkraft

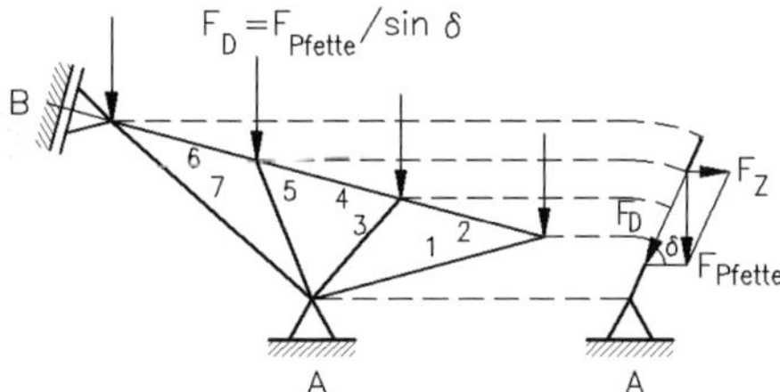

Das auskragende Dach ruht auf einem Stabtragwerk, das seinerseits aus zwei Fachwerkscheiben besteht. Das gesamte Tragwerk bildet ein zentrales, räumliches Kraftsystem. Das Zentrum befindet sich an der Spitze der Säule (Lager A).

Will man auf entsprechende Software für die räumliche Stabkraftermittlung verzichten, kann man die Pfettenkräfte in Richtung der Tragwerksscheiben zerlegen und die Ermittlung der Stabkräfte wie bei einem ebenen Fachwerk vornehmen. Im Bild ist die relativ zur Pfette senkrechte Kraft F_{Pfette} in die Kraft F_D in Richtung der Fachwerkscheibe und eine Kraft F_Z in Längsrichtung der Pfette zerlegt.

Es ergeben sich:

$F_D = F_{Pfette}/\sin\delta$

$F_Z = F_{Pfette}/\tan\delta$

Die Zugkräfte F_Z werden von beiden Fachwerkscheiben in die Pfetten eingeleitet, beanspruchen also das Fachwerk nicht. Im statischen Sinne ist das Fachwerk eine Pendelstütze, die nur durch die Kräfte F_D belastet wird.

Zu 2.: Schwerpunktabstand y_s

Das Fachwerk ist aus Stahlrohr gleichen Querschnitts gefertigt; es wird für die Berechnung in 5 Einzelstücke zerlegt. Ihre Längen entsprechen den Fertigungslängen. Befestigungsbleche u. Ä. werden vernachlässigt. Die Schwerpunkte der 5 einzelnen Rohre sind durch ein × gekennzeichnet und bemaßt.

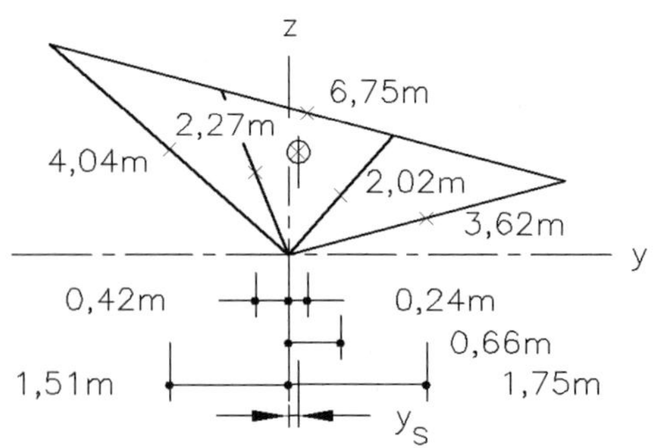

In der Lösung zu Aufgabe 30, Seite 148, ist die allgemeine Gleichung zur Ermittlung eines Masseschwerpunktes angegeben:

$$y_s = \frac{\sum (m_i \cdot l_i)}{\sum m_i}$$

Weil bei der vorliegenden Konstruktion die Einzelmassen der Rohre wegen der gleichen Querschnitte proportional zu den Rohrlängen sind, kann der Schwerpunkt mit der Gleichung für Linienschwerpunkte berechnet werden:

$$\boxed{y_s = \frac{\sum (L_i \cdot l_i)}{\sum L_i}}$$

Ist das nicht der Fall, sind die Einzelmassen bzw. Gewichte zu ermitteln und in die erste Gleichung einzusetzen.

Mit den Angaben des obigen Bildes wird:

$$y_s = \frac{[3{,}62 \cdot 1{,}75 + 2{,}02 \cdot 0{,}66 + 6{,}75 \cdot 0{,}24 + 2{,}27 \cdot (-0{,}42) + 4{,}04 \cdot (-1{,}51)]\,\text{m}^2}{(3{,}62 + 2{,}02 + 6{,}75 + 2{,}27 + 4{,}04)\,\text{m}}$$

$y_s = 0{,}12$ m

Der Schwerpunktabstand ist im Bild eingezeichnet. Der Schwerpunkt ist mit ⊗ gekennzeichnet. Abhängig von der Wahl des Koordinatensystems können Abstände l_i auch negativ sein. Sinngemäß gilt das ebenso für nicht vorhandene Linien oder Flächen, z. B. infolge von Aussparungen oder Durchbrüchen.

Die Ermittlung des vertikalen Schwerpunktabstandes z_s erfolgt analog mit den im oberen Bild nicht eingetragenen vertikalen Einzelschwerpunktabständen.

Lösung Aufgabe 38

– Zeichnerische Ermittlung der Stabkräfte nach *Cremona*

Ein „*Cremona*-Plan“ (genannt nach *Luigi Cremona,* ital., 1830–1903) ist gut geeignet, um sich eine Übersicht über die Größe der Stabkräfte innerhalb eines Fachwerkes (Stabtragwerkes) zu verschaffen. Die notwendigen Voraussetzungen für die Anwendung des Verfahrens können Band 1, Kap. 9, entnommen werden.

Folgende **Lösungsschritte** sind zu empfehlen:

1. Überprüfen, ob statische Bestimmtheit vorliegt. Es muss $\boxed{S = 2 \cdot K - 3}$ erfüllt sein (S: Anzahl der Stäbe, K: Anzahl der Knoten). Dabei ist ein Stab stets die Verbindung zweier Knoten, selbst dann, wenn der Stab baulich über mehrere Knoten geführt wird.
2. Berechnen der Auflagerkräfte. Das ist nicht unbedingt nötig, gestattet aber eine Kontrolle für die sich ergebende zeichnerische Lösung.
3. Wahl eines Umlaufsinnes, der bei allen Knoten gleich bleiben muss, z. B. im Uhrzeiger- oder gegen den Uhrzeigersinn.
4. Beginn der Lösung an einem Knoten, an dem nicht mehr als zwei unbekannte Stabkräfte vorhanden sind. Aus dem **Lageplan** werden nur die Kraftwirkungslinien übertragen.
5. Übertragen der im **Kräfteplan** gewonnenen Pfeilrichtungen in den Lageplan, danach Antragen der Pfeile an den gegenüberliegenden Knoten in entgegengesetzter Richtung.
6. Fortfahren mit einem Knoten, an dem auch höchstens zwei unbekannte Stabkräfte vorhanden sind. Dabei immer mit der ersten bekannten Knotenpunktkraft (gegebene oder bereits ermittelte) in Richtung des Umlaufsinnes beginnen.
7. Fortfahren, bis für alle Knoten ein Krafteck gezeichnet wurde. Das äußere Krafteck $F_A - (F_1 \ldots F_n) - F_B$ muss sich stets schließen.

   Anfertigen einer Stabkrafttabelle.

Zu 1.: $S = 2 \cdot K - 3$

$7 = 2 \cdot 5 - 3 = 7$; damit ist nachgewiesen, dass das Fachwerk statisch bestimmt ist.

Zu 2.: Aus $\sum M_A = 0 = F_B \cdot 2L - F_h \cdot L/2 - F_1 \cdot L/2 - F_2 \cdot 1{,}5\,L - F_3 \cdot L$

folgt: $F_B = 23{,}25$ kN

Aus $\sum F_V = 0 = F_{Av} + F_B - F_1 - F_2 - F_3$

folgt: $F_{Av} = 20{,}75$ kN

Aus $\sum F_H = 0 = F_h + F_{Ah}$

folgt: $F_{Ah} = -5$ kN

Zu 3.: Gewählt wird Rechtsumlauf, also im Uhrzeigersinn.

Zu 4.–7.:

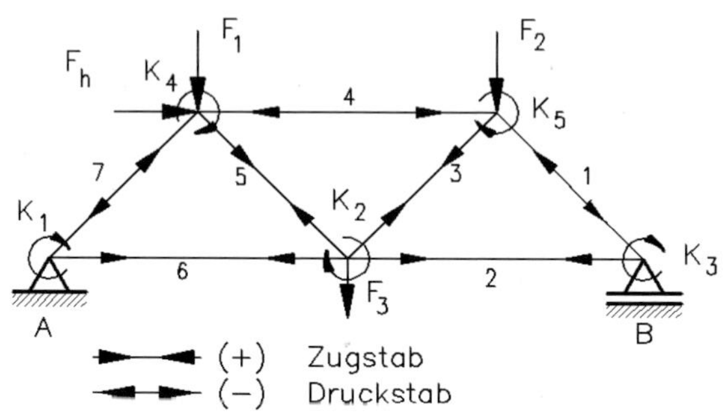

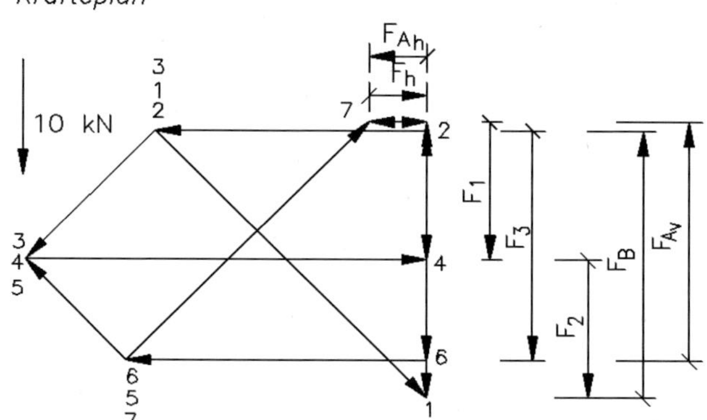

Aus der Zeichnung ergeben sich folgende Stabkräfte:

Stab.-Nr.	1	2	3	4	5	6	7
S/kN	–33	+23	+16	–35	+12	+26	–30

(+) Zugstab

(–) Druckstab

Die größte Zugkraft tritt mit 26 kN im Stab 6 auf, während die größte Druckkraft mit –35 kN im Stab 4 herrscht.

– Rechnerische Ermittlung der Stabkräfte nach *Ritter*

Sollen alle Stabkräfte rechnerisch nach *Ritter* (genannt nach August *Ritter*, dt., 1826–1903) ermittelt werden, dann sind folgende **Lösungsschritte** zu empfehlen:

1. In der Reihe der zeichnerischen Lösung werden die Gleichgewichtsbedingungen $\sum F_H = 0$ und $\sum F_V = 0$ für jeden Knoten angesetzt. Der Knoten wird dabei „freigeschnitten", und an den Schnittstellen werden die inneren Kräfte durch äußere Zugkräfte ($+S_i$) ersetzt.
2. Mit den beiden Gleichgewichtsbedingungen können an jedem Knoten zwei unbekannte Stabkräfte ermittelt werden. Ergibt die Lösung einen negativen Wert, ist der Stab ein Druckstab, ergibt sie null, dann ist der Stab ein Nullstab (ein Stab also, in dem weder Zug- nach Druckkräfte auftreten).
3. Bei allen weiteren Knoten werden wiederum die Stabkräfte positiv eingetragen (als Zugstäbe). Die vorher ermittelten Vorzeichen gehen in die weitere Berechnung ein.
4. Es ist zweckmäßig, alle Stabwinkel aus den Angaben des **Lageplanes** zu berechnen und an die horizontale Achse anzutragen.
5. Der letzte Knoten enthält in der Regel bereits alle Stabkräfte. Er kann zur Kontrolle verwendet werden, ob alle Kräfte richtig berechnet wurden. Die bei der zeichnerischen Lösung berechneten Auflagerkräfte werden von dort für die vorliegende Berechnung verwendet.

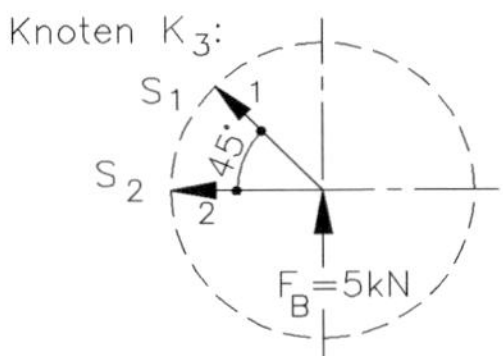

$$\sum F_H = 0 = -S_1 \cdot \cos 45° - S_2$$

$$S_2 = -S_1 \cdot \cos 45°$$

$$\sum F_V = 0 = +F_B + S_1 \cdot \sin 45°$$

hieraus: $S_1 = -32{,}88$ kN (Druckstab)

$S_2 = +23{,}25$ kN (Zugstab)

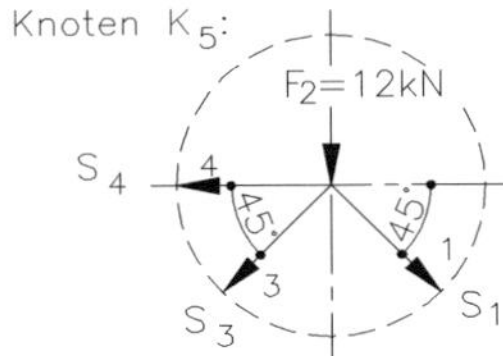

$$\sum F_H = 0 = S_1 \cdot \cos 45° - S_3 \cdot \cos 45° - S_4$$

$$S_4 = S_1 \cdot \cos 45° - S_3 \cdot \cos 45° = (S_1 - S_3) \cdot \cos 45°$$

$$\sum F_V = 0 = -F_2 - S_3 \cdot \sin 45° - S_1 \cdot \sin 45°$$

$$S_3 = -S_1 - F_2/\sin 45°$$

hieraus: $S_3 = +15{,}91$ kN (Zugstab)

$S_4 = -34{,}50$ kN (Druckstab)

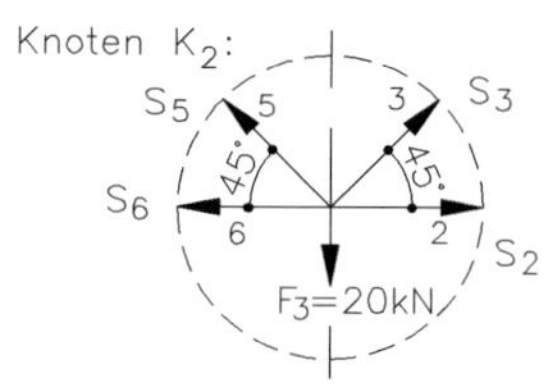

$$\sum F_H = 0 = -S_5 \cdot \cos 45° + S_3 \cdot \cos 45° - S_6 + S_2$$

$$S_6 = (S_3 - S_5) \cdot \cos 45° + S_2$$

$$\sum F_V = 0 = -F_3 + S_5 \cdot \sin 45° + S_3 \cdot \sin 45°$$

$$S_5 = (F_3 - S_3 \cdot \sin 45°)/\sin 45°$$

hieraus: $S_5 = +12{,}37$ kN (Zugstab)

$S_6 = +25{,}75$ kN (Zugstab)

Knoten K_4:

$$\sum F_H = 0 = S_4 + S_5 \cdot \cos 45° - S_7 \cdot \cos 45° + F_h$$

$$S_7 = (S_4 + F_h + S_5 \cdot \cos 45°)/\cos 45°$$

hieraus: $S_7 = -29{,}35$ kN (Druckstab)

$$\sum F_V = 0 = -F_1 - S_7 \cdot \sin 45° - S_5 \cdot \sin 45° = 0{,}0 \text{ kN}$$

Hinweis: Diese Gleichgewichtsbedingung brauchte nicht angewendet zu werden, da schon alle Stabkräfte bekannt sind. Sie sollte dennoch aufgestellt werden, um zu überprüfen, ob sich alle Kräfte zu null addieren. Gleiches gilt für den folgenden Knoten K_1.

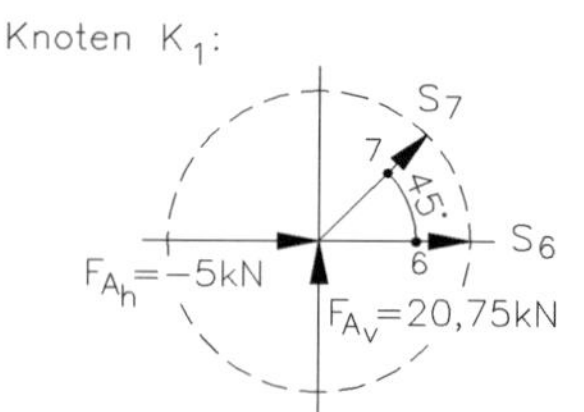

$$\sum F_H = 0 = S_6 + S_7 \cdot \cos 45° + F_{Ah}$$

$$= 25{,}75 \text{ kN} + (-29{,}345) \cdot \cos 45° + (-5{,}0) \text{ kN}$$

$$0 = 0$$

$$\sum F_V = 0 = S_7 \cdot \sin 45° + F_{Av}$$

$$= (-29{,}35) \cdot \sin 45° + 20{,}75 \text{ kN}$$

$$0 = 0$$

Lösung Aufgabe 39

Die beiden Fachwerkscheiben sind identisch, weswegen die Stabkräfte nur für eine Scheibe ermittelt werden, hier die rechte. Die Lösungsschritte 1–7 für die zeichnerische Stabkraftermittlung und 1–5 für die rechnerische sind analog denen der Aufgabe 38.

– Zeichnerische Ermittlung der Stabkräfte nach *Cremona*

Zu 1.: $S = 2 \cdot K - 3$

$7 = 2 \cdot 5 - 3 = 7$

Damit ist nachgewiesen, dass das Fachwerk statisch bestimmt ist.

Zu 2.: Aus den in der Aufgabenstellung angegebenen konstruktiven Abmessungen des Fachwerkes lassen sich die Koordinaten *x* und *y* der 5 Knoten berechnen. Basispunkt ist das Lager A mit $x = y = 0$.

Diese Koordinaten werden für die Berechnung der Drehmomente der Einzelkräfte und der *x*- und *y*-Komponente der unbekannten Lagerkraft F_B benötigt. Des Weiteren dienen sie zum Zeichnen des Fachwerkes in einem Rechenprogramm. Es ergeben sich:

K_i	*x*/m	*y*/m
1	±0,000	±0,000
2	–3,020	+2,685
3	–0,847	+2,103
4	+1,327	+1,520
5	+3,500	+0,938

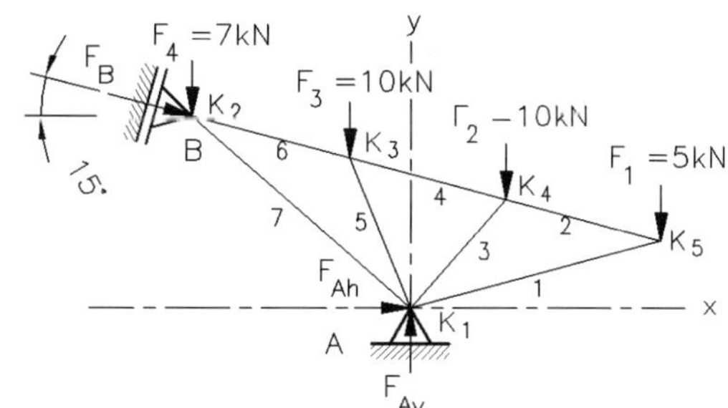

$$\sum M_A = 0 = (-F_1 \cdot 3{,}500 - F_2 \cdot 1{,}327 + F_3 \cdot 0{,}847 + F_4 \cdot 3{,}020$$

$$- F_B \cdot \cos 15° \cdot 2{,}685 + F_B \cdot \sin 15° \cdot 3{,}020)\ \text{m}$$

hieraus: $F_B = -0{,}64$ kN

$|F_{Bh}| = |F_B| \cdot \cos 15° = 0{,}64\ \text{kN} \cdot \cos 15° = 0{,}62\ \text{kN}$

$|F_{Bv}| = |F_B| \cdot \sin 15° = 0{,}64\ \text{kN} \cdot \sin 15° = 0{,}17\ \text{kN}$

Hinweis:

Die Lagerkraft F_B wirkt wegen des Minuszeichens entgegen der Zeichnung, „zieht" also an dem Lager B.

$\sum F_H = 0 = F_{Ah} + F_{Bh}$

$F_{Ah} = -F_B \cdot \cos 15° = -(-0{,}640)\ \text{kN} \cdot \cos 15°$

hieraus: $F_{Ah} = 0{,}62$ kN

$\sum F_V = 0 = -F_{Bv} - F_4 - F_3 - F_2 - F_1 + F_{Av}$

$= [-(-0{,}64) \cdot \sin 15° - 7 - 10 - 10 - 5]\ \text{kN} + F_{Av}$

hieraus: $F_{Av} = 31{,}83$ kN

Zu 3.: Gewählt wird Rechtsumlauf, also im Uhrzeigersinn.

Zu 4.–7.: Die Skizzen zeigen den Lage- und Kräfteplan.

maßstäblicher Lageplan

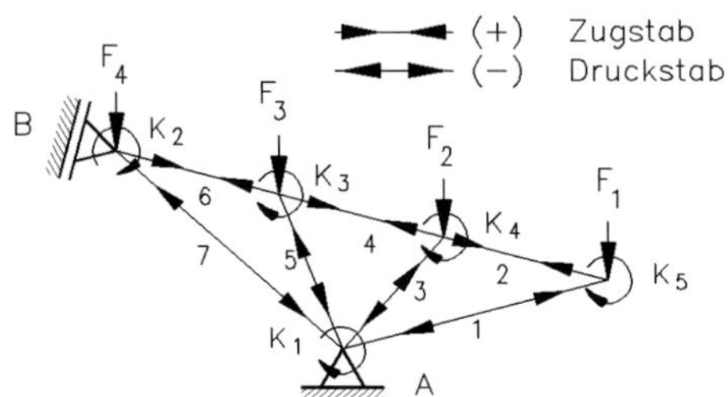

Kräfteplan

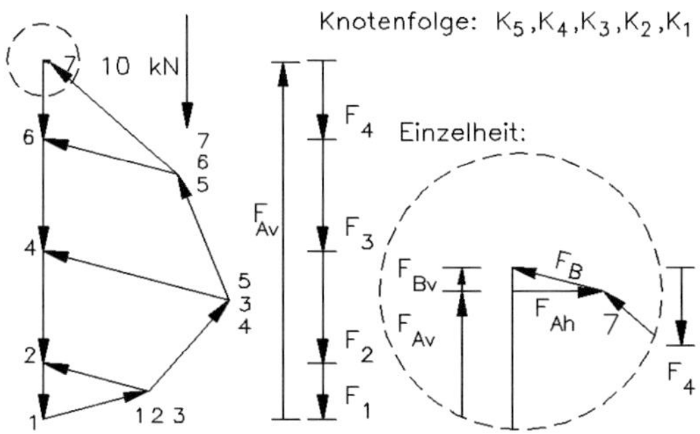

Aus der Lösung ergeben sich folgende Stabkräfte:

Stab.-Nr.	1	2	3	4	5	6	7
S/kN	–9,7	+9,7	–10,8	+17,0	–12,1	+12,3	–15,1

(+) Zugstab

(–) Druckstab

– **Rechnerische Ermittlung der Stabkräfte nach *Ritter***

Die Berechnung erfolgt analog zur Lösung der Aufgabe 38. In der Reihenfolge der zeichnerischen Lösung K_5, K_4, K_3, K_2, K_1 werden für jeden Knoten die beiden Gleichgewichtsbedingungen $\sum F_H = 0$ und $\sum F_V = 0$ angesetzt. Empfehlenswert ist, alle Stabwinkel zu berechnen und so in die Skizzen einzutragen, dass sie jeweils zur Horizontalen angegeben werden:

α = arctan (1,520/1,327) = 48,48° für Stab-Nr. 3

β = arctan (2,103/0,847) = 68,06° für Stab-Nr. 5

γ = arctan (2,685/3,020) = 41,64° für Stab-Nr. 7

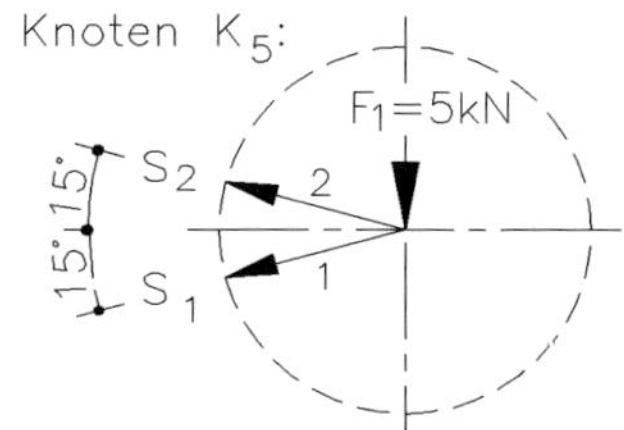

$\sum F_H = 0 = -S_1 \cdot \cos 15° - S_2 \cdot \cos 15°$

$S_1 = -S_2$

$\sum F_V = 0 = -F_1 - S_1 \cdot \sin 15° + S_2 \cdot \sin 15°$

hieraus: $S_1 = -9{,}66$ kN (Druckstab)

$S_2 = +9{,}66$ kN (Zugstab)

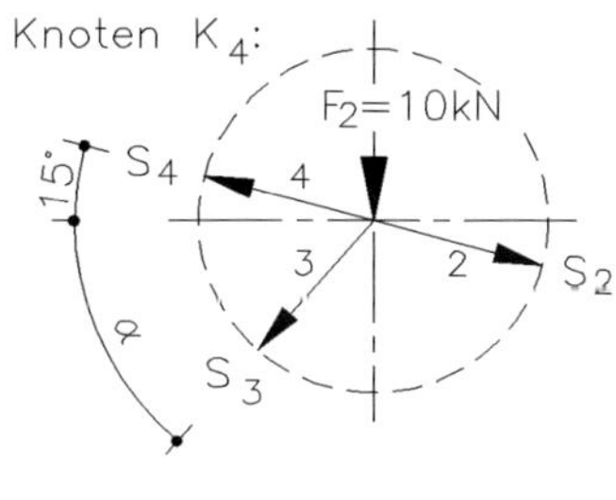

$\sum F_H = 0 = S_2 \cdot \cos 15° - S_4 \cdot \cos 15° - S_3 \cdot \cos \alpha$

$S_4 = S_2 - S_3 \cdot (\cos \alpha / \cos 15°)$

$\sum F_V = 0 = -F_2 + S_4 \cdot \sin 15° - S_3 \cdot \sin \alpha$

$- S_2 \cdot \sin 15°$

Setzt man in die zweite Gleichung für S_4 den Wert aus der ersten, dann ergibt sich:

$S_3 = -F_2 / (\cos \alpha \cdot \tan 15° + \sin \alpha)$

hieraus: $S_3 = -10{,}76$ kN (Druckstab)

$S_4 = +16{,}99$ kN (Zugstab)

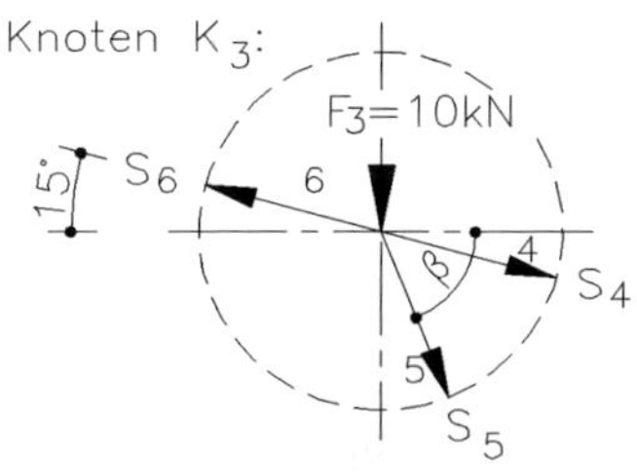

$\sum F_H = 0 = -S_6 \cdot \cos 15° + S_4 \cdot \cos 15° + S_5 \cdot \cos \beta$

$S_6 = S_4 + S_5 \cdot (\cos \beta / \cos 15°)$

$\sum F_V = 0 = -F_3 + S_6 \cdot \sin 15° - S_4 \cdot \sin 15°$

$- S_5 \cdot \sin \beta$

Setzt man in die zweite Gleichung für S_6 den Wert aus der ersten, dann ergibt sich:

$S_5 = F_3 / (\cos \beta \cdot \tan 15° - \sin \beta)$

hieraus: $S_5 = -12{,}09$ kN (Druckstab)

$S_6 = +12{,}31$ kN (Zugstab)

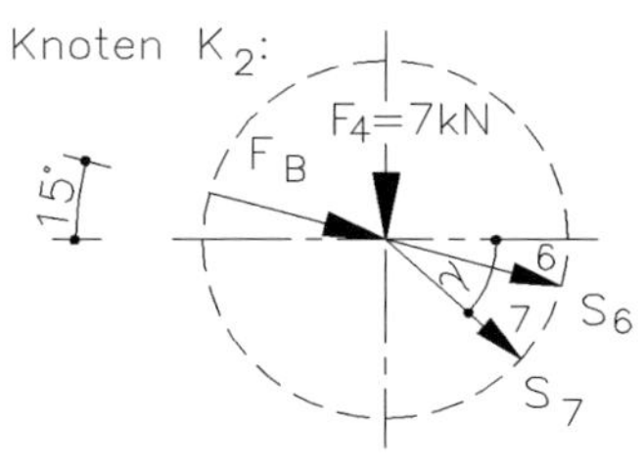

$\sum F_H = 0 = S_6 \cdot \cos 15° + F_B \cdot \cos 15° + S_7 \cdot \cos \gamma$

$S_7 = -(S_6 + F_B) \cdot \cos 15° / \cos \gamma$

hieraus: $S_7 = -15{,}08$ kN (Druckstab)

$\sum F_V = 0 = -F_B \cdot \sin 15° - S_6 \cdot \sin 15°$

$- S_7 \cdot \sin \gamma - F_4 = 0{,}002 \approx 0$

Siehe hierzu Anmerkung in Aufgabe 38, Knoten K4.

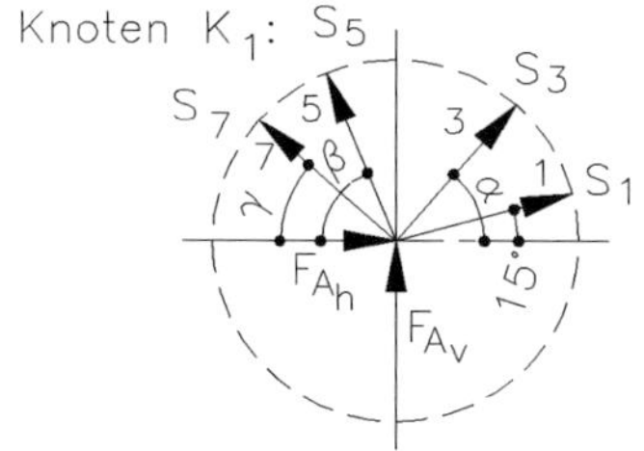

$$\sum F_H = 0 = S_1 \cdot \cos 15° + F_{Ah} + S_3 \cdot \cos \alpha$$

$$- S_5 \cdot \cos \beta - S_7 \cdot \cos \gamma = 0{,}003 \approx 0$$

$$\sum F_V = 0 = F_{Av} + S_1 \cdot \sin 15° + S_3 \cdot \sin \alpha$$

$$+ S_5 \cdot \sin \beta + S_7 \cdot \sin \gamma = -0{,}006 \approx 0$$

Es gelten auch hier die obigen Anmerkungen mit der Ergänzung, dass die Größe der Abweichung von null stets von der Genauigkeit der Einzelwerte abhängt. Die hier angegebenen Werte brauchen für praktische Aufgaben nicht erreicht zu werden.

Lösung Aufgabe 40

Im Band 1 dieser Statikreihe wird unter dem Stichwort **„Einflusslinien"** das Problem behandelt, dass z. B. der Brückenkran in Längsrichtung verfahren wird, wenn Belastungen örtlich veränderlich sind, wie in der vorliegenden Aufgabe. Dort werden für solche Fälle besondere Lösungsverfahren angegeben.

In der nachfolgenden Lösung soll nur für die Mittelposition ein *Cremona*-Plan gezeichnet werden, weil erwartet wird, dass bei ihr größte Normalkräfte in den Stäben 6, 7, 34 und 35 auftreten. Um die Veränderung der Stabkräfte beim Verschieben des Fahrwerkes zu erkennen, sollen eigenständig einige andere Positionen rechnergestützt simuliert werden. Befinden sich die Räder zwischen zwei Knoten, muss die Radkraft nach einem Träger auf zwei Stützen auf die Knoten verteilt werden.

Bei der folgenden Lösung wird nach den Lösungsschritten 1 bis 7 nach Aufgabe 38 verfahren:

Zu 1.: $S = 2 \cdot K - 3$

$37 = 2 \cdot 20 - 3 = 37$,

womit statische Bestimmtheit des Fachwerkes nachgewiesen ist.

Zu 2.: Es ist offensichtlich, dass

$F_A = F_B = \frac{1}{2} \cdot 2F = F$

Zu 3.: Gewählt wird Rechtsumlauf, also im Uhrzeigersinn.

Zu 4.–7.: Lageplan s. unten, Kräfteplan befindet sich auf der nächsten Seite.

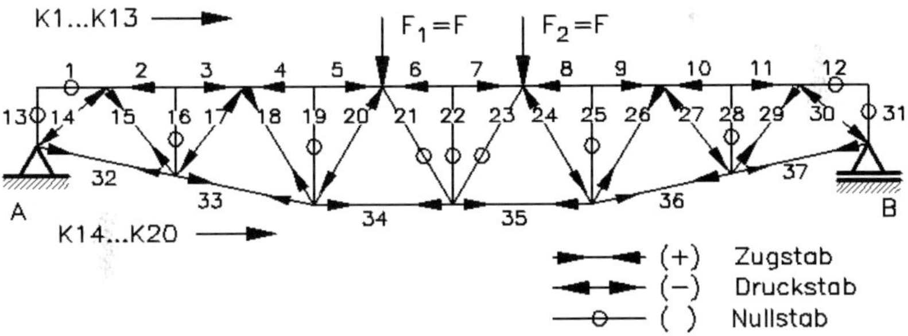

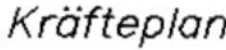

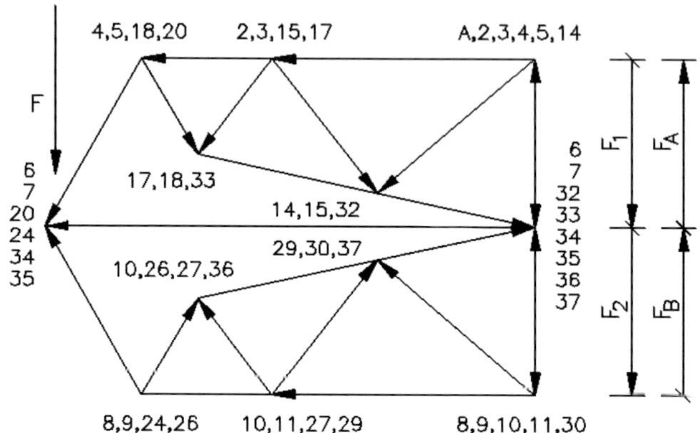

Knotenfolge:
$K_{20}, K_{12}, K_{19}, K_{10}, K_{18}, K_{8}, K_{17}, K_{6}, K_{16}, K_{4}, K_{15}, K_{2}, K_{14}$

Stab.-Nr.	1;12	2;11	3;10	4;9	5;8	6;7	13;31	14;30
k	0,00	–1,54	–1,54	–2,31	–2,31	–2,89	0,00	–1,22

15;29	16:28	17;27	18;26	19;25	20;24	21;23	22
+1,01	0,00	–0,72	+0,66	0,00	–1,16	0,00	0,00

32;37	33;36	34;35
+0,95	+2,03	+2,89

(+) Zugstab
(–) Druckstab

Die Stabkraft ergibt sich zu: $F_{Stab} = k \cdot F$ mit F als beliebiger Radlast.

6 Lösungen zur Festigkeitslehre

Lösung Aufgabe 41

Die Zugspannung in dem 5 Meter langen Ankerstab ergibt sich zu:

$$\sigma_Z = \frac{F_Z}{A} = \frac{50000\ \text{N}}{(20^2 \cdot \pi / 4)\ \text{mm}^2} = 159{,}2\ \text{N/mm}^2$$

Aus der Längenänderung Δl und der ursprünglichen Länge l_0 des Ankerstabes folgt für die Dehnung ε als spezifische Längenänderung:

$$\varepsilon = \frac{\Delta l}{l_0} = \frac{4\ \text{mm}}{5000\ \text{mm}} = 0{,}0008 = 0{,}08\ \%$$

Mit dem für Stahl gültigen *Hooke*'schen Gesetz (nach Robert *Hooke;* 1635–1703; englischer Naturwissenschaftler) lässt sich der Elastizitätsmodul E berechnen:

$$\sigma_Z = \varepsilon \cdot E\,; \quad \textbf{hieraus:}\ E = \frac{\sigma_Z}{\varepsilon} = \frac{159{,}2\ \text{N/mm}^2}{0{,}0008} = 199000\ \text{N/mm}^2$$

Es handelt sich offensichtlich um einen Baustahl, dessen charakteristischer Wert in DIN EN 10025-2 mit $E = 210000\ \text{N/mm}^2$ festgesetzt ist.

Lösung Aufgabe 42

Zur Dämpfung von Schwingungen gibt es unterschiedliche Verfahren. Im vorliegenden Fall wird das Fundament auf Gummifedern gelagert, für die die Gültigkeit des *Hooke*'schen Gesetzes unterstellt wird. Die Berechnungen sollen jeweils mit und ohne Nennbelastung (hier eine Versuchsmaschine) erbracht werden.

Die vereinfachte Berechnung der Eigenfrequenz f_0 für diese beiden Fälle ist häufig nötig, um Resonanzerscheinungen zu verhindern. Die Erregung könnte z. B. von der Versuchsmaschine ausgehen.

Zu 1.: Vorhandene Druckspannung in den Gummizylindern

$$\text{vorh}\ \sigma_d = \frac{F_{ges}}{A} = \frac{F_F + F_S + F_N}{A_E}; \quad \text{mit} \quad n = 96 \ \text{Gummizylindern folgt:}$$

$$\text{vorh}\ \sigma_d = \frac{2{,}6 \cdot 1{,}6 \cdot 0{,}85\ \text{m}^3 \cdot 25\ \text{kN/m}^3 + (3{,}6 + 30) \cdot 9{,}81\ \text{kN}}{96 \cdot (55^2 \cdot \pi / 4)\ \text{mm}^2} = 1{,}83\ (0{,}54)\ \text{N/mm}^2$$

Hinweise: Die Indizes der Kräfte beziehen sich auf die Skizze in der Aufgabenstellung, und das in Klammern angegebene Ergebnis ist die vorhandene Druckspannung ohne Nennbelastung F_N. Für Gummi ist die zulässige Druckspannung etwa (3–5) N/mm^2.

Zu 2.: Zusammendrückung der Gummizylinder bei ruhender Gesamtbelastung

Die Federrate (auch *Federkonstante*) ist definiert zu $c = \Delta F / \Delta l$; hieraus:

$$\Delta l = \frac{F_{\text{ges}}}{c} = \frac{\frac{1}{96} \cdot 418{,}02 \text{ kN}}{360 \text{ N/mm}} = 12{,}1 \text{ mm} \quad \text{mit} \quad F_{\text{ges}} = 418{,}02 \text{ kN}$$

Zu 3.: Elastizitätsmodul des Gummis

Nach dem *Hooke*'schen Gesetz folgt:

$$E = \frac{\sigma_{\text{d}}}{\varepsilon} = \frac{\sigma_{\text{d}}}{\frac{\Delta l}{l}} = \frac{1{,}83 \text{ N/mm}^2}{12{,}1 \text{ mm} / 50 \text{ mm}} = 7{,}56 \text{ N/mm}^2$$

Zu 4.: Eigenfrequenz des Schwingfundamentes

Aus Nachschlagewerken erhält man die Eigenfrequenz für lineare Federschwinger zu:

$$f_0 = \frac{1}{2 \cdot \pi} \cdot \sqrt{\frac{c}{m}}$$

Es werden in der vorliegenden Aufgabe die Eigenfrequenzen für zwei Zustände berechnet:

- **Eigenfrequenz *f* mit Nennbelastung:**

$$f = \frac{1}{2 \cdot \pi} \cdot \sqrt{\frac{c}{m}} = \frac{1}{2 \cdot \pi} \cdot \sqrt{\frac{360 \text{ N/mm}}{\frac{1}{96} \cdot 418{,}02 \text{ kN/9,81 m/s}^2}} = 4{,}53 \text{ Hz}$$

- **Eigenfrequenz f_o ohne Nennbelastung:**

$$f_0 = \frac{1}{2 \cdot \pi} \cdot \sqrt{\frac{c}{m_o}} = \frac{1}{2 \cdot \pi} \cdot \sqrt{\frac{360 \text{ N/mm}}{\frac{1}{96} \cdot 123{,}72 \text{ kN/9,81 m/s}^2}} = 8{,}34 \text{ Hz}$$

Da Gummi nur annähernd dem *Hooke*'schen Gesetz folgt, sind die berechneten Eigenfrequenzen ungenau, für die grundsätzliche Einschätzung des Schwingungsverhaltens aber zunächst ausreichend (s. fünfte Teillösung).

Zu 5.: Resonanzdrehzahl der Versuchsmaschine

Das Schwingfundament kann in Resonanz mit einer aufgebauten Maschine, z. B. Verbrennungsmaschine, Kompressor, Pumpenaggregat, Turbine u. Ä. kommen, wenn die Drehzahl dieser Maschine mit der Eigenfrequenz des Fundamentes einschließlich Aufbaues übereinstimmt. Diese Drehzahlen ergeben sich durch einfache Umrechnung zu:

$$n = 60 \text{ s/min} \cdot 4{,}53 \text{ Hz} = 272 \text{ min}^{-1} \quad \text{mit Nennbelastung}$$

$$n_0 = 60 \text{ s/min} \cdot 8{,}34 \text{ Hz} = 500 \text{ min}^{-1} \quad \text{ohne Nennbelastung}$$

Diese Resonanzdrehzahlen müssen vermieden oder schnell durchfahren werden.

Lösung Aufgabe 43

Die Kanalbrücke ist links fest gelagert und ruht bei 120 m auf Pendelstützen. Bei der vorliegenden Konstruktion sind auf beiden Seiten der Pendelstützen Kugelkalotten eingebaut, die dafür sorgen, dass sich die Kanalbrücke in Richtung Schiffshebewerk ungehindert ausdehnen kann.

Für die Längenänderung infolge Temperaturänderung gilt die Gleichung:

$$\Delta l = l_0 \cdot \alpha_T \cdot \Delta T$$

Δl Längenänderung

l_0 Ausgangslänge

α_T Längenausdehnungskoeffizient (Temperaturdehnzahl);
lt. Bautabellen:

$\alpha_T = 12 \cdot 10^{-6}\ K^{-1}$ für Stahl

$\alpha_T = 10 \cdot 10^{-6}\ K^{-1}$ für Stahlbeton

$\alpha_T = 6 \cdot 10^{-6}\ K^{-1}$ für Mauerziegel

ΔT Temperaturdifferenz $= t_{Anfang} - t_{Ende}$

– **Längenänderung der Gesamtbrücke**

$$\Delta l_{ges} = l_{ges} \cdot \alpha_T \cdot \Delta T = 157\ m \cdot 12 \cdot 10^{-6}\ K^{-1} \cdot 40\ K = 75{,}4\ mm$$

– **Längenänderung an den Pendelstützen und zugehöriger Winkel**

$$\Delta l_p = l_p \cdot \alpha_T \cdot \Delta T = 120\ m \cdot 12 \cdot 10^{-6}\ K^{-1} \cdot 40\ K = 57{,}6\ mm$$

oder: $\Delta l_p = 75{,}4\ mm \cdot (120/157) = 57{,}6\ mm$

Für kleine Winkel gilt:

$$\varphi = \arctan \frac{\Delta l_p}{H_p} = \arctan \frac{57{,}6\ mm}{12000\ mm} = 0{,}28°$$

mit $H_p = 12\ m$ Pendelstützenlänge

Lösung Aufgabe 44

Wie in der Aufgabestellung erwähnt, treten bei Behinderung von Wärmedehnungen mechanische Spannungen auf. Dieser Vorgang kann sowohl ungewollt als auch gewollt auftreten. Letzteres z. B. bei Schrumpfankern oder bei Nietverbindungen. Sollen Wärmespannungen verhindert werden, z. B. bei Brücken, dann werden elastische Auflager (im Sinne der Statik **Lose Auflager**) und Dehnungsfugen eingebaut.

Bei vollständiger Behinderung der Längenänderung entsteht eine Spannung:

$$\sigma = \Delta T \cdot \alpha_T \cdot E \quad \text{mit:} \quad \Delta T = t_{Anfang} - t_{Ende}$$

Damit ergeben sich:

$\sigma_z = +48\ \text{K} \cdot 12 \cdot 10^{-6}\ \text{K}^{-1} \cdot 210000\ \text{N/mm}^2 = +121\ \text{N/mm}^2$ im Winter

$\sigma_d = -37\ \text{K} \cdot 12 \cdot 10^{-6}\ \text{K}^{-1} \cdot 210000\ \text{N/mm}^2 = -93\ \text{N/mm}^2$ im Sommer

Lösung Aufgabe 45

Zu 1.: Druckspannung in den Mittelstützen

$$\text{vorh}\ \sigma_d = \frac{F}{A} = \frac{2{,}2 \cdot 10^5\ \text{N}}{17900\ \text{mm}^2} = 12{,}3\ \text{N/mm}^2$$

Hinweis: Der erforderliche Nachweis der Knicksicherheit wird in Aufgabe 92 gezeigt.

Zu 2.: Längenänderung infolge der Stützenkraft

$$\varepsilon = \Delta l / l_0 = \frac{\sigma_d}{E} = \frac{12{,}3\ \text{N/mm}^2}{210000\ \text{N/mm}^2} = 5{,}9 \cdot 10^{-5}$$

$$\Delta l_F = \varepsilon \cdot l_0 = 5{,}9 \cdot 10^{-5} \cdot 4200\ \text{mm} = 0{,}25\ \text{mm}$$

Zu 3.: Längenänderung infolge Temperaturänderung und Drehwinkel des Brückenträgers

$$\Delta l_T = l_0 \cdot \alpha_T \cdot \Delta T = 4200\ \text{mm} \cdot 12 \cdot 10^{-6}\ \text{K}^{-1} \cdot 65\ \text{K} = 3{,}28\ \text{mm}$$

für $\Delta T = t_A - t_E = [35 - (-30)]\ \text{K} = 65\ \text{K}$ Temperaturunterschied

Nimmt man als Grenzwerte die unbelastete Brücke im Sommer und die belastete Brücke im Winter, dann ist $\Delta l_{ges} = 0{,}25\ \text{mm} + 3{,}28\ \text{mm} = 3{,}53\ \text{mm}$.

Für kleine Winkel gilt:

$$\varphi = \arctan\ (\Delta l_{ges}/L) = \arctan \frac{3{,}53\ \text{mm}}{\frac{1}{2} \cdot 20{,}2\ \text{m}} = 0{,}02°$$

Lösung Aufgabe 46

Die Zugspannung und die Längenänderung ergeben sich zu:

$$\sigma_z = \frac{F_k}{A} = \frac{15000\ \text{N}}{(16^2 \cdot \pi / 4)\ \text{mm}^2} = 74{,}6\ \text{N/mm}^2$$

$\varepsilon = \sigma_z / E = 74{,}6\ \text{N/mm}^2 / 210000\ \text{N/mm}^2 = 0{,}000355$ mit $E = 210000\ \text{N/mm}^2$

für den Elastizitätsmodul von Baustahl nach DIN EN 10025-2

$$\varepsilon = \frac{\Delta l}{l_0}$$

hieraus: $\Delta l = 0{,}000355 \cdot 2300\ \text{mm} = 0{,}82\ \text{mm}$

Lösung Aufgabe 47

Die Druckspannung berechnet sich zu:

$$\text{vorh } \sigma_d = \frac{F}{A} = \frac{30\,000 \text{ N}}{120^2 \text{ mm}^2} = 2{,}08 \text{ N/mm}^2$$

Die Längenänderung infolge Krafteinwirkung folgt näherungsweise aus dem *Hooke*'schen Gesetz:

$$\sigma = \varepsilon \cdot E = \frac{\Delta l}{l_0} \cdot E$$

hieraus: $\Delta l = \frac{\sigma_d}{E} \cdot l_0 = \frac{2{,}08 \text{ N/mm}^2}{11000 \text{ N/mm}^2} \cdot 2400 \text{ mm}$

$$\Delta l = 0{,}45 \text{ mm}$$

Hinweis: Der für die Stützen zu erbringende Stabilitätsnachweis (Knicknachweis) wird bei Aufgabe 91, Seite 263, durchgeführt. Für die vorliegende Aufgabe ergibt sich 0,46 < 1.

Lösung Aufgabe 48

Die vorhandene Zugspannung und die Sicherheit des Seiles gegen Bruch sind:

$$\text{vorh } \sigma_z = \frac{F}{A} = \frac{(1000 \cdot 9{,}81) \text{ N}}{6 \cdot 7 \cdot (1{,}1^2 \cdot \pi/4) \text{ mm}^2} = 246 \text{ N/mm}^2$$

$$S_B = R_m/\text{vorh } \sigma_z = 1520 \text{ N/mm}^2/246 \text{ N/mm}^2 = 6{,}4$$

Lösung Aufgabe 49

Im Sinne von DIN 1053-1, Pkt. 2.3, ist der im Bild dargestellte „Pfeiler“ keine tragende „Kurze Wand“, weil er die Bedingung 400 cm² < A < 1000 cm² nicht erfüllt. Die folgende Berechnung entspricht der einer tragenden Wand.

Zu 1.: Spannungsnachweis ohne tragfähigen Kern

$$\text{vorh } \sigma_d = F/A = \frac{F_m + F_{Pfeiler}}{A}$$

mit $F_m = 15000 \text{ kg} \cdot 9{,}81 \text{m/s}^2 = 147{,}15 \text{ kN}$

$F_{Pfeiler} = (0{,}365^2 - 0{,}135^2) \text{ m}^2 \cdot 2{,}5 \text{ m} \cdot 18 \text{ kN/m}^3 = 5{,}175 \text{ kN}$

$A_{Pfeiler} = (0{,}365^2 - 0{,}135^2) \text{ m}^2 = 0{,}115 \text{ m}^2$

werden:

$$\text{vorh } \sigma_d = \frac{147{,}15 \text{ kN}}{0{,}115 \text{ m}^2} = 1279 \text{ kN/m}^2 = 1{,}28 \text{ N/mm}^2 \quad \text{am Pfeilerende}$$

$$\text{vorh } \sigma_d = \frac{(147{,}15 + 5{,}175) \text{ kN}}{0{,}115 \text{ m}^2} = 1325 \text{ kN/m}^2 = 1{,}33 \text{ N/mm}^2 \quad \text{am Pfeilerfußpunkt}$$

$$\text{vorh } \sigma_d = 1{,}28(1{,}33) \text{ N/mm}^2 > \text{zul } \sigma_d = 1{,}2 \text{ N/mm}^2$$

Änderungsvorschläge: s. nächste Seite

Die zulässige Spannung ist bei Mauerwerk von verschiedenen Faktoren abhängig und muss gesondert ermittelt werden. Sie ergibt sich nach DIN 1053-1 zu:

$$\text{zul } \sigma = k \cdot \sigma_0$$

Der Abminderungsfaktor $k = k_1 \cdot k_2$ sowie der Grundwert der zulässigen Druckspannung σ_0 können DIN 1053-1 entnommen werden:

$k_1 = 1$

$k_2 = 1$ folgt aus $h_k = \beta \cdot h_s = 1{,}0 \cdot 2{,}5 \text{ m} = 2{,}5 \text{ m}$

$h_k/d = 2{,}5 \text{ m}/0{,}365 \text{ m} = 6{,}85 < 10$ falls

$h_k/d > 10$, dann $k_2 = (25 - h_k/d)/15$

$\sigma_0 = 1{,}2 \text{ N/mm}^2$

$k = 1 \cdot 1 = 1$

$\text{zul } \sigma = k \cdot \sigma_0 = 1 \cdot 1{,}2 \text{ MPa} = 1{,}2 \text{ N/mm}^2$

Wie auf der vorhergehenden Seite ermittelt, war der Spannungsnachweis nicht erfolgreich, weil vorh σ_d > zul σ. Um den Spannungsnachweis erfolgreich zu führen, könnten z. B. diese Änderungen neben anderen vorgenommen werden:

- Erhöhen der zulässigen Spannung durch Wahl einer anderen Mörtelgruppe oder Steinfestigkeitsklasse
- Verminderung der vorhandenen Spannung durch Lastabsenkung oder Einbeziehen des Pfeilerkernes als tragfähige Fläche.

Zu 2.: Spannungsnachweis mit tragfähigem Kern

$\text{vorh } \sigma_d = F/A = \dfrac{F_m + F_{Pfeiler}}{A}$ mit $F_m = 147{,}15 \text{ kN}$ wie oben

$F_{Pfeiler} = 5{,}175 \text{ kN}$ wie oben

$F_{Kern} = 0{,}135^2 \text{ m}^2 \cdot 2{,}5 \text{ m} \cdot 25 \text{ kN/m}^3 = 1{,}14 \text{ kN}$

$A_{Pfeiler} = 0{,}365^2 \text{ m}^2 = 0{,}133 \text{ m}^2$

werden:

$$\text{vorh } \sigma_d = \frac{147{,}15 \text{ kN}}{0{,}133 \text{ m}^2} = 1105 \text{ kN/m}^2 = 1{,}11 \text{ N/mm}^2 \quad \text{am Pfeilerende}$$

$$\text{vorh } \sigma_d = \frac{(147{,}15 + 5{,}175 + 1{,}14) \text{ kN}}{0{,}133 \text{ m}^2} = 1154 \text{ kN/m}^2 = 1{,}15 \text{ N/mm}^2 \quad \text{am Pfeilerfußpunkt}$$

vorh $\sigma_d = 1{,}11 \text{ N/mm}^2 <$ zul $\sigma_d = 1{,}2 \text{ N/mm}^2$ für das Pfeilerende;

$1{,}11/1{,}2 = 0{,}93 < 1$

vorh $\sigma_d = 1{,}15 \text{ N/mm}^2 <$ zul $\sigma_d = 1{,}2 \text{ N/mm}^2$ für den Pfeilerfußpunkt;

$1{,}15/1{,}2 = 0{,}96 < 1$

Die **Schlankheit** einer Wand ist das Verhältnis aus Knicklänge h_k und Wanddicke d. Die Knicklänge der Wand ist:

$h_k = \beta \cdot h_s = 1 \cdot 2{,}5 \text{ m} = 2{,}5 \text{ m}$ mit h_s als lichter Wandhöhe

Damit ergibt sich für die Schlankheit der Wand:

$h_k/d = 2{,}5 \text{ m}/0{,}365 \text{ m} = 6{,}85 < 10$

Lösung Aufgabe 50

Zu 1.: Bemessungswert der Druckspannung in der Fuge Betonsäule – Fundament

In der Fuge Betonsäule – Fundament wirken folgende vertikalen Kräfte, die nur durch Druckspannungen im Beton aufgenommen werden sollen:

Eingeleitete Last aus dem Bauwerk:

$F_{\text{Vert,d}} = 780 \text{ kN}$ nach Aufgabenstellung

Eigenlast der Betonsäule ohne Verblendung:

$F_{\text{Beton,k}} = 0{,}45^2 \text{ m}^2 \cdot 3 \text{ m} \cdot 25 \text{ kN/m}^3 = 15{,}188 \text{kN}$

$F_{\text{Beton,d}} = F_{\text{Beton,k}} \cdot \gamma_G = 15{,}188 \text{kN} \cdot 1{,}35 = 20{,}504 \text{ kN}$

Eigenlast der Verblendung:

$F_{\text{Verbl,k}} = (0{,}59^2 - 0{,}45^2) \text{ m}^2 \cdot 3 \text{ m} \cdot 15 \text{ kN/m}^3 = 6{,}552 \text{ kN}$

$F_{\text{Verbl,d}} = 6{,}552 \text{ kN} \cdot 1{,}35 = 8{,}845 \text{ kN}$

Gesamtlast:

$\sum F_d = (780 + 20{,}504 + 8{,}845) \text{ kN} = 809{,}35 \text{ kN}$

Hieraus berechnet sich der Bemessungswert der Betondruckspannung zu:

$$\sigma_d = \frac{\sum F_d}{A_{\text{Stütze}}} = \frac{809{,}35 \text{ kN}}{0{,}45^2 \text{ m}^2} = 3997 \text{ kN/m}^2 = 4 \text{ N/mm}^2$$

Der Bemessungswert der Betondruckfestigkeit (s. Aufgabe 95, Pkt. 4) ist:

$f_{cd} = \alpha_{cc} \cdot f_{ck}/\gamma_c = 0{,}85 \cdot 20\ \text{N/mm}^2/1{,}5 = 11{,}3\ \text{N/mm}^2$ für C20/25

Nachweis: $\boxed{\sigma_d/f_{cd} \leq 1}$; $4/11{,}3 = 0{,}35 < 1$

Zu 2.: Sohldrucknachweis Fundament – Baugrund

Der Sohldrucknachweis erfolgt als vereinfachter Nachweis, der bei Regelfällen und Flachgründungen verwendet werden darf.

Es ist nachzuweisen, dass $\boxed{\sigma_{E,d} < \sigma_{R,d}}$

Zusätzlich zu der oben berechneten Kraft wirkt im Baugrund die Eigenlast des Fundamentes:

$F_{Fund,d} = 1{,}65^2\ \text{m}^2 \cdot 1{,}4\ \text{m} \cdot 24\ \text{kN/m}^3 \cdot 1{,}35 = 123{,}49\ \text{kN}$

$F_{ges,d} = (809{,}35 + 123{,}49)\ \text{kN} = 932{,}84\ \text{kN}$

Daraus folgt der Sohldruck zu:

$$\sigma_{Ed} = \frac{F_{ges,d}}{A'} = \frac{932{,}84\ \text{kN}}{1{,}65^2\ \text{m}^2} = 342{,}6\ \text{kN/m}^2$$

Hinweis: $A' = a' \cdot b' = a^2$, weil mittiger Lastangriff auf quadratischer Sohlfläche vorliegt.

Der Bemessungswert des Sohlwiderstandes $\sigma_{R,d}$ ist für eine Fundamentbreite $b' = 1{,}65$ m und eine Einbindetiefe $d = 1{,}4$ m aus Diagrammen zu entnehmen und beträgt:

$\sigma_{R,d(B,G)} = 776\ \text{kN/m}^2$

Dieser Basiswert für Grundbruch kann vergrößert bzw. verkleinert werden:

$$\boxed{\sigma_{R,d(G)} = \sigma_{R,d(B,G)} \cdot (1 + V_L + V_G - A_G) \cdot F_A}$$

$\sigma_{R,d(G)}$	Sohlwiderstand in nichtbindigem Boden für Grundbruch
$\sigma_{R,d(B,G)}$	Basiswert des Sohlwiderstandes für Grundbruch
V_L, V_G	Parameter zur Vergrößerung des Basiswertes
A_G, F_A	Parameter zur Verminderung des Basiswertes

Für die vorliegende Aufgabe wird der Bemessungswert nicht modifiziert.

Damit:

$\sigma_{Ed} < \sigma_{R,d}$

$342{,}6 < 776$

$342{,}6/776 = 0{,}44 < 1$

Zu 3.: Minimale Fundamenthöhe des unbewehrten Fundamentes

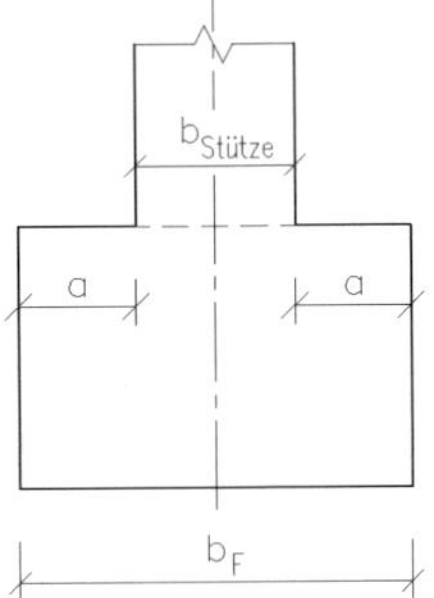

Zentrisch belastete Streifen- und Einzelfundamente können unbewehrt ausgeführt werden, wenn sie eine Mindesthöhe min h_F haben.

Bedingungen:

$$\boxed{\frac{0{,}85 \min h_F}{a} \geq \sqrt{\frac{3\sigma_{gd}}{f_{ctd,pl}}} \;; \qquad \frac{h_F}{a} \geq 1}$$

min h_F	Mindesthöhe des Fundamentes
h_F	Fundamenthöhe
a	Fundamentüberstand von der Stützenseite $a = (b_F - b_{Stütze})/2$; mit b_F = Fundamentbreite $b_{Stütze}$ = Stützenbreite
σ_{gd}	Bemessungswert des Sohldruckes
$f_{ctd,pl}$	Bemessungswert der Betonzugfestigkeit

$$f_{ctd,pl} = f_{ctd} = \alpha_{ct,pl} \cdot f_{ctk;0,05}/\gamma_c$$

$\alpha_{ct,pl} = 0{,}7$ Beiwert für Langzeitauswirkungen

$f_{ctk;0,05} = 1{,}5\ \text{N/mm}^2$ für C 20/25

charakteristischer Wert der Betonzugfestigkeit

$\gamma_c = 1{,}5$ Teilsicherheitsbeiwert für Beton

$$f_{ctd,pl} = 0{,}7 \cdot 1{,}5\ \text{N/mm}^2/1{,}5 = 0{,}7\ \text{N/mm}^2 \text{ für C20/25}$$

$$\frac{0{,}85 \min h_F}{0{,}6\ \text{m}} \geq \sqrt{\frac{3 \cdot 342{,}6\ \text{kN/m}^2}{0{,}7\ \text{N/mm}^2}}$$

mit $a = (b_F - b_{Stütze})/2 = (1{,}65 - 0{,}45)\ \text{m}/2 = 0{,}6\ \text{m}$

hieraus: min $h_F = 0{,}86$ m

Zu erfüllende Bedingungen:

$$\min h_F = 0{,}86\ \text{m} < h_F = 1{,}4\ \text{m} \;; \qquad \frac{h_F}{a} = 1{,}4/0{,}6 = 2{,}33 > 1$$

Lösung Aufgabe 51

Zu 1.: Stabilitätsnachweis für die Holzstützen (s. hierzu Lösung zur Aufgabe 91).
Es ist nachzuweisen, dass

$$\boxed{\frac{N_d / A_n}{k_c \cdot f_{c,0,d}} \geq 1}$$

$N_d = F_{v,d} + N_{Stütze,d} = 23{,}4\text{ kN} + 0{,}25^2 \cdot 3{,}8\text{ m}^3 \cdot 410\text{ kg/m}^3 \cdot 1{,}35 = 24{,}72\text{ kN}$

$f_{c,0,d} = k_{mod} \cdot f_{c,0,k} / \gamma_M$

k_{mod} Modifikationsbeiwert; $k_{mod} = 0{,}65$ für NKL = 3 und KLED = mittel

$f_{c,0,k}$ charakteristischer Wert für Brettschichtholz GL 28(h); $f_{c,0,k} = 26{,}5\text{ N/mm}^2$

γ_M Teilsicherheitsbeiwert für Holz und Holzwerkstoffe, $\gamma_M = 1{,}3$

$f_{c,0,d} = 0{,}65 \cdot 26{,}5\text{ N/mm}^2/1{,}3 = 13{,}25\text{ N/mm}^2$

$l_{ef} = \beta \cdot l = 1 \cdot 3{,}8\text{ m} = 3{,}8\text{ m}$

mit *Euler*-Fall 2, wenn der Stab an seinen Enden als beweglich gelagert angenommen wird.

Für einen ungeschwächten quadratischen Querschnitt mit der Kantenlänge a ist der Trägheitsradius min $i = a/\sqrt{12} = 0{,}25\text{ m}/\sqrt{12} = 0{,}0722\text{ m}$;
damit:

$$\lambda = \frac{l_{ef}}{i_{min}} = 3{,}8\text{ m}/0{,}0722\text{ m} = 52{,}7\text{ ; lt. Bautabellen: } k_c = 0{,}87$$

$$\frac{N_d / A_n}{k_c \cdot f_{c,0,d}} = (24{,}72\text{ kN}/0{,}25^2\text{ m}^2)/(0{,}87 \cdot 13{,}25\text{ N/mm}^2) = 0{,}04 < 1$$

Zu 2.: Sohldrucknachweis für den bindigen Baugrund

Der Sohldrucknachweis erfolgt als vereinfachter Nachweis, der bei Regelfällen und Flachgründungen verwendet werden darf.

Es ist nachzuweisen, dass $\boxed{\sigma_{E,d} < \sigma_{R,d}}$

$$\sigma_{E,d} = \frac{F_{ges,d}}{A'}$$

$F_{ges.,d} = N_d + F_{Fund.,d} = 24{,}72\text{ kN} + 0{,}6^2\text{ m}^2 \cdot 0{,}8\text{ m} \cdot 24\text{ kN/m}^3 \cdot 1{,}35 = 34{,}05\text{ kN}$

$A' = a' \cdot b' = 0{,}55\text{ m} \cdot 0{,}60\text{ m} = 0{,}33\text{ m}^2$

mit $a' = a - 2e_x = (0{,}6 - 2 \cdot 0{,}025)\ \text{m}^2 = 0{,}55\ \text{m}$ infolge exzentrischer Lasteintragung

$b' = b = 0{,}6\ \text{m}$

$\sigma_{E,d} = 34{,}05\ \text{kN}/0{,}33\ \text{m}^2 = 103{,}2\ \text{kN/m}^2$

Der Basiswert des Sohlwiderstandes $\sigma_{R,d(B)} = 234\ \text{kN/m}^2$ ist für $d = 0{,}8$ m Einbindetiefe Tabellen zu entnehmen.

Dieser Basiswert kann vergrößert bzw. verkleinert werden:

$$\boxed{\sigma_{R,d} = \sigma_{R,d(B)} \cdot (1 + V - A)}$$

$\sigma_{R,d}$ Sohlwiderstand in bindigem Boden

$\sigma_{R,d(B)}$ Basiswert des Sohlwiderstandes

V Parameter zur Vergrößerung des Basiswertes

A Parameter zur Abminderung des Basiswertes

Für die vorliegende Aufgabe wird der Bemessungswert nicht modifiziert.

Damit:

$\sigma_{Ed} < \sigma_{R,d}$

$103{,}2 < 234$; $\quad 103{,}2/234 = 0{,}44 < 1$

Lösung Aufgabe 52

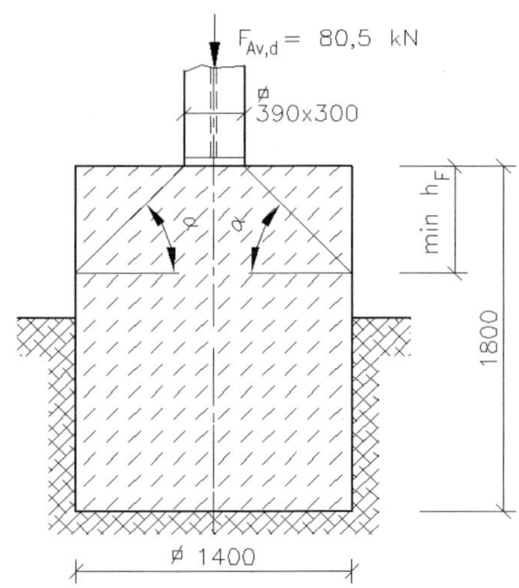

Zu 1: Maximale vertikale Lagerkräfte

In der Lösung von Aufgabe 26, Seite 141, sind die Auflagerkräfte auf die Fundamente unter Berücksichtigung aller Einwirkungen ermittelt worden. Wegen der Entlastung der Stiele infolge Wind muss die Windkraft bei der Berechnung der maximalen Auflagerkraft deshalb unberücksichtigt bleiben.

Als vertikale Kräfte sind nur noch die Eigenlasten von Stiel, Riegel und Dachaufbau sowie die Schneelast wirksam.

Zu 1.: Tragsicherheitsnachweis für die Druckspannung im Stiel

Es wird in dieser Aufgabe nur die Druckspannung nachgewiesen, also kein Knicksicherheitsnachweis durchgeführt. Knicksicherheitsnachweise werden in Aufgabe 92 ff. behandelt.

Nachzuweisen ist:

$$\boxed{\frac{N_{Ed}}{N_{c,Ed}} \leq 1}$$

$N_{Ed} = F_{Av,d} = 80{,}5\ \text{kN}$

$\boxed{N_{c,Ed} = A \cdot f_y/\gamma_{Mo}}$ $\quad N_{c,Ed} = 159\ \text{cm}^2 \cdot 235\ \text{N/mm}^2/1{,}0 = 3737\ \text{kN}$

$$\frac{N_{Ed}}{N_{c,Ed}} = 80{,}5/3737 = 0{,}02 < 1$$

Zu 2.: Erforderliche Kantenlänge *a*, Druckspannungsnachweis

In die folgende Berechnung (s.Lösung zur Aufgabe 95, Pkt. 4) wird der Bemessungswert von F_{Av} eingesetzt, da der Bemessungswert des Betons

$$f_{cd} = \alpha_{cc} \cdot f_{ck}/\gamma_c = 0{,}85 \cdot 20\ \text{N/mm}^2/1{,}5 = 11{,}3\ \text{N/mm}^2$$

Basis für die Ermittlung der minimalen Kantenlänge *a* ist.

Aus $f_{cd} = \frac{F}{A} = \frac{F_{Av,d}}{a^2}$ erhält man:

$$a = \sqrt{\frac{F_{Av,d}}{f_{cd}}} = \sqrt{\frac{80{,}5 \cdot 10^3\ \text{N}}{11{,}3\ \text{N/mm}^2}} = 84{,}4\ \text{mm}$$

Gewählt wird konstruktiv bedingt eine Fußplatte von der Größe der äußeren Abmessungen des Profils HEA 400: 390 mm × 300 mm.

Damit:

$$\sigma_d = \frac{80{,}5 \cdot 10^3\ \text{N}}{390\ \text{mm} \cdot 300\ \text{mm}} = 0{,}69\ \text{N/mm}^2 < f_{cd} = 11{,}3\ \text{N/mm}^2$$

Es ist nachzuweisen, dass $\boxed{\sigma_d/f_{cd} \leq 1}$; $\quad 0{,}69/11{,}3 = 0{,}06 < 1$

Zu 3.: Sohldrucknachweis für den Baugrund

Der Sohldrucknachweis erfolgt als vereinfachter Nachweis, der bei Regelfällen und Flachgründungen verwendet werden darf.

Es ist nachzuweisen, dass $\boxed{\sigma_{E,d} < \sigma_{R,d}}$

$$F_{ges,d} = F_{Av,d} + F_{Fundament,k} \cdot \gamma_G = 80{,}5 \text{ kN} + 1{,}4^2 \cdot 1{,}8 \text{ m}^3 \cdot 24 \text{ kN/m}^3 \cdot 1{,}35$$

$$= 165{,}2 \text{ kN}$$

$$\sigma_{E,d} = \frac{F_{ges,d}}{A'}$$

$$A' = a' \cdot b' = 1{,}4^2 \text{ m}^2 = 1{,}96 \text{ m}^2$$

mit $a' = a$ und $b' = b$

$$\sigma_{E,d} = 165{,}2 \text{ kN/}1{,}96 \text{ m}^2 = 84{,}3 \text{ kN/m}^2$$

Der Basiswert des Sohlwiderstandes $\sigma_{R,d(B)} = 250$ kN/m^2 ist für bindigen Baugrund (gemischtkörnig, steif) und eine Einbindetiefe von $d = 1$ m Tabellen zu entnehmen.

Dieser Basiswert kann vergrößert bzw. verkleinert werden:

$$\boxed{\sigma_{R,d} = \sigma_{R,d(B)} \cdot (1 + V - A)}$$

$\sigma_{R,d}$ Sohlwiderstand in bindigem Boden

$\sigma_{R,d(B)}$ Basiswert des Sohlwiderstandes

V Parameter zur Vergrößerung des Basiswertes

A Parameter zur Abminderung des Basiswertes

Für die vorliegende Aufgabe wird der Bemessungswert nicht modifiziert.

Damit:

$$\sigma_{Ed} < \sigma_{R,d}$$

$84{,}3 < 250$; $\quad 84{,}3/250 = 0{,}34 < 1$

Zu 4 .: Mindestfundamenthöhe

Zentrisch belastete Streifen- und Einzelfundamente können unbewehrt ausgeführt werden, wenn sie eine Mindesthöhe min h_F haben (s. Aufgabe 50, Pkt. 3).

Bedingungen:

$$\boxed{\frac{0{,}85 \cdot \min h_F}{a} \geq \sqrt{\frac{3\sigma_{gd}}{f_{ctd,pl}}} \quad ; \quad \frac{h_F}{a} \geq 1}$$

σ_{gd} Bemessungswert des Sohldruckes

$f_{ctd,pl}$ Bemessungswert der Betonzugfestigkeit

$$f_{ctd,pl} = f_{ctd} = \alpha_{ct,pl} \cdot f_{ctk;0,05}/\gamma_c$$

$\alpha_{ct,pl} = 0{,}7$ Beiwert für Langzeitauswirkungen

$f_{ctk;0,05} = 1{,}5$ N/mm^2 für C20/25; charakteristischer Wert der Betonzugfestigkeit

$\gamma_c = 1{,}5$ Teilsicherheitsbeiwert für Beton

$f_{ctd,pl} = 0{,}7 \cdot 1{,}5\ \text{N/mm}^2/1{,}5 = 0{,}7\ \text{N/mm}^2$ für C20/25

$\sigma_{gd} = \sigma_{E,d} = 84{,}3\ \text{kN/m}^2$

$$\frac{0{,}85 \cdot \min h_F}{0{,}55\ \text{m}} \geq \sqrt{\frac{3 \cdot 84{,}3\ \text{kN/m}^2}{0{,}7\ \text{N/mm}^2}}$$

mit $a = (b_F - b_{Stütze})/2 = (1{,}4\ \text{m} - 0{,}3\ \text{m})/2 = 0{,}55\ \text{m}$

hieraus: $\min h_F = 0{,}39\ \text{m}$

Zu erfüllende Bedingungen:

$\min h_F = 0{,}39\ \text{m} < h_F = 1{,}8\ \text{m}$; $\frac{h_F}{a} = 1{,}8/0{,}55 = 3{,}3 > 1$

Lösung Aufgabe 53

Mit der zulässigen Flächenpressung von zul $\sigma_d = 72{,}8\ \text{N/mm}^2/\upsilon = 72{,}8\ \text{N/mm}^2/4 = 18{,}2\ \text{N/mm}^2$ für Sandstein lässt sich die erforderliche Fläche der Lastverteilungsplatte berechnen:

$\text{erf}\ A = F/\text{zul}\ \sigma_d = 380\ \text{kN}/18{,}2\ \text{N/mm}^2 = 209\ \text{cm}^2$

hieraus: $\text{erf}\ a = \sqrt{\text{erf}\ A} = \sqrt{209\ \text{cm}^2} = 14{,}5\ \text{cm}$

gewählt: $a = 400$ mm, um die größeren Abmessungen des Stützenfußes zu berücksichtigen.

Mit der gewählten Plattengröße wird:

$$\text{vorh}\ \sigma_d = \frac{F}{\text{vorh}\ A} = \frac{380 \cdot 10^3\ \text{N}}{400^2\ \text{mm}^2} = 2{,}38\ \text{N/mm}^2 < \text{zul}\ \sigma_d = 18{,}2\ \text{N/mm}^2$$

Nachweis: $\text{vorh}\ \sigma_d/\text{zul}\ \sigma_d = 2{,}38/18{,}2 = 0{,}13 < 1$

Lösung Aufgabe 54

Die Berechnung des Schwerpunktes erfolgt in Analogie zu den Aufgaben 30–34. Der Koordinatenursprung wird in A gelegt, weswegen die y-Koordinaten der drei Einzelschwerpunkte negativ sind. Der **Masseschwerpunkt** berechnet sich dann zu:

$$y_s = \frac{\sum (m_i \cdot l_{y,i})}{\sum m_i} = \frac{[6 \cdot (-4{,}55) + 5 \cdot (-5{,}75) + 4{,}6 \cdot (-6{,}75)]\ \text{tm}}{(6 + 5 + 4{,}6) \cdot \text{t}} = -5{,}58\ \text{m}$$

$$z_s = \frac{\sum (m_i \cdot l_{z,i})}{\sum m_i} = \frac{[6 \cdot 1{,}35 + 5 \cdot 3{,}95 + 4{,}6 \cdot 6{,}35]\ \text{tm}}{(6 + 5 + 4{,}6) \cdot \text{t}} = +3{,}66\ \text{m}$$

Die gesamte Gewichtskraft der drei Container beträgt

$$F_{ges} = m_{ges} \cdot g = 15600 \text{ kg} \cdot 9{,}81 \text{ m/s}^2 = 153{,}04 \text{ kN}$$

Mit Hilfe der dritten Gleichgewichtsbedingung werden die Kräfte berechnet, die in die Holzbohlen bei A und B eingeleitet werden. Danach erfolgt die Ermittlung der Bohlenbreite b aus der zulässigen Bodenpressung. Die berechneten Werte sind Mindestbreiten.

$$\sum M_A = 0 = 153{,}04 \text{ kN} \cdot 5{,}58 \text{ m} - F_B \cdot 9{,}1 \text{ m}$$

hieraus: $F_B = 93{,}84$ kN

$F_A = 59{,}20$ kN

$$\text{erf } A_A = \frac{F_A}{\sigma_{zul}} = \frac{59{,}2 \text{ kN}}{100 \text{ kN/m}^2} = 0{,}592 \text{ m}^2; \qquad \text{erf } b_A = 0{,}592 \text{ m}^2/2{,}7 \text{ m} = 0{,}22 \text{ m}$$

$$\text{erf } A_B = \frac{F_B}{\sigma_{zul}} = \frac{93{,}84 \text{ kN}}{100 \text{ kN/m}^2} = 0{,}938 \text{ m}^2; \qquad \text{erf } b_B = 0{,}938 \text{ m}^2/2{,}7 \text{ m} = 0{,}35 \text{ m}$$

Lösung Aufgabe 55

Die Säulen wurden häufig ohne Fundament oder Lastverteilungsplatte auf eine dünne Kiesschüttung gesetzt. Wie das Rechenergebnis zeigt, ist die zulässige Sohlpressung dadurch erheblich überschritten:

$$\text{vorh } \sigma_{E,d} = \frac{(F_{D,k} + F_{E,k}) \cdot \gamma_F}{A_n} = \frac{(5{,}9 + 1{,}4) \text{ kN} \cdot 1{,}35}{(0{,}14^2 - 2 \cdot 0{,}06 \cdot 0{,}034) \cdot \text{m}^2} = 635 \text{ kN/m}^2$$

$$\text{vorh } \sigma_{E,d} = 635 \text{ kN/m}^2 > \sigma_{R,d} = 130 \text{ kN/m}^2$$

$$\text{erf } A = \frac{F_{D,d} + F_{E,d}}{\sigma_{R,d}} = \frac{9{,}86 \text{ kN}}{130 \text{ kN/m}^2} = 0{,}076 \text{ m}^2$$

$$\text{erf } a = \sqrt{0.076 \text{ m}^2} = 280 \text{ mm}$$

gewählt: 300 mm × 300 mm

Lösung Aufgabe 56

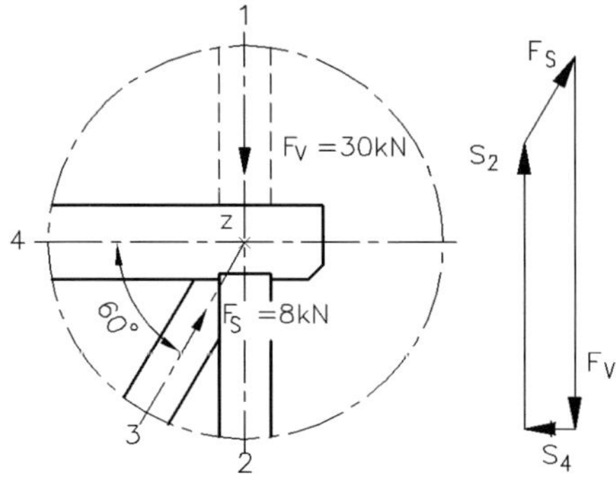

Um für die Ermittlung der Stabkräfte vereinfachend ein zentrales Kraftsystem zu bilden, denkt man sich die Stütze 1 nach links in das Zentrum *Z* verschoben (gestrichelte Position). Für die übrigen Untersuchungen (Scherung, Biegung u. a.) bleibt der Stab 1 in seiner tatsächlichen Position. Im rechten Bildteil ist die zeichnerische Lösung der Stabkräfte dargestellt.

Die weiteren Lösungen erfolgen rechnerisch:

$\sum F_H = 0 = F_s \cdot \cos 60^\circ - S_4$; **hieraus:** $S_4 = 4{,}00$ kN (Zugstab)

$\sum F_V = 0 = -F_V + F_S \cdot \sin 60^\circ - S_2$; **hieraus:** $S_2 = -23{,}07$ kN (Druckstab)

Zu 1.: Zug- bzw. Druckspannungen in den Stäben 1–4

Die kleinsten Querschnittflächen der Stäbe 1–4 betragen:

$A_1 = A_2 = A_3 = 14 \text{ cm} \cdot 14 \text{ cm} = 196 \text{ cm}^2$

$A_4 = (20 - 1{,}5) \text{ cm} \cdot 14 \text{ cm} = 259 \text{ cm}^2$

Damit werden die Normalspannungen in den Stäben 1–4:

$\sigma_1 = F_V/A_1 = -30 \text{ kN}/196 \text{ cm}^2 = -1{,}53 \text{ N/mm}^2$ Druckspannung

$\sigma_2 = S_2/A_2 = -23{,}07 \text{ kN}/196 \text{ cm}^2 = -1{,}18 \text{ N/mm}^2$ Druckspannung

$\sigma_3 = F_S/A_3 = -8 \text{ kN}/196 \text{ cm}^2 = -0{,}41 \text{ N/mm}^2$ Druckspannung

$\sigma_4 = S_4/A_4 = +4 \text{ kN}/259 \text{ cm}^2 = +0{,}15 \text{ N/mm}^2$ Zugspannung

Zu 2.: Scherspannungen im Längsträger 4

Abscherspannung infolge F_V:

Der Stab 1 erzeugt in seiner tatsächlichen Position im kleinsten Querschnitt A_4 eine Abscherspannung τ_a und eine Biegespannung σ_b. Die Biegespannung $\sigma_b = M_b/W$ hat eine Größe von 2,63 N/mm² und wird bei späteren Aufgaben berechnet.

$\tau_{a\perp} = F_V/A_4 = 30 \text{ kN}/259 \text{ cm}^2 = 1{,}16 \text{ N/mm}^2$

$$\tau_{a\parallel} = S_4/A_{\text{Vorholz}} = \frac{4 \text{ kN}}{(14 - 4 + 1{,}5) \text{ cm} \cdot 14 \text{ cm}} = 0{,}25 \text{ N/mm}^2$$

Hierbei wird angenommen, dass der Stab 2 so am Vorholz des Stabes 4 anliegt, dass die gesamte Horizontalkomponente $F_{S,h} = S_4 = 4$ kN am Vorholz aufgenommen wird. Liegt fertigungsbedingt Stab 2 nicht am Vorholz an, dann wird die Horizontalkomponente $F_{S,h}$ durch Reibung übertragen, da $F_{Reibung} = \mu \cdot S_2 \geq 13{,}8$ kN > $F_{S,h}$. Damit ist $\tau_{a||} = 0$. Die obige Berechnung bleibt davon unberührt.

Lösung Aufgabe 57

Die Abscherspannung τ_a errechnet sich zu:

$$\text{vorh } \tau_a = \frac{F_{ges}}{A_S} = \frac{F_S + F_p}{a \cdot b} = \frac{(22+13) \cdot 10^3 \text{ N}}{(240 \cdot 620) \text{ mm}^2} = 0{,}24 \text{ N/mm}^2$$

$$\text{vorh } \tau_a = 0{,}24 \text{ N/mm}^2 < \text{zul } \tau_a = 0{,}25 \text{ N/mm}^2$$

$$\text{vorh } \tau_a = 0{,}24/0{,}25 = 0{,}96 < 1$$

Hinweis: Die zulässige Abscherspannung ist für Naturstein (hier Sandstein) nicht als Rechenwert festgelegt. Man kann sie jedoch mit etwa 10 % von σ_0 ansetzen. Hierin ist σ_0 der Grundwert der zulässigen Druckspannung für Natursteinmauerwerk.

Mit $\sigma_0 = 2{,}5$ N/mm² ist zul $\tau_a = 0{,}1 \cdot 2{,}5 = 0{,}25$ N/mm²

Lösung Aufgabe 58

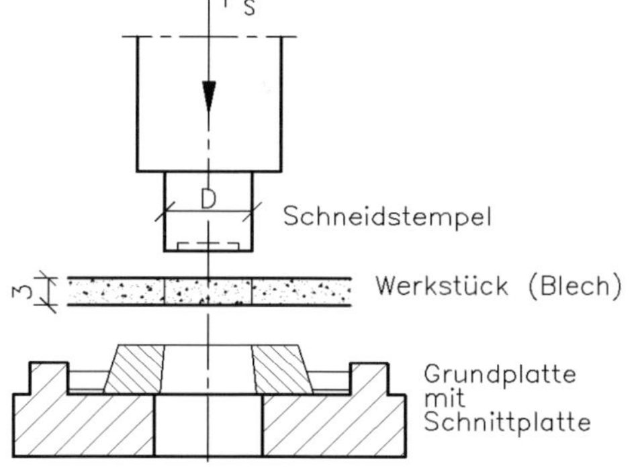

Das Prinzip des Schneidens (Ausstanzens oder Lochens) zeigt das linke Bild. Beim Ausschneiden muss die Scher-Bruchspannung erreicht werden. Die erforderliche Schnittkraft wird dann:

$$F_S = \tau_{a,B} \cdot A_{Scherfläche}$$

$$= 320 \text{ N/mm}^2 \cdot D \cdot \pi \cdot 3 \text{ mm}$$

$$F_S = 3016 \text{ N/mm} \cdot D$$

Die Druckspannung im Schneidstempel ergibt sich daraus zu:

$$\sigma_d = \frac{F_S}{A_{Schneidstempel}} = \frac{3016 \text{ N/mm} \cdot D}{D^2 \cdot \pi / 4} = \frac{3840}{D} \text{ N/mm}$$

Setzt man für σ_d = zul $\sigma_d = 220\ \text{N/mm}^2$ ein, folgt $D \geq 17{,}5$ mm.

Aus dieser Sicht können die Durchbrüche, wie in der Aufgabenstellung beschrieben, hergestellt werden, wenn ihr Durchmesser ≥17,5 mm ist. Es gibt jedoch eine Reihe Verfahren, die wirtschaftlicher wären.

Lösung Aufgabe 59

Zu 1.: Abscherspannung im Deckenbalken

Die Abscherspannung im Deckenbalken wird durch die Querkraft an der ausgesparten Querschnittsebene hervorgerufen. Zu ihrer Berechnung sind die Vertikalkomponente $F_{v,d}$ der Kraft F_d und der kleinste Querschnitt einzusetzen:

Spannungsnachweis: $$1{,}5 \cdot \frac{V_d}{A_n} \leq f_{v,d}$$

$$f_{v,d} = (k_{mod}/\gamma_M) \cdot f_{v,k} = (0{,}6/1{,}3) \cdot 2{,}0\ \text{N/mm}^2$$

$$= 0{,}92\ \text{N/mm}^2 \quad \text{mit} \quad k_{mod} = 0{,}6$$

$$\gamma_M = 1{,}3$$

$$f_{v,k} = 2\ \text{N/mm}^2$$

$$\tau_d = 1{,}5 \cdot \frac{F_{V,d}}{A_{min}} = 1{,}5 \cdot \frac{6{,}5 \cdot 10^3\ \text{N} \cdot \sin 60^\circ}{(120-20)\ \text{mm} \cdot 100\ \text{mm}} = 0{,}84\ \text{N/mm}^2 < 0{,}92$$

$$0{,}84/0{,}92 = 0{,}91 < 1$$

Zu 2.: Versatztiefe erf t_v ; Vorholzlänge erf l_v,

Die Horizontalkomponente $F_{h,d}$ von F_d versucht, das Vorholz mit der Länge l_v in Faserrichtung zu scheren.

Die erforderliche **Versatztiefe** t_v für den Stirnversatz ist:

$$\text{erf } t_v = \frac{D_d}{b \cdot f^*_{SV,d}}$$

D_d Strebenkraft F_d

b Breite des Versatzes

$$f^*_{SV,d} = f^*_{SV,k} \cdot (k_{mod}/\gamma_M) = 13{,}5\ \text{N/mm}^2 \cdot 0{,}462 \quad \text{(aus Bautabellen)}$$

$$= 6{,}24\ \text{N/mm}^2$$

erf $t_v = 6500$ N/(100 mm · 6,24 N/mm²) = 10,4 mm

$$t_v \le \frac{h}{4} \cdot \left(1 - \frac{\gamma - 50°}{30°}\right) = 120/4 \text{ mm} \cdot \left(1 - \frac{60° - 50°}{30°}\right) = 20 \text{ mm}$$

erf $t_v = 10{,}4$ mm < 20 mm

Die erforderliche **Vorholzlänge** erf l_v ergibt sich zu:

$$\text{erf } l_v = \frac{D_d}{b \cdot f^*_{v,d}}$$

$f^*_{v,d} = f^*_{v,k} \cdot (k_{mod}/\gamma_M) = 4{,}00 \text{ N/mm}^2 \cdot 0{,}462 = 1{,}85 \text{ N/mm}^2$

erf $l_v = 6500$ N/(100 mm · 1,85 N/mm²) = 35,2 mm

35,2 mm < 8 · t_v = 8 · 20 mm = 160 mm

Gewählt wird mit Rücksicht auf mögliche Trockenrisse $l_v = 200$ mm.

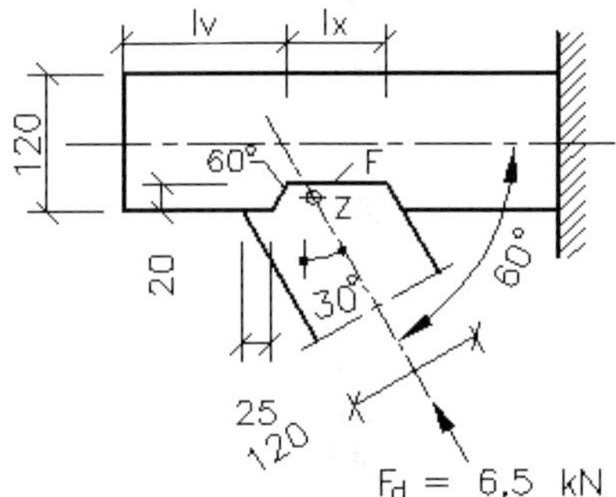

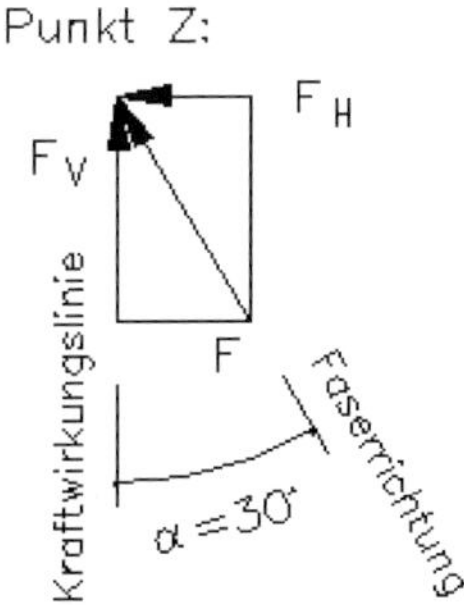

Zu 3.: Druckspannungsnachweis in der Fuge *F* für den Sparren

In der Fuge *F* tritt eine Druckspannung infolge $F_{v,d}$ auf. Sie wirkt im Deckenbalken unter 90° zur Faserrichtung und im Sparren unter 30° (das ist der Winkel zwischen der Kraftwirkungslinie von $F_{v,d}$ und der Faserrichtung). Zur Ermittlung der Anpressfläche ist die Berechnung von l_x notwendig:

$l_x = l_A = 120 \text{ mm}/\cos 30° - 25 \text{ mm} - 2 \cdot 20 \text{ mm}/\tan 60° = 90{,}5 \text{ mm}$

$l_{A,ef} = l_A + 30 \text{ mm} \cdot \sin 30° = 90{,}5 + 30 \text{ mm} \cdot \sin 30° = 105{,}5 \text{ mm}$

$A_{ef} = 100 \text{ mm} \cdot 105.5 \text{ mm} = 10550 \text{ mm}^2$

Nachweis: $$\frac{N_{\alpha,d}}{A_{ef}} \le k_{c,\alpha} \cdot f_{c,\alpha,d}$$

Für $\alpha = 90° - \gamma = 90^{o} - 60° = 30°$ ergeben sich:

$k_{c,\alpha} = 1{,}25$ Beiwert lt. Bautabellen

$f_{c,\alpha,k} = 6{,}76\ \text{N/mm}^2$ charakteristische Festigkeit für Druck unter dem Winkel α

$f_{c,\alpha,d} = f_{c,\alpha,k} \cdot (k_{mod}/\gamma_M) = 6{,}76\ \text{N/mm}^2 \cdot 0{,}462 = 3{,}12\ \text{N/mm}^2$

$k_{c,\alpha} \cdot f_{c,\alpha,d} = 1{,}25 \cdot 3{,}12\ \text{N/mm}^2 = 3{,}90\ \text{N/mm}^2$

$$\frac{N_{\alpha,d}}{A_{ef}} = (6{,}5\ \text{kN} \cdot \cos 30°)/10550\ \text{mm}^2 = 0{,}534\ \text{N/mm}^2$$

$0{,}534\ \text{N/mm}^2 < 3{,}90\ \text{N/mm}^2$; $0{,}534/3{,}90 = 0{,}14 < 1$

Lösung Aufgabe 60

Die in der Aufgabenstellung gezeigte Nietverbindung ist an älteren Bauwerken zu finden. Unter Beachtung des **Hinweises** in der Aufgabenstellung soll die folgende Berechnung nach einem (für Neubauten nicht mehr gültigen) Verfahren, dem „σ_{zul}-Verfahren" nach DIN 18 800 (03.81) durchgeführt werden. Vom Grundsatz her sind die folgenden Lösungsschritte bei derzeitigen Berechnungsverfahren die gleichen. Im Einzelnen sind zu führen:

1. **Nachweis der Abscherspannung.** Der Nachweis wird für die Verbindungselemente (Bolzen, Schraubenschaft, Niet, Stift) geführt.

   Zu beachten ist, dass bei warm eingezogenen Nieten der geschlagene Nietdurchmesser (gleich Lochdurchmesser) in die Berechnung eingeht. Alle Nietdurchmesser, Lochabstände und Materialkennwerte sind älteren Bautabellen zu entnehmen.

2. **Nachweis der Lochleibung** (Flächenpressung). Er wird für die Anpressflächen zwischen Verbindungselement und Knotenblech bzw. Anschlussträger geführt. Als Anpressfläche ist die Projektionsfläche der Lochwandung einzusetzen.

   Dabei ist der Lochdurchmesser bei voll ausgefüllter Bohrung (Passschraube, Passbolzen oder warm geschlagener Niet) bzw. der Bolzendurchmesser bei Lochspiel (1 mm, 2 mm oder >2 mm) mit der Blechdicke zu multiplizieren.

3. **Nachweis der Zugspannung.** Der Nachweis wird für das Knotenblech oder den Anschlussträger geführt. In die Berechnung ist der Nettoquerschnitt einzusetzen.

   Bei hintereinander angeordneten Verbindungselementen ist der ungünstigste Querschnitt zu berechnen. Dieser hängt von der dort herrschenden Kraft und der Querschnittsschwächung ab.

Zu 1.: Nachweis der Abscherspannung im Nietquerschnitt

$$\text{vorh } \tau_a = \frac{F}{A} = \frac{280 \cdot 10^3 \text{ N}}{2 \cdot 6 \cdot 21^2 \cdot \pi / 4 \text{ mm}^2} = 67{,}4 \text{ N/mm}^2 < \text{zul } \tau_a = 140 \text{ N/mm}^2$$

Hinweis: Die 6 warm eingezogenen Niete werden wegen der zwei angeschlossenen U-Träger zweischnittig beansprucht. Bei 20 mm Nietdurchmesser ist der Lochdurchmesser (Bohrungsdurchmesser) 21 mm.

Zu 2.: Lochlcibung im U-Träger und im Knotenblech

– **für den U-Träger:**

$$\text{vorh } \sigma_l = \frac{F}{A} = \frac{280 \cdot 10^3 \text{ N}}{21 \text{ mm} \cdot 8{,}5 \text{ mm} \cdot 2 \cdot 6} = 130{,}7 \text{ N/mm}^2 < \text{zul } \sigma_l = 320 \text{ N/mm}^2$$

Hinweis: Die Stegdicke des U-Trägers, $s = 8{,}5$ mm, ist Bautabellen zu entnehmen.

– **für das Knotenblech**

$$\text{vorh } \sigma_l = \frac{F}{A} = \frac{280 \cdot 10^3 \text{ N}}{21 \text{mm} \cdot 12 \text{ mm} \cdot 6} = 185{,}2 \text{ N/mm}^2 < \text{zul } \sigma_l = 320 \text{ N/mm}^2$$

Hinweis: Die Blechdicke des Knotenbleches, $s = 12$ mm, ist der Skizze in der Aufgabenstellung zu entnehmen.

Zu 3.: Zugspannung im U-Träger, Knotenblech und in der Schweißnaht für den U-Träger:

$$\text{vorh } \sigma_z = \frac{F}{A} = \frac{280 \cdot 10^3 \text{ N}}{2 \cdot (3220 - 2 \cdot 21 \cdot 8{,}5) \text{ mm}^2} = 48{,}9 \text{ N/mm}^2 < \text{zul } \sigma_z = 160 \text{ N/mm}^2$$

Hinweis: Die Querschnittsfläche des U-Trägers, $A = 32{,}2 \text{ cm}^2$, ist Bautabellen entnehmen.

– **für das Knotenblech:**

$$\text{vorh } \sigma_z = \frac{F}{A} = \frac{280 \cdot 10^3 \text{ N}}{(290 - 2 \cdot 21) \cdot 12 \text{ mm}^2} = 94{,}1 \text{ N/mm}^2 < \text{zul } \sigma_z = 160 \text{ N/mm}^2$$

Hinweis: Die Breite des Knotenbleches ist der Skizze in der Aufgabenstellung zu entnehmen.

– **für die Schweißnaht:**

$$\text{vorh } \sigma_{z,s} = \frac{F}{A_s} = \frac{280 \cdot 10^3 \text{ N}}{(2 \cdot 375 + 2 \cdot 12) \cdot 4 \text{ mm}^2} = 90{,}4 \text{ N/mm}^2 < \text{zul } \sigma_{z,s} = 160 \text{ N/mm}^2$$

Hinweis: Die Höhe des Knotenbleches an der Schweißnaht ist $h = 200$ mm $+ 2 \cdot 45$ mm $\cdot (350/180) = 375$ mm.

Die Schweißnahtfläche ist $A_s = \sum a_i \cdot l_i$. In der vorliegenden Aufgabe beträgt die Schweißnahtdicke $a = 4$ mm lt. Skizze (s. Aufgabenstellung) und die gesamte Schweißnahtlänge $l_{ges} = 2 \cdot h + 2 \cdot s = 774$ mm.

Lösung Aufgabe 61

Für Schraub- und Nietverbindungen sind auf der Basis von Eurocode 3 aus Bautabellen für alle üblichen Verbindungsarten (hier vorzugsweise „Scher-/Lochleibungsverbindung; keine Vorspannung“, bzw. „Gleitfeste Verbindung; vorgespannt“) Grenzkräfte zu entnehmen.

Das sind:

Kategorie A: Scher-/Lochleibungsverbindung ohne Vorspannung

- Grenzabscherkraft $F_{v,Rd}$ für die Beanspruchbarkeit eines Schraubenquerschnittes auf Abscheren
- Grenzlochleibungskraft $F_{b,Rd}$ für die Beanspruchbarkeit der Anschlussbleche auf Flächenpressung zwischen Verbindungselement und Blech.

Kategorie C: Gleitfeste Verbindung mit Vorspannung

- Grenzgleitkraft $F_{s,Rd}$ für die Beanspruchbarkeit ohne Gleiten
- Grenzlochleibungskraft $F_{b,Rd}$ für die Beanspruchbarkeit eines Schraubenquerschnittes auf Lochleibung
- Grenzzugkraft des Nettoquerschnittes $F_{net,Rd}$ $0{,}9 \cdot A_{net} \cdot f_u/\gamma_{M2}$

Für alle Nachweise gilt, dass der Bemessungswert der Abscherkraft $\boxed{F_{v,Ed} \leq F_{i,Rd}}$ ist.

Diese und andere Nachweise können mit den gut handhabbaren Tabellenwerten geführt werden. Dazu wählt der Bearbeiter Verbindungsart, Festigkeitsklasse, Schrauben- bzw. Nietgröße, Lochabstände, Nennlochspiel u. a.

In der Aufgabenstellung ist angegeben, dass diese Stirnplattenverbindung 8 Schrauben enthält. Die Bemessungswerte der Tragfähigkeit der Schraubverbindung sollen für Abscheren und Lochleibung ermittelt werden:

– Abscheren

Aus Bautabellen erhält man für eine Schraube M 20, Kategorie A, Schaft in der Scherfuge und Schraubenfestigkeitsklasse 8.8 eine Grenzabscherkraft je Scherfuge von 120,6 kN. Damit:

$$\sum F_{v,Rd} = 8 \cdot F_{v,Rd} = 8 \cdot 120{,}6 \text{ kN} = 964{,}8 \text{ kN}$$

– Lochleibung

Die Lochabstände in Kraftrichtung betragen lt. Aufgabenstellung:

$e_1 = 45$ mm als Randabstand in Kraftrichtung

$p_1 = 100$ mm als Lochabstand in Kraftrichtung

Der Lochdurchmesser ist für M 20 und 2 mm Lochspiel $d_0 = 22$ mm.

Die Bedingungen für die minimalen Lochabstände:

$\min e_1 \geq 1{,}2 \cdot d_0 = 1{,}2 \cdot 22 \text{ mm} = 26{,}4 \text{ mm}$ Randabstand in Kraftrichtung

$\min p_1 \geq 2{,}2 \cdot d_0 = 2{,}2 \cdot 22 \text{ mm} = 48{,}4 \text{ mm}$ Lochabstand in Kraftrichtung

sind erfüllt.

Für die o. a. Schraube kann eine Grenzlochleibungskraft von $F_{b,Rd} = 98{,}18$ kN abgelesen werden. Da die Blechdicke in der vorliegenden Aufgabe 20 mm ist, muss der Ablesewert um den Faktor 2 vergrößert werden. Damit wird:

$$\sum F_{b,Rd} = 8 \cdot F_{b,Rd} \cdot 2 = 8 \cdot 98{,}18 \text{ kN} \cdot 2 = 1570{,}9 \text{ kN}$$

Maßgeblich ist die Abscherung.

Lösung Aufgabe 62

In der Lösung zur Aufgabe 61 sind Hinweise zur Berechnung von Schraubverbindungen enthalten. Danach gehört die vorliegende Aufgabe zur Kategorie A „Scher-/Lochleibungs verbindung ohne Vorspannung". Der Tragsicherheitsnachweis wird auf Abscheren und Lochleibung durchgeführt.

– **Tragsicherheitsnachweis auf Abscheren**

Es ist nachzuweisen, dass $\boxed{F_{v,Ed} \leq F_{v,Rd}}$, $\boxed{\dfrac{F_{v,Ed}}{F_{v,Rd}} \leq 1}$

$$\sum F_{v,Ed} = F_d = 77{,}1 \text{ kN}; \qquad F_{v,Ed} = F_d/n = 77{,}1 \text{ kN}/8 = 9{,}64 \text{ kN}$$

mit $n = 8$ Scherflächen

Für eine Schraube M16, Kategorie A, Schraubenfestigkeitsklasse 8.8, Gewinde in der Scherfuge, ergibt sich die Grenzabscherkraft $F_{v,Rd}$ nach Tabelle zu:

$$F_{v,Rd} = 60{,}3 \text{ kN}$$

und damit:

$$F_{v,Ed}/F_{v,Rd} = 9{,}64 \text{ kN}/60{,}3 \text{ kN} = 0{,}16 < 1$$

– **Tragsicherheitsnachweis auf Lochleibung**

Die Lochabstände in Kraftrichtung betragen lt Aufgabenstellung:

$e_1 = 120$ mm als Randabstand in Kraftrichtung für die Stirnplatte

$e_1 =$ begrenzt auf $4 \cdot t + 40 \text{ mm} = (4 \cdot 11 + 40) \text{ mm} = 84$ mm
als Randabstand in Kraftrichtung für den Steg der Stiele

$p_1 = 150$ mm als Lochabstand in Kraftrichrung

Der Lochdurchmesser ist für M16 und 2 mm Lochspiel $d_0 = 18$ mm.
Die Bedingungen für die minimalen Lochabstände:

$\min e_1 \geq 1{,}2 \cdot d_0 = 1{,}2 \cdot 18 \text{ mm} = 21{,}6 \text{ mm}$ Randabstand in Kraftrichtung

$\min p_1 \geq 2{,}2 \cdot d_0 = 2{,}2 \cdot 18 \text{ mm} = 39{,}6 \text{ mm}$ Lochabstand in Kraftrichtung

sind erfüllt.

Es ist nachzuweisen, dass $\boxed{F_{v,Ed} \leq F_{b,Rd}}$, $\boxed{\dfrac{F_{v,Ed}}{F_{b,Rd}} \leq 1}$

$F_{v,Ed} = 9{,}64$ kN mit $n = 8$ Leibungsflächen

Die Grenzlochleibungskräfte ergeben sich für $e_1 = 120$ mm Randabstand der Stirnplatte und $e_1 = 84$ mm Randabstand des Steges zu:

$F_{b,Rd} = 115{,}1 \cdot 1{,}2 = 138{,}1$ kN für die Stirnplatte mit $s = 12$ mm

$$\frac{9{,}64}{138{,}1} = 0{,}07 < 1$$

$F_{b,Rd} = 115{,}1 \cdot 1{,}1 = 126{,}6$ kN für die Stirnplatte mit $s = 11$ mm

$$\frac{9{,}64}{126{,}6} = 0{,}08 < 1$$

Lösung Aufgabe 63

– **Schraubverbindung 1 im Lager *A***

In der Schraubverbindung 1 des Lagers *A* wirkt die Kraft $F_{1,d} = \dfrac{F_d}{\sin\alpha}$ (s. a. Bild am Ende der Aufgabe).

Hierin ist α der Neigungswinkel der Verbindungslinie $A-B$. Mit dieser Kraft sind folgende Nachweise zu führen:

– **Nachweis auf Abscheren:**

Es ist nachzuweisen, dass $\boxed{F_{v,Ed} \leq F_{v,Rd}}$, $\boxed{\dfrac{F_{v,Ed}}{F_{v,Rd}} \leq 1}$ mit $\sum F_{v,Ed} = F_{1,d}$, weil eine einschnittige Verbindung vorliegt.

– **Nachweis auf Lochleibung:**

Es ist nachzuweisen, dass $\boxed{F_{v,Ed} \leq F_{b,Rd}}$, $\boxed{\dfrac{F_{v,Ed}}{F_{b,Rd}} \leq 1}$

Die für einschnittige Anschlüsse mit einer Schraubenreihe vorgegebene Regelung

$$F_{b,Rd} \leq 1{,}5 \cdot f_u \cdot d \cdot t/\gamma_{M2}$$

wird für die vorliegende Verbindung angewendet:

mit f_u charakteristische Zugfestigkeit

d Schaftdurchmesser der Schraube

t Bauteildicke

$\gamma_{M2} = 1{,}25$; Teilsicherheitsbeiwert

– **Nachweis auf Zug:**

Die größte Zugbeanspruchung tritt in den geschwächten Querschnitten infolge der Bohrungen auf. Das betrifft sowohl das Knotenblech als auch das Anschlussblech.

Es ist nachzuweisen, dass

$$\boxed{\frac{N_{t,Ed}}{N_{t,Rd}} \leq 1}$$

$N_{t,Ed}$ Bemessungskraft der Zugkraft

$N_{t,Rd}$ Grenzzugkraft

$N_{t,Rd} = N_{pl,Rd}$ bzw. $N_{u,Rd}$; der kleinere Wert ist maßgebend

$$N_{pl,Rd} = A \cdot f_y/\gamma_{M0}$$

$$N_{u,Rd} = 0{,}9 \cdot A_{net} \cdot f_u$$

mit A Bruttoquerschnittsfläche

A_{net} Nettoquerschnittsfläche

f_y charakteristische Festigkeit der Streckgrenze

f_u Charakteristischer Wert der Zugfestigkeit

γ_{M0}, γ_{M2} Teilsicherheitsbeiwerte

– **Spannschraube (Gewinde 2)**

Der aufgeschweißte Gewindebolzen wird auf Zug beansprucht.

Es ist nachzuweisen, dass $\boxed{F_{t,Ed} \leq F_{t,Rd}}$, $\boxed{\dfrac{F_{t,Ed}}{F_{t,Rd}} \leq 1}$

– Schraubverbindung 3 im Lager B

Die Schraubverbindung 3 im Lager B ist identisch mit der Schraubverbindung 1. Die Funktion des Knotenbleches übernimmt in dem Lager B die Wandplatte mit aufgeschweißtem Steg.

– Wandbefestigungsschrauben 4 im Lager B

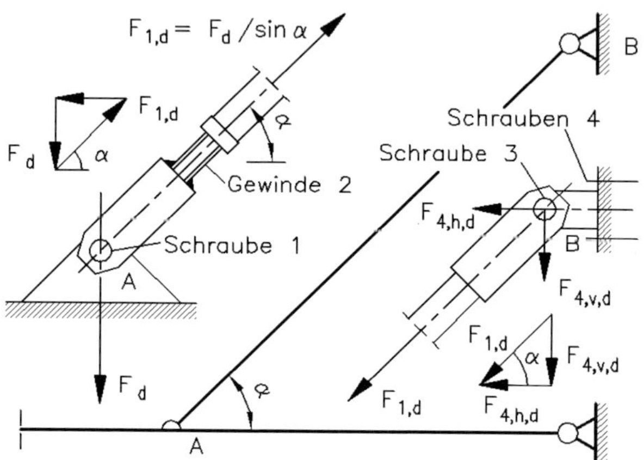

Die Kraft $F_{1,d}$ kann im Lager B in eine Horizontal- und eine Vertikalkomponente zerlegt werden:

Die Horizontalkomponente $F_{4,h,d}$ beansprucht die Wandbefestigungsschrauben 4 auf Zug mit der Kraft

$$F_{4,h,d} = F_{1,d} \cdot \cos\alpha = F_d \cdot \cos\alpha / \sin\alpha = F_d / \tan\alpha$$

Die Vertikalkomponente $F_{4,v,d}$ beansprucht die Wandbefestigungsschrauben 4 auf Abscheren mit der Kraft

$$F_{4,v,d} = F_{1,d} \cdot \sin\alpha = F_d \cdot \sin\alpha / \sin\alpha = F_d$$

Mit der Zugkraft $F_{4,h,d}$ ist der Nachweis für die beiden Schrauben oder Gewindebolzen zu erbringen. Dieser Nachweis unterscheidet sich nicht von dem beim **Befestigungsgewinde 2** angegebenen. Mit der Vertikalkomponente erfolgt der Nachweis auf Abscheren.

Zu beachten ist, dass zusätzlich zum Nachweis auf Zug und Abscheren folgender Nachweis zu führen ist:

$$\boxed{\frac{F_{v,Ed}}{F_{v,Rd}} + \frac{F_{t,Ed}}{1{,}4 \cdot F_{t,Rd}} \leq 1}$$

Lösung Aufgabe 64

Vorbemerkung: Der Träger soll als homogenes Bauteil betrachtet werden. Basis ist KVH C 35 mit NKL = 3 und KLED = mittel.

Mit Hilfe des Satzes von *Steiner* wird zunächst das Flächenmoment 2. Grades I_y (Flächenträgheitsmoment) berechnet, um dann das Widerstandsmoment W_y zu ermitteln.

Für die Anwendung der Biegespannungsgleichung $\sigma_b = \frac{M}{W}$ ist ferner die Berechnung des größten Biegemomentes M erforderlich.

Der Satz von *Steiner* gestattet, Flächenmomente 2. Grades von zusammengesetzten Flächen zu berechnen. Bezüglich der *y*-Achse ergibt sich z. B:

$$I_y = \sum (I_{y,i} + A_i \cdot \Delta z_i^2)$$

hierin bedeuten:

- I_y das Flächenmoment 2. Grades der Gesamtfläche A bezüglich ihrer Schwerachse y
- $I_{y,i}$ das Flächenmoment 2. Grades einer Teilfläche A_i bezüglich ihrer eigenen Schwerachse y_i. Ermittelt wird es durch Formeln, z. B. für ein Rechteck zu $\frac{b \cdot h^3}{12}$ oder es wird für Halbzeuge als Zahlenwert aus Bautabellen entnommen
- A_i eine Teilfläche
- Δz_i der (vertikale) Abstand der Schwerachsen von der Gesamt- zur Teilfläche; $\Delta z_i = |y_s - y_i|$

Bei der zu lösenden Aufgabe werden 3 Teilflächen A_i gebildet:

Teilfläche 1: obere Rechteckfläche mit

$$A_1 = 8\ \text{cm} \cdot 4\ \text{cm} = 32\ \text{cm}^2; \qquad \Delta z_1 = 8\ \text{cm}$$

$$I_{y,1} = \frac{b_1 \cdot h_1^3}{12} = 8\ \text{cm} \cdot 4^3\ \text{cm}^3/12 = 42{,}67\ \text{cm}^4$$

Teilfläche 2: mittlere Rechteckfläche mit

$$A_2 = 3{,}2\ \text{cm} \cdot 12\ \text{cm} = 38{,}4\ \text{cm}^2; \qquad \Delta z_2 = 0\ \text{cm}$$

$$I_{y,1} = \frac{b_2 \cdot h_2^3}{12} = 3{,}2\ \text{cm} \cdot 12^3\ \text{cm}^3/12 = 460{,}8\ \text{cm}^4$$

Teilfläche 3: untere Rechteckfläche mit

$$A_3 = 8\text{ cm} \cdot 4\text{ cm} = 32\text{ cm}^2\,; \quad \Delta z_1 = 8\text{ cm}$$

$$I_{y,3} = \frac{b_3 \cdot h_3^{\,3}}{12} = 8\text{ cm} \cdot 4^3\text{ cm}^3/12 = 42{,}67\text{ cm}^4$$

Damit:

$$I_y = [(42{,}67 + 32 \cdot 8^2) + (460{,}8 + 38{,}4 \cdot 0^2) + (42{,}67 + 32 \cdot 8^2)]\text{ cm}^4 = 4642{,}1\text{ cm}^4$$

Das Widerstandsmoment ist:

$$W_y = \frac{I_y}{e}$$

hierin bedeuten:

I_y das Flächenmoment 2. Grades der Gesamtfläche A bezüglich ihrer Schwerachse y

e der (senkrechte) Abstand zwischen Gesamtschwerachse und der Ebene, in der die Spannung gesucht ist. Das ist i. d. R der äußerste Abstand $z_{max} = e$

$$W_y = \frac{4642\text{ cm}^3}{10\text{ cm}} = 464{,}2\text{ cm}^3$$

Das größte **Biegemoment** tritt zwischen der 3. und der 4. Einzelkraft auf. In diesem Bereich ist es gleichbleibend. Es berechnet sich zu:

$$M = \sum F_i \cdot l_i$$

worin l_i der senkrechte Abstand von der Kraftwirkungslinie der biegenden Kraft F_i zum Schwerpunkt des Trägerquerschnittes ist, für den die Biegespannung berechnet werden soll.

Vorzeichenregel:

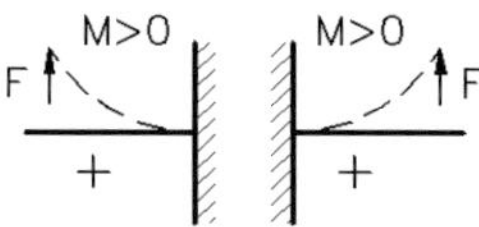

$$M_d = (F_A \cdot 2{,}5 - F_d \cdot 2{,}5 - F_d \cdot 1{,}5 - F_d \cdot 0{,}5)\text{ m}$$

$$M_d = (3 \cdot F_d \cdot 2{,}5 - F_d \cdot 2{,}5 - F_d \cdot 1{,}5 - F_d \cdot 0{,}5)\text{ m} = 6\text{ kNm}$$

Tragfähigkeitsnachweis:

Für einachsige Biegung ist nachzuweisen: $\boxed{\frac{M_d}{W_n} \le f_{m,d}}$

$f_{m,d} = k_{mod} \cdot f_{m,k}/\gamma_M$ Bemessungswert der Tragfähigkeit mit k_{mod} Modifikationsbeiwert; $k_{mod} = 0{,}65$

f_{mk} charakteristischer Wert für Holzart $f_{m,k} = 35\ N/mm^2$

γ_M Teilsicherheitsbeiwert für Holz und Holzwerkstoffe;

$\gamma_M = 1{,}3$ für NKL = 3; KLED = mittel; Konstruktionsvollholz C 35

$$f_{m,d} = k_{mod} \cdot f_{m,k}/\gamma_M$$

$$= 0{,}65 \cdot 35\ N/mm^2/1{,}3 = 17{,}5\ N/mm^2$$

$$\frac{M_d}{W_n} = 6\ kNm/464{,}2\ cm^3 = 12{,}93\ N/mm^2 < 17{,}5\ N/mm^2$$

$$12{,}93/17{,}5 = 0{,}74 < 1$$

Lösung Aufgabe 65

Für die Lösung der Aufgabe ist es wegen der Vielzahl der Einzelflächen günstig, die Teilfächen tabellarisch mit den zugehörigen Abständen zusammenzufassen. Der Abstand z_i ist jeweils von der unteren Kante des Gesamtquerschnittes bis zum Schwerpunkt der Einzelfläche A_i gemessen.

Bezeichnung	Anzahl n	Fläche A_i cm^2	$n \cdot A_i$ cm^2	Abstand z_i cm	$n \cdot A_i \cdot z_i$ cm^3
unterer Winkelstahl	2	45,70	91,40	4,29	392,11
oberer Winkelstahl	2	45,70	91,40	75,71	6919,89
Deckplatte	1	150,40	150,40	80,80	12152,32
Stegplatte	4	80,00	320,00	40,00	12800,00
Summe	9	322,40	653,20		32264,32

– **Ermittlung der Eigenmasse je Meter Trägerlänge**

$$m' = \left(\sum A_i\right) \cdot l \cdot \rho \cdot 1{,}15 = 653{,}2\ cm^2 \cdot 100\ cm \cdot 7{,}85\ g/cm^3 \cdot 1{,}15$$

$$m' = 590\ kg \quad \text{(je Meter Trägerlänge)}$$

Hinweis: Die Zahl 1,15 berücksichtigt den in der Aufgabenstellung angegebenen Zuschlag für Niete, Querversteifungen u. a.

– Ermittlung des Schwerpunktes z_s

In der Lösung zur Aufgabe 30, Seite 148, ist der Lösungsweg für die Berechnung von Schwerpunktabständen angegeben. Danach ist:

$$z_s = \frac{\sum(n \cdot A_i \cdot z_i)}{\sum n \cdot A_i} = \frac{32264{,}32\ \text{cm}^3}{653{,}2\ \text{cm}^2} = 49{,}39\ \text{cm}$$

– Ermittlung des Flächenmomentes 2. Grades und der Widerstandsmomente

In der folgenden Tabelle sind die Einzelwerte für die notwendige Berechnung zusammengestellt. Für Halbzeuge (z. B. Winkelstahl) sind die Querschnittskennwerte aus Bautabellen zu entnehmen. Für Rechtecke oder andere symmetrische Flächen können sie nach bekannten Formeln berechnet werden, z. B. das Flächenmoment 2. Grades für ein Rechteck mit $b \cdot h^3/12$.

Bezeichnung	Anzahl n	Fläche A_i cm²	$n \cdot I_{y,i}$ cm⁴	$(z_s - z_i)^2$ cm²	$n \cdot A_i \cdot (z_s - z_i)^2$ cm⁴
unterer Winkelstahl	2	45,70	1898,00	2034,01	185908,52
oberer Winkelstahl	2	45,70	1898,00	692,74	63316,66
Deckplatte	1	150,40	32,09	986,59	148382,85
Stegplatte	4	80,00	170666,68	88,17	28215,08
Summe	9	322,40	174494,77		425823,11

Das gesamte Flächenmoment 2. Grades berechnet sich mit dem *Steiner*'schen Satz zu:

$$I_y = \sum(I_{y,i} + A_i \cdot \Delta z_i^2) = \sum[n \cdot I_{y,i} + n \cdot A_i \cdot (z_s - z_i)^2]$$

$$= (174494{,}77 + 425823{,}11)\ \text{cm}^4$$

$$I_y = 600318\ \text{cm}^4$$

Das Widerstandsmoment ist:

$$W_y = \frac{I_y}{e}$$

Bei dem vorliegenden Gesamtquerschnitt gibt es zwei unterschiedliche Randabstände e:

$$e_{\text{oben}} = 81{,}6\ \text{cm} - 49{,}39\ \text{cm} = 32{,}21\ \text{cm}$$

$$e_{\text{unten}} = 49{,}39\ \text{cm}$$

und damit auch zwei Widerstandsmomente:

$W_{y,oben} = 600318\ cm^4/32{,}21\ cm = 18638\ cm^3$

$W_{y,unten} = 600318\ cm^4/49{,}39\ cm = 12155\ cm^3$

Lösung Aufgabe 66

Die Berechnung von Flächenmomenten 2. Ordnung oder Widerstandsmomenten bezüglich der Schwerachsen setzt stets die Kenntnis des Schwerpunktes voraus. Ist er nicht offensichtlich, wie z. B bei symmetrischen Profilen, muss er rechnerisch, zeichnerisch oder experimentell ermittelt werden.

– Ermittlung des Flächenschwerpunktes z_s

Aus der folgenden Tabelle kann abgelesen werden, dass der Querschnitt in drei Einzelflächen zerlegt worden ist. Zwei dieser Einzelflächen sind jeweils doppelt. Die Bohrung wird zu einer Rechteckfläche vereinfacht und ist negativ. Der Abstand z_i wird von der unteren Kante gemessen.

Bezeichnung	Anzahl n	Fläche A_i cm^2	$n \cdot A_i$ cm^2	Abstand z_i cm	$n \cdot A_i \cdot z_i$ cm^3
U-Stahl	2	32,200	64,40	10,000	644,000
Deckplatte	1	25,000	25,00	20,500	512,500
Bohrung	2	–4,515	–9,03	19,925	–179,923
Summe	9	52,685	80,37		976,577

Mit den Tabellenwerten wird:

$$z_s = \frac{\sum(n \cdot A_i \cdot z_i)}{\sum n \cdot A_i} = \frac{976{,}577\ cm^3}{80{,}37\ cm^2} = 12{,}15\ cm$$

– Ermittlung des Flächenmomentes 2. Grades und der Widerstandsmomente

In der folgenden Tabelle sind die Einzelwerte für die notwendige Berechnung zusammengestellt. Für den U-Stahl findet man Querschnittskennwerte in Tabellen, und für die Deckplatte werden sie nach bekannten Formeln berechnet.

Bezeichnung	Anzahl n	Fläche A_i cm^2	$n \cdot I_{y,i}$ cm^4	$(z_s - z_i)^2$ cm^2	$n \cdot A_i \cdot (z_s - z_i)^2$ cm^4
U-Stahl	2	32,200	3820,00	4,63	298,17
Deckplatte	1	25,000	2,08	69,72	1743,00
Bohrung	2	–4,515	–3,48	60,45	–545,86
Summe	9	52,685	3818,60		1495,31

Das gesamte Flächenmoment 2. Grades berechnet sich mit den Tabellenwerten und dem *Steiner*schen Satz zu:

$$I_y = \sum(I_{y,i} + A_i \cdot \Delta z_i^2) = \sum[n \cdot I_{y,i} + n \cdot A_i \cdot (z_s - z_i)^2]$$

$$= (3818{,}60 + 1495{,}31)\ \text{cm}^4$$

$$I_y = 5313{,}5\ \text{cm}^4$$

Das Widerstandsmoment ist:

$$W_y = \frac{I_y}{e}$$

Bei dem vorliegenden Gesamtquerschnitt gibt es zwei unterschiedliche Randabstände e:

$$e_{\text{oben}} = 21\ \text{cm} - 12{,}15\ \text{cm} = 8{,}85\ \text{cm}$$

$$e_{\text{unten}} = 12{,}15\ \text{cm}$$

und damit auch zwei Widerstandsmomente:

$W_{y,1} = 5313{,}5\ \text{cm}^4/8{,}85\ \text{cm} = 600{,}4\ \text{cm}^3$ für die obere Trägerkante

$W_{y,2} = 5313{,}5\ \text{cm}^4/12{,}15\ \text{cm} = 437{,}3\ \text{cm}^3$ für die untere Trägerkante

Lösung Aufgabe 67

Wegen der Symmetrie des Querschnittes braucht der Schwerpunkt S nicht berechnet zu werden. Er befindet sich bei $z_S = 120$ mm.

Nach dem Satz von *Steiner* wird das Flächenmoment 2. Grades:

$$I_y = \sum(I_{y,i} + A_i \cdot \Delta z_i^2)$$

$$I_{y,1} = I_{y,2} = b \cdot h^3/12 = 8\ \text{cm} \cdot 6^3\ \text{cm}^3/12 = 144\ \text{cm}^4$$

$$A_1 = A_2 = 8 \cdot 6\ \text{cm}^2 = 48\ \text{cm}^2$$

$$\Delta z_1 = \Delta z_2 = 9\ \text{cm}$$

$$I_y = 2 \cdot (144 + 48 \cdot 9^2)\ \text{cm}^4 = 8064\ \text{cm}^4$$

Die Widerstandsmomente werden dann:

$$W_y = \frac{I_y}{e}$$

Da sowohl für die obere als auch für die untere Trägerkante $e = 12$ cm beträgt, folgt:

$$W_y = \frac{8064\ \text{cm}^4}{12\ \text{cm}} = 672\ \text{cm}^3$$

Für die weitere Berechnung wird für den Gitterträger Konstruktionsvollholz C 30, NKL = 3, KLED = mittel angesetzt.

Nachweis:

$$\boxed{\frac{M_d}{W_n} \leq f_{m,d}}\ ; \quad f_{m,d} = k_{mod} \cdot f_{m,k}/\gamma_M \quad \text{Bemessungswert der Tragfähigkeit}$$

k_{mod} Modifikationsbeiwert; $k_{mod} = 0{,}65$

f_{mk} charakteristischer Wert für Holzart ; $f_{m,k} = 30\ \text{N/mm}^2$

γ_M Teilsicherheitsbeiwert ; $\gamma_M = 1{,}3$

$$f_{m,d} = 0{,}65 \cdot 30\ \text{N/mm}^2/1{,}3 = 15\ \text{N/mm}^2$$

$$\text{zul}\ M_d = W_y \cdot f_{m,d} = 672 \cdot 10^3\ \text{mm}^3 \cdot 15\ \text{N/mm}^2 = 10{,}1\ \text{kNm}$$

Hinweise: Der Bemessungswert zul $M_d = 10{,}1$ kNm ergibt einen charakteristischen Wert von etwa $M_k = 10{,}1\ \text{kNm}/1{,}4 = 7{,}2$ kNm und liegt damit in der Größenordnung der Werksangabe.

Die Diagonalstäbe haben nahezu keinen Einfluss auf das Flächenmoment 2. Ordnung. Sie sind jedoch erforderlich, um Schubspannungen zu übertragen. Nur unter dieser Bedingung entsteht ein Biegeträger mit dem oben berechneten Widerstandsmoment (s. a. Schubspannung bei Biegung, Aufgabe 84, Seite 94).

Lösung Aufgabe 68

Bei der vorliegenden Aufgabe wird auf die Führung eines Tragsicherheitsnachweises verzichtet. An seiner Stelle wird nachgewiesen, dass die Schwächung des Trägers wegen des notwendigen Durchbruchs durch zwei Verstärkungsbleche kompensiert wird.

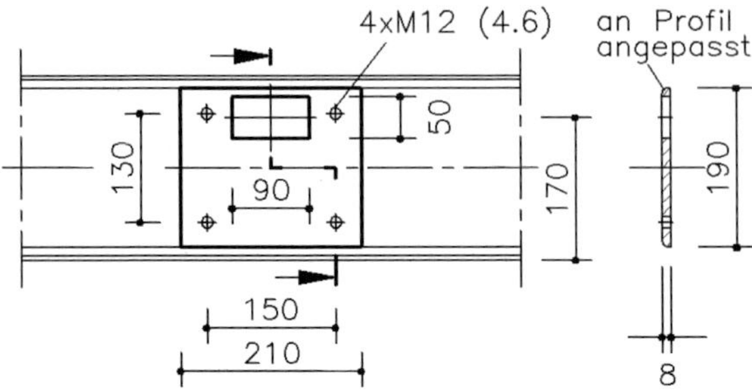

Maßgeblicher Wert ist das Widerstandsmoment W_y, das vor und nach dem Umbau annähernd die gleiche Größe haben soll. Da sich die Trägerbelastung nicht ändert, bleibt (unter Vernachlässigung von auftretenden Kerbwirkungsspannungen u. a.) die Biegespannung in den Randzonen konstant.

– Istzustand

Aus Bautabellen entnimmt man für das Profil I 220, DIN 1025, folgende Werte:

$$A = 39{,}5\ \text{cm}^2\ ; \qquad z_s = 11\ \text{cm}\ ; \qquad I_y = 3060\ \text{cm}^2\ ;$$

$$W_{y,1} = 278\ \text{cm}^3\ ; \qquad W_{y,2} = 278\ \text{cm}^3$$

Der Index „1“ gilt für die obere und der Index „2“ für die untere Kante des Profils.

– Sollzustand

Für den Sollzustand benötigt man die Stegdicke $s = 8{,}1$ mm, die in Bautabellen angegeben ist. Alle weiteren Abmessungen für die Berechnung des Schwerpunktes z_s, des Flächenmomentes 2. Grades I_y und der Widerstandsmomente $W_{y,1}$ und $W_{y,2}$ können dem Bild auf der nächsten Seite entnommen werden.

$$A = 39{,}5\ \text{cm}^2 - s \cdot 5\ \text{cm} = 39{,}5\ \text{cm}^2 - 0{,}81\ \text{cm} \cdot 5\ \text{cm} = 35{,}45\ \text{cm}^2$$

$$z_s = \frac{\sum(A_i \cdot z_i)}{\sum A_i} = \frac{[39{,}5 \cdot 11 + (-0{,}81 \cdot 5) \cdot 17]\ \text{cm}^3}{35{,}45\ \text{cm}^2} = 10{,}31\ \text{cm} = 103{,}1\ \text{mm}$$

$$I_y = \sum(I_{y,i} + A_i \cdot \Delta z_i^2) = \{[3060 + 39{,}5 \cdot (10{,}31 - 11)^2]$$

$$- [0{,}81 \cdot 5^3/12 + 0{,}81 \cdot 5 \cdot (10{,}31 - 17)^2]\}\ \text{cm}^4$$

$$I_y = 2889\ \text{cm}^4$$

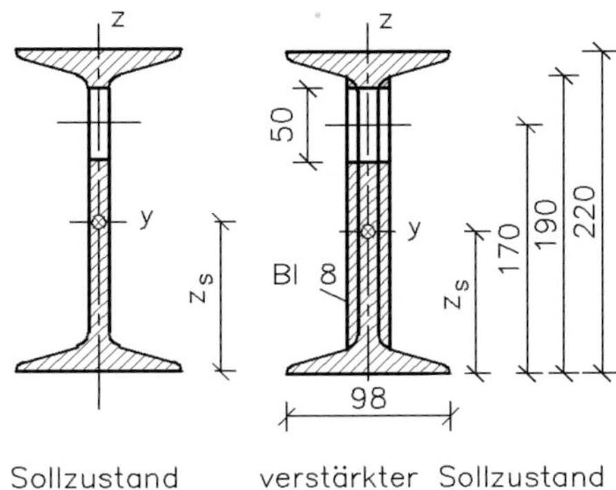

Sollzustand verstärkter Sollzustand

Aus den berechneten Werten für z_S und I_y ermitteln sich die Widerstandsmomente zu:

$$W_{y,1} = \frac{I_y}{e_1} = \frac{2889\ \text{cm}^4}{(22-10{,}31)\ \text{cm}} = 247{,}1\ \text{cm}^3 \quad \text{für die obere Materialkante}$$

$$W_{y,2} = \frac{I_y}{e_2} = \frac{2889\ \text{cm}^4}{10{,}31\ \text{cm}} = 280{,}2\ \text{cm}^3 \quad \text{für die untere Materialkante}$$

Hinweise:

1. In der bisherigen und in der folgenden Berechnung tritt eine „nicht vorhandene Fläche“ auf. Das ist die Querschnittsfläche des Durchbruchs. Solche Flächen werden bei der Berechnung von Schwerpunkten und von Flächenmomenten 2. Ordnung negativ in die Berechnungen eingesetzt.
2. Die Abstände e_1 und e_2 sind jeweils die Abstände von der Gesamtschwerpunktachse, um die gebogen wird (in der vorliegenden Aufgabe die *y*-Achse) zu einer parallelen Linie, in der die Biegespannung gesucht ist (in der vorliegenden Aufgabe die äußerste Materialkante).

– Verstärkter Sollzustand

Durch den Einbau der 8 mm dicken Verstärkungsbleche ergeben sich neue Werte für die Querschnittsfläche *A* und den Schwerpunktabstand z_S.

Damit ändern sich auch das Flächenmoment 2. Grades I_y sowie die Widerstandsmomente $W_{y,1}$ und $W_{y,2}$:

$$A = 39{,}5\ \text{cm}^2 - (s + 2 \cdot 0{,}8\ \text{cm}) \cdot 5\ \text{cm} + 2 \cdot 0{,}8\ \text{cm} \cdot 19\ \text{cm}$$

$$A = 39{,}5\ \text{cm}^2 - (2{,}41 \cdot 5)\ \text{cm}^2 + 30{,}4\ \text{cm}^2 = 57{,}85\ \text{cm}^2$$

$$z_s = \frac{\sum(A_i \cdot z_i)}{\sum A_i} = \frac{[39{,}5 \cdot 11 + (-2{,}41 \cdot 5) \cdot 17 + 2 \cdot 0{,}8 \cdot 19 \cdot 11]\ \text{cm}^3}{57{,}85\ \text{cm}^2} = 9{,}75\ \text{cm}$$

$$I_y = \sum(I_{y,i} + A_i \cdot \Delta z_i^2) = \{[3060 + 39{,}5 \cdot (9{,}75 - 11)^2]$$

$$- [2{,}41 \cdot 5^3/12 + 2{,}41 \cdot 5 \cdot (9{,}75 - 17)^2]$$

$$+ 2 \cdot [0{,}8 \cdot 19^3/12 + 0{,}8 \cdot 19 \cdot (9{,}75 - 11)^2]\}\ \text{cm}^4$$

$$I_y = 3425\ \text{cm}^4$$

$$W_{y,1} = \frac{I_y}{e_1} = \frac{3425\ \text{cm}^4}{(22 - 9{,}75)\ \text{cm}} = 279{,}6\ \text{cm}^3 \quad \text{für die obere Materialkante}$$

$$W_{y,2} = \frac{I_y}{e_2} = \frac{3425\ \text{cm}^4}{9{,}75\ \text{cm}} = 351{,}3\ \text{cm}^3 \quad \text{für die untere Materialkante}$$

Maßgebender Wert ist das kleinste Widerstandsmoment im verstärkten Sollzustand. Dieser Wert tritt an der oberen Materialkante auf. Er ist mit 279,6 cm^3 größer als der des Istzustandes:

$$W_{y,1} = 279{,}6\ \text{cm}^3 > W_{\text{Istzustand}} = 278\ \text{cm}^3$$

Mit dieser indirekten Nachweisführung wird wegen der nicht bekannten Belastungen die Anfertigung eines Tragsicherheitsnachweises umgangen.

Hinweis: Für die Befestigung der beiden Verstärkungsbleche wurden 4 Durchgangsschrauben M 12 verwendet. Die Schrauben sorgen für die Lagesicherheit der Verstärkungsbleche. Um den Kraftschluss zum Träger zu gewährleisten, enthält die Montageskizze den Hinweis, dass die Bleche an den Träger angepasst werden müssen.

Lösung Aufgabe 69

Das gezeigte Gebäude ist in den zwanziger Jahren des 20. Jahrhunderts errichtet worden und steht unter Denkmalschutz, weswegen die aufwändige Rekonstruktion untersucht werden soll. Inwieweit ein Auswechseln des Stahltragwerkes erforderlich ist, hängt von einer Bauzustandsanalyse ab.

Für alle folgenden Berechnungen wird vereinfachend angenommen, dass die gesamte gegebene Last von

$$F_{\text{ges,k}} = F_{\text{D,k}} + F_{\text{R,k}} + F_{\text{G,k}} + F_{\text{q,k}} = (13{,}5 + 1{,}2 + 0{,}5 + 23{,}8)\ \text{kN} = 39\ \text{kN}$$

gleichmäßig über die Balkongrundfläche von $A = 4{,}76\ \text{m}^2$ verteilt ist und im Abstand von 0,7 m von der Fassade angreift.

Hieraus folgen die Lagerkräfte in den Rohrstützen zu:

$$F_{A,k} + F_{B,k} = F_{ges,k} \cdot (0{,}7\ \text{m}/1{,}3\ \text{m}) = 39\ \text{kN} \cdot (0{,}7/1{,}3) = 21{,}0\ \text{kN}$$

$$F_{A,k} = F_{B,k} = \tfrac{1}{2} \cdot 21{,}0\ \text{kN} = 10{,}5\ \text{kN}$$

Die gleichmäßig verteilte Last auf dem mit 21,0 kN belasteten 3,4 m langen Längsträger errechnet sich zu:

$$p_k = 21{,}0\ \text{kN}/3{,}4\ \text{m} = 6{,}18\ \text{kN/m}$$

Das Tragwerksmodell für den Längsträger zeigt das folgende Bild:

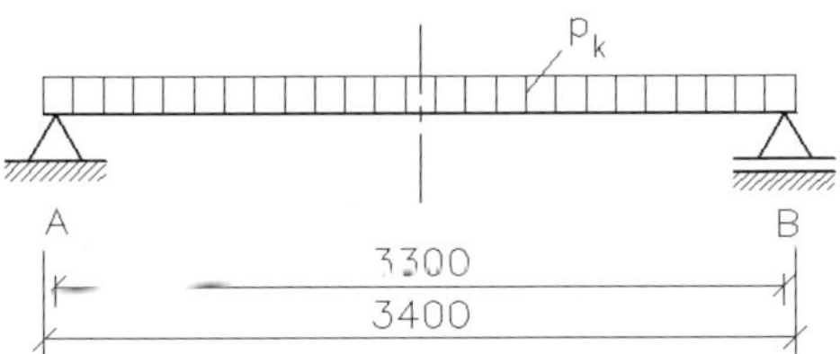

Es ist offensichtlich, dass das größte Biegemoment in der Mitte des Trägers und nicht über den Lagern auftritt.

Die Berechnung von Biegemomenten ist in der Lösung zur Aufgabe 64, Seite 191, angegeben. Danach berechnet es sich zu:

$$\max M_k = M_{Mitte,k} = F_{A,k} \cdot 1{,}65\ \text{m} - p_k\ 1{,}7\ \text{m} \cdot \tfrac{1}{2} \cdot 1{,}7\ \text{m}$$

$$= 10{,}5\ \text{kN} \cdot 1{,}65\ \text{m} - 6{,}18\ \text{kN/m} \cdot \tfrac{1}{2} \cdot 1{,}7^2\ \text{m}^2$$

$$\max M_k = 8{,}4\ \text{kNm}$$

Aus Bautabellen entnimmt man das Widerstandsmoment für das angegebene Trägerprofil zu $W_y = 116\ \text{cm}^3$ und reduziert es wegen Abrostung auf 90 %. Dann ist die vorhandene Biegespannung in der Trägermitte:

$$\text{vorh}\ \sigma_k = \frac{\max M_k}{W_y} = \frac{8{,}4 \cdot 10^6\ \text{Nmm}}{116 \cdot 10^3\ \text{mm}^3 \cdot 0{,}9} = 80{,}5\ \text{N/mm}^2$$

Hinweis: Der Faktor von 0,9 ist vom Bearbeiter nach Erfahrung festgelegt. Die Untersuchung der Gebrauchstauglichkeit, also die Ermittlung der Durchbiegung des Längsträgers, wird in der Lösung zur Aufgabe 70, S. 202, gezeigt.

Lösung Aufgabe 70

Die vorliegende Aufgabe ergänzt die Aufgabe 69. Dort wurden bereits die gleichmäßig verteilte Last p_k sowie die Auflagerkräfte $F_{A,k}$ und $F_{B,k}$ berechnet. Diese Werte werden für die weitere Lösung der Aufgabe angesetzt.

Zu 1.: Charakteristischer Querkraft- und Biegemomentenverlauf

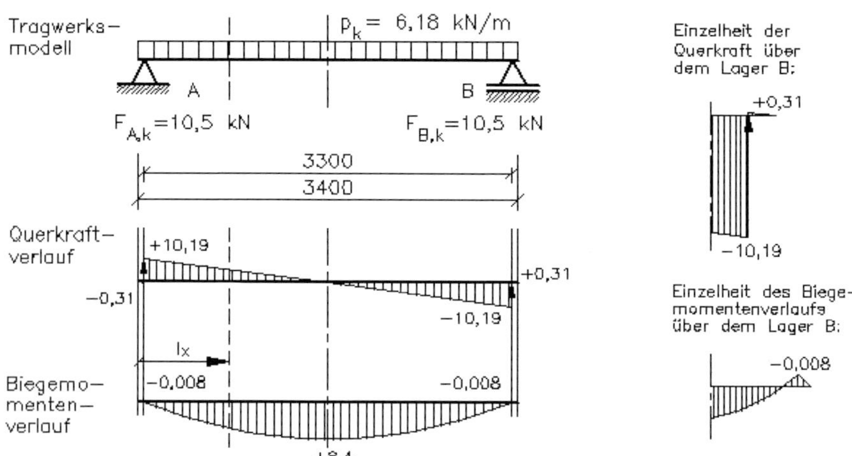

– Querkraftverlauf

An einer beliebigen Stelle l_x beträgt die Querkraft $F_{Q,x}$:

$$F_{Q,x} = \sum F_{V,i}$$

worin $F_{V,i}$ die zur Trägerachse senkrechten Einzel- oder Streckenlasten sind. Die Vorzeichenregel ist identisch mit der der zweiten Gleichgewichtsbedingung $\sum F_V = 0$, wenn man das linke Schnittufer betrachtet (s. a. 1.2.2).

Für die obige Aufgabe ergibt sich die charakteristische Querkraft in einem beliebigen Abstand l_x zu:

$$F_{Q,lx,k} = \sum F_{V,i} = -p_k \cdot l_x \quad \text{für} \quad 0\text{ m} \leq l_x < 0{,}05\text{ m}$$

$$F_{Q,lx,k} = \sum F_{V,i} = -p_k \cdot l_x + F_{A,k} \quad \text{für} \quad 0{,}05\text{ m} < l_x < 3{,}35\text{ m}$$

$$F_{Q,lx,k} = \sum F_{V,i} = -p_k \cdot l_x + F_{A,k} + F_{B,k} \quad \text{für} \quad 3{,}35\text{ m} < l_x \leq 3{,}4\text{ m}$$

Denkt man sich das Lager punktförmig, darf das Zeichen < durch ≤ ersetzt werden.

Wird in die erste obere Gleichung für $l_x = 0{,}05$ m eingesetzt, folgt unmittelbar **links** vom Lager A eine Querkraft von –0,31 kN.

Wird in die zweite Gleichung für $l_x = 0{,}05$ m eingesetzt, ergibt sich unmittelbar **rechts** vom Lager A eine Querkraft von +10,19 kN. Der weitere Verlauf der Querkraft ist dem Bild auf der vorherigen Seite zu entnehmen.

Soll die Stelle l_x ermittelt werden, bei der die Querkraftlinie zwischen den Lagern einen Nulldurchgang hat, setzt man

$$F_{Q,lx,k} = \sum F_{V,i} = -p_k \cdot l_x + F_{A,k} = 0$$

$$= -6{,}18 \text{ kN/m} \cdot l_x + 10{,}5 \text{ kN}$$

und erhält $l_x = 10{,}5$ kN/(6,18 kN/m) = 1,7 m. Wegen der Symmetrie der Längsträgerbelastung ist das genau die Mitte.

Wie aus dem Band 2 dieser Buchreihe hervorgeht, sind Nulldurchgänge der Querkraft Stellen, an denen die Biegemomente Extremwerte haben. Das Gesagte gilt also auch für die Nulldurchgänge in den Lagern A und B.

– Biegemomentenverlauf

In den Aufgaben 64 und 69 wird angegeben, wie Biegemomente berechnet werden. Für einen beliebigen Abstand l_x wird:

$$M = \sum F_i \cdot l_i$$

Hierin ist l_i der Abstand von der Kraftwirkungslinie der biegenden Kraft F_i bis zu der Stelle, für die das Biegemoment berechnet werden soll. Für die vorliegende Aufgabe folgt:

$$M_{A,k} = -p_k \cdot 0{,}05 \text{ m} \cdot \tfrac{1}{2}\, 0{,}05 \text{ m} = -6{,}18 \text{ kN/m} \cdot 0{,}05^2 \text{ m}^2/2 = -0{,}008 \text{ kNm}$$

$$M_{B,k} = M_{A,k}$$

$$M_{lx,k} = -p_k \cdot l_x^2/2 + F_{A,k} \cdot (l_x - 0{,}05 \text{ m})$$

Diese Gleichung ergibt, wie bei allen gleichmäßig verteilten Lasten, einen parabolischen Verlauf des Biegemomentes. In dem Bild der vorherigen Seite ist der Biegemomentenverlauf dargestellt.

Setzt man für l_x den oben berechneten Wert für den Nulldurchgang der Querkraft ($l_x = 1{,}7$ m) ein, erhält man:

$$M_{lx=1,7m} = -6{,}18 \text{ kN/m} \cdot 1{,}7^2 \text{ m}^2/2 + 10{,}5 \text{ kN} \cdot (1{,}7 - 0{,}05) \text{ m} = 8{,}4 \text{ kNm}$$

Der Maximalwert des Biegemomentes wird durch Vergleich aller Extremwerte gefunden. In der vorliegenden Aufgabe ist $M_{lx=1,7m} > M_{A,k}$ und folglich:

$$\max M_k = M_{Mitte,k} = 8{,}4 \text{ kNm}$$

Zu 2.: Gebrauchstauglichkeitsnachweis

Mit dem Nachweis der Gebrauchstauglichkeit soll gesichert werden, dass die Durchbiegung des Längsträgers ein zulässiges Maß von zul $w = l/300$ nicht überschreitet.

Für die Berechnung der vorhandenen Durchbiegung werden die über die Lager A und B hinauskragenden Trägerteile von je 5 cm vernachlässigt. Der berechnete Wert der Durchbiegung in der Trägermitte wird dann etwas größer.

Aus Taschenbüchern erhält man:

$$\max w_k = w_{\text{Mitte}} = \frac{5 \cdot p_k \cdot l^4}{384 \cdot E \cdot I_y} = \frac{5 \cdot 6{,}18\ \text{kN/m} \cdot 3{,}3^4\ \text{m}^4}{384 \cdot 210\,000\ \text{N/mm}^2 \cdot (0{,}86 \cdot 925)\ \text{cm}^4}$$

$$\max w_k = w_{\text{Mitte}} \approx 6\ \text{mm} \quad \text{mit} \quad E = 210000\ \text{N/mm}^2$$

$$I_y = 925\ \text{cm}^4 \quad \text{lt. Bautabellen}$$

$$\text{zul}\ w_k = l/300 = 3300\ \text{mm}/300 = 11\ \text{mm}^{*)}$$

$$\frac{\max w_k}{\text{zul}\ w_k} = 6\ \text{mm}/11\ \text{mm} = 0{,}56 < 1$$

*) Quantitative Festlegungen sind in EC 3 nicht vorhanden, weswegen bezüglich einer zulässigen Verformung eine Anlehnung an den Holzbau erfolgte.

Hinweis: In der Rechnung ist, wie in Aufgabe 69, die Abrostung des Trägers berücksichtigt worden. Wegen der unterschiedlichen Potenzen beim Berechnen der Flächenmomente 2. Grades sinkt der Faktor. Mit 0,9 für das Widerstandsmoment kann für das Flächenmoment 2. Grades mit einem Faktor von etwa 0,86 gerechnet werden.

Lösung Aufgabe 71

Zu 1.: Charakteristische Einwirkungen der Windlast, Schneelast und Eigenlast

(s. Lösungsalgorithmus nach Aufgabe 21)

- **Windlasten**

$$\boxed{w_{e,k} = q_{p,k} \cdot c_{pe}}$$

$w_{e,k}$ charakteristischer Winddruck auf Außenflächen in kN je m^2 Dachfläche (DF)

$q_{p,k}$ charakteristischer Böengeschwindigkeitsdruck in kN/m^2 DF

c_{pe} aerodynamischer Beiwert

Alle Daten sind Normen oder Bautabellen zu entnehmen.

$q_{p,k} = 0{,}65\ \text{kN/m}^2$ Winddruck für Windzone 2 (Binnenland)

Dieser Winddruck wird über die c_{pe}-Werte modifiziert.

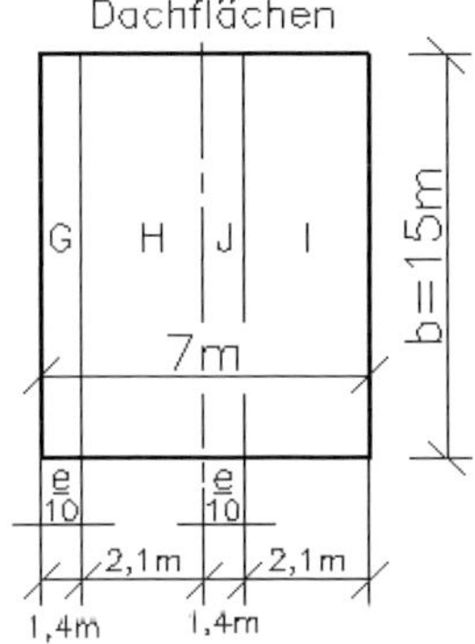

c_{pe} –Beiwerte

Neigungs-winkel/°	Dachflächen G	H	J	I
30	+0,7	+0,4	–0,5	–0,4
45	+0,7	+0,6	–0,3	–0,2
39	+0,70	+0,52	–0,38	–0,28

Die Breite der Dachzonen G, H, J und I ist abhängig von der Größe e:

$e = b$ oder $e = 2\,h$; der kleinere Wert ist maßgebend; Gebäudehöhe $h = 7$ m

$e = 15$ m oder $e = 14$ m $\Rightarrow$ min $e = 14$ m

$w_{e,k} = 0{,}65\ \text{kN/m}^2 \cdot (+0{,}70) = +0{,}46\ \text{kN/m}^2$ für die Dachfläche G

$w_{e,k} = 0{,}65\ \text{kN/m}^2 \cdot (+0{,}52) = +0{,}34\ \text{kN/m}^2$ für die Dachfläche H

$w_{e,k} = 0{,}65\ \text{kN/m}^2 \cdot (-0{,}38) = -0{,}25\ \text{kN/m}^2$ für die Dachfläche J

$w_{e,k} = 0{,}65\ \text{kN/m}^2 \cdot (-0{,}28) = -0{,}18\ \text{kN/m}^2$ für die Dachfläche I

Multipliziert man die Werte mit dem Sparrenabstand $a = 0{,}80$ m, dann erhält man die Winddrücke je Meter Sparrenlänge:

$w'_{e,k} = +0{,}46\ \text{kN/m}^2 \cdot 0{,}8\ \text{m} = +0{,}36\ \text{kN/m}$ für die Dachfläche G

$w'_{e,k} = +0{,}34\ \text{kN/m}^2 \cdot 0{,}8\ \text{m} = +0{,}27\ \text{kN/m}$ für die Dachfläche H

$w'_{e,k} = -0{,}25\ \text{kN/m}^2 \cdot 0{,}8\ \text{m} = -0{,}20\ \text{kN/m}$ für die Dachfläche J

$w'_{e,k} = -0{,}18\ \text{kN/m}^2 \cdot 0{,}8\ \text{m} = -0{,}15\ \text{kN/m}$ für die Dachfläche I

– **Schneelasten**

$$s_k = 0{,}25 + 1{,}91\left(\frac{A + 140}{760}\right)^2 \geq 0{,}85\ \text{kN/m}^2 \text{ Grundfläche (GF)}$$

s_k charakteristische Schneelast in kN/m² GF

A Geländehöhe über dem Meeresniveau in Meter

Alle Daten sind Normen oder Tabellenbüchern zu entnehmen.

Für die in der Aufgabenstellung angegebenen Bedingungen wird:

$$s_k = 0{,}25 + 1{,}91\ [(350+140)/760]^2\ \text{kN/m}^2 = 1{,}05\ \text{kN/m}^2 > 0{,}85\ \text{kN/m}^2$$

folglich:

$$s_k = 1{,}05\ \text{kN/m}^2\ \text{GF}$$

$$\boxed{s = \mu_1 \cdot C_e \cdot C_t \cdot s_k}$$

s charakteristischer Wert der Schneelast auf dem Dach

μ_1 Formbeiwert; $\mu_1 = f(\alpha)$

$$\mu_1 = 0{,}8 \cdot (60^\circ - \alpha)/30^\circ = 0{,}8 \cdot (60^\circ - 39^\circ)/30^\circ = 0{,}56$$

$C_e; C_t$ Koeffizienten ; $C_e = C_t = 1$

Damit:

$$s = \mu_1 \cdot s_k = 0{,}56 \cdot 1{,}05\ \text{kN/m}^2 = 0{,}59\ \text{kN/m}^2\ \text{GF}$$

$$s = \mu_1 \cdot s_k = 0{,}59\ \text{kN/m}^2 \cdot 0{,}80\ \text{m} = 0{,}47\ \text{kN/m} \quad \text{für} \quad a = 0{,}80\ \text{m Sparrenabstand}$$

- **Eigenlasten**

Betondachsteine, einschließlich Lattung und Vermörtelung	$g_D = 0{,}62$ kN/m^2 DF
Wärmedämmung, PE-Folie, Sparschalung, Gipskartonplatte	$g_W = 0{,}25$ kN/m^2 DF
Sparren, 10/20, KVH C 30, mit 0,1 kN/m	$g_{Sp} = 0{,}13$ kN/m^2 DF
	DF: Dachfläche
Sparrenabstand	$a = 0{,}8$ m
Dachneigung	$\alpha = 39^\circ$
Sparrenlänge	$l_S = 4{,}50$ m
Grundlinienlänge	$l = 3{,}50$ m
vertikale Sparrenlänge	$h = 2{,}83$ m

Hieraus ergeben sich:

- **Eigenlasten:**

$$g_{ges} = (g_D + g_W + g_{Sp}) \cdot a$$

$$g_{ges} = (0{,}62 + 0{,}25 + 0{,}13)\ \text{kN/m}^2 \cdot 0{,}8\ \text{m} = 0{,}8\ \text{kN/m Sparrenlänge}$$

$$g' = \frac{g_{ges}}{\cos\alpha} = \frac{0{,}8\ \text{kN/m}}{\cos 39^\circ} = 1{,}03\ \text{kN/m Grundlinienlänge}$$

Zu 2.: Charakteristische Kräfte in den Lagern A, B und G

Das Bild zeigt das Tragwerksmodell. Die Knoten bei A und B sind feste Lager, und die Sparren sind in G gelenkig miteinander verbunden. Im Sinne der Statik ist also das Sparrendach ein Dreigelenktragwerk.

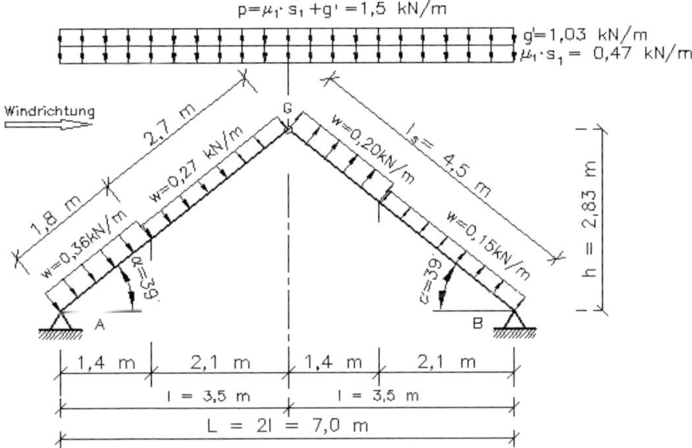

Zur Anwendung der nachstehenden Gleichungen sind die beiden vertikalen Einwirkungen Eigenlast und Schneelast unter p zusammengefasst worden.

$$p = g' + (\mu_1 \cdot s_k) = (1{,}03 + 0{,}47)\ \text{kN/m} = 1{,}5\ \text{kN/m}$$

Ebenso sind die unterschiedlichen Windlasten zur Vereinfachung der Rechnung gemittelt worden:

$$\left|w_d\right| = (0{,}36\ \text{kN/m} \cdot l_1 + 0{,}27\ \text{kN/m} \cdot l_2)/l_s$$

$$= (0{,}36 \cdot 1{,}8 + 0{,}27 \cdot 2{,}7)/4{,}5\ \text{kN/m} = 0{,}31\ \text{kN/m}$$

$$\left|w_s\right| = (0{,}15\ \text{kN/m} \cdot l_1 + 0{,}20\ \text{kN/m} \cdot l_2)/l_s$$

$$= (0{,}15 \cdot 2{,}1 + 0{,}20 \cdot 1{,}8)/4{,}5\ \text{kN/m} = 0{,}18\ \text{kN/m}$$

In der Lösung zu Aufgabe 27, Seite 144, sind die Gleichungen für die Berechnung der Lagerkräfte eines Dreigelenktragwerkes hergeleitet worden (wobei die dort zusätzlich vorhandene Dreieckslast g_1 für die vorliegende Aufgabe null ist). Setzt man alle zu lösenden Kräfte **positiv** an, ergeben sich folgende Gleichungen:

$$F_{Av} = p \cdot l - (w_d + w_s)\,\frac{h^2}{4 \cdot l} + \frac{3}{4}\left(w_d - \frac{1}{3}\,w_s\right) \cdot l \quad \text{Vertikalkraft im Lager A}$$

$$F_{Ah} = \frac{F_{Av} \cdot l - p \cdot \frac{1}{2} l^2 - w_d \cdot \frac{1}{2} l_s^2}{h} \quad \text{Horizontalkraft im Lager A}$$

$F_{Bv} = p \cdot L + l \cdot (w_d - w_s) - F_{Av}$ Vertikalkraft im Lager B

$F_{Bh} = - F_{Ah} - (w_d + w_s) \cdot h$ Horizontalkraft im Lager B

$F_{Gv} = \dfrac{l_s^2}{4 \cdot l} \cdot (w_d + w_s)$ Vertikalkraft im Gelenk G

$F_{Gh} = \dfrac{1}{2 \cdot h} \cdot \left[-p \cdot l^2 + \dfrac{l_s^2}{2} \cdot (w_s - w_d) \right]$ Horizontalkraft im Gelenk G

$$F_{Av} = p \cdot l - (w_d + w_s) \frac{h^2}{4 \cdot l} + \frac{3}{4}\left(w_d - \frac{1}{3} w_s \right) \cdot l$$

$$= \left[1{,}5 \cdot 3{,}5 - (0{,}31 + 0{,}18) \cdot \frac{2{,}83^2}{4 \cdot 3{,}5} + \frac{3}{4}\left(0{,}31 - \frac{1}{3} \cdot 0{,}18 \right) \cdot 3{,}5 \right] \text{kN}$$

$F_{Av} = 5{,}626$ kN Vertikalkraft im Lager A

$$F_{Ah} = \frac{F_{Av} \cdot l - p \cdot \frac{1}{2} l^2 - w_d \cdot \frac{1}{2} l_s^2}{h}$$

$$= \left[\frac{5{,}626 \cdot 3{,}5 - 1{,}5 \cdot \frac{1}{2} 3{,}5^2 - 0{,}31 \cdot \frac{1}{2} 4{,}5^2}{2{,}83} \right] \text{kN}$$

$F_{Ah} = 2{,}602$ kN Horizontalkraft im Lager A

$$F_{Bv} = p \cdot L + l \cdot (w_d - w_s) - F_{Av}$$

$$= [1{,}5 \cdot 7{,}0 + 3{,}5 \cdot (0{,}31 - 0{,}18) - 5{,}626] \text{ kN}$$

$F_{Bv} = 5{,}329$ kN Vertikalkraft im Lager B

$$F_{Bh} = - F_{Ah} - (w_d + w_s) \cdot h$$

$$= [-2{,}602 - (0{,}31 + 0{,}18) \cdot 2{,}83] \text{ kN}$$

$F_{Bh} = -3{,}989$ N Horizontalkraft im Lager B

$$F_{Gv} = \frac{l_s^2}{4 \cdot l} \cdot (w_d + w_s) = \left[\frac{4{,}5^2}{4 \cdot 3{,}5} \cdot (464 + 384) \right] \text{kN}$$

$F_{Gv} = 0{,}709$ kN Vertikalkraft im Gelenk G

$$F_{Gh} = \frac{1}{2 \cdot h} \cdot \left[-p \cdot l^2 + \frac{l_s^2}{2} \cdot (w_s - w_d) \right]$$

$$= \left\{ \frac{1}{2 \cdot 2{,}83} \cdot \left[-1{,}5 \cdot 3{,}5^2 + \frac{4{,}5^2}{2} \cdot (0{,}18 - 0{,}31) \right] \right\} \text{kN}$$

$F_{Gh} = -3{,}479$ N Horizontalkraft im Gelenk G

Im folgenden Bild sind die beiden Sparren A und B getrennt und mit allen Einwirkungen (in ihrer tatsächlichen Wirkungsrichtung) dargestellt, um eine Kontrolle der obigen Ergebnisse durchzuführen. Die gegebenen Einwirkungen sind in ihre horizontalen und vertikalen Anteile zerlegt:

$$F_p = p \cdot l = 1{,}5\ \text{kN/m} \cdot 3{,}5\ \text{m} = 5{,}250\ \text{kN}$$

$F_{wd,h} = w_d \cdot l_s \cdot \sin\alpha = 0{,}31\ \text{kN/m} \cdot 4{,}5\ \text{m} \cdot \sin 39° = 0{,}878\ \text{kN}$ für den Sparren A

$F_{wd,v} = w_d \cdot l_s \cdot \cos\alpha = 0{,}31\ \text{kN/m} \cdot 4{,}5\ \text{m} \cdot \cos 39° = 1{,}084\ \text{kN}$ für den Sparren A

$F_{ws,h} = w_s \cdot l_s \cdot \sin\alpha = 0{,}18\ \text{kN/m} \cdot 4{,}5\ \text{m} \cdot \sin 39° = 0{,}510\ \text{kN}$ für den Sparren B

$F_{ws,v} = w_s \cdot l_s \cdot \cos\alpha = 0{,}18\ \text{kN/m} \cdot 4{,}5\ \text{m} \cdot \cos 39° = 0{,}629\ \text{kN}$ für den Sparren B

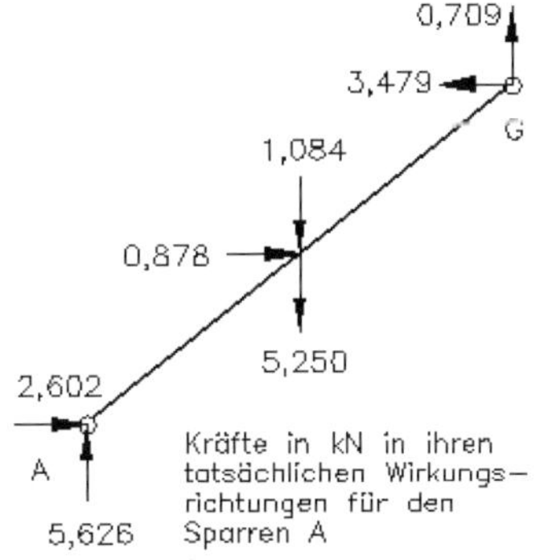

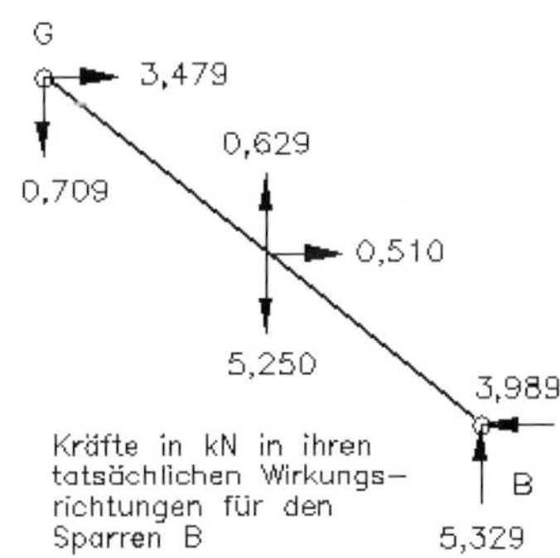

Kontrollrechnung

$\sum F_H = 2{,}602 + 0{,}878 - 3{,}479$ $\qquad$ $\sum F_H = -3{,}989 + 0{,}510 + 3{,}479$

$\sum F_H = 0{,}001 \approx 0$ $\qquad$ $\sum F_H = 0$

$\sum F_V = 5{,}626 - 5{,}250 - 1{,}084 + 0{,}709$ $\qquad$ $\sum F_V = 5{,}329 - 5{,}250 + 0{,}629 - 0{,}709$

$\sum F_V = 0{,}001 \approx 0$ $\qquad$ $\sum F_V = -1 \approx 0$

Die Abweichungen von null sind relativ zur Größenordnung der zu addierenden Einzelkräfte gering. Sie resultieren hauptsächlich aus den Rundungen der Konstruktionsmaße für l, l_s und h. Solche Abweichungen treten auch in der folgenden Berechnung auf, haben aber für die Festigkeitsnachweise eine vernachlässigbare Größe.

Zu 3.: Charakteristische Normalkräfte, Querkräfte und Biegemomente

– Normalkräfte und Querkräfte

Normalkräfte F_N treten als Zug- oder Druckkräfte im Sparren auf. Zugkräfte sind positiv und Druckkräfte negativ gekennzeichnet.

Querkräfte F_Q treten senkrecht zur Stabachse auf und beanspruchen die Sparren auf Abscheren. Die Vorzeichenregel ist identisch mit der der zweiten Gleichgewichtsbedingung $\sum F_V = 0$, wenn man das linke Schnittufer betrachtet (s. a. 1.2.2).

Es empfiehlt sich, die im oberen Bild eingezeichneten vertikalen und horizontalen Lagerkräfte in den Punkten *A*, *B* und *G* jeweils in Längs- und Querrichtung zu zerlegen, um dann die Komponenten zu addieren. Die Vorzeichen ordnet man visuell zu. Die nachfolgenden Bilder zeigen die Ergebnisse:

– Normal- und Querkräfte für den Sparren A:

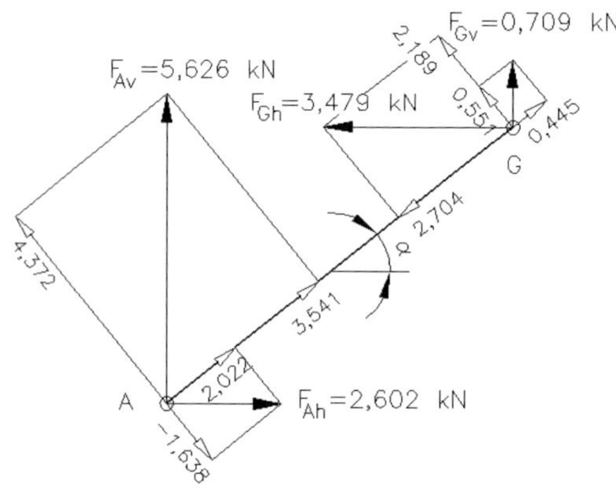

$F_{N,A} = -(F_{Ah} \cdot \cos \alpha + F_{Av} \cdot \sin \alpha)$
$= -(2{,}022 + 3{,}541)$ kN
$F_{N,A} = -5{,}54$ kN (Druck)
$F_{N,G} = -F_{Gh} \cdot \cos \alpha + F_{Gv} \cdot \sin \alpha$
$= (-2{,}704 + 0{,}445)$ kN
$F_{N,G} = -2{,}26$ kN (Druck)
$F_{Q,A} = -F_{Ah} \cdot \sin \alpha + F_{Av} \cdot \cos \alpha$
$= (-1{,}638 + 4{,}372)$ kN
$F_{Q,A} = 2{,}73$ kN
$F_{Q,G} = -(F_{Gh} \cdot \sin \alpha + F_{Gv} \cdot \cos \alpha)$
$= -(2{,}189 + 0{,}551)$ kN
$F_{Q,G} = -2{,}74$ kN (abgerundet)

– Normal- und Querkräfte für den Sparren B:

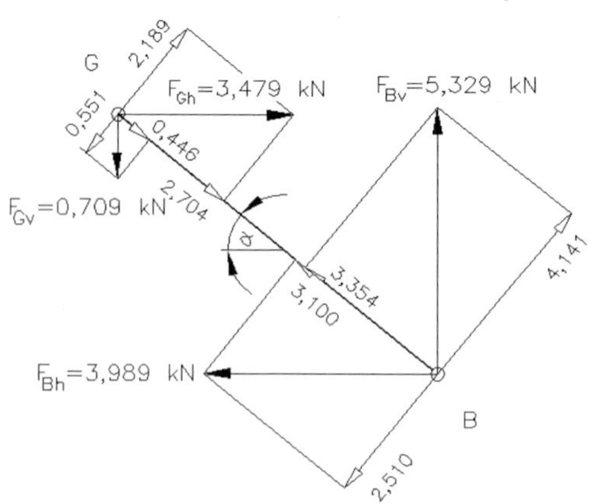

$F_{N,B} = -(F_{Bh} \cdot \cos \alpha + F_{Bv} \cdot \sin \alpha)$
$= -(3{,}100 + 3{,}354)$ kN
$F_{N,B} = -6{,}45$ kN (Druck)
$F_{N,G} = -(F_{Gh} \cdot \cos \alpha + F_{Gv} \cdot \sin \alpha)$
$= -(2{,}704 + 0{,}446)$ kN
$F_{N,G} = -3{,}15$ kN (Druck)
$F_{Q,B} = F_{Bh} \cdot \sin \alpha - F_{Bv} \cdot \cos \alpha$
$= (2{,}510 - 4{,}141)$ kN
$F_{Q,B} = -1{,}63$ kN (aufgerundet)
$F_{Q,G} = F_{Gh} \cdot \sin \alpha - F_{Gv} \cdot \cos \alpha$
$= (2{,}189 - 0{,}551)$ kN
$F_{Q,G} = 1{,}64$ kN

– Biegemomente

Für die Berechnung von geneigten Stäben (hier Sparren) wird häufig für den Träger mit der Länge l_s ein „Ersatzträger" mit der Projektionslänge (Grundlinienlänge) $l = l_s \cdot \cos \alpha$ zu Grunde gelegt. Die vertikalen Einwirkungen sind dann auf diesen Träger umzurechnen. Die Umrechnung erfolgte unter dem ersten Lösungsschritt:

$g' = 1{,}03$ kN/m Grundlinienlänge

$s' = 0{,}47$ kN/m Grundlinienlänge

Bei der Berechnung des Biegemomentes gehen die Windlasten mit der wahren Länge l_s des Sparrens ein. Wegen der Mittelwertbildung für die Windkräfte wird der Nulldurchgang der Querkraft und damit die Stelle des größten Biegemomentes verschoben. Gleichzeitig tritt eine Lastverschiebung auf. Die Abweichungen sind nicht wesentlich. Näherungsweise gilt:

$\max M = \frac{1}{8}\left[(g' + s') \cdot l^2 \pm w_d \cdot l_s^2\right]$ $+$ für Winddruck w_d

$-$ fur Windsog w_s

$\max M_A = \frac{1}{8}\left[(1{,}03 + 0{,}47)\ \text{kN/m} \cdot 3{,}5^2\ \text{m}^2 + 0{,}31\ \text{kN/m} \cdot 4{,}5^2\ \text{m}^2\right] = 3{,}08\ \text{kNm}$

für den Sparren A

$\max M_B = \frac{1}{8}\left[(1{,}03 + 0{,}47)\ \text{kN/m} \cdot 3{,}5^2\ \text{m}^2 - 0{,}18\ \text{kN/m} \cdot 4{,}5^2\ \text{m}^2\right] = 1{,}84\ \text{kNm}$

für den Sparren B

– Normalkraft-, Querkraft- und Biegemomentenverlauf

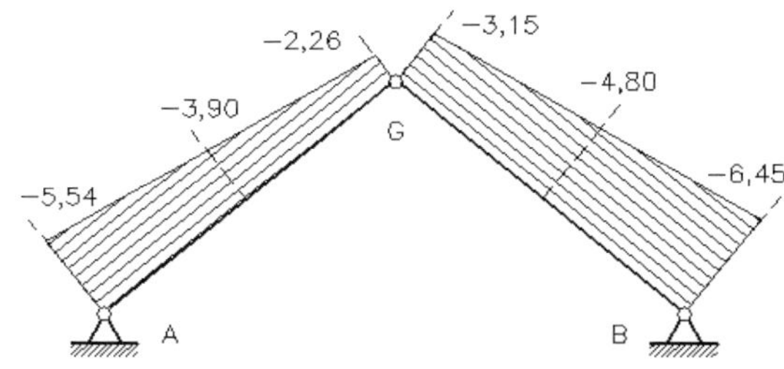

Die im Bild angegebenen Zahlenwerte sind die auf der vorherigen Seite berechneten **Normalkräfte** (Druckkräfte) in kN.

Die Größe der Normalkraft in der Stabmitte ist jeweils der Mittelwert aus den Kräften der Stabenden:

$F_{N,Am} = -3{,}90$ kN

$F_{N,Bm} = -4{,}80$ kN

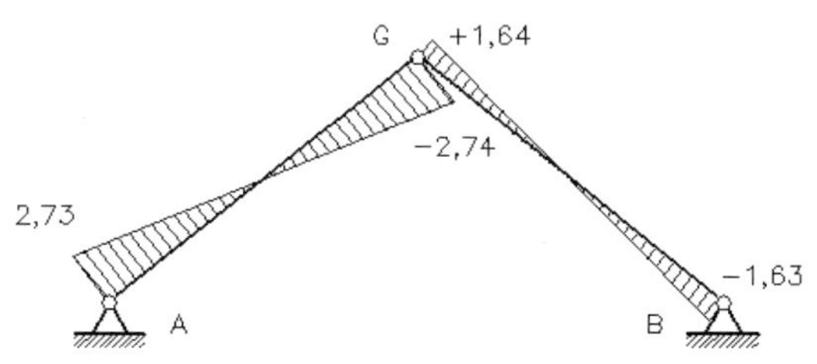

Die im Bild angegebenen Zahlenwerte sind die auf der vorherigen Seite berechneten **Querkräfte** in kN.

Wegen der angenommenen gleichmäßigen Verteilung der Einwirkungen über die Sparrenlänge geht die Querkraft in der Sparrenmitte durch null.

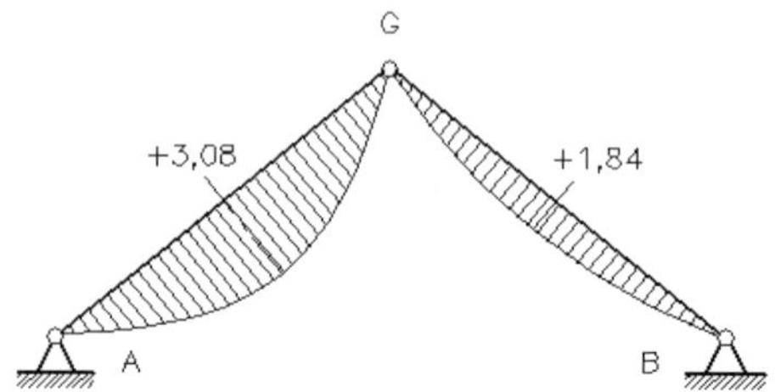

Die im Bild angegebenen Zahlenwerte geben die **Biegemomente** in kNm an.

Der größte Wert des Biegemomentes geht annähernd durch die Trägermitte.

Zu 4.: Tragfähigkeitsnachweis

In der Trägermitte zwischen den beiden Lagern A und B tritt Biegung und Druck auf. Für solche Stäbe ist nachzuweisen, dass die Bedingungen

$$\left(\frac{\frac{N_d}{A_n}}{f_{c,0,d}}\right)^2 + \frac{\frac{M_{y,d}}{W_{y,n}}}{f_{m,y,d}} \leq 1 \quad \text{und} \quad \left(\frac{\frac{N_d}{A_n}}{f_{c,0,d}}\right)^2 + k_{red} \cdot \frac{\frac{M_{y,d}}{W_{y,n}}}{f_{m,y,d}} \leq 1$$

erfüllt werden.

Für die vorliegende Aufgabe ergeben sich:

$N_d = \gamma_G \cdot g_k + 1{,}35 \cdot (s_k + w_k)$, s. DIN 1052 ; $\gamma_G = 1{,}35$

$N_d = N_k \cdot 1{,}35 = 3{,}90 \text{ kN} \cdot 1{,}35 = 5{,}27 \text{ kN}$

$M_{y,d} = M_{y,k} \cdot 1{,}35 = 3{,}08 \text{ kNm} \cdot 1{,}35 = 4{,}16 \text{ kNm}$

Die Bemessungswerte der Tragfähigkeit ergeben sich zu:

$\boxed{f_{m,y,d} = f_{m,y,k} \cdot (k_{mod}/\gamma_M)}$; $\boxed{f_{c,0,d} = f_{c,0,k} \cdot (k_{mod}/\gamma_M)}$

k_{mod} Modifikationsbeiwert

$k_{mod} = 0{,}7$ für NKL = 1 und KLED = lang

γ_M Teilsicherheitsbeiwert für Holz und Holzwerkstoffe, $\gamma_M = 1{,}3$

$(k_{mod}/\gamma_M) = 0{,}7/1{,}3 = 0{,}538$

k_{red} Beiwert; für $h/b = 20/10 = 2 \leq 4$ ist $k_{red} = 0{,}7$

$f_{c,0,k}$ charakteristischer Wert für Druck; $f_{c,0,k} = 23 \text{ N/mm}^2$

$f_{m,y,k}$ charakteristischer Wert für Biegung; $f_{m,y,k} = 30 \text{ N/mm}^2$

damit:

$f_{c,0,d} = 23 \text{ N/mm}^2 \cdot 0{,}538 = 12{,}4 \text{ N/mm}^2$

$f_{m,y,d} = 30 \text{ N/mm}^2 \cdot 0{,}538 = 16{,}2 \text{ N/mm}^2$

$$\left(\frac{\frac{5{,}27\text{ kN}}{200\text{ cm}^2}}{12{,}4\text{ N/mm}^2}\right)^2 + \frac{\frac{4{,}16\text{ kNm}}{667\text{ cm}^3}}{16{,}2\text{ N/mm}^2} \leq 1 \quad \text{und} \quad \left(\frac{\frac{5{,}27\text{ kN}}{200\text{ cm}^2}}{12{,}4\text{ N/mm}^2}\right)^2 + 0{,}7 \cdot \frac{\frac{4{,}16\text{ kNm}}{667\text{ cm}^3}}{16{,}2\text{ N/mm}^2} \leq 1$$

$0{,}00 + 0{,}39 = 0{,}39 < 1$ $\qquad$ $0{,}00 + 0{,}7 \cdot 0{,}39 = 0{,}27 < 1$

Zu 5.: Gebrauchstauglichkeitsnachweis

Die Durchbiegungen dürfen mit charakteristischen Einwirkungen berechnet werden. Für einen Einfeldträger ist die Gebrauchsfähigkeit erfüllt, wenn:

$\boxed{w_{\text{EFT,G}} = k_{\text{w}} \cdot g_{\text{k}}}$ für ständige Einwirkungen

$\boxed{w_{\text{EFT,Q}} = k_{\text{w}} \cdot q_{\text{k}}}$ für veränderliche Einwirkungen

$w_{\text{EFT(G+Q)}} \leq \frac{l}{300}$ für Schadensvermeidung

$\leq \frac{l}{200}$ für Sicherstellung des optisches Erscheinungsbildes

erfüllt sind.

k_{w} Beiwert; z. B. für einen Einfeldträger:

$$k_{\text{w}} = \frac{5}{384} \cdot \frac{l^4}{E_{0,\text{mean}} \cdot I}$$

l Trägerlänge

I Flächenmoment 2. Ordnung

$E_{0,\text{mean}}$ Elastizitätsmodul

Im Folgenden soll vereinfachend die größte Durchbiegung $w_{\text{EFT(G+Q)}}$ ermittelt werden, indem die obige Gleichung umgeformt wird. Ersetzt man das Biegemoment durch $(q_{\text{k}} + g_{\text{k}}) \cdot l_{\text{s}}^2/8$, das Flächenträgheitsmoment I_{y} durch $W_{\text{y}} \cdot h/2$ und die Biegespannung σ durch $M_{\text{k}}/W_{\text{y}}$, dann ergibt sich die Gleichung

$$\boxed{w_{\text{EFT(G+Q)}} = \frac{5}{24} \cdot \frac{\sigma_{\text{k}} \cdot l_{\text{s}}^2}{E_{0,\text{mean}} \cdot h}}$$

mit $\sigma_{\text{k}} = \max M_{\text{k}}/W_{\text{y}} = 3{,}08\text{ kNm}/667\text{ cm}^3 = 4{,}62\text{ N/mm}^2$

$h = 200$ mm Querschnittshöhe des Sparrens

$E_{0,\text{mean}} = 11000\text{ N/mm}^2$

ergibt sich:

$$w_{\mathrm{EFT(G+Q)}} = \frac{5}{24} \cdot \frac{\sigma_{\mathrm{k}} \cdot l_{\mathrm{s}}^2}{E_{0,\mathrm{mean}} \cdot h} = \frac{5}{24} \cdot \frac{4{,}62\ \mathrm{N/mm^2} \cdot 4{,}5^2\ \mathrm{m^2}}{11000\ \mathrm{N/mm^2} \cdot 200\ \mathrm{mm}} = 8{,}9\ \mathrm{mm}$$

Nachweis: 8,9 mm < 4500 mm/300 = 15 mm

8,9 mm < 4500 mm/200 = 22,5 mm

Lösung Aufgabe 72

Zu 1.: Charakteristische Einwirkungen der Wind-, Schnee- und Eigenlasten

– Windlasten

Für Bremen ergeben sich Windzone 3 (Binnenland), Geländekategorie II, innerstädtische Bebauung sowie gem. Aufgabenstellung $h \leq 10$ m. Nach dem Lösungsalgorithmus, der in Aufgabe 21 angegeben ist, folgt:

$$\boxed{w_{\mathrm{e,k}} = q_{\mathrm{p,k}} \cdot c_{\mathrm{pe}}}$$

$w_{\mathrm{e,k}}$ charakteristischer Winddruck auf Außenflächen in kN je $\mathrm{m^2}$ Dachfläche (DF)

$q_{\mathrm{p,k}}$ charakteristischer Böengeschwindigkeitsdruck in $\mathrm{kN/m^2}$ DF

c_{pe} aerodynamischer Beiwert

Alle Daten sind Normen oder Tabellenbüchern zu entnehmen.

$\boxed{q_{\mathrm{p,k}} = 0{,}80\ \mathrm{kN/m^2}}$ Winddruck für Windzone 3 (Binnenland)

Dieser Winddruck wird über die c_{pe}-Werte modifiziert.

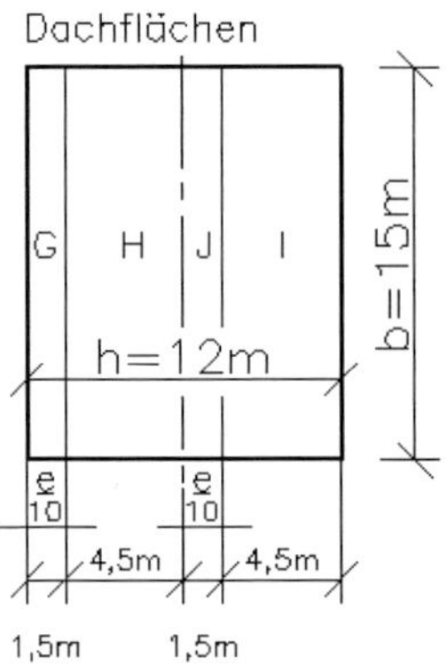

c_{pe} –Beiwerte

Neigungs-winkel/°	Dachflächen G	H	J	G
30	+0,7	+0,4	−0,5	−0,4
45	+0,7	+0,6	−0,3	−0,2
42	+0,70	+0,56	−0,34	−0,24

Die Breite der Dachzonen G, H, J und I ist abhängig von der Größe e:

$e = b$ oder $e = 2\,h$; der kleinere Wert ist maßgebend;
Gebäudehöhe $h = 12$ m

$e = 15$ m oder $e = 24$ m $\Rightarrow$ min $e = 15$ m

$w_{e,k} = 0{,}80\ \text{kN/m}^2 \cdot (+0{,}70) = +0{,}56\ \text{kN/m}^2$ für die Dachfläche G

$w_{e,k} = 0{,}80\ \text{kN/m}^2 \cdot (+0{,}56) = +0{,}45\ \text{kN/m}^2$ für die Dachfläche H

$w_{e,k} = 0{,}80\ \text{kN/m}^2 \cdot (-0{,}34) = -0{,}27\ \text{kN/m}^2$ für die Dachfläche J

$w_{e,k} = 0{,}80\ \text{kN/m}^2 \cdot (-0{,}24) = -0{,}19\ \text{kN/m}^2$ für die Dachfläche I

Multipliziert man die Werte mit dem Sparrenabstand $a = 0{,}75$ m, dann erhält man die Winddrücke je Meter Sparrenlänge:

$w'_{e,k} = 0{,}75\ \text{m} \cdot (+0{,}56) = +0{,}42\ \text{kN/m}$ für die Dachfläche G

$w'_{e,k} = 0{,}75\ \text{m} \cdot (+0{,}45) = +0{,}34\ \text{kN/m}$ für die Dachfläche H

$w'_{e,k} = 0{,}75\ \text{m} \cdot (-0{,}27) = -0{,}20\ \text{kN/m}$ für die Dachfläche J

$w'_{e,k} = 0{,}75\ \text{m} \cdot (-0{,}19) = -0{,}14\ \text{kN/m}$ für die Dachfläche I

– **Schneelasten**

$$s_k = 0{,}25 + 1{,}91 \left(\frac{A + 140}{760}\right)^2 \geq 0{,}85\ \text{kN/m}^2 \text{ Grundfläche (GF)}$$

s_k charakteristische Schneelast in kN/m² GF

A Geländehöhe über dem Meeresniveau in Meter

Alle Daten sind Normen oder Tabellenbüchern zu entnehmen.

Für die in der Aufgabenstellung angegebenen Bedingungen wird:

$$s_k = 0{,}25 + 1{,}91\ [(30 + 140)/760]^2\ \text{kN/m}^2 = 0{,}35\ \text{kN/m}^2 \leq 0{,}85\ \text{kN/m}^2$$

folglich:

$s_k = 0{,}85\ \text{kN/m}^2$ GF

$$s = \mu_1 \cdot C_e \cdot C_t \cdot s_k$$

s charakteristischer Wert der Schneelast auf dem Dach

μ_1 Formbeiwert ; $\mu_1 = f(\alpha)$

$\mu_1 = 0{,}8 \cdot (60° - \alpha)/30° = 0{,}8 \cdot (60° - 42°)/30° = 0{,}48$

C_e; C_t Koeffizienten; $C_e = C_t = 1$

Damit:

$s = \mu_1 \cdot s_k = 0{,}48 \cdot 0{,}85\ \text{kN/m}^2 = 0{,}41\ \text{kN/m}^2$ GF

$s = \mu_1 \cdot s_k = 0{,}41\ \text{kN/m}^2 \cdot 0{,}75\ \text{m} = 0{,}31\ \text{kN/m}$ für $a = 0{,}75$ m Sparrenabstand

– Eigenlasten

In der Aufgabenstellung ist ein bereits ermittelter charakteristischer Wert für den kompletten Dachaufbau angegeben worden. Hieraus:

$$g_{\text{ges}} = 1{,}69 \text{ kN/m}^2 \quad \text{Dachfläche}$$

$$g'_{\text{ges}} = g_{\text{ges}} \cdot a = 1{,}69 \text{ kN/m}^2 \cdot 0{,}75 \text{ m} = 1{,}27 \text{ kN/m} \quad \text{Sparrenlänge}$$

$$g' = \frac{g'_{\text{ges}}}{\cos\alpha} = \frac{1{,}27 \text{ kN/m}}{\cos 42°} = 1{,}71 \text{ kN/m} \quad \text{Grundlinienlänge}$$

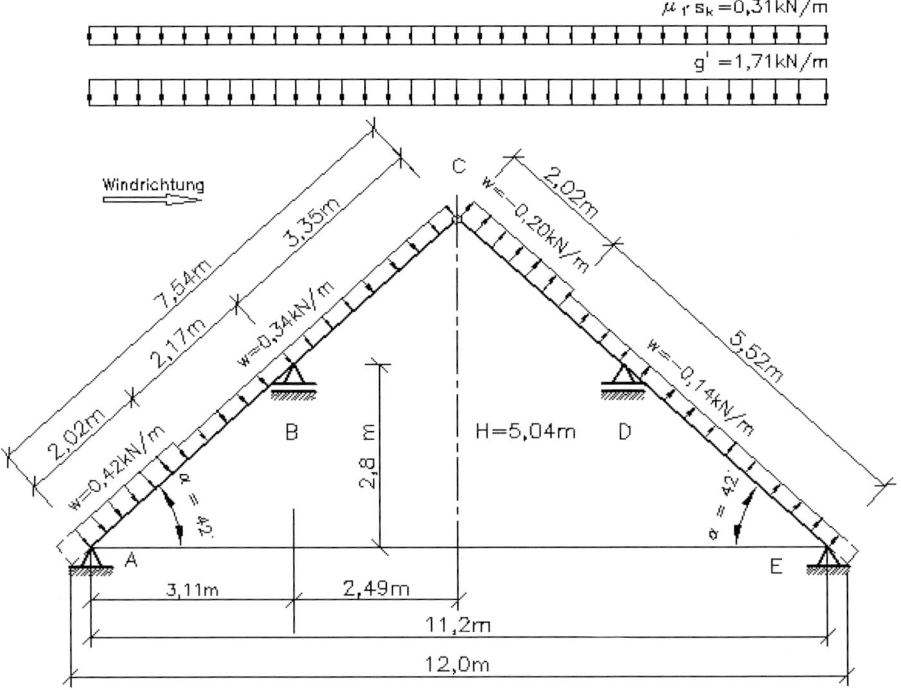

Zu 2.: Charakteristische Kräfte in den Auflagern A und B

Für die Wahl eines Tragwerksmodells kann der gesamte Sparren als Träger auf drei Stützen mit Kragträger strukturiert werden. Dieses System liefert weitgehend genaue Ergebnisse.

Eine fehlerbehaftete, aber leicht zu handhabende Annahme ist die Zerlegung des Trägers. Dabei wird vereinfachend davon ausgegangen, dass durch die Ausklinkung bei B die Durchlaufwirkung des Sparrens aufgehoben wird und der längere (untere)

Teil des Sparrens als geneigter Träger auf zwei Stützen mit einem festen Lager bei A und einem losen bei B betrachtet wird. Ebenso wird dabei der auskragende Teil des Sparrens an der Traufkante vorerst vernachlässigt.

Dieses Tragwerksmodell wird der Rechnung zu Grunde gelegt. Im fünften Lösungsschritt erfolgt eine Einschätzung des Fehlers infolge der Vernachlässigung des Kragträgers.

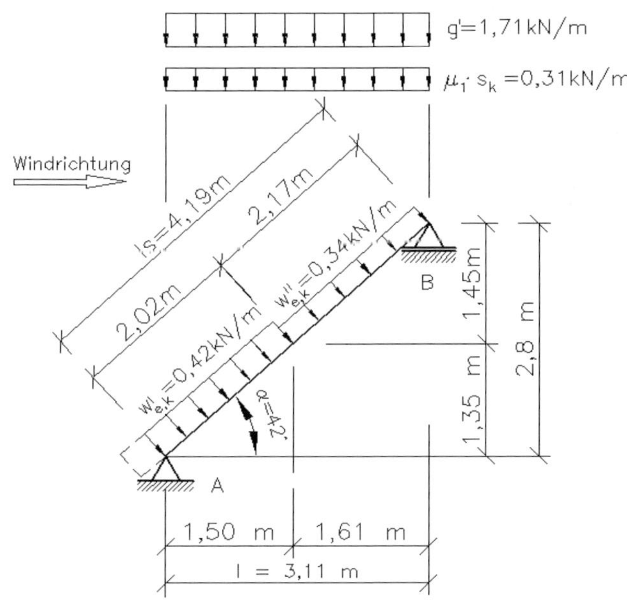

$$\sum F_H = 0 = F_{Ah} + w'_{e,k} \cdot 1{,}35\ \text{m} + w''_{e,k} \cdot 1{,}45\ \text{m}$$

hieraus: $F_{Ah} = -1{,}06$ kN

Wegen des lose angenommenen Lagers B ist:

$$F_{Bh} = 0$$

$$\sum M_A = 0 = -(g' + \mu_1 \cdot s_k) \cdot \frac{l^2}{2} - w'_{e,k} \cdot \frac{2{,}02^2\ \text{m}^2}{2} - w''_{e,k} \cdot 2{,}17\ \text{m}$$

$$\cdot \left(2{,}02 + \frac{2{,}17}{2}\right)\ \text{m} + F_{Bv} \cdot l$$

hieraus: $F_{Bv} = \dfrac{12{,}92\ \text{kN}}{3{,}11\ \text{m}} = 4{,}15$ kN

$$\sum M_B = 0 = +(g' + \mu_1 \cdot s_k) \cdot \frac{l^2}{2} + w'_{e,k} \cdot \frac{2{,}17^2\ \mathrm{m}^2}{2} + w''_{e,k} \cdot 2{,}02\ \mathrm{m}$$

$$\cdot \left(2{,}17 + \frac{2{,}02}{2}\right) \mathrm{m} + F_{Ah} \cdot 2{,}8\ \mathrm{m} - F_{Av} \cdot l$$

hieraus: $F_{Av} = \dfrac{10{,}30\ \mathrm{kNm}}{3{,}11\,\mathrm{m}} = 3{,}31\ \mathrm{kN}$

Kontrollrechnung:

$$\sum F_V = 0 = F_{Av} + F_{Bv} - (g' + \mu_1 \cdot s_k) \cdot 3{,}11\ \mathrm{m}$$

$$- w''_{e,k} \cdot 2{,}02\ \mathrm{m} \cdot \cos 42° - w''_{e,k} \cdot 2{,}17\ \mathrm{m} \cdot \cos 42°$$

$$\sum F_V = (-7{,}46\ \mathrm{kN} + 7{,}46\ \mathrm{kN}) = 0$$

$$\sum F_h = 0 = (w'_{e,k} \cdot 2{,}02\ \mathrm{m} + w''_{e,k} \cdot 2{,}17\ \mathrm{m}) \cdot \sin 42° + F_{Ah}$$

$$\sum F_h = (1{,}06\ \mathrm{kN} - 1{,}06\ \mathrm{kN}) = 0$$

Zu 3.: Charakteristische Normalkräfte, Querkräfte, und Biegemomente

In der Lösung zu Aufgabe 71 sind Hinweise gegeben, wie Normal- und Querkräfte ermittelt werden. Danach sind die Lagerkräfte in A und B in Längs- und Querrichtung zu zerlegen, um dann die Komponenten zu addieren:

- **Normalkräfte und Querkräfte**

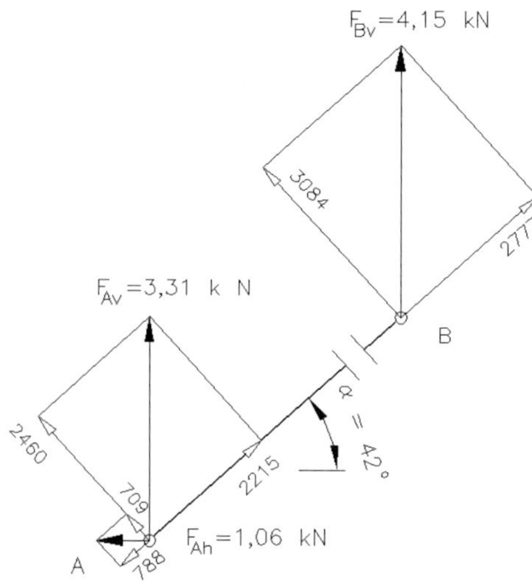

$$F_{N,A} = F_{Ah} \cdot \cos \alpha - F_{Av} \cdot \sin \alpha$$

$$= (0{,}778 - 2{,}215)\ \mathrm{kN}$$

$F_{N,A} = -1{,}437\ \mathrm{kN}$ (Druck)

$$F_{N,B} = F_{Bv} \cdot \sin \alpha$$

$F_{N,B} = 2{,}777\ \mathrm{kN}$ (Zug)

$$F_{Q,A} = F_{Ah} \cdot \sin \alpha + F_{Av} \cdot \cos \alpha$$

$$= (0{,}709 + 2{,}460)\ \mathrm{kN}$$

$$F_{Q,A} = 3{,}169\ \mathrm{kN}$$

$$F_{Q,B} = -F_{Bv} \cdot \cos \alpha$$

$$F_{Q,B} = -3{,}084\ \mathrm{kN}$$

– **Biegemomente**

Es wird, wie es in Aufgabe 71 schon gezeigt wurde, wiederum ein „Ersatzträger“ mit der Projektionslänge (Grundlinienlänge) $l = l_s \cdot \cos\alpha$ zu Grunde gelegt, der mit den vertikalen Einwirkungen g' und $\mu_1 \cdot s_k$ belastet wird. Dieses Biegemoment überlagert sich mit dem des Winddruckes $w'_{e,k}$, bzw. $w''_{e,k}$ der auf die Länge l_s bezogen ist.

Das größte Biegemoment tritt annähernd in Trägermitte auf und berechnet sich zu:

$$\max M = \tfrac{1}{8}\,[(g' + \mu_1 \cdot s_k) \cdot l^2 + w''_{e,k} \cdot l_s^{\,2}] + \Delta M$$

mit $\Delta M = [(w'_{e,k} - w''_{e,k}) \cdot 2{,}02^2\ \text{m} \cdot 0{,}5/l_S] \cdot 2{,}17\ \text{m}$

$$\max M = \tfrac{1}{8}\,[(1{,}71 + 0{,}31)\ \text{kN/m} \cdot 3{,}11^2\ \text{m}^2 + 0{,}34\ \text{kN/m} \cdot 4{,}19^2\ \text{m}^2]$$

$$+ [(0{,}42 - 0{,}34)\ \text{kN/m} \cdot 2{,}02^2\ \text{m}^2 \cdot 0{,}5/4{,}19\ \text{m}] \cdot 2{,}17\ \text{m}$$

$$\max M = (3{,}19 + 0{,}085)\ \text{kNm} = 3{,}268\ \text{kNm}$$

– **Normalkraft-, Querkraft- und Biegemomentenverlauf**

Hinweis: In den folgenden Bildern ist das Lager B um 180° gedreht worden, um den Bildinhalt vollständig zu zeigen. Davon bleibt die Funktion eines losen Lagers, nur in Richtung einer Kraftwirkungslinie (hier senkrechte) Kräfte aufzunehmen, unberührt.

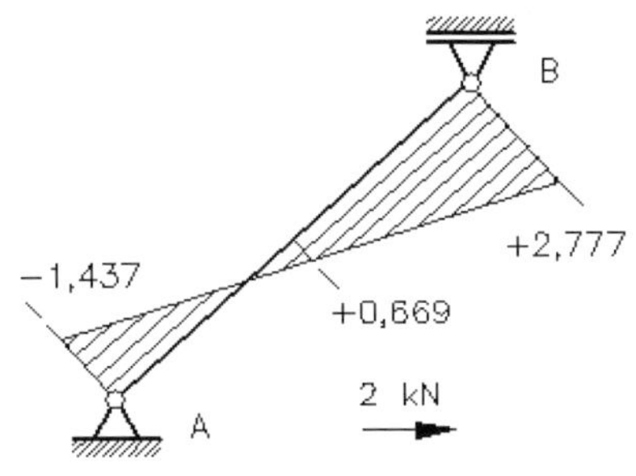

Die im Bild angegebenen Zahlenwerte sind die auf der vorherigen Seite berechneten **Normalkräfte** in kN.

Oberhalb des Lagers A treten Druck- und unterhalb des Lagers B Zugkräfte auf. Weil im vierten Lösungsschritt der Tragsicherheitsnachweis für die Stabmitte erbracht wird, ist im linken Bild die dort herrschende Normalkraft angegeben. Sie berechnet sich aus den elementaren Dreiecksverhältnissen zu:

$$F_{N,m} = +0{,}669\ \text{kN} \quad \text{(Zugkraft)}$$

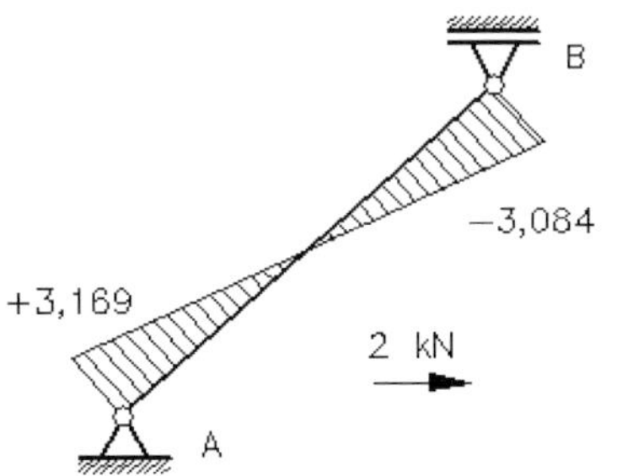

Die im Bild angegebenen Zahlenwerte sind die auf der vorherigen Seite berechneten **Querkräfte** in kN.

Infolge der ungleichmäßig verteilten Einwirkungen über die Sparrenlänge von A nach B geht die Querkraft 0,025 m außerhalb der Sparrenmitte durch null.

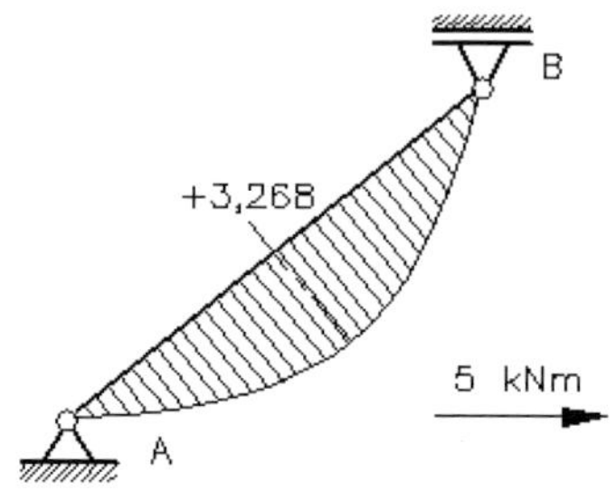

Der im Bild angegebene Zahlenwert gibt das annähernd größte **Biegemoment** in kNm an.

Weil sich für den Sparren im Abschnitt von A bis B der Nulldurchgang der Querkraft etwa in der Mitte befindet, ist dort ein Extremwert des Biegemomentes, der hier ein Maximalwert ist.

Für diese Stelle ist bereits die Längskraft zu $F_{N,m} = +0{,}669$ kN als Zugkraft ermittelt worden.

Zu 4.: Tragfähigkeits- und Gebrauchstauglichkeitsnachweis

– Tragfähigkeitsnachweis

In der Trägermitte zwischen den beiden Lagern A und B tritt Biegung und Zug auf. Für solche Stäbe ist nachzuweisen, dass die Bedingungen

$$\left(\frac{\frac{N_d}{A_n}}{f_{t,0,d}}\right) + \frac{\frac{M_{y,d}}{W_{y,n}}}{f_{m,y,d}} \leq 1 \quad \text{und} \quad \left(\frac{\frac{N_d}{A_n}}{f_{t,0,d}}\right) + k_{red} \cdot \frac{\frac{M_{y,d}}{W_{y,n}}}{f_{m,y,d}} \leq 1$$

erfüllt werden.

Für die vorliegende Aufgabe ergeben sich:

$$N_d = \gamma_G \cdot g_k + 1{,}35 \cdot (s_k + w_k) \quad \text{s. DIN 1052}; \quad \gamma_G = 1{,}35$$

$$N_d = N_k \cdot 1{,}35 = 0{,}669\ \text{kN} \cdot 1{,}35 = 0{,}903\ \text{kN}$$

$$M_{y,d} = M_{y,k} \cdot 1{,}35 = 3{,}28\ \text{kNm} \cdot 1{,}35 = 4{,}43\ \text{kNm}$$

Die Bemessungswerte der Tragfähigkeit berechnen sich zu:

$$\boxed{f_{t,0,d} = f_{t,0,k} \cdot (k_{mod}/\gamma_M)}; \quad \boxed{f_{m,y,d} = f_{m,y,k} \cdot (k_{mod}/\gamma_M)}$$

k_{mod} Modifikationsbeiwert

$k_{mod} = 0{,}6$ für NKL = 1 und KLED = ständig

γ_M Teilsicherheitsbeiwert für Holz und Holzwerkstoffe,

$\gamma_M = 1{,}3$; $(k_{mod}/\gamma_M) = 0{,}6/1{,}3 = 0{,}462$

k_{red} Beiwert; für $h/\text{b} = 20/10 = 2 \leq 4$ ist $k_{red} = 0{,}7$

$f_{t,0,k}$ charakteristischer Wert für Zug; $f_{t,0,k} = 18\ \text{N/mm}^2$

$f_{m,y,k}$ charakteristischer Wert für Biegung; $f_{m,y,k} = 30\ \text{N/mm}^2$

damit:

$$f_{t,0,d} = 18\ \text{N/mm}^2 \cdot 0{,}462 = 8{,}31\ \text{N/mm}^2$$

$$f_{m,y,d} = 30\ \text{N/mm}^2 \cdot 0{,}462 = 13{,}85\ \text{N/mm}^2$$

$$\frac{\left(\dfrac{\dfrac{0{,}903\text{ kN}}{200\text{ cm}^2}}{8{,}31\text{ N/mm}^2}\right)}{} + \frac{\dfrac{4{,}43\text{ kNm}}{667\text{ cm}^3}}{13{,}85\text{ N/mm}^2} \le 1 \quad \text{und} \quad \left(\frac{\dfrac{0{,}903\text{ kN}}{200\text{ cm}^2}}{8{,}31\text{ N/mm}^2}\right) + 0{,}7 \cdot \frac{\dfrac{4{,}43\text{ kNm}}{667\text{ cm}^3}}{13{,}85\text{ N/mm}^2} \le 1$$

$0{,}01 + 0{,}48 = 0{,}49 < 1$ $\qquad$ $0{,}01 + 0{,}7 \cdot 0{,}48 = 0{,}34 < 1$

– **Gebrauchstauglichkeitsnachweis**

Die Durchbiegungen dürfen mit charakteristischen Einwirkungen berechnet werden. Für einen Einfeldträger ist die Gebrauchsfähigkeit erfüllt, wenn:

$\boxed{w_{\text{EFT,G}} = k_w \cdot g_k}$ für ständige Einwirkungen

$\boxed{w_{\text{EFT,Q}} = k_w \cdot q_k}$ für veränderliche Einwirkungen

$w_{\text{EFT(G+Q)}} \le \dfrac{l}{300}$ für Schadensvermeidung

$\le \dfrac{l}{200}$ für Sicherstellung des optisches Erscheinungsbildes

erfüllt sind.

k_w Beiwert; z. B. für einen Einfeldträger:

$$k_w = \frac{5}{384} \cdot \frac{l^4}{E_{0,\text{mean}} \cdot I}$$

l Trägerlänge

I Flächenmoment 2. Ordnung

$E_{0,\text{mean}}$ Elastizitätsmodul

Im Folgenden soll vereinfachend die größte Durchbiegung $w_{\text{EFT(G+Q)}}$ ermittelt werden, indem die obige Gleichung umgeformt wird. Ersetzt man das Biegemoment durch $(q_k + g_k) \cdot l_s^2/8$, das Flächenträgheitsmoment I_y durch $W_y \cdot h/2$ und die Biegespannung σ durch M_k und W_y, dann ergibt sich die Gleichung

$$\boxed{w_{\text{EFT(G+Q)}} = \frac{5}{24} \cdot \frac{\sigma_k \cdot l_s^2}{E_{0,\text{mean}} \cdot h}}$$

mit $\sigma_k = \max M_k/W_y = 3{,}28\text{ kNm}/667\text{ cm}^3 = 4{,}92\text{ N/mm}^2$

$h = 200$ mm Querschnittshöhe des Sparrens

$E_{0,\text{mean}} = 11000\text{ N/mm}^2$

ergibt sich:

$$w_{\text{EFT(G+Q)}} = \frac{5}{24} \cdot \frac{4{,}92\text{ N/mm}^2 \cdot 4{,}19^2\text{ m}^2}{11000\text{ N/mm}^2 \cdot 200\text{ mm}} = 8{,}2\text{ mm}$$

Nachweis: 8,2 mm < 4190 mm/300 = 14 mm

8,2 mm < 4190 mm/200 = 21 mm

Zu 5.: Fehlereinschätzung

Bei der Festlegung des statischen Systems wurde das auskragende Sparrenteil an der Traufkante vernachlässigt. Aus diesem Grund und durch andere Vereinfachungen sind die geführten Nachweise fehlerbehaftet.

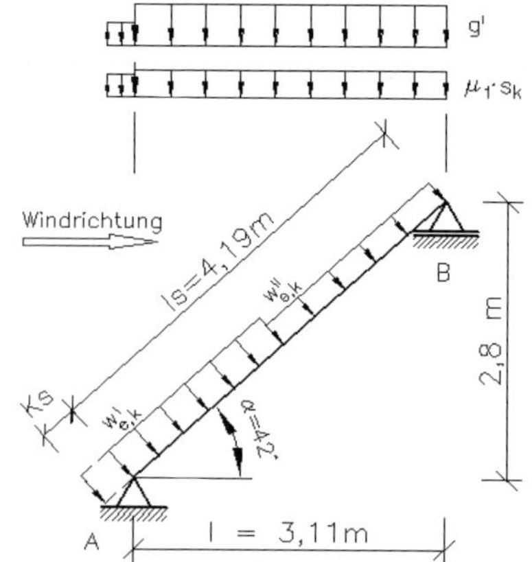

In dem maßstäblichen Bild ist der Sparren über das Lager A hinaus um $K_S = 0{,}54$ m verlängert. Dieser auskragende Teil wird in der Regel mit gleicher oder veränderter Wind-, Schnee- und Gewichtskraft belastet, so dass die Größenordnung erhalten bleibt.

Während sich die vertikale Lagerkraft in A erhöht, vermindert sie sich in B um etwa 0,05 kN.

Das Biegemoment $M_{b,A}$ ist ca. 0,20 kNm. Es erzeugt in dem durch die Ausklinkung bei A geschwächten Sparrenquerschnitt eine Biegespannung von näherungsweise 0,45 N/mm^2, die bei einer erweiterten Berechnung nachzuweisen wäre.

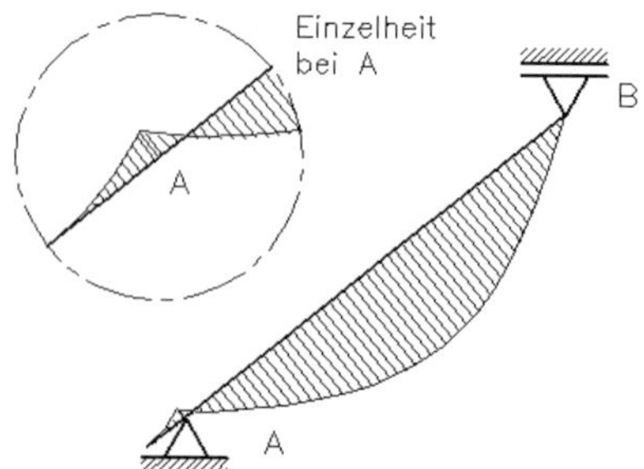

Diese unmaßstäbliche linke Skizze zeigt den **Biegemomentenverlauf** und lässt erkennen, dass das Biegemoment im Feld bei dem gewählten kleinen Sparrenüberstand K_S keine großen Änderungen in seiner Lage erfährt.

Sein Extremwert verschiebt sich zum Lager B und sinkt geringfügig um ≈ 2 % des in den Nachweisen verwendeten Wertes. Sinngemäß gilt das auch für die kleiner werdende größte Durchbiegung.

Zu beachten ist, dass im vorliegenden Nachweis lediglich der Sparren von A nach B untersucht wurde. Bei rechnergestützten Lösungen (s. Kap. 8) kann der Sparrenabschnitt mit der größten Belastung selektiert werden. Das könnte z. B. der Sparren zwischen B und C sein.

Lösung Aufgabe 73

Die gesamte Treppe kann als starres Gebilde betrachtet werden, auf dem $5 \times 7 = 35$ Einzelkräfte F mit je $F_k = 0{,}5$ kN wirken. Die Lastannahmen entsprechen nicht EC 5. Danach wird eine Nutzlast von $q_k = 3$ kN/m² Grundrissfläche angesetzt. Mit dieser Belastung soll der unten durchgeführte Spannungsnachweis mit 5 Einzelkräften für eine Trittstufe verglichen werden.

Zu 1.: Schraubenkräfte F_{Wv} und F_j

Die Justierschrauben (J) nehmen nur vertikale Kräfte auf und sind folglich lose Lager. Während die unteren Wandbefestigungsschrauben mit üblichem Lochspiel feste Lager sind (W), können die oberen wegen der verwendeten Langlöcher nur waagerechte Kräfte aufnehmen, die aber in der Konstruktion nicht auftreten. Die oberen Schrauben haben deshalb keine statische Funktion, sondern dienen der Lagefixierung der Treppe.

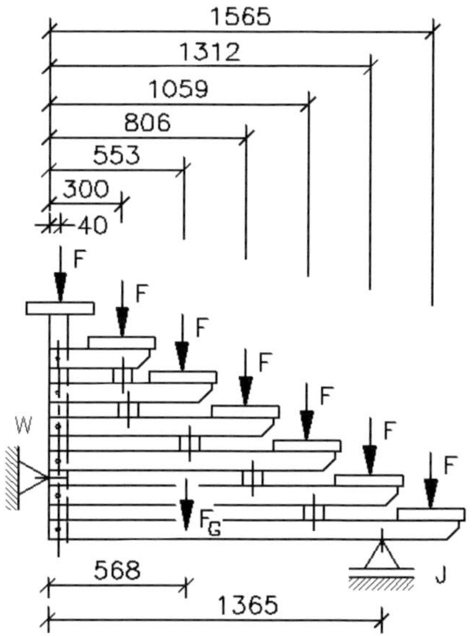

Mit diesen Annahmen ergibt sich das bildlich ausgeformte statische System nach der nebenstehenden Skizze.

Das eingezeichnete Eigengewicht der Treppe lässt sich aus dem Holzverbrauch ermitteln: Mit 0,31 m³ für die Trittstufen, 0,07 m³ für das Tragwerk, 5 kN/m³ (einschließlich Befestigungsmittel) für das spezifische Gewicht des ungeschützten Holzes und einem Zuschlag von 10 % für erweiterte Befestigungsmittel, ermittelt sich das Eigengewicht der Treppen zu $F_G = F_{G,k} = 2{,}1$ kN bei einem Schwerpunktabstand von 1/3 der Treppenlänge (in Näherung an den Schwerpunkt eines Dreieckes).

Bei der folgenden Berechnung wird die Hälfte der Kräfte berücksichtigt, und damit die Kraft je Einzellager ermittelt:

$$\sum M_w = 0 = -2{,}5 \cdot F \cdot (40 + 300 + 553 + 806 + 1059 + 1312 + 1565)\text{ mm}$$

$$- 0{,}5 \cdot F_G \cdot 568\text{ mm} + F_{J,k} \cdot 1365\text{ mm}$$

$$0 = -7{,}044\text{ kNm} - 0{,}60\text{ kNm} + F_{J,k} \cdot 1{,}365\text{ m}$$

hieraus: $F_{J,k} = 5{,}6$ kN (für ein Lager)

$$\sum F_V = 0 = -0{,}5 \cdot 35 \cdot F - 0{,}5 \cdot F_G + F_{J,k} + F_{W,v,k}$$

$$= -8{,}75\ \text{kN} - 1{,}05\ \text{kN} + F_{J,k} + F_{W,v,k}$$

hieraus: $F_{W,v,k} = 4{,}2$ kN (für ein Lager)

$$\sum F_H = 0 = F_{Wh} = 0$$

Zu 2.: Biegetragfähigkeitsnachweis für eine Trittstufe

– Belastung der Trittstufe mit Einzellasten $F = F_k$ und Eigenlast $g = g_k$

Die Eigenlast der Trittstufe als gleichmäßig verteilte Last kann aus den Abmessungen der Stufe zu $g_k \approx 0{,}08$ kN/m berechnet werden. Dann ergibt sich:

$$F_{A,v,k} = F_{B,v,k} = \tfrac{1}{2}\,(g_k \cdot 2{,}54\ \text{m} + 5 \cdot F_k) = \tfrac{1}{2}\,(0{,}08\ \text{kN/m} \cdot 2{,}54\ \text{m} + 5 \cdot 0{,}5\ \text{kN})$$

$$F_{A,v,k} = F_{B,v,k} = 1{,}352\ \text{kN}$$

Die Biegemomente an den Lagern und in der Mitte der Stufe berechnen sich zu:

$$M_A = M_B = -g_k \cdot 0{,}48\ \text{m} \cdot 0{,}24\ \text{m} - F_k \cdot 0{,}224\ \text{m}$$

$$= -0{,}08\ \text{kN/m} \cdot 0{,}48 \cdot 0{,}24\ \text{m}^2 - 0{,}5\ \text{kN} \cdot 0{,}224\ \text{m}$$

$$M_A = M_B = -0{,}121\ \text{kNm}$$

$$M_{Mitte} = -g_k \cdot 1{,}27\ \text{m} \cdot 0{,}635\ \text{m} - F_k \cdot 1{,}014\ \text{m} - F_k \cdot 0{,}507\ \text{m} + F_{Av,k} \cdot 0{,}79\ \text{m}$$

$$= -0{,}08\ \text{kN/m} \cdot 1{,}27 \cdot 0{,}635\ \text{m}^2 - 0{,}5\ \text{kN} \cdot 1{,}014\ \text{m} - 0{,}5\ \text{kN} \cdot 0{,}507\ \text{m}$$

$$+ 1{,}352\ \text{kN} \cdot 0{,}79\ \text{m}$$

$$M_{Mitte} = 0{,}243\ \text{kNm} = \max M_k$$

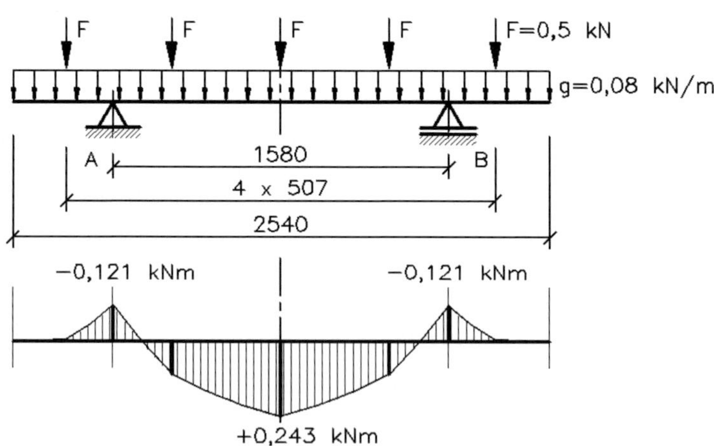

Im Bild ist der charakteristische Biegemomentenverlauf eingezeichnet. Zwischen den Einzelkräften liegen eigenständige Parabeläste vor. Mit dem größten Biegemoment M_{Mitte} ergibt sich die charakteristische Spannung zu:

$$\sigma_{b,k} = \frac{\max M_k}{W} = \frac{0{,}243 \cdot 10^6 \text{ Nmm}}{275 \text{ mm} \cdot 48^2 \text{ mm}^2/6} = 2{,}3 \text{ N/mm}^2$$

Mit der Lastkombination $\gamma_G \cdot g_k + \gamma_Q \cdot Q_k = 1{,}35\, g_k + 1{,}50\, Q_k$ ergibt sich:

$g_d = 1{,}35 \cdot 0{,}08 \text{ kN/m} = 0{,}108 \text{ kN/m}$

$F_d = 1{,}50 \cdot 0{,}5 \text{ kN} = 0{,}75 \text{ kN}$

In Analogie zur Berechnung der charakteristischen Werte ergeben sich:

$F_{A,v,d} = F_{B,v,d} = 2{,}012 \text{ kN}$

$\max M_d = 0{,}362 \text{ kNm}$

$\sigma_{b,d} = 3{,}42 \text{ N/mm}^2$

Nachweis:

$$\boxed{\frac{M_d}{W_n} \le f_{m,d}} \; ; \quad \boxed{\frac{M_d/W_n}{f_{m,d}} \le 1}$$

$f_{m,d} = k_{mod} \cdot f_{m,k}/\gamma_M$ Bemessungswert der Tragfähigkeit

mit

k_{mod} Modifikationsbeiwert; $k_{mod} = 0{,}5$

f_{mk} charakteristischer Wert für Nadelholz mit $f_{m,k} = 30 \text{ N/mm}^2$

γ_M Teilsicherheitsbeiwert für Holz und Holzwerkstoffe,

$\gamma_M = 1{,}3$ für NKL = 3 ; KLED = ständig ; Konstruktionsvollholz C 30

$$f_{m,d} = k_{mod} \cdot f_{m,k}/\gamma_M = 0{,}5 \cdot 30 \text{ N/mm}^2/1{,}3 = 11{,}54 \text{ N/mm}^2$$

$$\frac{M_d}{W_n} = 3{,}42 \text{ N/mm}^2 < f_{m,d} = 11{,}54 \text{ N/mm}^2 \; ; \qquad 3{,}42/11{,}54 = 0{,}30 < 1$$

- **Belastung der Trittstufe mit Eigenlast *g* und Nutzlast *q***

Eigenlast: $g_d = \gamma_G \cdot g_k = 1{,}35 \cdot 0{,}08 \text{ kN/m} = 0{,}108 \text{ kN/m}$

Nutzlast: $q_d = \gamma_Q \cdot q_k = 1{,}50 \cdot 3 \text{ kN/m}^2 \cdot 0{,}275 \text{ m} = 1{,}24 \text{ kN/m}$

(Trittbreite = 0,275 m)

Daraus:

$$F_{A,v,d} = F_{B,v,d} = \frac{1}{2}\,(g_d + q_d) \cdot 2{,}54\text{ m} = \frac{1}{2}\,(0{,}108 + 1{,}24)\text{ kN/m} \cdot 2{,}54\text{ m}$$

$$F_{A,v,d} = F_{B,v,d} = 1{,}71\text{ kN}$$

Die Biegemomente an den Lagern und in der Mitte der Stufe berechnen sich zu:

$$M_{A,d} = M_{B,d} = -(g_d + q_d) \cdot 0{,}48\text{ m} \cdot 0{,}24\text{ m}$$

$$M_{A,d} = M_{B,d} = -(0{,}108 + 1{,}24)\text{ kN/m} \cdot 0{,}48 \cdot 0{,}24\text{ m}^2 = -0{,}16\text{ kNm}$$

$$M_{\text{Mitte},d} = -(g_d + q_d) \cdot 1{,}27\text{ m} \cdot 0{,}635\text{ m} + F_{A,v,d} \cdot 0{,}79\text{ m}$$

$$= -(0{,}108 + 1{,}24)\text{ kN/m} \cdot 1{,}27 \cdot 0{,}635\text{ m}^2 + 1{,}71\text{ kN} \cdot 0{,}79\text{ m}$$

$$M_{\text{Mitte},d} = 0{,}27\text{ kNm}$$

Im Bild ist der Bemessungswert des Biegemomentenverlaufs eingezeichnet. Mit dem größten Biegemoment M_{Mitte} wird der Nachweis der Biegetragfähigkeit geführt:

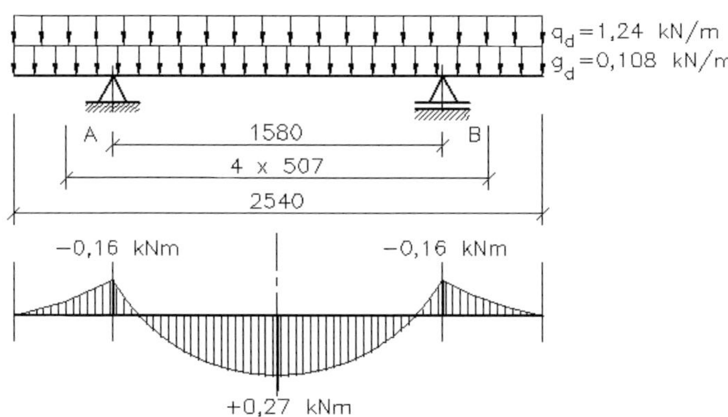

$$\frac{M_d}{W_n} = 0{,}27\text{ kNm}/(275 \cdot 48^2/6)\text{ mm}^3 = 2{,}56\text{ N/mm}^2 < f_{m,d} = 11{,}54\text{ N/mm}^2$$

$$2{,}56/11{,}54 = 0{,}22 \leq 1$$

Lösung Aufgabe 74

In dem Bildausschnitt der Aufgabenstellung soll gezeigt werden, dass die Wände nur in die Stahlprofile eingeschoben werden, so dass die Stützen nicht zusätzlich auf Druck beansprucht werden. Die gesamte Windkraft (s. Lösung der Aufgabe 21), die senkrecht auf die Wand wirkt, ist:

$$\boxed{w_{e,k} = q_{p,k} \cdot c_{pe}}$$

$w_{e,k}$ charakteristischer Winddruck in kN/m^2

$q_{p,k}$ charakteristischer Böengeschwindigkeitsdruck in kN/m^2 Wandfläche

c_{pe} aerodynamischer Beiwert

Für die in der Aufgabenstellung angegebenen Bedingungen ergibt sich:

$$\boxed{q_{p,k} = 0{,}65 \text{ kN/m}^2} \quad \text{Winddruck}$$

Fur freistehende Wände ist der aerodynamische resultierende Beiwert $c_{p,net}$ maßgebend.

Er ergibt sich als Funktion von l/h. Im ungünstigsten Wandbereich ist $l/h > 10$ und damit:

$$c_{p,net} = 2{,}1$$

$$w_{e,k} = q_{p,k} \cdot c_{p,net} = 0{,}65 \text{ kN/m}^2 \cdot 2{,}1 = 1{,}37 \text{ kN/m}^2 \quad \text{Wandfläche}$$

Die Windkraft für ein 4 m breites und 5 m hohes Feld ist dann:

$$F_{w,k} = 1{,}37 \text{ kN/m}^2 \cdot 20 \text{ m}^2 = 27{,}3 \text{ kN}$$

Neben der Windkraft $F_{W,k}$ tritt am Stützenfuß eine Druckkraft $F_{G,k}$ durch das Eigengewicht der Stütze auf. Mit dem spezifischen Gewicht des Profils von 0,512 kN/m lt. Bautabellen ist

$$F_{G,k} = 0{,}512 \text{ kN/m} \cdot 5 \text{ m} = 2{,}56 \text{ kN}$$

Mit den Teilsicherheitsbeiwerten $\gamma_{F,G} = 1{,}35$ für ständige und $\gamma_{F,Q} = 1{,}5$ für veränderliche Einwirkungen ergeben sich die Bemessungswerte der beiden Kräfte zu:

$$F_{w,d} = \gamma_{F,Q} \cdot F_{w,k} = 1{,}5 \cdot 27{,}3 \text{ kN} = 41{,}0 \text{ kN}$$

$$F_{G,d} = \gamma_{F,G}\, F_{G,k} = 1{,}35 \cdot 2{,}56 \text{ kN} = 3{,}5 \text{ kN}$$

Die Windkraft greift annähernd im Schwerpunkt der Fläche an und erzeugt am Stützenfuß ein Biegemoment der Größe:

$$M_{W,d} = F_{W,d} \cdot z_s = 41{,}0 \text{ kN} \cdot 2{,}5 \text{ m} = 102{,}4 \text{ kNm}$$

Ferner beansprucht die Windkraft den Stützenfuß auf Abscheren.

Nach der Elastizitätstheorie kann konservativ für alle Querschnittsklassen (QK) die Tragsicherheit nachgewiesen werden, wenn die Bedingung:

$$\left(\frac{\sigma_{x,Ed}}{f_y/\gamma_{M0}}\right)^2 + \left(\frac{\sigma_{z,Ed}}{f_y/\gamma_{M0}}\right)^2 - \left(\frac{\sigma_{x,Ed}}{f_y/\gamma_{M0}}\right) \cdot \left(\frac{\sigma_{z,Ed}}{f_y/\gamma_{M0}}\right) + 3\left(\frac{\tau_{Ed}}{f_y/\gamma_{M0}}\right)^2 \leq 1$$

erfüllt ist. Die Nachweise sind für alle Querschnittspunkte zu erbringen.

$\sigma_{x,Ed} = \sigma_{d,d} = \dfrac{F_{G,d}}{A_{eff}} = \dfrac{3{,}5 \cdot 10^3 \text{ N}}{78{,}1 \cdot \text{cm}^2} = 0{,}45 \text{ N/mm}^2$ für die Druckspannung

$\sigma_{z,Ed} = \sigma_{b,d} = \dfrac{M_{w,d}}{W_{el,y}} = 102{,}4 \text{ kNm}/570 \text{ cm}^3 = 179{,}7 \text{ N/mm}^2$ für die Biegespannung am Stützenfuß

$\tau_{Ed} = \tau_{a,d} = \dfrac{F_{w,d}}{A_w} = 41{,}0 \text{ kN}/15{,}3 \text{ cm}^2 = 26{,}8 \text{ N/mm}^2$ für die Abscherspannung

mit $A_w = h_w \cdot t_w = (h - 2t_f) \cdot t_w = (200 - 2 \cdot 15) \cdot 9 \text{ mm}^2 = 1530 \text{ mm}^2$

$f_y/\gamma_{M0} = 235 \text{ N/mm}^2/1{,}0 = 235 \text{ N/mm}^2$

$(0{,}45/235)^2 + (179{,}7/235)^2 - (0{,}45/235) \cdot (179{,}7/235) + 3 \cdot (26{,}8/235)^2$

$= 0{,}00 + 0{,}58 - 0{,}00 + 0{,}04 = 0{,}62 < 1$

Lösung Aufgabe 75

Die Ergebnisse der Bemessungswerte der Kräfte $F_{1,d}$–$F_{5,d}$ sowie der Lagerkräfte $F_{A,d}$ und $F_{B,d}$ werden der Lösung zur Aufgabe 22 entnommen:

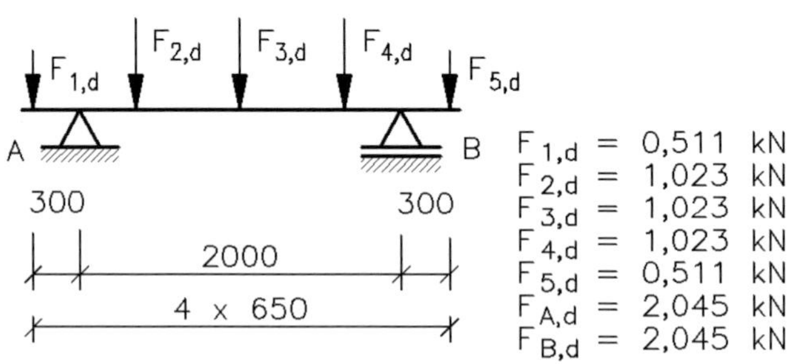

Zu 1.: Querkräfte und Biegemomente

– Querkräfte F_Q

Es werden jeweils die Querkräfte links von F_i und rechts von F_i berechnet. In beiden Fällen wird das linke Schnittufer betrachtet. Dann sind die Vorzeichen mit denen der Gleichgewichtsbedingung $\sum F_V$ identisch. In der Kraftwirkungslinie springt die Querkraft senkrecht zwischen diesen beiden Werten. Bei Lagerungen mit einer Breite $b > 0$ (z. B. bei der Lagerung eines auskragenden Trägers auf einer Mauer) verläuft dieser Übergang näherungsweise linear steigend oder fallend über die Breite b.

links von F_i:

$$F_{Q1,d} = 0$$

$$F_{QA,d} = -F_{1,d} = -0{,}511 \text{ kN}$$

$$F_{Q2,d} = -F_{1,d} + F_{A,d} = 1{,}534 \text{ kN}$$

$$F_{Q3,d} = -F_{1,d} + F_{A,d} - F_{2,d} = 0{,}511 \text{ kN}$$

$$F_{Q4,d} = -F_{1,d} + F_{A,d} - F_{2,d} - F_{3,d} = -0{,}511 \text{ kN}$$

$$F_{QB,d} = -F_{1,d} + F_{A,d} - F_{2,d} - F_{3,d} - F_{4,d} = -1{,}534 \text{ kN}$$

$$F_{Q5,d} = -F_{1,d} + F_{A,d} - F_{2,d} - F_{3,d} - F_{4,d} + F_{B,d} = 0{,}511 \text{ kN}$$

rechts von F_i:

$$F_{Q1,d} = -F_{1,d} = -0{,}511 \text{ kN}$$

$$F_{QA,d} = -F_{1,d} + F_{A,d} = 1{,}534 \text{ kN}$$

$$F_{Q2,d} = -F_{1,d} + F_{A,d} - F_{2,d} = 0{,}511 \text{ kN}$$

$$F_{Q3,d} = -F_{1,d} + F_{A,d} - F_{2,d} - F_{3,d} = -0{,}511 \text{ kN}$$

$$F_{Q4,d} = -F_{1,d} + F_{A,d} - F_{2,d} - F_{3,d} - F_{4,d} = -1{,}534 \text{ kN}$$

$$F_{QB,d} = -F_{1,d} + F_{A,d} - F_{2,d} - F_{3,d} - F_{4,d} + F_{B,d} = 0{,}511 \text{ kN}$$

$$F_{Q5,d} = -F_{1,d} + F_{A,d} - F_{2,d} - F_{3,d} - F_{4,d} + F_{B,d} - F_{5,d} \approx 0$$

Den zeichnerischen Verlauf der Querkraft zeigt die Skizze auf der folgenden Seite.

– Biegemomente M

Biegemomente sind am linken und am rechten Schnittufer gleich groß. Die Vorzeichenregel ist in Abschnitt 1.2.2 zu finden.

$$M_{1,d} = -F_{1,d} \cdot 0 = 0\,; \qquad M_{5,d} = M_{1,d}$$

$$M_{A,d} = -F_{1,d} \cdot 0{,}3 \text{ m} = -\,153{,}3 \text{ kNm}\,; \qquad M_{B,d} = M_{A,d}$$

$$M_{2,d} = -F_{1,d} \cdot 0{,}65 \text{ m} + F_{A,d} \cdot 0{,}35 \text{ m} = 383{,}6 \text{ Nm}\,; \qquad M_{4,d} = M_{2,d}$$

$$M_{3,d} = -F_{1,d} \cdot 1{,}3 \text{ m} + F_{A,d} \cdot 1{,}0 \text{ m} - F_{2,d} \cdot 0{,}65 \text{ m} = 715{,}8 \text{ Nm}$$

Zwischen $M_{A,d}$ und $M_{2,d}$ wechselt das Biegemoment von −153,3 Nm auf +383,6 Nm. Die Stelle l_x, an der das Biegemoment durch null geht, hat praktische Bedeutung für Trägerstöße u. a. Die Stelle lässt sich ermitteln, wenn M_{lx} null gesetzt wird:

$$M_{lx} = 0 = -F_{1,d} \cdot (0{,}3\ \text{m} + l_x) + F_{A,d} \cdot l_x$$

hieraus: $l_x = 0{,}1$ m

Zu 2.: Querkraft- und Biegemomentenverlauf

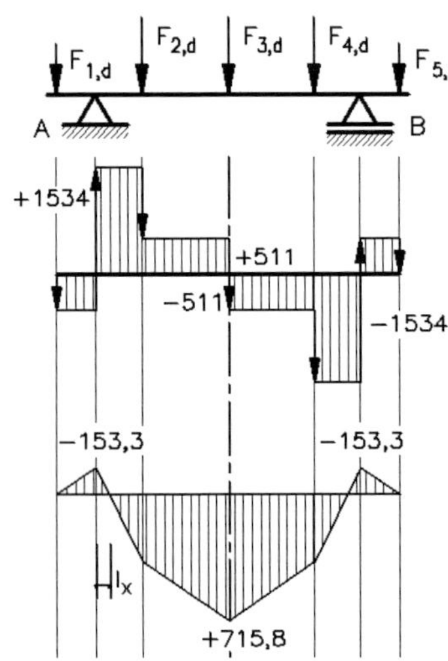

Das Tragwerksmodell wurde bereits diskutiert.

Hier sind die **Querkräfte** in *N* aufgetragen. Gut erkennbar ist, dass bei allen Nulldurchgängen der Querkraft das Biegemoment einen Extremwert hat.

Im Bild sind die **Biegemomente** in Nm aufgetragen. Das Maximum der drei Extremwerte ist in der Trägermitte. Das Maß l_x kennzeichnet den oben berechneten Nulldurchgang des Biegemomentes.

Lösung Aufgabe 76

Zu 1: Statisches System und Lastberechnung

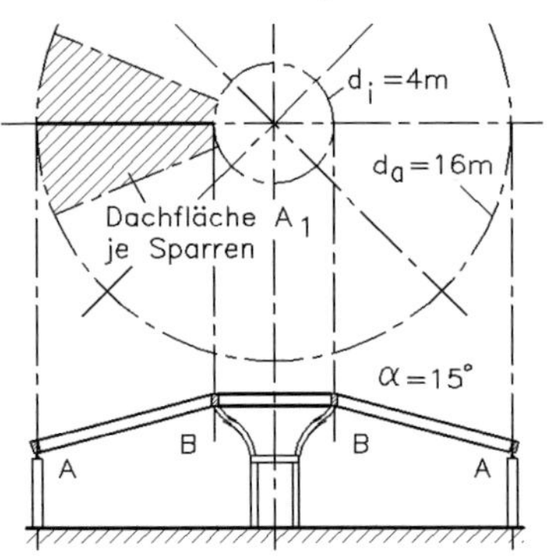

Die Skizze zeigt oben die projizierte Fläche A_1, die von einem Dachsparren getragen wird:

$$A_1 = \frac{1}{8}(d_a^2 - d_i^2) \cdot \frac{\pi}{4}$$

$$= \frac{1}{8}(16^2 - 4^2)\ \frac{\pi}{4}\ \text{m}^2$$

$$A_1 = 23{,}562\ \text{m}^2$$

Aus der Konstruktion des Daches und aus Bautabellen sind die spezifischen Kräfte für Eigengewichte, Schnee- und Windlasten zu ermitteln. Daraus lässt sich eine vertikale Last $F'' = \bar{g} + \bar{s} + w_{\perp}$ festlegen.

Alle vier Kräfte sollen senkrecht auf die Grundrissfläche bezogen sein. Die Windbelastung $w_{\perp}$ ist damit vorerst nur in ihrer senkrechten Wirkung erfasst. Die Größe F'' wird nicht als Zahlenwert, sondern als allgemeine Größe in die laufende Berechnung eingeführt.

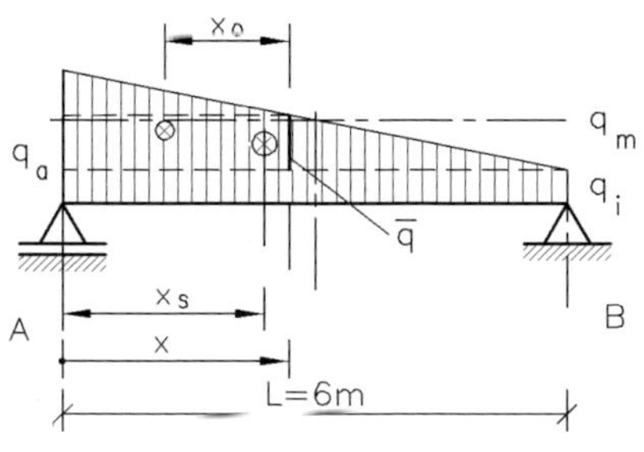

Die Gesamtlast F_I je Sparren berechnet sich zu:

$$F_1 = A_1 \cdot F'' = 23{,}562\ \text{m}^2 \cdot F''$$

Hieraus ergibt sich ein Mittelwert für die ungleichmäßig verteilte Last von:

$$q_\text{m} = F_1/L = F_1/6\ \text{m} = 3{,}927\ \text{m} \cdot F''$$

Die Streckenlasten q_a für „außen" und q_i für „innen" verhalten sich wie die Radien des Daches:

$$q_\text{a}/q_\text{i} = 8\ \text{m}/2\ \text{m} = 4\ ; \qquad q_\text{i} = \tfrac{1}{4}\, q_\text{a}$$

Ferner ist:

$$q_\text{m} = \tfrac{1}{2}(q_\text{a} + q_\text{i}) = \tfrac{1}{2}(q_\text{a} + \tfrac{1}{4}q_\text{a}) = 0{,}625\, q_\text{a}$$

$$q_\text{a} = q_\text{m}/0{,}625 = 1{,}6\, q_\text{m}$$

$$q_\text{i} = q_\text{a}/4 = 0{,}4\, q_\text{m}$$

hieraus: $q_\text{a} = 6{,}283\ \text{m} \cdot F''$

$q_\text{i} = 1{,}571\ \text{m} \cdot F''$

Der **Schwerpunktabstand** x_s der Belastungsfläche ist zu ermitteln aus:

$$x_\text{s} = \frac{\sum A_\text{i} \cdot x_\text{i}}{\sum A_\text{i}} = \frac{[q_\text{i} \cdot L] \cdot \frac{1}{2}L + \left[\frac{1}{2}(q_\text{a} - q_\text{i}) \cdot L\right] \cdot \frac{1}{3}L}{[q_\text{i} \cdot L] + \left[\frac{1}{2}(q_\text{a} - q_\text{i}) \cdot L\right]} = 0{,}4 \cdot L = 0{,}4 \cdot 6\ \text{m} = 2{,}4\ \text{m}$$

Die Belastungsfläche wird hierbei in eine Rechteck- und eine Dreieckfläche zerlegt. Die Abstände x_i werden vom Lager A aus gemessen und betragen für das Rechteck $L/2$ und für das Dreieck $L/3$.

Zu 2.: Auflagerkräfte und größtes Biegemoment

Nach der dritten Gleichgewichtsbedingung ergibt sich:

$$\sum M_\text{A} = 0 = -\, q_\text{m} \cdot L \cdot x_\text{s} + F_\text{B} \cdot L = -\, 3{,}927\ \text{m} \cdot F'' \cdot 6\ \text{m} \cdot 0{,}4 \cdot 6\ \text{m} + F_\text{Bv} \cdot 6\ \text{m}$$

hieraus: $F_\text{Bv} = 9{,}425\ \text{m}^2 \cdot F''$

$$\sum M_B = 0 = -q_m \cdot L \cdot (L - x_s) + F_A \cdot L$$

$$= -3{,}927\ \text{m} \cdot F'' \cdot 6\ \text{m} \cdot (6\ \text{m} - 0{,}4 \cdot 6\ \text{m}) + F_{Av} \cdot 6\ \text{m}$$

hieraus: $F_{Av} = 14{,}137\ \text{m}^2 \cdot F''$

Das größte Biegemoment ist an der Stelle, an der die Querkraft durch null geht:

$$F_{Q,x} = 0 = F_{Av} - q_i \cdot x - \frac{q_a - q_i + \bar{q}}{2} \cdot x$$

Aus den geometrischen Abmessungen der Belastungsfläche berechnet sich die Höhe im Dreieck oberhalb q_i zu:

$$\bar{q} = (q_a - q_i) \cdot (1 - x/L)$$

Die Kraft im Lager A lässt sich durch die allgemeine Gleichung

$$F_{Av} = L/6 \cdot (2q_a + q_i)$$

ersetzen.

Damit:

$$F_{Q,x} = 0 = L/6 \cdot (2q_a + q_i) - q_i \cdot x - \frac{q_a - q_i + (q_a - q_i) \cdot (1 - x/L)}{2} \cdot x$$

Durch Umformen dieser quadratischen Gleichung ergibt sich die Lösung für x:

$$x = \frac{q_a \cdot L}{q_a - q_i} - \sqrt{\left(\frac{q_a \cdot L}{q_a - q_i}\right)^2 - \frac{2}{3} L^2 \cdot \frac{q_a + \frac{1}{2} q_i}{q_a - q_i}} = 2{,}709\ \text{m}$$

An diesem Nulldurchgang der Querkraft hat das Biegemoment einen Extremwert:

$$M_x = F_{Av} \cdot x - q_i \cdot x \cdot \frac{x}{2} - \frac{q_a - q_i + \bar{q}}{2} \cdot x \cdot x_o$$

$$M_x = L/6 \cdot (2q_a + q_i) \cdot x - q_i \cdot \frac{x^2}{2} - \frac{q_a - q_i + (q_a - q_i) \cdot (1 - x/L)}{2} \cdot x \cdot x_o$$

Der Schwerpunktabstand x_o ist der Schwerpunkt der Belastungsfläche oberhalb von q_i und links von $\bar{q}$:

$$x_o = \frac{\bar{q} \cdot x \cdot \frac{x}{2} + (q_a - q_i - \bar{q}) \cdot \frac{x}{2} \cdot \frac{2}{3} x}{\bar{q} \cdot x + (q_a - q_i - \bar{q}) \cdot \frac{x}{2}} = 1{,}486\ \text{m}$$

Setzt man für $x = 2{,}709$ m und für $x_o = 1{,}486$ m in die Gleichung für M_x ein, wird das größte Biegemoment infolge aller Vertikalkräfte:

$$\max M_x = 17{,}845\ \text{m}^3 \cdot F''$$

Lösung Aufgabe 77

Die Kraft F, die im losen Lager angreift, wird in zwei Komponenten zerlegt:

- die Kraft F_n senkrecht zum Querschnitt A, die eine Druckspannung σ_d verursacht
- die Kraft F_b senkrecht zur Schwerachse des Trägers, die eine Biegespannung σ_b und eine Abscherspannung τ_a verursacht.

Abscherspannung und Druckspannung:

$$\tau_a = \frac{F}{A} = \frac{F_b}{b \cdot h_A}; \qquad |\sigma_d| = \frac{F}{A} = \frac{F_n}{b \cdot h_A}$$

Biegespannung:

$$\sigma_b = \frac{M}{W} = \frac{F_b \cdot l_{A-P}}{W} \quad \text{mit} \quad W = \frac{b \cdot h_A^2}{6} \quad \text{lt. Bautabellen}$$

Größte Normalspannung:

Die Druck- und die Biegespannung an der Außenkante addieren sich arithmetisch:

$$|\max \sigma| = \frac{F_b \cdot l_{A-P}}{\frac{b \cdot h_A^2}{6}} + \frac{F_n}{b \cdot h_A}$$

$$|\min \sigma| = \left| \frac{F_b \cdot l_{A-P}}{\frac{b \cdot h_A^2}{6}} - \frac{F_n}{b \cdot h_A} \right|$$

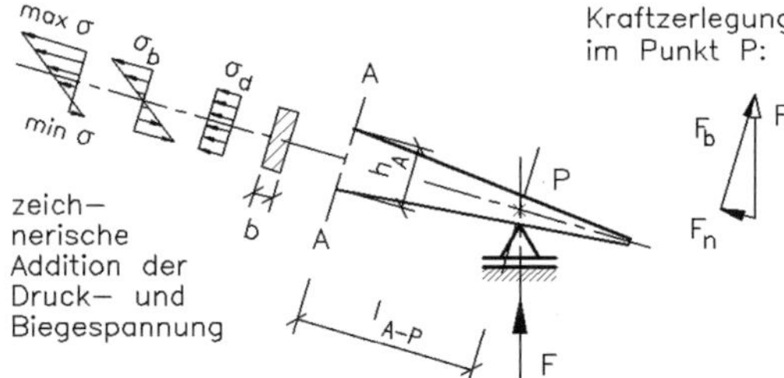

Während die Druckspannung σ_d gleichbleibend ist, wechselt die Biegespannung von Druck auf Zug. Bei reiner Biegung geht dabei die neutrale Faser (spannungsfreie Schicht) durch den Flächenschwerpunkt. Durch die Addition (Überlagerung) der Spannungen verschiebt sich die neutrale Faser und kann auch aus dem Querschnitt heraustreten. Das tritt im hier gezeigten Beispiel auf, wenn $\sigma_d > \sigma_b$ (s. a. Aufgabe 87 ff.).

Lösung Aufgabe 78

Die im Bild angegebenen Bemessungswerte enthalten alle ständigen und veränderlichen Einwirkungen

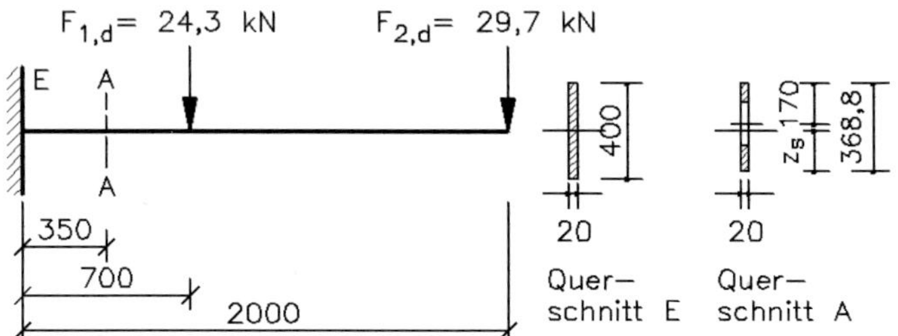

– **Biegetragsicherheitsnachweis für die Einspannstelle E**

Das Biegemoment an der Einspannstelle ist:

$$|M_{E,d}| = F_{1,d} \cdot 0{,}7\ \text{m} + F_{2,d} \cdot 2\ \text{m} = (24{,}3 \cdot 0{,}7 + 29{,}7 \cdot 2)\ \text{kNm} = 76{,}41\ \text{kNm}$$

Das Widerstandsmoment an der Einspannstelle mit Rechteckquerschnitt ist:

$$W_{E,y} = \frac{b \cdot h^2}{6} = \frac{20 \cdot 400^2}{6}\ \text{mm}^3 = 5{,}333 \cdot 10^5\ \text{mm}^3$$

Nach der Elastizitätstheorie kann konservativ für alle Querschnittsklassen (QK) die Tragsicherheit nachgewiesen werden, wenn die Bedingung:

$$\left(\frac{\sigma_{x,Ed}}{f_y/\gamma_{M0}}\right)^2 + \left(\frac{\sigma_{z,Ed}}{f_y/\gamma_{M0}}\right)^2 - \left(\frac{\sigma_{x,Ed}}{f_y/\gamma_{M0}}\right) \cdot \left(\frac{\sigma_{z,Ed}}{f_y/\gamma_{M0}}\right) + 3\left(\frac{\tau_{Ed}}{f_y/\gamma_{M0}}\right)^2 \le 1$$

erfüllt ist.

$$\sigma_{E,d} = \frac{M_d}{W_y} = \frac{76{,}41 \cdot 10^6\ \text{Nmm}}{5{,}333 \cdot 10^3\ \text{mm}^3} = 143{,}3\ \text{N/mm}^2 \quad \text{für die Biegespannung}$$

$$\tau_{Ed} = \tau_{a,d} = \frac{\Sigma F_d}{A} = \frac{(24{,}3 + 29{,}7)\ \text{kN}}{400 \cdot 20\ \text{mm}^2} = 6{,}75\ \text{N/mm}^2 \quad \text{für die Abscherspannung}$$

$$f_y/\gamma_{M0} = 235\ \text{N/mm}^2/1{,}0 = 235\ \text{N/mm}^2$$

$$\left(\frac{0}{235}\right)^2 + \left(\frac{143}{235}\right)^2 - \left(\frac{0}{235}\right) \cdot \left(\frac{143}{235}\right) + 3\left(\frac{6{,}75}{235}\right)^2 \le 1$$

$$0{,}00 + 0{,}370 - 0{,}00 \cdot 0{,}610 + 0{,}003 = 0{,}373 < 1$$

– Biegetragsicherheitsnachweis für den Querschnitt A

Das Biegemoment im Querschnitt A ist:

$$|M_{A,d}| = F_{1,d} \cdot 0{,}35\ \text{m} + F_{2,d} \cdot 1{,}65\ \text{m} = (24{,}3 \cdot 0{,}35 + 29{,}7 \cdot 1{,}65)\ \text{kNm}$$

$$|M_{A,d}| = 57{,}51\ \text{kNm}$$

Um das Widerstandsmoment W_y im Querschnitt A berechnen zu können, müssen vorher der Flächenschwerpunkt z_s sowie mit Hilfe des Satzes von *Steiner* das Flächenmoment 2. Grades I_y berechnet werden:

$$z_s = \frac{\sum(A_i \cdot z_i)}{\sum A_i} = \frac{[20 \cdot 368{,}8 \cdot 368{,}8/2 - 20 \cdot 180 \cdot (368{,}8 - 170)]\ \text{mm}^3}{(20 \cdot 368{,}8 - 20 \cdot 180)\ \text{mm}^2}$$

$$z_s = 170{,}7\ \text{mm}$$

Das gesamte Flächenmoment 2. Grades berechnet sich zu:

$$I_y = \sum(I_{y,i} + A_i \cdot \Delta z_i^2)$$

$$= \{20 \cdot 368{,}8^3/12 + 20 \cdot 368{,}8 \cdot (368{,}8/2 - 170{,}7)^2$$

$$- 20 \cdot 180^3/12 + 20 \cdot 180 \cdot [(368{,}8 - 170) - 170{,}7]^2\}\ \text{mm}^4$$

$$I_y = 7{,}243 \cdot 10^7\ \text{mm}^4 = 7243\ \text{cm}^4$$

Die Widerstandsmomente berechnen sich aus der Gleichung:

$$W_y = \frac{I_y}{e}$$

Bei dem vorliegenden Querschnitt gibt es zwei unterschiedliche Randabstände e:

$$e_{oben} = (368{,}8 - 170{,}7)\ \text{mm} = 198{,}1\ \text{mm} = 19{,}81\ \text{cm}$$

$$e_{unten} = 170{,}7\ \text{mm} = 17{,}07\ \text{cm}$$

und damit auch zwei Widerstandsmomente:

$$W_{y,o} = \frac{7243\ \text{cm}^4}{19{,}81\ \text{cm}} = 365{,}6\ \text{cm}^3 \quad \text{für die obere Trägerkante}$$

$$W_{y,u} = \frac{7243\ \text{cm}^4}{17{,}07\ \text{cm}} = 424{,}3\ \text{cm}^3 \quad \text{für die untere Trägerkante}$$

Die größte Spannung max σ_d tritt als Biegezugspannung an der oberen Trägerkante auf, weil dort das kleinste Widerstandsmoment ist:

$$\sigma_{Ed} = \frac{M_d}{W_{y,o}} = \frac{57{,}51 \cdot 10^6\ \text{Nmm}}{365{,}6 \cdot 10^3\ \text{mm}^3} = 157{,}3\ \text{N/mm}^2$$

Die Abscherspannung im Querschnitt A ist:

$$\tau_{a,Ad} = \frac{F_d}{A} = \frac{(24{,}3 + 29{,}7)\,\text{kN}}{20 \cdot (368{,}8 - 180)\,\text{mm}^2} = 14{,}30\ \text{N/mm}^2$$

Mit der oben angegebenen Gleichung zum Nachweis der Tragsicherheit ergibt sich:

$$(157{,}3/235)^2 + 3 \cdot (14{,}30/235)^2 = 0{,}45 + 0{,}01 = 0{,}46 < 1$$

Lösung Aufgabe 79

Die folgenden Berechnungen sind Grundlagen für einen Tragsicherheitsnachweis, der aber hier nicht erbracht wird. Der gezeigte Ausleger ist ein Biegeträger, dessen Obergurt bei ausgefahrener Laufkatze Zugspannungen und die beiden Untergurte Druckspannungen aufnehmen. Die diagonalen Verstrebungen sichern die Lage der drei Stäbe, die Stabilität der Druckstäbe und erfüllen weitere Aufgaben, z. B. übernehmen sie die Schubspannungen, die bei Biegung auftreten.

Zu 1.: Querschnittskennwerte und ertragbares Biegemoment

– Querschnittskennwerte

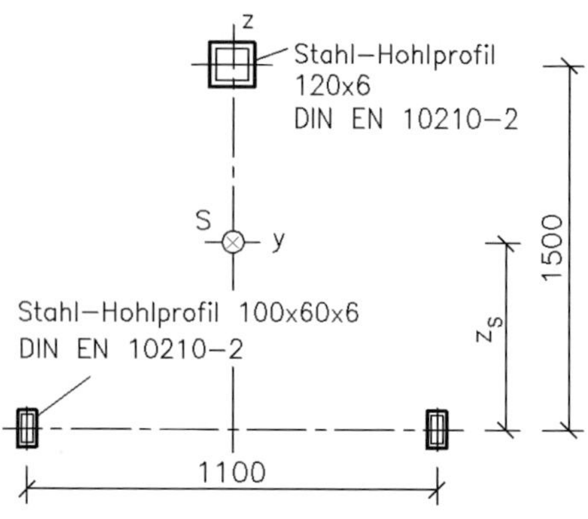

Schwerpunkt z_s:

Aus Bautabellen entnimmt man

– für das Stahlhohlprofil 120 × 6:

$A = 27\ \text{cm}^2$; $I_y = 579\ \text{cm}^4$

– für das Stahlhohlprofil 100 × 60 × 6:

$A = 17{,}4\ \text{cm}^2$; $I_y = 217\ \text{cm}^4$

Basisachse ist die Verbindungslinie der beiden unteren Stahl-Hohlprofile.

$$z_s = \frac{\sum (A_i \cdot z_i)}{\sum A_i}$$

$$z_s = \frac{(27 \cdot 150 + 2 \cdot 17{,}4 \cdot 0)\,\text{cm}^3}{(27 + 2 \cdot 17{,}4)\,\text{cm}^2} = 65{,}53\ \text{cm}$$

– Flächenmoment zweiten Grades und Widerstandsmomente

$$I_y = \sum (I_{y,i} + A_i \cdot \Delta z_i^2) \quad \text{Satz von } \textit{Steiner}$$

$$= \{[579 + 27 \cdot (65{,}53 - 150)^2] + 2 \cdot [217 + 17{,}4 \cdot (65{,}53 - 0)^2]\}\ \text{cm}^4$$

$$I_y = 343{,}1 \cdot 10^3\ \text{cm}^4$$

Für die Berechnung des Widerstandsmomentes $W_y = \frac{I_y}{e}$ gibt es zwei unterschiedliche Randabstände e:

$$e_{oben} = (150 + 12/2 - 65{,}53)\ \text{cm} = 90{,}47\ \text{cm}$$

$$e_{unten} = (10/2 + 65{,}53)\ \text{cm} = 70{,}53\ \text{cm}$$

und damit auch zwei Widerstandsmomente:

$$W_{y,oben} = \frac{343{,}1 \cdot 10^3\ \text{cm}^4}{90{,}47\ \text{cm}} = 3792\ \text{cm}^3$$ für die obere Trägerkante (Zugseite)

$$W_{y,unten} = \frac{343{,}1 \cdot 10^3\ \text{cm}^4}{70{,}53\ \text{cm}} = 4865\ \text{cm}^3$$ für die untere Trägerkante (Druckseite)

– **Ertragbares charakteristisches Biegemoment:**

$$M_k = \max \sigma_b \cdot W_y$$

$M_{oben,k} = 160\ \text{N/mm}^2 \cdot 3792\ \text{cm}^3 = 606{,}7\ \text{kNm}$ für die Zugseite

$M_{b\ unten,k} = 160\ \text{N/mm}^2 \cdot 4865\ \text{cm}^3 = 778{,}4\ \text{kNm}$ für die Druckseite

Zu 2.: Nutzlast sowie charakteristischer Querkraft- und Biegemomentenverlauf

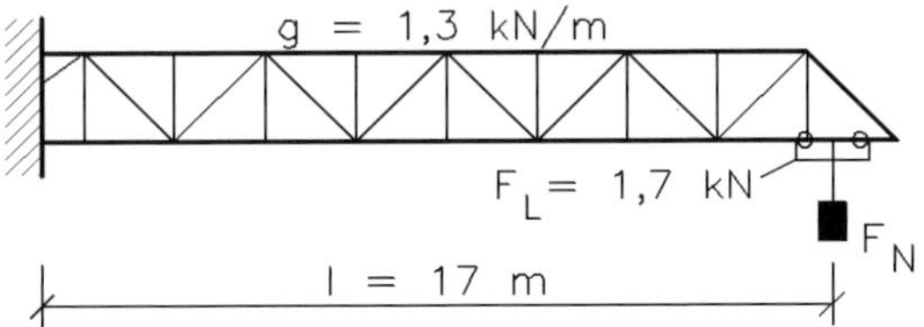

Nutzlast:

Das kleinste ertragbare Biegemoment ist für die Ermittlung der charakteristischen Nutzlast maßgebend:

$$\min M_k = 606{,}7\ \text{kNm} = |-1{,}3\ \text{kN/m} \cdot 17\ \text{m} \cdot 8{,}5\ \text{m} - 1{,}7\ \text{kN} \cdot 17\ \text{m} - k \cdot F_N \cdot 17\ \text{m}|$$

mit $k = 1{,}4$

$$389{,}95\ \text{kNm} = 23{,}8\ \text{m} \cdot F_N$$

hieraus: $F_N = F_{N,k} = 16{,}38\ \text{kN}$ ($m_N \approx 1{,}7\ \text{t}$)

Querkraft- und Biegemomentenverlauf:

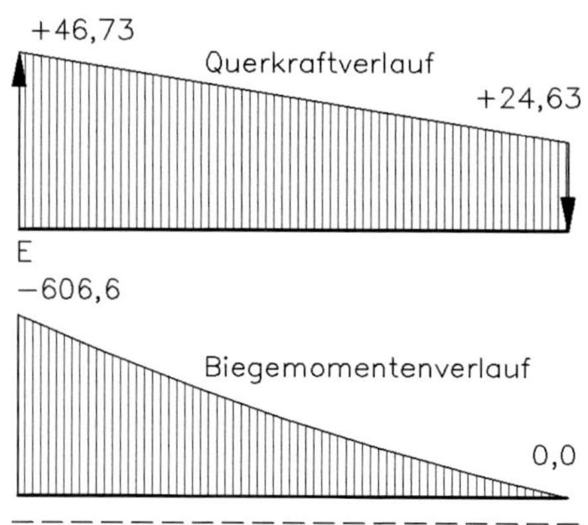

Im oberen Bildteil sind die **Querkräfte** in kN angegeben.

Die Querkraft an der Einspannstelle E ist gleich der vertikalen Lagerkraft, die ihrerseits $\sum F_V$ beträgt:

$$F_{Q,max} = \sum F_V$$
$$= (1{,}3 \cdot 17 + 1{,}7 + 1{,}4 \cdot 16{,}38)\ \text{kN}$$
$$= 46{,}73\ \text{kN}$$

Die Querkraft am Trägerende ist:

$$F_{Q,min} = F_{Q,max} - g \cdot l$$
$$= (46{,}73 - 1{,}3 \cdot 17)\ \text{kN}$$
$$= 24{,}63\ \text{kN}$$

Im unteren Bildteil sind **Biegemomente** in kNm eingetragen. Das Biegemoment verläuft wegen der gleichmäßig verteilten Last g parabolisch. Der Betrag des größten Biegemomentes von 606,6 kNm ist identisch mit dem auf der vorangegangenen Seite ermittelten kleinsten ertragbaren Biegemoment.

Zur Kontrolle:

$$|M_k| = |(-1{,}7 \cdot 17 - 1{,}4 \cdot 16{,}38 \cdot 17 - 1{,}3 \cdot 17 \cdot 8{,}5)|\ \text{kNm} = 606{,}6\ \text{kNm}$$

Lösung Aufgabe 80

Ermittlung der Auflagerkräfte:

Die Auflagerkräfte lassen sich mit den bekannten drei Gleichgewichtsbedingungen nicht lösen, weil 4 unbekannte Auflagerkräfte zu berechnen sind (F_{Av}, F_{Ah}, F_B und F_C). In Bautabellen findet man für diesen einfach statisch unbestimmten Träger leicht zu handhabende Formeln:

$$F_{Av} = F_A = F_C = 0{,}375 p \cdot l$$
$$F_B = 1{,}250 p \cdot l$$

Mit ihnen ergeben sich:

$$F_A = F_C = 0{,}375 \cdot 100\ \text{kN/m} \cdot 5\ \text{m} = 187{,}5\ \text{kN}$$
$$F_B = 1{,}250 \cdot 100\ \text{kN/m} \cdot 5\ \text{m} = 625{,}0\ \text{kN}$$

Für die folgenden Berechnungen sind in der Literatur ebenso Gleichungen zu finden, die aber für die vorliegende Aufgabe nicht verwendet werden sollen, um die elementaren Lösungsansätze zu erproben. Letztere können dann auch für Lösungen angewendet werden, für die Bautabellen keine Anwendungsformeln liefern.

Ermittlung der Querkräfte:

$F_{Q,A} = F_A = +187{,}5$ kN (rechts von A)

$F_{Q,B} = F_A - p \cdot l = (187{,}5 - 100 \cdot 5)$ kN $= -312{,}5$ kN (links von B)

$F_{Q,B} = F_A - p \cdot l + F_B = (187{,}5 - 100 \cdot 5 + 625)$ kN $= +312{,}5$ kN (rechts von B)

$F_{Q,C} = F_A - p \cdot 2l + F_B = (187{,}5 - 100 \cdot 2 \cdot 5 + 625)$ kN $= -187{,}5$ kN (links von C)

$F_{Q,lx} = 0 = F_A - p \cdot l_x = 0{,}375\, q \cdot l - q \cdot l_x = 0{,}375 \cdot l - l_x$

hieraus: $l_x = 0{,}375 \cdot l = 1{,}875$ m

Die Länge l_x ist das Maß, bei dem die Querkraft durch null geht und folglich das Biegemoment einen Extremwert hat.

Ermittlung der Biegemomente:

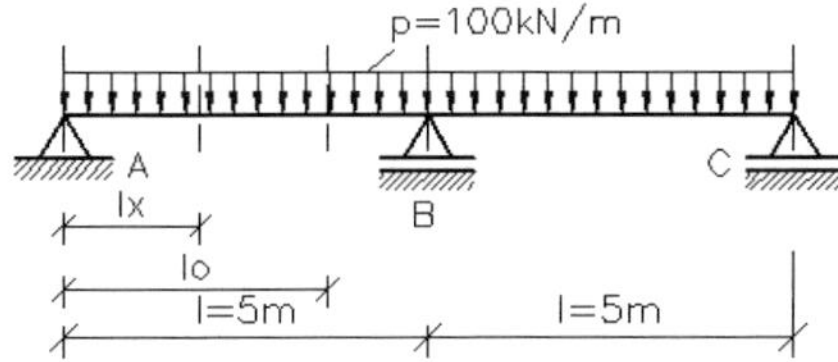

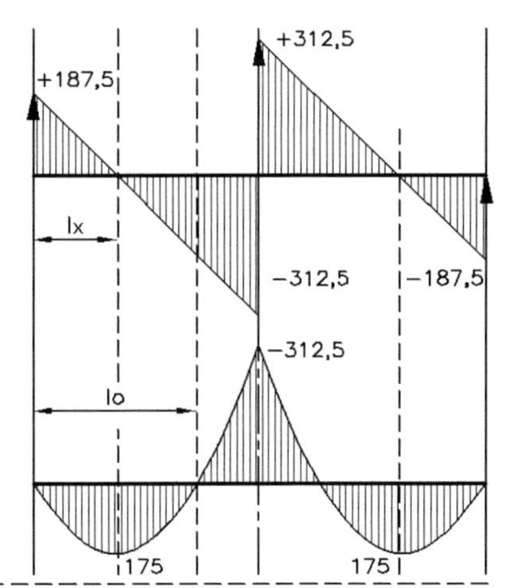

$M_A = M_C = 0$

$M_B = F_A \cdot l - p \cdot \frac{l^2}{2} = -0{,}125\, q \cdot l^2$

$M_B = -\,312{,}5$ kNm

$M_{lx} = F_A \cdot l_x - p \cdot \frac{l_x^2}{2}$

$= 0{,}375\, p \cdot l \cdot l_x - q \cdot \frac{l_x^2}{2}$

$= 0{,}070\, p \cdot l^2$

$= 0{,}070 \cdot 100$ kN/m $\cdot\, 5^2$ m^2

$M_{lx} = 175$ kNm

Der Nulldurchgang des Biegemomentes im Feld ergibt sich aus:

$M_{l0} = 0$

$0 = F_A \cdot l_0 - p \cdot \frac{l_0^2}{2}$

$0 = F_A - p \cdot l_0/2$

$0 = 0{,}375 \cdot p \cdot l - p \cdot l_0/2$

$0 = 0{,}375 l - l_0/2$

hieraus: $l_0 = 0{,}375 \cdot 2l = 2l_x$

$l_0 = 3{,}75$ m

Im oberen Bildteil sind die **Querkräfte** in kN und im unteren Bildteil die **Biegemomente** in kNm angegeben.

Lösung Aufgabe 81

- **Tragwerksmodell**

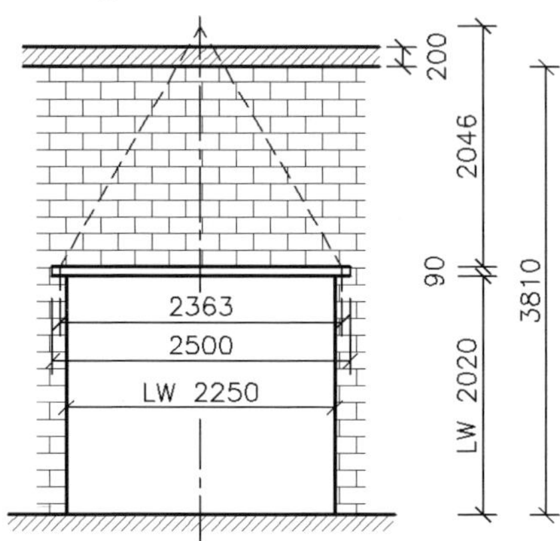

Als Tragwerksmodell wird ein Träger auf zwei Stützen mit der Stützweite

$$l = 1{,}05 \cdot l_{LW} = 1{,}05 \cdot 2250 \text{ mm}$$

$$l = 2363 \text{ mm}$$

gewählt.

Nach DIN 1053-1 ist es möglich, nur die Mauerlast eines gleichseitigen Dreieckes mit der Kantenlänge l als Streckenlast zu berücksichtigen.

Zur Vereinfachung der Berechnung wird in der vorliegenden Aufgabe ein vollständiges Dreieck berücksichtigt und die anteilige Last der Stahlbetondecke von 0,4 m Breite, 1,85 m Tiefe und 0,2 m Dicke sowie die Schneelast als Einzellast $F_{g,s}$ eingetragen.

Die Gesamtlast des Dreieckes und die maximale Streckenlast max g ergeben sich zu:

$$F_{ges} = \text{Dreiecksvolumen} \times \text{Steindichte} = \left(\tfrac{1}{2}\, l \cdot \tan 60°\right) \cdot l \cdot \tfrac{1}{2} \cdot d \cdot G_M$$

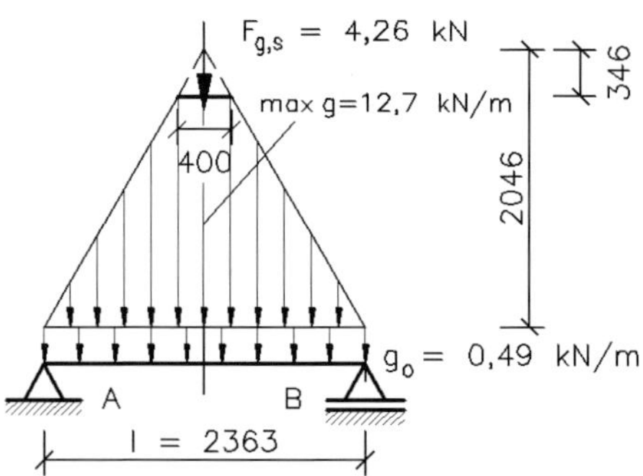

$$F_{ges} = 2{,}046 \cdot 2{,}363 \cdot \tfrac{1}{2} \cdot 0{,}365 \text{ m}^3 \cdot 17 \text{ kN/m}^3 = 15 \text{ kN}$$

$$\max g = 2 \cdot \frac{F_{ges}}{l} = 2 \cdot \frac{15 \text{ kN}}{2{,}363 \text{ m}}$$

$$\max g = 12{,}7 \text{ kN/m}$$

Wählt man eine Stahlbetondichte von 25 kN/m³ und eine Schneelast von $\mu_1 \cdot s_k = 0{,}75 \text{ kN/m}^2$, dann berechnet sich die Einzellast $F_{g,s}$ wie folgt:

$$F_{g,s} = 0{,}4 \cdot 1{,}85 \cdot 0{,}2 \text{ m}^3 \cdot 25 \text{ kN/m}^3 + 0{,}4 \cdot 1{,}85 \text{ m}^2 \cdot 0{,}75 \text{ kN/m}^2$$

$$F_{g,s} = 4{,}26 \text{ kN}$$

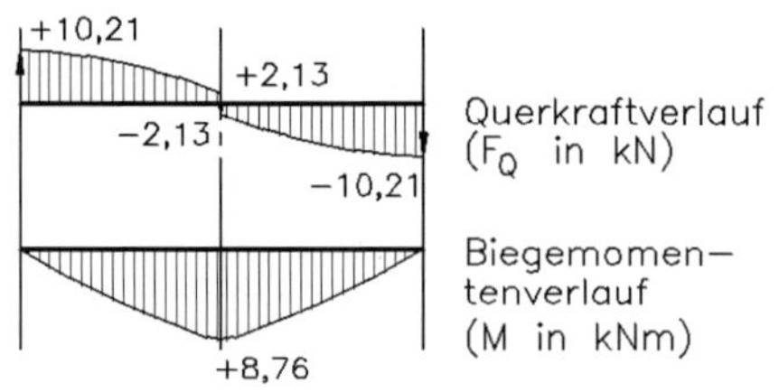

Mit der Reduktion der Last $F_{g,s}$ zu einer Einzellast anstelle einer 0,4 m breiten Streckenlast tritt eine geringfüge Erhöhung des Biegemomentes auf. Die Rechnung wird aber erheblich vereinfacht.

– Auflagerkräfte, Querkräfte und Biegemomente

Die Auflagerkräfte sind beide gleich groß und betragen:

$$F_{Av} = F_{Bv} = \frac{1}{2}(F_{ges} + F_{g,s} + g_0 \cdot l) = \frac{1}{2}(15 + 4{,}26 + 0{,}49 \cdot 2{,}363)\ \text{kN}$$

$$F_{Av} = F_{Bv} = 10{,}21\ \text{kN}$$

Die Gleichung für das größte Biegemoment durch eine dreieckförmige Belastung entnimmt man Bautabellen. Danach ist es $M_{Dreieck} = \frac{1}{12}\ \max g \cdot l^2$. Diesem Biegemoment wird das der Einzelkraft $F_{g,d}$ und das der gleichmäßig verteilten Eigenlast g_0 der Träger überlagert:

$$\max M = M_{Dreieck} + M_{Fg,s} + M_{q0}$$

$$= \frac{1}{12} \cdot 12{,}7\ \text{kN/m} \cdot 2{,}363^2\ \text{m}^2$$

$$+ \frac{l}{4} \cdot 4{,}26\ \text{kN} \cdot 2{,}363\ \text{m}$$

$$+ \frac{1}{8} \cdot 0{,}49\ \text{kN/m} \cdot 2{,}363^2\ \text{m}^2$$

$$\max M = 8{,}77\ \text{kNm}$$

Die größte Querkraft tritt in den Lagern A und B auf und belastet die Ziegelstürze auf Abscherung.

$$\max F_Q = F_{Av} = 10{,}21\ \text{kN}$$

Nachweise:

Nur wenn die Einbaubedingungen (z. B. die vorgeschriebene Übermauerung als Druckschicht) eingehalten werden, ist die Belastbarkeit eines Ziegelsturzes nach Herstellerangaben 15,33 kN/m. Das ergibt ein größtes Biegemoment in Trägermitte von:

$$\text{zul}\ M = \frac{1}{8} \cdot 15{,}33\ \text{kN/m} \cdot 2{,}363^2\ \text{m}^2 = 10{,}7\ \text{kNm} \quad \text{für einen Sturz}$$

$$\max M = 8{,}77\ \text{kNm} < \text{zul}\ M = 21{,}4\ \text{kNm}$$

$$8{,}77/21{,}4 = 0{,}41 < 1$$

Die zulässige Querkraft ist:

$$\text{zul}\ F_Q = \frac{1}{2} \cdot 15{,}33\ \text{kN/m} \cdot 2{,}363\ \text{m} = 18{,}11\ \text{kN} \quad \text{für einen Sturz}$$

$$\max F_Q = 10{,}21\ \text{kN} < 36{,}22\ \text{kN}$$

$$10{,}21/36{,}22 = 0{,}28 < 1$$

Im Mauerwerk entsteht Auflagerpressung in den Lagern A und B. Aus den Längenabmessungen folgt eine Auflagerfläche für zwei 17,5 cm breite Stürze von:

$$A = \frac{1}{2}(2500 - 2250)\ \text{mm} \cdot 2 \cdot 175\ \text{mm} = 437{,}5\ \text{cm}^2$$

Damit:

$\sigma_d = F_{Av}/A = 10{,}21\ \text{kN}/43750\ \text{mm}^2 = 0{,}23\ \text{N/mm}^2 < \text{zul}\ \sigma = 1{,}2\ \text{N/mm}^2$

$0{,}23/1{,}2 = 0{,}19 < 1$

mit zul $\sigma = k \cdot \sigma_0 = 1 \cdot 1{,}2\ \text{N/mm}^2 = 1{,}2\ \text{N/mm}^2$ für Mauerwerk MZ 12, MG II

Lösung Aufgabe 82

In Aufgabe 84 wird ein Träger gezeigt, der aus zwei übereinandergelegten Einzelträgern besteht. Durch die kraft- oder formschlüssige Verbindung dieser beiden Einzelträger mit Leim, Nägeln, Dübeln u. a. entsteht ein homogener Träger.

In der vorliegenden Aufgabe sind auch zwei Träger übereinandergelegt, jedoch lose, so dass zwischen ihnen keine Schubspannungen übertragen werden können. Für die Biegespannungen im Holz- bzw. Stahlträger kann deshalb kein „Gesamtwiderstandsmoment“ angesetzt werden. Jeder Träger biegt so, als würden beide Träger nebeneinanderliegen, wobei die Durchbiegung *w* in beiden Trägern gleich groß ist.

– Kraftanteile auf den Holz- bzw. Stahlträger

Durch Gleichsetzen der beiden Durchbiegungen $w_{Holz} = w_{Stahl}$ wird die Aufgabe lösbar. Aus Bautabellen entnimmt man entsprechende Gleichungen, z. B.:

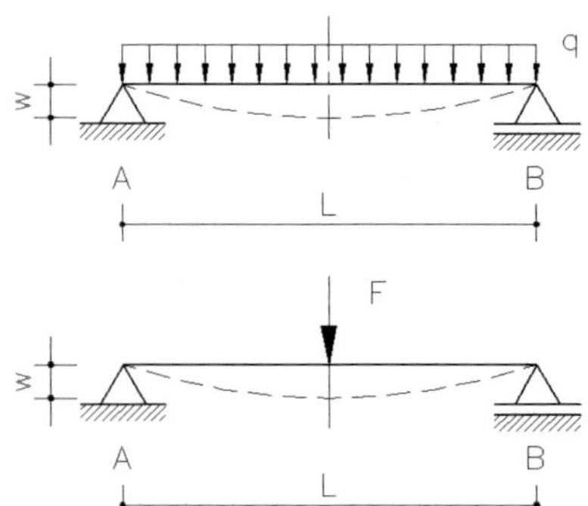

für einen Träger auf zwei Stützen mit gleichmäßig verteilter, beliebiger Last *q:*

$$\max w = \frac{5}{384} \cdot \frac{q \cdot L^4}{E \cdot I}$$

für einen Träger auf zwei Stützen mit Einzellast *F* in der Mitte:

$$\max w = \frac{1}{48} \cdot \frac{F \cdot L^3}{E \cdot I}$$

In beiden Gleichungen ist *E* der Elastizitätsmodul und *I* das Flächenmoment 2. Grades, bezogen auf die eigene, horizontale Schwerachse. Damit ergeben sich bei Anwendung der Gleichung für das untere Bild:

$w_{Holz} = w_{Stahl}$

$$\frac{1}{48} \cdot \frac{F_H \cdot L_H^3}{E_H \cdot I_H} = \frac{1}{48} \cdot \frac{F_S \cdot L_S^3}{E_S \cdot I_S}$$

Mit $L_H = L_S$, lässt sich vereinfachen:

$$\frac{F_H}{E_H \cdot I_H} = \frac{F_S}{E_S \cdot I_S}$$

$$\frac{F_S}{F_H} = \frac{E_S \cdot I_S}{E_H \cdot I_H}$$

Mit

$$E_S = 210000 \text{ N/mm}^2$$

$$E_H = 10000 \text{ N/mm}^2$$

$$I_S = \frac{\pi}{64} \cdot (d_a^4 - d_i^4) = \frac{\pi}{64} \cdot (63{,}5^4 - 58{,}5^4) \text{ mm}^4 = 22{,}32 \text{ cm}^4$$

$$I_H = b \cdot h^3/12 = (60 \cdot 80^3/12) \text{ mm}^4 = 256 \text{ cm}^4$$

folgt:

$$\frac{F_S}{F_H} = 1{,}831$$

Da die Gesamtkraft $F = m \cdot g = 220 \text{ kg} \cdot 9{,}81 \text{ m/s}^2 = 2158 \text{ N}$ beträgt und ferner:

$$F = F_S + F_H$$

ergibt sich:

$$F = F_S + F_S/1{,}831 = 1{,}546\ F_S = 2158 \text{ N}$$

und damit:

$$F_S = 1396 \text{ N}$$

$$F_H = 762 \text{ N}$$

- **Biegespannung**
  - **für den Stahlträger**

$$M_S = \frac{F_S \cdot L}{4} = \frac{1396 \text{ N} \cdot 3{,}32 \text{ m}}{4} = 1158{,}68 \text{ Nm}$$

$$W_{y,S} = \frac{I_S}{e} = \frac{22{,}32 \text{ cm}^4}{(6{,}35/2) \text{ cm}} = 7{,}03 \text{ cm}^3$$

$$\sigma_{b,S} = \frac{M_S}{W_{y,S}} = \frac{1158{,}68 \cdot 10^3 \text{ Nmm}}{7{,}03 \cdot 10^3 \text{ mm}^3} = 164{,}8 \text{ N/mm}^2$$

– **für den Holzträger**

$$M_{b,H} = \frac{F_H \cdot L}{4} = \frac{762\,\text{N} \cdot 3{,}32\,\text{m}}{4} = 632{,}46\ \text{Nm}$$

$$W_{y,H} = \frac{I_H}{e} = \frac{256\ \text{cm}^4}{4\ \text{cm}} = 64\ \text{cm}^3$$

$$\sigma_{b,H} = \frac{M_{b,H}}{W_{y,H}} = \frac{632{,}46 \cdot 10^3\ \text{Nmm}}{64 \cdot 10^3\ \text{mm}^3} = 9{,}9\ \text{N/mm}^2$$

Ohne weiteren Nachweis wird ergänzt, dass der Spannungsanteil aus dem Trägereigengewicht etwa 6 % beträgt.

– **Durchbiegung**

$$w = w_{\text{Holz}} = w_{\text{Stahl}} = \frac{1}{48} \cdot \frac{F_H \cdot L_H^3}{E_H \cdot I_H} = \frac{1}{48} \cdot \frac{762\ \text{N} \cdot 3{,}32^3 \cdot 10^9\ \text{mm}^3}{10000\ \text{N/mm}^2 \cdot 256 \cdot 10^4\ \text{mm}^4}$$

$$w = 22{,}7\ \text{mm}$$

Das gleiche Ergebnis für die Durchbiegung erhält man, wenn die Werte für Stahl eingesetzt werden. Diese Lösung gilt allgemein für analoge Trägerkonstruktionen.

Lösung Aufgabe 83

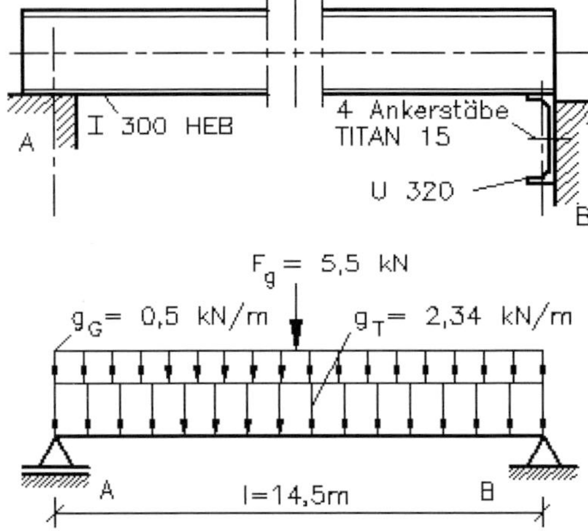

Aus der Strukturskizze (oben) wird das Tragwerksmodell (unten) entwickelt.

Nachgewiesen werden:

- die Biegetragsicherheit der Längsträger
- die Gebrauchstauglichkeit der Längsträger
- die Tragsicherheit der Spannstäbe.

Während die Auflagerkräfte und das größte Biegemoment mit Bemessungswerten berechnet werden, ergibt sich die größte Durchbiegung aus charakteristischen Werten.

– Biegetragsicherheitsnachweis für die Längsträger

Die ungünstigste Laststellung ergibt sich, wenn sich die Bohrvorrichtung in der Mitte der Trägers befindet. Dann folgt für die Auflagerkräfte:

$$F_{A,k} = F_{B,k} = \tfrac{1}{2}\,[(g_{G,k} + g_{T,k}) \cdot l + F_{g,k})]$$

$$F_{A,k} = F_{B,k} = \tfrac{1}{2}\,[(0{,}5 + 2{,}34)\text{ kN/m} \cdot 14{,}5\text{ m} + 5{,}5\text{ kN})] = 23{,}34\text{ kN}$$

$$F_{A,d} = F_{B,d} = \tfrac{1}{2}\,[\gamma_G \cdot (g_{G,k} + g_{T,k}) \cdot l + \gamma_G \cdot F_{g,k}]$$

$$= 0{,}5[1{,}35 \cdot 2{,}84\text{ kN/m} \cdot 14{,}5\text{ m} + 1{,}50 \cdot 5{,}5\text{ kN}] = 31{,}92\text{ kN}$$

Das größte Biegemoment ist dann ebenfalls in der Trägermitte und beträgt:

$$M_{m,k} = \tfrac{1}{8} \cdot (g_{G,k} + g_{T,k}) \cdot l^2 + \tfrac{1}{4} \cdot F_{g,k} \cdot l$$

$$M_{m,k} = \tfrac{1}{8} \cdot (0{,}5 + 2{,}34)\text{ kN/m} \cdot 14{,}5^2\text{ m}^2 + \tfrac{1}{4} \cdot 5{,}5\text{ kN} \cdot 14{,}5\text{ m} = 94{,}6\text{ kNm}$$

$$M_{m,d} = M_{Ed} = \tfrac{1}{8} \cdot (0{,}5 + 2{,}34)\text{ kN/m} \cdot 1{,}35 \cdot 14{,}5^2\text{ m}^2 + \tfrac{1}{4} \cdot 5{,}5\text{ kN} \cdot 1{,}50 \cdot 14{,}5\text{ m}$$

$$= 130{,}7\text{ kNm}$$

Nach Tabelle ist für das Profil I 300, HEB, DIN EN 10 034, das Widerstandsmoment für die y-Achse $W_y = 1680\text{ cm}^3$. Damit:

$$\max \sigma_k = \frac{M_{m,k}}{2 \cdot W_y} = \frac{94{,}6 \cdot 10^6\text{ Nmm}}{2 \cdot 1680 \cdot 10^3\text{ mm}^3} = 28{,}16\text{ N/mm}^2$$

$$\max \sigma_d = \frac{M_{m,d}}{2 \cdot W_y} = \frac{130{,}7 \cdot 10^6\text{ Nmm}}{2 \cdot 1680 \cdot 10^3\text{ mm}^3} = 38{,}9\text{ N/mm}^2$$

Nachweis: $\boxed{\dfrac{M_{Ed}}{M_{c,Rd}} \le 1}$ mit

$$M_{c,Rd} = M_{el,Rd} = 2(W_{el,min} \cdot f_y)/\gamma_{M,0} \quad \text{für QK 3}$$

$$= 2 \cdot (1680\text{ cm}^3 \cdot 235\text{ N/mm}^2)/1 = 789{,}6\text{ kNm}$$

$130{,}7/789{,}6 = 0{,}17 < 1$

– Gebrauchstauglichkeitsnachweis für die Längsträger

Es wird nachgewiesen, dass die vorhandene Durchbiegung vorh w kleiner ist als die vom Baudurchführenden festgesetzte größte Durchbiegung von 20 mm.

In der Aufgabe 82 sind für den vorliegenden Fall Gleichungen angegeben worden. Resultierende Durchbiegungen können immer durch Addition von Einzeldurchbiegungen ermittelt werden:

$$\text{vorh } w = w_{gG} + w_{gT} + w_{Fg} = \frac{5}{384} \cdot \frac{(g_G + g_T) \cdot l^4}{E \cdot I} + \frac{1}{48} \cdot \frac{F_g \cdot l^3}{E \cdot I}$$

$$\text{vorh } w = \frac{l^3 \cdot (5 \cdot l \cdot \sum g + 8 \cdot F_g)}{384 \cdot E \cdot I}$$

Aus Bautabellen entnimmt man $I_y = 25170 \text{ cm}^4$ und $E = 210000 \text{ N/mm}^2$. Damit:

$$\text{vorh } w = \frac{14500^3 \text{ mm}^3 \cdot (5 \cdot 14500 \text{ mm} \cdot 2{,}84 \text{ N/mm} + 8 \cdot 5500 \text{ N})}{384 \cdot 210000 \text{ N/mm}^2 \cdot 2 \cdot 25170 \cdot 10^4 \text{ mm}^4}$$

$\text{vorh } w = 18{,}8 \text{ mm} < \text{zul } w = 20 \text{ mm}$; $18{,}8/20 = 0{,}94 < 1$

- **Tragsicherheitsnachweis für die Spannstäbe**

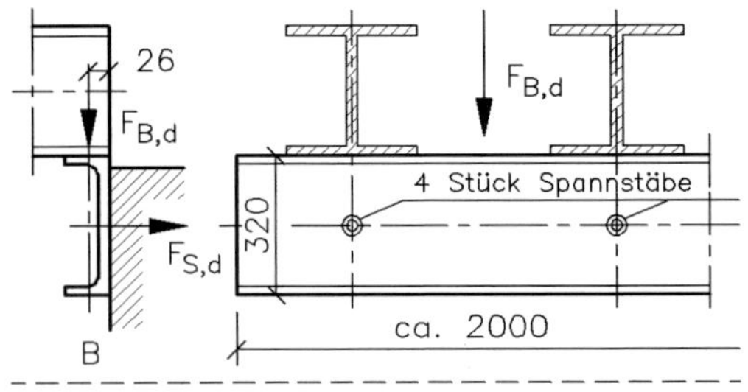

Die Lagerkraft $F_{B,d} = 31{,}92$ kN erzeugt in den vier Spannstäben eine Abscherspannung. Außerdem verursacht sie infolge des Abstandes von 26 mm zur Mauerkante eine Drehung um die Unterkante des U-Profils, so dass eine Kraft $F_{z,d}$ entsteht, die die Spannstäbe auf Zug beansprucht. Die Zugkraft berechnet sich aus:

$$\sum M_U = 0 = F_{B,d} \cdot 26 \text{ mm} - F_{S,d} \cdot (320/2) \text{ mm}$$

hieraus: $F_{S,d} = 5{,}19$ kN

Für den folgenden Nachweis sollen nur zwei der vier Spannstäbe berücksichtigt werden. Damit wird je Spannstab die Querkraft vorh $Q = F_{B,d}/2 = 15{,}96$ kN und die Zugkraft vorh $N = F_{S,d}/2 = 2{,}60$ kN.

In dem unteren Bild ist eine Belastungsgerade des Herstellers der Spannstäbe vereinfacht dargestellt. Für die oben angegebene Querkraft vorh Q entnimmt man dem Diagramm eine zulässige Normalkraft von:

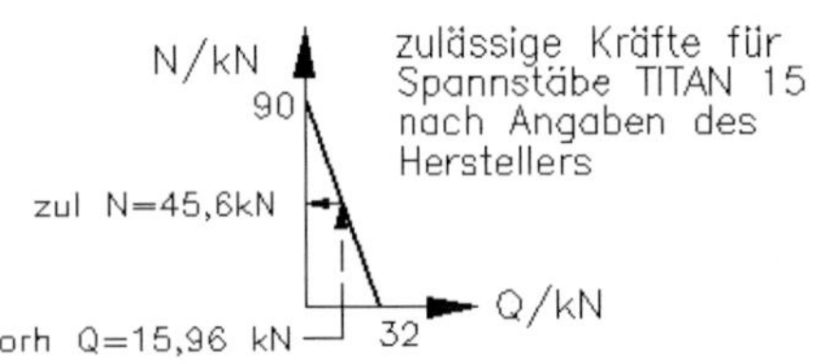

zul $N = 45{,}6$ kN

Damit:

vorh $N = 2{,}60$ kN < zul $N = 45{,}6$ kN

$2{,}60/45{,}6 = 0{,}06 < 1$

vorh $Q = 15{,}96$ kN < zul $Q = 32$ kN

$15{,}96/32 = 0{,}50 < 1$

Lösung Aufgabe 84

Ein zusammengesetzter Biegeträger ist nur dann identisch mit einem Träger gleichen Querschnitts und gleicher Gestalt, wenn die bei der Biegung auftretende Schubspannung in Trägerlängsrichtung aufgenommen werden kann.

Im vorliegenden Beispiel müssen die beiden Trägerteile verleimt, gedübelt oder in anderer Weise kraftschlüssig miteinander verbunden werden.

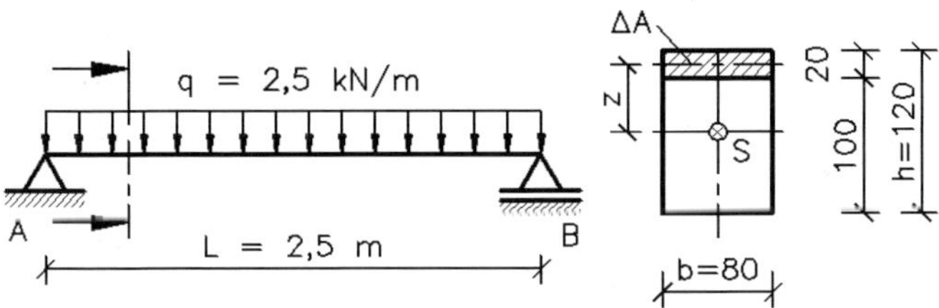

Die vorhandene Schubspannung berechnet sich zu:

$$\tau_Q = \frac{F_Q \cdot H}{b \cdot I}$$

Hierin bedeuten:

- F_Q Querkraft in der Gesamtquerschnittsfläche
- H Flächenmoment 1. Grades für die „abgeschnittene" Fläche ΔA (schraffierte Fläche)
- b Schnittbreite b
- I Flächenmoment 2. Grades der Gesamtfläche bezüglich ihres Schwerpunktes S

Während die maximale Biegespannung in der vorliegenden Aufgabe in Trägermitte auftritt, entsteht die größte Tangentialspannung als Schubspannung an den Lagern A und B, weil dort die größten Querkräfte sind. Mit den gegebenen Zahlenwerten ergeben sich:

$$\tau_{Q,A} = \tau_{Q,B} = \frac{\left(\frac{1}{2} \cdot q \cdot L\right) \cdot (\Delta A \cdot z)}{b \cdot \left(\frac{b \cdot h^3}{12}\right)} = \frac{\left(\frac{1}{2} 2{,}5 \cdot 2{,}5\right) \text{kN} \cdot (80 \cdot 20 \cdot 50)\,\text{mm}^3}{80\,\text{mm} \cdot \frac{80 \cdot 120^3}{12}\,\text{mm}^4}$$

$$\tau_{Q,A} = \tau_{Q,B} = 0{,}27\ \text{N/mm}^2$$

Die Biegespannungen berechnen sich mit

$$M = q \cdot L^2/8 = 2{,}5 \text{ kN/m } 2{,}5^2 \text{ m}^2/8 = 1{,}953 \text{ kNm}$$

$$I_y = b \cdot h^3 /12 = 80 \text{ mm} \cdot 120^3 \text{ mm}^3/12 = 1152 \text{ cm}^4$$

$$W_{Fuge} = I_y/4 \text{ cm} = 1152 \text{ cm}^4/4 \text{ cm} = 288 \text{ cm}^3$$

$$W_{Rand} = I_y/6 \text{ cm} = 1152 \text{ cm}^4/6 \text{ cm} = 192 \text{ cm}^3$$

in der Trägermitte zu:

$$\sigma_{b,Fuge} = M/W_{Fuge} = -1{,}953 \text{ kNm}/288 \text{ cm}^3 = -6{,}78 \text{ N/mm}^2$$

$$\sigma_{b,Rand} = M/W_{Rand} = \pm 1{,}953 \text{ kNm}/192 \text{ cm}^3 = \pm 10{,}17 \text{ N/mm}^2$$

Lösung Aufgabe 85

Zu 1.: Druck im Sparreneinschnitt

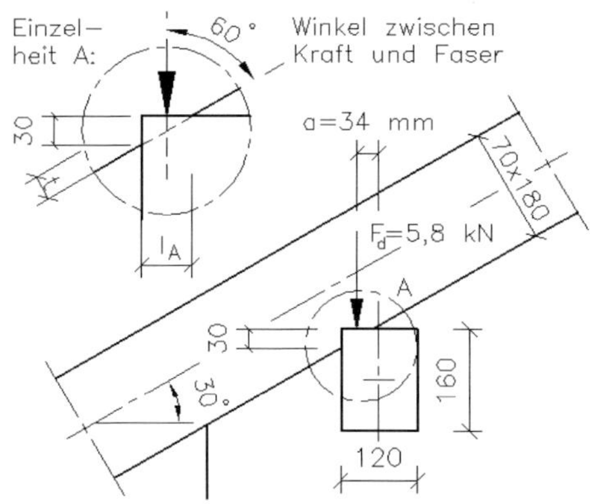

Die Berechnung der Druckspannung im Sparreneinschnitt erfordert die Ermittlung der Kerventiefe t und der Auflagerlänge l_A, die aus der Einschnitttiefe von 30 mm und dem Sparrenwinkel von 30° berechnet werden können:

$$t = 30 \text{ mm} \cdot \cos 30° = 26 \text{ mm}$$

$$l_A = 30 \text{ mm}/\tan 30° = 52 \text{ mm}$$

$$l_{A,ef} = l_A + 2 \cdot 30 \text{ mm} \cdot \sin 60°$$

$$l_{A,ef} = 52 \text{ mm} + 2 \cdot 30 \text{ mm} \cdot \sin 60° = 104 \text{ mm}$$

$$A_{ef} = b_{Sp} \cdot l_{A,ef}$$

$$A_{ef} = 70 \text{ mm} \cdot 104 \text{ mm} = 7280 \text{ mm}^2$$

Da die Druckspannung im Sparreneinschnitt weder genau längs noch quer zur Faser auftritt, ist nachzuweisen dass

$$\boxed{\frac{N_{\alpha,d}}{A_{ef}} \leq k_{c,\alpha} \cdot f_{c,\alpha,d}}$$

mit $N_{\alpha,d} = 5{,}8$ kN Bemessungswert der einwirkenden Kraft

$k_{c,\alpha} = 1{,}433$ Beiwert lt. Tabelle

$f_{c,\alpha,k} =$ Druckfestigkeit $f(\alpha) = 3{,}15$ N/mm²

$$k_{c,\alpha} \cdot f_{c,\alpha,d} = k_{c,\alpha} \cdot f_{c,\alpha,k} \cdot (k_{mod}/\gamma_M)$$

$$= 1{,}433 \cdot 3{,}15 \text{ N/mm}^2 \cdot (0{,}7/1{,}3) = 2{,}43 \text{ N/mm}^2$$

$$5{,}8 \text{ kN}/7280 \text{ mm}^2 = 0{,}80 \text{ N/mm}^2 < 2{,}43 \text{ N/mm}^2; \qquad 0{,}8/2{,}43 = 0{,}33 < 1$$

Zu 2.: Druck in der Pfette infolge Sparrenauflage

Die Nachweisführung erfolgt analog zu der des Sparrens:

$l_{ef} = b_{Sp} + 2 \cdot 30\text{ mm} = 70\text{ mm} + 60\text{ mm} = 130\text{ mm}$

$A_{ef} = l_A \cdot l_{ef} = 52\text{ mm} \cdot 130\text{ mm} = 6760\text{ mm}^2$

$k_{c,\alpha} = k_{c,90} = 1{,}5$ Beiwert lt. Tabelle

$f_{c,90,k} = 2{,}5\text{ N/mm}^2$

$f_{c,90,d} = 2{,}5\text{ N/mm}^2 \cdot (k_{mod}/\gamma_M) = 2{,}5\text{ N/mm}^2 \cdot (0{,}7/1{,}3) = 1{,}35\text{ N/mm}^2$

$k_{c,90} \cdot f_{c,90,d} = 1{,}5 \cdot 1{,}35\text{ N/mm}^2 = 2{,}02\text{ N/mm}^2$

$5{,}8\text{ kN}/6760\text{ mm}^2 = 0{,}86\text{ N/mm}^2 < 2{,}02\text{ N/mm}^2$; $0{,}86/2{,}02 = 0{,}43 < 1$

Zu 3.: Schub in der Pfette infolge Querkraft

Für die Schubspannung infolge Querkraft wird folgender Nachweis geführt:

$$\boxed{1{,}5 \cdot \frac{V_d}{A_n} \le f_{v,d}}$$

Die größte Querkraft F_Q tritt als konstante Kraft $F = F_Q$ über der gesamten Kragarmlänge bis zum Auflager in der Außenwand auf.

$V_d = F_d + 1{,}35 \cdot g = 5{,}8\text{ kN} + 1{,}35 \cdot 0{,}096\text{ kN/m} \cdot 0{,}6\text{ m} = 5{,}88\text{ kN}$

Bemessungswert der Querkraft

$A_n = 120\text{ mm} \cdot 160\text{ mm} = 19200\text{ mm}^2$ Nettoquerschnittsfläche

$f_{v,d} = f_{v,k} \cdot (k_{mod}/\gamma_M) = 2{,}0\text{ N/mm}^2 \cdot (0{,}7/1{,}3) = 1{,}08\text{ N/mm}^2$

Bemessungswert der Schubfestigkeit

damit: $1{,}5 \cdot (5{,}88\text{ kN}/19200\text{ mm}^2) = 0{,}46\text{ N/mm}^2 < 1{,}08\text{ N/mm}^2$

$0{,}46/1{,}08 = 0{,}43 < 1$

Zu 4.: Biegespannung in der Pfette

Es ist nachzuweisen, dass

$$\boxed{\frac{M_d}{W_n} \le f_{m,d}}$$

$M_d = 5{,}8\text{ kN} \cdot 0{,}6\text{ m} + 0{,}08\text{ kN} \cdot 0{,}4\text{ m} = 3{,}51\text{ kNm}$

Bemessungswert des Momentes

$W_n = 512\text{ cm}^3$ lt. Tabelle Nettowiderstandsmoment

$f_{m,d} = f_{m,k} \cdot (k_{mod}/\gamma_M) = 24\text{ N/mm}^2 \cdot (0{,}7/1{,}3) = 12{,}92\text{ N/mm}^2$

Bemessungswert der Biegefestigkeit

$3{,}51\text{ kNm}/512\text{ cm}^3 = 6{,}90\text{ N/mm}^2 < 12{,}92\text{ N/mm}^2$; $6{,}90/12{,}92 = 0{,}53 < 1$

Zu 5.: Durchbiegung der Pfette

Die Durchbiegung eines Kragträgers ist aus seinem Eigengewicht g_k und der Einzellast F_k, die im Abstand l = 600 mm angreift, zu ermitteln. In Ermangelung näherer Angaben in der Aufgabenstellung wird $F_k \approx F_d/1{,}35 = 5{,}8$ kN/1,35 = 4,30 kN (Größtwert) angesetzt.

$$w = \frac{g_k \cdot l^4}{8EI} + \frac{F_k \cdot l^3}{3EI} = \left(\frac{g_k \cdot l}{8} + \frac{F_k}{3}\right) \cdot \frac{l^3}{EI_y} \quad \text{mit} \quad I_y = 4096 \text{ cm}^4 \quad \text{lt. Bautabellen}$$

$$w = \left(\frac{0{,}096 \text{ N/mm} \cdot 600 \text{ mm}}{8} + \frac{4300 \text{ N}}{3}\right) \cdot \frac{600^3 \text{ mm}^3}{10000 \text{ N/mm}^2 \cdot 4096 \cdot 10^4 \text{mm}^4}$$

$w = 0{,}8$ mm < zul $w = 2 \cdot l/300 = 2 \cdot 600$ mm/300 = 4 mm

$w = 0{,}8$ mm < zul $w = 4$ mm ;   0,8/4 = 0,2 < 1

Zu 6.: Außermittigkeit der Vertikalkraft

Es wird angenommen, dass die Kraft F in der Mitte von l_A angreift, also bei $l_A/2$ = 52 mm/2 = 26 mm von der linke Pfettenkante entfernt. Hieraus ergibt sich:

$a = b/2 - l_A/2 = (120/2 - 26)$ mm = 34 mm

Lösung Aufgabe 86

Es ist zweckmäßig, die Spannungen, die die einzelnen Kräfte im Stützenfuß hervorrufen, in einer Tabelle zusammenzustellen und vier Querschnittsstellen 1–4 zuzuordnen. Die Achse y schneidet zwei Längsseiten des Profils, in denen die größte Torsionsspannung auftritt. Alle Spannungen sind in N/mm² angegeben.

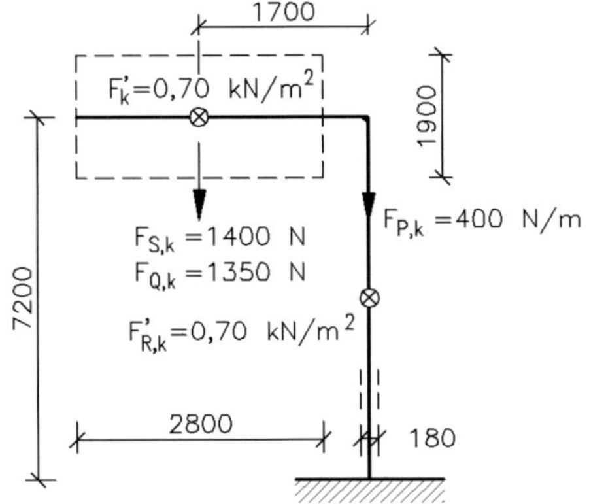

Für das Profilrohr 260 × 180 × 6, DIN EN 10210-2, entnimmt man Bautabellen alle Querschnittskennwerte:

$A = 51{,}0$ cm²

$I_y = 4942$ cm⁴

$I_z = 2804$ cm⁴

$W_y = 380$ cm³

$W_z = 312$ cm³

$I_T = 5554$ cm⁴

$g = 400$ N/m

$T = 6$ mm

W_T wird näherungsweise aus Außenfläche A_a, Innenfläche A_i und Stegdicke T berechnet. Die Rundungen des Profils bleiben dabei unberücksichtigt:

$$W_T = (A_a + A_i) \cdot T = (26 \cdot 18 + 24{,}8 \cdot 16{,}8)\ \text{cm}^2 \cdot 0{,}6\ \text{cm} = 531\ \text{cm}^3$$

– Charakteristische Biegespannung infolge $F_{S,k}$ und $F_{Q,k}$

$$\sigma_{b,k} = \frac{M}{W_z} = \frac{(1400 + 1350)\ \text{N} \cdot 1700\ \text{mm}}{312 \cdot 10^3\ \text{mm}^3} = 14{,}98\ \text{N/mm}^2$$

<table>
<tr><td rowspan="2"></td><td colspan="6">Spannungen im Stützenfuß an der Querschnittsstelle</td></tr>
<tr><td>1</td><td>2</td><td>3</td><td>4</td><td>y(li)</td><td>y(re)</td></tr>
<tr><td>$F_{S,k}$ und $F_{Q,k}$ erzeugen</td><td>Biegedruck
–14,98 MPa</td><td>Biegezug
+14,98 MPa</td><td>Biegedruck
–14,98 MPa</td><td>Biegezug
+14,98 MPa</td><td rowspan="4" colspan="2">z
1 2
y(li) y(re)
3 4</td></tr>
<tr><td>$F_{S,k}$, $F_{Q,k}$ und $F_{P,k}$ erzeugen</td><td>Druck
–1,10 MPa</td><td>Druck
–1,10 MPa</td><td>Druck
–1,10 MPa</td><td>Druck
–1,10 MPa</td></tr>
<tr><td>F'_k und $F'_{R,k}$ erzeugen</td><td>Biegedruck
–79,16 MPa</td><td>Biegedruck
–79,16 MPa</td><td>Biegezug
+79,16 MPa</td><td>Biegezug
+79,16 MPa</td></tr>
<tr><td>$\sum\sigma =$</td><td>–95,24 MPa</td><td>–65,28 MPa</td><td>+63,08 MPa</td><td>+93,04 MPa</td></tr>
<tr><td>F'_k und $F'_{R,k}$ erzeugen</td><td>Abscherung
0,91 MPa</td><td>Abscherung
0,91 MPa</td><td>Abscherung
0,91 MPa</td><td>Abscherung
0,91 MPa</td><td colspan="2">Abscherung
0,91 MPa</td></tr>
<tr><td>F'_k erzeugt in Achse y</td><td></td><td></td><td></td><td></td><td colspan="2">Torsion
11,92 MPa</td></tr>
<tr><td>$\sum\tau =$</td><td></td><td></td><td></td><td></td><td>12,83 MPa</td><td>11,01 MPa</td></tr>
</table>

– Charakteristische Druckspannung infolge aller vertikalen Kräfte

$$\sigma_{d,k} = \frac{F}{A} = -\frac{(1400 + 1350)\ \text{N} + 400\ \text{N/m} \cdot 7{,}2\ \text{m}}{51 \cdot 10^2\ \text{mm}^2} = -1{,}10\ \text{N/mm}^2$$

– **Charakteristische Biegespannung infolge der Windkräfte**

$$\sigma_{b,k} = \frac{M}{W_y} = \frac{0{,}7\ \text{kN/m}^2 \cdot 2{,}8 \cdot 1{,}9\ \text{m}^2 \cdot 7{,}2\ \text{m} + 0{,}7\ \text{kN/m}^2 \cdot 0{,}18 \cdot 7{,}2\ \text{m}^2 \cdot 3{,}6\ \text{m}}{380\ \text{cm}^3}$$

$$\sigma_{b,k} = 79{,}16\ \text{N/mm}^2$$

In der **Tabelle** der vorangegangenen Seite sind die Normalspannungen vorzeichenbehaftet den vier Eckpunkten des Querschnittes zugeordnet und addiert. Danach ist ablesbar, dass an der Stelle 4 die höchste Zugspannung mit $+93{,}04\ \text{N/mm}^2$ und an der Stelle 1 die höchste Druckspannung mit $-95{,}24\ \text{N/mm}^2$ auftritt.

– **Charakteristische Abscherspannung infolge der Windkräfte**

$$\tau_{a,k} = \frac{F}{A} = \frac{0{,}7\ \text{kN/m}^2 \cdot 2{,}8 \cdot 1{,}9\ \text{m}^2 + 0{,}7\ \text{kN/m}^2 \cdot 0{,}18 \cdot 7{,}2\ \text{m}^2}{51\ \text{cm}^2} = 0{,}91\ \text{N/mm}^2$$

Charakteristische Verdrehspannung infolge der Windkraft

$$\tau_{T,k} = \frac{M_T}{W_T} = \frac{0{,}7\ \text{kN/m}^2 \cdot 2{,}8 \cdot 1{,}9\ \text{m}^2 \cdot 1{,}7\ \text{m}}{531\ \text{cm}^3} = 11{,}92\ \text{N/mm}^2$$

In der Achse *y* überlagern sich die Abscherspannung und die Verdrehspannung. Auf der linken Seite *y*(li) addieren sich beide Spannungen, weil sie in einer Richtung wirksam sind, und auf der rechten Seite *y*(re) wird die Verdrehspannung um den Betrag der Abscherspannung kleiner, weil dort beide Spannungen gegenläufig sind.

– **Torsionswinkel und Verschiebung des Schildes**

Der Torsionswinkel berechnet sich zu:

$$\varphi = \frac{M_T \cdot l}{G_T \cdot I_T} = \frac{0{,}7\ \text{kN/m}^2 \cdot 2{,}8 \cdot 1{,}9\ \text{m}^2 \cdot 1{,}7\ \text{m} \cdot 7{,}2\ \text{m}}{81000\ \text{N/mm}^2 \cdot 5554\ \text{cm}^4} = 0{,}0102\ \text{rad} = 0{,}58^\circ$$

Hinweis: Die Gleichung ist in Aufgabe 85 bereits für Holz angewendet worden. Für Stahl kann der Schubmodul $G_T = 81000\ \text{N/mm}^2$ Bautabellen entnommen werden. Die Verdrehlänge ist 7,2 m.

Der größte Abstand von der vertikalen Schwerachse des Profilrohres (Drehachse) zur äußersten Kante des Schildes ist $R = 1{,}7\ \text{m} + 2{,}8\ \text{m}/2 = 3{,}1\ \text{m}$.

Damit:

$$f = \varphi \cdot R = 0{,}0102\ \text{rad} \cdot 3{,}1\ \text{m} = 31{,}6\ \text{mm}$$

Lösung Aufgabe 87

In dem Bild ist der linke Teil der Verbindung entfernt und an seine Stelle die mittig wirkende Kraft F_H eingesetzt.

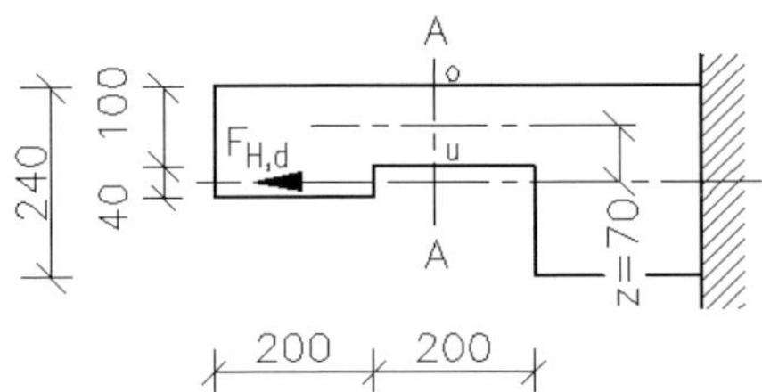

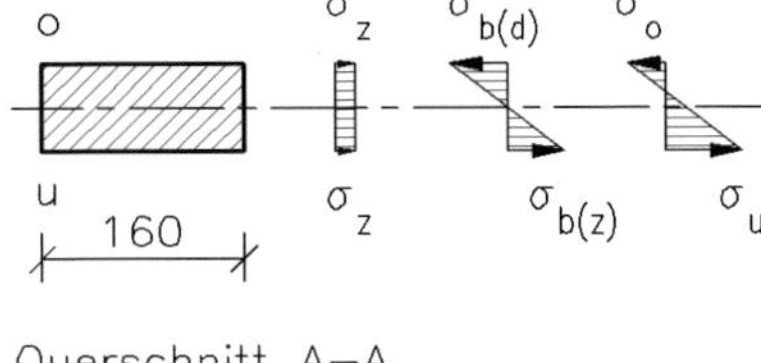

Zu 1.: Tragfähigkeitsnachweis für Abscheren im Vorholz und die Druckspannung im Versatz

– Abscheren im Vorholz

Es wird eine Fläche von 200 mm × 160 mm = 32000 mm² in Faserrichtung abgeschert. Damit ergibt sich:

$$f_{v,d} = f_{v,k} \cdot (k_{mod}/\gamma_M) = 2{,}0\ \text{N/mm}^2 \cdot (0{,}6/1{,}3) = 0{,}92\ \text{N/mm}^2$$

$$\tau_{a,d} = \frac{F_{H,d}}{A_n} = \frac{25000\ \text{N}}{32000\ \text{mm}^2} = 0{,}78\ \text{N/mm}^2 < f_{v,d} = 0{,}92\ \text{N/mm}^2$$

$$0{,}78/0{,}92 = 0{,}85 < 1$$

– Druckspannung im Versatz

An den 40 mm tiefen Einschnitten beider Hölzer entsteht eine Druckspannung (Flächenpressung). Die Anpressfläche ist 40 mm × 160 mm = 6400 mm².

Nachweis:

$$\boxed{\frac{N_d}{A_n} \leq f_{c,0,d}}$$

$$f_{c,0,d} = f_{c,0,k} \cdot (k_{mod}/\gamma_M) = 23\ \text{N/mm}^2 \cdot (0{,}6/1{,}3) = 10{,}62\ \text{N/mm}^2$$

$$N_d/A_n = 25\ \text{kN}/6400\ \text{mm}^2 = 3{,}91\ \text{N/mm}^2 < 10{,}62\ \text{N/mm}^2$$

$$3{,}91/10{,}62 = 0{,}37 < 1$$

Zu 2.: Tragfähigkeitsnachweis für die größte Normalspannung

Die Kraft $F_{H,d}$ wirkt außermittig zur Schwerachse des Querschnittes A. Dadurch überlagern sich eine Zugspannung σ_z und eine Biegespannung σ_b. Im rechten Bildteil sind die Zugspannung, die Biegespannung und die resultierende Spannung dargestellt. Es ergeben sich die Bemessungswerte zu:

$$\sigma_{z,d} = \frac{F_{H,d}}{A_n} = \frac{N_d}{A_n} = \frac{25000\ \text{N}}{16000\ \text{mm}^2} = 1{,}56\ \text{N/mm}^2$$

mit $A = 100\ \text{mm} \cdot 160\ \text{mm} = 16000\ \text{mm}^2$

$$\sigma_{b,d} = \frac{M_{y,d}}{W_{y,n}} = \frac{17{,}5 \cdot 10^5\ \text{Nmm}}{26{,}667 \cdot 10^4\ \text{mm}^3} = 6{,}56\ \text{N/mm}^2$$

mit $M = F_H \cdot z = 25000\ \text{N} \cdot 70\ \text{mm} = 17{,}5 \cdot 10^5\ \text{Nmm}$

$$W_{y,d} = \frac{b \cdot h^2}{6} = \frac{160 \cdot 100^2}{6}\ \text{mm}^3 = 26{,}667 \cdot 10^4\ \text{mm}^3$$

Diese beiden Spannungen addieren sich vorzeichenbehaftet. An der **oberen** Kante des Querschnittes A ergibt sich:

$$\sigma_{o,d} = \sigma_{z,d} - |\sigma_{b,d}| = 1{,}56\ \text{N/mm}^2 - 6{,}56\ \text{N/mm}^2 = -5{,}00\ \text{N/mm}^2 \quad \text{(Druckspannung)}$$

und an der **unteren** Kante:

$$\sigma_{u,d} = \sigma_{z,d} + \sigma_{b,d} = 1{,}56\ \text{N/mm}^2 + 6{,}56\ \text{N/mm}^2 = +\,8{,}13\ \text{N/mm}^2 \quad \text{(Zugspannung)}$$

Für Biegung und Zug sind nachzuweisen, dass:

$$\boxed{\left(\frac{\frac{N_d}{A_n}}{f_{t,0,d}}\right) + \frac{\frac{M_{y,d}}{W_{y,n}}}{f_{m,y,d}} \le 1} \quad \text{und} \quad \boxed{\left(\frac{\frac{N_d}{A_n}}{f_{t,0,d}}\right) + k_{red} \cdot \frac{\frac{M_{y,d}}{W_{y,n}}}{f_{m,y,d}} \le 1}$$

mit $k_{red} = 0{,}7$ für $h/b = 100/160 = 0{,}625 < 4$

$f_{t,0,d} = f_{t,o,k} \cdot (k_{mod}/\gamma_M) = 18\ \text{N/mm}^2 \cdot (0{,}6/1{,}3) = 8{,}31\ \text{N/mm}^2$

$f_{m,y,d} = f_{m,y,k} \cdot (k_{mod}/\gamma_M) = 30\ \text{N/mm}^2 \cdot (0{,}6/1{,}3) = 13{,}85\ \text{N/mm}^2$

$1{,}56/8{,}31 + 6{,}56/13{,}85 = 0{,}66 < 1$ und $1{,}56/8{,}31 + 0{,}7 \cdot 6{,}56/13{,}85 = 0{,}52 < 1$

Lösung Aufgabe 88

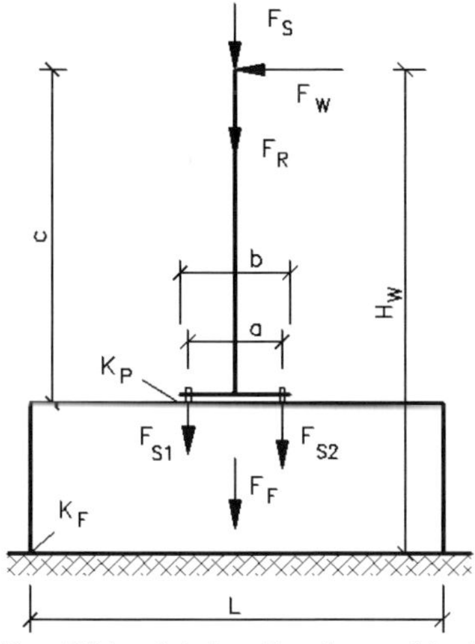

In der nebenstehenden Skizze ist ein Längsschnitt durch das Fundament, von der rechten Fahrbahn aus betrachtet, dargestellt. Sie enthält die auf **ein** Fundament entfallenden Kräfte aus Wind F_W, Eigenlast der Schilder F_S, Eigenlast des Rahmens F_R und Eigenlast des Fundamentes F_F.

Die Windkraft soll bereits alle Anteile aus Schildern und Tragwerk enthalten. Der geringe außermittige Kraftangriff der Eigenlast der Schilder wordo vornachlässigt.

Der Rahmen ist über eine Fußplatte mit 6 Schrauben am Fundament verankert. Jeweils 3 Schrauben sind in Querrichtung vorhanden. Der Begriff Schraube steht hier als Oberbegriff für unterschiedliche Gewindestäbe.

Das Bild zeigt das Fundament im Bauzustand.

Zu 1.: Spannungen in der Fundamentsohle

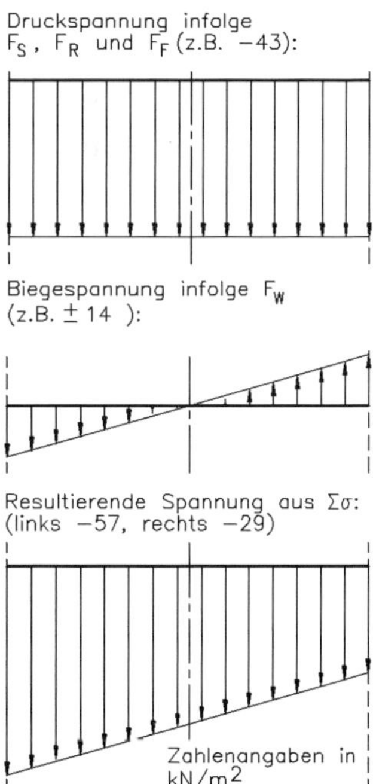

Die Berechnung der Spannungen vernachlässigt die Verformungseigenschaften von Bauwerk und Gründung. Unter dieser Voraussetzung kann eine lineare Sohldruckverteilung angenommen werden.

Es ergeben sich:

$$|\sigma_d| = \frac{\sum F_V}{A} = \frac{F_S + F_R + F_F}{A_{Fundament}} = \frac{F_S + F_R + F_F}{L \cdot B} \quad \text{Druckspannung infolge } \sum F_V$$

$$\sigma_b = \frac{\sum M}{W} = \frac{F_W \cdot H_W}{W_{Fundament}} = \frac{F_W \cdot H_W}{\frac{1}{6} \cdot B \cdot L^2} \quad \text{Biegespannung infolge Windkraft}$$

$|\max \sigma| = |\sigma_d| + |\sigma_{b(d)}|$ Druckspannung auf der linken Seite

$|\min \sigma| = |\sigma_d| - \sigma_{b(z)}$ Druckspannung auf der rechten Seite

Die Skizze auf S. 255 zeigt die Spannungen, denen praktische Daten zu Grunde gelegt sind.

Hinweis: Die angegebene Lösung zur Ermittlung von Spannungen ist inhaltlich ein Überlagerungsprinzip, das für viele analoge Aufgaben anwendbar ist.

Da bei der vorliegenden Aufgabe die resultierende Kraft innerhalb der ersten Kernfläche liegt, tritt keine klaffende Fuge auf (vgl. Aufgabe 89, Seite 257).

Zu 2.: Ermittlung der Schraubenkräfte

Die Schraubenkräfte F_{S1} und F_{S2} für je eine Reihe von 3 Schrauben ergeben sich aus:

$$\sum M_{Kp} = 0 = F_W \cdot c - (F_S + F_R) \cdot \frac{b}{2} - F_{S1} \cdot \frac{b-a}{2} - F_{S2} \cdot \frac{b+a}{2}$$

In dieser Gleichung sind beide Schraubenkräfte jeder Reihe unbekannt. Die Kraft F_{S1} verhält sich zur Kraft F_{S2} wie die entsprechenden Abstände zur Kippachse K_p:

$$\frac{F_{S1}}{F_{S2}} = \frac{(b-a)/2}{(b+a)/2} = \frac{b-a}{b+a}$$

$$F_{S1} = F_{S2} \cdot \frac{b-a}{b+a}$$

Ersetzt man in der obigen Gleichung F_{S1}, dann folgt:

$$\sum M_{Kp} = 0 = F_W \cdot c - (F_S + F_R) \cdot \frac{b}{2} - F_{S2} \cdot \frac{b-a}{b+a} \cdot \frac{b-a}{2} - F_{S2} \cdot \frac{b+a}{2}$$

Diese Gleichung ist nach F_{S2} aufzulösen:

$$F_{S2} = \frac{F_W \cdot c - (F_S + F_R) \cdot b/2}{\frac{a^2 + b^2}{a+b}}$$

Die größte Zugkraft je Einzelschraube ist $F_N = \frac{1}{3} \cdot F_{S2}$

Zu 3.: Ermittlung der Standsicherheit

Die Windkraft versucht, das Fundament um die Achse K_F gegen den Uhrzeigersinn zu drehen. Die Kräfte F_S, F_R und F_F erzeugen das Standmoment. Die Schraubenkräfte sind innere Kräfte im System und haben folglich keinen Einfluss auf die Standsicherheit.

Die Standsicherheit ist:

$$S = \frac{M_{St}}{M_{Ki}}$$

$$S = \frac{(F_S + F_R + F_F) \cdot \frac{L}{2}}{F_W \cdot H_W}$$

Lösung Aufgabe 89

Die folgenden Berechnungen sollen unabhängig vom Baugrund, der im vorliegenden Beispiel eine ebene Plattenfläche ist, erfolgen. Sie gelten also auch für alle bindigen oder nichtbindigen Böden. Die Verformungseigenschaften von Bauwerk und Gründung werden nicht berücksichtigt, so dass eine lineare Sohldruckverteilung angenommen wird.

Zu 1.: Standsicherheit, Durchstoßpunkt e_x der resultierenden Kraft und Querschnittskern

– Ermittlung der Standsicherheit (s. Aufgabe 31)

Die Eigengewichte des Tragwerkes F_T und des Fundamentes F_F gehen in das Standmoment M_{St} ein, während die Windlast $F_{W,T}$ und $F_{W,F}$ das Kippmoment M_{Ki} erzeugt. Die Kippachse wird durch die äußerste Längskante des Fundamentes in der Bodenebene gebildet.

Für die vorliegende Aufgabe gelten für Anzeigetafeln gesonderte Kraftbeiwerte. Danach ist $c_f = 1{,}8$.

Standmoment:

$$M_{St} = (F_T + F_F) \cdot B/2 = (3{,}7 + 227)\ \text{kN} \cdot 1\ \text{m} = 230{,}7\ \text{kNm}$$

Kippmoment:

mit $w_{e,k} = q_{p,k} \cdot c_f = 0{,}65\ \text{kN/m}^2 \cdot 1{,}8 = 1{,}17\ \text{kN/m}^2$

$$F_{w,T} = 1{,}17\ \text{kN/m}^2 \cdot (7{,}2 \cdot 4)\ \text{m}^2 = 33{,}7\ \text{kN}$$

$$F_{w,F} = 1{,}17\ \text{kN/m}^2 \cdot (5 \cdot 1)\ \text{m}^2 = 5{,}85\ \text{kN}$$

ergibt sich:

$$M_{Ki} = F_{w,T} \cdot 4{,}6\ \text{m} + F_{w,F} \cdot 0.5\ \text{m} = (33{,}7 \cdot 4{,}6 + 5{,}85 \cdot 0{,}5)\ \text{kNm} = 158{,}0\ \text{kNm}$$

Standsicherheit:

vorh $S = M_{St}/M_{Ki} = 230{,}7/158{,}0 = 1{,}46 \approx 1{,}5$

– Durchstoßpunkt e_x der resultierenden Kraft und Querschnittskern

Der Durchstoßpunkt der resultierenden Kraft F_R kann zeichnerisch oder rechnerisch aus den Wind- und den Vertikalkräften ermittelt werden. Aus der dritten Gleichgewichtsbedingung folgt:

$$e_x = \frac{F_{w,T} \cdot h_w + F_{w,F} \cdot \frac{h_F}{2}}{F_V} = \frac{33{,}7\ \text{kN} \cdot 4{,}6\ \text{m} + 5{,}85\ \text{kN} \cdot 0{,}5\ \text{m}}{230{,}7\ \text{kN}} = 0{,}685\ \text{m}$$

Mit dem Maß e kann der **Querschnittskern** gezeichnet werden:

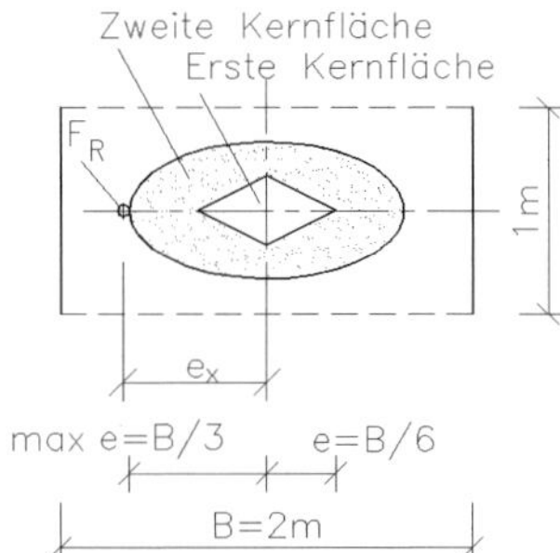

Die erste (rhombische) Kernfläche hat in x-Richtung die Länge $2e$, mit $e = B/6$. Die zweite (elliptische) Kernfläche hat die doppelte Länge mit max $e = B/3$.

$e = B/6 = 2\ \text{m}/6 = 0{,}333\ \text{m}$ für 1. Kernfläche

max $e = B/3 = 2e = 0{,}667\ \text{m}$ für 2. Kernfläche

Sinngemäß gilt das auch für die y-Achse.

Die resultierende Kraft aus ständigen Lasten muss stets innerhalb der ersten Kernfläche liegen, um klaffende Fugen auszuschließen.

Das ergibt sich, wenn die Biege-Zugspannung am Fundamentrand gleich oder kleiner als die Druckspannung ist (vgl. Aufgabe 88).

In der vorliegenden Aufgabe ist $e_x > e$. Die resultierende Kraft liegt außerhalb der ersten Kernfläche, weswegen eine klaffende Fuge auftritt, d. h., es müssten Zugspannungen im Baugrund übertragen werden können. Im Allgemeinen ist das praktisch ausgeschlossen, so dass nicht die volle Fundamentbreite Druckkräfte in den Baugrund überträgt. Nach EC 7 sind solche klaffende Fugen nur für die Gesamtlast zulässig, jedoch auch nur innerhalb der zweiten Kernfläche mit max $e = B/3$.

Da $e_x = 0{,}685\ \text{m} >$ max $e = 0{,}667\ \text{m}$, tritt die resultierende Kraft 1,8 cm außerhalb der zweiten Kernfläche aus. Die Bedingung $(e_x/b_x)^2 = (0{,}685\ \text{m}/2\ \text{m})^2 = 0{,}117 > 1/9 = 0{,}119$ ist grenzwertig erfüllt.

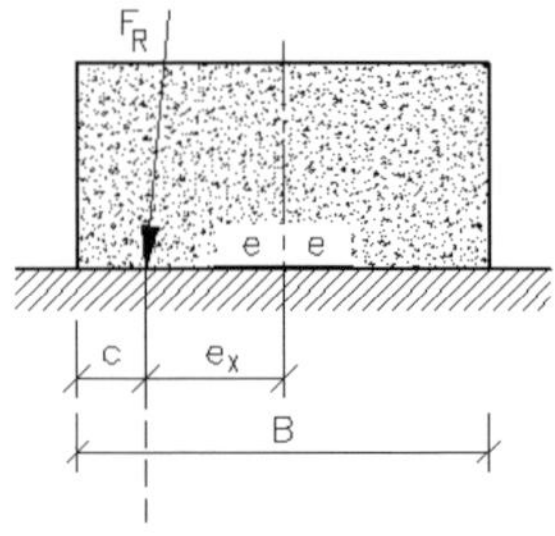

Zu 2.: Maximale Randspannung in der Bodenfuge (eines beliebigen Baugrundes)

Die maximale Randspannung ergibt sich zu:

$$\boxed{\max \sigma = \frac{2 \cdot F_V}{3 \cdot c \cdot L}}$$

In dieser Gleichung ist c der Abstand vom Durchstoßpunkt der resultierenden Kraft F_R zur äußeren Fundamentkante:

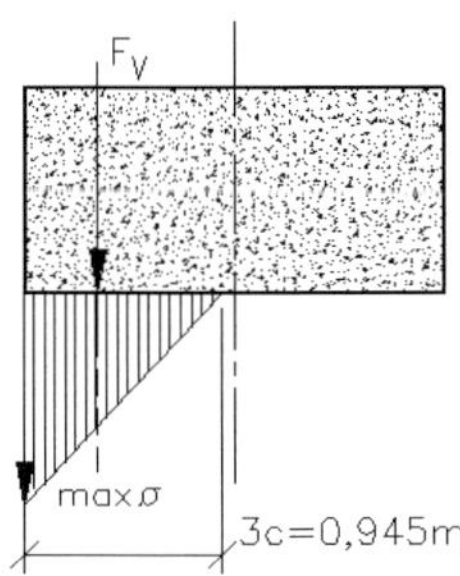

$$c = \frac{B}{2} - e_x = \frac{2\text{ m}}{2} - 0{,}685\text{ m} = 0{,}315\text{ m}$$

$$\max\sigma = \frac{2 \cdot 230{,}7\text{ kN}}{3 \cdot 0{,}315\text{ m} \cdot 5\text{ m}}$$

$$\max\sigma = 97{,}7\text{ kN/m}^2 = 0{,}098\text{ N/mm}^2$$

Im Regelfall sind Fundamente in Böden gegründet. Ist das der Fall, wird in einfachen Fällen der Sohldrucknachweis geführt.

Bei dieser Aufgabe steht das Fundament auf Granitplatten, so dass die kleinere Beanspruchbarkeit durch den Beton gegeben ist.

Mit einem Bemessungswert von z. B. $f_{cd} = 11{,}3\text{ N/mm}^2$ für einen Beton C20/25 folgt:

$$\sigma_d \approx \gamma_F \cdot \max\sigma = 1{,}35 \cdot 0{,}098\text{ N/mm}^2 = 0{,}13\text{ N/mm}^2 < f_{cd} = 11{,}3\text{ N/mm}^2$$

$$0{,}13/11{,}3 = 0{,}012 < 1$$

Lösung Aufgabe 90

Vorbemerkung: In einer hier nicht wiedergegebenen Nebenrechnung sind mit den üblichen Teilsicherheitsbeiwerten für ständige und veränderliche Einwirkungen die Bemessungswerte berechnet worden:

$F_{D,k} = 4{,}20\text{ kN/m}$; $F_{D,d} = 5{,}96\text{ kN/m}$

$F_{A,k} = 3{,}81\text{ kN/m}$; $F_{A,d} = 5{,}45\text{ kN/m}$

$F_{W,k} = 15{,}26\text{ kN/m}$; $F_{W,d} = 20{,}60\text{ kN/m}$

$F_{F,k} = 5{,}76\text{ kN/m}$; $F_{F,d} = 7{,}78\text{ kN/m}$

Zu 1.: Druckspannungsnachweis für das Mauerwerk

Der Druckspannungsnachweis wird für die Fuge zwischen Mauerwerk und Fundament geführt. Die größte Druckkraft ist:

$$F_{M,k} = F_{D,k} + F_{A,k} + F_{W,k} = (4{,}2 + 3{,}81 + 15{,}26)\text{ kN} = 23{,}27\text{ kN}$$

Für Mauerwerksnachweise werden die charakteristischen Werte zu Grunde gelegt.

Hieraus folgt die vorhandene Druckspannung:

$$\sigma_d = \frac{F_{M,k}}{A} = \frac{23{,}27 \cdot 10^3\text{ N}}{240 \cdot 1000\text{ mm}^2} = 0{,}097\text{ N/mm}^2$$

Die zulässige Druckspannung ergibt sich zu:

zul $\sigma = k \cdot \sigma_0$; für Steinfestigkeitsklasse 12 und Mörtelgruppe II ist $\sigma_0 = 1{,}2\ \text{N/mm}^2$

Der Abminderungsfaktor k ist für Wände als einseitiges Endauflager

$k = k_1 \cdot k_2$ oder $k = k_1 \cdot k_3$

wobei der kleinere Wert maßgebend ist.

Alle Faktoren können DIN 1053-1 entnommen werden.

$k_1 = 1$ für Wände mit einem Lochanteil < 35 %

$k_2 = 1{,}0$ folgt aus $h_k = \beta \cdot h_s = 0{,}9 \cdot 2{,}5\ \text{m} = 2{,}25\ \text{m}$

mit $\beta = 0{,}9$ und $h_s = 2{,}5\ \text{m}$

$h_k/d = 2{,}25\ \text{m}/0{,}24\ \text{m} = 9{,}38 < 10$

für $h_k/d < 10$ ist $k_2 = 1{,}0$

$k_3 = 0{,}5$ für Dachdecken (oberstes Geschoss)

$k = k_1 \cdot k_2 = 1 \cdot 1{,}0 = 1{,}0$

$k = k_1 \cdot k_3 = 1 \cdot 0{,}50 = 0{,}50 < 1{,}0$; maßgebend ist der kleinere Wert 0,5

zul $\sigma = 0{,}50 \cdot 1{,}2\ \text{N/mm}^2 = 0{,}6\ \text{N/mm}^2$

$\sigma_d = 0{,}097\ \text{N/mm}^2 <$ zul $\sigma = 0{,}6\ \text{N/mm}^2$

$0{,}097/0{,}6 = 0{,}16 < 1$

Zu 2.: Sohldrucknachweis für den Baugrund unter Berücksichtigung der Außermittigkeit

Der Sohldrucknachweis wird mit Bemessungswerten geführt:

$F_{M,d} = F_{D,d} + F_{A,d} + F_{W,d} = (5{,}96 + 5{,}45 + 20{,}60\ )\ \text{kN} = 32{,}01\ \text{kN}$

- **Moment infolge Außermittigkeit der Kräfte, Durchstoßpunkt e_x, Querschnittskern**

  - **Moment infolge Außermittigkeit der Kräfte**

In der Skizze zur Aufgabenstellung sind die Exzentrizitäten der Kräfte relativ zur Mittelachse des Fundamentes bemaßt, d. h., die Mittelachse ist auf 0,00 gesetzt. Damit haben die Kräfte ein Moment von:

$$M_d = \sum M_{i,d} = F_{D,d} \cdot (-0{,}05)\ \text{m} + F_{A,d} \cdot 0{,}01\ \text{m} + F_{W,d} \cdot (-0{,}03)\ \text{m}$$

$$M_d = (-\ 5{,}96 \cdot 0{,}05 + 5{,}45 \cdot 0{,}01 - 20{,}60 \cdot 0{,}03)\ \text{kNm} = -\ 0{,}86\ \text{kNm}$$

$$|M_d| = 0{,}86\ \text{kNm}$$

Das Minuszeichen bedeutet, dass die resultierende Kraft F_R links von der Vertikalachse angreift.

- **Durchstoßpunkt e_x der Resultierenden F_R in der Bodenfuge**

Die gesamte Vertikalkraft in der Bodenfuge ist:

$$F_{V,d} = F_{M,d} + F_{F,d} = 32{,}0 \text{ kN} + 7{,}78 \text{ kN} = 39{,}79 \text{ kN}$$

Der Durchstoßpunkt der resultierenden Kraft F_R kann zeichnerisch oder rechnerisch aus M und F_V ermittelt werden:

$$e_x = \frac{M_d}{F_{V,d}} = \frac{0{,}86 \text{ kNm}}{39{,}79 \text{ kN}} = 0{,}022 \text{ m}$$

- **Querschnittskern**

In der Aufgabe 89 sind die Sachverhalte zum Querschnittskern dargestellt. Danach ergibt sich mit einer Fundamentbreite von $B = 0{,}3$ m:

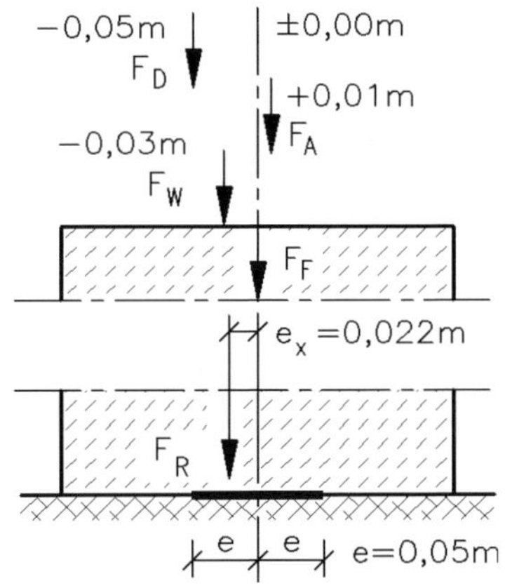

$$e = \frac{B}{6} = \frac{0{,}3 \text{ m}}{6} = 0{,}05 \text{ m}$$

Das Maß e ist in der Zeichenebene die halbe Länge der ersten Kernfläche.

Da die Resultierende im Abstand $e_x = 0{,}022$ m innerhalb dieser Fläche liegt, tritt keine klaffende Fuge auf. Das Fundament trägt über seine gesamte Breite.

Die Verformungseigenschaften von Bauwerk und Gründung werden nicht berücksichtigt. Deshalb kann eine lineare Sohldruckverteilung angenommen werden. Letzteres schließt nicht aus, dass die Spannungen unterschiedlich groß sind.

- **Sohldrucknachweis**

Der Sohldrucknachweis erfolgt als vereinfachter Nachweis, der bei Regelfällen bei Flachgründungen verwendet werden darf.

Es ist nachzuweisen, dass

$$\boxed{\sigma_{E,d} < \sigma_{R,d}}$$

$\sigma_{E,d}$ Bemessungswert der Einwirkungen

$\sigma_{R,d}$ Sohlwiderstand in bindigem Baugrund

– Ermittlung des Sohlwiderstandes

Der Basiswert des Sohlwiderstandes

$$\sigma_{R,d(B)} = 270 \text{ kN/m}^2$$

ist für halbfesten, tonigen Boden bei einer Einbindetiefe von $d = 0{,}8$ m Tabellen zu entnehmen.

Dieser Basiswert kann vergrößert bzw. verkleinert werden:

$$\boxed{\sigma_{R,d} = \sigma_{R,d(B)} \cdot (1 + V - A)}$$

$\sigma_{R,d}$	Sohlwiderstand in bindigem Boden
$\sigma_{R,d(B)}$	Basiswert des Sohlwiderstandes
V	Parameter zur Vergrößerung des Basiswertes
A	Parameter zur Abminderung des Basiswertes

Für die vorliegende Aufgabe wird der Bemessungswert nicht modifiziert;

folglich:

$$\sigma_{R,d} = \sigma_{R,d(B)} = 270 \text{ kN/m}^2$$

– Ermittlung des Bemessungswertes der einwirkenden Spannungen

Für die Ermittlung der größten Spannung $\sigma_{E,d}$ können zwei Verfahren angewendet werden:

1) **Manuelle Spannungsüberlagerung:** die Druck- und Biegespannungen werden einzeln berechnet und dann manuell überlagert; es ergeben sich die größte und die kleinste Druckspannung.
2) **Spannungsermittlung nach EC 7:** Die Spannungsermittlung erfolgt nach EC 7 für den Fall einachsiger Außermittigkeit.

Die Spannungen werden mit beiden Verfahren berechnet, damit ist dem Bearbeiter die Möglichkeit eines Vergleichs gegeben:

1) Manuelle Spannungsüberlagerung:

Die Druckspannung σ_d ist:

$$\sigma_{d,d} = \frac{F_{V,d}}{A} = -\frac{39{,}79 \text{ kN}}{0{,}3 \text{ m} \cdot 1 \text{ m}} = -132{,}63 \text{ kN/m}^2$$

Die Biegespannung ist mit $W = L \cdot B^2/6$ als Widerstandsmoment einer $L = 1$ m langen Fundamentfläche:

$$\sigma_{b,d} = \frac{M_d}{W} = \frac{0{,}86 \text{ kNm}}{1 \cdot 0{,}3^2 \text{ m}^3/6} = 57{,}33 \text{ kN/m}^2$$

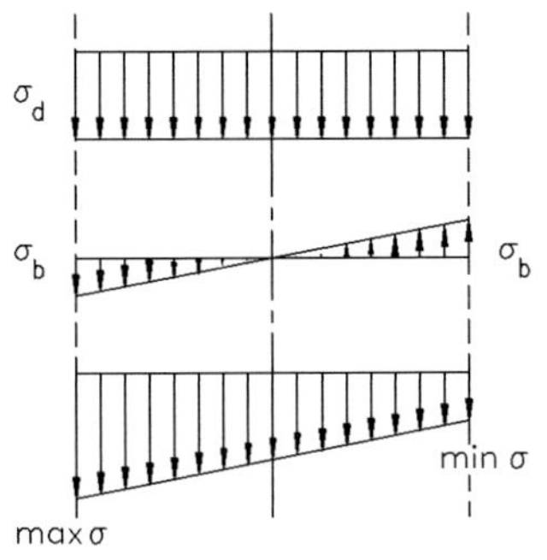

Damit:

$$\max \sigma_d = -|\sigma_{b,d}| - |\sigma_{d,d}|$$
$$= -(57{,}33 + 132{,}63)\ \text{kN/m}^2$$
$$= -189{,}96\ \text{kN/m}^2$$

$$\min \sigma_d = |\sigma_{b,d}| - |\sigma_{d,d}|$$
$$= (57{,}33 - 132{,}63)\ \text{kN/m}^2$$
$$= -75{,}30\ \text{kN/m}^2$$

2) Spannungsermittlung nach EC 7:

Mit b_x als Fundamentbreite B, b_y als Fundamentlänge $l = 1$ m, e_x als Außermittigkeit der Resultierenden in x-Richtung und V als Vertikalkraft F_V ergeben sich:

$$\max \sigma_d = -\frac{V}{b_x \cdot b_y} \cdot \left(1 + \frac{6 \cdot e_x}{b_x}\right) = -\frac{39{,}79\ \text{kN}}{0{,}3\ \text{m} \cdot 1\ \text{m}} \cdot \left(1 + \frac{6 \cdot 0{,}022\ \text{m}}{0{,}3\ \text{m}}\right)$$

$|\max \sigma_d| = 190{,}99\ \text{kN/m}^2$ (Druckspannung)

$$\min \sigma = -\frac{V}{b_x \cdot b_y} \cdot \left(1 - \frac{6 \cdot e_x}{b_x}\right) = -\frac{39{,}79\ \text{kN}}{0{,}3\ \text{m} \cdot 1\ \text{m}} \cdot \left(1 - \frac{6 \cdot 0{,}022\ \text{m}}{0{,}3\ \text{m}}\right)$$

$|\min \sigma| = 74{,}27\ \text{kN/m}^2$ (Druckspannung)

Die geringen Abweichungen zur vorherigen Rechnung ergeben sich, weil ein gerundeter Wert für e_x in die Gleichungen nach EC 7 eingegangen ist. Inhaltlich sind beide Rechnungen identisch.

– **Sohldrucknachweis:**

$$\boxed{\sigma_{E,d} < \sigma_{R,d}}$$

$190{,}99\ \text{kN/m}^2 < 270\ \text{kN/m}^2$; $190{,}99/270 = 0{,}71 < 1$

Lösung Aufgabe 91

Der Nachweis der **Stabilität** eines Bauteiles aus Holz wird durchgeführt, um seine Gleichgewichtslage stabil zu erhalten. In fast allen praktischen Fällen soll ein labiler Gleichgewichtszustand verhindert werden. Die wichtigsten Stabilitätsprobleme sind das **Knicken**, das **Kippen** und das **Beulen**. Alle drei Stabilitätsprobleme sind kein Festigkeitsproblem im Sinne des Versagens eines Bauteiles.

In dieser Aufgabensammlung wird vordergründig nur auf das **Knicken** eingegangen. Mit dem **Stabilitätsnachweis** ist zu prüfen, ob die Gefahr des Knickens besteht. Es ist nachzuweisen, dass

$$\frac{N_d / A_n}{k_c \cdot f_{c,0,d}} \leq 1$$

Hierin bedeuten:

N_d Bemessungswert der Druckkraft

A_n Netto-Querschnittsfläche

$f_{c,0,d}$ Bemessungswert der Druckfestigkeit

$f_{c,0,d} = f_{c,0,k} \cdot (k_{mod}/\gamma_M)$

k_{mod} Modifikationsbeiwerte, abhängig von der Nutzungsklasse (NKL) und der Klasse der Lasteinwirkungsdauer (KLED); $k_{mod} = 0{,}5$

$f_{c,0,k}$ charakteristischer Wert Holz und Holzwerkstoffe, abhängig von der Festigkeitsklasse; $f_{c,0,k} = 23\ \text{N/mm}^2$

γ_M Teilsicherheitsbeiwert für Holz und Holzwerkstoffe; $\gamma_M = 1{,}3$

k_c Knickbeiwert

Der Knickbeiwert ist eine Funktion der *Schlankheit* λ und kann Tabellen entnommen werden. Dabei ist die größte Schlankheit (l_{ef}/i_y bzw. l_{ef}/i_z) maßgebend. Die Schlankheit berechnet sich zu:

$$\lambda = \frac{l_{ef}}{i_{min}} = \frac{l_{ef}}{\sqrt{\dfrac{I_{min}}{A_n}}}$$

mit i **Trägheitsradius** lt. Bautabellen (für einen ungeschwächten quadratischen Querschnitt mit der Kantenlänge a ist der Trägheitsradius min $i = a/\sqrt{12}$)

l_{ef} Knicklänge des Stabes bzw. Ersatzstablänge $= \beta \cdot l$

β Knicklängenbeiwert[1)]

l Stablänge

[1)] Der Knicklängenbeiwert β kann für einfache Stäbe mit konstantem Querschnitt nach den vier *Euler*-Fällen festgelegt werden (genannt nach Leonhard *Euler*, schweiz. Mathematiker, 1707–1783).

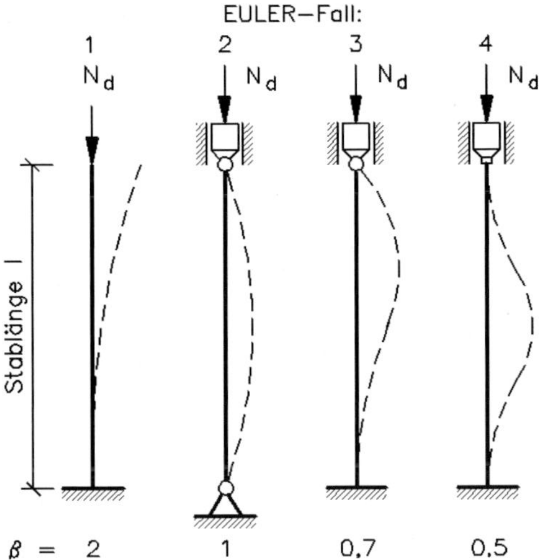

Für die vorliegende Aufgabe ergeben sich:

$N_d = F_d = 106$ kN

$A_n = 160$ mm · 200 mm = 32 000 mm^2

$N_d/A_n = 106$ kN/32000 N/mm^2 = 3,31 N/mm^2

$f_{c,0,d} = 23$ N/mm^2 · (0,5/1,3) = 8,85 N/mm^2

$l_{ef} = \beta \cdot l = 1 \cdot 3{,}2\ \text{m} = 3{,}2\ \text{m}$

mit *Euler*-Fall 2, wenn der Stab an seinen Enden als beweglich gelagert angenommen wird.

$i_{min} = 4{,}62$ cm   lt. Tabelle

damit:

$$\lambda = \frac{l_{ef}}{i_{min}} = 3{,}2\ \text{m}/4{,}62\ \text{cm} = 69{,}3\ ; \quad \textbf{lt. Tabelle:}\ k_c = 0{,}556$$

$k_c \cdot f_{c,0,d} = 0{,}556 \cdot 8{,}85$ N/mm^2 = 4,92 N/mm^2

Nachweis:

$$\frac{N_d/A_n}{k_c \cdot f_{c,0,d}} = 3{,}31/4{,}92 = 0{,}67 < 1$$

Lösung Aufgabe 92

In Aufgabe 91, Seite 263, sind einige Hinweise zum Stabilitätsnachweis von Holzstäben enthalten. Der dort angegebene Lösungsalgorithmus ist inhaltlich dem für Stahlbauteile ähnlich, unterscheidet sich aber in den Lösungsschritten.

Mit dem **Stabilitätsnachweis** ist zu prüfen, ob die Gefahr des Knickens besteht.

Es ist nachzuweisen, dass

$$\boxed{\frac{N_{Ed}}{N_{b,Rd}} \leq 1}$$

Hierin bedeuten:

N_{Ed} Bemessungswert der Druckkraft

$N_{b,Rd} = \chi \cdot N_{pl,Rd} = \chi \cdot A \cdot f_y/\gamma_{M1}$ für QK 1, 2, 3

$= \chi \cdot A_{eff} \cdot f_y/\gamma_{M1}$ für QK 4

f_y charakteristische Festigkeit für Walzstahl; $f_y = 235$ N/mm^2

γ_{M1} Teilsicherheitsbeiwert für Stahl; $\gamma_{M1} = 1{,}1$

A Bruttoquerschnittsfläche; $A = 34{,}0$ cm^2

A_{eff} wirksame Querschnittsfläche (nach Bautabellen)

χ Abminderungsfaktor (nach Bautabellen)

Der bezogene Schlankheitsgrad ist:

$$\boxed{\bar{\lambda} = \frac{L_{cr}}{i \cdot \lambda_1} = \frac{\lambda}{\lambda_1}} \quad \text{für QK 1, 2, 3 mit } L_{cr} = \beta \cdot l$$

β Knicklängenbeiwert (s. Fußnote S. 264)

l Stablänge

i Trägheitsradius

$$\lambda = \frac{L_{cr}}{i}\,; \qquad \lambda_1 = 93{,}9 \cdot \varepsilon\,; \qquad \varepsilon = \sqrt{\frac{235}{f_y}}$$

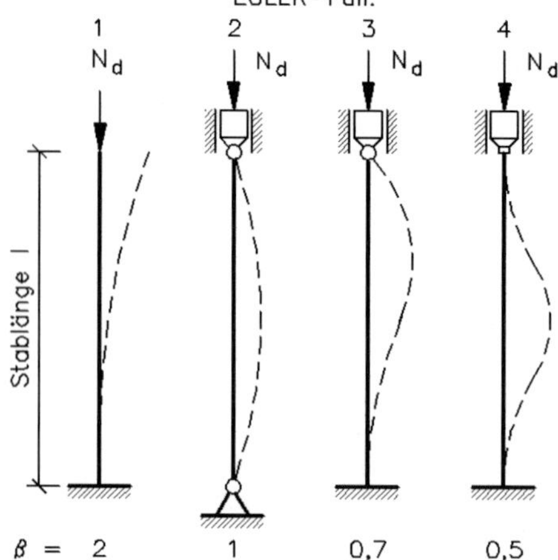

Mit diesem Berechnungsablauf ergeben sich für die Aufgabenstellung:

$N_{Ed} = F_{B,d} = 36{,}12$ kN

$L_{cr} = \beta \cdot l = 0{,}7 \cdot 280$ cm $= 196$ cm mit $\beta = 0{,}7$ für *Euler*-Fall 3

$$\lambda = \frac{L_{cr}}{i_{min}} = \frac{196 \text{ cm}}{3{,}06 \text{ cm}} = 64{,}1 \quad \text{mit} \quad i_{min} = i_z = 3{,}06 \text{ cm} \quad \text{lt. Bautabellen}$$

$$\bar{\lambda} = \frac{\lambda}{\lambda_1} = \frac{64{,}1}{93{,}9} = 0{,}68 \quad \text{mit} \quad \lambda_1 = 93{,}9 \cdot \varepsilon = 93{,}9$$

weil $\varepsilon = \sqrt{\frac{235}{f_y}} = \sqrt{\frac{235}{235}} = 1$

Der Abminderungsfaktor χ ergibt sich nach Bautabellen in Abhängigkeit vom bezogenen Schlankheitsgrad $\bar{\lambda}$ und der Knicklinie zu:

$\chi = 0{,}74$ für Knicklinie *c* (gewalzte I-Querschnitte; $h/b \leq 1{,}2$; *z*-Achse; $t_f < 100$ mm; S 235)

$N_{b,Rd} = \chi \cdot N_{pl,Rd} = \chi \cdot A \cdot f_y/\gamma_{M1}$

$= 0{,}74 \cdot 34{,}0 \text{ cm}^2 \cdot 235 \text{ N/mm}^2/1{,}1 = 537{,}5$ kN

Nachweis:

$$\frac{N_{Ed}}{N_{b,Rd}} = 36{,}12/537{,}5 = 0{,}07 < 1$$

Lösung Aufgabe 93

Nach dem Lösungsalgorithmus der Aufgabe 92 ergeben sich:

$L_{cr} = \beta \cdot l = 2{,}0 \cdot 35$ cm $= 70$ cm mit $\beta = 2$ für *Euler*-Fall 1

$$\lambda = \frac{L_{cr}}{i_{min}} = \frac{70 \text{ cm}}{0{,}5 \text{ cm}} = 140 \quad \text{mit} \quad i = \sqrt{\frac{I}{A}} = \sqrt{\frac{d^4 \cdot \pi/64}{d^2 \cdot \pi/4}} = \frac{d}{4} = \frac{2 \text{ cm}}{4} = 0{,}5 \text{ cm}$$

$$\bar{\lambda} = \frac{\lambda}{\lambda_1} = \frac{140}{93{,}9} = 1{,}49 \quad \text{mit} \quad \lambda_1 = 93{,}9 \cdot \varepsilon = 93{,}9$$

weil $\varepsilon = \sqrt{\frac{235}{235}} = 1$

der Abminderungsfaktor χ ergibt sich nach Bautabellen in Abhängigkeit vom bezogenen Schlankheitsgrad $\bar{\lambda}$ und der Knicklinie *c* zu:

$$\chi = 0{,}32 \quad \text{für Knicklinie } c \text{ (Vollquerschnitt; S 235)}$$

$$N_{b,Rd} = \chi \cdot N_{pl,Rd} = \chi \cdot A \cdot f_y/\gamma_{M1}$$

$$= 0{,}32 \cdot 314 \text{ mm}^2 \cdot 235 \text{ N/mm}^2/1{,}1 = 21{,}5 \text{ kN}$$

$$\frac{N_{Ed}}{N_{b,Rd}} = 1$$

damit:

$$F_d = N_{Ed} = 21{,}5 \text{ kN}$$

Lösung Aufgabe 94

– Bemessungswert N_d für die Stahlstütze

Nach dem Lösungsalgorithmus der Aufgabe 92 ergeben sich:

$$L_{cr} = \beta \cdot l = 1 \cdot 620 \text{ cm} = 620 \text{ cm} \quad \text{mit} \quad \beta = 1 \quad \text{für } \textit{Euler}\text{-Fall 2}$$

$$\lambda = \frac{L_{cr}}{i_{min}} = \frac{620 \text{ cm}}{6{,}12 \text{ cm}} = 101{,}3$$

$$\bar{\lambda} = \frac{\lambda}{\lambda_1} = \frac{101{,}3}{93{,}9} = 1{,}08 \quad \text{mit} \quad \lambda_1 = 93{,}9 \cdot \varepsilon = 93{,}9$$

weil

$$\varepsilon = \sqrt{\frac{235}{235}} = 1$$

Der Abminderungsfaktor χ ergibt sich nach Bautabellen in Abhängigkeit vom bezogenen Schlankheitsgrad $\bar{\lambda}$ und der Knicklinie zu:

$$\chi = 0{,}50 \quad \text{für Knicklinie } c \text{ (kaltgefertigtes Hohlprofil; S 235)}$$

$$N_{b,Rd} = \chi \cdot N_{pl,Rd} = \chi \cdot A \cdot f_y/\gamma_{M1}$$

$$= 0{,}50 \cdot 46{,}4 \text{ cm}^2 \cdot 235 \text{ N/mm}^2/1{,}1 = 495{,}6 \text{ kN}$$

Das spezifische Eigengewicht der Stahlstütze, $g = 0{,}365$ kN/m, entnimmt man Bautabellen.

Für die 6,2 m lange Stütze folgt hieraus ein Eigengewicht von:

$$F_{G,k} = g \cdot l = 0{,}365 \text{ kN/m} \cdot 6{,}2 \text{ m} \approx 2{,}3 \text{ kN}$$

$$F_{G,d} = F_{G,k} \cdot \gamma_G = 2{,}3 \cdot 1{,}35 = 3{,}1 \text{ kN}$$

Damit ist der Bemessungswert am Stützenkopf:

$$F_d = (495{,}6 \text{ kN} - 3{,}1) \text{ kN} = 492{,}5 \text{ kN}$$

– Auswahl einer Holzstütze

Der Bemessungswert N_d der Holzstütze soll ebenfalls $\approx$492,5 kN sein. Addiert man ein geschätztes Eigengewicht von ca. $G_d = 3{,}5$ kN zu dieser Kraft, dann muss der Nachweis der auszuwählenden Holzstütze mit $F_d = (492{,}5 + 3{,}5)$ kN $= 496$ kN geführt werden.

Für die vorliegende Aufgabe ergeben sich:

$$N_d = F_d = 496 \text{ kN}$$

$$f_{c,0,d} = f_{c,0,k} \cdot (k_{mod}/\gamma_M) = 24 \text{ N/mm}^2 \cdot (0{,}7/1{,}3) = 12{,}91 \text{ N/mm}^2$$

$$l_{ef} = \beta \cdot l = 1 \cdot 620 \text{ cm} = 620 \text{ cm} \quad \text{mit} \quad \beta = 1$$

für *Euler*-Fall 2, wenn der Stab an seinen Enden als beweglich gelagert angenommen wird.

1. Schätzung: Brettschichtholz BSH GL 28(c); Abmessung 20 cm × 20 cm

$$i = \sqrt{\frac{I}{A}} = \sqrt{\frac{a^4/12}{a^2}} = a/\sqrt{12} = 20 \text{ cm}/\sqrt{12} = 5{,}77 \text{ cm}$$

$$\lambda = \frac{l_{ef}}{i} = \frac{620 \text{ cm}}{5{,}77 \text{ cm}} = 107{,}5 < \max \lambda = 150 \text{ ;} \quad \text{aus Bautabellen} \quad k_c = 0{,}348$$

$$\frac{N_d/A_n}{k_c \cdot f_{c,0,d}} = \frac{496 \text{ kN}/400 \text{ cm}^2}{0{,}348 \cdot 12{,}92 \text{ N/mm}^2} = 2{,}76 > 1 \quad \text{Knicknachweis nicht erfolgreich!}$$

2. Schätzung: Brettschichtholz BSH GL 28(c) ; Abmessung 28 cm × 28 cm

$$i = \sqrt{\frac{I}{A}} = \sqrt{\frac{a^4/12}{a^2}} = a/\sqrt{12} = 28 \text{ cm}/\sqrt{12} = 8{,}08 \text{ cm}$$

$$\lambda = \frac{l_{ef}}{i} = \frac{620 \text{ cm}}{8{,}08 \text{ cm}} = 76{,}7 < \max \lambda = 150 \text{ ;} \quad \text{aus Bautabellen} \quad k_c = 0{,}636$$

$$\frac{N_d/A_n}{k_c \cdot f_{c,0,d}} = \frac{496 \text{ kN}/784 \text{ cm}^2}{0{,}636 \cdot 12{,}91 \text{ N/mm}^2} = 0{,}77 < 1 \quad \text{Knicknachweis erfolgreich!}$$

Ergebnis: Bezüglich der Knickbeanspruchbarkeit sind Stützen aus Stahl (Hohlprofil 160 × 8) und Brettschichtholz [280/280 GL 28(c)] identisch. Es ist erkennbar, dass der Querschnitt 200/200 der ersten Schätzung nicht ausreicht (das gilt ebenso für 240/240 bzw. 260/260). Das zuvor gewählte Stützeneigengewicht ist annähernd gleich dem der zweiten Schätzung.

7 Lösungen zu erweiterten Aufgaben

Lösung Aufgabe 95

Zu 1.: Statischer Nachweis für den Querträger

- **Biegetragsicherheitsnachweis**
  - **Querschnittskennwerte:**

Im folgenden Bild ist der Querträger als Schweißkonstruktion dargestellt. Zur Berechnung der Widerstandsmomente ist der Flächenschwerpunkt z_S erforderlich. Aus Bautabellen entnimmt man für das Hohlprofil $A = 16{,}7\ \text{cm}^2$ und $I_y = 299\ \text{cm}^4$; der Flachstahl hat eine Fläche von $A = 7{,}5\ \text{cm}^2$ und ein Flächenmoment 2. Grades von:

$$I_y = b \cdot d^3/12 = 0{,}16\ \text{cm}^4$$

Mit diesen Werten berechnet sich der Schwerpunkt z_S für den Gesamtquerschnitt zu:

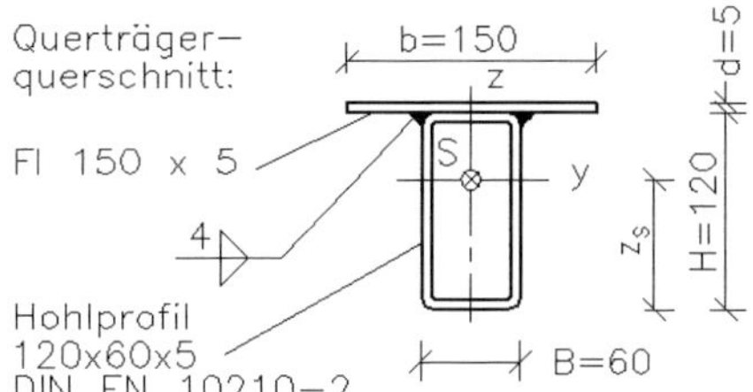

$$z_S = \frac{\sum(A_i \cdot z_i)}{\sum A_i}$$

$$z_S = \frac{(16{,}7 \cdot 6 + 7{,}5 \cdot 12{,}25)\ \text{cm}^3}{(16{,}7 + 7{,}5)\ \text{cm}^2}$$

$$z_S = 7{,}94\ \text{cm}$$

Das gesamte Flächenmoment 2. Grades ist mit Hilfe des Satzes von *Steiner* aus den Einzelflächen zu ermitteln:

$$I_y = \sum(I_{y,i} + A_i \cdot \Delta z_i^2) = \sum[I_{y,i} + A_i \cdot (z_s - z_i)^2]$$

$$I_y = \{[299 + 16{,}7 \cdot (7{,}94 - 6)^2] + [0{,}16 + 7{,}5 \cdot (7{,}94 - 12{,}25)^2]\}\ \text{cm}^4 = 501\ \text{cm}^4$$

Hieraus folgen zwei Widerstandsmomente für die obere und die untere Materialkante:

$W_{y,o} = 501\ \text{cm}^4/4{,}56\ \text{cm} = 109{,}9\ \text{cm}^3$ für die obere Materialkante

$W_{y,u} = 501\ \text{cm}^4/7{,}94\ \text{cm} = 63{,}1\ \text{cm}^3$ für die untere Materialkante

  - **Belastungskennwerte:**

Das Bild auf der folgenden Seite zeigt die Belastung eines Querträgers mit drei Einzelkräften, die durch die punktförmige Abstützung des Bodenaufbaues über Längsträger entstehen. Wegen der Symmetrie der Belastung sind die Auflagerkräfte $F_{C,k}$ und $F_{D,k}$ gleich groß:

$$F_{C,k} = F_{D,k} = \tfrac{1}{2} \cdot \sum F_V = \tfrac{1}{2} \cdot 28\ \text{kN} = 14\ \text{kN}$$

$$F_{C,d} = F_{D,d} = \tfrac{1}{2} \cdot \sum F_V = \tfrac{1}{2} \cdot 39{,}55\ \text{kN} = 19{,}78\ \text{kN}$$

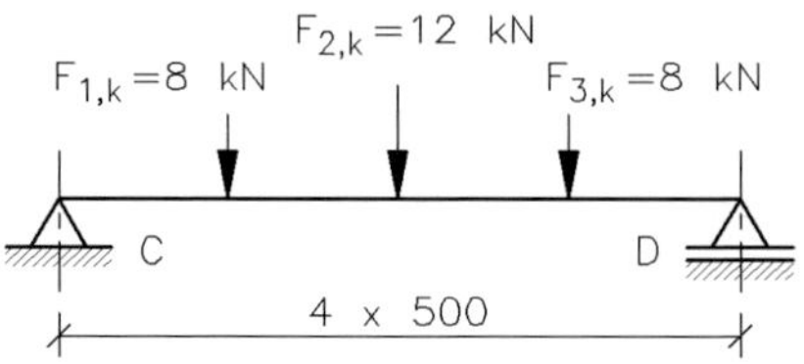

Charakteristischer Querkraftverlauf:

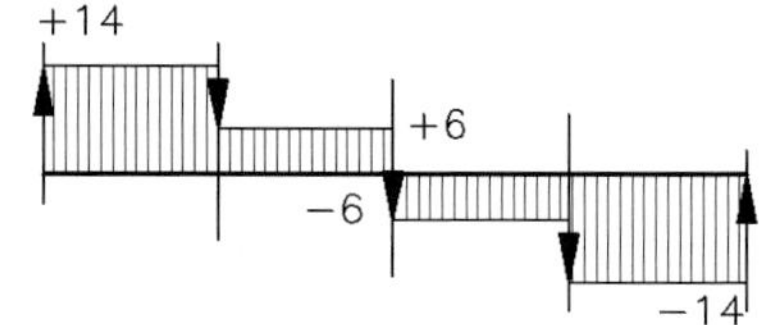

Charakteristischer Biegemomentenverlauf:

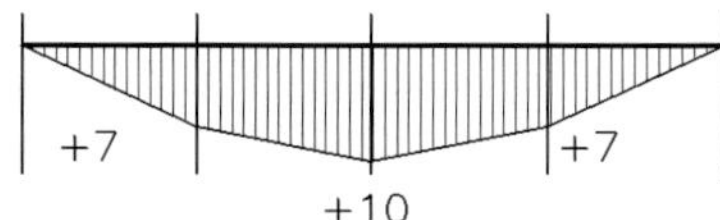

Die **Biegemomente** betragen:

$$M_{1,k} = M_{3,k} = 14 \text{ kN} \cdot 0{,}5 \text{ m} = 7 \text{ kNm}$$

$$M_{2,k} = 14 \text{ kN} \cdot 1{,}0 \text{ m} - 8 \text{ kN} \cdot 0{,}5 \text{ m} = 10 \text{ kNm}$$

$$M_{1,d} = M_{3,d} = 19{,}78 \text{ kN} \cdot 0{,}5 \text{ m} = 9{,}89 \text{ kNm}$$

$$M_{2,d} = 19{,}78 \text{ kN} \cdot 1{,}0 \text{ m} - 11{,}3 \text{ kN} \cdot 0{,}5 \text{ m} = 14{,}13 \text{ kNm}$$

Die **Querkräfte** betragen:

$Q_{C,k} = F_{C,k} = 14$ kN		$Q_{C,d} = F_{C,d} = 19{,}78$ kN	
$Q_{1,k} = 14$ kN	links von 1	$Q_{1,d} = 19{,}78$ kN	links von 1
$= 6$ kN	rechts von 1	$= 8{,}46$ kN	rechts von 1
$Q_{2,k} = 6$ kN	links von 2	$Q_{2,d} = 8{,}46$ kN	links von 2
$= -6$ kN	rechts von 2	$= -8{,}46$ kN	rechts von 2

Stelle 3 ist analog Stelle 1 und Lager C ist analog Lager D.

Nach der Elastizitätstheorie kann konservativ für alle Querschnittsklassen (QK) die Tragsicherheit nachgewiesen werden, wenn die Bedingung:

$$\left(\frac{\sigma_{x,Ed}}{f_y/\gamma_{M0}}\right)^2 + \left(\frac{\sigma_{z,Ed}}{f_y/\gamma_{M0}}\right)^2 - \left(\frac{\sigma_{x,Ed}}{f_y/\gamma_{M0}}\right) \cdot \left(\frac{\sigma_{z,Ed}}{f_y/\gamma_{M0}}\right) + 3\left(\frac{\tau_{Ed}}{f_y/\gamma_{M0}}\right)^2 \leq 1$$

erfüllt ist. Die Nachweise sind für alle Querschnittspunkte zu erbringen. Für die vorliegende Aufgabe ist:

$f_y/\gamma_{M0} = 235\ \text{N/mm}^2/1{,}0 = 235\ \text{N/mm}$

- **Nachweis für die Stelle 1 (analog 3):**

$$\sigma_{y,Ed} = \sigma_{b,d} = \frac{M_{1,d}}{W_{y,u}} = 9{,}89\ \text{kNm}/63{,}1\ \text{cm}^3 = 156{,}7\ \text{N/mm}^2$$

für die Biegezugspannung bei F_1

$$\tau_{Ed} = \tau_{a,d} = \frac{Q_{1,d}}{A_v} = 19{,}78\ \text{kN}/11{,}13\ \text{cm}^2 = 17{,}77\ \text{N/mm}^2$$

für die Abscherspannung bei F_1

mit $A_v = A \cdot H/(B + H) = 16{,}7 \cdot 12/(6 + 12)\ \text{cm}^2 = 11{,}13\ \text{cm}^2$ Schubfläche des Hohlprofils

$(156{,}7/235)^2 + 3 \cdot (17{,}77/235)^2 = 0{,}45 + 0{,}02 = 0{,}47 < 1$

- **Nachweis für die Stelle 2 (Trägermitte):**

$$\sigma_{y,Ed} = \sigma_{b,d} = \frac{M_{2,d}}{W_{y,u}} = 14{,}13\ \text{kNm}/63{,}1\ \text{cm}^3 = 223{,}93\ \text{N/mm}^2$$

für die Biegezugspannung bei F_2

$$\tau_{Ed} = \tau_{a,d} = \frac{Q_{2,d}}{A_v} = 8{,}46\ \text{kN}/11{,}13\ \text{cm}^2 = 7{,}60\ \text{N/mm}^2$$

für die Abscherspannung bei F_2

mit $A_v = A \cdot h/(b + h) = 16{,}7 \cdot 12/(6 + 12)\ \text{cm}^2 = 11{,}13\ \text{cm}^2$

$(223{,}93/235)^2 + 3 \cdot (7{,}60/235)^2 = 0{,}91 + 0{,}003 = 0{,}913 < 1$

- **Nachweis der Schubspannung in der Schweißnaht** (Auflager C und D)

$$\boxed{\tau_{Ed} = \frac{V_{z,Ed} \cdot S_y}{I_y \cdot t} = \frac{Q_{C,d} \cdot (b \cdot d) \cdot z_s}{I_y \cdot (2 \cdot a_w)}}$$

$$= [19{,}78\ \text{kN} \cdot (150 \cdot 5) \cdot 43{,}1\ \text{mm}^3]/[501\ \text{cm}^4 \cdot (2 \cdot 4\ \text{mm})] = 15{,}95\ \text{N/mm}^2$$

mit $Q_{C,d}$ Querkraft über den Lagern C und D

$(b \cdot d) \cdot z_S$ statisches Moment der Fläche $(b \cdot d)$;

$z_S = (120 + 2{,}5 - 79{,}4)\ \text{mm} = 43{,}1\ \text{mm}$ Abstand vom Schwerpunkt der Gesamtfläche bis zum Schwerpunkt der „abgeschnittenen" Fläche

I_y Flächenträgheitsmoment des Gesamtquerschnitts

a_w Schweißnahtdicke $a_w = 4\ \text{mm}$

Nachweis:

$$\sqrt{3} \cdot \tau_{Ed} \leq \frac{f_u}{\beta_w \cdot \gamma_{M2}}$$

$\sqrt{3} \cdot 15{,}95 \text{ N/mm}^2 < [360 \text{ N/mm}^2/(0{,}8 \cdot 1{,}25) = 360 \text{ N/mm}^2$

$27{,}63/360 = 0{,}08 < 1$

Zu 2.: Gebrauchstauglichkeitsnachweis

Die größte Durchbiegung wird zweckmäßig durch Überlagerung der drei Durchbiegungen in Trägermitte infolge der Einzelkräfte $F_{1,k}$, $F_{2,k}$ und $F_{3,k}$ ermittelt. In Aufgabe 82 ist die Durchbiegung unter einer mittigen Einzellast zu

$$w_{Mitte} = \frac{1}{48} \cdot \frac{F \cdot L^3}{E \cdot I}$$

angegeben. Greift die Kraft an einer beliebigen Stelle a des Trägers an, berechnet sich die Durchbiegung z zu

$$z = \frac{1}{6} \cdot \frac{F \cdot L^3}{E \cdot I} \cdot \frac{a \cdot b^2 \cdot y}{L^4} \cdot \left(1 + \frac{L}{b} - \frac{y^2}{a \cdot b}\right) \quad \text{mit } y \leq a$$

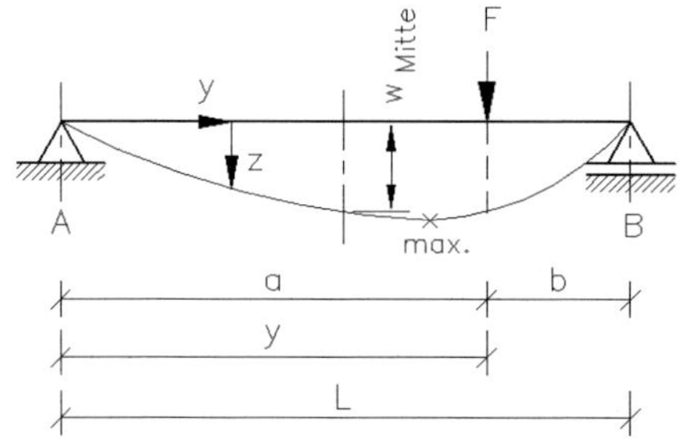

Für die Kraft $F_{3,k}$ ergeben sich dann die Abstände $a = \frac{3}{4} L$, $b = \frac{1}{4} L$, $y = \frac{1}{2} L$ und $z = w_{Mitte}$. Analog gilt das für die Kraft $F_{1,k}$. Werden diese Werte in die obige Gleichung eingesetzt, folgt:

$$z = w_{Mitte} = \frac{11}{768} \cdot \frac{F \cdot L^3}{E \cdot I}$$

Die Gesamtdurchbiegung in Trägermitte ist die Summe der drei Einzeldurchbiegungen:

$$w_{Mitte,ges} = \frac{11}{768} \cdot \frac{F_{1,k} \cdot L^3}{E \cdot I} + \frac{1}{48} \cdot \frac{F_{2,k} \cdot L^3}{E \cdot I} + \frac{11}{768} \cdot \frac{F_{3,k} \cdot L^3}{E \cdot I} \quad ; \quad \text{mit} \quad F_{2,k} = 1{,}5\, F_{1,k}$$

$$w_{Mitte,ges} = \frac{46}{768} \cdot \frac{F_{1,k} \cdot L^3}{E \cdot I} = \frac{46}{768} \cdot \frac{8000 \text{ N} \cdot 2000^3 \text{ mm}^3}{210000 \text{ N/mm}^2 \cdot 501 \cdot 10^4 \text{ mm}^4}$$

$w_{Mitte,ges} = 3{,}64 \text{ mm} < L/500 = 2000 \text{ mm}/500 = 4 \text{ mm}$

$3{,}64/4 = 0{,}91 < 1$

Zu 3.: Knicksicherheitsnachweis für die Pendelstützen

Der Bemessungswert der Gesamtlast der Brücke beträgt $F_{ges,d} = 167{,}8$ kN lt. Aufgabenstellung.

Der Bemessungswert Auflagerkraft an den Pendelstützen B ergibt sich dann zu:

$$F_{B,d} = \frac{1}{2} \cdot F_{ges,d} = 0{,}5 \cdot 167{,}8 \text{ kN} = 83{,}9 \text{ kN} \quad \text{auf zwei Stützen;}$$

$$F_{B,1,d} = 41{,}95 \text{ kN} \quad \text{auf eine Stütze.}$$

Mit 0,252 kN/m spezifischer Eigenlast der Pendelstütze lt. Bautabellen, $l = 6$ m Länge und $\gamma_M = 1{,}35$ wird $F_{S,d} = 0{,}252$ kN/m · 6 m · 1,35 = 2,04 kN und der Bemessungswert der Normalkraft:

$$N_d = F_{B,1,d} + F_{s,d} = (41{,}95 + 2{,}04) \text{ kN} = 43{,}99 \text{ kN}$$

In Aufgabe 92 ist der Stabilitätsnachweis für Knickstäbe angegeben. Danach ergeben sich für die vorliegende Aufgabe:

$$N_{Ed} = N_d = 43{,}99 \text{ kN}$$

$$L_{cr} = \beta \cdot l = 1{,}0 \cdot 600 \text{ cm} = 600 \text{ cm} \quad \text{mit} \quad \beta = 1{,}0 \quad \text{für} \quad \textit{Euler}\text{-Fall 2 (s. Hinweis)}$$

$$\lambda_k = \frac{L_{cr}}{i_{min}} = \frac{600 \text{ cm}}{5{,}74 \text{ cm}} = 104{,}5 \quad \text{mit} \quad i = 5{,}74 \text{ cm lt. Bautabellen}$$

$$\bar{\lambda}_k = \frac{\lambda}{\lambda_1} = \frac{104{,}5}{93{,}9} = 1{,}11 \quad \text{mit} \quad \lambda_1 = 93{,}9 \cdot \varepsilon = 93{,}9, \quad \text{weil} \quad \varepsilon = \sqrt{\frac{235}{235}} = 1$$

Der Abminderungsfaktor χ ergibt sich nach Bautabellen in Abhängigkeit vom bezogenen Schlankheitsgrad $\bar{\lambda}$ und der Knicklinie zu:

$\chi = 0{,}59$ für Knicklinie *a* (warmgefertigter Hohlquerschnitt, S 235)

$$N_{b,Rd} = \chi \cdot N_{pl,Rd} = \chi \cdot A \cdot f_y/\gamma_{M1}$$

$$= 0{,}59 \cdot 32{,}1 \text{ cm}^2 \cdot 235 \text{ N/mm}^2/1{,}1 = 404{,}61 \text{ kN}$$

$$\frac{N_{Ed}}{N_{b,Rd}} = 43{,}99/404{,}61 = 0{,}12 < 1$$

Hinweis: Die Fußplatte der Pendelstütze ist durch 4 eingedübelte Schrauben mit dem Fundament befestigt. Diese Lagerung kann als Gelenk betrachtet werden. Eine feste Einspannung ist konstruktiv anders ausgebildet (z. B. wie in der Lösung zur Aufgabe 88).

Die räumliche Lagefixierung wird durch diagonal angeordnete Zuganker gewährleistet (vergleiche Aufgabe 41).

Zu 4.: Nachweis der Flächenpressung

Die 300 mm × 300 mm große Fußplatte erzeugt eine Flächenpressung (Druckspannung) im Beton.

Der Bemessungswert der Druckspannung beträgt:

$$\sigma_d = \frac{N_d}{A_{Platte}} = \frac{43{,}99 \cdot 10^3\ N}{300\ mm \cdot 300\ mm} = 0{,}49\ N/mm^2$$

Der Bemessungswert der Betondruckfestigkeit ist:

$f_{cd} = \alpha_{cc} \cdot f_{ck}/\gamma_c = 0{,}85 \cdot 20\ N/mm^2/1{,}5 = 11{,}3\ N/mm^2$

$\alpha_{cc} = 0{,}85$; Faktor zur Berücksichtigung von Langzeiteinwirkungen für Normalbeton

$f_{ck} = 20\ N/mm^2$; charakteristische Druckfestigkeit des Betons C20/25

$\gamma_c = 1{,}5$; Teilsicherheitsbeiwert für Beton

Nachzuweisen ist, dass $\boxed{\sigma_d/f_{cd} \leq 1}$

$0{,}49/11{,}3 = 0{,}04 < 1$

Zu 5.: Sohldrucknachweis für den Baugrund

Der Sohldrucknachweis erfolgt als vereinfachter Nachweis, der bei Regelfällen und Flachgründungen verwendet werden darf. Er wird für bindigen Baugrund geführt.

Es ist nachzuweisen, dass $\boxed{\sigma_{E,d} \leq \sigma_{R,d}}$

$$F_{ges,d} = 2 \cdot N_d + F_{Fundament,k} \cdot \gamma_G = 2 \cdot 43{,}99\ kN + 0{,}8 \cdot 0{,}85 \cdot 3{,}0\ m^3 \cdot 25\ kN/m^3 \cdot 1{,}35 = 156{,}83\ kN$$

$$\sigma_{E,d} = \frac{F_{ges,d}}{A'}$$

$A' = a' \cdot b' = 0{,}8 \cdot 3{,}0\ m^2 = 2{,}4\ m^2$

mit

$a' = a$ und $b' = b$

$\sigma_{E,d} = 156{,}83\ kN/2{,}4\ m^2 = 65{,}35\ kN/m^2$

Der Basiswert des Sohlwiderstandes $\sigma_{R,d(B)} = 191\ kN/m^2$ ist für bindigen Baugrund (tonig, schluffig, steif) und eine Einbindetiefe von $d = 0{,}85$ m Bautabellen zu entnehmen.

Dieser Basiswert kann vergrößert bzw. verkleinert werden:

$$\boxed{\sigma_{R,d} = \sigma_{R,d(B)} \cdot (1 + V - A)}$$

$\sigma_{R,d}$ Sohlwiderstand in bindigem Boden

$\sigma_{R,d(B)}$ Basiswert des Sohlwiderstandes

V Parameter zur Vergrößerung des Basiswertes

A Parameter zur Abminderung des Basiswertes

Für die vorliegende Aufgabe wird der Bemessungswert nicht modifiziert.

Damit:

$\sigma_{Ed} < \sigma_{R,d}$

$65{,}35 < 191; \quad 65{,}35/191 = 0{,}34 < 1$

Lösung Aufgabe 96

Zu 1.: Statische Nachweise für die Deckenbalken E

– Belastungskennwerte

Die in der Aufgabenstellung angegebenen spezifischen Lasten in kN/m² können in Streckenlasten umgeformt werden, wenn sie mit dem Deckenbalkenabstand $a = 0{,}8$ m multipliziert werden:

$g'_{0,k} = 0{,}63\ \text{kN/m}^2 \cdot 0{,}8\ \text{m} = 0{,}504\ \text{kN/m}$

$q'_k = 1{,}0\ \text{kN/m}^2 \cdot 0{,}8\ \text{m} = 0{,}8\ \text{kN/m}$

Der Bemessungswert der Gesamtlast ist:

$p_d = \gamma_G \cdot g'_{0,k} + \gamma_Q \cdot q'_k = (1{,}35 \cdot 0{,}504 + 1{,}5 \cdot 0{,}8)\ \text{kN/m} = 1{,}88\ \text{kN/m}$

Hieraus berechnen sich die Auflagerkräfte $F_{Av,d}$ und $F_{B,d}$ zu:

$\sum M_B = 0 = 1{,}88\ \text{kN/m} \cdot 6\ \text{m} \cdot 1{,}2\ \text{m} - 0{,}4\ \text{kN} \cdot 1{,}8\ \text{m} - F_{Av,d} \cdot 4{,}2\ \text{m}$

hieraus: $F_{Av,d} = 3{,}05\ \text{kN}$

$\sum M_A = 0 = -1{,}88\ \text{kN/m} \cdot 6\ \text{m} \cdot 3\ \text{m} - 0{,}4\ \text{kN} \cdot 6\ \text{m} + F_{B,d} \cdot 4{,}2\ \text{m}$

hieraus: $F_{B,d} = 8{,}63\ \text{kN}$

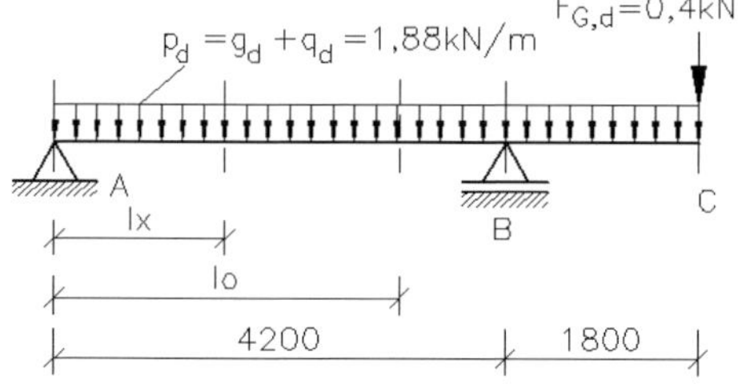

Der **Querkraftverlauf** ist im mittleren Bild dargestellt. Die Zahlenwerte sind die Bemessungswerte der Querkräfte $F_{Q,d} = \sum F_V$ in kN. Der Nulldurchgang berechnet sich aus:

$F_{Q,l_x} = 0 = \sum F_V = F_{Av,d} - p_d \cdot l_x$

$0 = 3{,}05\ \text{kN} - 1{,}88\ \text{kN/m} \cdot l_x$

hieraus: $l_x = 1{,}62\ \text{m}$

Bei dieser Länge geht die Querkraft durch null und das Biegemoment hat einen Extremwert.

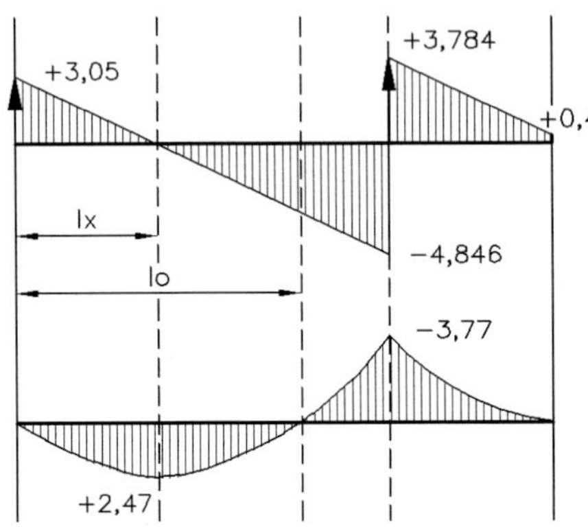

Der **Biegemomentenverlauf** ist im unteren Bild dargestellt und enthält die Bemessungswerte der Biegemomente in kNm. Sie ergeben sich zu:

$M_{A,d} = M_{C,d} = 0$

$M_{B,d} = -p_d \cdot 1{,}8\text{ m} \cdot 0{,}9\text{ m}$

$- F_{G,d} \cdot 1{,}8\text{ m}$

$M_{B,d} = -3{,}77\text{ kNm}$

$M_{l_x,d} = F_{Av} \cdot 1{,}62\text{ m} - q \cdot 1{,}62\text{ m}$

$\cdot\, 0{,}81\text{ m}$

$M_{l_x,d} = 2{,}47\text{ kNm}$

Die Stelle l_0, an der das Biegemoment null ist, folgt aus:

$M_{l0} = 0 = F_{Av,d} \cdot l_0 - p_d \cdot l_0^2/2 = F_{Av,d} - p_d \cdot l_0/2 = 3{,}03\text{ kN} - 1{,}88\text{ kN/m} \cdot l_0/2$

hieraus: $l_0 = 3{,}22\text{ m}$

– **Biegetragfähigkeitsnachweis**

Nachweis:

$$\frac{M_d}{W_n} \leq f_{m,d}$$

$f_{m,d} = f_{m,k} \cdot (k_{mod} / \gamma_M)$: Bemessungswert der Tragfähigkeit

mit

k_{mod} Modifikationsbeiwert; $k_{mod} = 0{,}80$

$f_{m,k}$ charakteristischer Wert für Holzart $f_{m,k} = 24\text{ N/mm}^2$

γ_M Teilsicherheitsbeiwert für Holz und Holzwerkstoffe, $\gamma_M = 1{,}3$

für NKL = 1; KLED = mittel; Konstruktionsvollholz C 24

$f_{m,d} = 24\text{ N/mm}^2 \cdot (0{,}80/1{,}3) = 14{,}77\text{ N/mm}^2$

Mit einem Widerstandsmoment von $W_y = 933\text{ cm}^3$ lt. Bautabellen wird:

$$\sigma_d = \frac{|\max M|}{W_y} = \frac{3{,}77 \cdot 10^6\text{ Nmm}}{933 \cdot 10^3\text{ mm}^3} = 4{,}04\text{ N/mm}^2 < f_{m,d} = 14{,}77\text{ N/mm}^2$$

$4{,}04/14{,}77 = 0{,}27 < 1$

– **Schubspannungsnachweis**

Die größte Schubbeanspruchung entsteht unmittelbar links vom Lager B, weil dort die größte Querkraft von 4,846 kN auftritt. In der Lösung zur Aufgabe 84, Seite 247, ist die allgemeine Gleichung für die Berechnung der Schubspannung angegeben. Für ein Rechteck vereinfacht sich die Gleichung:

$$\boxed{\tau_Q = \frac{F_Q \cdot H}{b \cdot I} = 1{,}5 \cdot \frac{V_d}{A_n} \le f_{v,d}} \; ; \qquad f_{v,d} = f_{v,k} \cdot (k_{mod}/\gamma_M)$$

$$= 1{,}5 \cdot \frac{4{,}846 \cdot 10^3 \text{ N}}{280 \cdot 10^2 \text{ mm}^2} = 0{,}26 \text{ N/mm}^2 < f_{v,d} = 2 \text{ N/mm}^2 \cdot 0{,}615 = 1{,}23 \text{ N/mm}^2$$

$$\tau_Q = 0{,}26 \text{ N/mm}^2 < f_{v,d} = 1{,}23 \text{ N/mm}^2 \; ; \qquad 0{,}26/1{,}23 = 0{,}21 < 1$$

– **Gebrauchstauglichkeitsnachweis**

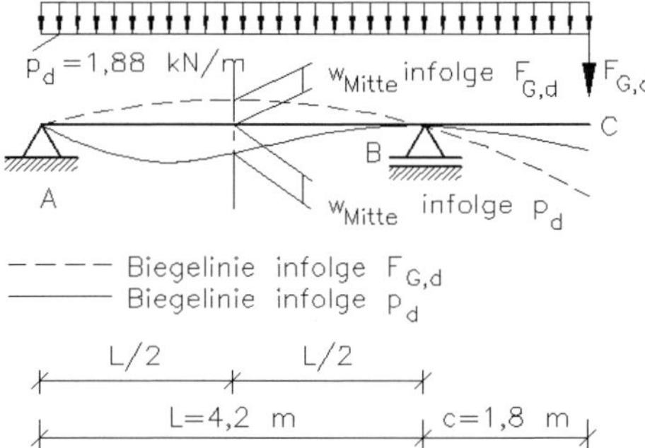

Für die Berechnung der Durchbiegungen werden Formeln aus Bautabellen benutzt.

Vereinfachend werden nur die Werte für die Mitte zwischen A und B sowie für das Trägerende bei C berechnet, jeweils für die Kraft $F_{G,d}$ = 400 N (**gestrichelte Linie**) und die spezifische Kraft p_d = 1,88 kN/m (**durchgehenden Linie**).

Werte unterhalb der Trägerachse sind positiv und Werte oberhalb negativ.

Die Verwendung charakteristischer Einwirkungen ist als Darfbestimmung festgelegt. Mit dem obigen Lösungsansatz sind nur Näherungswerte erreichbar, weswegen im folgenden Bemessungswerte verwendet werden.

Es ergeben sich mit

$$\frac{F}{EI} = \frac{400 \text{ N}}{11000 \text{ N/mm}^2 \cdot 9333 \cdot 10^4 \text{ mm}^4} = 3{,}9 \cdot 10^{-10} \text{ mm}^{-2}$$

die Durchbiegungen infolge Einzelkraft F:

$$w_{\text{Mitte,F}} = -\frac{F}{EI} \cdot \frac{L^2 c}{16}$$

$$w_{\text{Mitte,F}} = -3{,}9 \cdot 10^{-10} \text{ mm}^{-2} \cdot \frac{4200^2 \text{ mm}^2 \cdot 1800 \text{ mm}}{16} = -0{,}77 \text{ mm}$$

$$w_{\text{Ende,F}} = \frac{F}{EI} \cdot \frac{L \cdot c^2}{3} \cdot \left(1 + \frac{c}{L}\right)$$

$$= 3{,}9 \cdot 10^{-10} \text{ mm}^{-2} \cdot \frac{4200 \text{ mm} \cdot 1800^2 \text{ mm}^2}{3} \cdot \left(1 + \frac{1800}{4200}\right) = 2{,}53 \text{ mm}$$

Ferner ergeben sich mit

$$\frac{q}{EI} = \frac{1{,}88\ \text{N/mm}}{11000\ \text{N/mm}^2 \cdot 9333 \cdot 10^4\ \text{mm}^4} = 1{,}83 \cdot 10^{-12}\ \text{mm}^{-3}$$

die Durchbiegungen durch die Streckenlast p_d:

$$w_{\text{Mitte,q}} = \frac{q}{EI} \cdot \frac{L^2}{32} \cdot \left(\frac{L^2}{2{,}4} - c^2 \right)$$

$$w_{\text{Mitte,q}} = 1{,}83 \cdot 10^{-12}\ \text{mm}^{-3} \cdot \frac{4200^2\ \text{mm}^2}{32} \cdot \left(\frac{4200^2}{2{,}4} - 1800^2 \right) \text{mm}^2 = 4{,}14\ \text{mm}$$

$$w_{\text{Ende,q}} = \frac{q}{EI} \cdot \frac{c}{24} \cdot \left(3c^3 + 4c^2 L - L^3 \right)$$

$$w_{\text{Ende,q}} = 1{,}83 \cdot 10^{-12}\ \text{mm}^{-3} \cdot \frac{1800\ \text{mm}}{24} \cdot \left(3 \cdot 1800^3 + 4 \cdot 1800^2 \cdot 4200 - 4200^3 \right) \text{mm}^3$$

$$w_{\text{Ende,q}} = -0{,}3\ \text{mm}$$

Die Addition der Durchbiegungen ergibt:

$w_{\text{Mitte}} = -0{,}77\ \text{mm} + 4{,}14\ \text{mm} = 3{,}37\ \text{mm}$

zul $w = L/300 = 4200\ \text{mm}/300 = 14\ \text{mm}$; $3{,}37/14 = 0{,}24 < 1$

$w_{\text{Ende}} = 2{,}53\ \text{mm} - 0{,}3\ \text{mm} = 2{,}23\ \text{mm}$

zul $w = 2 \cdot c/300 = 2 \cdot 1800\ \text{mm}/300 = 12\ \text{mm}$; $2{,}23/12 = 0{,}19 < 1$

– **Nachweis der Flächenpressung**

Da der Deckenbalken E in den Lagern A und B aufliegt, tritt Auflagerdruck zwischen Holz und Mauerwerk (bei A) bzw. zwischen Holz und Holz (bei B) auf. Dieser Druck rechtwinklig zur Faser ist zu ermitteln.

Für das **Lager A** wird eine Auflagertiefe 15 cm festgesetzt. Es ist nachzuweisen, dass:

$$\boxed{\frac{N_{90,d}}{A_{ef}} \leq k_{c,90} \cdot f_{c,90,d}}$$

mit

$N_{90,d}$ Bemessungswert der Druckkraft $\perp$ Faser ; $N_{90,d} = 3{,}05$ kN (Lager A)

$N_{90,d} = 3{,}05$ kN (Lager B)

A_{ef} wirksame Druckfläche:

$A_{ef} = b \cdot (l_A + ü)$ für Auflagerdruck

$= 140\ \text{mm} \cdot (150 + 30)\ \text{mm} = 252\ \text{cm}^2$ (Lager A)

$= 140\ \text{mm} \cdot (140 + 2 \cdot 30)\ \text{mm} = 280\ \text{cm}^2$ (Lager B)

b Auflagerbreite

l_A Auflagertiefe

$ü$ Überstand ≥ 30 mm

$k_{c,90}$ Beiwert für Querdruck nach Bautabellen; $k_{c,90} = 1{,}5$ (Auflagerdruck)

$f_{c,90,d}$ Bemessungswert der Druckfestigkeit ⊥ Faser

$f_{c,90,d} = f_{c,90,k} \cdot (k_{mod}/\gamma_M) = 2{,}5\ \text{N/mm}^2 \cdot 0{,}615 = 1{,}54\ \text{N/mm}^2$

Lager A:

$3{,}05\ \text{kN}/252\ \text{cm}^2 = 0{,}12\ \text{N/mm}^2 \leq 1{,}5 \cdot 1{,}54\ \text{N/mm}^2 = 2{,}31\ \text{N/mm}^2$; $0{,}12/2{,}31 = 0{,}05 < 1$

Lager B:

$8{,}63\ \text{kN}/280\ \text{cm}^2 = 0{,}31\ \text{N/mm}^2 \leq 1{,}5 \cdot 1{,}54\ \text{N/mm}^2 = 2{,}31\ \text{N/mm}^2$; $0{,}31/2{,}31 = 0{,}13 < 1$

Zu 2.: Statische Nachweise für den Träger T

– Belastungskennwerte

Der Träger T wird durch die Lagerkräfte $F_{B,d}$ belastet. Während die 5 inneren Deckenbalken die volle Last $F_{B,d} = 8{,}63$ kN in den Träger T einleiten, ist die Kraft der äußeren Deckenbalken nur $F_{B,d}/2 = 4{,}31$ kN. Der Bemessungswert des Trägers T ist $g_d = 0{,}168$ kN/m.

Das Bild zeigt das Tragwerksmodell des Trägers T. Wegen der Symmetrie der angreifenden Kräfte und der Lager sind beide Lagerkräfte $F_{S1,d}$ und $F_{S2,d}$ gleich groß:

$$F_{S1,d} = F_{S2,d} = \frac{1}{2}(5 \cdot 8{,}63\ \text{kN} + 2 \cdot 4{,}31\ \text{kN} + 0{,}168\ \text{kN/m} \cdot 4{,}94\ \text{m}) = 26{,}30\ \text{kN}$$

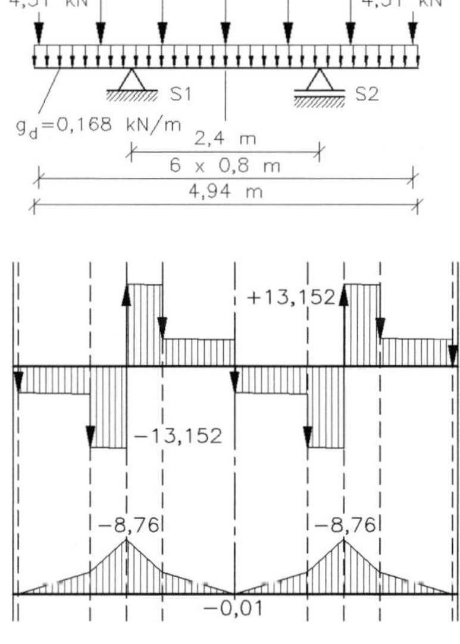

Werden für alle Stellen, an denen Einzelkräfte auftreten, die Querkräfte berechnet, erkennt man aus dem Querkraft- und Biegemomentenverlauf, dass die größte Querkraft links vom Lager S1 bzw. rechts vom Lager S2 ist. Sie ergibt sich zu:

$$F_{Q,S1,links} = F_{Q,S2,rechts} = -4{,}31\text{ kN} - 8{,}63\text{ kN} - 0{,}168\text{ kN/m} \cdot (4{,}92 - 2{,}4)\text{ m} \cdot \frac{1}{2}$$

$$F_{Q,S1,links} = -13{,}152\text{ kN}$$

Die Biegemomente im Lager S1 und in der Stabmitte betragen:

$$M_{S1} = -(4{,}31 \cdot 1{,}2 + 8{,}63 \cdot 0{,}4 + 0{,}168 \cdot \frac{1}{2} \cdot 1{,}27^2)\text{ kNm} = -8{,}76\text{ kNm}$$

$$M_{Mitte} = [-(4{,}31 \cdot 2{,}4 + 8{,}63 \cdot 1{,}6 + 8{,}63 \cdot 0{,}8 + 0{,}168 \cdot \frac{1}{2} \cdot 2{,}47^2) + 26{,}3 \cdot 1{,}2]\text{ kNm}$$

$$M_{Mitte} = -0{,}01\text{ kNm}$$

Die Querkräfte im oberen Bildteil sind in kN und die Biegemomente im unteren Bildteil in kNm angegeben.

- **Biegespannungsnachweis** (s. a. Pkt. 1)

Nachweis:

$$\boxed{\frac{M_d}{W_n} \leq f_{m,d}}\;; \qquad f_{m,d} = f_{m,k} \cdot (k_{mod}/\gamma_M) = 14{,}77\text{ N/mm}^2$$

Mit einem Widerstandsmoment von $W_y = 933\text{ cm}^3$ lt. Bautabellen wird:

$$\sigma_d = \frac{|\max M|}{W_y} = \frac{8{,}76 \cdot 10^6\text{ Nmm}}{933 \cdot 10^3\text{ mm}^3} = 9{,}39\text{ N/mm}^2 < f_{m,d} = 14{,}77\text{ N/mm}^2$$

$$9{,}39/14{,}77 = 0{,}64 < 1$$

- **Schubspannungsnachweis**

Die größte Schubbeanspruchung entsteht unmittelbar links vom Lager S1 bzw. rechts vom Lager S2, weil dort die größten Querkräfte von 13,152 kN auftreten. Analog zur Berechnung des Deckenbalkens ergibt sich:

$$\boxed{\tau_Q = \frac{F_Q \cdot H}{b \cdot I} = 1{,}5 \cdot \frac{V_d}{A_n} \leq f_{v,d}}\;; \qquad f_{v,d} = f_{v,k} \cdot (k_{mod}/\gamma_M)$$

$$1{,}5 \cdot \frac{F_Q}{A} = 1{,}5 \cdot \frac{13{,}152 \cdot 10^3\text{ N}}{280 \cdot 10^2\text{ mm}^2} = 0{,}71\text{ N/mm}^2 < f_{v,d}$$

$$= 2\text{ N/mm}^2 \cdot 0{,}615 = 1{,}23\text{ N/mm}^2$$

$$\tau_Q = 0{,}71\text{ N/mm}^2 < f_{v,d} = 1{,}23\text{ N/mm}^2\,; \qquad 0{,}71/1{,}23 = 0{,}58 < 1$$

– **Gebrauchstauglichkeitsnachweis** (s. a. Gebrauchstauglichkeitsnachweis nach Pkt. 1)

Die Berechnung der Durchbiegung durch Überlagerung ist für mehrere Einzelkräfte recht aufwändig.

Es wird deshalb eine vereinfachte Ersatzstruktur gewählt, die wegen der relativ hohen Anzahl der Einzelkräfte und ihrer gleichmäßigen Verteilung nur geringfügig fehlerbehaftete Verformungswerte ergibt.

Bei dieser Ersatzstruktur werden alle Kräfte zu einer gleichmäßig verteilten Last p mit der Basislänge $L_{ges} = 6 \times 0{,}8$ m $= 4{,}8$ m umgeformt:

$$p_d = \frac{\sum F_V}{L_{ges}} = \frac{(5 \cdot 8{,}63 + 2 \cdot 4{,}31 + 0{,}168 \cdot 4{,}92)\,\text{kN}}{4{,}8\,\text{m}} = 10{,}96\ \text{kN/m}$$

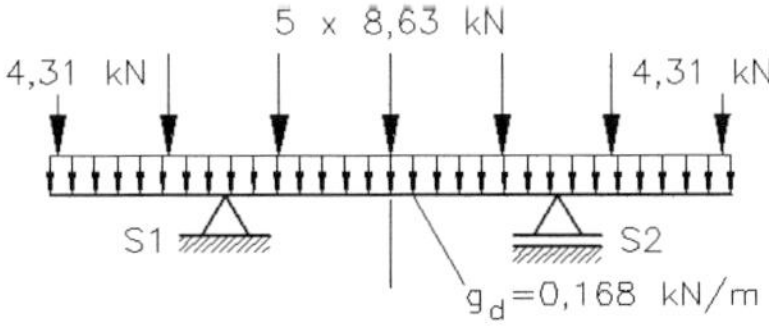

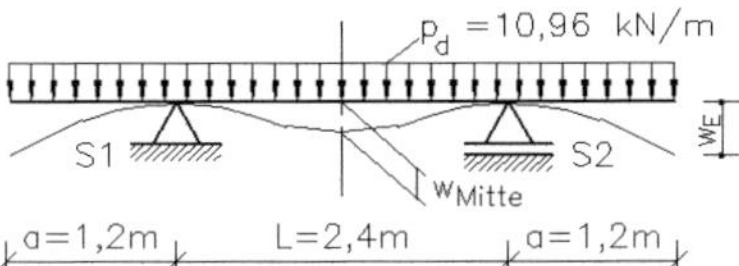

Aus Bautabellen entnimmt man für diese Ersatzstruktur folgende Gleichungen:

$$w_{Mitte} = \frac{p_d}{EI} \cdot \frac{L^4}{16} \cdot \left(\frac{5}{24} - \frac{a^2}{L^2}\right) \quad \text{für die Trägermitte}$$

$$w_E = \frac{p_d}{EI} \cdot \frac{L^3 \cdot a}{24} \cdot \left(3\frac{a^3}{L^3} + 6\frac{a^2}{L^2} - 1\right) \quad \text{für das Trägerende}$$

Mit $\frac{p_d}{EI} = \frac{10{,}96\ \text{N/mm}}{11000\ \text{N/mm}^2 \cdot 9333 \cdot 10^4\ \text{mm}^4} = 10{,}67 \cdot 10^{-12}\ \text{mm}^{-3}$ ergeben sich:

– **für die Trägermitte**

$$w_{Mitte} = 10{,}67 \cdot 10^{-12}\ \text{mm}^{-3} \cdot \frac{2400^4\ \text{mm}^4}{16}\left(\frac{5}{24} - \frac{1{,}2^2}{2{,}4^2}\right) = -0{,}92\ \text{mm}$$

zul $w = L/300 = 2400$ mm/300 $= 8$ mm

vorh $|w| = 0{,}92$ mm $<$ zul $w = 8$ mm ; $0{,}92/8 = 0{,}12 < 1$

Hinweis: Die Trägermitte biegt sich nur um ca. 1 mm nach oben.

Ursache sind die relativ weit auskragenden Trägerteile links und rechts der Lager S1 und S2.

- **für das Trägerende**

$$w_E = 10{,}67 \cdot 10^{-12}\ \text{mm}^{-3} \cdot \frac{2400^3\ \text{mm}^3 \cdot 1200\ \text{mm}}{24} \cdot \left(3\frac{1{,}2^3}{2{,}4^3} + 6\frac{1{,}2^2}{2{,}4^2} - 1\right)$$

$= 6{,}5$ mm zul $w = 2 \cdot a/300 = 2 \cdot 1200$ mm/300 $= 8$ mm

vorh $w = 6{,}5$ mm < zul $w = 8$ mm ; $6{,}5/8 = 0{,}81 < 1$

- **Nachweis der Flächenpressung**

Da der Träger T im Lager S1 und im Lager S2 aufliegt, tritt Auflagerdruck zwischen ihnen auf. Der Träger T wird rechtwinklig zur Faser auf Druck belastet. Die gepresste Fläche A ist 14 cm × 14 cm.

Nachweis:

$$\boxed{\frac{N_{90,d}}{A_{ef}} \leq k_{c,90} \cdot f_{c,90,d}}$$

mit

$N_{90,d}$ Bemessungswert der Druckkraft ⊥ Faser ; $N_{90,d} = 26{,}3$ kN (Lager S1,2)

A_{ef} wirksame Druckfläche:

$A_{ef} = b \cdot (l_A + 2 \cdot ü)$ für Auflagerdruck

$= 140\ \text{mm} \cdot (140 + 2 \cdot 30)\ \text{mm} = 280\ \text{cm}^2$

b Auflagerbreite

l_A Auflagertiefe

$ü$ Überstand ≥ 30 mm

$k_{c,90}$ Beiwert für Querdruck nach Bautabellen; $k_{c,90} = 1{,}5$ (Auflagerdruck)

$f_{c,90,d}$ Bemessungswert der Druckfestigkeit ⊥ Faser

$f_{c,90,d} = f_{c,90,k} \cdot (k_{mod}/\gamma_M) = 2{,}5\ \text{N/mm}^2 \cdot 0{,}615 = 1{,}54\ \text{N/mm}^2$

Lager S1 und S2:

$26{,}3\ \text{kN}/280\ \text{cm}^2 = 0{,}94\ \text{N/mm}^2 \leq 1{,}5 \cdot 1{,}54\ \text{N/mm}^2 = 2{,}31\ \text{N/mm}^2$; $0{,}94/2{,}31 = 0{,}41 < 1$

Zu 3.: Knicknachweis für die Stützen S

In der Lösung zur Aufgabe 91 ist der Rechenablauf für den Stabilitätsnachweis aufgeführt. Für die vorliegende Aufgabe ergeben sich:

$$F_{S1,d} = F_{S2,d} = 26{,}30 \text{ kN}$$

$$\frac{N_d}{A_n} = \frac{F_{S1,d} + F_{Stütze,d}}{A_n} = \frac{(26{,}3 \text{ kN} + 0{,}098 \text{ kN/m} \cdot 2{,}27 \text{ m} \cdot 1{,}35) \cdot 10^3}{140 \text{ mm} \cdot 140 \text{ mm}}$$

$$= 1{,}36 \text{ N/mm}^2$$

$$f_{c,0,d} = f_{c,0,k} \cdot (k_{mod}/\gamma_M) = 21 \text{ N/mm}^2 \cdot 0{,}615 = 12{,}92 \text{ N/mm}^2$$

$l_{ef} = \beta \cdot l = 1 \cdot 2{,}27 \text{ m} = 2{,}27 \text{ m}$ mit *Euler*-Fall 2, wenn der Stab an seinen Enden als beweglich gelagert angenommen wird.

$i_{min} = 4{,}04$ cm Trägheitsradius lt. Bautabellen

damit:

$\lambda = \dfrac{l_{ef}}{i_{min}} = 2{,}27 \text{ m}/4{,}04 \text{ cm} = 56{,}2$; **lt. Tabelle:** $k_c = 0{,}721$

$$k_c \cdot f_{c,0,d} = 0{,}721 \cdot 12{,}92 \text{ N/mm}^2 = 9{,}31 \text{ N/mm}^2$$

Nachweis:

$\boxed{\dfrac{N_d / A_n}{k_c \cdot f_{c,0,d}} \leq 1}$; $\quad 1{,}36/9{,}31 = 0{,}15 < 1$

Zu 4.: Druckspannungsnachweis für die Außenwand

Es wird das vereinfachte Verfahren nach DIN 1053-1 angewendet, weil angenommen wird, dass der unterhalb der Deckenlage angedeutete Ringanker und andere ausreichend steife Bauteile die Knickaussteifung und damit die Stabilität gewährleisten.

Der Druckspannungsnachweis wird für die Fuge zwischen Mauerwerk und Fundament geführt. Die größte Druckkraft ist je Meter Wandlänge:

$$F_V = F_D + F_{A,k} + F_W = (4{,}752 + 2{,}760 + 17{,}428) \text{ kN} = 24{,}94 \text{ kN}$$

Hieraus folgt die vorhandene Druckspannung bei zentrischem Druck:

$$\sigma_d = \frac{F_V}{A} = \frac{24{,}94 \cdot 10^3 \text{ N}}{240 \cdot 1000 \text{ mm}^2} = 0{,}104 \text{ N/mm}^2$$

Hinweis: Die Deckenbalken sind 15 cm tief eingebunden. Während die Dachlast und die Mauerwerkslast zentrisch wirken, entsteht durch die Exzentrizität der Deckenlast F_A ein Moment von $M = 2{,}76 \text{ kN} \cdot 0{,}045 \text{ m} = 0{,}124 \text{ kNm}$.

Der Durchstoßpunkt der resultierenden Kraft berechnet sich zu $e_x = M/F_V = 0{,}124$ kNm/24,94 kN = 5 mm. Das ist kleiner als $e = d/6$ = 240 mm/6 = 40 mm (vgl. Lösung zur Aufgabe 89). Es tritt somit keine klaffende Fuge auf. Wegen der geringfügigen Exzentrizität wird die oben berechnete Spannung als konstant angenommen.

Die zulässige Druckspannung ist:

$$\text{zul}\ \sigma = k \cdot \sigma_0$$

Der Abminderungsfaktor k ist für Wände als einseitiges Endauflager

$$k = k_1 \cdot k_2 \quad \text{oder} \quad k = k_1 \cdot k_3\,,$$

wobei der kleinere Wert maßgebend ist.

Alle Faktoren können DIN 1053-1 entnommen werden.

$k_1 = 1$ für Wände mit einem Lochanteil < 35 %

$k_2 = 0{,}98$ folgt aus $h_k = \beta \cdot h_s = 1{,}0 \cdot 2{,}47\ \text{m} = 2{,}47\ \text{m}$

mit $\beta = 1$ und $h_s = 2{,}47$ m

$h_k/d = 2{,}47\ \text{m}/0{,}24\ \text{m} = 10{,}29 > 10$

für $h_k/d > 10$ ist $k_2 = (25 - h_k/d)/15$

$k_2 = (25 - 10{,}29)/15 = 0{,}98$

$k_3 = 0{,}5$ für Dachdecken (oberstes Geschoss)

$k = k_1 \cdot k_2 = 1 \cdot 0{,}98 = 0{,}98$

$k = k_1 \cdot k_3 = 1 \cdot 0{,}50 = 0{,}50 < 0{,}98$

zul $\sigma = 0{,}50 \cdot 1{,}2\ \text{N/mm}^2 = 0{,}6\ \text{N/mm}^2$

$\sigma_d = 0{,}104\ \text{N/mm}^2 <$ zul $\sigma = 0{,}6\ \text{N/mm}^2$

$0{,}104/0{,}6 = 0{,}17 < 1$

Zu 5.: Kraftermittlung und charakteristischer Sohldruck im Baugrund

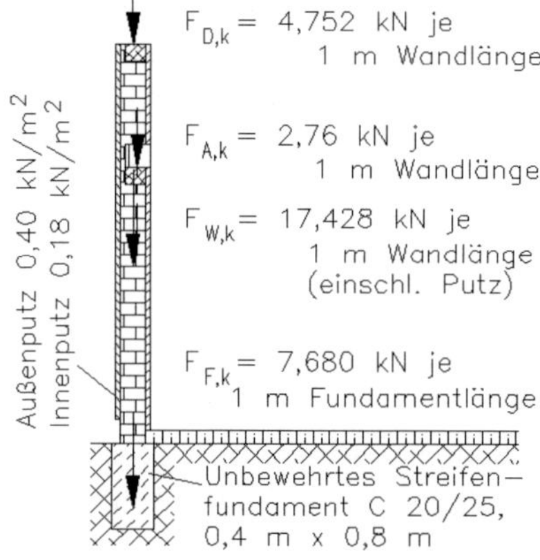

Für die Berechnung des Sohldruckes wird ein Streifen von 1 m Fundament-, Wand-, Decken- und Dachtiefe zu Grunde gelegt. Es müssen also alle wirksamen Kräfte für diese Länge berechnet werden.

Diese Annahme ist gegeben, wenn sich in diesem Streifen keine Durchbrüche u. Ä. befinden.

- **Kraftermittlung**
  - **Vertikalkraft $F_{D,k}$ aus dem Dach:**

Die Dachkraft folgt aus der Berechnung der vertikalen Auflagerkraft eines Sparrens. Diese Auflagerkraft ist analog zu Aufgabe 72 bei einem Sparrenabstand von $a = 0{,}75$ m zu $F_{Av} = 3{,}564$ kN ermittelt worden. Damit:

$$F_{D,k} = F_{Av} \cdot 1\text{m}/0{,}75\text{ m} = 3{,}564\text{ kN} \cdot 1/0{,}75 = 4{,}752\text{ kN} \quad \text{je Meter Wand}$$

  - **Lagerkraft $F_{A,k}$ aus der Holzbalkendecke:**

Die vertikale Auflagerkraft eines Deckenbalkens ist zu $F_{Av,d} = 3{,}05$ kN bei einem Balkenabstand von $a = 0{,}8$ m ermittelt worden. Die charakteristische Last beträgt 2,21 kN Daraus:

$$F_{A,k} = 2{,}21\text{ kN} \cdot 1\text{ m}/0{,}8\text{ m} = 2{,}763\text{ kN} \quad \text{je Meter Wand}$$

  - **Gewicht $F_{W,k}$ der Wand einschließlich Putz:**

$$F_{W,k} = F_{Mauerwerk} + F_{Putz} = 0{,}24 \cdot 3{,}74 \cdot 1{,}0\text{ m}^3 \cdot 17\text{ kN/m}^3$$
$$+ 3{,}74 \cdot 1{,}0\text{ m}^2 \cdot (0{,}4 + 0{,}18)\text{ kN/m}^2 = 17{,}428\text{ kN} \quad \text{je Meter Wand}$$

  - **Gewicht $F_{F,k}$ des Fundamentes:**

$$F_{F,k} = 0{,}4 \cdot 0{,}8 \cdot 1{,}0\text{ m}^3 \cdot 24\text{ kN/m}^3 = 7{,}68\text{ kN} \quad \text{je Meter Fundament}$$

- **Charakteristischer Sohldruck**

Mit der Annahme einer nahezu zentrischen Einwirkung dieser Kräfte ergibt sich der charakteristische Sohldruck zu:

$$\sigma_{d,k} = \frac{F}{A} = \frac{(4{,}752 + 2{,}763 + 17{,}428 + 7{,}680)\text{ kN}}{0{,}4 \cdot 1{,}0\text{ m}^2} = \frac{32{,}62\text{ kN}}{0{,}4\text{ m}^2} = 81{,}6\text{ kN/m}^2$$

Lösung Aufgabe 97

Zu 1.: Tragsicherheitsnachweis für die Zugstreben

- **Bemessungswert der Zugstrebenkraft $F_{z,d}$**

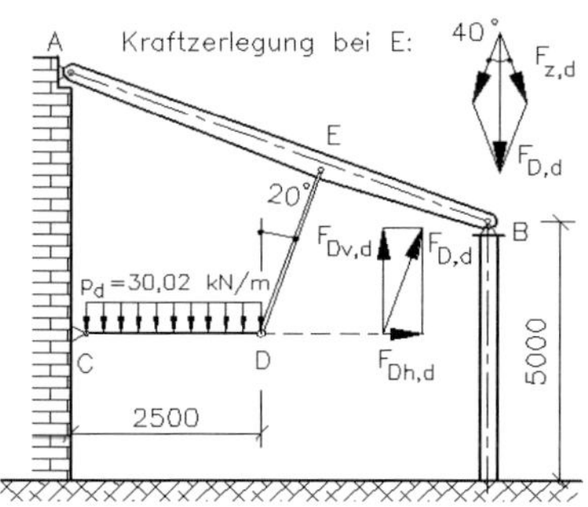

Die Kraft, die in ein Zugstrebenpaar D–E eingeleitet wird, berechnet sich aus der Nutzlast q_k und der Eigenlast g_k der Plattform. Da nur eine veränderliche Einwirkung berücksichtigt wird, ergibt sich der Bemessungswert p_d zu:

$$p'_d = \gamma_{F,G} \cdot g_k + \gamma_{F,Q} \cdot q_k = 1{,}35 \cdot 1{,}05\ \text{kN/m}^2 + 1{,}50 \cdot 3{,}5\ \text{kN/m}^2 = 6{,}67\ \text{kN/m}^2$$

Bezogen auf die Trägerlänge der Plattform folgt mit dem Dachträgerabstand $a = 4{,}5$ m:

$$p_d = 6{,}67\ \text{kN/m}^2 \cdot 4{,}5\ \text{m} = 30{,}02\ \text{kN/m} \quad \text{Plattformlänge}$$

Damit berechnen sich die vertikalen Kräfte in den Lagern C und D zu:

$$F_{Cv,d} = F_{Dv,d} = \tfrac{1}{2}\, p_d \cdot 2{,}5\ \text{m} = \tfrac{1}{2} \cdot 30{,}02\ \text{kN/m} \cdot 2{,}5\ \text{m} = 37{,}5\ \text{kN}$$

Aus der vertikalen Kraft im Lager D ermittelt sich der Bemessungswert für ein Zugstrebenpaar zu:

$$F_{D,d} = \frac{F_{Dv,d}}{\cos 20^\circ} = \frac{37{,}5\ \text{kN}}{\cos 20^\circ} = 39{,}93\ \text{kN}$$

Der Bemessungswert der Zugkraft einer Strebe $F_{z,d}$ ist dann:

$$F_{z,d} = \frac{\tfrac{1}{2} F_{D,d}}{\cos(\tfrac{1}{2} 40^\circ)} = \frac{\tfrac{1}{2} 39{,}93\ \text{kN}}{\cos 20^\circ} = 21{,}24\ \text{kN}$$

– **Tragsicherheitsnachweis**

Nachzuweisen ist, dass

$$\boxed{\frac{N_{t,Ed}}{N_{t,Rd}} \leq 1}$$

$N_{t,Ed}$ Bemessungswert der Zugkraft; $N_{t,Ed} = F_{z,d} = 21{,}24$ kN

$N_{t,Rd}$ Grenzzugkraft; kleinerer Wert von:

$N_{t,Rd} = (A \cdot f_y)/\gamma_{M,0} = (201\ \text{mm}^2 \cdot 235\ \text{N/mm}^2)/1{,}0 = 47{,}24$ kN

oder:

$N_{t,Rd} = (0{,}9 \cdot A_{net} \cdot f_{u,b})/\gamma_{M,2\ M,2} = (0{,}9 \cdot 157\ \text{mm}^2 \cdot 400\ \text{N/mm}^2)/1{,}25 = 45{,}22$ kN

falls die Zugstreben am Ende Gewindeanschluss M16; 4.6, haben.

$21{,}24/45{,}22 = 0{,}47 < 1$

Zu 2.: Biegetragsicherheitsnachweis für den Dachträger

- **Flächenschwerpunkt, Flächenmoment 2. Grades und Widerstandsmomente**

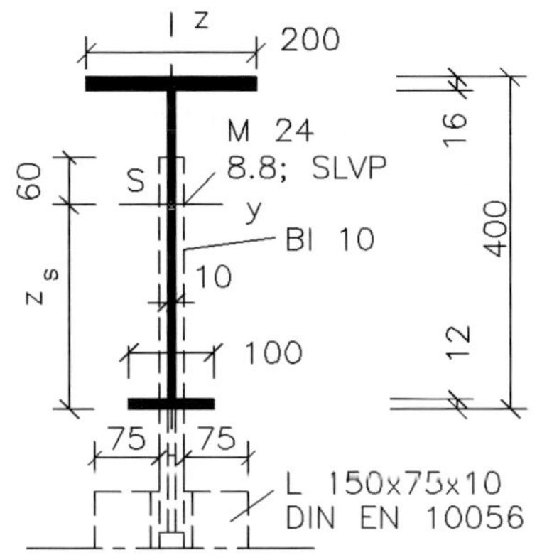

Der Dachträger ist aus drei Platten zusammengesetzt und nach den Lagern A und B hin verjüngt. Im Kraftangriffspunkt der Zugstreben hat er die größte Höhe von 400 mm. Im nebenstehenden Bild des Trägerquerschnittes bei E sind die drei Platten voll und ein Teil der Pendelstütze gestrichelt eingezeichnet.

Zur Ermittlung der Biegespannungen für diesen Querschnitt sind die dort vorhandenen Querschnittskennwerte (Querschnittsfläche A, Flächenschwerpunkt z_s, Flächenmoment zweiten Grades I_y und Widerstandsmomente $W_{y,1}$ und $W_{y,2}$) zu berechnen:

$$z_s = \frac{\sum(A_i \cdot z_i)}{\sum A_i} = \frac{(10 \cdot 1{,}2 \cdot 0{,}6 + 1 \cdot 37{,}2 \cdot 19{,}8 + 20 \cdot 1{,}6 \cdot 39{,}2)\,\text{cm}^3}{(10 \cdot 1{,}2 + 1 \cdot 37{,}2 + 20 \cdot 1{,}6)\,\text{cm}^2} = 24{,}6\ \text{cm}$$

$$I_y = \sum(I_{y,i} + A_i \cdot \Delta z_i^2) = \left\{\left[\frac{10 \cdot 1{,}2^3}{12} + 10 \cdot 1{,}2 \cdot (24{,}6 - 0{,}6)^2\right]\right.$$

$$+\left[\frac{1 \cdot 37{,}2^3}{12} + 1 \cdot 37{,}2 \cdot (24{,}6 - 19{,}8)^2\right]$$

$$\left.+\left[\frac{20 \cdot 1{,}6^3}{12} + 20 \cdot 1{,}6 \cdot (24{,}6 - 39{,}2)^2\right]\right\}\ \text{cm}^4$$

$$I_y = 18888{,}4\ \text{cm}^4$$

$$W_{y,1} = \frac{I_y}{e_1} = \frac{18888{,}4\ \text{cm}^4}{24{,}6\ \text{cm}} = 767{,}8\ \text{cm}^3 \quad \text{für die untere Trägerkante (Zugseite)}$$

$$W_{y,2} = \frac{I_y}{e_2} = \frac{18888{,}4\ \text{cm}^4}{15{,}4\ \text{cm}} = 1226{,}5\ \text{cm}^3 \quad \text{für die obere Trägerkante (Druckseite)}$$

- **Auflagerkräfte und maximales Biegemoment**

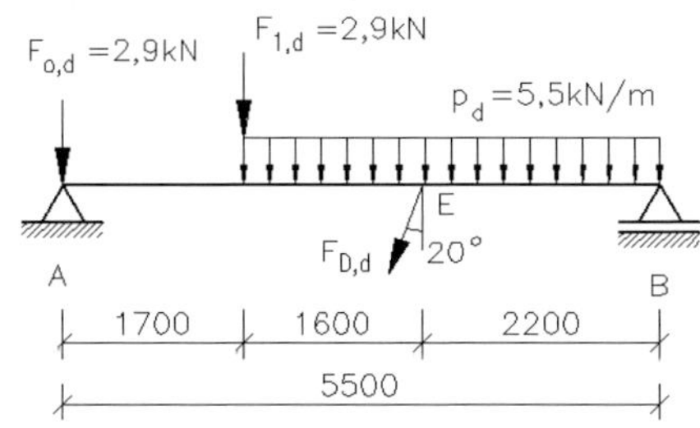

Die Skizze für das Tragwerksmodell des Dachträgers enthält die auf Grundlinienlänge berechneten Bemessungswerte des Glasdaches $F_{0,d}$; $F_{1,d}$ und der Metalldeckung q_d, einschließlich Dachträgereigengewicht. Dabei werden folgende Vereinfachungen vorgenommen:

- Das Trägereigengewicht ist im Abschnitt B bis $F_{1,d}$ als Mittelwert konstant angenommen.
- Das Eigengewicht des 1,7 Meter langen Trägerstückes ist anteilig als Punktlast in $F_{0,d}$ und $F_{1,d}$ enthalten.

Die Auflagerkräfte ergeben sich aus:

$$\sum M_B = 0 = p_d \cdot 3{,}8\text{ m} \cdot 1{,}9\text{ m} + F_{D,d} \cdot \cos 20° \cdot 2{,}2\text{ m} + F_{1,d} \cdot 3{,}8\text{ m}$$

$$+ F_{0,d} \cdot 5{,}5\text{ m} - F_{Av,d} \cdot 5{,}5\text{ m}$$

hieraus: $F_{Av,d} = 27{,}1\text{ kN}$

$$\sum M_A = 0 = -p_d \cdot 3{,}8\text{ m} \cdot 3{,}6\text{ m} - F_{D,d} \cdot \cos 20° \cdot 3{,}3\text{ m} - F_{1,d} \cdot 1{,}7\text{ m}$$

$$- F_{0,d} \cdot 0\text{ m} + F_{B,d} \cdot 5{,}5\text{ m}$$

hieraus: $F_{B,d} = 37{,}1\text{ kN}$

Kontrolle: $\sum F_V = 0 = -2{,}9 - 2{,}9 - 5{,}5 \cdot 3{,}8 - 37{,}5 + 27{,}1 + 37{,}1 = 0$

Die Biegemomente ergeben sich zu:

$M_{A,d} = M_{B,d} = 0\text{ kNm}$

$M_{1,d} = (F_{Av,d} - F_{0,d}) \cdot 1{,}7\text{ m} = 41{,}14\text{ kNm}$

$M_{E,d} = F_{B,d} \cdot 2{,}2\text{ m} - p_d \cdot 2{,}2\text{ m} \cdot 1{,}1\text{ m} = 68{,}31\text{ kNm}$

Auf die Berechnung der Querkräfte wird verzichtet. Mit der folgenden Skizze können der Querkraft- und der Biegemomentenverlauf nachvollzogen werden. Die Querkräfte (oberes Bild) sind in kN und die Biegemomente (unteres Bild) in kNm angegeben:

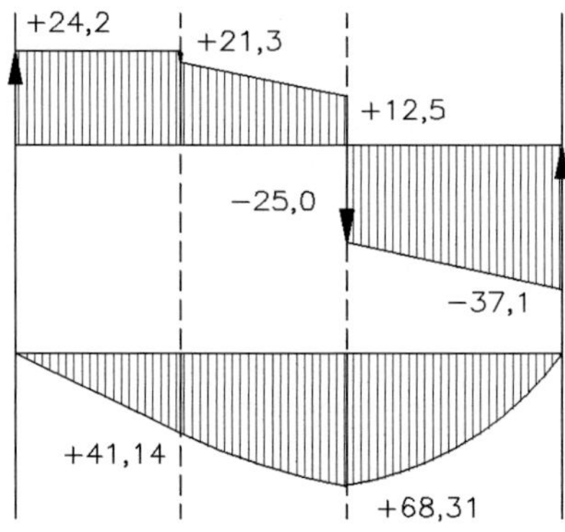

Nach der Elastizitätstheorie kann konservativ für alle Querschnittsklassen (QK) die Tragsicherheit nachgewiesen werden, wenn die Bedingung:

$$\left(\frac{\sigma_{x,Ed}}{f_y/\gamma_{M0}}\right)^2 + \left(\frac{\sigma_{z,Ed}}{f_y/\gamma_{M0}}\right)^2 - \left(\frac{\sigma_{x,Ed}}{f_y/\gamma_{M0}}\right) \cdot \left(\frac{\sigma_{z,Ed}}{f_y/\gamma_{M0}}\right) + 3\left(\frac{\tau_{Ed}}{f_y/\gamma_{M0}}\right)^2 \leq 1$$

erfüllt ist.

$$f_y/\gamma_{M0} = 235 \text{ N/mm}^2/1 = 235 \text{ N/mm}^2$$

– Biegetragsicherheitsnachweis für Pos. E, links von der Krafteinleitungsstelle

Zusätzlich zur Biegedruckbeanspruchung tritt eine Druckbeanspruchung durch die Horizontalkomponente der Zugstrebenkraft $F_{D,d}$ auf. Die Horizontalkomponente ist:

$$F_{Dh,d} = F_{D,d} \cdot \sin 20° = 39{,}91 \text{ kN} \cdot \sin 20° = 13{,}65 \text{ kN}$$

Ferner tritt Abscherung infolge Querkraft auf.

$$\sigma_{2,d} = -\frac{M_{E,d}}{W_{y,2}} - \frac{F_{DH,d}}{A} = -\frac{68{,}31 \cdot 10^6 \text{ Nmm}}{1226{,}5 \cdot 10^3 \text{ mm}^3} - \frac{13\,650 \text{ N}}{8\,120 \text{ mm}^2} = -57{,}38 \text{ N/mm}^2$$

$$\tau_{E,d} = Q_{E,d}/A_v = 12{,}5 \text{ kN}/37{,}2 \text{ cm}^2 = 3{,}4 \text{ N/mm}^2$$

mit $A_v = 372 \cdot 10 \text{ mm}^2 = 3720 \text{ mm}^2$

$$(-57{,}38/235)^2 + 3 \cdot (3{,}4/235)^2 = 0{,}06 < 1$$

– Biegetragsicherheitsnachweis für Pos. E, rechts von der Krafteinleitungsstelle

Zusätzlich zur Biegezugbeanspruchung tritt Abscherung infolge Querkraft auf.

$$\sigma_{1,d} = \frac{M_{E,d}}{W_{y,1}} = \frac{68{,}31 \cdot 10^6 \text{ Nmm}}{767{,}8 \cdot 10^3 \text{ mm}^3} = 88{,}97 \text{ N/mm}^2$$

$$\tau_{E,d} = Q_{E,d}/A_v = 25{,}0 \text{ kN}/37{,}2 \text{ cm}^2 = 6{,}7 \text{ N/ mm}^2$$

$$(88{,}97/235)^2 + 3 \cdot (6{,}7/235)^2 = 0{,}15 < 1$$

– Nachweis der Schubspannungen in der Schweißnaht, Auflager B

$$\tau_{Ed} = \frac{V_{z,Ed} \cdot S_y}{I_y \cdot t} = \frac{Q_{C,d} \cdot (b \cdot d) \cdot z_s}{I_y \cdot (2 \cdot a_w)}$$

$= [37{,}1 \text{ kN} \cdot (200 \cdot 16) \cdot 146 \text{ mm}^3]/[18888 \text{ cm}^4 \cdot (2 \cdot 8 \text{ mm})]$

$= 5{,}74 \text{ N/mm}^2$ für die Schweißnähte am Obergurt

$= [37{,}1 \text{ kN} \cdot (100 \cdot 12) \cdot 240 \text{ mm}^3]/[18888 \text{ cm}^4 \cdot (2 \cdot 6 \text{ mm})]$

$= 4{,}71 \text{ N/mm}^2$ für die Schweißnähte am Untergurt

mit:

$Q_{C,d}$ Querkraft über den Lagern B

$(b \cdot d) \cdot z_S$ statisches Flächenmoment der Fläche $(b \cdot d)$;

$z_S = 146$ mm bzw. 240 mm Abstand vom Schwerpunkt der Gesamtfläche bis zum Schwerpunkt der „abgeschnittenen“ Fläche

I_y Flächenträgheitsmoment des Gesamtquerschnitts

a_w Schweißnahtdicke $a_w = 8$ mm bzw. 6 mm

Nachweis:

$$\boxed{\sqrt{3} \cdot \tau_{Ed} \leq \frac{f_u}{\beta_w \cdot \gamma_{M2}}}$$

mit β_w Korrelationsbeiwert

$\beta_w = 0{,}8$ für S 235

$\gamma_{M2} = 1{,}25$ Teilsicherheitsbeiwert

$f_u = 360\ \text{N/mm}^2$ Zugfestigkeit

$\sqrt{3} \cdot 5{,}74\ \text{N/mm}^2 = 9{,}94\ \text{N/mm}^2 < [360\ \text{N/mm}^2/(0{,}8 \cdot 1{,}25)] = 360\ \text{N/mm}^2$

$9{,}94/360 = 0{,}03 < 1$

Zu 3.: Tragsicherheitsnachweis für die Schraubverbindung des Lagers B

Die Schraube, die den Deckenträger mit der Pendelstütze verbindet, wird zweischnittig auf Abscheren berechnet. Ferner ist nachzuweisen, dass die zulässige Lochleibung des dünnsten Bleches nicht überschritten wird.

– **Nachweis auf Abscheren**

Es ist nachzuweisen, dass $\boxed{F_{v,Ed} \leq F_{v,Rd}}$ bzw. $\boxed{\frac{F_{v,Ed}}{F_{v,Rd}} \leq 1}$

$\sum F_{v,Ed} = F_{B,d}/n = 37{,}1\ \text{kN}/2 = 18{,}55\ \text{kN}$ je Scherfuge mit $n = 2$ Scherflächen

Für eine Schraube M 24, Kategorie A, Schraubenfestigkeitsklasse 8.8, Schaft in der Scherfuge, ergibt sich die Grenzabscherkraft $F_{v,Rd}$ nach Tabelle zu:

$F_{v,Rd} = 173{,}6$

und damit:

$F_{v,Ed}/F_{v,Rd} = 18{,}55\ \text{kN}/173{,}6\ \text{kN} = 0{,}11 < 1$

– **Nachweis auf Lochleibung**

Die kleinste Blechdicke ist die Stegdicke des Deckenträgers mit $t = 10$ mm, während die beiden senkrechten Bleche der Pendelstütze insgesamt 20 mm dick sind.

Es ist nachzuweisen, dass $\boxed{F_{v,Ed} \leq F_{b,Rd}}$ bzw. $\boxed{\frac{F_{v,Ed}}{F_{b,Rd}} \leq 1}$

Die für einschnittige Anschlüsse mit einer Schraubenreihe vorgegebene Regelung

$$F_{b,Rd} \leq 1{,}5 \cdot f_u \; d \cdot t / \gamma_{M2} = 1{,}5 \cdot 360 \text{ N/mm}^2 \cdot 24 \text{ mm} \cdot 10 \text{ mm}/1{,}25$$
$$= 103{,}68 \text{ N/mm}^2$$

wird für die vorliegende Verbindung analog angewendet:

mit $f_u = 360 \text{ N/mm}^2$

$d = 24 \text{ mm}$

$t = 10 \text{ mm}$

$\gamma_{M2} = 1{,}25$

Damit:

$$\frac{F_{v,Ed}}{F_{b,Rd}} = 37{,}1/103{,}68 = 0{,}36 < 1$$

Zu 4.: Biegeknicksicherheitsnachweis für die Stoffachse *y* der Pendelstütze

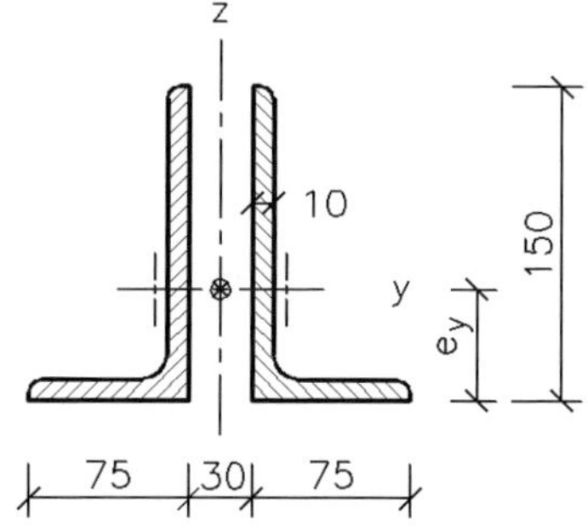

Ist ein Knickstab mehrteilig (in dieser Aufgabe zweiteilig), dann kann u. a. Knicken um die „Stoffachse“ und um die „Stofffreie Achse“ untersucht werden. Die Stoffachse ist hierbei die Achse, die die Einzelstäbe schneidet, im Bild also die Achse *y*. Der Stabilitätsnachweis ist für diese Achse wie bei einem Einzelstab zu führen (s. Aufgabe 92). Dabei entfällt auf jeden Einzelstab die halbe Normalkraft.

Die Beanspruchung N_d ist die Summe aus halber Auflagerkraft $F_{B,d}$ und Bemessungswert des Eigengewichtes eines Einzelstabes:

$$N_d = 0{,}5 \cdot 37{,}1 \text{ kN} + 1{,}35 \cdot 0{,}17 \text{ kN/m} \cdot 5 \text{ m} = 19{,}7 \text{ kN}$$

mit dem Teilsicherheitsbeiwert $\gamma_{F,G} = 1{,}35$ und dem spezifischen Eigengewicht des Winkelstahles 150 × 75 × 10 von 0,17 kN/m lt. Bautabellen.

Mit dem **Stabilitätsnachweis** ist zu prüfen, ob die Gefahr des Knickens besteht.

Es ist nachzuweisen, dass

$$\boxed{\frac{N_{Ed}}{N_{b,Rd}} \leq 1}$$ s. auch Aufgabe 92

$N_{Ed} - 19{,}7 \text{ kN}$

$L_{cr} = \beta \cdot l = 1{,}0 \cdot 500\ \text{cm} = 500\ \text{cm}$ mit $\beta = 1{,}0$ für *Euler*-Fall 2

$$\lambda = \frac{L_{cr}}{i_{min}} = \frac{500\ \text{cm}}{4{,}81\ \text{cm}} = 104 \quad \text{mit } i_y = 4{,}81\ \text{cm lt. Bautabellen}$$

$$\bar{\lambda}_k = \frac{\lambda}{\lambda_1} = \frac{104}{93{,}9} = 1{,}11 \quad \text{mit } \lambda_1 = 93{,}9 \cdot \varepsilon = 93{,}9 \quad \text{weil } \varepsilon = \sqrt{\frac{235}{235}} = 1$$

Der Abminderungsfaktor χ ergibt sich nach Bautabellen in Abhängigkeit vom bezogenen Schlankheitsgrad $\bar{\lambda}$ und der Knicklinie zu:

$\chi = 0{,}53$ für Knicklinie *b*; S 235

$$N_{b,Rd} = \chi \cdot N_{pl,Rd} = \chi \cdot A \cdot f_y/\gamma_{M1}$$

$$= 0{,}53 \cdot 21{,}7\ \text{cm}^2 \cdot 235\ \text{N/mm}^2/1{,}1 = 245{,}7\ \text{kN}$$

$$\frac{N_{Ed}}{N_{b,Rd}} = 19{,}7/245{,}7 = 0{,}08 < 1$$

Lösung Aufgabe 98

Zu 1.: Spannungs- und Gebrauchstauglichkeitsnachweis für die Holzbohlen

– Auflagerkräfte und Biegemomente:

Das Bild auf S. 295 zeigt das statische System der Lagerung der Holzbohlen auf den Trägern T6 ,T1 und T5. Alle Werte beziehen sich auf einen 1 Meter breiten Streifen. Die gesamte Kraft F_k, die auf ein Feld von 2,1 m Länge und 1 m Breite entfällt, ergibt sich zu:

$$F_k = (g_H + q_k) \cdot A = (0{,}3 + 3{,}5)\ \text{kN/m}^2 \cdot 2{,}1\ \text{m}^2 = 7{,}98\ \text{kN}$$

$$F_d = (1{,}35 \cdot g_H + 1{,}50 \cdot q_k) \cdot A = (1{,}35 \cdot 0{,}3 + 1{,}50 \cdot 3{,}5)\ \text{kN/m}^2 \cdot 2{,}1\ \text{m}^2$$
$$= 11{,}88\ \text{kN}$$

Mit der Stützweite von $2 \cdot l = 1{,}98$ m ist

$$p_k = \frac{F_k}{2l} = \frac{7{,}98\ \text{kN}}{1{,}98\ \text{m}} = 4{,}03\ \text{kN/m}\,; \qquad p_d = \frac{F_d}{2l} = \frac{11{,}88\ \text{kN}}{1{,}98\ \text{m}} = 6{,}00\ \text{kN/m}$$

Hinweis: Im Folgenden werden Bemessungswerte in [ ] gesetzt.

Es handelt sich bei dem vorliegenden statischen System um einen Träger auf 3 Stützen. Hierfür finden sich in der Lösung zur Aufgabe 80, Seite 238, Gleichungen zur Ermittlung der Auflagerkräfte und Biegemomente:

$F_{T6,k} = F_{T5,k} = 0{,}375 \cdot p_k \cdot l = 0{,}375 \cdot 4{,}03 \text{ kN/m} \cdot 0{,}99 \text{ m} = 1{,}496 \text{ kN}$; [2,23 kN]

$F_{T1,k} = 1{,}25 \cdot p_k \cdot l = 1{,}25 \cdot 4{,}03 \text{ kN/m} \cdot 0{,}99 \text{ m} = 4{,}987 \text{ kN}$; [7,43 kN]

$M_{lx,k} = 0{,}07 \cdot p_k \cdot l^2 = 0{,}07 \cdot 4{,}03 \text{ kN/m} \cdot 0{,}99^2 \text{ m}^2 = 0{,}277 \text{ kNm}$; [0,41 kNm]

$M_{T1,k} = -1{,}25 \cdot p_k \cdot l^2 = -1{,}25 \cdot 4{,}03 \text{ kN/m} \cdot 0{,}99^2 \text{ m}^2 = -0{,}494 \text{ kNm}$;
[–0,73 kNm]

Ein Extremwert des Biegemomentes ist im linken Feld bei $l_x = 0{,}375 \cdot l = 0{,}372$ m bzw. spiegelbildlich im rechten Feld. Der Maximalwert dagegen befindet sich am Lager T1.

- **Biegespannungs-, Schubspannungs- und Auflagerdrucknachweis**

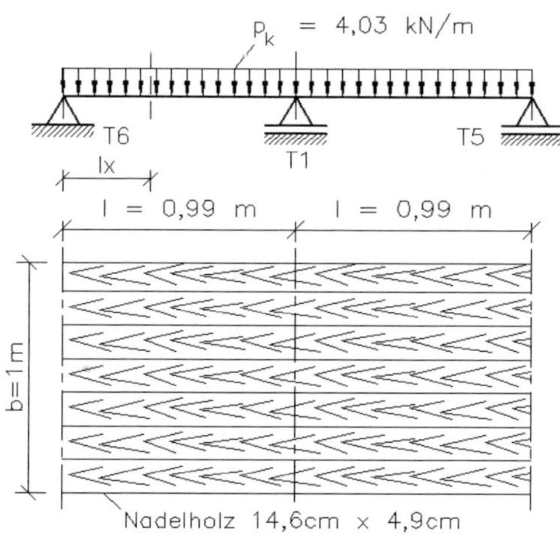

Das Widerstandsmoment einer 1 m breiten Holzbohlenlage ist:

$$W_y = \frac{b \cdot h^2}{6} = \frac{100 \cdot 4{,}9^2}{6} \text{ cm}^3$$

$$W_y = 400{,}2 \text{ cm}^3$$

- **Biegetragfähigkeitsnachweis**

Nachweis:

$$\boxed{\frac{M_d}{W_n} \leq f_{m,d}} \; ; \qquad \frac{|M_{T1,d}|}{W_y} = \frac{0{,}73 \text{ kNm}}{400{,}2 \text{ cm}^3} = 1{,}82 \text{ N/mm}^2$$

$f_{m,d} = f_{m,k} \cdot (k_{mod}/\gamma_M)$ Bemessungswert der Tragfähigkeit

mit

k_{mod} Modifikationsbeiwert; $k_{mod} = 0{,}65$

f_{mk} charakteristischer Wert für Holzart; $f_{m,k} = 35$ N/mm^2

γ_M Teilsicherheitsbeiwert für Holz und Holzwerkstoffe; $\gamma_M = 1{,}3$

für NKL = 3; KLED = mittel; Konstruktionsvollholz C 35

$f_{m,d} = 35\ N/mm^2 \cdot 0{,}5 = 17{,}5\ N/mm^2$ mit $(k_{mod}/\gamma_M) = 0{,}5$

$1{,}82\ N/mm^2 < 17{,}5\ N/mm^2$; $1.82/17{,}5 = 0{,}11 < 1$

– **Tragfähigkeitsnachweis für Schub aus Querkraft**

Nachweis:

$$\boxed{1{,}5 \cdot \frac{V_d}{A_n} \leq f_{v,d}} \quad f_{v,d} = f_{v,k} \cdot (k_{mod}/\gamma_M) = 2{,}0 \cdot 0{,}5\ N/mm^2 = 1{,}0\ N/mm^2$$

mit $f_{v,k} = 2\ kN/mm^2$

Die größte Querkraft tritt bei einem Zweifeldträger mit gleichen Teillängen und gleichmäßig verteilter Last links bzw. rechts vom mittleren Lager auf (vgl. Aufgabe 80). Sie ist die Hälfte der Lagerkraft des mittleren Lagers T1:

$$V_d = ½ \cdot F_{T1,d} = ½ \cdot 7{,}43\ kN = 3{,}72\ kN$$

$$1{,}5 \cdot \frac{V_d}{A_n} = 1{,}5 \cdot 3{,}72\ kN/(100\ cm \cdot 4{,}9\ cm) = 0{,}12\ N/mm^2 < f_{v,d} = 1{,}0\ N/mm^2$$

$0{,}12/1{,}0 = 0{,}12 < 1$

– **Nachweis des Auflagerdrucks**

Die größte Flächenpressung zwischen Holzbohle und Trägerflansch tritt am Lager T1 auf.

Nachweis:

$$\boxed{\frac{N_{90,d}}{A_{ef}} \leq k_{c,90} \cdot f_{c,90,d}}$$

$$\frac{F_{T1,d}}{A_{ef}} = \frac{7{,}43 \cdot 10^3\ N}{1800\ cm^2} = 0{,}041\ N/mm^2$$

mit

$N_{90,d}$ Bemessungswert der Druckkraft $\perp$ Faser

A_{ef} wirksame Druckfläche: $A_{ef} = b \cdot (l_A + 2 \cdot ü)$ für Auflagerdruck

$= 1000\ mm \cdot (120 + 2 \cdot 30)\ mm = 1800\ cm^2$

b Auflagerbreite

l_A Auflagertiefe

$ü$ Überstand $\geq$ 30 mm

$k_{c,90}$ Beiwert für Querdruck nach Bautabellen; $k_{c,90} = 1{,}5$ (Auflagerdruck)

$f_{c,90,d}$ Bemessungswert der Druckfestigkeit $\perp$ Faser

$f_{c,90,d} = f_{c,90,k} \cdot (k_{mod}/\gamma_M) = 2{,}8\ \text{N/mm}^2 \cdot 0{,}5 = 1{,}4\ \text{N/mm}^2$

$0{,}041 < 1{,}4;\ 0{,}041/1{,}4 = 0{,}03 < 1$

– **Gebrauchstauglichkeitsnachweis**

Aus Bautabellen entnimmt man für den vorliegenden Fall die Gleichung für die maximale Durchbiegung:

$$w = 5{,}4 \cdot 10^{-3} \cdot \frac{q_k \cdot l^4}{E \cdot I_y}$$

Das Flächenmoment zweiten Grades beträgt für einen 1 m breiten Streifen:

$$I_y = \frac{b \cdot h^3}{12} = \frac{100\ \text{cm} \cdot 4{,}9^3\ \text{cm}^3}{12} = 980{,}41\ \text{cm}^4$$

Daraus ergibt sich die vorhandene Durchbiegung zu:

$$w = 5{,}4 \cdot 10^{-3} \cdot \frac{q_k \cdot l^4}{E \cdot I_y}$$

$$w = 5{,}4 \cdot 10^{-3} \cdot \frac{4{,}03\ \text{N/mm} \cdot 990^4\ \text{mm}^4}{11000\ \text{N/mm}^2 \cdot 980{,}41 \cdot 10^4\ \text{mm}^4} = 0{,}21\ \text{mm}$$

$w = <$ zul $w = l/300 = 990\ \text{mm}/300 = 3{,}3\ \text{mm}$

$0{,}21/3{,}3 = 0{,}065 < 1$

Zu 2.: Tragsicherheits- und Gebrauchstauglichkeitsnachweis für den Träger T1

– **Ermittlung der Belastung des Trägers T1**

Unter Berücksichtigung des Eigengewichtes des Trägers T1 von $g_{T1} = 0{,}267$ kN/m und des Hinweises, dass sich alle obigen Werte auf 1 m Bohlenbreite beziehen, folgt die Auflagerkraft des Trägers T1 durch das $L_{ges} = 4{,}5$ m lange Feld zu:

$$F_{1,d} = \tfrac{1}{2}\,(F_{T1,\,d} + g_{T1} \cdot \gamma_{F,G}) \cdot L_{ges}$$

$$= \tfrac{1}{2}\,(7{,}43\ \text{kN/m} + 0{,}267\ \text{kN/m} \cdot 1{,}35) \cdot 4{,}5\ \text{m}$$

$$F_{1,d} = 17{,}53\ \text{kN}$$

hieraus:

$$q_{T1,d} = 2 \cdot F_{1,d}\,/l = 2 \cdot 17{,}53\ \text{kN}/4{,}38\ \text{m} = 8\ \text{kN/m}$$

– Tragsicherheitsnachweis auf Biegung

Das maximale Biegemoment ist:

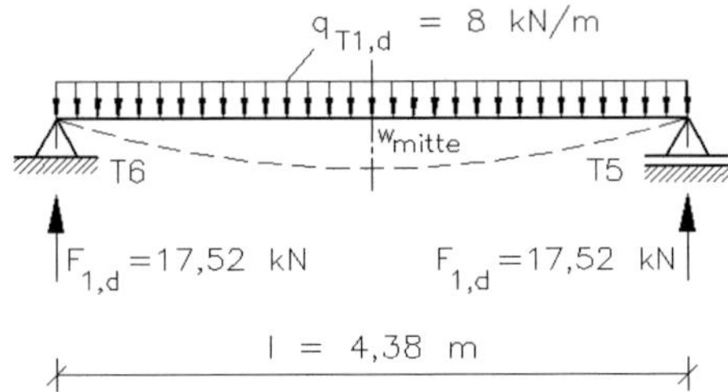

$$\max M_d = \frac{q_{T1,d} \cdot l^2}{8}$$

$$= \frac{8\ \text{kN/m} \cdot 4{,}38^2\ \text{m}^2}{8}$$

$$\max M_d = M_{Ed} = 19{,}20\ \text{kNm}$$

Nachweis:

$$\boxed{\frac{M_{Ed}}{M_{c,Rd}} \leq 1}$$

mit $M_{c,Rd} = M_{el,Rd} = (W_{el,min} \cdot f_y)/\gamma_{M,0}$ für QK 3

$$= (144\ \text{cm}^3 \cdot 235\ \text{N/mm}^2)/1{,}0 = 33{,}84\ \text{kNm}$$

$19{,}20/33{,}84 = 0{,}57 < 1$

– Gebrauchstauglichkeitsnachweis

Die größte Durchbiegung tritt in Trägermitte auf. Sie beträgt:

$$w_{Mitte} = \frac{5}{384} \cdot \frac{q_{T1,k} \cdot l^4}{E \cdot I_y} = \frac{5}{384} \cdot \frac{5{,}37\ \text{N/mm} \cdot 4380^4\ \text{mm}^4}{210000\ \text{N/mm}^2 \cdot 864 \cdot 10^4\ \text{mm}^4} = 14{,}2\ \text{mm}$$

$w_{Mitte} = 14{,}2\ \text{mm} < \text{zul}\ w = l/300 = 4380\ \text{mm}/300\ \text{mm} = 14{,}6\ \text{mm}$

$14{,}2/14{,}6 = 0{,}97 < 1$

Zu 3.: Tragsicherheits- und Gebrauchstauglichkeitsnachweis für den Träger T4

– Tragwerksmodell

Der Träger T4 ist mit den Trägern T6, T1, T5 und T2 verschraubt. Die Bemessungswerte der Einwirkungen sind extern ermittelt und in das Tragwerksmodell eingetragen worden:

– Auflagerkräfte $F_{D,d}$ und $F_{B,d}$

Die Auflagerkräfte für den Träger T4 ergeben sich aus:

$$\sum M_B = 0 = -F_{D,d} \cdot 1{,}98\ \text{m} + F_{6,d} \cdot 1{,}98\ \text{m} + F_{1,d} \cdot 0{,}99\ \text{m}$$

$$+ g_d \cdot 3{,}04\ \text{m} \cdot 0{,}46\ \text{m} - F_{2,d} \cdot 1{,}06\ \text{m}$$

hieraus: $F_{D,d} = 15{,}22\ \text{kN}$

$$\sum M_D = 0 = -F_{1,d} \cdot 0{,}99\text{ m} - F_{5,d} \cdot 1{,}98\text{ m} + F_{B,d} \cdot 1{,}98\text{ m}$$

$$- g_d \cdot 3{,}04\text{ m} \cdot 1{,}52\text{ m} - F_{2,d} \cdot 3{,}04\text{ m}$$

hieraus: $F_{B,d} = 26{,}30$ kN

Kontrolle: $15{,}22 + 26{,}30 - 7{,}65 - 17{,}52 - 9{,}04 - 3{,}76 - 1{,}17 \cdot 3{,}04 = 0{,}0$

– **Biegemomente und Nulldurchgang**

$M_{D,d} = M_{2,d} = 0$

$M_{1,d} = F_{D,d} \cdot 0{,}99\text{ m} - F_{6,d} \cdot 0{,}99\text{ m} - g_d \cdot 0{,}99\text{ m} \cdot 0{,}459\text{ m} = 6{,}92$ kNm

aus: $M_{x,d} = 0 = F_{D,d} \cdot l_x - F_{6,d} \cdot l_x - g_d \cdot l_x \cdot l_x/2 - F_{1,d} \cdot (l_x - 0{,}99\text{ m})$

folgt nach Auflösung der quadratischen Gleichung

$l_x = 1{,}594$ m (s. a. Skizze)

An der Stelle l_x tritt keine Biegung, jedoch Querkraft auf. Diese Stelle ist konstruktiv interessant, wenn Trägerstöße auszuführen sind, die keine oder nur geringe Biegung aufnehmen können (*Gerber*stoß).

– **Querkraft- und Biegemomentenverlauf**

Im unteren Bild sind beide Verläufe dargestellt. Im **Querkraftverlauf** (oberer Bildteil), der die Querkraft in kN angibt, ist über den Lagern D und B kenntlich gemacht, dass sich die Lagerkraft $F_{D,d}$ und $F_{6,d}$ bzw. $F_{B,d}$ und $F_{5,d}$ teilweise aufheben. Das tritt immer dann auf, wenn die Kräfte auf einer Kraftwirkungslinie liegen und entgegengesetzt gerichtet sind.

Der **Biegemomentenverlauf** im unteren Bildteil gibt die Biegemomente in kNm an. Da die gleichmäßig verteilte Last im Verhältnis zu den Einzellasten klein ist, wird nicht deutlich sichtbar, dass der Verlauf über die ganze Trägerlänge parabolisch ist.

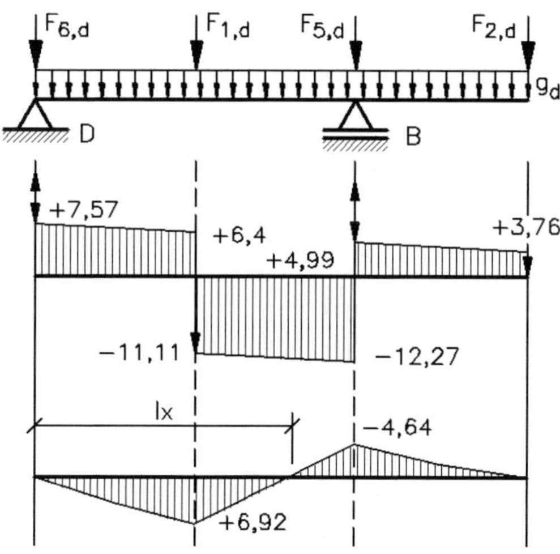

Nachgewiesen werden die Stellen F1 und F5 (Lager B).

Nach der Elastizitätstheorie kann konservativ für alle Querschnittsklassen (QK) die Tragsicherheit nachgewiesen werden, wenn die Bedingung:

$$\left(\frac{\sigma_{x,Ed}}{f_y/\gamma_{M0}}\right)^2 + \left(\frac{\sigma_{z,Ed}}{f_y/\gamma_{M0}}\right)^2 - \left(\frac{\sigma_{x,Ed}}{f_y/\gamma_{M0}}\right) \cdot \left(\frac{\sigma_{z,Ed}}{f_y/\gamma_{M0}}\right) + 3\left(\frac{\tau_{Ed}}{f_y/\gamma_{M0}}\right)^2 \leq 1$$

erfüllt ist.

$$f_y/\gamma_{M0} = 235\ \text{N/mm}^2/1 = 235\ \text{N/mm}^2$$

– Biegetragsicherheitsnachweis für die Stelle F1

An der Stelle F1 treten Biege- und Abscherspannungen auf.

$$\sigma_{1,d} = -\frac{M_{E,d}}{W_{y,2}} = \frac{6{,}92 \cdot 10^6\ \text{Nmm}}{144 \cdot 10^3\ \text{mm}^3} = 48{,}1\ \text{N/mm}^2$$

$$\tau_{E,d} = Q_{E,d}/A_v = 11{,}11\ \text{kN}/11{,}0\ \text{cm}^2 = 10{,}1\ \text{N/mm}^2$$

mit $A_{vz} = 11{,}0\ \text{cm}^2$ lt. Bautabellen

$$(48{,}1/235)^2 + 3 \cdot (10{,}1/235)^2 = 0{,}05 < 1$$

– Biegetragsicherheitsnachweis für die Stelle F5

An der Stelle F5 treten Biege- und Abscherspannungen auf.

$$\sigma_{1,d} = -\frac{M_{E,d}}{W_{y,2}} = \frac{4{,}64 \cdot 10^6\ \text{Nmm}}{144 \cdot 10^3\ \text{mm}^3} = 32{,}2\ \text{N/mm}^2$$

$$\tau_{E,d} = Q_{E,d}/A_v = 12{,}27\ \text{kN}/11{,}0\ \text{cm}^2 = 11{,}2\ \text{N/mm}^2$$

mit $A_{vz} = 11{,}0\ \text{cm}^2$ lt. Bautabellen

$$(32{,}2/235)^2 + 3 \cdot (11{,}2/235)^2 = 0{,}03 < 1$$

– Gebrauchstauglichkeitsnachweis

In Aufgabe 96 ist gezeigt worden, wie Verformungen überlagert und zu einer Gesamtdurchbiegung addiert werden können. Für den Träger T4 ergibt eine Überschlagsrechnung, dass die resultierende Durchbiegung bei $F_{1,d}$ ca. 0,7 mm und bei $F_{2,d}$ ca. 0,1 mm ist. Es wird deshalb nur die Durchbiegung in der Mitte des Trägers D–B berechnet.

In der Skizze sind die charakteristischen Einwirkungen eingetragen. Die Kräfte $F_{6,k}$ und $F_{2,k}$ haben keinen Einfluss auf die Durchbiegung des Trägers. Es werden die

Durchbiegungen, hervorgerufen durch $F_{1,k}$, $F_{2,k}$ und g_k, berechnet und dann vorzeichenbehaftet addiert.

$$\boxed{w_{\text{Mitte}} = \frac{1}{48} \cdot \frac{F_{1,k} \cdot L^3}{E \cdot I} + \left(-\frac{F_{2,k}}{E \cdot I} \cdot \frac{L^2 c}{16} \right) + \frac{g_k}{E \cdot I} \cdot \frac{L^2}{32} \cdot \left(\frac{L^2}{2,4} - c^2 \right)}$$

$$w_{\text{Mitte}} = \frac{1}{16} \cdot \frac{L^2}{E \cdot I} \cdot \left[\frac{F_{1,k} \cdot L}{3} - \frac{F_{2,k} \cdot c}{1} + \frac{g_k}{2} \cdot \left(\frac{L^2}{2,4} - c^2 \right) \right]$$

Mit

$$\frac{1}{16} \cdot \frac{L^2}{E \cdot I} = \frac{1980^2 \text{ mm}^2}{16 \cdot 210000 \text{ N/mm}^2 \cdot 864 \cdot 10^4 \text{ mm}^4} = 1,35 \cdot 10^{-7} \text{ N}^{-1}$$

folgt:

$$w_{\text{Mitte}} = 1,35 \cdot 10^{-7} \text{ N}^{-1} \cdot \left[\frac{11,77 \cdot 1,98}{3} - 2,53 \cdot 1,06 + \frac{0,79}{2} \cdot \left(\frac{1,98^2}{2,4} - 1,06^2 \right) \right] \text{kNm}$$

$$w_{\text{Mitte}} = 1,35 \cdot 10^{-7} \text{ N}^{-1} \cdot [7,768 - 2,682 + 0,201] \cdot 10^6 \text{ Nmm} = 0,71 \text{ mm}$$

$$w_{\text{Mitte}} = 0,71 \text{ mm} < \text{zul } f = L/300 = 1980/300 = 6,6 \text{ mm}; \qquad 0,71/6,6 = 0,1 < 1$$

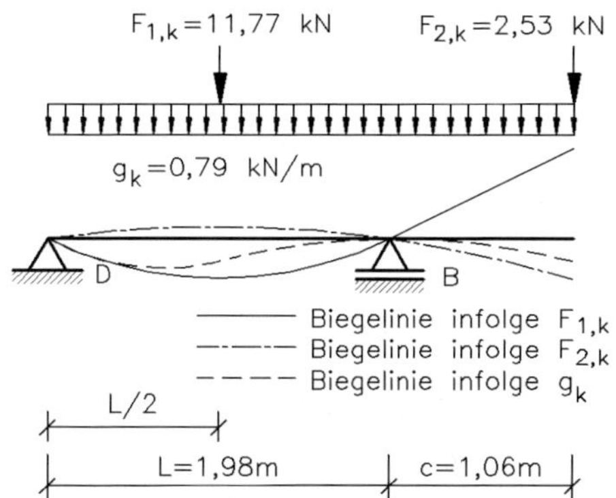

Zu 4.: Tragsicherheitsnachweis für die Schraubverbindung Träger T1 und T3

– Tragsicherheitsnachweis auf Abscherung

Der Träger T1 ist über eine 10 mm dicke Stirnplatte mit dem Träger T3 verbunden. Der Nachweis dieser Schrauben auf Scherung und Lochleibung erfolgt analog zur Aufgabe 61. Der Bemessungswert der Vertikalkraft ist $F_{1,d} = 17,51$ kN.

Es ist nachzuweisen, dass $\boxed{F_{v,Ed} \leq F_{v,Rd}}$ bzw. $\boxed{\frac{F_{v,Ed}}{F_{v,Rd}} \leq 1}$

$$F_{v,Ed} = F_{1,d}/n = 17,51 \text{ kN}/4 = 4,4 \text{ kN} \quad \text{mit} \quad n = 4 \text{ Scherflächen}$$

Für eine Schraube M12, Kategorie A , Schraubenfestigkeitsklasse 4.6, Gewinde in der Scherfuge, ergibt sich die Grenzabscherkraft $F_{v,Rd}$ nach Tabelle zu $F_{v,Rd} = 16{,}2$ kN und damit:

$$F_{v,Ed}/F_{v,Rd} = 4{,}4 \text{ kN}/16{,}2 \text{ kN} = 0{,}27 < 1$$

– Tragsicherheitsnachweis auf Lochleibung

Die Lochabstände in Kraftrichtung betragen lt. Aufgabenstellung:

$e_1 = 30$ mm als Randabstand in Kraftrichtung für die Stirnplatten

$p_1 = 60$ mm als Lochabstand in Kraftrichtung

Der Lochdurchmesser ist für M12 und 1 mm Lochspiel $d_0 = 13$ mm

Die Bedingungen für die minimalen Lochabstände:

$\min e_1 \geq 1{,}2 \cdot d_0 = 1{,}2 \cdot 13 \text{ mm} = 16{,}9 \text{ mm}$, Randabstand in Kraftrichtung

$\min p_1 \geq 2{,}2 \cdot d_0 = 2{,}2 \cdot 13 \text{ mm} = 28{,}6 \text{ mm}$, Lochabstand in Kraftrichtung

sind erfüllt.

Es ist nachzuweisen, dass $\boxed{F_{v,Ed} \leq F_{b,Rd}}$ bzw. $\boxed{\dfrac{F_{v,Ed}}{F_{b,Rd}} \leq 1}$

Die Grenzlochleibungskraft ergibt sich nach Tabelle zu 66,46 kN für eine Bauteildicke von 10 mm.

$F_{v,ED} = 4{,}4$ kN ; $F_{b,RD} = 66{,}46 \text{ kN} \cdot 1{,}2 = 79{,}8$ kN (für 12 mm Blechdicke)

4,4 kN < 79,8 kN ; 4,4/79,8 = 0,06 < 1

Zu 5.: Tragsicherheits- und Gebrauchstauglichkeitsnachweis für das Geländer

Das Geländer oberhalb des Trägers T6 besteht aus zwei horizontal angeordneten Stahl-Hohlprofilen 80 × 40 × 4, die durch Rundstäbe miteinander verbunden sind. Es wird in Abständen von 1 m durch Pfosten gehalten.

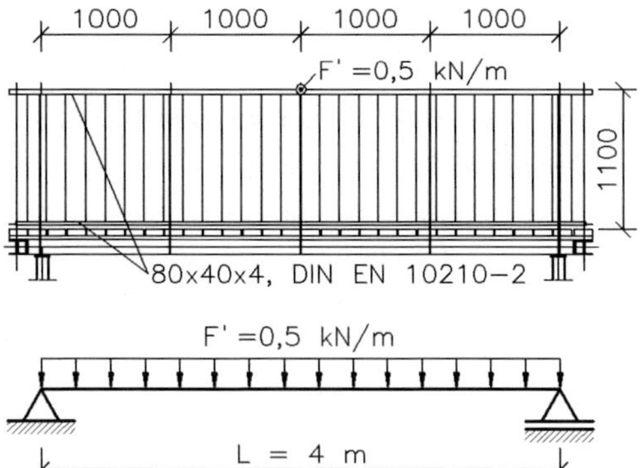

Als Extremfall soll der Obergurt als Träger auf zwei Stützen mit einer Stützweite von 4 m und einer horizontalen Streckenlast von $F' = 0{,}5$ kN/m betrachtet werden.

Das Eigengewicht kann unberücksichtigt bleiben, weil das dichte Stabgitter die Vertikalkräfte aufnimmt.

– **Tragsicherheitsnachweis**

Das maximale Biegemoment beträgt:

$$\max M_d = \frac{F' \cdot L^2}{8} \cdot \gamma_{F,Q} = \frac{500\ \text{N/m} \cdot 4^2\ \text{m}^2}{8} \cdot 1{,}5 = 1{,}5\ \text{kNm}$$

Nachweis:

$$\boxed{\frac{M_{Ed}}{M_{c,Rd}} \leq 1} \quad \text{mit} \quad M_{c,Rd} = M_{el,Rd} = (W_{el,min} \cdot f_y)/\gamma_{M,0} \quad \text{für QK 3}$$

$$= (17{,}1\ \text{cm}^3 \cdot 235\ \text{N/mm}^2)/1{,}0 = 4{,}02\ \text{kNm}$$

$1{,}5/4{,}02 = 0{,}37 < 1$

– **Gebrauchstauglichkeitsnachweis**

Die größte Durchbiegung ist bei Vernachlässigung der mittleren drei Pfosten bei 2 m. Für diesen Fall gilt die Gleichung:

$$w_{Mitte} = \frac{5}{384} \cdot \frac{F'_H \cdot L^4}{E \cdot I_y} = \frac{5}{384} \cdot \frac{0{,}5\ \text{N/mm} \cdot 4000^4\ \text{mm}^4}{210000\ \text{N/mm}^2 \cdot 68{,}2 \cdot 10^4\ \text{mm}^4} = 11{,}6\ \text{mm}$$

$w_{Mitte} = 11{,}6$ mm < zul $f = l/300 = 4000$ mm/300 mm = 13,3 mm

$11{,}6/13{,}3 = 0{,}87 < 1$

Zu 6.: Biegeknicksicherheitsnachweis für die Stahlstützen

Es ist offensichtlich, dass die größte Stützenkraft in der Stütze B auftritt. Für dieses Lager ist in der vorangegangenen Berechnung ein Bemessungswert von 26,30 kN ermittelt worden. Mit dem Eigengewicht der Stütze von 0,119 kN/m lt. Bautabellen und dem Teilsicherheitsbeiwert von $\gamma_{F,G} = 1{,}35$ wird die größte Druckkraft:

$$N_d = F_{B,d} + F_{Stütze,d} = 26{,}3\ \text{kN} + 0{,}119\ \text{kN/m} \cdot 5\ \text{m} \cdot 1{,}35 = 27{,}1\ \text{kN}$$

Sowohl die Verschraubung am oberen Stützenende als auch die an der Fußplatte kann als gelenkig betrachtet werden, so dass *Euler*-Fall 2 vorliegt ($\beta = 1$).

Mit dem **Stabilitätsnachweis** ist zu prüfen, ob die Gefahr des Knickens besteht (s. Lösung zur Aufgabe 92).

Es ist nachzuweisen, dass

$$\boxed{\frac{N_{Ed}}{N_{b,Rd}} \leq 1}$$

$N_{Ed} = 27{,}1$ kN

$L_{cr} = \beta \cdot l = 1{,}0 \cdot 500$ cm $= 500$ cm mit $\beta = 1{,}0$ für *Euler*-Fall 2

$$\lambda = \frac{L_{cr}}{i_{min}} = \frac{500\text{ cm}}{3{,}91\text{ cm}} = 127{,}8 \quad \text{mit} \quad i_y = 3{,}91\text{ cm} \quad \text{lt. Bautabellen}$$

$$\bar{\lambda}_k = \frac{\lambda}{\lambda_1} = \frac{127{,}8}{93{,}9} = 1{,}36 \quad \text{mit} \quad \lambda_1 = 93{,}9 \cdot \varepsilon = 93{,}9, \quad \text{weil} \quad \varepsilon = \sqrt{\frac{235}{235}} = 1$$

Der Abminderungsfaktor χ ergibt sich nach Bautabellen in Abhängigkeit vom bezogenen Schlankheitsgrad $\bar{\lambda}$ und der Knicklinie zu:

$\chi = 0{,}44$ für Knicklinie *a*; S 235

$$N_{b,Rd} = \chi \cdot N_{pl,Rd} = \chi \cdot A \cdot f_y/\gamma_{M1}$$

$$= 0{,}44 \cdot 15{,}2\text{ cm}^2 \cdot 235\text{ N/mm}^2/1{,}1 = 142{,}9\text{ kN}$$

$$\frac{N_{Ed}}{N_{b,Rd}} = 27{,}1/142{,}8 = 0{,}19 < 1$$

Zu 7.: Fundament- und Sohldrucknachweis

– Mindesthöhe des Fundamentes

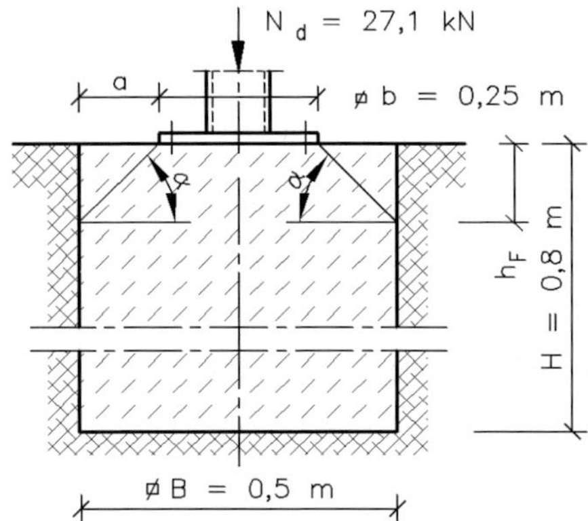

Zentrisch belastete Streifen- und Einzelfundamente dürfen unbewehrt ausgeführt werden, wenn sie eine Mindesthöhe min h_F haben.

Bedingungen:

$$\boxed{\frac{0{,}85\,\min h_F}{a} \geq \sqrt{\frac{3\sigma_{gd}}{f_{ctd,pl}}}\;;\quad \frac{h_F}{a} \geq 1}$$

min h_F	Mindesthöhe des Fundamentes
h_F	Fundamenthöhe
a	Fundamentüberstand
σ_{gd}	Bemessungswert des Sohldruckes
$f_{ctd,pl}$	Bemessungswert der Betonzugfestigkeit

$f_{ctd,pl} = f_{ctd} = \alpha_{ct,pl} \cdot f_{ctk;0,05}/\gamma_c$

$\alpha_{ct,pl} = 0{,}7$ Beiwert für Langzeitauswirkungen

$f_{ctk;0,05} = 1{,}5$ N/mm² für C20/25; charakteristischer Wert der Betonzugfestigkeit

$\gamma_c = 1{,}5$; Teilsicherheitsbeiwert für Beton

$f_{ctd,pl} = 0{,}7 \cdot 1{,}5\ \text{N/mm}^2/1{,}5 = 0{,}7\ \text{N/mm}^2$ für C20/25

$$\sigma_{gd} = \frac{N_d + F_{Fundament} \cdot \gamma_{F,G}}{A_{Fundament}} = \frac{27{,}1\ \text{kN} + 0{,}5^2 \cdot 0{,}8\ \text{m}^3 \cdot 24\ \text{kN/m}^3 \cdot 1{,}35}{0{,}25\ \text{m}^2}$$

$$= 134{,}32\ \text{kN/m}^2$$

mit $A_{Fundament} = A' = a' \cdot b' = 0{,}5\ \text{m} \cdot 0{,}5\ \text{m} = 0{,}25\ \text{m}^2$; $a' = a$ und $b' = b$

$$\frac{0{,}85\ \min h_F}{(0{,}5\ \text{m} - 0{,}25\ \text{m})/2} = 6{,}8 \cdot \min h_F \geq \sqrt{\frac{3 \cdot 0{,}134\ \text{N/mm}^2}{0{,}7\ \text{N/mm}^2}} = 0{,}76$$

hieraus: $\min h_F = 0{,}11$ m

Zu erfüllende Bedingungen:

$$\min h_F = 0{,}11\ \text{m} < h_F = 0{,}8\ \text{m}; \quad \frac{h_F}{a} = \frac{0{,}8\ \text{m}}{0{,}125\ \text{m}} = 6{,}4 > 1$$

– Flächenpressung Fußplatte – Fundament

Die 250 mm × 250 mm große Fußplatte erzeugt eine Flächenpressung (Druckspannung) im Beton.

Der Bemessungswert der Druckspannung beträgt:

$$\sigma_d = \frac{N_d}{A_{Platte}} = \frac{27{,}1 \cdot 10^3\ \text{N}}{250\ \text{mm} \cdot 250\ \text{mm}} = 0{,}43\ \text{N/mm}^2$$

Der Bemessungswert der Betondruckfestigkeit berechnet sich zu:

$f_{cd} = \alpha \cdot f_{ck}/\gamma_c = 0{,}85 \cdot 20\ \text{N/mm}^2/1{,}5 = 11{,}3\ \text{N/mm}^2$

mit $\alpha = 0{,}85$ als Faktor zur Berücksichtigung von Langzeiteinwirkungen

$f_{ck} = 20$ N/mm² als Druckfestigkeit des Betons C 20/25

$\gamma_c = 1{,}5$ als Teilsicherheitsbeiwert für Beton

Nachzuweisen ist, dass $\boxed{\sigma_d/f_{cd} \leq 1}$

$0{,}43\ \text{N/mm}^2/11{,}3\ \text{N/mm}^2 = 0{,}04 < 1$

– Sohldrucknachweis für den Baugrund

Der Sohldrucknachweis erfolgt als vereinfachter Nachweis, der bei Regelfällen und Flachgründungen verwendet werden darf. Er wird für bindigen Baugrund geführt.

Es ist nachzuweisen, dass $\boxed{\sigma_{E,d} < \sigma_{R,d}}$

$$\sigma_{E,d} = \frac{F_{ges,d}}{A'} = 134{,}32 \text{ kN/m}^2 \text{ (s. o.)}$$

Der Bemessungswert des Sohlwiderstandes $\sigma_{R,d(B)} = 188$ kN/m^2 ist für bindigen Baugrund (tonig, schluffig, steif) und eine Einbindetiefe von $d = 0{,}80$ m Bautabellen zu entnehmen.

Dieser Basiswert kann vergrößert bzw. verkleinert werden:

$$\boxed{\sigma_{R,d} = \sigma_{R,d(B)} \cdot (1 + V - A)}$$

$\sigma_{R,d}$ Sohlwiderstand in bindigem Boden

$\sigma_{R,d(B)}$ Basiswert des Sohlwiderstandes

V Parameter zur Vergrößerung des Basiswertes

A Parameter zur Abminderung des Basiswertes

Für die vorliegende Aufgabe wird der Bemessungswert nicht modifiziert.

Damit:

$$\sigma_{Ed} < \sigma_{R,d}$$

$$134{,}32 \text{ kN/m}^2 < 188 \text{ kN/m}^2; \quad 134{,}32/188 = 0{,}71 < 1$$

8 Quellennachweis

Die Fotografien auf den nachfolgend angegebenen Seiten wurden freundlicherweise von den Urhebern für dieses Buch zur Verfügung gestellt:

	Seite
Dirk Landrock, Coswig	9, 10, 41, 55, 57, 62, 77, 85, 255
Steffen Thon, Weinböhla	74
Jörg Leopold, Lenz	91
Mario Knötsch, Bannewitz	40
KS* Kalksandstein-Information, Dresden	58
Detlef Kliemt, Dresden	32

Die Fotografien auf den Seiten 12, 75 und 79 sind den Verfassern für diese Aufgabensammlung zur Verfügung gestellt worden.

Herrn Detlef Kliemt († 2016), Berufsförderungswerk Bau Sachsen e.V. Dresden gilt der Dank für die Herstellung der Modelle für die Aufgaben 24, 38 und 56.

9 Stichwortverzeichnis